決定版

阻害剤・活性化剤ハンドブック

作用点、生理機能を理解して
目的の薬剤が選べる実践的データ集

Handbook of Inhibitors and Activators

秋山徹, 河府和義　Akiyama Tetsu, Kohu Kazuyoshi●編

羊土社
YODOSHA

【注意事項】本書の情報について ─────────
　本書に記載されている内容は，発行時点における最新の情報に基づき，正確を期するよう，執筆者，監修・編者ならびに出版社はそれぞれ最善の努力を払っております．しかし科学・医学・医療の進歩により，定義や概念，技術の操作方法や診療の方針が変更となり，本書をご使用になる時点においては記載された内容が正確かつ完全ではなくなる場合がございます．また，本書に記載されている企業名や商品名，URL等の情報が予告なく変更される場合もございますのでご了承ください．

序

　本書は，医学生物学研究の現場で有用と考えられる薬剤−阻害剤および活性化剤−に関する実用的な情報をまとめたハンドブックである．実際の研究・実験にあたって，たくさんある薬剤のなかで一体どれを使用したらよいのかわからないことは多い．そこで本書では，薬剤をシグナル伝達経路や標的別に分類し，それぞれの特徴について解説してから，実際に実験に使用するにあたって必要な情報を網羅的に紹介した．特異性，有効濃度，薬剤を溶解する溶媒の種類，入手先などの具体的な情報は実験にあたって直接役に立つはずである．

　本書の元となる『阻害剤活用ハンドブック』が発刊されたのは2006年である．その後の10数年の間に医学生物学研究は飛躍的に進歩したが，阻害剤，活性化剤も見違えるほどに進化した．当時使われていた薬剤は，（臨床で用いられる）薬になれなかった化合物ともいうべきもので，IC_{50}がμMオーダーで，特異性も十分でないものが多かった．個体レベルの実験に使用するなど思いもよらないものが多かったように思う．現在では，ヒト臨床で使用されている分子標的薬を頂点として，IC_{50}がnMオーダーで，特異性が高く，個体レベルの実験に使用できるものも多い．本書では，『阻害剤活用ハンドブック』(2006) に掲載されていた古典的な薬剤の多くは姿を消し，新しい薬剤に置き換わっている．

　本書に記載された薬剤が，各研究者の抱える問題の解決に貢献することを期待するのはもちろんであるが，ヒト臨床に使用されているような分子標的薬を用いた基礎研究から逆に新たな分子標的薬の開発につながるような知見が得られることも期待したい．
　ただし，低濃度で有効な特異性の高い薬剤が増えたとはいえ，構造の異なる薬剤で確認したり，RNAiを用いた実験，遺伝学的実験等により結果を確認することは必須である．どんな実験でもそうだが，薬剤を用いた実験にも落とし穴は多い．

　最後に，多忙のなか，執筆をお引き受けいただき，見違えるほど新しくなった薬剤のラインナップについて，力のこもった原稿を書いてくださった執筆者の方々にお礼申し上げたい．また，企画，構成から執筆者とのやりとりに至るまで本書が形になるための努力は，すべて羊土社編集部の本多正徳氏と早河輝幸氏によるものであり深謝したい．本書が医学生物学研究者のお役に立てることを願っている．

2019年8月

秋山　徹
河府和義

本書の構成

本書では，医学生物学研究に用いられる頻度や重要性が高い阻害剤・活性化剤（以下，薬剤）について，研究を進めるうえで知っておきたい基本的な知識と，実際に実験に使用する際に必要な情報を解説しています。

各章は，概論と各薬剤の解説のページから構成されています。

◆概論

各章の冒頭に，その章のテーマのシグナル伝達経路や薬剤の作用点などを示した概略図とその説明文を掲載しています。

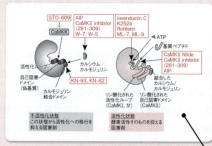

概略図
各章のテーマ，取り上げられる薬剤の作用点などを可視化した図版

概論
各章のテーマの医学生物学研究の中での位置付け，扱われる薬剤の包括的な解説

◆各薬剤の解説

概論に続く解説のページでは，研究に使用される代表的な薬剤を，数点〜10数点ピックアップして解説しています[※1]．

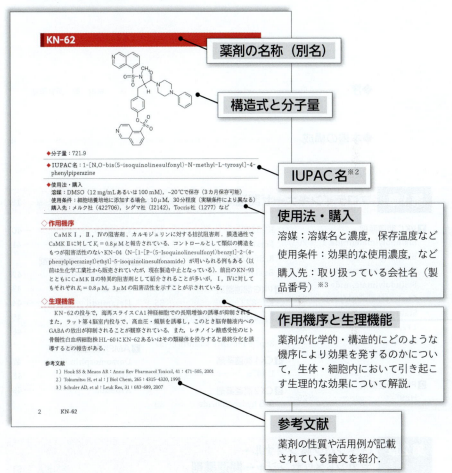

※1, 3：紹介されている薬剤とその順番，および購入先のメーカーは各章の執筆者が選んだものです．またメーカー名と製品番号は，2019年8月現在のものであり，今後変更される可能性もございます．ご了承ください．

※2：IUPAC（International Union of Pure and Applied Chemistry，国際純正・応用化学連合）の定める命名法規則によってつけられた化合物名．

決定版
阻害剤・活性化剤ハンドブック
作用点、生理機能を理解して目的の薬剤が選べる実践的データ集　**目次**

◆**序** .... 秋山　徹，河府和義

◆**本書の構成** 4

第1章　プロテインキナーゼ関連薬剤　小山浩史，飯島幹雄，岸田昭世，菊池　章　18

1 PKC 関連薬剤
Bisindolylmaleimide Ⅰ … 20
Bisindolylmaleimide Ⅱ … 21
Bisindolylmaleimide Ⅲ … 22
Bisindolylmaleimide Ⅳ … 23
Chelerythrine chloride … 24
Staurosporine … 25
TPA … 26
Bryostatin 1 … 27
Phorbol 12, 13-dibutyrate
… 28

2 PKA 関連薬剤
H89 … 29

KT5720 … 30
Forskolin … 31
8-Br-cAMP … 32
Bucladesine … 33

3 PKG 関連薬剤
KT5823 … 35
Rp-8-pCPT-cGMPS sodium
… 36
8-pCPT-cGMP sodium … 37

4 CK1 関連薬剤
D4476 … 38

5 CK2 関連薬剤
A-3 hydrochloride … 39

CX-4945 … 40
DRB … 41

6 Rho キナーゼ関連薬剤
Y-27632 … 42
Fasudil … 43
Netarsudil … 44
H1152・2HCl … 45
LPA … 46

7 AMPK 関連薬剤
Dorsomorphin … 47
AICAR … 48
A769662 … 49

第2章　Gタンパク質シグナル・セカンドメッセンジャー関連薬剤　海川正人　51

Pertussis toxin … 53
NF023 … 54
ボツリヌスC3酵素 … 55
Toxin B … 56
Cholera toxin … 57

Mastoparan … 58
FTase inhibitor I … 59
GGTI-298 … 60
U-73122 … 61
SQ22536 … 62

LY-83583 … 63
IBMX … 64

contents

第3章　カルモジュリンキナーゼ関連薬剤
藪田紀一，名田茂之　66

KN-93 68	CaMKⅡ inhibitor 71	ML-7，ML-9 76
KN-62 69	Lavendustin C 72	STO-609 77
AIP 70	K252a 73	W-7，W-5 78
CaMKⅡ Ntide 70	Rottlerin 74	

第4章　カルシウムシグナル・チャネル，神経系関連薬剤
水谷顕洋　80

BAPTA-AM 82	YM 58483 90	GYKI 53655 hydrochloride
A23187 83	ω-Agatoxin IVA 91	 97
Ionomycin 84	ω-Conotoxin GVIA 92	(S)-MCPG 98
SEA0400 85	Nifedipine 93	(+)-Bicuculline 99
CGP-37157 86	(s)-AMPA 94	SR141716A 100
Ruthenium red 87	CNQX 95	α-Bungarotoxin 101
Xestospongin C 88	NMDA 96	Tetrodotoxin 102
SKF-96365, HCl 89	D-AP5 97	

第5章　サイクリン依存性キナーゼ関連薬剤
川崎善博　103

Palbociclib HCl 105	Olomoucine 108	Purvalanol A 111
Dinaciclib 106	Roscovitine 109	SU9516 112
Flavopiridol 107	Butyrolactone I 110	

第6章　MAPキナーゼシグナル関連薬剤
森口徹生　113

1 ERK1，ERK2 経路関連薬剤	**2 ERK5 経路関連薬剤**	**4 JNK 関連薬剤**
PD0325901 115	BIX02188 119	SP600125 124
Trametinib 116	XMD8-92 120	AS601245 125
SCH772984 117	**3 p38 関連薬剤**	JNK-IN-8 126
Dabrafenib 118	SB202190 121	**5 その他（p38経路，JNK経路の活性化因子）**
	SB239063 122	
	Doramapimod 123	Anisomycin 127

第7章　チロシンキナーゼ関連薬剤
樋口理　128

Imatinib 130	Vandetanib 133	Sitravatinib 136
Crizotinib 131	Lestaurtinib 134	
Larotrectinib 132	Entrectinib 135	

第8章 Aktキナーゼシグナル関連薬剤

藤田直也　138

1 Akt関連薬剤
GSK-690693 ……… 140
Perifosine ……… 141
MK-2206 ……… 142

2 PI3K関連薬剤
Wortmannin ……… 143
LY294002 ……… 144
ZSTK474 ……… 146

3 PDK1関連薬剤
UCN-01 ……… 147

4 PI3K/mTOR阻害剤
Dactolisib ……… 148

5 mTOR阻害剤／Akt活性化剤
Everolimus ……… 150

第9章 プロテインホスファターゼ関連薬剤

金野　祐，村田陽二　152

Okadaic acid ……… 154
Tautomycin ……… 155
Fostriecin ……… 156
Cyclosporin A ……… 157
Sanguinarine chloride ……… 159
CCT007093 ……… 160

Cytostatin ……… 161
LB-100 ……… 162
Sodium orthovanadate ……… 163
bpV (phen) ……… 164
Phenylarsine oxide ……… 165
BVT 948 ……… 166

RK-682 ……… 167
NQ301 ……… 168
SHP099 ……… 169
MLS000544460 ……… 170
TCS401 ……… 171
NSC 95397 ……… 172

第10章 カルシウム以外のイオンチャネル（Na，K，Clなど）関連薬剤

藪田紀一　174

Anthopleurin A ……… 176
Ouabain ……… 177
Veratridine ……… 178
Tetrodotoxin ……… 179
4-Aminopyridine ……… 180

E-4031 ……… 181
Glibenclamide ……… 182
Sotalol ……… 183
NPPB ……… 185
CFTR inhibitor Ⅱ ……… 186

Chlorotoxin ……… 187
T16Ainh-A01 ……… 188
Omeprazole ……… 189
Bafilomycin A1 ……… 190

第11章 Notchシグナル関連薬剤

穂積勝人　191

DAPT ……… 193
γ-secretase inhibitor Ⅵ ……… 194

Compound E ……… 194
L-685458 ……… 195
LY-411575 ……… 196

DBZ ……… 197

contents

第12章　Wntシグナル関連薬剤
中村 勉　**198**

1 Porcupine 阻害剤
IWP化合物（IWP-2，IWP-3，IWP-4，IWP-L6，IWP-12，IWP-O1），Wnt-C59，ETC-159，LGK974，GNF-6231 ················ 200

2 Tankyrase 阻害剤
IWR化合物（IWR-1，IWR-1-endo，53AH），XAV939，WIKI4 ················ 204

3 β-catenin-TCF4 阻害剤
iCRTs ················ 207
LF3 ················ 208

PNU-74654 ················ 209

4 β-catenin-CBP/p300 阻害剤
ICG-001 ················ 210
Windorphen ················ 211
IQ-1 ················ 212
ID-8 ················ 213
YH249 ················ 214

5 GSK-3 β 阻害剤
SB-216763 ················ 215
BIO ················ 216
CHIR99021 ················ 217
CHIR98014 ················ 218

TWS119 ················ 218

6 その他の作用点の関連薬剤
Salinomycin ················ 219
Dvl-PDZ domain inhibitor Ⅱ ················ 220
Pyrvinium pamoate ··· 221
KYA1797K ················ 222
NCB-0846 ················ 223
CCT036477 ················ 225
WAY-262611 ················ 226
Gallocyanine ················ 226
HLY78 ················ 227
SKL2001 ················ 228

第13章　ヘッジホッグシグナル関連薬剤
小松将之，佐々木博己　**230**

Cyclopamine ················ 232
Vismodegib ················ 233
SANT-1 ················ 234

SAG ················ 235
20(S)-Hydroxycholesterol ················ 236

GANT61 ················ 237

第14章　サイトカインシグナル関連薬剤
河府和義　**238**

Rapamycin ················ 240
Thalidomide ················ 240
JAK/STAT inhibitor ··· 240

NFAT inhibitor ············ 240
TGF-β RI inhibitor ··· 241
TNF-α antagonist ····· 242

ヘルパーT細胞分化抑制抗体群 ················ 243
TACE inhibitor ············ 244
マウスIL-6中和抗体 ··· 245

第15章　ホルモン関連薬剤
河府和義　**246**

Dexamethasone ········ 248
Tretinoin ················ 249
Fulvestrant ················ 250

Flutamide ················ 251
4-Hydroxytamoxifen ··· 252
RU-486 ················ 253

Ro41-5253 ················ 254
GW9662 ················ 255

第16章 トランスポーター，5-HTなどのGPCRs関連薬剤　　藪田紀一　256

Phlorizin	258	Phentolamine	265	Olanzapine	272
WZB 117	259	Baclofen	266	Fluvoxamine	273
Bumetanide	260	Sulpiride	267	Atropine sulfate	274
Reserpine	261	Diphenhydramine	268	Cariporide	276
Carvedilol	262	Cimetidine	269		
Propranolol	263	Cyproheptadine	271		

第17章 エピジェネティクス関連薬剤① アセチル化・脱アセチル化　　河府和義　278

Trichostatin A	280	Trapoxin	284	Sulforaphane	288
Oxamflatin	281	Apicidin	285	Anacardic acid	289
Butilate	282	FK228	286	Garcinol	290
Valproic acid	283	MS-275	287	CTPB	291

第18章 エピジェネティクス関連薬剤② メチル化・脱メチル化　　小松将之，佐々木博己　292

5-Azacytidine	294	GSK126	298	BIX01294	302
RG108	295	UNC1999	299	GSK-J4	303
Lomeguatrib	296	Pinometostat	300	ORY-1001	304
3-Deazaneplanocin A	297	A-366	301	EPZ015666	305

第19章 NF-κB転写因子関連薬剤　　合田 仁，井上純一郎　307

BAY11-7082, BAY11-7085		Pyrrolidinedithiocarbamate		JSH-23	319
	309		314	SN50	320
BMS-345541	310	PS-1145	315	NF-κB decoy	
IKK-16	311	SC-514	316	oligodeoxynucleotide	321
IMD0354	312	TPCA-1	317		
NBD-peptide	313	(−)-DHMEQ	318		

contents

第20章 非アポトーシス細胞死関連薬剤
仁科隆史，中野裕康 **322**

Necrostatin-1s	325	Ponatinib	330	Deferoxamine mesylate	
GSK'872	326	Z-VAD-FMK	331		335
Necrosulfonamide	327	Erastin	332	Trolox	336
Birinapant	328	Ferrostatin-1	333	Q-VD-OPh	337
BV-6	329	(1S,3R)-RSL3	334	IDN-6556	338
				LCL-161	339

第21章 タンパク質・RNAの核―細胞質間輸送関連薬剤
宮本洋一，岡　正啓，米田悦啓 **340**

Leptomycin B	342	WGA	344	KPT330	346
Ratjadone A	343	Importazole	345		

第22章 mRNAスプライシング関連薬剤
甲斐田大輔 **347**

Spliceostatin A	349	Isoginkgetin	352	BN82685	355
Pladienolide B	350	TG003	353	Okadaic acid	355
Herboxidiene	351	Chlorhexidine	354		

第23章 カスパーゼ，プロテアソーム，グランザイムBなど関連薬剤
鎌田真司 **356**

❶カスパーゼ阻害剤
カスパーゼ特異的阻害剤 … 358
汎カスパーゼ阻害剤 … 365

❷グランザイムB阻害剤
グランザイムB阻害剤 … 366

❸プロテアソーム阻害剤
Lactacystin … 367
MG-115 … 368
MG-132 … 369

❹β-secretase阻害剤
β-Secretase inhibitor Ⅰ … 370
β-Secretase inhibitor Ⅱ … 371
β-Secretase inhibitor Ⅲ … 371
β-Secretase inhibitor Ⅳ … 372
OM99-2 … 373
KMI-429 … 374

KMI-574 … 375
KMI-1027 … 376
KMI-1303 … 376
AZD3839 … 377
Lanabecestat … 378
LY2886721 … 379
Verubecestat … 380

第24章 メタロプロテアーゼ関連薬剤
中島元夫 381

1 MMP 阻害剤
Marimastat ········· 385
Prinomastat ········· 386
AB0041 ········· 387
ヒト TIMP-1 ········· 387

ヒト TIMP-2 ········· 388
2 ADAM 阻害剤
INCB3619 ········· 389
TAPI-1 ········· 390

TAPI-2 ········· 391
3 ADAMTS 阻害剤
ADAMTS-5 inhibitor ··· 392
ADAMTS13 inhibitor ··· 393

第25章 COX, 酸化ストレス, NO 関連薬剤
川崎善博 394

Acetylsalicylic acid ····· 397
Sulindac sulfide ····· 398
Indomethacin ········· 399
Ibuprofen ········· 400
Diclofenac sodium ····· 401

3-Amino-1,2,4-triazole
········· 402
L-NAME ········· 402
L-NMMA ········· 403
L-NNA ········· 404
L-NIL dihydrochloride
········· 405

Celecoxib ········· 406
Epigallocatechin gallate
········· 406
Sulforaphane ········· 406
Bardoxolone methyl ····· 407
5-Aminolevulinic acid
········· 408

第26章 DNA 損傷, 修復関連薬剤
塩川大介 410

KU-55933 ········· 412
VE-822 ········· 413
LY2603618 ········· 414
BML-277 ········· 415

MK-1775 ········· 415
Olaparib ········· 416
SCR7 ········· 417
NU-7441 ········· 418

Rucaparib ········· 419
Niraparib ········· 420

第27章 アポトーシス関連薬剤
塩川大介 421

Pifithrin-α ········· 423
BI-6C9 ········· 424
NS3694 ········· 424
UCF-101 ········· 425

Decylubiquinone ········· 426
Salubrinal ········· 427
Aurintricarboxylic acid
········· 427
Bax channel blocker ··· 428

Liproxstatin-1 ········· 429
Ferrostatin-1 ········· 430
IM-54 ········· 430
Necrostatin-1 ········· 431

第28章 抗生物質
塩川大介 432

Azaserine ········· 434
Mitomycin C ········· 434
Actinomycin D ········· 435
Penicillin G sodium ····· 436

Tetracycline ········· 437
Chloramphenicol ········· 438
Streptomycin sulfate salt
········· 439

Neomycin ········· 440
Cycloheximide ········· 441
Puromycin ········· 442

contents

第29章 オートファジー関連薬剤
濱 祐太郎, 森下英晃, 水島 昇 **444**

Torin 1 …… 446	Bafilomycin A$_1$ …… 448	Pepstatin A …… 451
Rapamycin …… 447	Chloroquine …… 449	
Wortmannin …… 447	E64d …… 450	

第30章 糖脂質代謝関連薬剤
浅井洋一郎, 片桐秀樹 **452**

2-Deoxy-D-glucose …… 454	Dapagliflozin …… 457	Etomoxir …… 461
Tolbutamide …… 455	Exenatide …… 458	Lovastatin …… 462
5-Aminoimidazole-4-carboxamide ribonucleotide …… 456	Voglibose …… 459	Fenofibrate …… 463
	Cerulenin …… 460	Troglitazone …… 464

第31章 血管新生関連薬剤
安部まゆみ **465**

Vascular endothelial growth factor …… 467	Hepatocyte growth factor …… 469	SU5416 …… 475
Angiopoietin 1 …… 468	Avastin …… 470	SU6656 …… 476
Fibroblast growth factor 2 …… 468	ZALTRAP …… 471	NK4 …… 477
	Celecoxib …… 473	2-Methoxyestradiol …… 478
	SU5402 …… 474	Thrombospondin …… 479
		Thalidomide …… 480

第32章 細胞骨格・細胞分裂関連薬剤① アクチン細胞骨格系
渡邊直樹, 清末優子 **481**

Cytochalasins：Cytochalasin B, Cytochalasin D …… 483	Jasplakinolide …… 490	Mavacamten …… 499
Latrunculins：Latrunculin A, Latrunculin B …… 485	Cucurbitacin E …… 491	
Mycalolide B, Trisoxazole-bearing macrolides …… 486	Wiskostatin …… 492	
Swinholide A …… 488	CK-666, CK-869 …… 493	
Phalloidin …… 489	SMIFH2 …… 494	
	N-Benzyl-p-toluenesulfonamide …… 496	
	Blebbistatin …… 497	
	Omecamtiv mecarbil …… 498	

第33章 細胞骨格・細胞分裂関連薬剤②微小管骨格系　　清末優子　501

1 チューブリン／微小管関連薬剤
Paclitaxel ···················· 503
Epothilone A, Epothilone B
···························· 504
Colchicine, Demecolcine /
Colcemid ················ 506
Nocodazole ················ 507
Vinblastine, Vincristine
···························· 509
Eribulin ···················· 510
Dolastatin 10, Dolastatin
15 ······················· 512
Benomyl ···················· 513

Mebendazole, Albendazole
···························· 514

2 細胞分裂キナーゼ関連薬剤
Tozasertib ················ 516
Alisertib ···················· 517
Barasertib ················ 518
BI 2536 ···················· 519
GSK461364 ··············· 520
NMS-P937 ················· 521
CFI-400945 ··············· 522
Centrinone, Centrinone-B
···························· 524

AZ 3146 ···················· 525
Mps1-IN-1, Mps1-IN-2
···························· 526
INH1 ······················· 528

**3 モータータンパク質／ダイナ
ミン関連薬剤**
Monastrol ················· 529
Ispinesib ···················· 530
GSK923295 ··············· 531
Ciliobrevin A / HPI-4,
Ciliobrevin D ············· 532
Dynasore ··················· 534

第34章 テロメラーゼ関連薬剤　　新家一男, 清宮啓之　536

MST-312 ···················· 538
BIBR1532 ··················· 539
(-)-Epigallocatechin
gallate ···················· 540
AZT-TP, AZddG ········· 541
Chrolactomycin ·········· 542

β-Rubromycin ············ 543
Imetelstat ················· 544
Telomestatin ·············· 545
6-Oxazole telomestatin
derivative ················· 546
TMPyP4 ···················· 547

BRACO-19 ················· 548
SYUIQ-05 ·················· 549
12459 ······················· 550
Phen-DC3 ·················· 551
Geldanamycin ············ 552

第35章 老化（細胞レベル・個体レベル）関連薬剤　　坂本明彦, 丸山光生　554

Resveratrol ················ 556
SRT1720 ··················· 556
Nicotinamide riboside
···························· 557

Nicotinamide
mononucleotide ········· 558
Metformin ················· 559
Rapamycin ················ 560

Navitoclax ················· 560
Dasatinib ··················· 561
Quercetin ·················· 562
Ruxolitinib ················· 563

第36章 糖プロセシング関連薬剤　　木山亮一, 新間陽一　565

Tunicamycin ·············· 567
1-Deoxynojirimycin ····· 568
1-Deoxymannojirimycin
···························· 569
Benzyl-2-acetamido-2-
deoxy-α-D-
galactopyranoside ······ 570

Micafungin ················ 571
2-Acetamido-1,2-
dideoxynojirimycin ····· 572
Voglibose ·················· 573
2-Deoxy-D-galactose ···· 574
Oseltamivir phosphate
···························· 575

4-Methylumbelliferone
···························· 576
PDMP ······················ 577
Brefeldin A ················ 578
Castanospermine ········ 579
Kifunensine ··············· 580
Swainsonine ·············· 581

contents

第37章 抗ウイルス関連薬剤 鈴江一友 582

Aciclovir ……… 583	Amantadine ……… 584	Raltegravir ……… 586
Oseltamivir ……… 584	Favipiravir ……… 585	Maraviroc ……… 587

第38章 制がん剤 千葉奈津子 588

Cisplatin ……… 590	Irinotecan hydrochloride	Bleomycin ……… 597
Methotrexate ……… 591	……… 594	Tamoxifen citrate ……… 598
5-Fluorouracil ……… 592	Adriamycin ……… 595	Olaparib ……… 599
Hydroxycarbamide ……… 593	Etoposide ……… 596	

第39章 免疫チェックポイント関連薬剤 山下万貴子, 北野滋久 600

Ipilimumab ……… 602	Pembrolizumab ……… 603	Durvalumab ……… 604
Nivolumab ……… 602	Atezolizumab ……… 604	Avelumab ……… 605

第40章 DNAポリメラーゼ関連薬剤 水野　武, 栗山磯子 606

Aphidicolin ……… 608	Cholecarciferol ……… 612	Neobavaisoflavone ……… 615
BuPdGTP ……… 609	Vitamin B6 ……… 613	Heptelidic acid ……… 615
CD437 ……… 610	HMF ……… 613	5-Methylmellein ……… 616
Curcumin ……… 610	Conjugated eicosapentae-	Resveratrol ……… 617
Menadione ……… 611	noic acid ……… 614	Dehydroaltenusin ……… 617

第41章 ES細胞・iPS細胞関連薬剤 川瀬栄八郎 619

CHIR99021 ……… 621	PS48 ……… 625	Go6983 ……… 629
PD0325901 ……… 622	Rapamycin ……… 626	XAV939 ……… 629
RepSox ……… 623	Y-27632 ……… 627	IWR-1-endo ……… 630
SB431542 ……… 624	Bisindolylmaleimide I	YM155 ……… 631
A-83-01 ……… 624	……… 628	PluriSIn #1 ……… 632

◆索引 …… 634

執筆者一覧

◆ 編集

秋山 徹	東京大学定量生命科学研究所分子情報研究分野
河府和義	TAK-Circulator 株式会社

◆ 執筆者 (50音順)

浅井洋一郎	東北大学大学院医学系研究科糖尿病代謝内科学分野
安部まゆみ	上武大学医学生理学研究所
飯島幹雄	鹿児島大学大学院医歯学総合研究科医化学分野
井上純一郎	東京大学医科学研究所分子発癌分野
海川正人	琉球大学医学部医化学講座
岡 正啓	医薬基盤・健康・栄養研究所
甲斐田大輔	富山大学大学院医学薬学研究部
片桐秀樹	東北大学大学院医学系研究科糖尿病代謝内科学分野
鎌田真司	神戸大学バイオシグナル総合研究センター
川崎善博	東京大学定量生命科学研究所分子情報研究分野
川瀬栄八郎	京都大学ウイルス・再生医科学研究所胚性幹細胞分野
菊池 章	大阪大学大学院医学系研究科分子病態生化学
岸田昭世	鹿児島大学大学院医歯学総合研究科医化学分野
北野滋久	国立がん研究センター中央病院先端医療科/同先端医療開発センター免疫療法開発分野/新薬臨床開発分野
木山亮一	九州産業大学生命科学部生命科学科
清末優子	理化学研究所生命機能科学研究センター
栗山磯子	兵庫大学健康科学部
河府和義	TAK-Circulator 株式会社
小松将之	国立がん研究センター研究所創薬標的・シーズ探索部門
小山浩史	鹿児島大学大学院医歯学総合研究科医化学分野
金野 祐	神戸大学大学院医学研究科生化学・分子生物学講座 シグナル統合学分野
合田 仁	東京大学医科学研究所アジア感染症研究拠点
坂本明彦	国立長寿医療研究センター
佐々木博己	国立がん研究センター研究所創薬標的・シーズ探索部門
塩川大介	国立がん研究センター研究所分子標的研究グループがん分化制御解析分野
新間陽一	産業技術総合研究所生命工学領域
新家一男	産業技術総合研究所創薬基盤研究部門
鈴江一友	群馬大学大学院医学系研究科生体防御学講座
清宮啓之	がん研究会がん研究所がん化学療法センター
千葉奈津子	東北大学加齢医学研究所腫瘍生物学分野
中島元夫	SBIファーマ株式会社
中野裕康	東邦大学医学部医学科生化学講座病態生化学分野
中村 勉	東京大学定量生命科学研究所分子情報研究分野
名田茂之	大阪大学微生物病研究所発癌制御研究分野
仁科隆史	東邦大学医学部医学科生化学講座病態生化学分野
濱 祐太郎	東京大学大学院医学系研究科分子生物学分野
樋口 理	国立病院機構長崎川棚医療センター臨床研究部
藤田直也	がん研究会がん研究所がん化学療法センター
穂積勝人	東海大学医学部医学科基礎医学系生体防御学
丸山光生	国立長寿医療研究センター
水島 昇	東京大学大学院医学系研究科分子生物学分野
水谷顕洋	昭和薬科大学薬物治療学研究室
水野 武	理化学研究所開拓研究本部
宮本洋一	医薬基盤・健康・栄養研究所
村田陽二	神戸大学大学院医学研究科生化学・分子生物学講座シグナル統合学分野
森口徹生	元 北海道大学遺伝子病制御研究所
森下英晃	東京大学大学院医学系研究科分子生物学分野
藪田紀一	大阪大学微生物病研究所発癌制御研究分野
山下万貴子	国立がん研究センター中央病院先端医療科/同先端医療開発センター免疫療法開発分野/新薬臨床開発分野
米田悦啓	医薬基盤・健康・栄養研究所
渡邊直樹	京都大学大学院生命科学研究科分子動態生理学/京都大学大学院医学研究科神経・細胞薬理学

決定版
阻害剤・活性化剤
ハンドブック

作用点、生理機能を理解して
目的の薬剤が選べる実践的データ集

第1章

プロテインキナーゼ関連薬剤
PKC/PKA/PKG/CK/Rhoキナーゼなど

小山浩史，飯島幹雄，岸田昭世，菊池　章

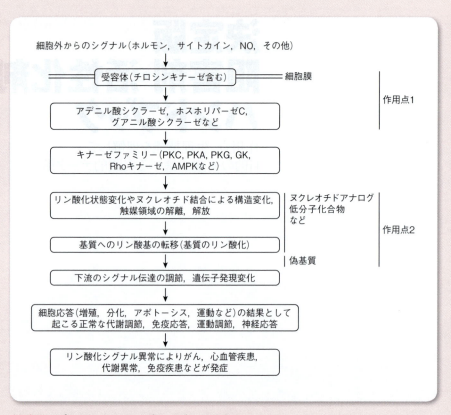

概略図　プロテインキナーゼのシグナルと疾患

　ヒトゲノムには518種類のプロテインキナーゼが見出されており，細胞のシグナル伝達を制御する大きなタンパク質ファミリーである[1〜4]．プロテインキナーゼは，リン酸化するアミノ酸配列から，チロシンキナーゼとセリン／スレオニンキナーゼの2つに大別される．チロシンキナーゼは細胞膜上で受容体として機能する分子の細胞質側にキナーゼドメインをもつものが多く，セリン／スレオニンキナーゼは細胞内でシグナル伝達にかかわるものが多い．本稿では，セリン／スレオニンキナーゼを中心

にとり上げる（概略図）．多くの場合，プロテインキナーゼの触媒領域は，細胞が刺激されていないときには調節サブユニット（または調節領域）や分子内の偽基質領域との結合によって不活性化されている．

その他のプロテインキナーゼの活性調節機構としては，他のキナーゼやホスファターゼ（または自己リン酸化）によるリン酸化／脱リン酸化に伴う構造変化，細胞内局在変化により基質との空間的距離が近接するなどの理由で活性が変化する場合などがある．

セリン／スレオニンキナーゼが活性化して，下流の基質タンパク質のセリンまたはスレオニン残基にATPの高エネルギーリン酸基を転移（リン酸化）すると，基質タンパク質の構造，機能が変化して，細胞の増殖や分化，アポトーシス，分泌などさまざまな細胞応答が起こる．プロテインキナーゼの前述の正常なシグナル伝達制御が破綻すると，がんや心血管疾患，代謝疾患，神経疾患，免疫疾患などの発症に関与すると考えられるため，キナーゼ関連薬剤の開発は創薬研究の主要なテーマである．実際，2016年までに承認された分子標的型の抗がん剤70剤のうち，56％に相当する39剤はキナーゼをターゲットにしている[5]．これらの多くはチロシンキナーゼをターゲットとしているが，中にはCX-4945のようにチロシンキナーゼではないキナーゼをターゲットとした薬剤も開発されている．

本章で紹介する化合物には，キナーゼの上流（概略図作用点1）に作用するLPA（Rhoキナーゼ活性化）やフォルスコリン（アデニル酸シクラーゼ活性化）もあるが，直接結合して活性化するタイプ（TPAやBryostatin1）や分解されにくい基質アナログ（BucladesineやpCPT-cGMPなど）として酵素に直接結合して活性化するものもある（概略図作用点2）．また，阻害剤の多くはStaurosporineに代表されるキナーゼ本体のATP結合部位でATPと競合するタイプ（概略図作用点2）である．

参考文献

1）Manning G, et al：Science, 298：1912-1934, 2002
2）「シグナル伝達」（Gomperts BD 他／著　上代淑人／監訳）メディカルサイエンスインターナショナル，2002
3）Shen K, et al：Biochimi Biophys Acta, 1754：65-78, 2005
4）Braconi Quintaje S & Orchard S：Mol Cell Proteomics, 7：1409-1419, 2008
5）「文部科学省新学術領域研究 化学療法基盤支援活動」http://scads.jfcr.or.jp/db/table.html#table1

1 PKC関連薬剤

Bisindolylmaleimide Ⅰ

別名：GF109203X

◆**分子量**：412.5

◆**IUPAC名**：3-[1-[3-(Dimethylamino)propyl]indol-3-yl]-4-(1H-indol-3-yl) pyrrole-2,5-dione

◆**使用法・購入**
溶媒：DMSO（25 mM），−20℃保存
使用条件：細胞培養用培地に添加する場合，10 nM～100 μM程度
購入先：フナコシ社（AG-CR1-0009），アブカム社（ab144264），RSD社（0741/10），ケイマン社（13298塩酸塩の場合は21180），Focus Biomolecules社（10-1026）

◇ 作用機序

　PKC（protein kinase C）はセリン／スレオニンキナーゼで，活性化にCa^{2+}，ジアシルグリセロール，リン脂質が必要なcPKC（classical PKC），ジアシルグリセロールのみで活性化されるnPKC（novel PKC），活性化にCa^{2+}とジアシルグリセロールを必要としないaPKC（atypical PKC）の3種類に大きく分類される.

　Bisindolylmaleimide類は，いずれもStaurosporineに類似した構造をもつATP競合性のPKC阻害薬である[1]. Bisindolylmaleimide ⅠのPKCに対するK_i値は，およそ14 nMである[2]. PKCアイソザイムに高い選択性を示すが，高濃度ではPKA（cAMP-dependent protein kinase），GSK（glycogen synthase kinase）-3に対しても阻害効果を示し，そのK_i値は，おのおの2 μMおよび5 μMである[1][3].

◇ 生理機能

　ヒト好酸球のIL（interleukin）-5依存性の遊走能亢進やMAPK（mitogen-activated protein kinase）のリン酸化亢進を抑制する（濃度1～10 μM）[4]. ヒト肺がんPC3細胞やヒト乳がんMCF7細胞でエクソソームの放出を抑制し，5FU依存性のアポトーシスを増強する（濃度10 μM）[5].

◇ 注意点

高濃度での使用はPKC以外の作用点をもつ可能性があることに注意する.

参考文献

1) Jacobson PB, et al：J Pharmacol Exp Ther, 275：995-1002, 1995
2) Toullec D, et al：J Biol Chem, 266：15771-15781, 1991
3) Hers I, et al：FEBS Lett, 460：433-436, 1999
4) Choi EN, et al：Immunology, 108：245-256, 2003
5) Kosgodage US, et al：Int J Mol Sci, 18：10.3390/ijms18051007, 2017

Bisindolylmaleimide Ⅱ

別名：BIM Ⅱ

◆ **分子量**：438.5

◆ **IUPAC名**：3-(1H-Indol-3-yl)-4-[1-[2-(1-methyl-2-pyrrolidinyl)ethyl]-1H-indol-3-yl]-1H-pyrrole-2,5-dione

◆ **使用法・購入**
溶媒：DMSO（1 mM），−20℃保存
使用条件：細胞培養用培地に添加する場合，0.01〜10 μM程度
購入先：ケイマン社（11020），アブカム社（ab144206）

◇ 作用機序

10 μM存在下で，PKC活性を98％，ホスホリラーゼキナーゼ活性を93％阻害する[1]. PKAに対するIC$_{50}$は2.94 μMである[2]. PDK（phosphoinositide-dependent kinase）-1に対するIC$_{50}$は14 μMである[1].

◇ 生理機能

アフリカツメガエル卵母細胞のギャップ結合のヘミチャネルを通じた分子の取り込みを促進する（濃度5 μM）[3]. アンジオテンシンⅡがPKC依存性に引き起こすBKチャネル（平滑筋のカルシウム依存性Kチャネル）タンパク質のインターナリゼーションを抑制する（濃度10 μM）[4].

◇注意点

　強力なアセチルコリン受容体（ニコチン受容体）の非競合的アンタゴニストとして，$IC_{50} = 60 \sim 90$ nMで作用することも報告されている[5].

参考文献

1 ）Komander D, et al：Structure, 12：215-226, 2004
2 ）Gassel M, et al：J Biol Chem, 279：23679-23690, 2004
3 ）Alstrøm JS, et al：J Neurophysiol, 114：3014-3022, 2015
4 ）Leo MD, et al：Am J Physiol Cell Physiol, 309：C392-C402, 2015
5 ）Mahata M, et al：Mol Pharmacol, 61：1340-1347, 2002

Bisindolylmaleimide Ⅲ

別名：BIM Ⅲ

◆分子量：384.4

◆**IUPAC名**：3-(1H-Indol-3-yl)-4-[1-[2-(1-methyl-2-pyrrolidinyl)ethyl]-1H-indol-3-yl]-1H-pyrrole-2,5-dione

◆**使用法・購入**
溶媒：DMSO（＜ 100 mM），-20℃保存
使用条件：細胞培養用培地に添加する場合，0.01 ～ 10 μM程度
購入先：メルク社（203290），フナコシ社（AG-CR1-0112-M001）

◇作用機序

　Bisindolylmaleimide Ⅲは，1 μMでPKCαの活性を93 ％抑制するATP競合型の薬剤で，IC_{50}は26 nMである．他にも，GSK-3βやPKA，CDK（cyclin-dependent kinase）2など多数のプロテインキナーゼの活性を抑制する．さらに，インスリンのシグナル伝達に必須のPDK1に対するIC_{50}は3.8 μMである[1].

◇生理機能

　ヒトリンパ球由来細胞IM-9においてホルボールエステル依存性のタンパク質リン酸化を阻害し（濃度2.5 μM），成長ホルモン結合タンパク質の放出を抑制する[2]．Bisindolylmaleimide Ⅲを用いたプルダウンアッセイによって，プロテインキナーゼ

だけでなく，prohibitin，VDAC（voltage-dependent anion channel）やヘム結合タンパク質などにも結合することが見出されている[3].

参考文献

1 ）Davies SP, et al：Biochem J, 351：95-105, 2000
2 ）Saito Y, et al：Mol Cell Endocrinol, 152：65-72, 1999
3 ）Saxena C, et al：J Proteome Res, 7：3490-3497, 2008

Bisindolylmaleimide Ⅳ

別名：BIM Ⅳ

◆**分子量**：327.3

◆**IUPAC名**：3,4-di-1H-indol-3-yl-1H-pyrrole-2,5-dione

◆**使用法・購入**
溶媒：DMSO（＜ 100 mg/mL），2〜8℃保存
使用条件：細胞培養用培地に添加する場合，0.01〜20 μM程度
購入先：メルク社（203297），アブカム社（ab144208）

◇**作用機序**

Bisindolylmaleimide Ⅳ（BIM Ⅳ）は細胞膜透過性でATP競合型のPKC阻害剤で，PKCに対するIC$_{50}$は87 nMである．本薬剤はStaurosporineよりもPKCに対して選択的な阻害剤として開発されたが，PKAに対しても阻害作用を示し，IC$_{50}$は2.7 μMである[1].

◇**生理機能**

ヒト由来ケラチノサイトに紫外線照射したときのアポトーシスを抑制する（濃度5 μM）[2].アセチルコリンM1受容体への結合は，Bisindolylmaleimide Ⅰ〜Ⅲに比して弱いため，PKC阻害効果を検証する際に，アセチルコリンM1受容体への作用を考慮する場合は本薬剤が適切である[3].

参考文献

1 ）Fabre S, et al：Bioorg Med Chem, 1：193-196, 1993
2 ）Denning MF, et al：J Biol Chem, 273：29995-30002, 1998
3 ）Lazareno S, et al：Eur J Pharmacol, 360：281-284, 1998

Chelerythrine chloride

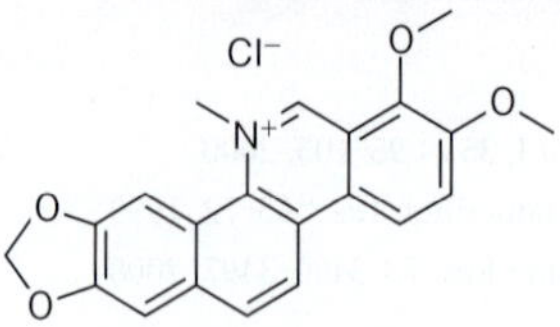

◆分子量：383.8

◆**IUPAC名**：1,2-Dimethoxy-N-methyl-[1,3]benzodioxolo[5,6-c]phenanthri-dinium chloride

◆**使用法・購入**
溶媒：DMSO，エタノール，蒸留水（2 mg/mL程度），−20℃保存
使用条件：細胞培養用培地に添加する場合〜5 μM，動物に投与する場合1〜10 mg/kgを腹腔内投与
購入先：フナコシ社（AG-CR1-0071-M001），Tocris社（1330）

◇ 作用機序

ケシ科の植物から見出されたアルカロイドである．細胞膜透過性で選択的なPKC阻害剤となる．PKCの触媒サブニットに結合し，基質に対して競合作用を示し，IC_{50}は0.7 μMである．PKAやCAMK（calmodulin-dependent protein kinase）に対してのIC_{50}は，おのおの170，100 μM以上とされている[1]．

◇ 生理機能

ヒト白血病由来細胞HL-60に対してDNA断片化やアポトーシスを誘導する（濃度5 μM）[2]．マウス腹腔内投与で，心移植時の拒絶反応を抑制する（用量5〜10 mg/kg）[3]．マウス腹腔マクロファージでのLPS（lipopolysaccharide）依存性のNO（一酸化窒素）産生亢進やLPS依存性のTNF（tumor necrosis factor）-α産生を抑制し（用量1〜10 mg/kg），MAPKを抑制する（濃度0.1〜100 ng/mL）[4]．

参考文献

1 ）Herbert JM, et al：Biochem Biophys Res Commun, 172：993-999, 1990
2 ）Jarvis WD, et al：Cancer Res, 54：1707-1714, 1994
3 ）Zhang Q, et al：Transpl Immunol, 38：78-83, 2016
4 ）Li W, et al：Inflammation, 35：1814-1824, 2012

Staurosporine

別名：スタウロスポリン

◆分子量：466.5

◆IUPAC名：(9S,10R,11R,13R)-2,3,10,11,12,13-Hexahydro-10-methoxy-9-methyl-11-(methylamino)-9,13-epoxy-1H,9H-diindolo[1,2,3-gh:3',2',1'-lm]pyrrolo[3,4-j][1,7]benzodiazonin-1-one

◆使用法・購入

溶媒：DMSO（100 mM），−20℃保存

使用条件：細胞培養用培地に添加する場合，10 nM〜5 μM

購入先：フナコシ社（AG-CN2-0022），アブカム社（ab120056）

◇ 作用機序

Staurosporineは，大村らによって放線菌から単離された天然物で[1]，PKCの触媒領域内のATP結合部位に作用してATPに対する競合阻害を起こす．Staurosporineの PKCに対するIC_{50}は6 nMだが，ホスホリラーゼキナーゼ，CK2，PKAに対するIC_{50}はおのおの3 nM，12.6 μM，15 nMであり，多数のプロテインキナーゼに対しても阻害効果を示す[2]．

◇ 生理機能

マウス骨芽細胞株MC3T3-E1のアポトーシスを誘導する（濃度10〜100 nM）[3]．マウスリンパ性白血病由来細胞L1210で，カスパーゼ依存性と非依存性の異なるシグナルによるアポトーシスを誘導する（濃度5 μM）[4]．

◇ 注意点

各種キナーゼ阻害剤のリード化合物および前駆体としての意義は高いが，広範なキナーゼに作用するため，効果の解釈には注意を要する．

参考文献

1) Omura S, et al：J Antibiot（Tokyo），30：275-282, 1977
2) Meggio F, et al：Eur J Biochem, 234：317-322, 1995
3) Chae HJ, et al：Pharmacol Res, 42：373-381, 2000
4) Belmokhtar CA, et al：Oncogene, 20：3354-3362, 2001

第1章 プロテインキナーゼ関連薬剤

TPA

別名：12-O-Tetradecanoylphorbol 13-acetate / Phorbol 12-myristate 13-acetate / PMA

◆ **分子量**：616.8

◆ **IUPAC名**：(1aR,1bS,4aR,7aS,7bS,8R,9R,9aS)-9a-(acetyloxy)-4a,7b-dihydroxy-3-(hydroxymethyl)-1,1,6,8-tetramethyl-5-oxo-1a,1b,4,4a,5,7a,7b,8,9,9a-decahydro-H-cyclopropa[3,4]benzo[1,2-e]azulen-9-yl myristate

◆ **使用法・購入**
　溶媒：DMSO（＜20 mM，4℃で3カ月，-20℃で6カ月保存可），エタノール（＜10 mM）
　使用条件：細胞培養用培地に添加する場合，1 nM～1 μM．マウス炎症モデルとして使用する場合，2.5～5 μgを皮膚や耳介に塗布
　購入先：シグマ社（P8139），アブカム社（ab120297），フナコシ社（P-1680）

◇ 作用機序

　ハズ油に含まれるホルボールエステルで，強力な発がんプロモーターである[1][2]．PKCを活性化するジアシルグリセロールと類似の立体構造をもち，PKCのC1ドメイン内のCRD（cysteine rich domain）に結合してPKCを細胞膜に移行させ活性化する．ジアシルグリセロールと異なりTPAは細胞内で代謝されにくく，ジアシルグリセロールよりも強いPKC活性化能を示す．

◇ 生理機能

　PKCを活性化し，HL-60細胞をマクロファージ様に分化させる（濃度1.6～160 nM）[3]．ラット肝細胞のiNOS（inducible NO synthase）を増加させ，ラットマクロファージのROS（活性酸素種）産生を促進することも報告されている（濃度0.8 μM）[4]．マウスの皮膚や耳介に塗布すると皮膚炎や浮腫を生じるため，炎症モデルとしても利用されている[5]．

◇ 注意点

　水に不溶のため，DMSOやエタノールで調製したストックを培地等に添加する．光感受性のため，遮光保存する．発がん性があるため，手袋などを着用して使用する．

参考文献

1）Hecker E：Naturwissenschaften, 54：282-284, 1967
2）Van Duuren BL：Prog Exp Tumor Res, 11：31-68, 1969
3）Rovera G, et al：Proc Natl Acad Sci U S A, 76：2779-2783, 1979
4）Swindle EJ, et al：J Immunol, 169：5866-5873, 2002
5）Passos GF, et al：Eur J Pharmacol, 698：413-420, 2013

Bryostatin 1

別名：ブリオスタチン1

◆**分子量**：905.0

◆**IUPAC名**：7β-Acetoxy-5β,9β:11β,15β:7β-Acetoxy-5β,9β:11β,15β:19α,23α-triepoxy-3α,9α,19β-trihydroxy-25β-[1（R）-hydroxyethyl]-13,21-bis(methoxycarbonylmethylene)-8,8,18,18-tetramethyl-20α-[octa-2（E）,4（E）-dienoyloxy]pentacosa-16（E）-enolide

◆**使用法・購入**

溶媒：エタノール（＜50 mM），DMSO（＜50 mM），–20℃以下保存（1カ月以内）
使用条件：細胞培養用培地に添加する場合，1 nM～20 μM．マウス個体に投与する場合，25 μg/kg～25 mg/kgを腹腔内投与または静脈内投与
購入先：シグマ社（B7431），Tocris社（2383）

◇ 作用機序

付着性海洋動物フサコケムシより単離されたマクロライドで[1]，PKCの2つのC1ドメイン（C1AとC1B）両方に結合し，PKCを核膜と核周辺に局在させ活性化させる[2]．PKCに対するK_d値は1.35 nMである．

◇ 生理機能

Bryostatin1と同じPKC活性化剤であるTPAは発がんプロモーション作用をもつが，Bryostatin 1はTPAのアンタゴニストとして働き[3]，発がんプロモーション作用

をもたないため，抗がん剤として臨床試験が行われている．マウスやラットの記憶力を増強し，アルツハイマー病モデルマウスTg2576のアミロイドβを減少させる（用量20 mg/kgを腹腔内投与）ことから，アルツハイマー病の治療薬としての臨床試験も行われている[4]．また，抗HIV作用もあると報告されている（濃度25 ng/mL）[5]．

◇ **注意点**

水溶液中でガラスやプラスチックに結合する．光感受性のため，遮光保存する．

参考文献

1）Berkow RL & Kraft AS：Biochem Biophys Res Commun, 131：1109-1116, 1985
2）Lorenzo PS, et al：Cancer Res, 59：6137-6144, 1999
3）Gschwendt M, et al：Carcinogenesis, 9：555-562, 1988
4）Russo P, et al：Mar Drugs, 14：5, 2015
5）Mehla R, et al：PLoS One, 5：e11160, 2010

Phorbol 12, 13-dibutyrate

別名：PDBu

◆ **分子量**：504.6

◆ **IUPAC名**：（1aR,1bS,4aR,7aS,7bS,8R,9R,9aS）-4a,7b-dihydroxy-3-(hydroxymethyl)-1,1,6,8-tetramethyl-5-oxo-1,1a,1b,4,4a,5,7a,7b,8,9-decahydro-9aH-cyclopropa[3,4]benzo[1,2-e]azulene-9,9a-diyl dibutanoate

◆ **使用法・購入**

溶媒：DMSO（＜25 mg/mL），エタノール（＜20 mg/mL），-20℃保存（6～12カ月），光に不安定なため遮光保存
使用条件：細胞培養用培地に添加する場合，0.01～10 μM
購入先：シグマ社（P1269），アブカム社（ab142636），フナコシ社（P-4833）

◇ **作用機序**

TPAと同様にハズ油に含まれるホルボールエステルである[1]．PKCを活性化するジアシルグリセロールと類似の立体構造をもち，PKCのC1ドメイン内のCRDに結合して[2]，PKCを細胞膜に移行させ活性化する．TPAと比較してPKC活性化能は低く

発がんプロモーション能も低いが，親水性は高い．

◇ 生理機能

骨髄間質細胞への投与でOPG（osteoprotegerin）の分泌を促進する（濃度10 nM）[3]．樹状細胞のROS（活性酸素種）の産生や成熟化を起こす（濃度0.01～10 μM）[4]．アセチルコリンによる気管支平滑筋の収縮を促進する（濃度1 μM）[5]．

参考文献

1）Blumberg PM, et al：Ann N Y Acad Sci, 407：303-315, 1983
2）Ono Y, et al：Proc Natl Acad Sci U S A, 86：4868-4871, 1989
3）Brändström H, et al：Biochem Biophys Res Commun, 280：831-835, 2001
4）Stein J, et al：Oxid Med Cell Longev, 2017：4157213, 2017
5）Sakai H, et al：Respir Physiol Neurobiol, 173：120-124, 2010

2 PKA関連薬剤

H89

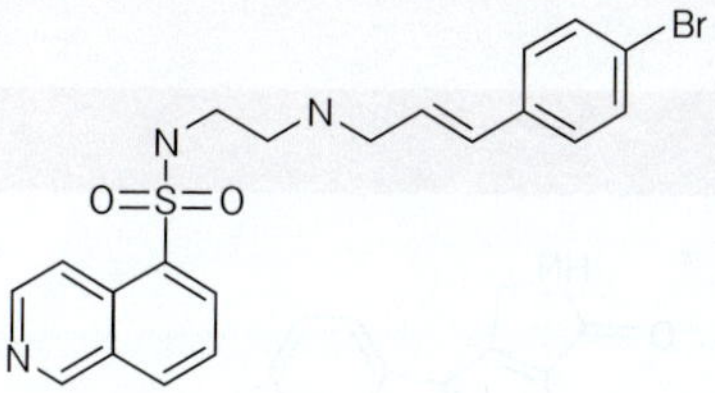

◆ **分子量**：519.3

◆ **IUPAC名**：N-[2-[[3-(4-Bromophenyl)-2-propenyl]amino]ethyl]-5-isoquinolinesulfonamide

◆ **使用法・購入**
溶媒：DMSO（＜10 mM），-20℃保存
使用条件：細胞培養用培地に添加する場合，5～30 μM
購入先：シグマ社（B1427）

◇ 作用機序

PKAは触媒サブユニット（C）と調節サブユニット（R）からなるセリン／スレオニンキナーゼである．PKAは不活性状態では触媒サブユニット2分子と調節サブユニット2分子からなる四量体（R_2C_2）を形成しており，調節サブユニットが触媒サブユニットの活性中心を閉鎖している．cAMPが調節サブユニットと結合すると，触媒サブユニットが解離して活性化する．PKAはGタンパク質共役型ホルモン受容体の制御下で産生されるcAMPにより活性化し，各種の基質をリン酸化し代謝や遺伝子

29

発現などさまざまな機能を調節する.

　本薬剤は細胞膜透過性があり，PKA の触媒領域内の ATP 結合部位に作用して ATP に対する競合阻害を起こす.当初 PKA 特異的な阻害剤で IC_{50} は 135 nM だと考えられていたが，S6 キナーゼ I，MSK（mitogen- and stress- activated kinase）1，Rho キナーゼ（ROCK II），PKB（protein kinase B）α などに対しての IC_{50} は，おのおの 80 nM，120 nM，270 nM，2.6 μM である[1].

◇生理機能

　HeLa 細胞のホスファチジルコリンの生合成を 50 ％阻害する（濃度 10 μM 1 時間処理）[2].

◇注意点

　β2 アドレナリン受容体拮抗作用の可能性が報告されており，使用時の結果の解釈には注意が必要である[3].

参考文献

1）Davies SP, et al：Biochem J, 351：95-105, 2000
2）Geilen CC, et al：FEBS Lett, 309：381-384, 1992
3）Murray AJ：Sci Signal, 1：re4, 2008

KT5720

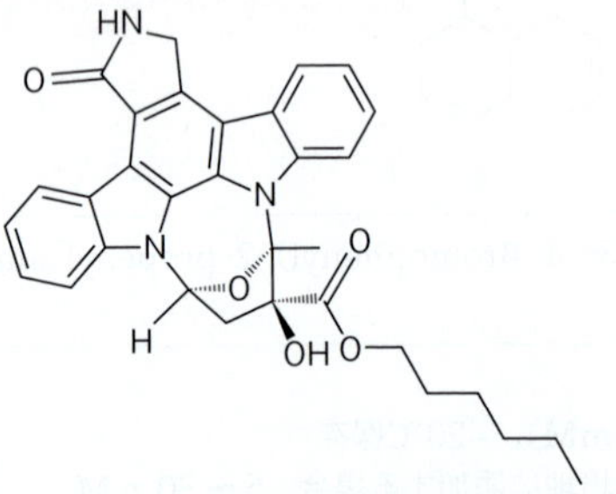

◆分子量：537.6

◆IUPAC名：(5R,6S,8S)-Hexyl 6-hydroxy-5-methyl-13-oxo-6,7,8,13,14,15-hexahydro-5H-16-oxa-4b,8a,14-triaza-5,8-methanodibenzo[b,h]cycloocta[jkl]cyclopenta[e]-as-indacene-6-carboxylate

◆使用法・購入
溶媒：DMSO，エタノール（< 50 mM），-20 ℃保存
使用条件：細胞培養用培地に添加する場合，10 nM ～ 10 μM
購入先：フナコシ社（10011011），富士フイルム和光純薬社（111-00584，113-00583，117-00581）

◇作用機序

　真菌*Nocardiopsis*種から見出されたK252aに類似の構造をもつ半合成品である.PKAのATP結合部位を標的としたATP競合阻害薬で,そのK_i値は60 nMである.非特異的な作用としてホスホリラーゼキナーゼ,PDK1,MEK(MAPK/ERK kinase),MSK1,PKBαおよびGSK3βについても阻害作用を示す.PKG(cGMP-dependent protein kinase)やPKCに対するK_i値は2μM以上とされている[1].

◇生理機能

　ラット副腎髄質褐色細胞腫由来細胞PC12-E2でNCAM(neural cell adhesion molecule)依存性の神経突起伸長を抑制する(濃度0.1〜1μM)[2].ラット心筋由来細胞H9c2でNOによって誘発される細胞死をPDE(phosphodiesterase)4阻害薬が阻害する作用を抑制する(濃度5μM)[3].

◇注意点

　当初PKA特異的な阻害剤だと考えられていたが,アセチルコリンM1受容体に結合してシグナルを伝達する可能性が報告されており,使用結果の解釈には注意が必要である[4].

参考文献

1) Kase H, et al：Biochem Biophys Res Commun, 142：436-440, 1987
2) Jessen U, et al：J Neurochem, 79：1149-1160, 2001
3) Kwak HJ, et al：Cell Signal, 20：803-814, 2008
4) Murray AJ：Sci Signal, 1：re4, 2008

Forskolin

別名：FSK / フォルスコリン

◆**分子量**：410.5

◆**IUPAC名**：(3R,4aR,5S,6S,6aS,10S,10aR,10bS)-6,10,10b-trihydroxy-3,4a,7,7,10a-pentamethyl-1-oxo-3-vinyldodecahydro-1H-benzo[f]chromen-5-yl acetate

◆**使用法・購入**
　溶媒：DMSO(＜5 mg/mL,室温保存可)
　使用条件：細胞培養用培地に添加する場合,10μM程度

購入先：シグマ社（F6886），Enzo社（BML-CN100-0010），富士フイルム和光純薬社（597-04383）

◇作用機序

インド原産のシソ科植物 *Coleus forskohlii* の根に含まれるラブダンジテルペンの一種である．アデニル酸シクラーゼを活性化し細胞内のcAMP濃度を増加させ[1]，その結果PKAを活性化させる．PKAに対するEC_{50}は$5\sim10\ \mu M$である．

◇生理機能

インドでは古くから心臓病や呼吸器疾患などの治療に用いられてきた．ラット心臓灌流モデルにおいてcAMPを増加させ，心拍数，冠血流，左室圧を増加させる（濃度$0.2\ \mu M$程度）[2]．がん細胞の増殖抑制，紫外線からの皮膚の保護，幹細胞や神経芽細胞腫の神経細胞への分化誘導（濃度$10\ \mu M$）[3]，神経修復促進などにも働く．また，脂肪燃焼効果があるとされ（用量25 mgを2回/日，12週間），サプリメントとしても販売されている[4]．

◇注意点

エタノールは，Forskolinのアデニル酸シクラーゼ活性化を阻害する．Forskolin $10\ \mu M$とエタノール2％では20％，エタノール5％では40％のアデニル酸シクラーゼ活性が阻害される．メタノールやジメチルホルムアミド等の有機溶媒も同様の阻害効果を示すが，5％以下のDMSOは阻害効果を示さない[5]．

参考文献

1）Seamon KB, et al：Proc Natl Acad Sci U S A, 78：3363-3367, 1981

2）Hearse DJ, et al：Can J Cardiol, 2：303-312, 1986

3）Lando M, et al：Cancer Res, 50：722-727, 1990

4）Jeukendrup AE & Randell R：Obes Rev, 12：841-851, 2011

5）Huang RD, et al：J Cyclic Nucleotide Res, 8：385-394, 1982

8-Br-cAMP

◆**分子量**：408.1

◆**IUPAC名**：(4aR,6R,7R,7aS)-6-(6-Amino-8-bromo-9H-purin-9-yl)tetrahydro-

4H-furo[3,2-d][1,3,2]dioxaphosphinine-2,7-diol 2-oxide

◆使用法・購入
溶媒：水（＜80 mg/mL），DMSO（＜5 mg/mL）
使用条件：細胞培養用培地に添加する場合，0.1～1 mM
購入先：シグマ社（B5386），セレック社（S7857），アブカム社（ab141448）

◇作用機序

cAMPにブロモ基が付加された細胞膜透過性のcAMPアナログで，細胞内に取り込まれPKAを活性化する．PKAに対するK_a値は0.05 μMである．

◇生理機能

HeLa細胞をはじめとする種々の細胞に高濃度（濃度1 mM）で投与すると，G1期で細胞周期停止を起こす[1][2]．軟骨細胞などの細胞の分化促進にも働く[3]．卵巣顆粒膜細胞に8-Br-cAMP（濃度1 mM）を添加して無血清培地で15時間培養すると，90％以上の細胞がアポトーシスを起こす[4]．線維芽細胞をiPS細胞へ誘導する時にHDAC（histone deacetylase）阻害剤であるVPA（バルプロ酸）と合わせて投与すると，リプログラミング効率が向上することが報告されている（濃度0.1 mM）[5]．

◇注意点

エタノールに不溶である．光感受性のため，遮光保存する．

参考文献
1）Zeilig CE, et al：J Cell Biol, 71：515-534, 1976
2）Starzec AB, et al：J Cell Physiol, 161：31-38, 1994
3）Takigawa M, et al：J Cell Physiol, 106：259-268, 1981
4）Aharoni D, et al：Exp Cell Res, 218：271-282, 1995
5）Wang Y & Adjaye J：Stem Cell Rev, 7：331-341, 2011

Bucladesine

別名：Dibutyryl cAMP / ブクラデシン

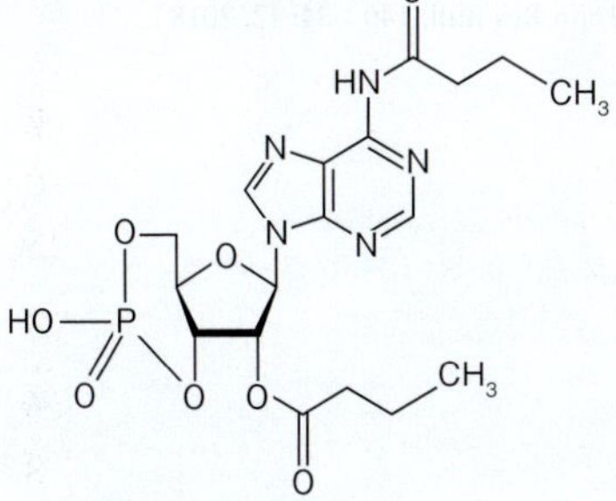

◆分子量：491.4

◆**IUPAC名**：boring(3aR,4R,6R,6aR)-4-(6-butanamido-9H-purin-9-yl)-6-[(butanoyloxy)methyl]-2-oxo-tetrahydro-2H-1,3,5,2λ^5-furo[3,4-d][1,3,2]dioxaphosphol-2-olate

◆**使用法・購入**

　溶媒：水（＜100 mg/mL，−20℃で3〜6カ月保存可），DMSO（＜200 mM），エタノール（＜25 mM）

　使用条件：細胞培養用培地に添加する場合，10 μM〜1 mM．ラット脳室内に投与する場合，100 μMを片側の脳に1 μL投与

　購入先：セレック社（S7858），フナコシ社（CS-2967），シグマ社（D0260）

◇作用機序

　cAMPに2つのブチリル基が付加された細胞膜透過性のcAMPアナログで，細胞内に取り込まれcAMPに変換される．また，cAMPを分解するcAMP依存性ホスホジエステラーゼ阻害作用ももつ[1]．これらの作用で細胞内のcAMP量が増え，PKAを活性化させる．

◇生理機能

　HeLa細胞に投与すると，PKAやRap1を活性化し細胞運動を抑制する（濃度100 μM）[2]．ホスホジエステラーゼ阻害によるcAMPの分解抑制や，細胞膜を透過しcAMPに変換され心筋の収縮力を増強することで心筋収縮力の増強や血管拡張といった強心作用を示し（300 mgを点滴投与）[3]，心不全薬アクトシンとして利用されている．アミロイドβの脳室内投与によるアルツハイマー病モデルラットに本薬剤を脳室内投与すると，記憶障害の改善や酸化ストレスの軽減がみられるという報告もある（片側の脳に100 μMを1 μL投与）[4]．

◇注意点

　pH 8.5で2'-O-ブチリル基を失う．光感受性のため，遮光保存する．

参考文献

1）Harris DN, et al：Biochem Pharmacol, 22：221-228, 1973

2）Lee JW, et al：Anticancer Res, 34：3447-3455, 2014

3）Hashimoto H, et al：Jpn Heart J, 23：1021-1027, 1982

4）Aghsami M, et al：Brain Res Bull, 140：34-42, 2018

3 PKG関連薬剤

KT5823

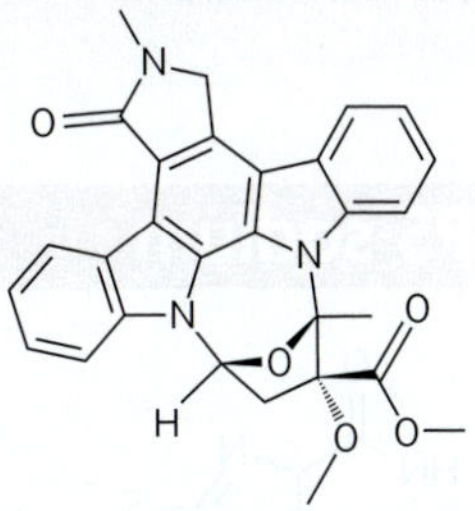

◆**分子量**：495.5

◆**IUPAC名**：methyl(15S,16R,18R)-16-methoxy-4,15-dimethyl-3-oxo-28-oxa-4,14,19-triazaoctacyclo[12.11.2.1^{15,18}.0^{2,6}.0^{7,27}.0^{8,13}.0^{19,26}.0^{20,25}]octacosa-1(26),2(6),7(27),8,10,12,20(25),21,23-nonaene-16-carboxylate

◆**使用法・購入**
溶媒：DMSO またはエタノール（＜50 mM），−20℃保存
使用条件：細胞培養用培地に添加する場合，10 nM～10 μM
購入先：フナコシ社（10010965），アブカム社（ab120423）

◇ **作用機序**

　PKGはPKAと類似のセリン／スレオニンキナーゼで，1つのポリペプチド上のN末端側に調節領域，C末端側に触媒領域が存在し，不活性化状態では一方の分子の調節領域が他方の分子の触媒領域と結合した二量体を形成している．PKG上の2つのcGMP結合領域にcGMPが結合すると構造の変化が生じ，調節領域による抑制作用が解除されて活性化される．PKGには，Ⅰα，Ⅰβ，Ⅱのサブタイプがあり，平滑筋にはPKGⅠαとPKGⅠβが同程度に発現し，小腸や脳ではPKGⅡが主に発現している．

　NOや心房性ナトリウム利尿ペプチドなどのcGMPを増加させるシグナルにより，PKGは活性化して，平滑筋の弛緩や血小板凝集，細胞分裂，神経においては学習に関与する長期抑圧（LTD）などに関与する[1]．

　KT5823の阻害効果は，PKGに対するK_i値は234 nMだが，PKCに対しては4 μM，PKAやMLCK（ミオシン軽鎖キナーゼ）に対しては10 μM以上とされており，比較的PKGに特異性が高い[2]．

◇ **生理機能**

　ヒト単球サンプルのゲルシフトアッセイで，ニトロプルシド依存性のNF-κB活性化を抑制する（濃度0.2 μM）[3]．ヒト腎がん由来細胞でPDE5をノックダウンした

際のカスパーゼ（caspase）3活性上昇を抑制する[4].

参考文献

1 ）Alverdi V, et al：J Mol Biol, 375：1380-1393, 2008
2 ）Hidaka H & Kobayashi R：Annu Rev Pharmacol Toxicol, 32：377-397, 1992
3 ）Siednienko J, et al：Cytokine, 54：282-288, 2011
4 ）Ren Y, et al：Int J Mol Med, 34：1430-1438, 2014

Rp-8-pCPT-cGMPS sodium

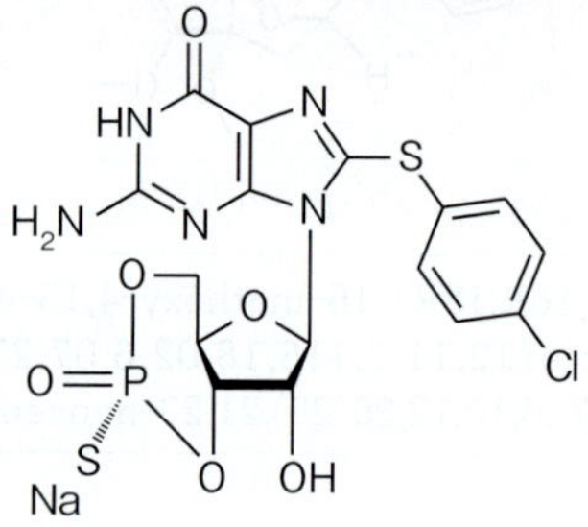

◆**分子量**：525.9

◆**IUPAC名**：8-[(4-Chlorophenyl)thio]-guanosine-cyclic 3',5'-[hydrogen [P(R)]-phosphorothioate] sodium

◆**使用法・購入**
　溶媒：水（＜100 mM），DMSO（＜100 mM），エタノール（＜100 mM），−20℃保存
　使用条件：細胞培養用培地に添加する場合，10〜500 µM
　購入先：Tocris社（5524），シグマ社（C240）

◇作用機序

　Rp-8-pCPT-cGMPSはcGMPの8位の水素をクロロフェニルチオ基に，リンに結合する酸素分子の1つを硫黄にそれぞれ置換したcGMPアナログである．本薬剤はPKGのcGMP結合領域に結合するが，活性化に必要なPKGの構造変化を起こさないことにより，cGMPに対して競合的にPKG活性化を阻害する[1]．ホスホジエステラーゼによる加水分解には抵抗性である．PKG I α，I β，IIに対するK_i値は，おのおの35, 30, 450 nMである．本薬剤は水溶性であるにもかかわらず細胞膜透過性が高いとされている．

◇生理機能

　ニワトリ毛様体神経節細胞は脱分極刺激によりアセチルコリンを放出するが，本薬剤はソマトスタチン処理によるアセチルコリン放出の抑制を解除する（濃度

$10\ \mu$M）[2]．ラット海馬ニューロンにおいては，長期抑圧を抑制する（濃度 $10\ \mu$M）[3]．マウス胎仔のANP（心房性ナトリウム利尿ペプチド）による心室伝導系の発生時の遺伝子発現を抑制する（濃度$100\ \mu$M）[4]．

参考文献

1) Butt E, et al：Eur J Pharmacol, 269：265-268, 1994
2) Gray DB, et al：J Neurochem, 72：1981-1990, 1999
3) Reyes-Harde M, et al：Proc Natl Acad Sci U S A, 96：4061-4066, 1999
4) Govindapillai A, et al：Sci Rep, 8：6939, 2018

8-pCPT-cGMP sodium

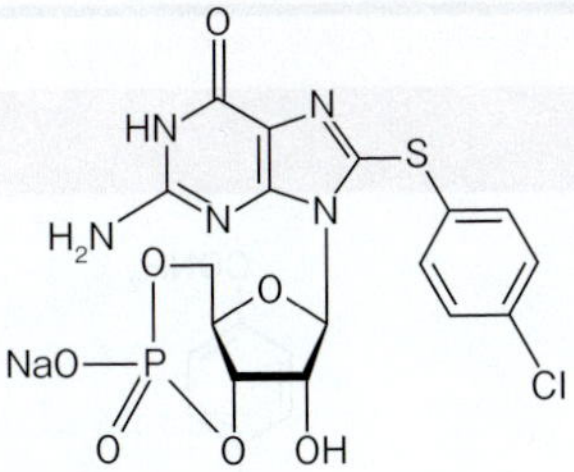

◆**分子量**：509.8

◆**IUPAC名**：9-[(4aR,6R,7R,7aS)-2,7-dihydroxy-2-oxo-4a,6,7,7a-tetrahydro-4H-furo[3,2-d][1,3,2]dioxaphosphinin-6-yl]-2-amino-8-(4-chlorophenyl)sulfanyl-3H-purin-6-one sodium

◆**使用法・購入**
溶媒：水（< 25 mg/mL）
使用条件：細胞培養用培地に添加する場合，$1 \sim 500\ \mu$M
購入先：シグマ社（C5438），富士フイルム和光純薬社（036-18131）

◇ 作用機序

細胞膜透過性のcGMPアナログで，細胞内に取り込まれPKGと結合して活性化する[1]．cGMPを分解するcGMP依存性ホスホジエステラーゼの酵素活性に影響を与えず，その基質にもならない[2]．

◇ 生理機能

血管内皮細胞にcGMPを投与するとトロンビンによる血管透過性を低下させるが，8-pCPT-cGMPもcGMPと同様の効果を示しPKGの基質のリン酸化を増加させる（濃度$100\ \mu$M）[3]．前立腺間質細胞において，増殖抑制や異常な核の増加を引き起こす（濃度$30\ \mu$M）[4]．

◇注意点

　PKG Ⅰと PKG Ⅱのうち，PKG Ⅱに強く結合する[5]．PKG Ⅰと PKG Ⅱに対する K_d 値は，おのおの 212，5 nM である[5]．

参考文献

1) Wolfe L, et al：J Biol Chem, 264：7734-7741, 1989
2) Butt E, et al：Biochem Pharmacol, 43：2591-2600, 1992
3) Draijer R, et al：Circ Res, 77：897-905, 1995
4) Cook AL & Haynes JM：Cell Signal, 16：253-261, 2004
5) Campbell JC, et al：ACS Chem Biol, 12：2388-2398, 2017

4　CK1 関連薬剤

D4476

◆**分子量**：398.4

◆**IUPAC名**：4-[4-(2,3-dihydro-1,4-benzodioxin-6-yl)-5-pyridin-2-yl-1*H*-imidazol-2-yl]benzamide

◆**使用法・購入**
溶媒：DMSO（＜100 mM），-20℃保存
使用条件：細胞培養用培地に添加する場合，20 μM．用時調製が望ましい
購入先：メルク社（218696），シグマ社（D1944），アブカム社（ab120220）

◇作用機序

　CK（カゼインキナーゼ）1は，酵母からヒトまで真核生物に保存され，哺乳類では α，α2，γ1，γ2，γ3，δ，ε の7種類のファミリーをもつセリン／スレオニンキナーゼである．CK1α は，Wnt シグナルや Hedgehog シグナルなどのシグナル伝達，細胞周期進行，オートファジーなどの生命現象に働く[1]．

　D4476 は細胞膜透過性の CK1 阻害剤で，ATP 競合性に作用する．D4476 は，Ⅰ型 TGFβ ファミリーに属する ALK（activin receptor-like kinase）の阻害剤として見出されたが，その後の解析により，CK1 に対する阻害作用が見出された[2]．D4476 の *in*

38　　D4476

*vitro*でのCK1δによるFOXO1a（腫瘍形成に関与するforkhead型転写因子）のリン酸化に対するIC$_{50}$は0.3μMである[1]．また，CK1αによる14-3-3τのリン酸化を阻害する[3]．

◇生理機能

D4476は，肝細胞がん由来細胞H4ⅡEにおいてCK1によるFOXO1aのMPD（multisite phosphorylation domains）のリン酸化を阻害する．また，293細胞で発現させたFOXO1aの核外輸送を阻害する（濃度150μM）[2]．赤血球での栄養飢餓や酸化ストレスにより起きる細胞死を，本薬剤が抑制するという報告もある（濃度20μM）[4]．

参考文献

1）Jiang S, et al：Cell Commun Signal, 16：23, 2018
2）Rena G, et al：EMBO Rep, 5：60-65, 2004
3）Clokie SJ, et al：FEBS J, 272：3767-3776, 2005
4）Zelenak C, et al：Cell Physiol Biochem, 29：171-180, 2012

5 CK2関連薬剤

A-3 hydrochloride

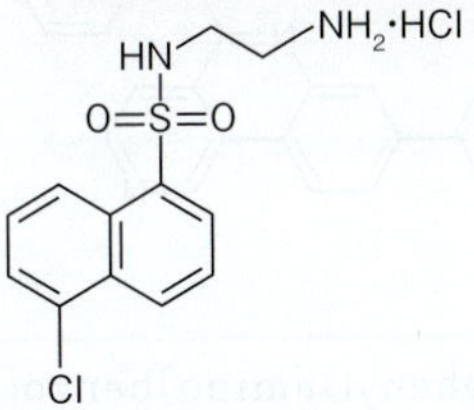

◆**分子量**：321.2

◆**IUPAC名**：N-(2-aminoethyl)-5-chloronaphthalene-1-sulfonamide; hydrochloride

◆**使用法・購入**
溶媒：DMSO（＜24 mg/mL）
使用条件：細胞培養用培地に添加する場合，300μM
購入先：シグマ社（A1980）

◇作用機序

CK2は多くの細胞種で恒常的に発現し，触媒サブユニット（αまたはα'）2分子と制御サブユニットβ2分子のヘテロ四量体で形成されるセリン／スレオニンキナーゼである．本薬剤はカルモジュリンアンタゴニストW-7のアルキル基を短くした誘導

体である[1]. CK2のATP結合部位に結合してCK2を阻害する. CK2に対するK_i値は5.1 μMで, CK1に対するK_i値は80 μMである[1]. 他のキナーゼに対しても阻害効果を示し, MLCK, PKA, PKC, PKGに対するK_i値は, おのおの7.4, 4.3, 47, 3.8 μMである[1].

◇ 生理機能

ラット肝細胞でのOkadaic acid（第9章参照）によるオートファジー阻害を抑制する（濃度300 μM）[2].

◇ 注意点

他のキナーゼに対しても阻害作用を示すので, 使用の際には注意が必要である.

参考文献
1) Inagaki M, et al：Mol Pharmacol, 29：577-581, 1986
2) Holen I, et al：Biochem J, 284（Pt 3）：633-636, 1992

CX-4945

別名：Silmitasertib

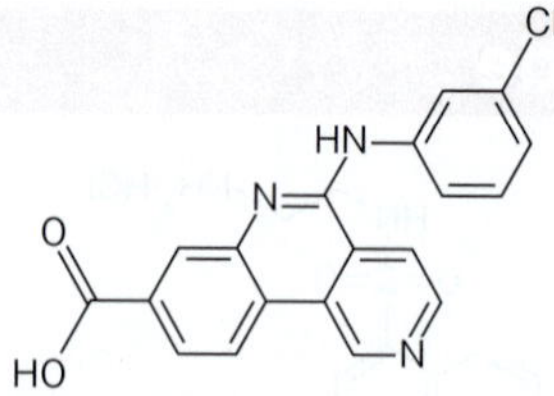

◆ **分子量**：349.8

◆ **IUPAC名**：5-［(3-chlorophenyl)amino]benzo[c][2,6]naphthyridine-8-carboxylic acid

◆ **使用法・購入**
溶媒：DMSO（＜5 mM, -70℃保存）
使用条件：細胞培養用培地に添加する場合, 0.1～10 μM. マウスに投与する場合, 25～75 mg/kgを胃ゾンデまたは腹腔内投与. 用時調製が望ましい
購入先：セレック社（S2248）, アブカム社（ab141350）

◇ 作用機序

CX-4945はCK2のαおよびα'サブユニットのATP結合部位に結合し, ATPと競合してCK2の活性を阻害し, IC_{50}は13 nMである[1].

◇ 生理機能

CX-4945で乳がん細胞BT-474や膵がん細胞BxPC-3を処理してCK2のキナーゼ活

40　CX-4945

性が阻害されると，AKT（AKT8 virus oncogene cellular homolog）やp21のリン酸化が低下し，PI3K（phosphoinositide 3-kinase）/AKTシグナルの抑制や細胞周期停止やcaspase 3/7の活性化が起きる（濃度10 μM）[2]．また，がん細胞を移植したマウスにCX-4945を投与すると，腫瘍の増殖抑制やp21タンパク質のリン酸化の低下がみられる[2]．経口投与でがんの治療に利用できる選択的なCK2阻害剤として，臨床試験も行われている[3][4]．

参考文献

1）Ferguson AD, et al：FEBS Lett, 585：104-110, 2011
2）Siddiqui-Jain A, et al：Cancer Res, 70：10288-10298, 2010
3）Chon HJ, et al：Front Pharmacol, 6：70, 2015
4）Gowda C, et al：Adv Biol Regul, 63：71-80, 2017

DRB

別名：5,6-Dichloro-1-β-D-ribofuranosylbenzimidazole

◆**分子量**：319.1

◆**IUPAC名**：(2R,3R,4S,5R)-2-(5,6-dichlorobenzimidazol-1-yl)-5-(hydroxymethyl)oxolane-3,4-diol

◆**使用法・購入**
溶媒：DMSOまたはエタノール（＜10 mM）
使用条件：細胞培養用培地に添加する場合，1〜60 μM．用時調製が望ましい
購入先：メルク社（287891），アブカム社（ab120939）

◇作用機序

DRBはCK2に対して特異的なATP競合阻害剤で，IC_{50}は6 μMである[1]．

◇生理機能

DRBはCK2依存性のRNAポリメラーゼⅡによる転写を抑制する（濃度60 μM）[2]．細胞周期をG1/S期で停止させる．また，カスパーゼ8とカスパーゼカスケードを活性化することにより，TRAIL（TNF-related apoptosis-inducing ligand）感受性を増強して，ヒトがん細胞でアポトーシスを誘導する（濃度40 μM）[3]．HIVを感染させた白血病由来細胞OM10.1において，TNF刺激によるHIV-1転写活性を抑制する（濃度25 μM）[4]．また，サイトカインによる膵β細胞の細胞死を抑制する（濃度

50 μM）[5].

参考文献

1 ）Zandomeni R & Weinmann R：J Biol Chem, 259：14804-14811, 1984
2 ）Zandomeni R, et al：J Biol Chem, 261：3414-3419, 1986
3 ）Shin S, et al：EMBO J, 24：3532-3542, 2005
4 ）Critchfield JW, et al：Proc Natl Acad Sci U S A, 94：6110-6115, 1997
5 ）Jaksch C & Thams P：Endocrine, 47：117-128, 2014

6 Rho キナーゼ関連薬剤

Y-27632

別名：Y-27632 dihydrochloride

◆**分子量**：338.3

◆**IUPAC名**：4-[(1R)-1-aminoethyl]-N-(pyridin-4-yl)cyclohexane-1-carboxamide, 2HCl

◆**使用法・購入**
溶媒：水溶性（5 mM），-20℃遮光保存
使用条件：細胞培養用培地に添加する場合，1〜10 μM
購入先：メルク社（688000），シグマ社（Y0503），富士フイルム和光純薬社〔036-24023（5 mg），034-24024（25 mg），039-24591（10 mM溶液，動物由来物フリー）〕

◇ **作用機序**

Rho キナーゼは低分子量Gタンパク質Rhoと結合して活性化されるセリン／スレオニンキナーゼとして見出された．Rho キナーゼは，ミオシンホスファターゼのミオシン結合サブユニットをリン酸化することにより同酵素の活性を抑制し，ミオシン軽鎖キナーゼについてはこれをリン酸化して活性化する結果，ミオシンのリン酸化が起こり，ストレスファイバー形成や平滑筋の収縮が起こる．その他Rho キナーゼは，ミオシン軽鎖やERMファミリータンパク質，adducin をリン酸化する．Rho キナーゼは，クモ膜下出血に伴う脳血管攣縮および脳虚血障害発生の原因となる血管平滑筋の異常収縮，炎症性細胞の活性化や血管内皮細胞の損傷などの生体内での諸反応に関与している．

Y-27632は細胞膜透過性のあるATP競合的なRho キナーゼの阻害剤で，K_i値は140 nMである[1]．他のPKC，PKA，ミオシン軽鎖キナーゼに対するK_i値はおのおの26，25，＞250 μMで，p21-activated kinase（PAK）に対しては，100 μMでも阻

害作用を示さない．細胞レベルの実験では，0.1 μM程度よりストレスファイバー形成抑制などの作用が認められ，10 μMでほぼ最大の作用が認められる．

◇ 生理機能

Y-27632は，マウス神経芽細胞腫由来細胞N1E-115においてLPA（リゾホスファチジン酸）刺激による神経突起退縮やミオシン軽鎖のリン酸化を抑制する（濃度10 μM）[2]．また，本薬剤は特異性の高さから，平滑筋収縮を含む種々の病態における作用が解析されており，ヒスタミンにより誘発される気管支収縮を抑制すること（濃度1 μM）[3] や自然発症高血圧ラットの収縮期血圧を下降させること [1] が報告されている．低酸素や酸化ストレスによる網膜のミュラー細胞の細胞死を，本薬剤が抑制することも報告されている（濃度10 μM）[4]．（ES細胞・iPS細胞への作用については**第41章**参照）

参考文献

1）Uehata M, et al：Nature, 389：990-994, 1997
2）Hirose M, et al：J Cell Biol, 141：1625-1636, 1998
3）Schaafsma D, et al：Br J Pharmacol, 143：477-484, 2004
4）Zhang XH, et al：Neural Regen Res, 13：549-555, 2018

Fasudil

別名：HA-1077 / ファスジル

◆ **分子量**：327.8

◆ **IUPAC名**：5-(1-Homopiperazinyl)sulfonylisoquinoline Hydrochloride

◆ **使用法・購入**
　溶媒：水溶性（100 mM），−20℃保存
　使用条件：細胞培養用培地に添加する場合，1〜100 μM．動物個体に投与する場合，0.3〜50 mg/kgを腹腔内投与．0.01〜10 mg/kgを静脈内投与
　購入先：富士フイルム和光純薬社（536-43231），メルク社（371970），フナコシ社（CS-0225），東京化成工業社（F0839）

◇ 作用機序

Rhoキナーゼ等のリン酸化酵素に対しATP競合性に酵素活性を阻害する．Rhoキナーゼ，PKA，PKG，MLCK，PKCに対するK_i値は，おのおの0.4，1.6，1.6，32，

3.5 μM である[1].

◇生理機能

　本薬剤はRhoキナーゼ阻害作用により，脳血管攣縮の予防（イヌに3 mg/kgを1日2回で7日間静脈内投与）および緩解作用（イヌに1～10 mg/kgを静脈内投与），脳循環改善作用（イヌに0.1～0.3 mg/kgを静脈内投与），好中球浸潤抑制作用（イヌに3 mg/kgを1日2回で7日間静脈内投与）を示す[2]～[5]．本薬剤は，くも膜下出血後の脳血管攣縮およびこれに伴う脳虚血症状の改善薬として，臨床応用されている．

◇注意点

　ファスジルのジメチル化誘導体がH-1152である．

参考文献

1 ）Nagumo H, et al：Am J Physiol Cell Physiol, 278：C57-C65, 2000
2 ）佐藤真一ら：薬理と治療，2：97-100，1992
3 ）生垣一郎ら：薬理と治療，20：91-95，1992
4 ）Satoh S, et al：Acta Neurochir（Wien），110：185-188, 1991
5 ）Satoh S, et al：J Clin Neurosci, 6：394-399, 1999

Netarsudil

別名：AR-13324 / ネタルスジル

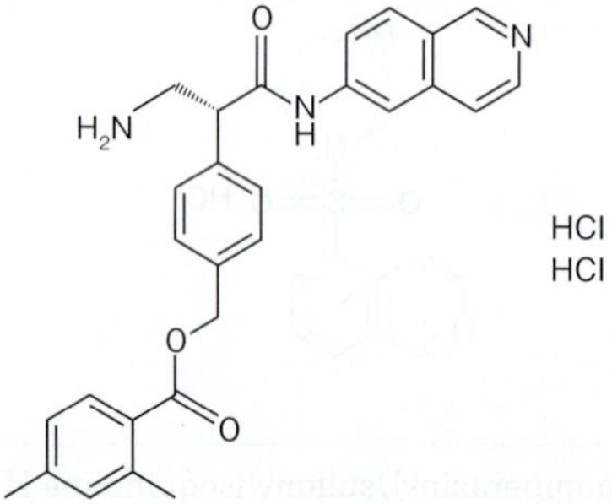

◆分子量：526.5

◆IUPAC名：［4-［(2S)-3-Amino-1-(isoquinolin-6-ylamino)-1-oxopropan-2-yl] phenyl]methyl 2,4-dimethylbenzoate dihydrochloride

◆使用法・購入
　溶媒：水溶性（塩酸塩，54 mg/mL，102.57 mM），-20℃保存
　使用条件：動物個体に投与する場合，0.04～0.3％を点眼（滅菌，ホウ酸-マンニトール緩衝液，pH ～5，0.015％塩化ベンザルコニウム）
　購入先：セレック社（S8226），フナコシ社（CS-5190）

44　　　Netarsudil

◇ 作用機序

Netarsudilは，ノルエピネフリントランスポーターの抑制作用とRhoキナーゼ阻害作用を示す．Rhoキナーゼ（ROCK1, 2）に対するK_i値は1〜2 nMであり，PKA，PKCθ，myotonic dystrophy kinase-related CDC42-binding kinase A，calcium/calmodulin-dependent protein kinase 2Aに対するK_i値（おのおの5 nM，92 nM，129 nM，5.3 μM）よりも低い[1][2]．

◇ 生理機能

Netarsudilは，緑内障・高眼圧症治療薬としてFDAで認可され臨床応用がはじまっている．これはRhoキナーゼ阻害により，毛様体筋の収縮を抑えることで線維柱帯からシュレム管を介する主経路からの房水排出が促進されるため，眼圧が低下するからである．また，ノルエピネフリントランスポーターの抑制作用によって房水の産生抑制作用があると考えられている．ウサギへの点眼（用量0.1〜0.3％溶液30 μL）や，マウスへの点眼（用量0.04％溶液10 μL）で，眼圧の低下が認められる[2]〜[4]．

◇ 注意点

AR-13165は，Netarsudilのラセミ混合物である．

参考文献

1）Lin CW, et al：J Ocul Pharmacol Ther, 34：40-51, 2018
2）Sturdivant JM, et al：Bioorg Med Chem Lett, 26：2475-2480, 2016
3）Li G, et al：Eur J Pharmacol, 787：20-31, 2016
4）Kiel JW & Kopczynski CC：J Ocul Pharmacol Ther, 31：146-151, 2015

H1152・2HCl

別名：Dimethyl fasudil / diMF / H-1152P

◆分子量：392.3

◆IUPAC名：4-methyl-5-[[(2S)-2-methyl-1,4-diazepan-1-yl]sulfonyl]isoquinoline dihydrochloride

◆使用法・購入
溶媒：水溶性（39.23 mg/mL，100 mM），−20℃保存，1カ月以内
使用条件：酵素活性を測定する場合，5〜40 nM．細胞培養用培地に添加する場合，

45

1 nM～30 μM

購入先：フナコシ社（2414），メルク社（555550），富士フイルム和光純薬社（088-09281）

◇作用機序

H1152はATP競合型の特異的Rhoキナーゼ阻害薬である．Rhoキナーゼに対するK_i値は1.6 nMであり，PKA，PKC，MLCKに対するK_i値（おのおの0.63，9.27，10.1 μM）より遥かに小さい[1,2]．フェニレフリンによるラット海綿体平滑筋の収縮を，用量依存的に抑制する[3]．

◇生理機能

H1152は，Rhoキナーゼに高い特異性を示すが，オーロラキナーゼAに対する阻害により，急性巨核芽球性白血病細胞での倍数体化やアポトーシスに関与するとの報告がある（濃度5 μM）[4]．

参考文献

1）Ikenoya M, et al：J Neurochem, 81：9-16, 2002
2）Sasaki Y, et al：Pharmacol Ther, 93：225-232, 2002
3）Teixeira CE, et al：J Pharmacol Exp Ther, 315：155-162, 2005
4）Wen Q, et al：Cell, 150：575-589, 2012

LPA

別名：Lysophosphatidic acid / リゾホスファチジン酸

◆**分子量**：436.5（ナトリウム塩として458.5）

◆**IUPAC名**：(2-hydroxy-3-phosphonooxypropyl)(Z)-octadec-9-enoate

◆**使用法・購入**
溶媒：DMSO（2 mg/mL），−20℃保存．ナトリウム塩として，DMSO（0.5 mg/mL，加温），PBS（8.3 mg/ mL，pH 7.2），−20 ℃保存，遮光
使用条件：細胞培養用培地に添加する場合，1～100 μM
購入先：フナコシ社（10010093），富士フイルム和光純薬社（3854，Tocris社，ナトリウム塩），サンタクルズ社（sc-201053，ナトリウム塩），シグマ社（L7260，ナトリウム塩）

◇作用機序

LPAは6種類以上存在する受容体LPARの内因性アゴニストで[1]．LPA1Rと結合す

ると Rho が活性型の GTP 結合型に変換され，Rho-Rho キナーゼ経路が活性化される[2]．

◇ **生理機能**

LPAは線維芽細胞，血管平滑筋，血管内皮細胞などの細胞増殖促進（濃度 100 μM），がんの浸潤促進（濃度10 μM），神経突起退縮（濃度10～50 μM）などの多彩な生理作用を示す[1), 3)～5)]．がんや動脈硬化といった病態との関連も示唆されている．

参考文献

1）van Corven EJ, et al：Biochem J, 281：163-169, 1992
2）Fukushima N, et al：Proc Natl Acad Sci USA, 95：6151-6156, 1998
3）Jeong KJ, et al：Oncogene, 31：4279-4289, 2012
4）Dottri M, et al：Stem Cells, 26：1146-1154, 2008
5）Moolenaar WH：Trends Cell Biol, 4：213-219, 1994

7 AMPK 関連薬剤

Dorsomorphin

別名：Compound C / ドルソモルフィン

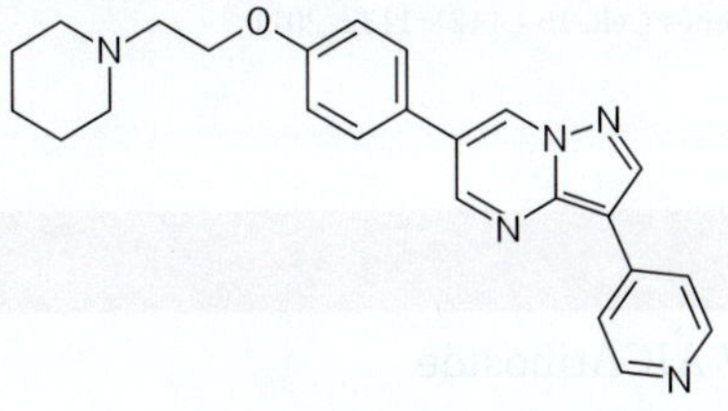

◆ **分子量**：399.5

◆ **IUPAC名**：6-[4-(2-Piperidin-1-ylethoxy)phenyl]-3-pyridin-4-ylpyrazolo[1,5-*a*]pyrimidine

◆ **使用法・購入**
溶媒：DMSO（10 mM），加温，遮光，–20℃保存，1カ月以内
使用条件：細胞培養用培地に添加する場合，0.25～40 μM
購入先：富士フイルム和光純薬社（040-33753, 044-33751），シグマ社（P5499），セレック社（S7306），アブカム社（ab120843）

◇ **作用機序**

AMPK（AMP活性化プロテインキナーゼ）は細胞のエネルギー恒常性の制御因子として重要である．AMPKは，カロリー制限，運動，低グルコース，低酸素状態，虚

47

血のような細胞内ATP/AMP比が低下する状態でAMP依存性に活性化するキナーゼである．AMPK活性化は解糖，脂肪酸酸化，糖取込の促進といったATP産生経路を亢進する．また，糖新生や脂肪酸合成などのATP消費経路を抑制する[1][2]．

Dorsomorphinは，細胞膜透過性のピラゾロピリミジン化合物であり，選択的かつ可逆的なATP競合性のAMPK阻害剤である．本薬剤は5μMのATP存在下かつAMP非存在下において，AMPKに対するK_i値は109 nMを示す[3]．

◇ 生理機能

本薬剤は，AICARやメトホルミンによるAMPK活性化を介したアセチルCoAカルボキシラーゼの抑制を解除する（濃度5～40μM）[3]．また本薬剤は，BMP（骨形成タンパク質）受容体の選択的阻害剤でもあり，胚形成に必要なBMPシグナルを阻害することが明らかになっており，IC_{50}は0.47μMである[4]．また，ラットPC12細胞において，PKA依存性MEK-ERK1/2シグナル伝達系を介して神経突起伸張を促進するとの報告もある（濃度2μM）[5]．

◇ 注意点

塩酸塩は水溶性である（アブカム社，ab144821など）．

参考文献

1）Lochhead PA, et al：Diabetes, 49：896-903, 2000
2）Towler MC & Hardie DG：Circ Res, 100：328-341, 2007
3）Zhou G, et al：J Clin Invest, 108：1167-1174, 2001
4）Yu PB, et al：Nat Chem Biol, 4：33-41, 2008
5）Kudo TA, et al：Genes Cell, 16：1121-1132, 2011

AICAR

別名：Acadesine / AICAriboside

◆ 分子量：258.2

◆ IUPAC名：5-amino-1-[(2R,3R,4S,5R)-3,4-dihydroxy-5-(hydroxymethyl)oxolan-2-yl]-1H-imidazole-4-carboxamide

◆ 使用法・購入
溶媒：水溶性（9 mg/mL），DMSOやDMFに可溶，−20℃保存
使用条件：細胞培養用培地に添加する場合，1 nM～2 mM．動物個体に投与する場合，375 mg/kgを皮下投与

購入先：フナコシ社（AG-CR1-0061-M010），ナカライテスク社（57589-44），富士フイルム和光純薬社（011-22533，015-22531）

◇ 作用機序

　AICARは細胞膜透過性で，アデノシントランスポーターにより細胞に取り込まれた後，アデノシンキナーゼによりリン酸化されZMP（5-aminoimidazole-4-carboxamide ribonucleotide あるいは 5-aminoimidazole-4-carboxamide ribonucleoside monophosphate）へと代謝される．このZMPはAMPアナログとして作用するため，AICARはAMPK活性剤として作用する[1]．

◇ 生理機能

　AICARは，細胞のエネルギー恒常性の制御因子として重要なAMPKの活性化を介して，PEPCK（phosphoenolpyruvate carboxykinase）の発現を抑制することにより代謝に大きな影響を与える（濃度25～500 μM）[2][3]．またAICARは腫瘍細胞の増殖を抑制しアポトーシスを誘導するが，この作用の一部はAMPKに依存しないと考えられている（濃度1～2mM）[4]．本薬剤は急性リンパ性白血病の治療薬として臨床応用されている．

◇ 注意点

　ZMPをAICAR，AICARをAICAribosideと記載されている場合がある．

参考文献

1）Corton JM, et al：Eur J Biochem, 229：558-565, 1995
2）Lochhead PA, et al：Diabetes, 49：896-903, 2000
3）Towler MC & Hardie DG：Circ Res, 100：328-341, 2007
4）Montraveta A, et al：Oncotarget, 5：726-739, 2014

A769662

◆ 分子量：360.4

◆ IUPAC名：6,7-Dihydro-4-hydroxy-3-(2'-hydroxy[1,1'-biphenyl]-4-yl)-6-oxo-thieno[2,3-b]pyridine-5-carbonitrile

◆使用法・購入

溶媒：DMSO（72 mg/mL，199.78 mM），−20℃保存，用時調製が望ましい

使用条件：酵素活性を測定する場合，1 nM〜1 mM．細胞培養用培地に添加する場合，1 nM〜1 mM．動物個体に投与する場合，3〜30 mg/kgを腹腔内投与，単回あるいは1日2回

購入先：フナコシ社（CS-0005），TOCRIS社（3336），アブカム社（ab120335）

◇ 作用機序

A769662は，直接AMPKを活性化させる低分子量化合物である．A769662は，AMPK結合によるアロステリック効果とともに，AMPKの172番目のスレオニンの脱リン酸化を阻害することによりAMPKを活性化する[1] [2]．AMPと異なる活性化メカニズムも報告されている[1]．部分精製したラット肝臓，ラット心臓，ラット筋肉，HEK細胞由来のAMPKに対する本薬剤のEC_{50}は，おのおの0.8，2.2，1.9，1.1 μM を示す[3]．A769662は，細胞のエネルギー恒常性の制御因子として重要なAMPKの活性化を介して代謝に大きな影響を与える．

◇ 生理機能

A769662はラット肝細胞の脂肪酸合成を阻害しIC_{50}は3.2 μMである[3]，生体で血中グルコース量やトリグリセリド量を減少させる．MEF細胞（マウス胚由来線維芽細胞）において，AMPKに依存しないプロテアソーム活性の抑制を示す（濃度10〜300 μM）[4]．また本薬剤は，ヒト臍帯静脈内皮由来細胞HUVECの細胞増殖とDNA合成を阻害する（濃度300 μM）[5]．

◇ 注意点

医薬用外劇物に指定されている．用時調製が望ましい．

参考文献

1) Sanders MJ, et al：J Biol Chem, 282：32539-32548, 2007
2) Göransson O, et al：J Biol Chem, 282：32549-32560, 2007
3) Cool B, et al：Cell Metab, 3：403-416, 2006
4) Moreno D, et al：FEBS Lett, 583：2650-2654, 2008
5) Peyton KJ, et al：J Pharmacol Exp Ther, 342：827-834, 2012

第2章

Gタンパク質シグナル・セカンドメッセンジャー関連薬剤

海川正人

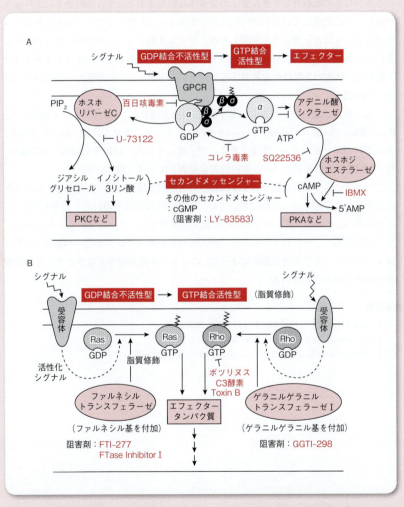

概略図　三量体Gタンパク質シグナル（A），低分子量Gタンパク質シグナル（B）

Gタンパク質はグアニンヌクレオチド結合タンパク質の総称であり，GTPをGDPに加水分解するGTPase活性をもつ．GDPが結合している不活性型のGタンパク質はGDP-GTP交換反応によりGTPが結合する活性型に変換されると，エフェクター分子に作用し，その機能を制御する．その後，Gタンパク質自身のもつGTPase活性によりGTPが加水分解され，GDPが結合している不活性型となる．

　細胞内のシグナル伝達に関与するGタンパク質には大きく分けて三量体Gタンパク質と低分子量Gタンパク質の2つがある．

　三量体Gタンパク質はα，β，γの3つのサブユニットから構成され，Gタンパク質共役型受容体（GPCR）の細胞内領域に結合し，細胞外シグナルを細胞内に伝える．ホルモンなどの細胞外シグナル分子が受容体に結合すると，受容体の働きによりαサブユニットに結合しているGDPがGTPに交換され，活性型となる．GTP結合型のαサブユニットは$\beta\gamma$複合体と解離した後，アデニル酸シクラーゼやホスホリパーゼCといったエフェクターに作用し，cAMP，ジアシルグリセロール，イノシトール3リン酸など，細胞の生理機能を制御するセカンドメッセンジャーの産生にかかわっている（**概略図**A）．

　一方，低分子量Gタンパク質は分子量約20〜30 kDaの単量体タンパク質であり，Ras，Rho，Rab，Arf/Sar，Ranの5つのファミリーに大別される．活性型となり，それぞれのエフェクターに作用することで，遺伝子発現，細胞骨格制御，小胞輸送，核-細胞質間物質輸送といった細胞機能を制御している（**概略図**B）．

　このようにGタンパク質シグナルは細胞の広範囲な機能に関与しており，がん細胞など生理的に異常をもつ細胞においても，その細胞機能の発現に広く関与している．そのため，Gタンパク質そのものの活性化・不活性化や，ファルネシルトランスフェラーゼ阻害剤のようなGタンパク質の翻訳後脂質修飾（プレニル化）の阻害，さらにはエフェクター分子の活性調節によって，Gタンパク質が関与するさまざまな生理機能の解析が試みられている．

参考文献

1）Takai Y, et al：Physiol Rev, 81：153-208, 2001

2）Maurer-Stroh S, et al：Genome Biol, 4：212, 2003

3）McCudden CR, et al：Cell Mol Life Sci, 62：551-577, 2005

Pertussis toxin

別名：PT / 百日咳毒素

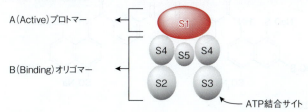

- ◆ 分子量：117,000

- ◆ 使用法・購入
  溶媒：蒸留水で無菌的に溶解（100〜500 μg/mL），4℃保存（3カ月間は使用可能）
  使用条件：細胞培養用培地中に1 ng〜100 ng/mL（with 0.1 % BSA or 10 % FCS）で4時間から24時間インキュベート．100℃，30分間の処理で不活化する
  購入先：富士フイルム和光純薬社（168-22471），フナコシ社（LBL-180），バイオアカデミア社（01-503），シグマ社（P7208）

◇作用機序

百日咳毒素はislet-activating protein（IAP）とよばれる多量体タンパク質で，細胞内でNADのADPリボース部分を三量体Gタンパク質のαサブユニットC末端近傍のシステイン残基に転移させるADPリボシルトランスフェラーゼ活性をもつ．IAPによってADPリボシル化されたGタンパク質は細胞膜受容体と共役することができなくなり，エフェクターへの情報伝達が遮断される．

◇生理機能

αサブユニットはGs，Gi，Gq，G12の4つのサブファミリーに分類される．IAPはGiサブファミリーに属するGi，Go，Gtを特異的にADPリボシル化し，受容体刺激によるGi，Go，Gtを介する細胞応答を消失させる．受容体刺激による細胞内cAMP含量の減少は，Giを介したアデニル酸シクラーゼ活性の抑制によるため，ノルエピネフリン刺激によるNG-108等の培養細胞の細胞内cAMPの減少はIAPの前処理により阻害される．

◇注意点

毒素に接触した場合は接触部を十分に洗浄する．無細胞系での使用では40 mMジチオスレイトール（DTT）などの還元剤で30℃，30分処理してから活性化させて使用する．

参考文献
1）櫨木 修，宇井理生：実験医学，11：245-249，1993
2）堅田利明 他：新生化学実験法講座第8巻（上代淑人 他／編）pp.50-61，東京化学同人，1989
3）Kaslow HR, et al：Biochemistry, 26：123-127, 1987

NF023

◆分子量：1162.9

◆**IUPAC名** ： 8,8'-[Carbonylbis(imino-3,1-phenylene)]bis-(1,3,5-naphthalenetrisulfonic Acid), 6Na

◆**使用法・購入**
溶媒：水（23.24 mg/mL，20 mM），−20℃保存可（凍結，融解をくり返さない）
使用条件：細胞培養用培地に添加する場合，100 μM
購入先：フナコシ社（RSD-1240），コスモ・バイオ社（sc-204124），メルク社（480415）

◇ 作用機序

　NF023はトリパノソーマ治療薬として知られるスラミンの誘導体であり，Gi/Goαサブユニットの活性化を選択的に阻害する（EC$_{50}$ ～ 300 nM）．GPCRのαサブユニット結合部位に結合することで，リガンド，受容体，Gタンパク質の三重複合体の形成に影響を及ぼす．その結果，Gi/Goα-サブユニットのGDP-GTP交換反応が阻害され，活性型になることが阻害される．同様にスラミン誘導体NF449はGsαに対する選択的阻害剤として使用される．

◇ 生理機能

　β2アドレナリン受容体に対するアゴニスト「Procaterol（プロカテロール）」による気管支平滑筋切片の弛緩および，β1アドレナリン受容体に対するアゴニスト（Xamoterol）による気管支平滑筋切片の弛緩を阻害する．また，ニワトリ胚神経堤細胞のアルコール刺激による細胞内Ca^{2+}の上昇を抑制する（3～10 μM）．

◇ 注意点

　NF023はATPを内因性のリガンドとするP2X受容体の競合的，可逆的阻害剤でもある．P2X1，P2X2，P2X3，P2X4をそれぞれ（IC$_{50}$ = 0.21，> 50，= 28.9，> 100 μM）で阻害する．また，XIAPやSTAT5にも結合する報告があり注意が必要である．

参考文献

1）Freissmuth M, et al：Mol Pharmacol, 49：602-611, 1996
2）Beindl W, et al：Mol Pharmacol, 50：415-423, 1996
3）Li F, et al：J Pharmacol Exp Ther, 308：1111-1120, 2004

ボツリヌスC3酵素

◆**分子量**：24,000

◆**使用法・購入**

溶媒：5 mM HEPES（pH 8.0）や5 mMリン酸ナトリウム緩衝液（pH 7.0）で1 mg/mL，4℃保存（1カ月），−20℃保存（3カ月）

使用条件：細胞培養用培地中に5〜50 μg/mL．非常に高濃度のボツリヌスC3酵素が必要である．そのためマイクロインジェクションで細胞に導入することが多い．また，細胞膜透過性をもたせたC3酵素（フナコシ社：CT04）や細胞透過能をもつTATタンパク質を融合したC3酵素が使用されることがある

購入先：富士フイルム和光純薬社（111-14441），フナコシ社（BAK01-513），シグマ社（A8724）

◇ 作用機序

*Clostridium botulinum*の産生する菌体外酵素C3はADPリボシル化酵素である．細胞に取り込まれると，低分子量Gタンパク質RhoAの41番目のアスパラギン残基をADPリボシル化することによりRhoAと標的タンパク質との相互作用を阻害する．結果，RhoAの関与する細胞内シグナル伝達系が阻害される．RhoB，RhoCにも同様に作用するが，他のRhoファミリータンパク質（Rac，Cdc42，Rnd1〜3）には作用しない．

◇ 生理機能

Rhoはアクチン細胞骨格の制御を介して細胞接着や細胞運動，細胞分裂，細胞の極性形成など，多くの細胞機能を制御している．ヒト血小板をC3酵素で処理すると，トロンビン刺激による血小板凝集が阻害され，（50 μg/mL，2時間処理），PC12細胞や初代神経細胞では神経突起形成が起こる（30 μg/mL，72時間処理）．また，Swiss3T3細胞にC3をマイクロインジェクションすると，アクチンとミオシンから成るストレスファイバーが消失し，細胞の運動能が低下するなど，Rhoの関与する生理機能が阻害される．

◇ 注意点

酵素に接触した場合は接触部を十分に洗浄する．

参考文献

1）Morii N, et al：J Biol Chem, 263：12420-12426, 1988
2）Yamamoto M, et al：Oncogene, 8：1449-1455, 1993

Toxin B

◆**分子量**：270,000

◆**使用法・購入**
　溶媒：50 mM Tris/HCl（pH7.5），50 mM NaCl，（50 µg/mL）
　使用条件：C3酵素と異なり，細胞に取り込まれやすい．細胞培養用培地中添加の場合2
　　～10 ng/mLで効果
　購入先：フナコシ社（LBL155A），シグマ社（SML1153），メルク社（616377）

◇作用機序

　*Clostridium difficile*の産生する菌体外酵素．*Clostridium difficile* Toxin Bは細胞膜上の未知の受容体を介して細胞内に取り込まれ，低分子量Gタンパク質Rho（RhoA，RhoB，RhoC）の37番目のスレオニン残基とRac，Cdc42の35番目のスレオニン残基をグルコシル化する．グリコシル化されるアミノ酸残基はそれぞれエフェクターとの相互作用に必要な領域に存在するため，Rho，Rac，Cdc42はエフェクターに作用できなくなり不活化される．Ras，Rab，Arf，Ranなど他の低分子量Gタンパク質には影響しない．

◇生理機能

　Rho，Rac，Cdc42はアクチン細胞骨格の制御や，さまざまなシグナル伝達系を介して，多くの細胞機能を制御している．そのためToxin Bによってさまざまな生理機能が阻害される．Swiss 3T3細胞，HeLa細胞をToxin Bで処理すると，ストレスファイバーが消失し，アクチンは細胞中心に集積し，細胞の形態は丸くなる．また，神経分化刺激を与えたNIE-115細胞の神経突起伸長や，JNKの活性化を阻害し（2 ng/mL），IgE受容体刺激を介したRBK細胞の脱顆粒を阻害する（2 ng/mL）．

◇注意点

　毒素に接触した場合は接触部を十分に洗浄する．

参考文献
　1）Aktories K & Just I：Trends Cell Biol, 5：441-443, 1995
　2）Ciesla WP Jr & Bobak DA：J Biol Chem, 273：16021-16026, 1998
　3）Di Bella S, et al：Toxins（Basel）, 8：doi:10.3390/toxins8050134, 2016

Cholera toxin

別名:コレラ毒素

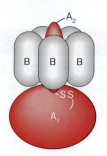

◆ 分子量:84,000

◆ 使用法・購入

溶媒:50 mM Tris/HCl (pH 7.4),200 mM NaCl,1 mM EDTA,3 mM NaN$_3$(1 mg/mL),4℃保存

使用条件:細胞培養用培地に添加する場合,1〜100 ng/mL.アジュバントとしてマウス個体に投与する場合,10 μg/匹,副鼻腔内投与100 ng/匹.100℃,30分間の処理で不活化する

購入先:富士フイルム和光純薬社(030-20621),シグマ社(C8052),バイオアカデミア社

◇ 作用機序

コレラ毒素を細胞に作用させると,Bサブユニット部分で細胞膜に結合し,Aサブユニットが細胞内に侵入し,細胞内のNADのADPリボース部分を三量体Gタンパク質のαサブユニットGsサブファミリーの201番目のアルギニン残基に転移させる.コレラ毒素によりADPリボシル化されたGαsはGTPase活性が阻害され,GTPが結合する活性型からGDPが結合する不活性型への変換を阻害される.

◇ 生理機能

Gαsが恒常的に活性化型となるため,Gαsのエフェクターであるアデニル酸シクラーゼが常に活性化された状態になり,細胞内cAMP濃度が高まる.そのためcAMP-enhancing agentとして用いられる.HEK293細胞ではコレラ毒素(100 ng/mL)で12時間処理すると細胞内のcAMP濃度が非処理細胞に比べて10倍以上に上昇する.粘膜系の免疫アジュバントであり,経口投与によりIgA産生誘導やTh2免疫応答を誘導する.

◇ 注意点

無細胞系での使用では40 mMジチオスレイトール(DTT)などの還元剤で30℃,30分処理してから活性化させて使用する.毒素に接触した場合は接触部を十分に洗浄する.

参考文献

1）櫃木　修，宇井理生：実験医学，11：245-249，1993

Mastoparan

別名：マストパラン / マストパランアナログ / Mas7

Ile-Asn-Leu-Lys-Ala-Leu-Ala-Ala-Leu-Ala-Lys-Lys-Ile-Leu-NH$_2$

Ile-Asn-Leu-Lys-Ala-Leu-Ala-Ala-Leu-Ala-Lys-Ala-Leu-Leu-NH$_2$

◆**分子量**：1478.9（1421.8）

◆**使用法・購入**
溶媒：水（1 mg/mL）
使用条件：細胞培養用培地中添加の場合1〜100μM．タンパク質標品に対して20〜100μM
購入先：メルク社（444898），シグマ社（M5280），ペプチド研究所（4107-v）

◇作用機序

　Mastoparanはスズメバチ毒素成分から単離されたアミノ酸14残基からなる細胞透過性のペプチドである．標的細胞に取り込まれ，GPCRと類似したメカニズムで百日咳毒素感受性のGタンパク質（Gi，Go）に直接結合し，GDP/GTP交換反応を促進することでGタンパク質シグナルを活性化する．

◇生理機能

　マウス好中球の内因性Gα_iおよびG$\beta\gamma$をGPCR非依存的に活性化し，細胞を極性化し，遊走させる（2μM）．ラットの肥満細胞の脱顆粒を促進し，ヒスタミンを遊離させる．

◇注意点

　細胞膜リン脂質との相互作用により，細胞膜にポア（小孔）を形成し，細胞障害性を示すため注意が必要．ホスホリパーゼAの活性化作用をもつほか，カルモジュリンに結合し，カルモジュリン活性の抑制作用をもつなど，多数の分子に作用するため，他のシグナルへの効果を考慮する必要がある．

参考文献

1）Higashijima T, et al：J Biol Chem, 263：6491-6494, 1988
2）McEwen DP, et al：Methods Enzymol, 344：403-420, 2002

FTase inhibitor I

別名：B581

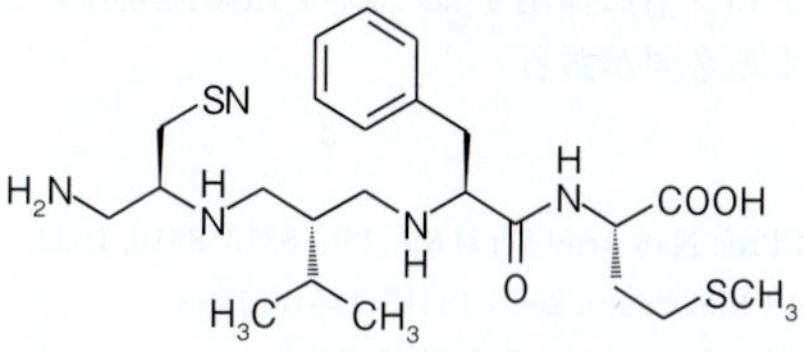

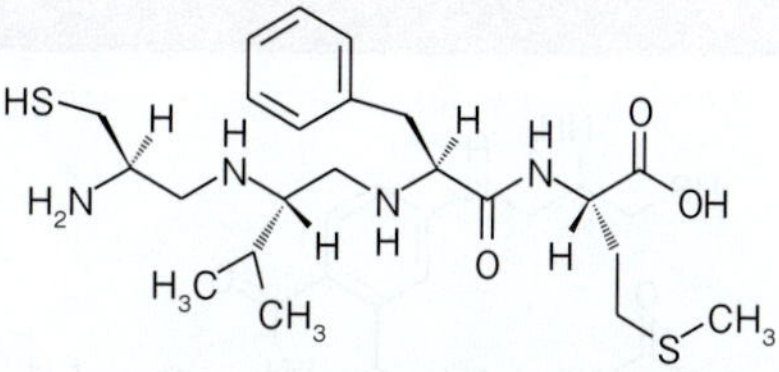

◆**分子量**：470.7

◆**IUPAC名**：N-[2(S)-(2(R)-2-Amino-3-mercaptopropylamino)-3-methylbutyl]-L-phenylalanyl-L-methionine trifluoroacetate salt

◆**使用法・購入**
溶媒：水，DMSO（1 mg/mL），ストック溶液は-20℃で3カ月安定
使用条件：細胞培養用培地添加の場合，10〜100 μM で効果
購入先：メルク社（344510），シグマ社（B2559）

◇ 作用機序

　Ras など低分子量 G タンパク質の多くは C 末端に CAAX 配列とよばれるアミノ酸配列をもつ．ファルネシルトランスフェラーゼ（FTase）はその配列を基質として認識し，システイン残基にイソプレノイドの1つであるファルネシル基を結合させる．FTase inhibitor（B581）はテトラペプチド CVFM をもとに細胞への透過性とプロテアーゼ耐性を高めたペプチド模倣物で FTase を競合的に阻害する．

◇ 生理機能

　変異型 ras の導入による細胞のトランスフォームには ras のファルネシル化が必要であり，FTase 阻害剤がトランスフォームした細胞の形態を正常化する．FTase inhibitor I は試験管内で H-ras のファルネシル化を阻害し（$IC_{50} = 21$ nM），H-ras（61L）を導入した NIH3T3 細胞の H-ras のファルネシル化を阻害する（$IC_{50} = 50$ μM）．

第2章　Gタンパク質シグナル・セカンドメッセンジャー関連薬剤

59

◇ 注意点

FTase は Ras のアイソフォーム以外にも，Rap2A，RhoB，Rheb，核ラミンなど30以上の低分子量 G タンパク質に作用するため，FTase 阻害剤の生理作用は，他のシグナルへの効果を考慮する必要がある．

参考文献

1）Brown MS, et al：Proc Natl Acad Sci U S A, 89：8313-8316, 1992
2）Garcia AM, et al：J Biol Chem, 268：18415-18418, 1993
3）Yamaguchi M, et al：Stroke, 35：1750-1755, 2004

GGTI-298

◆ **分子量**：593.7

◆ **IUPAC 名**：N-4-[2(R)-Amino-3-mercaptopropyl]amino-2-naphthylbenzoyl-(L)-leucine, methyl ester, trifluoroacetate salt

◆ **使用法・購入**
溶媒：DMSO（＜ 20 mg/mL），−20℃で1カ月，−80℃で1年保存可
使用条件：細胞培養用培地添加の場合，10〜50 μM で効果．マウス個体に投与する場合，DMSO ストックを水で薄めて 1.16 mg/kg 皮下注
購入先：フナコシ社（2430），シグマ社（G5169），サンタクルズ社（sc-361184）

◇ 作用機序

ゲラニルゲラニルトランスフェラーゼ I（GGTaseI）は RhoA などの C 末端のアミノ酸配列 CAAL を認識し，そのシステイン残基にイソプレノイドの1つであるゲラニルゲラニル基を結合させる．GGTI-298 は CAAL 配列をもとにしたペプチド模倣物で GGTase を競合的に阻害する．

◇ 生理機能

GGTaseI は Rho，Rac，Rap1，Rab や三量体 G タンパク質の γ サブユニットなどを基質として作用する．GGTI-298 は NIH3T3 培養細胞の Rap1A ゲラニルゲラニル化を阻害し，プロセシングを阻害するが（IC_{50} ＝ 3 μM），H-Ras に対しては，高濃度（20 μM）でも作用しない．また，PDGF 刺激による PDGF 受容体チロシンのリ

60　　GGTI-298

ン酸化を阻害する（48時間，10 μM）他，さまざまなヒトのがん由来の培養細胞株では細胞周期をG0/G1期で停止させる．

◇ 注意点

GGTaseIは前出のタンパク質に作用する以外にも，GPCRやGPCRキナーゼGRK7など，他のタンパク質のゲラニルゲラニル化にもかかわっている．そのため，生理作用の解析には目的タンパク質以外への作用を考慮する必要がある．

参考文献

1）McGuire TF, et al：J Biol Chem, 271：27402-27407, 1996
2）Miquel K, et al：Cancer Res, 57：1846-1850, 1997

U-73122

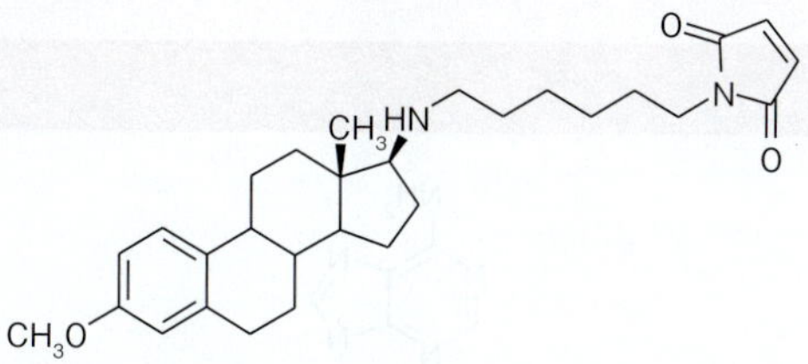

◆ **分子量**：464.6

◆ **IUPAC名**：1-[6-[[(17β)-3-Methoxyestra-1,3,5(10)-trien-17-yl]amino]hexyl]-1H-pyrrole-2,5-dione

◆ **使用法・購入**
　溶媒：クロロホルム（10 mg/mL），エタノール（0.7 mg/mL），DMSO（0.9 mg/mL，温めると2.6 mg/mL），-20℃，1カ月保存可（用事調製が望ましい）
　使用条件：細胞培養用培地に添加する場合，0.5〜10 μM．動物個体に投与する場合，生理食塩水で希釈し，10 mg/kg〜腹腔内投与

◇ 作用機序

ホスホリパーゼC（PLC：phospholipase C）は細胞膜中に微量に存在するイノシトールリン脂質のホスファチジルイノシトール（4,5）-2リン酸（PIP$_2$）を加水分解して，さまざまな細胞応答を促すセカンドメッセンジャーとして働くイノシトール3リン酸（IP$_3$）とジアシルグリセロール（DG）を生成する酵素である．詳しい作用機構は明らかになっていないが，U-73122はPLCの活性化を特異的に阻害し，IP$_3$とDGの産生を阻害する．

◇ 生理機能

IP$_3$は小胞体のCa^{2+}チャネルに作用して細胞内Ca^{2+}濃度を上昇させ，DGはプロテ

インキナーゼCを活性化することによってさまざまな細胞機能を制御している．U-73122はトロンビン，コラーゲン，PMAなどによって誘導されるヒト血小板のPLC活性化を阻害し，血小板凝集を抑制する（$IC_{50} = 0.6 \sim 5\ \mu M$）．また，IL-8やロイコトリエンB4により誘導されるヒト好中球のCa^{2+}流入と遊走を阻害する（$IC_{50} = 5 \sim 6\ \mu M$）．

◇注意点

筋小胞体のCa^{2+}ポンプを阻害したり，膵腺房細胞の陽イオンチャネルを直接活性化するという報告があり，注意が必要である．

参考文献

1）Bleasdale JE, et al：J Pharmacol Exp Ther, 255：756-768, 1990
2）Smith RJ, et al：J Pharmacol Exp Ther, 253：688-697, 1990
3）Hollywood MA, et al：Br J Pharmacol, 160：1293-1294, 2010

SQ22536

◆**分子量**：205.2

◆**IUPAC名**：9-(tetrahydro-2-furanyl)-9H-purin-6-amine

◆**使用法・購入**
溶媒：DMSO（25 mg/mL），水（21 mg/mL），保存は4℃，デシケーター内が推奨される．ストック溶液は-20℃で1カ月保存可能だが，用事調製が望ましい
使用条件：膜標品の場合も細胞に作用させる場合も$1 \sim 200\ \mu M$で効果
購入先：メルク社（568500），フナコシ社（RSD1435），シグマ社（S-153）

◇作用機序

細胞浸透性AC（アデニル酸シクラーゼ）阻害剤．細胞内でセカンドメッセンジャーとして機能するcAMP（環状アデノシン一リン酸）は，ACによってATP（アデノシン三リン酸）から生成される．細胞透過性のアデノシンアナログであるSQ22536は，ACのp-siteとよばれる部位に結合することで非競合阻害し，細胞内のcAMP生成を阻害する．

◇生理機能

多くのホルモン，神経伝達物質は受容体を介してACの活性を制御し，細胞内cAMP

濃度を変化させることによって標的細胞に作用する．SQ22536はACの働きを直接阻害することによって，cAMP生成を阻害する．SQ22536はプロスタグランジンE1（PGE1）によって誘導される血小板のcAMP生成を阻害し（$IC_{50} = 13 \mu M$），PGE1の血小板凝集抑制作用を抑制する（$100 \sim 200 \mu M$）．

参考文献

1）Haslam RJ, et al：Biochem J, 176：83-95, 1978
2）Fabbri E, et al：J Enzyme Inhib, 5：87-98, 1991
3）Goldsmith BA & Abrams TW：Proc Natl Acad Sci U S A, 88：9021-9025, 1991

LY-83583

◆**分子量**：250.3

◆**IUPAC名**：6-Anilino-5,8-quinolinequinone

◆**使用法・購入**
　溶媒：エタノール（8 mg/mL），メタノール（11 mg/mL），DMSO（25 mg/mL）：4℃1カ月，-20℃6カ月
　使用条件：細胞培養用培地添加の場合$1 \sim 20 \mu M$で効果
　購入先：メルク社（440205），フナコシ社（CAY-70230），富士フイルム和光純薬社（128-04691）

◇ 作用機序

　細胞内でセカンドメッセンジャーとして機能する環状ヌクレオチドcGMP（環状グアノシン一リン酸）は，グアニル酸シクラーゼ（GC）によってGTP（グアノシン三リン酸）から生成される．GCには膜結合型GCとNO依存性の可溶性GCが存在するが，LY-83583は主に可溶性グアニル酸シクラーゼを競合的に阻害し，細胞内のcGMP生成を阻害する．

◇ 生理機能

　cGMPはcGMP依存性キナーゼやイオンチャネルに作用することによって血小板凝集や，平滑筋の弛緩，神経シグナル伝達などの生理機能を制御している．LY-83583は試験管内でNOによって活性化されたヒト血小板のcGMPの産生を用量依存性に可逆的に阻害し（$IC_{50} = 2 \mu M$），トロンビンによる血小板凝集抑制作用を阻害する．また，IL-1によって誘導されるラット血管平滑筋細胞のcGMPの産生を約80％抑制する（$10 \mu M$）．

◇ 注意点

　LY-83583は心房性ナトリウム利尿ペプチド（ANP）によるLPS刺激マクロファージからのTNFの産生抑制作用を阻害する報告もあり，膜結合型GCによるcGMPの生成も阻害すると考えられる．

参考文献

1）Beasley D, et al：J Clin Invest, 87：602-608, 1991
2）Mülsch A, et al：Naunyn Schmiedebergs Arch Pharmacol, 340：119-125, 1989
3）Fleisch JH, et al：J Pharmacol Exp Ther, 229：681-689, 1984

IBMX

◆**分子量**：222.2

◆**IUPAC名**：3,7-Dihydro-1-methyl-3-(2-methylpropyl)-1H-purine-2,6-dione

◆**使用法・購入**

溶媒：クロロホルム（10 mg/mL），エタノール（0.7 mg/mL），DMSO（0.9 mg/mL，温めると2.6 mg/mL），-20℃，1カ月保存可（用事調製が望ましい）

使用条件：PDEを（IC_{50}＝2～50 μM）で阻害するが，細胞培養用培地に添加する場合，0.1～0.5 mM．動物個体に投与する場合，生理食塩水で希釈し，1 mg/kg～皮下投与

購入先：富士フイルム和光純薬社（095-03413），コスモ・バイオ社（sc-201188），メルク社（662035）

◇ 作用機序

　ホスホジエステラーゼ阻害剤．ホスホジエステラーゼ（PDE：phosphodiesterase）はアデニル酸シクラーゼ（AC）により生成されるcAMP，あるいはグアニル酸シクラーゼ（GC）により生成されるcGMPを加水分解する酵素である．IBMXはPDEファミリー内で保存されている活性部位のサブポケットに結合し，非選択的にPDEのエステラーゼ活性を阻害する．

◇ 生理機能

　細胞内のcAMP，cGMP濃度とその局在は，AC，GCとPDEの酵素活性のバランスにより調節されている．哺乳動物のPDEには11種の遺伝子ファミリーが存在し，cAMPまたはcGMPのみを加水分解するものや，双方を基質とするものがある．PDE

ファミリーおのおのに特異的な阻害剤が開発され上市されているが，非選択的阻害剤であるIBMXはPDEによるcAMP，cGMPの分解を広く阻害してAC，GCの作用を強くする目的でさまざまな実験系において使用されている．ラット血管平滑筋細胞を用いた実験ではIL-1刺激により細胞内のcGMP濃度が上昇するが，IBMX処理（0.1 mM）によってcGMP濃度の上昇が約13倍になる．

◇注意点

サイドエフェクトとしてアデノシン受容体のアンタゴニストとしても機能することが報告されている．

参考文献

1）Bleasdale JE, et al：J Pharmacol Exp Ther, 255：756-768, 1990
2）Smith RJ, et al：J Pharmacol Exp Ther, 253：688-697, 1990

第3章

カルモジュリンキナーゼ関連薬剤

藪田紀一，名田茂之

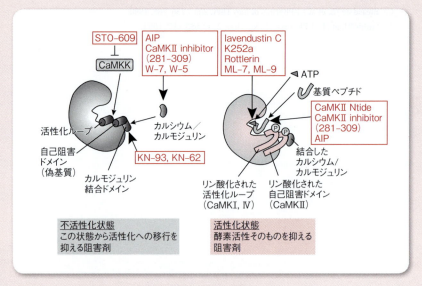

概略図 カルモジュリンキナーゼの阻害剤と阻害ステージ

　細胞内の Ca^{2+} 濃度の変化は細胞内外のさまざまな刺激によって引き起こされる情報伝達の一つの形であり，これを受けて細胞内では種々の分子応答が引き起こされる．カルモジュリン（calmodulin）は Ca^{2+} と結合することで，その細胞内濃度変化を自身の立体構造変化へと変換する．カルモジュリンの構造変化は種々のカルモジュリン結合タンパク質の会合を引き起こし，さらに結合タンパク質の機能を変化させることによって，情報を伝達してゆく．

　カルモジュリンキナーゼは活性化にカルシウム／カルモジュリンを必要とするプロテインキナーゼの一群で，これまでにホスホリラーゼキナーゼ，ミオシン軽鎖キナーゼ，カルシウム／カルモジュリン依存性プロテインキナーゼ（CaMK）Ⅰ，Ⅱ，Ⅲ（＝eEF-2キナーゼ），Ⅳなどが知られている．このなかで，阻害剤を用いた研究の主なターゲットとされてきたのは，細胞骨格制御に関連するミオシン軽鎖キナーゼとカ

ルシウム応答においてさまざまな基質タンパク質をリン酸化するCaMK I，II，IV である．Ca^{2+}の動態はニューロンの活性とも深くかかわるため，カルモジュリンキナーゼ群は神経疾患を含めた疾病や脳機能の分子機序を探るうえで重要な細胞内制御因子の1つとして注目されている．

これらのキナーゼには部分的に共通の活性調節機構が存在する．N末側の触媒ドメインに続き，自己阻害ドメインとカルモジュリン結合ドメインが存在する．自己阻害ドメインとカルモジュリン結合ドメインは部分的にオーバーラップしており，カルシウム／カルモジュリンの結合によって自己阻害ドメインが触媒ドメインから離れることが活性化の引き金となる．CaMK I，IVでは引き続いて触媒ドメイン内の活性化ループを自己リン酸化，あるいはカルモジュリンキナーゼキナーゼ（CaMKK）によるリン酸化で完全な活性化に至る．CaMK IIでは自己阻害ドメインの自己リン酸化によって活性化し，その後カルシウム／カルモジュリン非依存的な活性を維持することが知られている．

これらの酵素の阻害には，酵素自身の触媒活性の阻害はもちろん，カルモジュリン結合の阻害，CaMKKの阻害による活性化段階での阻害も実用化されている．さらにCaMK IIには内在性の活性阻害タンパク質が存在し，その遺伝子発現を制御する方法や自己阻害ドメインを利用した阻害剤が存在する（概略図）．

参考文献

1）Griffith LC：J Neurosci, 24：8394-8398, 2004
2）Hook SS & Means AR：Annu Rev Pharmacol Toxicol, 41：471-505, 2001
3）Takemoto-Kimura S, et al：J Neurochem, 141：808-818, 2017
4）Villalobo A, et al：Biochim Biophys Acta Mol Cell Res, 1865：507-521, 2018

KN-93

◆**分子量**：501.1

◆**IUPAC名**：N-[2-[[[3-(4'-chlorophenyl)-2-propenyl]methylamino]methyl]phenyl]-N-(2-hydroxyethyl)-4'-methoxy-benzenesulfonamide phosphate

◆**使用法・購入**
　溶媒：DMSO（25 mg/mL），−20℃で保存（3カ月保存可能）／水溶性タイプのものも
　　ある（メルク社，422708）：ミリＱ水（5 mg/mL），−20℃で保存（2カ月保存可能）
　使用条件：培養細胞への投与は0.5〜10μMで15〜30分（細胞種など実験条件により
　　異なる）．マウス内大動脈投与では1〜10 nmolの投与の例がある
　購入先：ケイマン社（13319），メルク社（422711），シグマ社（K1385）など

◇ 作用機序

　CaMKⅠ，Ⅱ，Ⅳの阻害剤．カルモジュリンに対して拮抗的に働く．膜透過性で CaMKⅡに対して $K_i = 0.37 \mu$M と報告されている．コントロールとして類似の構造をもつが阻害活性のないKN-92（1-[N,O-bis(5-isoquinolinesulfonyl)-N-methyl-L-tyrosyl]-4-phenylpiperazine，メルク社，422709）がしばしば用いられる．細胞膜透過性があり比較的特異性が高いことから，現在では最も頻繁に用いられる阻害剤となっている．

◇ 生理機能

　KN-93の投与で，HeLa細胞やNIH3T3細胞の細胞周期G1期での停止を誘導する．また，PC12h細胞におけるKClやアセチルコリン刺激時のドパミン産生が低下し，同時にチロシン脱水素酵素のリン酸化の低下が観察されている．さらに，ヒト単球性白血病由来のTHP-1細胞において細胞内NADの枯渇により誘導されるミトコンドリア膜電位依存性アポトーシスを抑制することが報告されている．

◇ 注意点

　CaMKⅡの特異的阻害剤として販売されている例が多いが，CaMKⅠ，Ⅳに対しての阻害活性を示唆する論文もある．

参考文献
1）Condon JC, et al：Endocrinology, 143：3651-3657, 2002
2）Sumi M, et al：Biochem Biophys Res Commun, 181：968-975, 1991
3）Takeuchi M & Yamamoto T：Exp Cell Res, 335：62-67, 2015

KN-62

◆**分子量**：721.9

◆**IUPAC名**：1-[N,O-bis(5-isoquinolinesulfonyl)-N-methyl-L-tyrosyl]-4-phenylpiperazine

◆**使用法・購入**
溶媒：DMSO（12 mg/mLあるいは100 mM），−20℃で保存（3カ月保存可能）
使用条件：細胞培養培地に添加する場合，10μM，30分程度（実験条件により異なる）
購入先：メルク社（422706），シグマ社（I2142），Tocris社（1277）など

◇作用機序

　CaMK I，II，IVの阻害剤．カルモジュリンに対する拮抗阻害剤．膜透過性で CaMK II に対して$K_i = 0.8μM$と報告されている．コントロールとして類似の構造をもつが阻害活性のないKN-04（N-[1-[P-(5-Isoquinolinesulfonyl)benzyl]-2-(4-phenylpiperazinyl)ethyl]-5-isoquinolinesulfonamide）が用いられる例もある（以前は生化学工業社から販売されていたが，現在製造中止となっている）．前出のKN-93とともにCaMK IIの特異的阻害剤として紹介されることが多いが，I，IVに対してもそれぞれ$K_i = 0.8μM$，3μMの阻害活性を示すことが示されている．

◇生理機能

　KN-62の投与で，海馬スライスCA1神経細胞での長期増強の誘導が抑制される．また，ラット第4脳室内投与で，高血圧・頻脈を誘導し，このとき脳脊髄液内へのGABAの放出が抑制されることが観察されている．また，レチノイン酸感受性のヒト骨髄性白血病細胞株HL-60にKN-62あるいはその類縁体を投与すると最終分化を誘導するとの報告がある．

参考文献

1）Hook SS & Means AR：Annu Rev Pharmacol Toxicol, 41：471-505, 2001
2）Tokumitsu H, et al：J Biol Chem, 265：4315-4320, 1990
3）Schuler AD, et al：Leuk Res, 31：683-689, 2007

AIP

別名：autocamtide-2 related inhibitory peptide

H-Lys-Lys-Ala-Leu-Arg-Arg-Gln-Glu-Ala-Val-Asp-Ala-Leu-OH

◆分子量：1497.8

◆使用法・購入
溶媒：水溶性（ミリQ水），用時調製
使用条件：電気生理学などの実験で細胞質側の濃度として0.5〜1μM程度で用いられている
購入先：AIP：メルク社（189484），シグマ社（A4308），Tocris社（1688）. myr-AIP：メルク社（189482）

◇作用機序

autocamtide-2（Lys-Lys-Ala-Leu-Arg-Arg-Gln-Glu-Thr-Val-Asp-Ala-Leu）はCaMKⅡの自己リン酸化部位（Arg-Gln-Glu-Thr-Val-Asp）を含む合成ペプチドで，CaMKⅡの人工基質として使用されてきたものである．このペプチドのリン酸化部位であるThr9をAlaに置換してリン酸化されなくなったペプチドがCaMKⅡの特異的阻害剤として働くことが判明し，阻害剤AIPとして用いられるようになった．CaMKⅡの自己リン酸化を拮抗的に阻害すると考えられる（$IC_{50} = 40$ nM）.

同様の阻害を行うと考えられるCaMKⅡの自己リン酸化部位ペプチドCaMKⅡ（281-302Ala286）はAIPに比べて特異性が低く，CaMKⅣにも作用することが報告されている．N，C末端付近の塩基性アミノ酸配列に多少のバリエーションのあるものも市販されている．細胞膜透過性は期待できない．膜透過性の向上を狙ったN末端ミリスチン酸化修飾を受けたAIP（myristoylated AIP：myr-AIP）も市販されている．また，antennapedia膜透過配列（RQIKIWFQNRRMKWKK）を融合したペプチドを利用する例もある．

◇生理機能

AIPのアフリカツメガエル卵への注入により，卵成熟の遅延が観察される．またマウス卵に対するmyr-AIPの投与でも減数分裂の進行停止が観察されている．

参考文献
1）Picconi R, et al：J Neurosci, 24：5283-5291, 2004
2）Ishida A, et al：Biochem Biophys Res Commun, 212：806-812, 1995

CaMKⅡNtide

H-Lys-Arg-Pro-Pro-Lys-Leu-Gly-Gln-Ile-Gly-Arg-Ala-Lys-Arg-Val-Val-Ile-Glu-Asp-Asp-Arg-Ile-Asp-Asp-Val-Leu-Lys-OH

◆分子量：3115.7

◆**使用法・購入**

溶媒：DMSO（10 mM），−20℃で保存（4カ月保存可能）

使用条件：ラット脳室内に10 mMのCaMKⅡNtideを5μL投与した例がある．細胞溶解液などには1〜10μMで使用

購入先：CaMKⅡNtide：メルク社（208920）／Myr-CaMKⅡNtide：メルク社（208921）

◇ **作用機序**

活性化型CaMKⅡに結合してそのキナーゼ活性を特異的に阻害する内在性タンパク質として酵母two-hybridスクリーニング法により同定された，CaMKⅡNのC末端側に存在する28アミノ酸から成る合成ペプチド．CaMKⅡに特異的であるが，膜透過性は期待できない．細胞膜透過性の改善を意図したミリスチン酸化物も市販されているが（Myr-CaMKⅡNide），antennapediaの膜透過配列（RQIKIWFQNRRM-KWKK）との融合ペプチドの形で作製し使用しているグループもある．外来ペプチド基質syntide2に対するCaMKⅡリン酸化反応でのIC$_{50}$は100〜400 nMであり，1μMで活性を完全に阻害する．10μM存在下ではPKC，PKA，CaMKⅠの活性には全く影響しないが，CaMKⅣに対しては30％の活性阻害がみられる．CaMKⅡN全長では10μMでもCaMKⅣに対する阻害活性は現れない．

◇ **注意点**

基本的には細胞膜を透過しないので，培養細胞などへの導入には向かない．

参考文献

1）Fink CC, et al：Neuron, 39：283-297, 2003
2）Chang BH, et al：Proc Natl Acad Sci USA, 95：10890-10895, 1998

CaMKⅡ inhibitor

別名：281-309

H-Met-His-Arg-Gln-Glu-Thr-Val-Asp-Cys-Leu-Lys-Lys-Phe-Asn-Ala-Arg-Arg-Lys-Leu-Lys-Gly-Ala-Ile-Leu-Thr-Thr-Met-Leu-Ala-OH

◆**分子量**：3374.1

◆**使用法・購入**

溶媒：水溶性（ミリQ水），用時調製

使用条件：10〜50μM溶液の生細胞へのマイクロインジェクションや，最終濃度1〜2 ng/mLでのペプチドトランスフェクションの使用例がある

購入先：メルク社（208711），サンタクルズ社（sc-3037）

◇ **作用機序**

CaMKⅡのリン酸化部位（Thr286）とカルモジュリン結合部位を含む合成ペプチ

第3章　カルモジュリンキナーゼ関連薬剤

ド．このペプチドのThr6はPKCによってもリン酸化される．カルモジュリンと結合することによりCaMKⅡの活性化を阻害する作用（$IC_{50} = 65\,nM$）と，前出のAIP同様に，CaMKⅡの自己リン酸化に対する競合阻害作用をもつと考えられる．CaMKⅡのカルモジュリン結合部位（290-309）のみの合成ペプチドも同様の目的で用いられることがあるが，このペプチドはカルモジュリンと強く結合してCaMKⅡ以外のカルモジュリン依存性酵素（ホスホジエステラーゼ，カルシニューリン）も阻害することが知られている．

◇ 生理機能

培養海馬ニューロンに投与すると，シナプスの可塑性が阻害されることが報告されている．

◇ 注意点

細胞膜不浸透性．

参考文献
1）Ninan I & Arancio O：Neuron, 42：129-141, 2004
2）Nguyen A, et al：FEBS Letters, 572：307-313, 2004
3）Colbran RJ, et al：J Biol Chem, 263：18145-18151, 1988

Lavendustin C

別名：HDBA

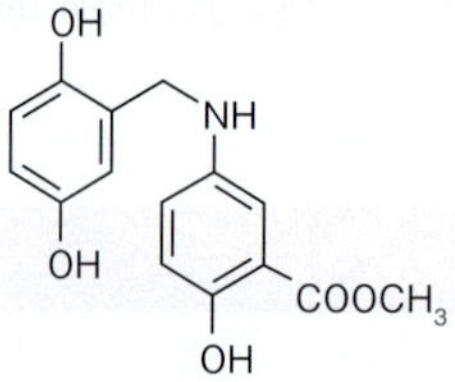

◆ **分子量**：275.3

◆ **IUPAC名**：5-(N-2',5'-Dihydroxybenzyl) aminosalicylic Acid

◆ **使用法・購入**
溶媒：DMSO（25 mM）あるいはエタノール．用時調製が望ましい．保存の場合は−20℃保存（2週間保存可能）
使用条件：アフリカツメガエル卵へのマイクロインジェクション（最終濃度18 μM）やラットでの灌流実験（灌流液中に1 μM）の使用例がある
購入先：ケイマン社（10010329），サンタクルズ社（sc-202207）

◇ 作用機序

Lavendustin Cはもともとlavendustin Aとともにチロシンキナーゼ阻害剤（第7

章参照）としてよく知られているもので，チロシンキナーゼの場合ATP結合部位に対して非拮抗的（nonconpetitive）に，基質ペプチドの結合部位に対して不拮抗的（uncompetitive）に阻害する．チロシンキナーゼSrcに対してIC$_{50}$＝200～500 nM．CaMKIIに対してはIC$_{50}$＝200 nMであり，他のプロテインキナーゼ（PKCには70μM，PKAには＞100μM）よりも阻害効果が高いことから，CaMKII阻害剤として用いられることがある．

◇ **生理機能**

　Lavendustin Cの投与で，アフリカツメガエル卵に発現させたショウジョウバエEag K$^+$チャネルのリン酸化とイオン流動の増強が抑制される．また，ラット大動脈内皮の一酸化窒素による弛緩反応の低下が観察されている．

◇ **注意点**

　前述のとおり，オフターゲットとしてチロシンキナーゼを阻害するため，使用濃度に注意が必要．

参考文献

1）Zucchi R, et al：FASEB J, 16：1976-1978, 2002
2）Wang Z, et al：J Biol Chem, 277：24022-24029, 2002
3）Agbotounou WK, et al：Eur J Pharmacol, 269：1-8, 1994

K252a

◆**分子量**：467.5

◆**IUPAC名**：(8R*,9R*,11S*)-(−)-9-hydroxy-9-methoxycarbonyl-8-methyl-2,3,9,10-tetrahydro-8,11-epoxy-1H,8H,11H-2,7b,11a-triazadibenzo(a,g)cycloocta(cde)-trinden-1-one

◆**使用法・購入**

　溶媒：DMSO（25 mMあるいは1 mg/mL），DMF（1 mg/mL），それぞれ−20℃で保存（3カ月保存可能）

　使用条件：目的によりさまざまな濃度で用いられている．典型的には，細胞でCaMKIIの阻害を目的とした場合に2～50 nM，比較的広い範囲のキナーゼ阻害を前提に用い

る場合には $1 \sim 50\,\mu$M で用いられている例がある

購入先：Alomone labs 社（K-150），アブカム社（ab120419），フナコシ社（アディポジェン，AG-CN2-0019-C100），メルク社（420298），Tocris 社（1683）

◇ 作用機序

広い範囲のプロテインキナーゼを阻害する天然のアルカロイド（放線菌 *Nocardiopsis sp.* より分離）で，細胞膜透過性をもつ ATP アナログとして作用する．K_i は CaMK II に対して1.8 nM，ホスホリラーゼキナーゼには1.7 nM（IC_{50}），TrkA チロシンキナーゼには3 nM，ミオシン軽鎖キナーゼには17 nM，PKA には18 nM，PKC には25 nM など．ターゲットの広さのために，CaMK II の阻害剤として単独で研究に用いられることは少なく，作用の異なる他の CaMK II 阻害剤の結果を合わせて阻害の効果を検証するという使い方をすることが多い．

◇ 生理機能

K252a は非特異的にキナーゼ類を阻害するので，その作用としてがん細胞への投与により細胞増殖を抑制し，アポトーシスを誘導する効果が報告されている．

◇ 注意点

前述以外にもオフターゲットとして，セリン／スレオニンキナーゼ類を広く阻害する（$IC_{50} = 10 \sim 20$ nM）とされる．

参考文献

1）Howe CJ, et al：J Biol Chem, 277：30469-30476, 2002
2）Kase H, et al：J Antibiot（Tokyo）, 39：1059-1065, 1986
3）Takai N, et al：Oncol Rep, 19：749-753, 2008

Rottlerin

別名：ロットレリン / Mallotoxin / マロトキシン

◆ **分子量**：516.5

◆ **IUPAC名**：1-[6-[(3-acetyl-2,4,6-trihydroxy-5-methyl-phenyl)methyl]-5,7-dihydroxy-2,2-dimethyl-chromen-8-yl]-3-phenyl-prop-2-en-1-one

◆ **使用法・購入**

溶媒：DMSO（20 mM あるいは 30 mg/mL），エタノール（1 mg/mL），それぞれ

–20℃で保存（3カ月保存可能）
使用条件：培養細胞に10μMで2時間処理など
購入先：ケイマン社（12006），メルク社（557370），シグマ社（R5648），Tocris社（1610），サンタクルズ社（sc-3550），アブカム社（ab120377）

◇作用機序

熱帯植物クスノハガシワから分離された天然物質で，ATPとの拮抗阻害活性をもち，比較的広い範囲のプロテインキナーゼを阻害する．CaMKⅢ（eEF-2キナーゼ）に対しても阻害活性を示し，IC_{50}は5.3μM．ほかにPKCδ（IC_{50} = 3～6μM），PKCθに対しても高い阻害活性を示すと言われている．他のPKCサブタイプに対しては30～100μM程度の阻害活性を示す．また，Rottlerinが電位依存性K^+（K_V）チャネルのサブタイプのうちK_V7.1/KCNE1を活性化（チャネルを開口）させることが報告されている．

◇生理機能

Rottlerinの投与で，ラットおよびヒトのグリオーマ細胞におけるG1/S期での細胞周期の停止と細胞形態変化が観察されている．また，K_V7.1/KCNE1を発現するiPS細胞由来の心筋細胞においてRottlerinの投与が心臓の再分極を短縮させることが示されている．

◇注意点

オフターゲットとして広範囲にキナーゼ類を阻害する．

参考文献
1）Tushar B, et al：J Biol Chem, 279：38903-38911, 2004
2）Parmer TG：Cell Growth Differ, 8：327-334, 1997
3）Gschwendt M, et al：FEBS Lett, 338：85-88, 1994
4）Matschke V, et al：Cell Physiol Biochem, 40：1549-1558, 2016

ML-7, ML-9

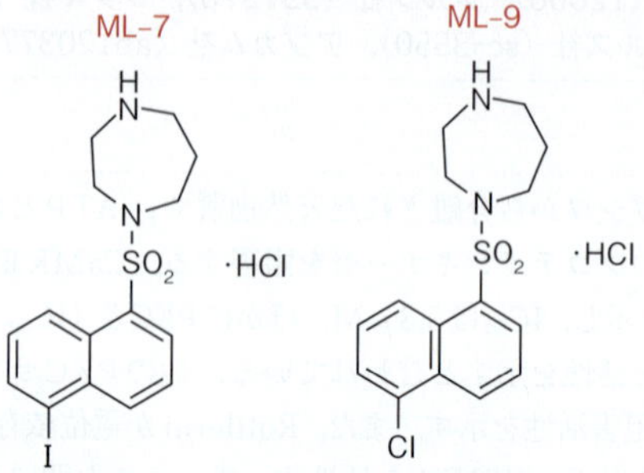

ML-7

◆**分子量**：452.7

◆**IUPAC名** ： 1-(5-Iodonaphthalene-1-sulfonyl)-1H-hexahydro-l,4-diazepine・HCl

◆**使用法・購入**
溶媒：DMSO（10 mg/mLあるいは50 mM）あるいは50％エタノール，それぞれ –20℃で保存（3カ月保存可能）
使用条件：細胞膜透過性の阻害剤であり，培養細胞には培地中に5〜20μMの濃度で使用する例が多い
購入先：メルク社（475880），シグマ社（I2764），Tocris社（4310）など

◇ **作用機序**

　ML-7はミオシン軽鎖キナーゼの阻害剤としてよく用いられ，ATPとの拮抗阻害作用を示すと考えられる（$K_i = 0.3 \mu$M）．ミオシン軽鎖のリン酸化は筋収縮やアクチン骨格の形成にかかわり，ミオシン軽鎖キナーゼの阻害はこれらの過程を阻害する．さらに細胞レベルでは，細胞接着・運動・形態に影響を与える．ただし，ML-7はPKA，PKCに対してもそれぞれ21，42μMの阻害活性をもつ．ミオシン軽鎖キナーゼをターゲットとする場合は前出のK252aよりは活性が低いものの，特異性が比較的高いので，こちらがよく用いられている．類似の化合物であるML-9（後述）もしばしば使用されるが，こちらはML-7より特異性が少し低い．

◇ **生理機能**

　ML-7，ML-9の投与で，マウス肺がん細胞のフィブロネクチンへの接着能が低下する．また，U937，THP-1，HL-60などのヒト血球系細胞の分化誘導が観察されている．

参考文献

1）Saitoh M, et al：J Biol Chem, 262：7796-7801, 1987

ML-9

◆**分子量**：361.3

◆**IUPAC名**：1-(5-chloronaphthalene-1-sulfonyl)-1H-hexahydro-1,4-diazepine・HCl

◆**使用法・購入**

溶媒：DMSO（10 mg/mLあるいは50 mM）あるいは50％エタノール，それぞれ
−20℃で保存（3カ月保存可能）

使用条件：培養細胞では培地中へ30μM程度の濃度で使用する例が多い

購入先：メルク社（475882），シグマ社（C1172），Tocris社（0431），アブカム社
（ab143797）

◇ 作用機序

ML-9はATPの拮抗阻害剤．ミオシン軽鎖キナーゼへのK_iは3.8μM，PKA, PKC
に対してそれぞれ32，54μM．さらにAkt（$IC_{50} = 10 \sim 50\mu$M），S6キナーゼ
（$IC_{50} = 50\mu$M）も阻害することが知られている．

◇ 生理機能

ML-7の項を参照．

◇ 注意点

前述の他に，ML-9が脂肪細胞3T3-L1においてグルコース輸送体（GLUT1,
GLUT4）を介したインスリン刺激で誘導されるグルコース輸送を阻害するとの報告
がある．

参考文献

1）Saitoh M, et al：Biochem Biophys Res Commun, 140：280-287, 1986
2）Inoue G, et al：J Biol Chem, 268：5272-5278, 1993

STO-609

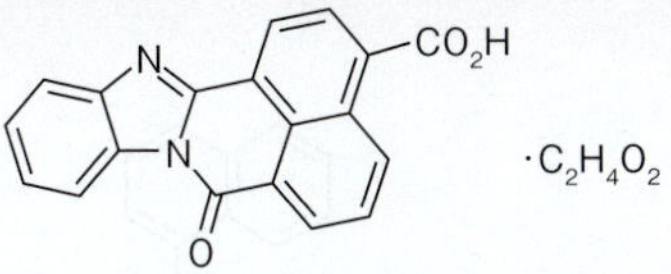

◆**分子量**：374.4

◆**IUPAC名**：7H-Benz[de]benzimidazo[2,1-a]isoquinoline-7-one-3-carboxylic
Acid, Acetate

◆**使用法・購入**

溶媒：DMSO（15 mg/mL），−20℃で保存

使用条件：HeLa細胞の培養液中に10μg/mL，10分の処理でionomycin処理による
CaMKIVの活性化を90％以上抑える．SH-SY5Y細胞での同様の実験では，10μg/
mLでCaMKIVの活性化を80％以上抑制する．マウスに投与する場合，使用直前に
生理食塩水で希釈した後，30μg/kg/日で腹腔内投与（実験系などにより異なる）
購入先：メルク社（570250），シグマ社（S1318），Tocris社（1551）

◇作用機序

細胞膜透過性のCaMKK阻害剤．CaMKKもカルモジュリンキナーゼであり，
CaMKKα，βの2種類が存在する．CaMKKはCaMK I，IVの活性化ループをリン
酸化し（自己リン酸化部位でもある），これらの酵素を活性化させる．CaMKKを阻
害することで，CaMK I，IVの活性化が抑制されることが示されている．STO-609
はATPに対して拮抗して阻害する．K_iはCaMKKαに対して250 nM，CaMKKβに
対して48 nMであり，CaMK IIに対しては32μM（IC_{50}），CaMK I，IV，ミオシン
軽鎖キナーゼ，PKC，PKA，p42Erkなどの酵素に対しては32μM（IC_{50}）以上の濃
度であることが報告されている．

◇生理機能

STO-609の投与で，培養ラット海馬神経細胞や小脳顆粒細胞の神経突起伸長・分
岐形成が抑制され，この時成長円錐の運動性の低下が観察されている．また，NAFLD
（非アルコール性脂肪肝疾患）モデルマウスへの投与では脂肪肝の症状を改善すると
の報告もある．

参考文献

1）Wayman GA, et al：J Neurosci, 24：3786-3794, 2004
2）Tokumitsu H, et al：J Biol Chem, 277：15813-15818, 2002
3）Kukimoto-Niino M, et al：J Biol Chem, 286：22570-22579, 2011
4）York B, et al：Sci Rep, 7：11793, 2017

W-7，W-5

W-7

◆分子量：377.4

◆IUPAC名：N-(6-Aminohexyl)-5-chloro-1-napthalenesulfonamide, HCl

◆**使用法・購入**
溶媒：DMSO（25 mg/mLあるいは100 mM），−20℃で保存（3カ月保存可能）
使用条件：10〜100μMの濃度での細胞投与でさまざまな生理作用を示す
購入先：メルク社（681629），Tocris社（0369），アブカム社（ab143768）など

W-5

◆**分子量**：342.9

◆**IUPAC名**：N-(6-Aminohexyl)-1-napthalenesulfonamide, HCl

◆**使用法・購入**
溶媒：DMSO（20 mg/mL），−20℃で保存（6カ月保存可能）
使用条件：10〜100μMの濃度での細胞投与でさまざまな生理作用を示す
購入先：メルク社（681625），Tocris社（0368），サンタクルズ社（sc-201500）

◇ 作用機序

W-7はカルモジュリンアンタゴニストとよばれ，カルシウムを結合したカルモジュリンの2カ所にある疎水性結合ポケットにそれぞれ1分子ずつが結合する（内在性のカルモジュリン結合タンパク質も同じ部位で結合する）．その結果カルモジュリンの機能を阻害し，結果として広範なカルモジュリン結合タンパク質の機能を抑制する．細胞膜透過性．ミオシン軽鎖キナーゼへのIC_{50}は51μMと言われている．構造的に似たW-5はW-7よりカルモジュリンへの結合能が低く，コントロールとして用いられることがある．またカルモジュリンアンタゴニストとしてはcalmidazoliumなど他の化合物も知られている．

◇ 生理機能

W-7，W-5の投与で細胞分裂停止や血小板凝集抑制作用が観察されている．またW-7投与では，KN-62と同様にラット第4脳室内投与で高血圧・頻脈を誘導し，AIPと同様にマウス卵の減数分裂停止や，ML-7，MP-9と同様のフィブロネクチン接着能の低下も観察されている．

◇ 注意点

W-7は，電位依存性K^+（K_V）チャネルのうちK_V11.1（hERGチャネル）を直接阻害してK^+の輸送を遮断する効果が報告されている．

参考文献
1）Hidaka H, et al：Proc Natl Acad Sci U S A, 78：4354-4357, 1981
2）Zhang XH, et al：Br J Pharmacol, 161：872-884, 2010

第4章
カルシウムシグナル・チャネル, 神経系関連薬剤

水谷顕洋

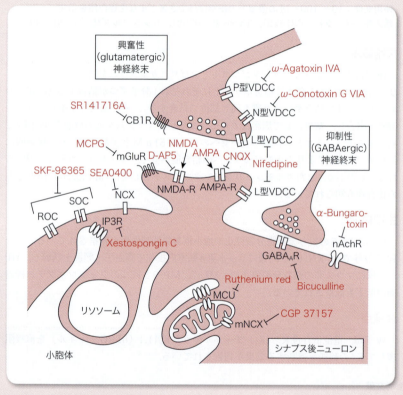

概略図　各種阻害剤の作用点

　細胞内カルシウムシグナルは，収縮・分泌反応はもちろん，その他実に多彩な細胞現象に関与している[1)2)]．非刺激時，細胞質のCa^{2+}濃度は，細胞膜上のCa^{2+}-ATPase（PMCA）による細胞外への汲み出しと，小胞体膜上のCa^{2+}-ATPase（SERCA）による細胞内Ca^{2+}貯蔵部位である小胞体内腔への取り込みによって，細胞外の1/10,000の濃度，100 nM程度に維持されている．カルシウムシグナルの発生源は，さまざま

な刺激によって開く，細胞膜上，あるいは小胞体膜上のCa^{2+}透過性チャネルである．チャネルを介して細胞質に流れ込んだCa^{2+}は，即座に細胞質に存在する種々カルシウム結合タンパク質に捕捉されると同時に，前述したPMCAやSERCA等のCa^{2+}ポンプにより汲み出される．そのため，カルシウムシグナルは基本的に局所シグナルとして働く．例えば，膜電位依存性のカルシウムチャネルの場合，Ca^{2+}濃度が上昇するのは開口部から20 nm以内で，その上昇はせいぜい10 μM位，持続時間も数msと想定されている[1) 3) 4)]．ただ，小胞体膜上のカルシウムチャネルであるIP3受容体（IP3R）が細胞質を自由拡散するIP3によって開口すること，また，同じく小胞体膜上のカルシウムチャネルであるRyanodine受容体（RyR）は，IP3R共々，Ca^{2+}そのものによって開口することなどから，刺激の種類・強度に応じて多彩なパターンのカルシウムシグナルが生み出される．また，近年，小胞体は，細胞膜，ミトコンドリア，リソソームなどと物理的な接点（例えば，小胞体上のミトコンドリアと接している膜領域：MAM）をもち，こうした物理的・機能的接点を介して，小胞体は単に細胞質カルシウムシグナルの供給源であるだけでなく，細胞外からのCa^{2+}供給を受けつつ，ミトコンドリアやリソソームなどの細胞内小器官へのCa^{2+}供給源としても機能している[5)]．こうした小胞体を中心とした細胞膜／オルガネラとのネットワークを介したカルシウムシグナルによって，これらオルガネラの機能維持はもちろん，代謝，アポトーシス，オートファジーなど細胞の根源的機能が調節されている（概略図）．

　興奮性の細胞である神経細胞では，シナプス伝達にかかわる膜電位依存性のチャネルと神経伝達物質の結合によって開くチャネル型受容の存在，こうしたシナプス伝達を修飾するシグナル分子の存在，神経細胞の形状による特質としてカルシウムシグナルの局所性がより際立っていることが特徴である．

　本章では，細胞内Ca^{2+}濃度そのものを操作できる薬剤，および細胞膜・小胞体膜上に存在する，種々のカルシウムチャネルの阻害剤，さらには神経伝達にかかわるさまざまなイオンチャネルの活性化剤，阻害剤のうち，作用機序が明確で特異性が高く，細胞レベルの実験に実際によく使われているものを紹介する．

参考文献

1）Clapham DE：Cell, 131：1047-1058, 2007
2）Berridge MJ：Biochem Soc Trans, 40：297-309, 2012
3）Cheng X, et al：Semin Cell Dev Biol, 45：24-31, 2015
4）Bagur R & Hajnóczky G：Mol Cell, 66：780-788, 2017
5）Raffaello A, et al：Trends Biochem Sci, 41：1035-1049, 2016

BAPTA-AM

$$CH_3OCOCH_2OOC$$

CH₃OCOCH₂OOC ... structure

◆**分子量**：764.7

◆**IUPAC名**：2-[acetyloxymethoxycarbonylmethyl-[2-[2-[2(bis(carboxymethyl)amino)phenoxy]ethoxy]phenyl]amino]acetic acid

◆**使用法・購入**
溶媒：DMSOに50 mMの濃度で溶解し，−20℃で遮光保存
使用条件：最終濃度10〜50μMで使用
購入先：メルク社（196419），Tocris社（2787），シグマ社（A1076），同仁化学研究所（B035）

◇作用機序

　汎カルシウムシグナル阻害剤．Ca^{2+}がどこから供給されるかはともかくも，細胞質におけるCa^{2+}上昇をとにかく抑えてしまおうという発想で用いられるのがこの薬剤である．BAPTAというCa^{2+}キレーターのカルボキシル基をすべてacetoxymethyl ester化（AM体化）したもので，細胞膜を透過した後，細胞内のエステラーゼにより分解され，BAPTAとして細胞内に留まり，Ca^{2+}キレーターとして働く．BAPTAはCa^{2+}に対して$K_d = 160$ nM（at pH 7.2）と，EGTAと同様の親和性を示すが，EGTAに比べて，Ca^{2+}に対する結合・解離速度がはるかに速いのが特徴である〔BAPTA K_{on}（$\mu M^{-1}s^{-1}$）；100〜1,000 K_{off}（s^{-1}）：16〜160，EGTA K_{on}（$\mu M^{-1}s^{-1}$）；3〜10 K_{off}（s^{-1}）：0.5〜1.5〕．

◇生理機能

　細胞内のCa^{2+}をキレートすることにより，基本的にはすべてのCa^{2+}依存的な細胞応答を阻害する．特に，細胞膜直下，あるいは小胞体とリソソームとの接点等，いわゆるマイクロドメインで機能するカルシウムシグナルを阻害するのに有用である．

参考文献
1）Tsien RY：Biochemistry, 19：2396-2404, 1980
2）Dargan SL & Parker I：J Physiol, 553：775-788, 2003
3）Garrity AG, et al：Elife, 5：doi:10.7554/eLife.15887, 2016

A23187

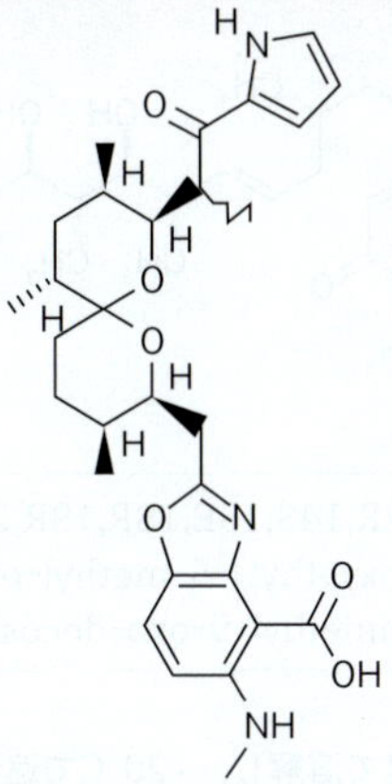

◆分子量：523.6

◆IUPAC名：5-methylamino-2-[[(2S,3R,5R,8S,9S)-3,5,9-trimethyl-2-[1-oxo-1-(1H-pyrrol-2-yl)propan-2-yl]-1,7-dioxaspiro[5.5]undec-8-yl]methyl]benzooxazole-4-carboxylic acid

◆使用法・購入
溶媒：DMSOに50 mMの濃度で溶解し，−20℃で遮光保存
使用条件：最終濃度1～5μMで使用
購入先：メルク社（10105），シグマ社（C7522），Toctis社（1234）

◇ 作用機序

　汎カルシウムシグナル活性化剤．前述のBAPTA-AMが細胞質内のCa^{2+}濃度を無理矢理下げる，あるいは，上げさせない薬剤であるのに対して，流入経路を問わず細胞内のCa^{2+}濃度を上げるために用いられるのがカルシウムイオノフォアである．その1つであるこの薬剤は，Ca^{2+}と結合し（A23187：Ca^{2+}＝2：1），イオンの電荷をキャンセルする複合体を形成し，これが脂質二重膜中の疎水性環境を電気化学勾配に従って通過することで，細胞内のCa^{2+}濃度を上昇させる．

◇ 生理機能

　迅速に細胞内のCa^{2+}濃度を上昇させる．

参考文献
1）Borle AB & Studer R：J Membr Biol, 38：51-72, 1978
2）Wang E, et al：Biophys J, 75：1244-1254, 1998
3）Kenny EF, et al：Elife, 6：doi:10.7554/eLife.24437, 2017

第4章　カルシウムシグナル・チャネル，神経系関連薬剤

Ionomycin

別名：イオノマイシン

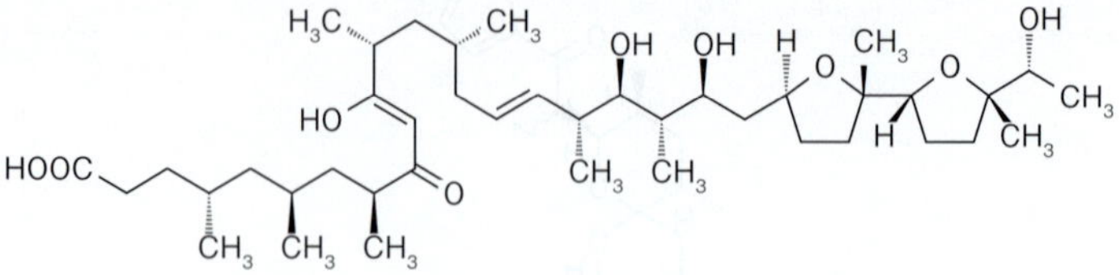

◆分子量：709.0

◆**IUPAC名**：(4R,6S,8S,10Z,12R,14S,16E,18R,19R,20S,21S)-11,19,21-trihydroxy-22-[(5S)-5-[(5S)-5-(1-hydroxyethyl)-5-methyl-oxolan-2-yl]-5-methyl-oxolan-2-yl]-4,6,8,12,14,18,20-heptamethyl-9-oxo-docosa-10,16-dienoic acid

◆**使用法・購入**
溶媒：DMSOに10 mMの濃度で溶解し，−20℃で遮光保存
使用条件：最終濃度1〜5μMで使用
購入先：メルク社（407950），シグマ社（19657），Tocris社（2092）

◇ 作用機序

　汎カルシウムシグナル活性化剤．A23187同様，Ca^{2+}と結合して（Ionomycin：Ca^{2+} = 1：1），同様の機序でCa^{2+}を細胞内に動員するが，A23187に比較して二価のカチオンの中でCa^{2+}に対する選択性がより高く，細胞内膜（ミトコンドリア，小胞体など）の膜に対する作用が強い．

◇ 生理機能

　A23187と同様，細胞内のCa^{2+}濃度を上昇させる．

参考文献
1）Kauffman RF, et al：J Biol Chem, 255：2735-2739, 1980
2）Fasolato C & Pozzan T：J Biol Chem, 264：19630-19636, 1989
3）Wang E, et al：Biophys J, 75：1244-1254, 1998
4）Ishizawa K, et al：Proc Natl Acad Sci U S A, 116：3155-3160, 2019

CGP-37157

◆**分子量**：324.2

◆**IUPAC名**：7-chloro-5-(2-chlorophenyl)-1,5-dihydro-4,1-benzothiazepin-2(3H)-one

◆**使用法・購入**
溶媒：DMSOに〜100 mMの濃度で溶解し，−20℃で遮光保存
使用条件：最終濃度〜20 μMで使用
購入先：メルク社（220005），シグマ社（C8874），Tocris社（1114）

◇ 作用機序

　mitochondrial Na^+/Ca^{2+} exchanger（SLC8b1 product, NCLX）阻害剤．ミトコンドリアマトリクスにCa^{2+}が集積し，小胞体同様，Ca^{2+}緩衝器官として機能することは1970年代初頭にはすでに報告されていた．また，ミトコンドリアマトリクスに存在し，TCA回路進行に必須な pyruvate dehydrogenase, isocitrate dehydrogenase, α-ketoglutarate dehydrogenase は，いずれもその活性化にCa^{2+}を必要とし，実際ミトコンドリアにおけるATP合成はミトコンドリアマトリクスでのCa^{2+}上昇（〜10 μM）によって亢進する．その一方，ミトコンドリアへの過剰なCa^{2+}蓄積（Ca^{2+} overload）は，心筋細胞，神経細胞の機能不全，細胞死につながることが知られている．すなわち，ミトコンドリアマトリクスのCa^{2+}濃度は「適切」な範囲で保たれている必要があり，それに関与するのが，ミトコンドリアマトリクスへのCa^{2+}流入を担うMCU（mitochondrial calcium uniporter），マトリクスから細胞質への流出を担うミトコンドリアNCLX（Na^+/Ca^{2+} exchanger）という，いずれもミトコンドリア内膜上に存在する輸送体である．CGP-37157はNCLXの阻害剤で，心筋細胞のNCLXに対して，$IC_{50} = 0.36$ μMで阻害するが，そのNCLX分子上の作用部位などは明らかではない．また，同程度の濃度で，小胞体Ca^{2+} ATPase（SERCA）やL型Ca^{2+}チャネルも阻害するという報告もあり，使用に際しては注意が必要である．

◇ 生理機能

　正常細胞では，ミトコンドリアからのCa^{2+}流出速度を低下させることで，小胞体からのCa^{2+}-induced Ca^{2+} release を抑制し，regenerative Ca^{2+} oscillation を阻害する．

参考文献
1）Cox DA, et al：J Cardiovasc Pharmacol, 21：595-599, 1993

SEA0400

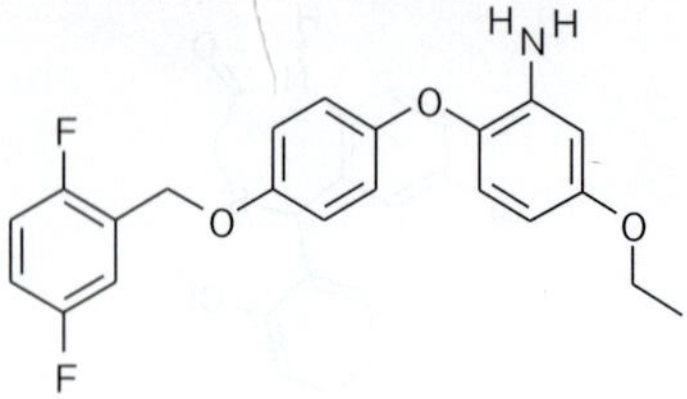

◆分子量：371.4

◆IUPAC名：2-[4-[(2,5-difluorophenyl)methoxy]phenoxy]-5-ethoxy-aniline

◆使用法・購入
溶媒：DMSOに20〜40 mMの濃度で溶解し，-20℃で保存
使用条件：最終濃度0.1〜1μMで使用する
購入先：シグマ社（SML2054），Tocris社（6164）

◇ **作用機序**

NCX（Na^+/Ca^{2+} exchanger）阻害剤．NCXは生理的な状況では，細胞内Ca^{2+}を汲み出す方向に働くが，病的な状況（虚血・再還流時）では，細胞内の上昇したNa^+を細胞外に汲み出すべく，逆向きの反応，すなわち，細胞内へのCa^{2+}のオーバーロードに寄与する．SEA0400は，NCXの細胞内Na^+依存的な不活性化のプロセスを増強することにより，NCXの逆向きの反応を主に阻害すると考えられている．

◇ **生理機能**

心筋細胞の虚血・再還流時のカルシウムオーバーロードを阻害する．また，血管平滑筋細胞へのCa^{2+}流入を抑え，塩感受性の高血圧を減弱する．$IC_{50} = 23$ nM.

参考文献

1）Matsuda T, et al：J Pharmacol Exp Ther, 298：249-256, 2001
2）Iwamoto T, et al：Nat Med, 10：1193-1199, 2004
3）Bouchard R, et al：Mol Pharmacol, 65：802-810, 2004
4）Yilmaz E & Gold MS：Cell Calcium, 60：25-31, 2016

2) Thu le T, et al：Eur J Pharmacol, 552：15-19, 2006

3) Palty R, et al：Proc Natl Acad Sci U S A, 107：436-441, 2010

4) Neumann JT, et al：Mol Pharmacol, 79：141-147, 2011

Ruthenium red

$$Cl^- \qquad Cl^- \qquad Cl^-$$

$$NH_3 \quad NH_3 \quad NH_3 \quad NH_3 \quad NH_3 \quad NH_3$$

$$NH_3 \quad Ru^{2+} \diagdown O \diagup Ru^{2+} \diagdown O \diagup Ru^{2+} \quad NH_3$$

$$NH_3 \quad NH_3 \quad NH_3 \quad NH_3 \quad NH_3 \quad NH_3$$

$$Cl^- \qquad Cl^- \qquad Cl^-$$

◆分子量：786.4

◆IUPAC名：ammoniated ruthenium oxychloride

◆使用法・購入
溶媒：ミリQ水に10 mMの濃度で溶解し，−20℃で保存
使用条件：最終濃度〜20μMで使用
購入先：メルク社（557450），シグマ社（R2751），Tocris社（1439）

◇作用機序

　前述したミトコンドリア内膜上に存在するMCUの阻害剤として用いられていたが，その後，小胞体上のCa^{2+}チャネルであるRyanodine receptor，すべてのTRPVチャネル，さらにはカルモジュリンにも結合し，いずれも阻害作用を発揮する．Ruthenium redのMCUへの結合阻害は，MCUの高いCa^{2+}選択性に寄与し，チャネル開口頂部のDxxE配列が形成するリング構造に嵌まり込むことによる．

◇生理機能

　Ruthenium redは，細胞膜透過性があまり高くなく，また前述のように相互作用するCa^{2+} handling分子が数多くあることから，intact cellsに対して使用し，何らかのoutputを求めるのはあまり期待できない．むしろ，細胞膜の透過性，MCUに対する特異性，阻害強度いずれにおいてもRuthenium redに優る誘導体Ru-360の使用を推奨する．

参考文献

1) Moore CL：Biochem Biophys Res Commun, 42：298-305, 1971

2) De Stefani D, et al：Nature, 476：336-340, 2011

3) Baughman JM, et al：Nature, 476：341-345, 2011

4) Seiler S, et al：J Biol Chem, 259：8550-8557, 1984

5) Masuoka H, et al：Biochem Biophys Res Commun, 169：315-322, 1990

6）St Pierre M, et al：Exp Brain Res, 196：31-44, 2009

7）Cao C, et al：Proc Natl Acad Sci U S A, 114：E2846-E2851, 2017

8）Matlib MA, et al：J Biol Chem, 273：10223-10231, 1998

Xestospongin C

◆**分子量**：446.7

◆**IUPAC名**：（1R,4aR,11R,12aS,13S,16aS,23R,24aS）-eicosahydro-5H,17H-1,23:11,13-diethano-2H,14H-[1,11]dioxacycloeicosino[2,3-b:12,13-b']dipyridine

◆**使用法・購入**
溶媒：DMSOまたはエタノールに～2 mMの濃度で溶解し，−20℃で遮光保存
使用条件：最終濃度～10μMで使用
購入先：メルク社（682160），サンタクルズ社（sc-201505），Tocris社（1280）

◇ 作用機序

IP3 receptor阻害剤．Xest-C（Xestospongin C）は，オーストラリア産の海綿，*Xestospongia exigua*のエタノール抽出液中に，強力な冠動脈弛緩作用のある4種の新規macrocyclic 1-oxaquinolizidines（Xest -A, −B, −C, and-D）の1つとして，中川らによって見出された．このうち，Xest-Cが最も阻害活性が高く（IC = 358 nM），IP3-R（IP3 receptor）へのIP3結合を拮抗的に阻害することでIP3-RのIICR（IP3-induced Ca^{2+} release）を阻害する．哺乳動物に存在する3つのIP3-Rアイソフォーム，それぞれに対する阻害効果の差については報告がないが，IP3-RのIP3結合部位の相同性を考えると，どのアイソフォームも阻害されると思われる．ただ，Xest-Cは，SERCAに対しても同程度の濃度で阻害活性を示すことが報告されている．

◇ 生理機能

Gqと共役したGPCRにリガンドが結合すると，PLCβの活性化により産生されたIP3が小胞体膜上のIP3-Rに結合し，チャネルを開口させる．これによって小胞体から細胞質にCa^{2+}が遊離され（IICR），さまざまなCa^{2+}依存性の現象が引き起こされる．Xest-Cは，このIICRを阻害することで，Gq-GPCRのカルシウムシグナルによる種々アウトプットをブロックする．

参考文献

1) Nakagawa M, et al：Tetrahedron Lett, 25：3227-3230, 1984
2) Gafni J, et al：Neuron, 19：723-733, 1997
3) Jaimovich E, et al：FEBS Lett, 579：2051-2057, 2005
4) Khomula EV, et al：J Neurosci, 37：2032-2044, 2017

SKF-96365, HCl

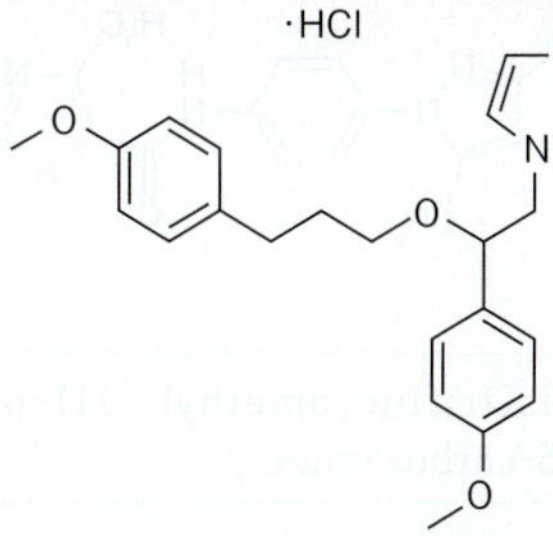

◆ **分子量**：402.9

◆ **IUPAC名**：1-[2-(4-methoxyphenyl)-2-[3-(4-methoxyphenyl)propoxy]ethyl] imidazole hydrochloride

◆ **使用法・購入**

溶媒：ミリＱ水に100 mMの濃度で溶解し，－20℃で保存
使用条件：最終濃度10〜100μMで使用
購入先：メルク社（567310），シグマ社（S7809），Tocris社（1147）

◇ 作用機序

　　非選択的ROCE/SOCE阻害剤．当初，Merritt らによって報告されたときはROCE（receptor operated calcium entry）の阻害剤として登場したが，現在では，非選択的store operated calcium entry（SOCE；IICRにより小胞体内のCa^{2+}濃度が低下することで引き起こされる，細胞外からのCa^{2+}流入）阻害剤としても用いられている．すなわち，DAGなどさまざまなシグナル分子で活性化されROCEを担う種々TRPCチャネル，熱，vanilloidなどさまざまな刺激で活性化されるTRPVチャネル，SOCEを担うOraiチャネルが標的である．TRPCチャネルに対する阻害活性の方が，Oraiチャネルに対するより高い．詳細な作用機序は不明だが，高濃度では，L-VDCCも阻害することから，チャネルのポア（pore）そのものに作用するのではないかと考えられている．

◇ 生理機能

　　ROCE，SOCEなど，広汎なカルシウム流入を阻害する．

参考文献

1）Merritt JE, et al：Biochem J, 271：515-522, 1990

2）He X, et al：Proc Natl Acad Sci U S A, 114：E4582-E4591, 2017

3）Drumm BT, et al：J Physiol, 596：1433-1466, 2018

YM 58483

別名：BTP-2

◆**分子量**：421.3

◆**IUPAC名**：N-[4-[3,5-Bis(trifluoromethyl)-1H-pyrazol-1-yl]phenyl]-4-methyl-1,2,3-thiadiazole-5-carboxamide

◆**使用法・購入**

溶媒：DMSO またはエタノールに 100 mM の濃度で溶解し，–20℃で遮光保存

使用条件：最終濃度～5 μM で使用

購入先：メルク社（567310），シグマ社（Y4895），Tocris社（3939）

◇ 作用機序

Orai チャネル阻害剤，TRPC3/5 阻害剤，TRPM4 活性化剤．T細胞のSOCEを阻害し，IL-2産生を抑制する化合物として見出された（IC_{50} = 100 nM）．BTP–2ともよばれ，標的は，SKF-96365同様，小胞体内の Ca^{2+}濃度低下を感知したSTIMによって活性化されるOraiチャネル（I_{CRAC}に対するIC_{50} = 10 nM）である．SKF-96365に比べ選択性が高いものの，TRPC3あるいは，TRPC5も阻害する（IC_{50} = 0.3 μM）．また，TRPM4を強力に活性化し，T細胞のI_{CAN}[*]を増強する（EC_{50} = 8 nM）．詳しい作用機序は不明であるが，Oraiチャネルの場合，その細胞外領域に作用していると考えられている．

[*]I_{CAN}とは，Calcium Activated Nonselective cationic current（I）のことで，古くから，興奮性・非興奮性を問わずさまざまな細胞で検出されていた電流である．T細胞では，この分子実体がTRPM4チャネルで，SOCEによりこれが開口すると，T細胞での過剰なCa^{2+}シグナルをネガティブフィードバック的に抑制する働きがある．

◇ 生理機能

T細胞のSOCEを阻害することで，IL-2産生が抑制され，T細胞の免疫応答を阻害する．

参考文献

1）Ishikawa J, et al：J Immunol, 170：4441-4449, 2003

2）Zitt C, et al：J Biol Chem, 279：12427-12437, 2004

3）He LP, et al：J Biol Chem, 280：10997-11006, 2005

4）Takezawa R, et al：Mol Pharmacol, 69：1413-1420, 2006

5）Jairaman A & Prakriya M：Channels（Austin）, 7：402-414, 2013

ω-Agatoxin IVA

H—Lys—Lys—Lys—Cys—ξIle—Ala—Lys—Asp—Tyr—Gly

Arg—Cys—Lys—Trp—Gly—Gly—ξThr—Pro—Cys—Cys

Arg—Gly—Arg—Gly—Cys—ξIle—Cys—Ser—ξIle—Met

Gly—ξThr—Asn—Cys—Glu—Cys—Lys—Pro—Arg—Leu

ξIle—Met—Glu—Gly—Leu—Gly—Leu—Ala—OH

$C_{217}H_{360}N_{68}O_{60}S_{10}$

◆分子量：5202.2

◆使用法・購入
溶媒：ミリQ水に20〜100 µMの濃度で溶解し，−20℃で保存
使用条件：最終濃度20 nM〜1 µMで使用
購入先：ペプチド研究所（4256-s），Alomone Labs社（STA-500）

◇作用機序

　膜電位依存性Ca^{2+}チャネル（VDCC）には，チャネルポアを形成するCavα1サブユニットの違いからCav1，Cav2，Cav3の3種類が存在し，さらに，Cav1には4つ（Cav1.1，1.2，1.3，1.4）Cav2，Cav3にはそれぞれ3つ（Cav2.1，2.2，2.3；Cav3.1，3.2，3.3）の異なるポア形成遺伝子が存在することから，都合10種類のVDCCが存在する．それぞれが特徴的な発現分布とチャネル特性を示すが，神経細胞，筋肉，神経内分泌細胞等に発現し，神経伝達物質放出，筋肉収縮に必須のCa^{2+}チャネルである．ω-Agatoxin IVAはこのうち，Cav2.1（P/Q型Ca^{2+}チャネル）特異的に阻害するペプチドで，由来は*Agelenopsis aperta*という蜘蛛の毒である．作用機序は，Cav2.1に4カ所存在する膜電位センサー領域に結合することで，脱分極に呼応したチャネルの開口を阻害する．（IC_{50}〜50 nM）

◇生理機能

　P/Q型Ca^{2+}チャネルの開口を阻害し，このチャネルが関与する神経伝達を抑制する．

参考文献

　1）Adams ME, et al：Biochemistry, 32：12566-12570, 1993

2）Catterall WA, et al：Pharmacol Rev, 57：411-425, 2005

3）Zamponi GW, et al：Pharmacol Rev, 67：821-870, 2015

ω-Conotoxin GVIA

H—Cys— Lys — Ser —Hyp— Gly — Ser — Ser —Cys— Ser —Hyp—

—Thr — Ser — Tyr —Asn—Cys—Cys— Arg — Ser —Cys—Asn—

—Hyp— Tyr —Thr —Lys — Arg —Cys— Tyr —NH$_2$

$C_{120}H_{182}N_{38}O_{43}S_6$

◆分子量：3037.3

◆使用法・購入
溶媒：ミリQ水に20〜100μMの濃度で溶解し，−20℃で保存
使用条件：最終濃度100 nM〜1μMで使用
購入先：ペプチド研究所（4161-v），Alomone Labs社（C-300）

◇作用機序

ω-Conotoxin GVIAは，Cav2.2（N型Ca^{2+}チャネル）を特異的に阻害するペプチドで，由来はConus geographusという巻貝の毒である．作用機序は，Cav2.2が形成するポアに細胞外から結合し，チャネルをブロックする．この結合親和性は非常に高く（$K_d = 10 \sim 20$ pM），当初は不可逆的結合と目されていたが，膜電位が過分極すると解離する．

◇生理機能

P/Q型Ca^{2+}チャネル同様，N型Ca^{2+}チャネルは，ほぼ神経組織のみに発現している．特に，痛覚に関与する脊髄後根神経の神経終末，およびその伝導路に発現が高く，痛み知覚の神経伝達に関与する．実際，ラットのくも膜下腔にω−Conotoxin GVIAを投与すると，強力に炎症痛を阻害する．

参考文献

1）Adams ME, et al：Biochemistry, 32：12566-12570, 1993

2）Catterall WA, et al：Pharmacol Rev, 57：411-425, 2005

3）Zamponi GW, et al：Pharmacol Rev, 67：821-870, 2015

4）Adams DJ & Berecki G：Biochim Biophys Acta, 1828：1619-1628, 2013

Nifedipine

◆ **分子量**：346.3

◆ **IUPAC名**：dimethyl 2,6-dimethyl-4-(2-nitrophenyl)-1,4-dihydropyridine-3,5-dicarboxylate

◆ **使用法・購入**
溶媒：DMSOに100 mMの濃度で溶解し，-20℃保存
使用条件：最終濃度～5 μMで使用

◇ 作用機序

　L型 Ca^{2+} チャネル阻害剤．Cav1をポア構成サブユニットにもつ4種，Cav1.1，1.2，1.3，1.4はいずれもL型 Ca^{2+} チャネルで（L-VDCC；"L"は脱分極時に開口している時間が"Long"であることから），ジヒドロピリジン（DHP）に属するNifedipineは，この4種のL-VDCCをいずれも阻害する．ただ，Cav1.3，1.4に対するaffinityは5～10倍低い．Nifedipineの結合部位は，ポア構成サブユニットである α 1サブユニットの細胞外側からアクセスできるポケット領域（ⅢS5～S6，ⅣS5～S6）で，ここに脱分極したときにはまり込み，チャネルをinactivation sate※でブロックすることで阻害効果を発揮する．

　※膜電位依存性チャネルには，脱分極に伴いチャネルが開口すると，たとえ脱分極が続いていても，すみやかにイオンが流れなくなる性質があり，このイオンが流れなくなった状態をinactivation state，またこの現象をrun-downともいう．

◇ 生理機能

　L-VDCCは，骨格筋（Cav1.1），心筋（Cav1.2，1.3），血管平滑筋（Cav1.2），脳（Cav1.2，1.3），網膜光受容細胞（Cav1.4）など全身に存在し，Nifedipineは現に，降圧剤として臨床の場面でも使われている．また，神経細胞においても，脱分極時，L型チャネルからのカルシウム流入が阻害されることで，MAPキナーゼ経路を介した遺伝子発現が抑制される．

参考文献

1）Akahane AS：Nippon Yakugaku Zasshi, 123：197-209, 2004
2）Catterall WA, et al：Pharmacol Rev, 57：411-425, 2005
3）Kochlamazashvili G, et al：Neuron, 67：116-128, 2010

第4章　カルシウムシグナル・チャネル，神経系関連薬剤

(s)–AMPA

◆**分子量**：186.2

◆**IUPAC名**：(S)-α-amino-3-hydroxy-5-methyl-4-isoxazolepropionic acid

◆**使用法・購入**
溶媒：ミリQ水に～100 mMの濃度で溶解し，－20℃で遮光保存
使用条件：最終濃度0.01～10 μMで使用
購入先：Aolmone labs社（A-267），シグマ社（A0326），Tocris社（0254）

◇作用機序

　AMPA受容体活性化剤．グルタミン酸は，中枢神経系における興奮性シナプス伝達の主たる伝達物質である．その受容体は，大きくイオンチャネル型受容体（iGluRs）と代謝型受容体（mGluRs）とに二分され，さらにiGluRには，そのアゴニスト特性，生理機能から3種類の受容体，AMPA受容体，NMDA受容体，カイニン酸受容体がある．言うまでもなく，AMPAは，AMPA受容体に選択的に結合する合成アミノ酸である．AMPA受容体は，興奮性シナプスのポストシナプスに局在し，グルタミン酸による早い興奮性シナプス伝達を担うとともに，その可塑性を具現する本体でもある．またAMPA受容体は，GluA1-4の4種類のサブユニットが四量体（二量体の二量体）を形成して機能する．AMPAは，四量体が形成するLBD（ligand binding domain）に結合がもたらす構造変化によってチャネルを開口させる（EC_{50} ＝ 3.5 μM）．

◇生理機能

　AMPA受容体を開口させることで，Ca^{2+}非透過性のGluA1/GluA2，あるいはGluA2/GluA3からなるAMPA受容体の場合，Na^+流入（K^+流出）による脱分極を，Ca^{2+}透過性のGLuA1/GluA4からなるAMPA受容体の場合は，脱分極に加え，細胞内Ca^{2+}も上昇させる．

参考文献
1）Falch E, et al：J Med Chem, 41：2513-2523, 1998
2）Dürr KL, et al：Cell, 158：778-792, 2014
3）Traynelis SF, et al：Pharmacol Rev, 62：405-496, 2010

CNQX

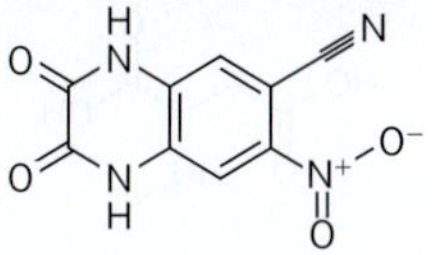

◆**分子量**：232.2

◆**IUPAC名**：6-cyano-7-nitroquinoxaline-2,3-dione

◆**使用法・購入**
　溶媒：DMSOに100 mMの濃度で溶解し，−20℃で保存
　使用条件：最終濃度300 nM～500 µMで使用
　購入先：メルク社（504914），Tocris社（0190），Alomone labs社（C-140）

◇ 作用機序

　AMPA受容体，カイニン酸受容体のアゴニスト（グルタミン酸）に対して競合的に働く阻害剤である．AMPA受容体に対する$K_i = 0.27$ µM，カイニン酸受容体に対する$K_i = 1.8$ µMである．この点では，NBQXの方がAMPA受容体に対する選択性が高い（AMPA-R：$K_i = 0.06$ µM，Kainate-R：$K_i = 4.1$ µM）．また，興味深い現象として，auxiliary subunitであるTARPが存在すると，CNQXにはpartial agonist活性が生じるのに対して，NBQXは，TARPによって阻害作用が減弱するものの，partial agonist活性は生じない．こうしたことから，NBQXの方が実用的と言える．

◇ 生理機能

　グルタミン酸興奮性シナプスの伝達を阻害する．

参考文献

1）Honoré T, et al：Science, 241：701-703, 1988
2）Shimizu-Sasamata M, et al：J Pharmacol Exp Ther, 276：84-92, 1996
3）Rosenmund C, et al：Science, 280：1596-1599, 1998
4）Palmer CL, et al：Pharmacol Rev, 57：253-277, 2005
5）Menuz K, et al：Science, 318：815-817, 2007

第4章　カルシウムシグナル・チャネル，神経系関連薬剤

NMDA

◆**分子量**：147.1

◆**IUPAC名**：N-methyl-D-aspartic acid

◆**使用法・購入**
溶媒：ミリQ水に〜100 mMの濃度で溶解し，−20℃で遮光保存
使用条件：最終濃度6.5〜500 μMで使用
購入先：Alomone labs社（N-170），メルク社（454575），Tocris社（0114）

◇ 作用機序

　NMDA受容体活性化剤．NMDAは，iGluRsの1つであるNMDA受容体に対する選択的アゴニストである．NMDA受容体は，AMPA受容体同様，興奮性シナプスのポストシナプスに局在するが，グルタミン酸との結合に加えて，グリシンとの結合（ただし，常にシナプス周囲に存在している程度のグリシン濃度で十分），ポストシナプス膜電位の脱分極によってMg^{2+}ブロックが外れること（静止膜電位では細胞外からMg^{2+}がチャネルポアに嵌まり込んでブロックしている）が，その開口に必要である．また，Na^+，K^+だけでなく，Ca^{2+}に対しても透過性があるのもNMDA受容体の特徴である．こうした"coincidence detector"としての機能，カルシウムシグナルを動かすことから，シナプス可塑性，シナプス構築，そして記憶・学習などの高次脳機能発現に重要な役割を果たしている．NMDA受容体は，GluN1，GluN2A-D，GluN3A，3Bの計7種のサブユニットから四量体を形成するが，GluN1/GluN2A，GluN1/GluN2B，GluN1/GluN2A/GluN2Bなどの組合わせが主で，NMDAは，GluN2のグルタミン酸結合部に結合する．（$EC_{50}= 6.5 \sim 20 \mu M$）．

◇ 生理機能

　NMDA受容体を開口させることで，興奮性シナプスのポストシナプスで細胞内Ca^{2+}を上昇させる．NMDA受容体は，シナプス部位だけではなく，シナプス外にも存在しており，シナプス外NMDA受容体の活性化は，興奮毒性を引き起こし，これと認知症などにおける神経変性死とのかかわりが示唆されている．NMDAを培養神経細胞にbath applicationすると，シナプス内外関係なくNMDA受容体を活性化してしまうことを留意すべきである．そのため，シナプスNMDA受容体のみ，あるいはシナプス外受容体のみ，をそれぞれ活性化させる方法が報告されている．

参考文献
1）Evans RH, et al：Br J Pharmacol, 67：591-603, 1979
2）Zhu S, et al：Cell, 165：704-714, 2016
3）Bordji K, et al：J Neurosci, 30：15927-15942, 2010

D-AP5

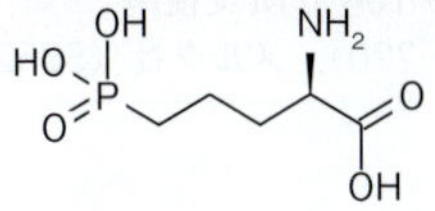

◆分子量：197.1

◆IUPAC名：D-(-)-2-amino-5-phosphonopentanoic acid

◆使用法・購入
　溶媒：ミリQ水に〜100 mMの濃度で溶解し，−20℃で遮光保存
　使用条件：最終濃度100 nM〜100 μMで使用
　購入先：Alomone labs社（D-145），メルク社（165304），Tocris社（0106）

◇ 作用機序

　NMDA受容体阻害剤．D-AP5は，NMDA受容体GluN2サブユニットのグルタミン酸結合部位に競合的に結合することで阻害効果を発揮する．結合は可逆的である．$IC_{50} = 0.28\ \mu M$（GluN2A），$0.46\ \mu M$（GluN2B），$1.6\ \mu M$（GluN2C）

◇ 生理機能

　NMDA受容体の開口を阻害し，NMDA受容体がかかわる生理現象を阻害する．NMDA受容体の阻害剤には，ポア領域に非可逆的に結合するオープンチャネル阻害剤，（＋）-MK 801 maleateもある．

参考文献

1) Evans RH, et al：Br J Pharmacol, 67：591-603, 1979
2) Feuerbach D, et al：Eur J Pharmacol, 637：46-54, 2010
3) Hansen KB, et al：J Gen Physiol, 150：1081-1105, 2018

GYKI 53655 hydrochloride

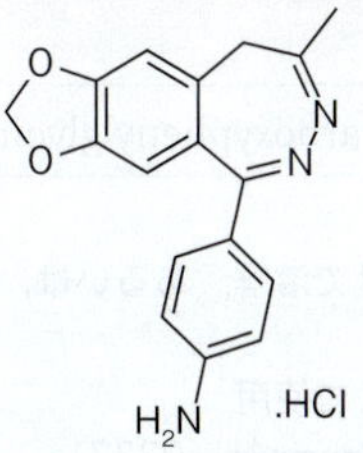

◆分子量：388.9

◆IUPAC名：1-(4-aminophenyl)-3-methylcarbamyl-4-methyl-3,4-dihydro-7,8-methylenedioxy-5H-2,3-benzodiazepine hydrochloride

第4章　カルシウムシグナル・チャネル，神経系関連薬剤

97

◆使用法・購入
　溶媒：ミリＱ水に〜100 mMの濃度で溶解し，−20℃で遮光保存
　使用条件：最終濃度100 nM〜100 μMで使用
　購入先：Alomone labs社（G-220），メルク社（505296），Tocris社（2555）

◇作用機序

　GYKI 53655 hydrochloride は，iGluRs のAMPA受容体，カイニン酸受容体を非競合的に阻害する．GYKI 53655 hydrochloride は，AMPA受容体／カイニン酸受容体のLBDと膜貫通領域とのinterfaceに結合し，リガンド結合によるチャネルの構造変化を阻害することによってチャネルの開口を阻害する．$IC_{50} = 5.9$ μM（AMPA-R），63 μM（Kainate-R）

◇生理機能

　グルタミン酸興奮性シナプスの伝達を阻害する．

参考文献

1）Bleakman D, et al：Neuropharmacology, 35：1689-1702, 1996
2）Balannik V, et al：Neuron, 48：279-288, 2005
3）Yelshanskaya MV, et al：Neuron, 91：1305-1315, 2016

(S)-MCPG

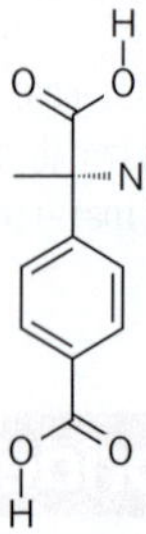

◆分子量：209.2

◆IUPAC名：(S)-α-methyl-4-carboxyphenylglycine

◆使用法・購入
　溶媒：ミリＱ水に10 mMの濃度で溶解，あるいは，1 NのNaOHに100 mMの濃度で溶解し，−20℃で保存
　使用条件：最終濃度0.5〜5 μMで使用
　購入先：メルク社（504637），Tocris社（0337）

◇作用機序

　代謝型グルタミン酸受容体阻害剤．代謝型グルタミン酸受容体（mGluRs）は，3

つのグループ，グループⅠ（mGluR 1，5），グループⅡ（mGluR 2，3），グループ Ⅲ（mGluR 4，6，7，8）に分類される．いずれも中枢神経系に豊富に発現している が，神経細胞にもグリア細胞（アストロサイト）にも発現している．（S）-MCPGは， グループⅠ，グループⅡのmGLuRに対して，アゴニスト（グルタミン酸）に対する 競合的阻害を示す．$IC_{50} = 5 \sim 500\ \mu M$（mGlu1），$300 \sim 2,000\ \mu M$（mGlu5），$5 \sim 150\ \mu M$（mGlu2），$317\ \mu M$（mGlu3）

◇生理機能

mGluRsは，いずれもGPCRである．グループⅠは，Gqと，グループⅡはGi/Go と，それぞれカップリングしている．また，中枢神経系だけでなく，末梢組織におい ても各グループが少なからず発現しており，多彩な作用を示す．

参考文献

1）Jane DE, et al：Neuropharmacology, 32：725-727, 1993
2）Kingston AE, et al：Neuropharmacology, 34：887-894, 1995
3）Kew JN & Kemp JA：Psychopharmacology（Berl）, 179：4-29, 2005
4）Jiang JY, et al：J Biol Chem, 289：1649-1661, 2014

（＋）-Bicuculline

◆**分子量**：367.4

◆**IUPAC名**：[R-(R*,S*)]-6-(5,6,7,8-tetrahydro-6-methyl-1,3-dioxolo[4,5-g] isoquinolin-5-yl)furo[3,4-e]-1,3-benzodioxol-8(6H)-one

◆**使用法・購入**
　溶媒：DMSOに100 mMの濃度で溶解し，−20℃で保存
　使用条件：最終濃度1〜100 μMで使用
　購入先：Alomone labs社（B-135），メルク社（505875），Tocris社（0130）

◇作用機序

GABA_A受容体の阻害剤．GABA（γ-aminobutyric acid）は，中枢神経系の抑制性 神経伝達物質で，抑制性の"抑制性"たる所以は，GABAに対するイオンチャネル型 受容体であるGABA_A受容体がCl⁻透過性であることにある．GABA_A受容体を構成す るサブユニットは，α1-6，β1-3，γ1-3，ρ1-3，δ，ε，θ，πの計19種類があ

り，五量体でチャネルを形成する．哺乳類の脳では，$(\alpha 1)_2(\beta 2 \text{ or } \beta 3)_2(\gamma 2)$ の構成が主で，5つできるサブユニット間 interface のうち，2つの $\beta 2+/\alpha 1-$ サブユニット間 interface に GABA は結合し，チャネル開口させる．（＋)-Bicuculline は，この GABA 結合部位に，GABA 競合的に結合し，チャネル開口を抑制する（$IC_{50} = 9\ \mu M$).

◇ 生理機能

GABA$_A$ 受容体に GABA が結合すると，チャネルが開き，Cl⁻ イオンが流入する．このために，膜電位が過分極側に傾くことになる．Bicuculline の作用はこれを阻害することになるので，膜電位が浅くなり易興奮性となる．

参考文献
1）Curtis DR, et al：Nature, 228：676-677, 1970
2）Sigel E, et al：EMBO J, 11：2017-2023, 1992
3）Barnard EA, et al：Pharmacol Rev, 50：291-313, 1998
4）Olsen RW：Neuropharmacology, 136：10-22, 2018

SR141716A

◆ **分子量**：500.3

◆ **IUPAC名**：N-(piperidin-1-yl)-5-(4-chlorophenyl)-1-(2,4-dichlorophenyl)-4-methyl-1H-pyrazole-3-carboxamide hydrochloride

◆ **使用法・購入**
溶媒：DMSO に 100 mM の濃度で溶解し，−20℃で保存
使用条件：最終濃度 1～50 μM で使用
購入先：シグマ社（SML0800），Tocris 社（0923）

◇ 作用機序

大麻の成分であるカンナビノイド，THC（Δ-9-tetrahydrocannabinol）や，AEA（N-arachidonoyl-ethanolamine），2-AG(2-arachidonylglycerol)などの内因性カンナビノイドの受容体には，CB1受容体とCB2受容体がある．いずれも Gi/o と共役している GPCR で，リガンド結合により adenylate cyclcase の抑制をもたらす．しかしながら，CB1受容体に限っては，発現している細胞やアゴニストによっては，Gs と

共役したり，Gq と共役したりすることが知られている．また，CB1 受容体は中枢神経系に，CB2 受容体は免疫系細胞に主に発現している．SR141716A は，CB1 受容体に選択的に作用するインバースアゴニストである．（IC_{50} = 1.6 nM）

◇ 生理機能

中枢神経系において CB1 受容体は，主にプレシナプスに発現しており，ポストシナプスでの Ca^{2+} 上昇に伴って遊離される retrograde signal としてのエンドカンナビノイドと結合することで，神経伝達物質の放出抑制に関与している．SR141716A は，この過程を阻害する．

参考文献

1 ）Rinaldi-Carmona M, et al：FEBS Lett, 350：240-244, 1994
2 ）Reggio PH：Curr Med Chem, 17：1468-1486, 2010
3 ）Zou S & Kumar U：Int J Mol Sci, 19：833-855, 2018

α-Bungarotoxin

$C_{338}H_{529}N_{97}O_{105}S_{11}$

◆ 分子量：7984.1

◆ 使用法・購入

溶媒：ミリ Q 水に 1 mg/mL の濃度で溶解し，-20℃で保存
使用条件：最終濃度 1 nM ～ 3 μM で使用
購入先：Alomone labs 社（B-100），Tocris 社（2133）

◇ 作用機序

選択的 α7 nAChR 阻害剤．アセチルコリンに対するイオンチャネル型受容体（nAchRs）を構成するサブユニットは，（α1-α7，α9，α10，β1-β4，γ，δ，ε）の計16種類あり，そのうち，α1，β1, γ，δ と ε は骨格筋に発現し，α2-α7，α9，α10，β1-β4は脳タイプと称されている．nAchR は五量体で機能するが，骨格筋では，（α1）$_2$β1δ ε の組合わせ，中枢神経系では，（α4）$_2$（β2）3などのヘテロ五量体が主であるが，海馬，大脳皮質では，α7サブユニットのみのホモ五量体（α7nAChRs）の発現が高い．また，他のサブユニット構成のnAChRsが Na^+，K^+ に対してのみ透過性があるのに対して，α7nAChRsは Ca^{2+} に対しても高い透過性を有することが特徴である．α-Bungarotoxin は，台湾などに棲息する *Bungarus multicinctus* というヘビ毒から単離されたペプチドで，骨格筋に発現する（α1）$_2$β1δ ε タイプのnAChRと，海馬などに発現するα7nAChRに対して強い親和性を示すのに対して，他のサブユニット構成のnAchRsに対しては，親和性は低い．α7nAChR に対する IC_{50} = 1.6 nM．

101

◇ 生理機能

　骨格筋のnAchRは，運動神経終末から放出されたアセチルコリンに反応し，筋収縮の契機となるNa$^+$流入による脱分極を引き起こすチャネルであり，これが阻害されると，当然ながら，筋収縮が起きない，つまりは，運動麻痺が生じる．海馬のα7nAChRは，その特性と阻害実験から，記憶・学習などの高次脳機能との関係，さらには認知症との関係が示されている．実際，現在臨床の現場で用いられているドネペジル等のコリンエステラーゼ阻害剤は，α7nAChRの活性の増強を介していると考えられている．

参考文献

1) Zhang ZW, et al：Neuron, 12：167-177, 1994
2) Balass M, et al：Proc Natl Acad Sci U S A, 94：6054-6058, 1997
3) Albuquerque EX, et al：Physiol Rev, 89：73-120, 2009
4) Chatzidaki A & Millar NS：Biochem Pharmacol, 97：408-417, 2015

Tetrodotoxin

別名：テトロドトキシン / TTX

詳細は**第10章**同薬剤を参照

第5章
サイクリン依存性キナーゼ関連薬剤

川崎善博

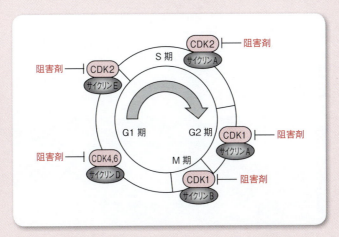

概略図 細胞周期制御にかかわるCDK/サイクリン複合体

　細胞はG1期→S期→G2期→M期の4つのステージ（細胞周期）を経て増殖することが知られている．細胞周期の進行において中心的な役割を果たしているのがCDK（cyclin-dependent kinase：サイクリン依存性キナーゼ）とサイクリンである．セリン／スレオニンキナーゼ活性を有するCDKに調節サブユニットであるサイクリンが結合することによってCDKのリン酸化能が活性化され，細胞周期が進行する．ヒトでは細胞周期にかかわる4種類のCDK〔CDK1（CDC2），CDK2，CDK4，CDK6〕と11種類のサイクリンが知られており，それらがさまざまな組合わせで複合体を形成することで細胞周期を制御している（**概略図**）．また，前述4種類のCDK以外にもヒトでは多くのCDKが存在し，細胞周期制御以外のさまざまな機能を有していることが示されている．例えば，CDK7，CDK8，CDK9は転写調節，CDK12，CDK13はスプライシング制御にかかわっていることが報告されている．また，CDK5は神経細胞の分化や増殖停止，CDK11は中心体の成熟と紡錘体形成に関与していることが明らかになっている．

　がん細胞は旺盛な増殖能を有することから，細胞周期の進行を促すCDKは古くか

ら重要な治療標的になると考えられてきた．実際，これまでに数多くのCDK阻害剤が作成されているが臨床試験は失敗に終わってきた．そのような状況が続いてきたなかで，選択的CDK4/6阻害剤Palbociclib（商品名イブランス）は臨床試験において一部の乳がん患者に対して高い有効性が認められ，新規のがん治療薬として使われはじめたことは記憶に新しいところである．

参考文献

1 ）Bendris N, et al：Cell Cycle, 14：1786-1798, 2015
2 ）O'Leary B, et al：Nat Rev Clin Oncol, 13：417-430, 2016

Palbociclib HCl

別名：PD0332991 HCl / パルボシクリブ / イブランス

◆分子量：484.0

◆IUPAC名：6-acetyl-8-cyclopentyl-5-methyl-2-[(5-piperazin-1-ylpyridin-2-yl)amino]pyrido[2,3-d]pyrimidin-7-one hydrochloride

◆使用法・購入

溶媒：水（50 mM），-80℃保存

使用条件：細胞培養用培地に添加する場合，0.01～1 μM．マウス個体に投与する場合，37.5～150 mg/kgを経口投与

購入先：ケイマン社（16273），セレック社（S1116）

◇ 作用機序

Dinaciclibとともに新世代のCDK阻害剤でCDK4，6に対して高い選択性を有する．ATPが結合するのを妨げることで阻害効果を発揮する．$IC_{50} = 11$ nM（CDK4），16 nM（CDK6）

◇ 生理機能

乳がん細胞株を用いた試験においてPalbociclibは CDK4，6による Rb のリン酸化を強く阻害する．また，Palbociclibは細胞周期のG1期からS期への進行を阻害することで細胞の増殖を抑制する．さらに，マウスを用いたヒトがん細胞異種移植モデルにおいても抗腫瘍効果を示す[1]．加えて，c-Jun/COX-2経路を抑制することで乳がん細胞株のEMT（epithelial-mesenchymal transition）や転移能を阻害することも示されている[2]．現在，新規の乳がん治療薬としてファイザー社からイブランスという商品名で製造販売されている[3]．

◇ 注意点

ホルモン受容体陰性かつHER2過剰発現のない“トリプルネガティブ”の乳がんは本剤に耐性を示す．

参考文献

1）Fry DW, et al：Mol Cancer Ther, 3：1427-1438, 2004

2）Qin G, et al：Oncotarget, 6：41794-41808, 2015

3）Beaver JA, et al：Clin Cancer Res, 21：4760-4766, 2015

第5章　サイクリン依存性キナーゼ関連薬剤

105

Dinaciclib

別名：ディナシクリブ

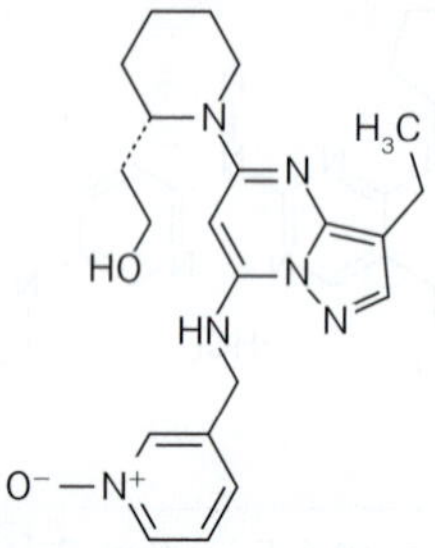

◆分子量：396.5

◆**IUPAC名**：1-[3-ethyl-7-[[(1-oxido-3-pyridinyl)methyl]amino]pyrazolo[1,5-a]pyrimidin-5-yl]-2S-piperidineethanol

◆**使用法・購入**
溶媒：DMSO（50 mM），-80℃保存
使用条件：細胞培養用培地に添加する場合，5〜100 nM．マウス個体に投与する場合，8〜50 mg/kgを腹腔内投与
購入先：ケイマン社（14707），セレック社（S2768），アブカム社（ab219469），サンタクルズ社（sc-364483）

◇作用機序

Palbociclibとともに新世代のCDK阻害剤．キナーゼのATP結合部位に対する競合的阻害剤として作用する．IC_{50} = 3 nM（CDK1），1 nM（CDK2），1 nM（CDK5），4 nM（CDK9）

◇生理機能

さまざまながん細胞株で増殖抑制とアポトーシスを誘導することが示されている[1][2]．1205Lu細胞（メラノーマ細胞株）においてDinaciclibはp53の発現を誘導してアポトーシスを引き起こす[3]．ヒト白血病由来のCCRF-CEM細胞ではsurvivin, cyclin T1, c-Mycの発現低下を誘導する[4]．また，マウスを用いたヒトがん細胞異種移植モデルにおいても抗腫瘍効果を示す．

◇注意点

濃度が高くなるとCDK4，6，7に対しても阻害作用を示す（IC_{50} = 60〜100 nM）．

参考文献

1）Parry D, et al：Mol Cancer Ther, 9：2344-2353, 2010
2）Paruch K, et al：ACS Med Chem Lett, 1：204-208, 2010
3）Desai BM, et al：PLoS One, 8：e59588, 2013
4）Moharram SA, et al：Cancer Lett, 405：73-78, 2017

Flavopiridol

別名：フラボピリドール

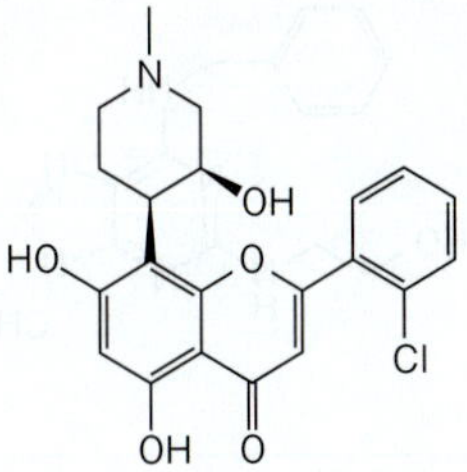

◆**分子量**：401.8

◆**IUPAC名**：2-(2-chlorophenyl)-5,7-dihydroxy-8-[(3S,4R)-3-hydroxy-1-methyl-4-piperidinyl]-4H-1-benzopyran-4-one

◆**使用法・購入**
　溶媒：DMSO（10 mM），-80℃保存
　使用条件：細胞培養用培地に添加する場合，0.1〜10 μM．マウス個体に投与する場合，
　　7.5〜10 mg/kg を経口投与，静脈内投与もしくは腹腔内投与
　購入先：ケイマン社（10009197），セレック社（S2679），シグマ社（F3055）

◇作用機序

　熱帯植物の樹皮から抽出されたフラボノイド成分をもとに人工合成されたフラボン誘導体．CDKのATP結合部位に結合して阻害効果を示すpan-CDK阻害剤である．IC_{50} = 30 nM（CDK1），40 nM（CDK2），40 nM（CDK4），60 nM（CDK6），300 nM（CDK7），20 nM（CDK9）

◇生理機能

　Flavopiridolはさまざまな培養細胞株で細胞周期の停止（G1期とG2/M期）とアポトーシスを誘導する[1]．また，マウスを用いたヒトがん細胞異種移植モデルにおいても抗腫瘍効果を示す[2]．現在，抗がん剤として臨床試験が進行中である．

◇注意点

　CDK以外にも EGF受容体（EGFR），Src，PKC，Erk-1などの活性を阻害することで細胞増殖抑制効果を示すことが報告されている[3]．

参考文献
1）Carlson BA, et al：CancerRes, 56：2973-2978, 1996
2）Li G, et al：Int J Cancer, 121：1212-1218, 2007
3）Sedlacek HH：Crit Rev Oncol Hematol, 38：139-170, 2001

第5章　サイクリン依存性キナーゼ関連薬剤

Olomoucine

別名：オロモウシン

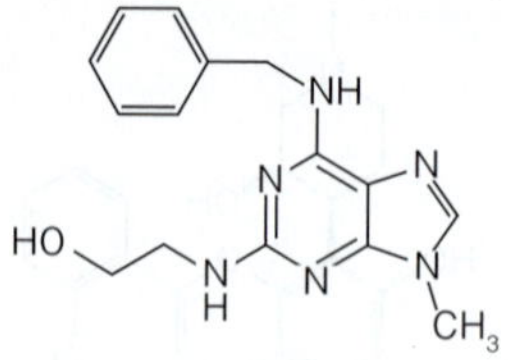

◆**分子量**：298.4

◆**IUPAC名**：6-(benzylamino)-2-(2-hydroxyethylamino)-9-methylpurine

◆**使用法・購入**
　溶媒：DMSO（50 mM），-20℃保存
　使用条件：細胞培養用培地に添加する場合，30〜100 μM．マウス個体に投与する場合，50 mg/kgを静脈内投与
　購入先：メルク社（495620），シグマ社（O0886），Tocris社（1284），ケイマン社（10010240）

◇作用機序

　キナーゼのATP結合部位に対する競合的阻害剤として作用するイソプロピルプリン誘導体である．$IC_{50} = 7 \mu M$（CDC2/cyclin B），$7 \mu M$（CDK2/cyclin A），$7 \mu M$（CDK2/cyclin E），$3 \mu M$（CDK5/p35 kinase）

◇生理機能

　さまざまながん細胞株で増殖抑制とアポトーシスを誘導することが示されている[1]．また，Olomoucine処理によってS期におけるチミジンやBrdUの取り込みが抑制される[2]．さらに，HeLa細胞ではCDK1によるEzh2のリン酸化を抑制することも示されている[3]．

◇注意点

　CDK以外にもp44 MAP kinase（$IC_{50} = 25 \mu M$）に対して阻害作用を示すことが報告されている．

参考文献
1) Raynaud FI, et al：Clin Cancer Res, 11：4875-4887, 2005
2) Graves R, et al：Anal Biochem, 248：251-257, 1997
3) Kaneko S, et al：Genes Dev, 24：2615-2620, 2010

Roscovitine

別名：ロスコビチン

◆**分子量**：354.5

◆**IUPAC名**：2-(R)-(1-Ethyl-2-hydroxyethylamino)-6-benzylamino-9-isopropyl-purine

◆**使用法・購入**

溶媒：DMSO（50 mM），-20℃保存

使用条件：細胞培養用培地に添加する場合，5～50 μM．マウス個体に投与する場合，50 mg/kgを経口投与，静脈内投与もしくは腹腔内投与

購入先：メルク社（557360），シグマ社（R7772），Tocris社（1332），ケイマン社（10009569），セレック社（S1153）

◇作用機序

Roscovitineは，Olomoucineのアナログとして得られたATP拮抗作用をもつCDK阻害剤である．$IC_{50} = 0.65$ μM（CDC2/cyclin B），0.7 μM（CDK2/cyclin A），0.7 μM（CDK2/cyclin E），0.16 μM（CDK5/p35 kinase）

◇生理機能

さまざまながん細胞株で増殖抑制とアポトーシスを誘導することが示されている[1]．また，マウスを用いたヒトがん細胞異種移植モデルにおいても抗腫瘍効果を示す[2]．さらに，多発性嚢胞腎モデルマウスでは効果的に嚢胞性疾患の進行を停止させることが明らかにされている[3]．ティモシー症候群の患者に由来する細胞で観察される電気的特性およびカルシウムシグナル伝達特性の異常は，Roscovitineによって改善することが報告されている[4]．

◇注意点

CDK以外にもERK2（$IC_{50} = 14$ μM）に対して阻害作用を示すことが報告されている．

参考文献

1）Wojciechowski J, et al：Int J Cancer, 106：486-495, 2003

2）Raynaud FI, et al：Clin Cancer Res, 11：4875-4887, 2005

3）Bukanov NO, et al：Nature, 444：949-952, 2006

4）Yazawa M, et al：Nature, 471：230-234, 2011

第5章　サイクリン依存性キナーゼ関連薬剤

Butyrolactone I

別名：ブチロラクトンⅠ

◆**分子量**：424.4

◆**IUPAC名**：[alpha-oxo-beta-(p-hydroxyphenyl)-gamma-(p-hydroxy-m-3, 3-dimethylallyl-benzyl)-gamma-methoxycarbonyl-gamma-butyrolactone

◆**使用法・購入**
溶媒：DMSO（25 mg/mL），-20℃保存
使用条件：細胞培養用培地に添加する場合，10～250 μM. マウス個体に投与する場合，40 mg/kgを経口投与
購入先：メルク社（203988），シグマ社（B7930），ケイマン社（21765），アブカム社（ab141520），BioViotica社（BVT-0448）

◇作用機序

コウジカビ *Aspergillus terreus* が産生する Butyrolactone 類の一種[1]. CDC2，CDK2，5に対して選択的に作用するATP拮抗型阻害剤である．$IC_{50} = 0.68 \mu$M（CDC2/cyclin B）

◇生理機能

さまざまながん細胞株で増殖抑制とアポトーシスを誘導することが示されている．Butyrolactone IはRbやヒストンH1のリン酸化を抑制し，細胞周期のG1期からS期，およびG2期からM期への進行を抑制する[2]．HL-60細胞（白血病細胞）ではCostunolide 処理でアポトーシスが誘導されるが，Butyrolactone Iはそのアポトーシスを抑制する[3].

◇注意点

CDK以外にも PKC eta（$IC_{50} = 160 \mu$M），EGFR（$IC_{50} = 590 \mu$M）に対して阻害作用を示すことが報告されている．

参考文献
1）Kitagawa M, et al：Oncogene, 8：2425-2432, 1993
2）Kitagawa M, et al：Oncogene, 9：2549-2557, 1994
3）Kim DH, et al：Biomolecules & Therapeutics, 18：178-183, 2010

Purvalanol A

別名：プルバラノール A

◆**分子量**：388.9

◆**IUPAC名**：6-((3-chloro)anilino)-2-(isopropyl-2-hydroxyethylamino)-9-isopropylpurine

◆**使用法・購入**
溶媒：DMSO（50〜100 mM），−20℃保存
使用条件：細胞培養用培地に添加する場合，1〜100 μM．マウス個体に投与する場合，〜30 mg/kgを腹腔内投与
購入先：メルク社（540500），シグマ社（P4484），ケイマン社（14579），セレック社（S7793），アブカム社（ab120304），サンタクルズ社（sc-224244）

◇作用機序

Purvalanol A は Olomoucine の誘導体として得られた ATP 拮抗作用をもつ CDK 阻害剤である．$IC_{50} = 4\,nM$（CDC2/cyclin B），70 nM（CDK2/cyclin A），35 nM（CDK2/cyclin E），850 nM（CDK4/cyclin D1）

◇生理機能

さまざまな細胞株でアポトーシスを誘導することが示されている[1][2]．また，Purvalanol A は Src の活性を Src 選択的阻害剤 PP2 と同等レベルに抑制し，CDK や Src ファミリーが活性化している大腸がん細胞株（HT29 や SW480 細胞）の増殖を効果的に抑制することも報告されている[3]．

◇注意点

CDK 以外にも DYRK1A（$IC_{50} = 0.3\,\mu M$），RSK1（$IC_{50} = 1.49\,\mu M$）に対して阻害作用を示すことが報告されている[4]．

参考文献

1）Iizuka D, et al：Anticancer Drugs, 19：565-572, 2008
2）Obakan P, et al：Mol Biol Rep, 41：145-154, 2014
3）Hikita T, et al：Genes Cells, 15：1051-1062, 2010
4）Bain J, et al：Biochem J, 371：199-204, 2003

第5章　サイクリン依存性キナーゼ関連薬剤

111

SU9516

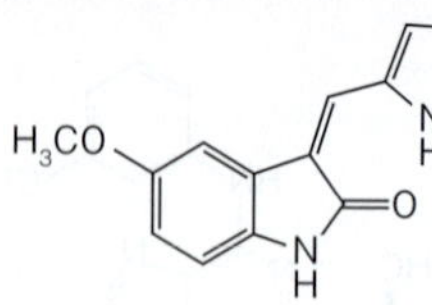

◆**分子量**：241.3

◆**IUPAC名**：3-[1-(3H-Imidazol-4-yl)-meth-(Z)-ylidene]-5-methoxy-1,3-di-hydro-indol-2-one

◆**使用法・購入**
溶媒：DMSO（100 mM），-80℃保存
使用条件：細胞培養用培地に添加する場合，0.05～50 μM
購入先：メルク社（572650），シグマ社（S1693），ケイマン社（14796），セレック社（S7636），Abmole社（M3890），サンタクルズ社（sc-204905），Tocris社（2907）

◇ 作用機序

ATP競合的に作用するCDK阻害剤．$IC_{50} = 40$ nM（CDK1），22 nM（CDK2），200 nM（CDK4）

◇ 生理機能

SW480やRKO細胞（大腸がん細胞株）でRbリン酸化の低下，細胞周期の停止（G1期あるいはG2/M期），アポトーシスを誘導する[1]．また，ヒト白血病由来のJurkat細胞において，DHFR（dihydrofolate reductase）の発現低下を招き，抗がん剤メトトレキサートへの感受性を高めることが報告されている[2]．さらに，DLD-1細胞ではTS（thymidylate synthase）の発現減少を誘導し，結果として5-FUへの感受性を向上させることも示されている[3]．

◇ 注意点

CDK以外にもPDGFR（$IC_{50} = 18$ μM），EGFR（IC_{50}>100 μM），PKC（IC_{50} > 10 μM），p38（IC_{50} > 10 μM）に対して阻害作用を示すことが報告されている．

参考文献
1）Lane ME, et al：Cancer Res, 61：6170-6177, 2001
2）Uchikawa H, et al：Cancer Sci, 101：728-734, 2010
3）Takagi K, et al：Int J Oncol, 32：1105-1110, 2008

第6章
MAPキナーゼシグナル関連薬剤

森口徹生

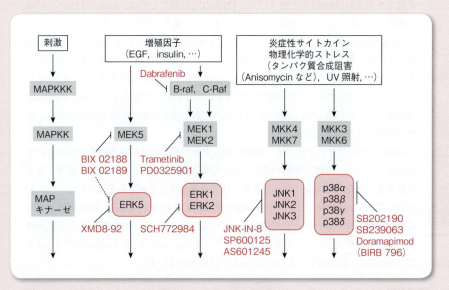

概略図 MAPキナーゼファミリー分子とその阻害剤

　MAPキナーゼは，自身の活性化にスレオニン残基とチロシン残基のリン酸化を必要とするセリン／スレオニンキナーゼである．酵母からヒトに至るまで真核生物において高度に保存されており，哺乳類には4種類のサブファミリーが存在することが明らかにされている．最も研究が進められているのが，さまざまな増殖刺激により活性化するキナーゼとして見出された古典的MAPキナーゼ（ERK1とERK2）である．ERK1，ERK2をリン酸化して活性化するMAPキナーゼキナーゼ（MAPKK）がMEK1およびMEK2であり，MEK1，MEK2自身もMAPキナーゼキナーゼキナーゼ（MAPKKK）であるRAFキナーゼ（B-raf，C-raf，A-rafが存在する）などによりリン酸化されて活性化する．ERK5は別のMAPキナーゼサブファミリーであるが，ERK1，ERK2と同様に増殖刺激などで活性化し，直接の活性化因子はMEK5とよばれる．一方，IL-1やTNF-αなどの炎症性サイトカインやUV照射，熱ショック，高

113

浸透圧などの物理化学的ストレスにより活性化するMAPキナーゼサブファミリーである JNK（JNK1〜3の3種類）および p38（α〜δの4種類）サブファミリーが存在し，それらにもまた特異的なMAPKK分子が存在する．

現在までに，4つの経路の特異的な阻害剤が多数開発され研究に用いられている．古典的MAPキナーゼ経路の阻害剤として，MEK1およびMEK2に作用するPD98059 ならびにU0126が1990年代に報告され（旧版でとり上げている）研究に用いられてきたが，現在では特異性の高いPD0325901の使用が中心となっている．また，ERK1, ERK2を直接の標的とするSCH772984も知られている．MEK5-ERK5経路の特異的阻害剤も報告されており，本章ではMEK5の阻害剤であるBIX 02188とERK5の阻害剤であるXMD8-92をとり上げた．JNKの阻害剤としては，SP600125あるいはAS601245が用いられてきたが，JNK-IN-8という新しい阻害剤も出てきている．また，p38経路の研究には，旧版でとり上げているSB203580に代表されるSB試薬が研究によく用いられており，より特異性の高いSB202190やSB239063が最近の主流である．これらSB系の試薬は主に $p38\alpha$, β サブタイプに強く作用することに注意したい．一方，SB試薬とは作用機序の異なるp38経路の阻害剤としてDoramapimod（BIRB 796）も登場しているので，こららの複数の試薬の併用が研究成果の正しい解釈には欠かせないと思われる．

MAPキナーゼファミリーは，細胞の増殖や分化あるいは細胞運動や細胞死などを制御することで，初期胚発生・器官形成や免疫細胞の分化，記憶・学習，肥満，老化などさまざまな生命現象において重要な役割を果たすことが明らかにされている．したがって，MAPキナーゼシグナルの阻害剤は抗がん剤や抗炎症剤，神経疾患治療薬などの創薬のターゲットとして注目されている．近年，B-rafのV600E変異が原因の悪性腫瘍の治療薬として，BRAFを標的とするVemurafenib, DabrafenibやB-raf下流のERK1, 2阻害剤であるTrametinibが認可されている．

参考文献

1）Sturgill TW & Wu J：Biochim Biophys Acta, 1092：350-357, 1991
2）Nishida E & Gotoh Y：Trends Biochem Sci, 18：128-131, 1993
3）Kyriakis JM & Avruch J：Physiol Rev, 81：807-869, 2001
4）Manning AM & Davis RJ：Nat Rev Drug Discov, 2：554-565, 2003
5）Saklatvala J：Curr Opin Pharmacol, 4：372-377, 2004

1 ERK1，ERK2経路関連薬剤

PD0325901

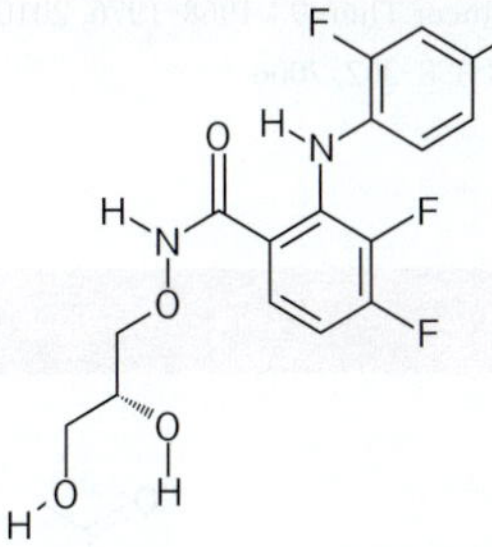

◆**分子量**：482.2

◆**IUPAC名**：N-[(2R)-2,3-dihydroxypropoxy]-3,4-difluoro-2-(2-fluoro-4-iodo-anilino)benzamide

◆**使用法・購入**

溶媒：水には不溶性で，DMSOへの溶解度が96 mg/mL（199.09 mM），エタノールには40 mg/mL（82.95 mM）

使用条件：DMSOで20 mg/mL程度のストック溶液を作成し，分注して−20℃保存．細胞培養用培地に添加の場合，0.01〜1 μMで効果．動物個体の場合DMSOに溶かした後30% PEG 400＋5% Tween 80 10 mg/mLに調製し（直前が望ましい），経口投与（5〜25 mg/kg）で効果

購入先：富士フイルム和光純薬社（162-25291など），メルク社（444968），シグマ社（PZ0162），サンタクルズ社（sc-205427），セレック社（S1036）など

◇作用機序

ERK1，ERK2の活性化因子であるMEK1およびMEK2に *in vitro* の試験で$IC_{50}=$0.3〜0.5 nMで作用する，ATP非競合阻害剤である．IC_{50}で見れば旧版にあげたPD 98059やU0126の数十から数百倍の効能がある．選択性も高く，他のキナーゼへの阻害効果はほとんど報告されていない．PD98059やU0126が類縁のMEK5-ERK5経路も阻害することが報告されていたが，PD0325901はERK1，ERK2活性化を阻害する濃度のさらに10倍以上でなければERK5活性化に影響を与えない．

◇生理機能

さまざまな培養細胞でMAPキナーゼのリン酸化，活性化を阻害することに加え，MAPキナーゼ経路に異常があるがん細胞の増殖抑制を引き起こすことがマウス異種移植（xenograft）モデルで報告されている．

第6章　MAPキナーゼシグナル関連薬剤

◇注意点

ES細胞培養時に分化を促す作用のあるMAPキナーゼ経路を阻害するために使用されることもある（**第41章**参照）.

参考文献

1）Barrett SD, et al：Bioorg Med Chem Lett, 18：6501-6504, 2008
2）Henderson YC, et al：Mol Cancer Ther, 9：1968-1976, 2010
3）Solit DB, et al：Nature, 439：358-362, 2006

Trametinib

別名：トラメチニブ

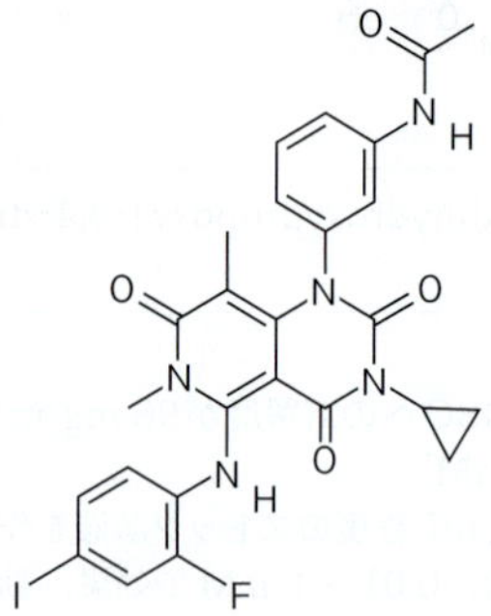

◆**分子量**：615.4

◆**IUPAC名**：N-[3-[3-cyclopropyl-5-(2-fluoro-4-iodoanilino)-6,8-dimethyl-2,4,7-trioxopyrido[4,3-d]pyrimidin-1-yl]phenyl]acetamide

◆**使用法・購入**

溶媒：DMSOへの溶解度が22 mg/mL（35.74 mM），水やエタノールには1 mg/mL以下．DMSOで5 mg/mL程度のストック溶液を作成し，細胞培養用培地に添加．0.01～1 μM程度で効果．

使用条件：動物個体の場合，4% DMSO + corn oilで3 mg/mLに調製し，経口投与（0.3～1 mg/kg）で効果

購入先：サンタクルズ社（sc-364639），セレック社（S2673）など

◇作用機序

ERK1，ERK2の活性化因子であるMEK1およびMEK2に *in vitro* の試験で$IC_{50} = 1$～2 nM前後で作用する，ATP非競合阻害剤である．

◇生理機能

培養細胞での効果の他，マウス異種移植（xenograft）モデルでのMAPキナーゼ経路に異常があるがん細胞の増殖抑制を引き起こすことが報告されている（～1 mg/kg）.

B-rafのV600E変異型のメラノーマ（悪性黒色腫）の治療薬として承認されている.

◇ 注意点

後述するB-rafを標的とするDabrafenibとの併用療法で優れた効果を示す.

参考文献

1）Yamaguchi T, et al：Int J Oncol, 39：23-31, 2011
2）Yamaguchi T, et al：Inflamm Res, 61：445-454, 2012
3）Greger JG, et al：Mol Cancer Ther, 11：909-920, 2012

SCH772984

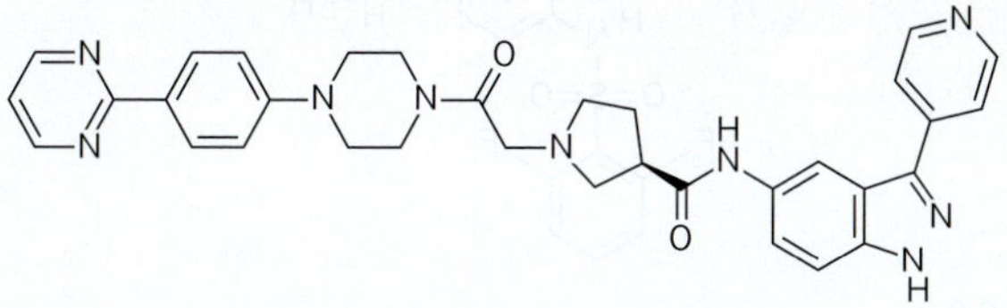

◆ **分子量**：587.7

◆ **IUPAC名**：（3R）-1-[2-oxo-2-[4-（4-pyrimidin-2-ylphenyl）piperazin-1-yl]
ethyl]-N-（3-pyridin-4-yl-1H-indazol-5-yl）pyrrolidine-3-carboxamide

◆ **使用法・購入**
溶媒：DMSOへの溶解度が14 mg/mL（23.82 mM）で，水やエタノールにはほとんど溶けない．細胞培養用培地に添加の場合，$0.1 \sim$ 数 μ M程度で効果.
使用条件：個体には腹腔内注射で $10 \sim 50$ mg/kg
購入先：セレック社（S7101），サンタクルズ社（sc-473205）など

◇ 作用機序

ERK1，ERK2に *in vitro* の試験でIC$_{50}$がそれぞれ4 nM，1 nMで作用する．ATP拮抗阻害剤であるが，ERK1，ERK2との解離速度が遅いため特異性と経路阻害の持続性が増すと考えられている．ERK1，ERK2との結晶構造も解かれており，ユニークな結合様式であることが明らかにされている.

◇ 生理機能

B-rafのV600E変異型のメラノーマ（悪性黒色腫）細胞株の増殖を抑制することが報告されている．B-raf変異型のメラノーマの医薬品としてB-raf阻害剤とMEK阻害剤の併用療法が承認されているが，両阻害剤に耐性になった細胞株に対しても効果を発揮する.

参考文献

1）Morris EJ, et al：Cancer Discov, 3：742-750, 2013

2）Chaikuad A, et al：Nat Chem Biol, 10：853-860, 2014

Dabrafenib

別名：ダブラフェニブ

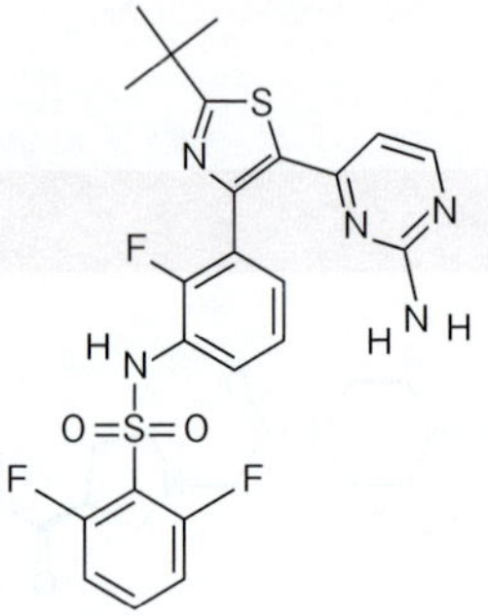

◆**分子量**：519.6

◆**IUPAC名**：N-[3-[5-(2-aminopyrimidin-4-yl)-2-tert-butyl-1,3-thiazol-4-yl]-2-fluorophenyl]-2,6-difluorobenzenesulfonamide

◆**使用法・購入**
溶媒：水やエタノールには不溶性で，DMSOへの溶解度が30 mg/mL（57.74 mM）．
使用条件：細胞培養用培地に添加（0.01～1 μM）でB-Raf（V600E）変異をもつ細胞のMAPK経路の活性を抑える．マウス個体の場合，経口投与で50～300 mg/kg
購入先：サンタクルズ社（sc-364477），セレック社（S2807）など

◇作用機序

B-raf（V600E）に対して *in vitro* の試験でIC_{50} ＝ 0.8 nMで作用する．野生型B-rafやC-rafに対してはその数倍のIC_{50}（5.2 nMおよび6.3 nM）を示す．

◇生理機能

B-raf（V600E）変異体をもつメラノーマに対してはじめて治療薬として承認され，現在，この変異体をもつ他のいくつかのがん種に対しても認可されている分子標的薬である．

◇注意事項

長期使用により抵抗性が生じることを克服するためにMEK1，MEK2の阻害薬であるTrametinibとの併用療法も用いられる．

参考文献

1）Greger JG, et al：Mol Cancer Ther, 11：909-920, 2012

2）Rheault TR, et al：ACS Med Chem Lett, 4：358-362, 2013

2 ERK5経路関連薬剤

BIX02188

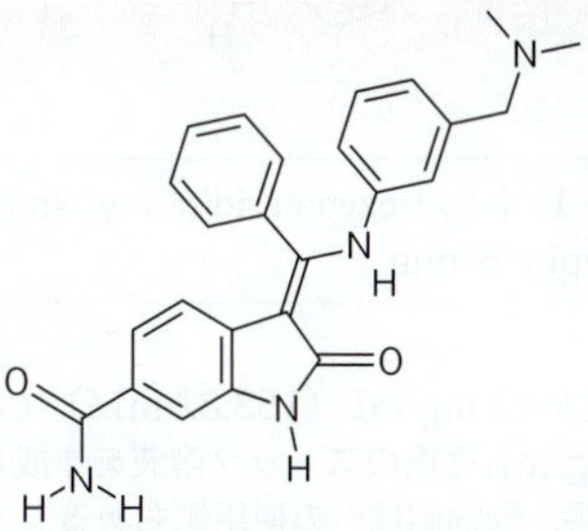

◆**分子量**：412.2

◆**IUPAC名**：(3Z)-3-((3-((dimethylamino)methyl)phenylamino)(phenyl)methylene)-2-oxoindoline-6-carboxamide

◆**使用法・購入**
溶媒：DMSOへの溶解度が43 mg/mL（104.24 mM）で，水にはほとんど溶けない．
　細胞培養用培地に添加の場合，2〜10 μM程度で効果
購入先：セレック社（S7101），サンタクルズ社（sc-503854）など

◇ **作用機序**

　MEK5に *in vitro* の試験でIC$_{50}$ = 4.3 nMで作用．ERK5にはIC$_{50}$ = 810 nM．よく似たMEK5の阻害剤として，BIX02189も知られている．BIX02189の方がより低濃度でMEK5阻害効果を示すが（IC$_{50}$ = 1.5 nM），ERK5への阻害効果（IC$_{50}$ = 59 nM）も高いことが知られている．MEK5-ERK5経路の阻害という意味ではBIX02189でも問題はない．

参考文献
1）Tatake RJ, et al：Biochem Biophys Res Commun, 377：120-125, 2008
2）Li L, et al：Biochem Biophys Res Commun, 370：159-163, 2008

第6章　MAPキナーゼシグナル関連薬剤

XMD8-92

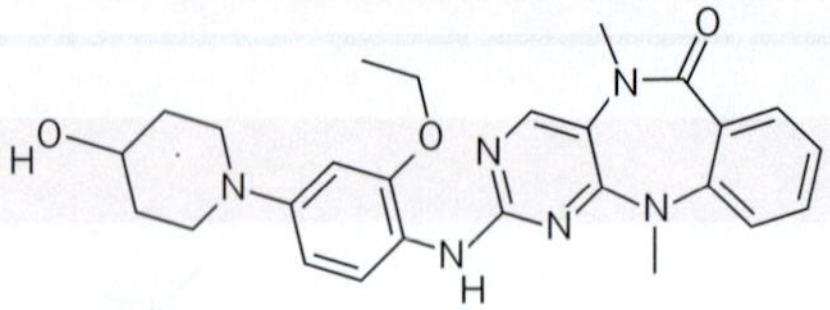

◆**分子量**：474.6

◆**IUPAC名**：2-[2-ethoxy-4-(4-hydroxypiperidin-1-yl)anilino]-5,11-dimethylpyrimido[4,5-b][1,4]benzodiazepin-6-one

◆**使用法・購入**
溶媒：DMSOへの溶解度が73 mg/mL（153.82 mM）であり，エタノールや水には不溶性．DMSOで25 mg/mL程度のストック溶液を作成し，細胞培養用培地に添加の場合．1〜5 μMで効果．動物個体への使用例もある
購入先：シグマ社（SML1382），セレック社（S7525）など

◇作用機序

ERK5にK_d＝80 nMで作用．一方，ダブルコルチン様キナーゼDCAMKL1（DCLK1）やDCAMKL2にK_d値がそれぞれ97 nM，190 nMで作用することも知られている．

◇生理機能

マウス異種移植（xenograft）モデルで，腹腔内投与（50 mg/kg）により腫瘍抑制効果を示すことが知られているが，他の標的（DCLK1など）の関与などを慎重に検討する必要もある．

参考文献
1）Yang Q, et al：Cancer Cell, 18：258-267, 2010
2）Dong H, et al：Pharm Biol：10.3109/13880209.2013.840850, 2013
3）Sureban SM, et al：Cancer Lett, 351：151-161, 2014

3 p38関連薬剤

SB202190

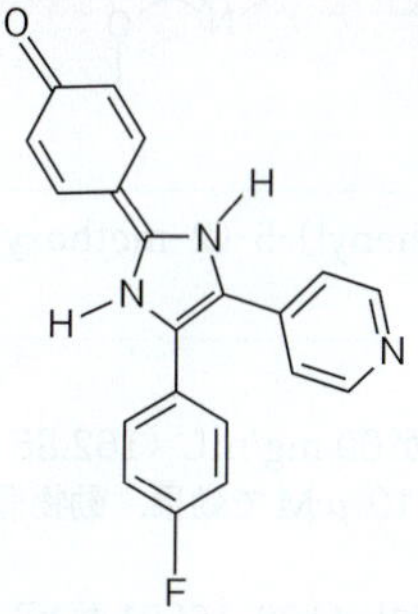

◆**分子量**：331.3

◆**IUPAC名**：4-[4-(4-fluorophenyl)-5-pyridin-4-yl-1,3-dihydroimidazol-2-ylidene]cyclohexa-2,5-dien-1-one

◆**使用法・購入**
　使用条件：DMSOへの溶解度が66 mg/mL（199.19 mM），水にはほとんど溶けない．
　細胞培養用培地に添加の場合，2～10 µMで効果
　購入先：富士フイルム和光純薬社（193-13531など），メルク社（559388），シグマ社
　（S7067），サンタクルズ社（sc-222294），セレック社（S1077）など

◇作用機序

　旧版でとり上げたSB203580と同様にATPポケットに結合して作用するp38α，β
の阻害剤．効力，特異性に若干の改善がみられる．基質であるATF2に対するリン酸
化を指標にしたIC$_{50}$が280 nM，p38βに対するIC$_{50}$は*in vitro*で16 nM，細胞で
350 nM．LPSの誘導するTNF-αやIL-1の産生を阻害することや，標的因子である
MNK1の活性化を抑制することが報告されている．

参考文献
1）Lee JC, et al：Nature, 372：739-746, 1994
2）Jiang Y, et al：J Biol Chem, 271：17920-17926, 1996
3）Kramer RM, et al：J Biol Chem, 271：27723-27729, 1996

SB239063

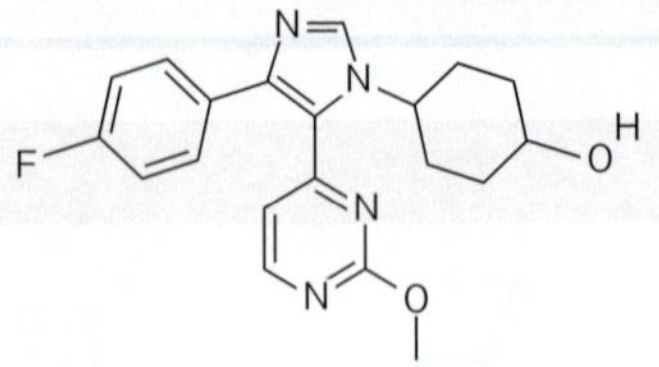

◆**分子量**：368.4

◆**IUPAC名**：4-[4-(4-fluorophenyl)-5-(2-methoxypyrimidin-4-yl)imidazol-1-yl]cyclohexan-1-ol

◆**使用法・購入**
使用条件：DMSOへの溶解度が60 mg/mL（162.86 mM），水にはほとんど溶けない．細胞培養用培地の場合，2〜10 μM で効果．動物個体の場合，経口投与で10 mg/kg程度

購入先：富士フイルム和光純薬社（199-16551など），メルク社（559404），シグマ社（S0569），サンタクルズ社（sc-220094），セレック社（S7741）など

◇作用機序

ATP の競合阻害として作用する p38α，p38β 阻害剤である SB 試薬の第二世代試薬．特異性ならびに細胞内，*in vivo* における効果が第一世代に比べて向上している．p38α と p38β に対する IC_{50} は 44 nM であるが，p38γ と p38δ に対しては IC_{50} は 100 μM 以上．

◇生理機能

ヒト末梢血細胞において LPS 刺激により誘導される IL-1 ならびに TNF-α の産生を阻害する．ラットに経口投与した場合に LPS により誘導される TNF-α の産生を阻害し（IC_{50} = 2.6 mg/kg），また局所的な脳虚血に対し神経保護作用を発揮することが報告されている．

参考文献
1）Underwood DC, et al：J Pharmacol Exp Ther, 293：281-288, 2000
2）Barone FC, et al：J Pharmacol Exp Ther, 296：312-321, 2001

Doramapimod

別名：BIRB 796

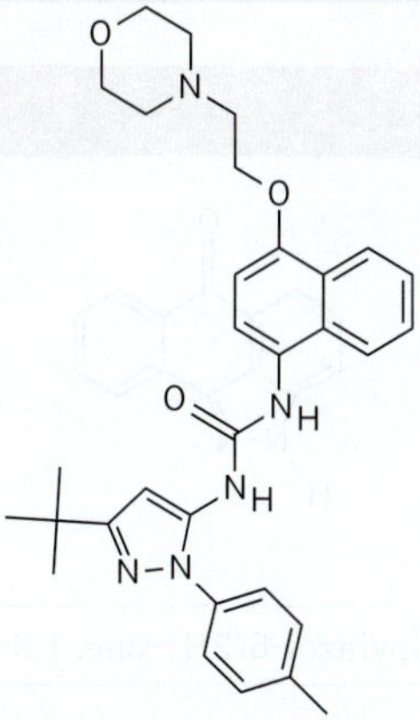

◆**分子量**：527.7

◆**IUPAC名**：1-[5-tert-butyl-2-(4-methylphenyl)pyrazol-3-yl]-3-[4-(2-morpholin-4-ylethoxy)naphthalen-1-yl]urea

◆**使用法・購入**

溶媒：DMSO，エタノールへの溶解度が100 mg/mL（189.51 mM），水にはほとんど溶けない．細胞培養用培地の場合，0.1～10 μM程度で効果．動物個体への投与の場合30 mg/kg程度

購入先：メルク社（506172），サンタクルズ社（sc-300502），セレック社（S1574）

◇作用機序

ATPの競合阻害として作用するとともにactivation loopとよばれる構造変化を起こす部位（DFGモチーフ）と相互作用することでp38ファミリー全般の阻害剤として働く．p38 $\alpha/\beta/\gamma/\delta$ に対しそれぞれIC_{50}が38 nM，65 nM，200 nMおよび520 nMで作用する．

◇生理機能

LPS静脈注射で誘導されるヒト（男性ボランティア）末梢血におけるサイトカイン産生（TNF-α，IL-6，IL-10など）が，Doramapimodの事前経口投与により阻害されることが報告されている．

◇注意点

関節リウマチの医薬品としての開発は第二相でストップしており，特異性がより高い次世代のp38阻害薬の探求が続けられている．

参考文献

1）Pargellis C, et al：Nat Struct Biol, 9：268-272, 2002

2）Branger J, et al：J Immunol, 168：4070-4077, 2002

3）Kuma Y, et al：J Biol Chem, 280：19472-19479, 2005

第6章　MAPキナーゼシグナル関連薬剤

4 JNK 関連薬剤

SP600125

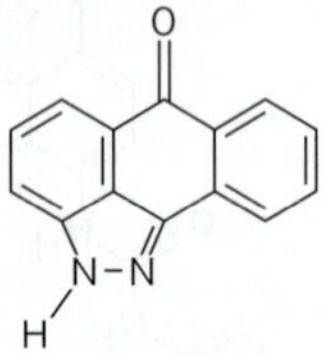

◆**分子量**：220.2

◆**IUPAC名**：Anthra[1,9-cd]pyrazol-6(2H)-one; 1,9-pyrazoloanthrone

◆**使用法・購入**

溶媒：DMSO 20 mg/mLあるいは100 mMにして使用. 細胞培養用培地に添加の場合, 10 μM程度で効果. 個体の場合, 5 % DMSO + 30 % PEG 400 + 5 % Tween 80にして経口投与（〜30 mg/kg）

購入先：富士フイルム和光純薬社（193-16593など）, サンタクルズ社（sc-200635）, メルク社（420119）, シグマ社（S5567）, セレック社（S1460）など

◇ **作用機序**

ATPの競合阻害として作用するJNKサブファミリー阻害剤. JNK1, JNK2, JNK3に対しIC_{50}がそれぞれ40 nM, 40 nM, 90 nM. IL-1刺激により誘導されるc-Junのリン酸化およびc-Jun依存的なcollagenase mRNAの蓄積を抑えることが報告されている.

◇ **生理機能**

CD4陽性T細胞の活性化と分化を抑えることや, ヒト末梢血単球細胞をLPS刺激した際のCOX-2, IL-2, IFN-γ, TNF-αの誘導を抑える. マウスへの経口投与により（15 mg/kgまたは30 mg/kg）, LPS刺激した際のTNF-αの産生を抑えることなども示されている.

◇ **注意点**

従来よく使われていたが, 特異性はやや低く, 他のいくつかのプロテインキナーゼなどへの阻害作用があることが報告されている.

参考文献

1）Han Z, et al：J Clin Invest, 108：73-81, 2001
2）Bennett BL, et al：Proc Natl Acad Sci U S A, 98：13681-13686, 2001

AS601245

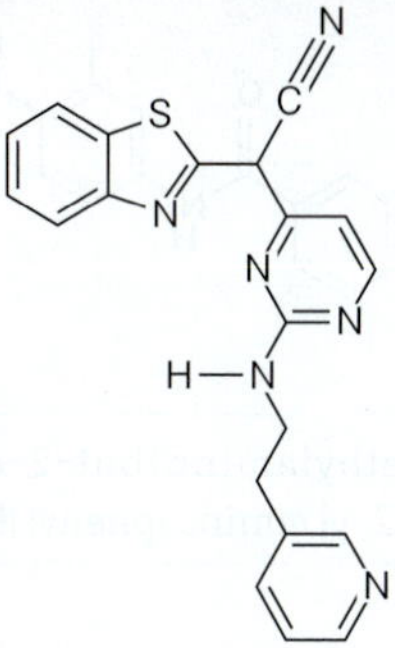

◆**分子量**：372.5

◆**IUPAC名**：2-(1,3-benzothiazol-2-yl)-2-[2-(2-pyridin-3-ylethylamino)pyrimidin-4-yl]acetonitrile

◆**使用法・購入**
　溶媒：DMSO 25 mM．細胞培養用培地に添加の場合，0.1〜10 μM で効果がある．動物個体にも使用例あり
　購入先：富士フイルム和光純薬社（517-86641），メルク社（420129），サンタクルズ社（sc-202672）

◇ 作用機序

　抗炎症性を示す細胞透過性のピリミジニル化合物．JNKに対し，ATP競合阻害剤として作用する（ヒト JNK1，JNK2 および JNK3 に対し，それぞれ $IC_{50} = 150$，220 および 70 nM）．

◇ 生理機能

　マウスモデルにおいて LPS 誘導性の血漿中への TNF-α の放出を妨げることが示されている（3 mg/kg で約50％の阻害）．また，*in vivo* では血液脳関門を通過し，全脳虚血モデルにおいて神経保護作用を発揮することが示されている（スナネズミ，腹腔内注射で最高80 mg/mL）．また，ラットの心筋虚血モデルにおいても心筋細胞の細胞死を抑制することが報告されている（静脈注射で最高15 mg/kg）．

参考文献

1 ）Carboni S, et al：J Pharmacol Exp Ther, 310：25-32, 2004
2 ）Ferrandi C, et al：Br J Pharmacol, 142：953-960, 2004
3 ）Carboni S, et al：J Neurochem, 92：1054-1060, 2005

第6章　MAPキナーゼシグナル関連薬剤

JNK-IN-8

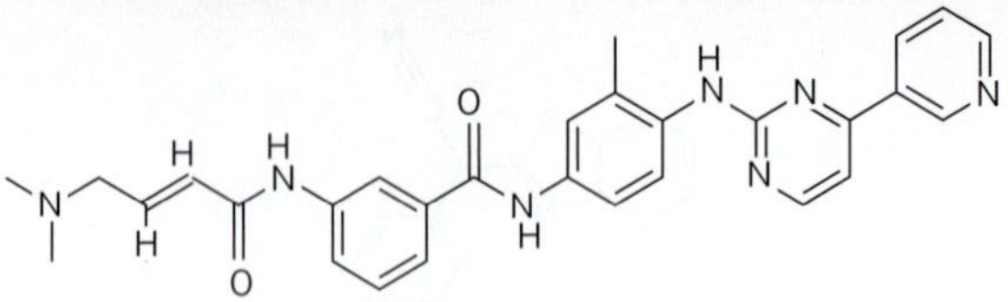

◆**分子量**：507.6

◆**IUPAC名**：3-[[(E)-4-(dimethylamino)but-2-enoyl]amino]-N-[3-methyl-4-[(4-pyridin-3-ylpyrimidin-2-yl)amino]phenyl]benzamide

◆**使用法・購入**

溶媒：DMSO（溶解度100 mg/mL）で20 mg/mL程度のストック溶液をつくり，細胞培養用培地に添加（数μM）で効果．水やエタノールにはほとんど溶けない．動物個体の場合，腹腔内注射（25 mg/kg）で効果の報告がある．

購入先：メルク社（420150），シグマ社（SML1246），サンタクルズ社（sc-364745），セレック社（S4901）など

◇ 作用機序

JNKの阻害剤で，JNKファミリー分子内に保存されているシステイン残基と共有結合を形成する不可逆的阻害剤である．JNK1，JNK2，JNK3それぞれに対しIC$_{50}$＝4.7，18.7，1 nMで作用する．

◇ 生理機能

乳がんの中でも予後が悪いと言われるトリプルネガティブ乳がん細胞において，JNK経路ががん幹細胞様の性質を促進し，マウス異種移植（xenograft）モデルにおいて腫瘍の増殖を有意に抑えることが示されている．JNK-IN-8単剤ではなく，EGFRとHer2の二重チロシンキナーゼ阻害剤であるラパチニブとの併用により効果を発揮するとの報告もある．

参考文献

1）Zhang T, et al：Chem Biol, 19：140-154, 2012

2）Xie X, et al：Oncogene, 36：2599-2608, 2017

3）Ebelt ND, et al：Oncotarget, 8：104894-104912, 2017

5 その他（p38経路，JNK経路の活性化因子）

Anisomycin

別名：アニソマイシン

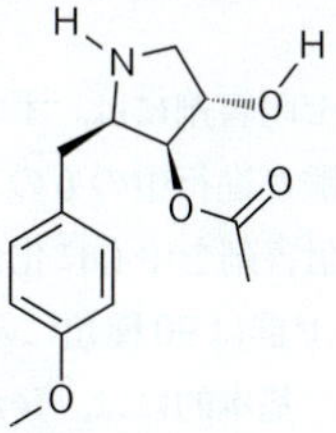

◆**分子量**：265.3

◆**IUPAC名**：［(2R,3S,4S)-4-hydroxy-2-［(4-methoxyphenyl)methyl］pyrrolidin-3-yl］acetate

◆**使用法・購入**

　溶媒：溶媒はDMSO（溶解度41 mg/mL）やエタノール（溶解度17 mg/mL）．水にはほとんど溶けない．培養細胞に作用させることで（〜10 μM程度），JNKやp38の活性化がみられる

　購入先：富士フイルム和光純薬社（017-16861など），ナカライテスク社などの国内試薬メーカー，上記の各種阻害剤取り扱いメーカー〔サンタクルズ社（sc-3524），セレック社（S7409）など〕

◇ 作用機序

　Anisomycinは，ペプチジルトランスフェラーゼ活性を阻害することでタンパク質合成阻害剤として働くことが知られているが，Anisomycin処理によりU937など多くのがん細胞や正常細胞にJNKやp38の活性化ならびにアポトーシスを引き起こすことが知られている．簡便であるが，これらの作用がJNKやp38の活性化そのものによるか，タンパク質合成阻害に起因する別の影響によるかについては慎重に検討する必要がある．

参考文献

1）Iordanov MS, et al：Mol Cell Biol, 17：3373-3381, 1997

第6章　MAPキナーゼシグナル関連薬剤

第7章

チロシンキナーゼ関連薬剤

樋口　理

　本章で紹介するチロシンキナーゼ阻害剤には，すでに臨床現場でがん治療に利用されているものもあれば，目下，治験が進行中のものも含まれる．特に，近年開発速度が目覚ましいALK阻害剤とTRK阻害剤を中心に化合物を選定した．ヒトゲノム解析から判明しているチロシンキナーゼ群は90種類にのぼるが，そのすべてが創薬ターゲットになっているわけではない．基本的には，発がんドライバーへの関与が有力視されている酵素が有力なターゲットとなる．その結果，今回紹介する阻害剤の多くでターゲットの重複が生じている（表）．特に，本章で紹介するSitravatinibはマルチキナーゼ阻害剤であり，個々のキナーゼに対するIC$_{50}$値は他の化合物と比べても高い．このマルチターゲット効果は副作用のリスクを高める恐れがあるが，一方で，オフターゲット効果そのものが薬効を左右するという考えも台頭しつつあり，ターゲットとオフターゲットの両効果のバランスを重視した多重薬理学的解析が今後のがん分子標的薬開発において求められるだろう[1]．そして，格段の進歩を遂げているin silico創薬技術は，ターゲットとオフターゲットを自在に操作することを可能にするかもしれない[1,2]．

RTK/NRTK	阻害剤
ABL	Imatinib
JAK2	Lestaurutinib
ALK	Crizotinib
ROS	Crizotinib, Sitravatinib
MET	Crizotinib, Sitravatinib
RET	Vandetanib, Sitravatinib
VDGFR	Vandetanib, Sitravatinib
KIT	Imatinib, Sitravatinib
PDGFR	Imatinib, Sitravatinib
FLT3	Lestaurutinib, Sitravatinib
TRK	Larotrectinib, Lestaurutinib, Sitravatinib

表　代表的なチロシンキナーゼ阻害剤

最後に，低分子キナーゼ阻害剤とキナーゼ間の相互作用を生細胞内で解析する手法がプロメガ社から新たに提供された（NanoBRET TE Intracellular Kinase Assay）．今後のキナーゼ阻害剤解析において強力なツールになる可能性を秘めており，原著論文の一読をお勧めする[3].

参考文献

1）Sonoshita M, et al：Nat Chem Biol, 14：291-298, 2018
2）Chiba S, et al：Sci Rep, 5：17209, 2015
3）Vasta JD, et al：Cel Chem Biol, 25：206-214, 2018

Imatinib

別名：イマチニブ / Gleevec / グリーベック

◆分子量：493.6

◆IUPAC名：4-(4-Methylpiperazin-1-ylmethyl)-N-[4-methyl-3-(4-pyridin-3-ylpyrimidin-2-ylamino)phenyl]benzamide monomethanesulfonate

◆使用法・購入
　使用条件：用事調製が望ましい．ストック溶液の調製時は，PBSにImatinibを10 mMの濃度で溶解する．*in vitro* でのアッセイでは，$IC_{50}=0.1～5\mu M$である
　購入先：フナコシ社（13139）

◇作用機序

　本剤は，type Ⅱ型チロシンキナーゼ阻害剤であり，ATPと競合拮抗することによりチロシンキナーゼ触媒活性を阻害する．ターゲットは，非受容体型チロシンキナーゼのc-Ablと受容体型チロシンキナーゼであるPDGF受容体とc-Kitである．

◇生理機能

　AMuLVで形質転換したPB-3cマスト細胞やv-sisで形質転換したBALB/c細胞の増殖およびAblキナーゼ活性に対して，本剤の$IC_{50}=0.1～0.3\mu M$である[1]．上記細胞のBALB/cヌードマウスへの投与実験においては，3～10 mg/kgの連日腹腔内投与で強力な腫瘍抑制効果が認められる[1]．また，ヒト白血病患者由来細胞[2] や小細胞肺がん由来細胞株[3] においては，幹細胞因子（SCF）依存性のc-kit自己リン酸化と細胞増殖が認められるが，Imatinibはそれらを著明に阻害する（$IC_{50}=0.1～5\mu M$）．

　商品名はGleevec（グリーベック）ほか．投与はメシル酸塩で行われる．慢性骨髄性白血病，フィラデルフィア染色体陽性急性リンパ性白血病，KIT陽性消化管間質腫瘍に対する治療薬として用いられる．

◇注意点

　皮膚刺激と強い眼刺激あり．

参考文献

1）Buchdunger E, et al：Cancer Res, 56：100-104, 1996
2）Heinrich MC, et al：Blood, 96：925-932, 2000
3）Wang WL, et al：Oncogene, 19：3521-3528, 2000

Crizotinib

別名：クリゾチニブ / XALKORI / ザーコリ

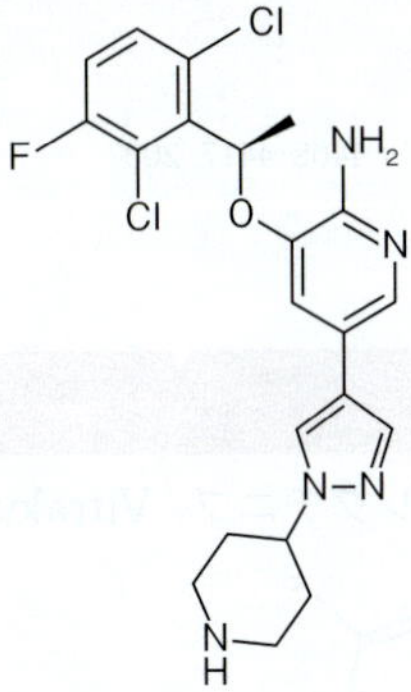

◆**分子量**：450.3

◆**IUPAC名**：3-[(1R)-1-(2,6-dichloro-3-fluorophenyl)ethoxy]-5-(1-piperidin-4-ylpyrazol-4-yl)pyridin-2-amine

◆**使用法・購入**

使用条件：可能な限り，用事調製を推奨する．ストックする場合は，10 mMの終濃度でDMSOに溶解し，密封のうえ，–20℃で保存する．IC_{50}の詳細は，本項の参考文献1のSupplemental Table 1を参照のこと

購入先：フナコシ社（CS-0029）

◇ 作用機序

Crizotinibはアミノピリジン骨格をもつType Ⅰ型チロシンキナーゼ阻害剤である．ターゲットは，受容体型チロシンキナーゼc-Met，ALK，ROS1であり，チロシンキナーゼ触媒ドメインのATP結合部位に競合的に結合して阻害効果を発揮する．

◇ 生理機能

本剤は，ヒト腫瘍および内皮細胞由来細胞株におけるHGF誘導性c-Met自己リン酸化を著明に阻害する（平均のIC_{50} = 10 nM）．本剤はVEGFR2やPDGFRβに対して1,000倍以上，IRKやLckに対して250倍以上，Tie2やTrkファミリーに対して40～60倍以上IC_{50}値が増加するため，ターゲット選択性は高い．一方，ALKに対して＝IC_{50}が20 nM程度とほぼ同等の阻害効果を発揮する．複数のC-Metの恒常的活性化による腫瘍形成モデルにおいても，50 mg/kg/日の3カ月間投与で著明な腫瘍サイズ・質量の退行が観察された．

商品名XALKORI（ザーコリ）．ALK融合遺伝子陽性の切除不能な進行・再発の非小細胞肺がんの治療に用いられる．米国ではROS1陽性転移性非小細胞肺がん治療薬としても承認済み．未分化大細胞型リンパ腫，神経芽細胞腫，その他固形進行がん治療における安全性および有効性に関する臨床試験が進行中．

第7章　チロシンキナーゼ関連薬剤

◇注意点

　アレルギー性皮膚反応を起こすことがある．重大な眼刺激を引き起こす．水生生物に非常に毒性が強い．

参考文献

　1）Zou HY, et al：Cancer Res, 67：4408-4417, 2007

Larotrectinib

別名：LOXO-101 / ラロトレクチニブ / Vitrakvi

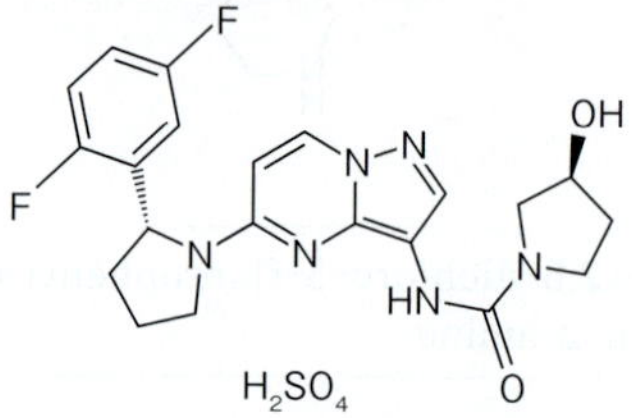

◆**分子量**：526.5（硫酸塩）

◆**IUPAC名**：1-Pyrrolidinecarboxamide,N-[5-[(2R)-2-(2,5-difluorophenyl)-1-pyrrolidinyl]pyrazolo[1,5-a]pyramidin-3-yl]-3-hydroxy-(3S)-,sulfate(1:1)

◆**使用法・購入**
溶媒：ストック濃度（DMSO 100 mg/mL，エタノール 100 mg/mL，水に不溶）
購入先：セレック社（S7960）

◇作用機序

　TRKチロシンキナーゼ（TRKA，TRKB，TRKC）に対するATP競合阻害型チロシンキナーゼ阻害剤である一方で，既存の他のチロシンキナーゼ群に対しては1,000 nM以下での阻害効果は観察されない．

◇生理機能

　本剤はNTRK1(TRKA)融合がん遺伝子を発現するBa/F3細胞に対しては著明な増殖阻害効果を発揮するが（$IC_{50}=8$ nM），EGFR，ALK，ROS1に関連したがん遺伝子を発現するBa/F3細胞に対しては無効である．

　米国商品名Vitrakvi．FDAが2018年11月に迅速承認を発表した．年齢，腫瘍型またはTRK融合のタイプによらず，安全かつきわめて有効と報告されている．

◇注意点

　皮膚刺激を起こす．水生生物に非常に毒性が強い．

参考文献

1) Vaishnavi A, et al：Nat Med, 19：1469-1472, 2013

Vandetanib

別名：バンデタニブ / Caprelsa / カプレルサ

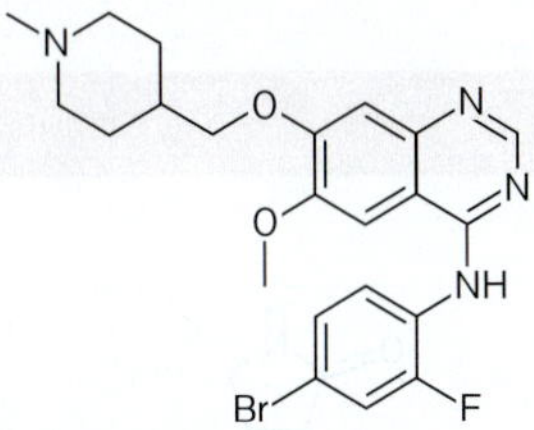

◆**分子量**：475.4

◆**IUPAC名**：N-(4-bromo-2-fluorophenyl)-6-methoxy-7-[(1-methylpiperidin-4-yl)methoxy]quinazolin-4-amine

◆**使用法・購入**

溶媒：用事調製が望ましい．ストック溶液の調製時は，DMSOもしくはエタノールに溶解する．溶解後は-4℃で1カ月程度，-80℃なら1カ月以上保存可能．溶解濃度はDMSOで4 mg/mL，エタノールで1 mg/mLである．VEGFRに関するIC_{50}は40 nM，RETがん遺伝子産物に関するIC_{50}は100 nMである

購入先：フナコシ社（SYN-1090）

◇作用機序

本剤は，type I型チロシンキナーゼ阻害剤であり，ATP結合部位に競合することによりチロシンキナーゼ触媒活性を阻害する．ターゲットは，VEGF受容体，EGF受容体，RETである．

◇生理機能

本剤はVEGFが誘導する内皮細胞（HUVEC）の細胞増殖（[3H]チミジンの取り込みを指標）を阻害する（IC_{50} = 60 nM）．がん細胞株であるA549やCalu-6に関するIC_{50}（＝3〜15μM）は50〜200倍低下することが報告されている．担がん動物に関しては，25mg/kg/日での連日経口投与で腫瘍抑制効果が認められている．RETがん遺伝子（RET/PTC3）を導入したNIH3T3細胞に関して100 nMのIC_{50}が報告されている．NIH-RET/PTC3細胞を用いた担がんモデル実験では，腹腔内連日投与（20と50 mg/kg/日の2種類の用量で試験）により，腫瘍抑制効果が確認されている（後者の用量で腫瘍形成ほぼなし）．

商品名Caprelsa（カプレルサ）．本剤は成人の切除不能後期（転移性）甲状腺髄様がん治療薬として国内でも承認されている．

◇注意点

皮膚刺激と強い眼刺激あり.

参考文献

1）Carlomagno F, et al：Cancer Res, 62：7284-7290, 2002
2）Wedge SR, et al：Cancer Res, 62：4645-4655, 2002

Lestaurtinib

別名：レスタウルチニブ

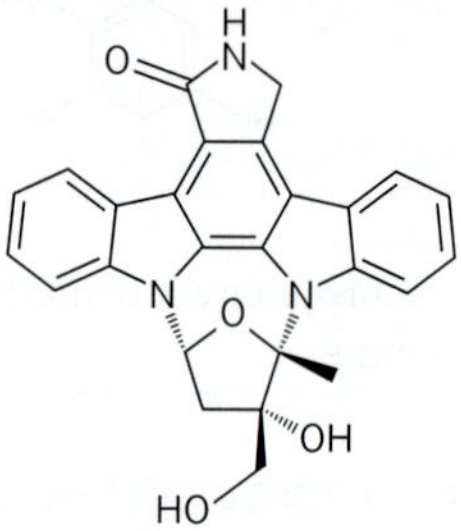

◆分子量：439.5

◆**IUPAC名**：(5S,6S,8R)-6-Hydroxy-6-(hydroxymethyl)-5-methyl-7,8,14,15-tetrahydro-5H-16-oxa-4b,8a,14-triaza-5,8-methanodibenzo[b,h]cycloocta[jkl]cyclopenta[e]-as-indacen-13(6H)-one

◆**使用法・購入**

溶媒：DMSO(3 mg/mL)かDMF(5 mg/mL)に溶解. 1：20（DMF：PBS）の希釈で0.05 mg/mLの水溶液の調製も可能であるが，この場合1日以上の保存は推奨しない
購入先：フナコシ社（12094）

◇作用機序

本剤は，FLT3およびJAK2をターゲットとするATP競合阻害型チロシンキナーゼ阻害剤である.

◇生理機能

本剤は，白血病細胞BaF3/ITD，EOL-1，およびMV4-11細胞におけるFLT3チロシンリン酸化を阻害し，並行して，用量依存的に細胞傷害性を示す. この細胞傷害効果は約5 nMで有意に認められ，50 nMで最大効果を発揮する. Balb/cマウスに活性型FLT3発現細胞を注射した白血病モデルにおいて，本剤の連日投与（8時間間隔で1日3回）はマウス生存率を有意に延長する（用量依存効果あり）. また，JAK2 V617F変異を有するヒト赤白血病細胞株HEL92.1.7に対して，30〜100 nMのIC_{50}で増殖阻害を発揮する. HEL92.1.7細胞を移植したヌードマウスでは，30 mg/kgの皮下投

134　　Lestaurtinib

与（1日2回）で腫瘍抑制効果を示す.

◇注意点

本剤は粘膜や上気道を刺激することがある. 吸入，摂取，または皮膚の吸収により有害な場合がある. 目，皮膚，または呼吸器系の刺激を引き起こす可能性がある.

参考文献
1）Levis M, et al：Blood, 99：3885-3891, 2002
2）Hexner EO, et al：Blood, 111：5663-5671, 2008

Entrectinib

別名：エントレクチニブ

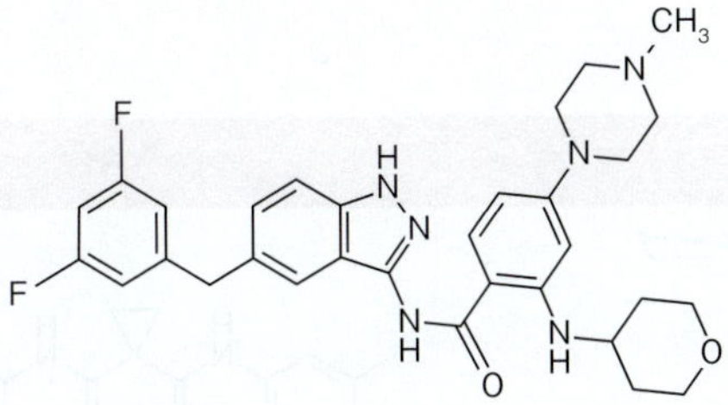

◆分子量：560.6

◆IUPAC名：N-[5-(3,5-Difluorobenzyl)-1H-indazol-3-yl]-4-(4-methyl-1-piperazinyl)-2-(tetrahydro-2H-pyran-4-ylamino)benzamide

◆使用法・購入
溶媒：水には不溶. DMSO(100 mg/mL)，あるいは，エタノール（75 mg/mL）に溶解する.
購入先：セレック社（S7998）

◇作用機序

本剤は，TRKA，TRKB，TRKC，ALK，ROS1受容体キナーゼ群を標的としたATP競合阻害型チロシンキナーゼ阻害剤である.

◇生理機能

本剤は，以下のがん由来細胞株に対して低濃度で増殖阻害作用を示す：TRKA変異陽性大腸がん細胞株KM12（IC_{50} = 17 nM），ALK変異陽性未分化大細胞リンパ腫由来細胞株SU-DHL-1（IC_{50} = 20 nM），ALK陽性非小細胞肺がん由来細胞株NCI-H2228（IC_{50} = 68 nM）. ROS1関連発がんドライバーに関しては，本剤の阻害有効濃度（IC_{50} = 5 nM）はCrizotinibのそれよりも約40倍低い. KM12細胞を移植したヌードマウスに対して，本剤を15，30，および60 mg/kgの用量で経口投与（1日2

回，21日間連続）すると，腫瘍増殖阻害が観察される．Ba/F3-TEL-ROS1細胞を移植したSCIDマウスにおいて，1日2回60 mg/kgで10日間連続の投与を実施することで，腫瘍の完全な退縮が観察される．

欧米にて，前治療後に疾患が進行または許容可能な標準治療がないNTRK融合遺伝子陽性の局所進行または遠隔転移を有する成人および小児固形がんに対する使用がすでに承認されている．国内では，2018年12月に中外製薬株式会社が，NTRK融合遺伝子陽性の固形がんを対象としての製造販売承認を申請した．

◇ 注意点

本剤は粘膜や上気道を刺激することがある．吸入，摂取，または皮膚の吸収により有害な場合がある．目，皮膚，または呼吸器系の刺激を引き起こす可能性がある．

参考文献
1）Ardini E, et al：Mol Cancer Ther, 15：628-639, 2016

Sitravatinib

別名：シトラバチニブ

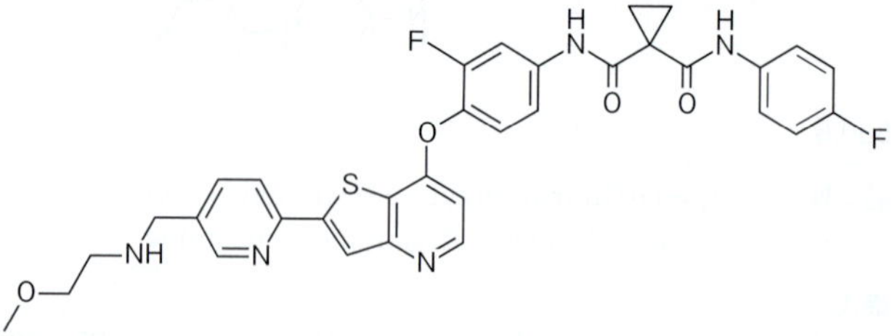

◆ 分子量：629.7

◆ IUPAC名：N-(3-Fluoro-4-{[2-(5-{[(2-methoxyethyl)amino]methyl}-2-pyridinyl)thieno[3,2-b]pyridin-7-yl]oxy}phenyl)-N′-(4-fluorophenyl)-1,1-cyclopropanedicarboxamide

◆ 使用法・購入
溶媒：水には不溶．DMSO(100 mg/mL)，もしくは，エタノール（100 mg/mL）に溶解する
購入先：セレック社（S8573）

◇ 作用機序

本剤は，肉腫を治療ターゲットとしたマルチキナーゼ阻害剤である．作用機序の詳細は現時点では不明である．

◇ 生理機能

各種肉腫由来細胞株の増殖に対して，本剤は以下のようなIC_{50}値を示す：

A673(IC$_{50}$ = 1750 nM)，DDLS(IC$_{50}$ = 340.1)，LS141（IC$_{50}$ = 705.7 nM)，MPNST（IC$_{50}$ = 266 nM)，Saos2（IC$_{50}$ = 1,830 nM)．肉腫由来細胞株（MPNSTおよびLS141）の異種移植実験においては，ImatinibおよびCizotinibと比較して，本剤は有意な腫瘍増殖を示す．

◇注意点

本剤は粘膜や上気道を刺激することがある．吸入，摂取，または皮膚の吸収により有害な場合がある．目，皮膚，または呼吸器系の刺激を引き起こす可能性がある．

参考文献

1）Patwardhan PP, et al：Oncotarget, 7：4093-4109, 2016

第8章
Aktキナーゼシグナル関連薬剤

藤田直也

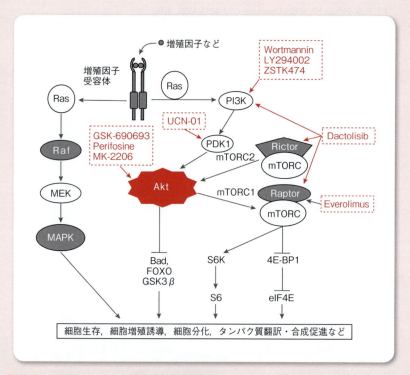

概略図 Aktキナーゼシグナルと関連薬剤

　白血病やリンパ腫を自発的に起こすマウスの系統から単離されたレトロウイルスAKT8にコードされているがん遺伝子（v-*akt*）には細胞内ホモログが存在する．それがAktセリン／スレオニンキナーゼである[1]．Aktは増殖因子受容体の下流に位置し，アポトーシスシグナルと拮抗する生存シグナルを伝達する[2]．

　Aktには，おのおの480，481，479アミノ酸で構成される3種類のアイソフォーム（Akt1, Akt2, Akt3）が存在する．AktはN末端側からプレックストリン相同性ドメイン（PHドメイン），キナーゼドメイン，制御ドメインの3つのドメインにわかれ

る．増殖因子受容体が活性化するとRasの活性化が起こり，PI3Kの活性化が起きる．PI3KはPI（3,4）P_2をリン酸化してPI（3,4,5）P_3を生じさせ，PHドメインをもつAktの膜移行と構造変化を引き起こす．細胞膜近傍へと引き寄せられたAktは，Aktの上流のキナーゼであるPDK1とmTORC2（mTORとRictorなどからなる複合体）により308番目のスレオニン残基と473番目のセリン残基がおのおのリン酸化され活性化する．活性化したAktは，BadやFOXOなどのアポトーシス誘導分子・転写因子や増殖阻害・細胞周期進行阻害にかかわるGSK3βやp27[Kip1]などをリン酸化し[3]，機能阻害を引き起こす．また一方で，タンパク質翻訳にかかわるmTORC1（mTORとRaptorなどからなる複合体）を間接的に活性化することで細胞の生存と増殖を促進する（**概略図**）．

　Aktキナーゼシグナル経路にかかわる分子は，多くのがん腫で活性亢進が認められる．PI3Kの活性化変異や遺伝子増幅は，乳がん・大腸がん・肺扁平上皮がんなどで認められている．PI3Kの逆反応を司るイノシトールリン脂質脱リン酸化酵素PTENも，非常に多くのがんで欠失・変異がみつかっている[4]．さらに，Aktの活性化変異や遺伝子増幅も，乳がん・甲状腺がん・子宮体がん・胃がんなどで報告されている．これら事実は，Aktががん治療の際のよい標的であることを示しており，Aktキナーゼシグナル伝達にかかわるさまざまな分子に対する薬剤開発に結びついている（**概略図**）．

参考文献

1）Staal SP：Proc Natl Acad Sci U S A, 84：5034-5037, 1987
2）Dudek H, et al：Science, 275：661-665, 1997
3）Fujita N, et al：J Biol Chem, 277：28706-28713, 2002
4）Keniry M & Parsons R：Oncogene, 27：5477-5485, 2008

1 Akt関連薬剤

GSK-690693

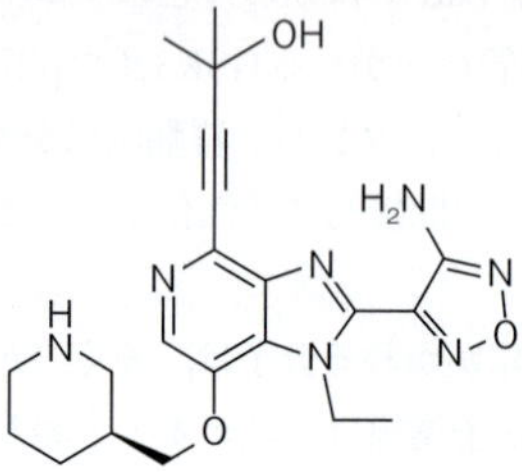

◆**分子量**：425.5

◆**IUPAC名**：4-[2-(4-Amino-1,2,5-oxadiazol-3-yl)-1-ethyl-7-[(3S)-3-piperidi-nylmethoxy]-1H-imidazo[4,5-c]pyridin-4-yl]-2-methyl-3-butyn-2-ol

◆**使用法・購入**
溶媒：DMSO（< 30 mg/mL），水にはほとんど溶けない，粉末で4℃保存
購入先：フナコシ社（CS-0003），シグマ社（SML0428）

◇ 作用機序

　Aktには，Akt1（PKBα），Akt2（PKBβ），Akt3（PKBγ）といった3種類のアイソフォームがあり，おのおの480，481，479アミノ酸で構成されるセリン／スレオニンキナーゼである．Aktを阻害する薬剤としてグラクソスミスクライン社（GSK社）にて化学合成されたGSK-690693は，2008年に論文報告された[1]．GSK-690693はATP競合型のAkt1,2,3すべてを抑制する強力なPan-Akt阻害剤である．おのおのの*in vitro*でのIC$_{50}$ = 2，13，9 nM.

◇ 生理機能

　細胞の生存と死は，生存シグナルとアポトーシスシグナルのバランスにより決定されている．がんなどにおける細胞の異常増殖・不死化においては，アポトーシスシグナルの減少とともに生存シグナルの増強が起きていることが報告されている．PI3K-Akt経路は多くのがんで遺伝子増幅や活性亢進が生じており，PI3K-Akt経路は抗腫瘍薬開発の際の標的分子として注目されている．そこでこのAktを阻害する薬剤として化学合成されたのがGSK-690693である．GSK-690693は末梢T細胞の増殖は抑制しないが，ALLなどのリンパ腫に対して増殖抑制活性とアポトーシス促進活性を示すことが報告されており，Aktの基質であるGSK-3βのリン酸化減少も確認されている[2][3]．

◇注意点

　GSK-690693にはPKA，PKCアイソザイム，AMPKなど別のキナーゼを阻害する活性もあることが報告されている（おのおのの*in vitro*でのIC$_{50}$ = 24，2〜21，50 nM）[3]ため，結果の解釈には慎重を要する.

参考文献
1) Heerding DA, et al：J Med Chem, 51：5663-5679, 2008
2) Levy DS, et al：Blood, 113：1723-1729, 2009
3) Rhodes N, et al：Cancer Res, 68：2366-2374, 2008

Perifosine

別名：ペリフォシン / YHI-1003 / KRX-0401 / D-21266

◆分子量：461.7

◆IUPAC名：4-[[Hydroxy(octadecyloxy)phosphinyl]oxy]-1,1-dimethyl-piperidinium inner salt

◆使用法・購入
溶媒：PBS（100 mM），粉末で4℃保存
購入先：フナコシ社（CS-0209），シグマ社（SML0612）

◇作用機序

　Aktの膜移行と活性化には，PtdIns(3,4,5)P$_3$とAktのPHドメインとの結合が必須である．Perifosineは直接的にはAktのキナーゼ活性を抑制しないが，AktのPHドメインと相互作用することで，Aktの活性化に必須なAktの膜移行を抑制する．膜移行が抑制されると，Aktの308番目のスレオニン残基と473番目のセリン残基のリン酸化が起こらず，Aktのフルな活性化が生じない．PerifosineはKeryx社により合成された合成アルキルリン脂質であるが[1]，構造的にリン脂質と似ていてPtdIns(3,4,5)P$_3$と競合するためにPerifosineはAktの膜移行を抑制すると考えられている[2].

◇生理機能

　PI3Kにより産生されるPI(3,4,5)P$_3$は，PHドメインを有するさまざまな分子を細胞膜近傍へと導くことにより活性化を引き起こす．AktやAktの上流のキナーゼであるPDK1はこのPHドメインを有しており，PI3Kはこれら分子の活性化を通じて細胞の生存・増殖・代謝につながるシグナルを伝達する．Akt阻害剤は，大きく分けてATP競合阻害剤とアロステリック阻害剤に分けることができるが，Perifosineはアロステリック阻害剤に分類され，Aktに対する直接的なキナーゼ阻害効果を示さない.

第8章　Aktキナーゼシグナル関連薬剤

141

そのため，細胞における Akt 阻害活性は $IC_{50} = 4.7\,\mu$M 程度であり，強い Akt 阻害活性は期待できない．なお，Perifosine は神経芽腫や婦人科がんを対象に臨床試験が継続中である．

◇注意点

Perifosine により MAPK の活性も減弱あるいは増強することが報告されていることから[3)][4)]，他の Akt 阻害剤を用いた検証との比較も重要である．

参考文献

1）Patel V, et al：Cancer Res, 62：1401-1409, 2002
2）Kondapaka SB, et al：Mol Cancer Ther, 2：1093-1103, 2003
3）Momota H, et al：Cancer Res, 65：7429-7435, 2005
4）Hideshima T, et al：Blood, 107：4053-4062, 2006

MK-2206

◆**分子量**：480.4

◆**IUPAC名**：8-[4-(1-aminocyclobutyl)phenyl]-9-phenyl-1,2,4-triazolo[3,4-f][1,6]naphthyridin-3(2H)-one,dihydrochloride

◆**使用法・購入**
溶媒：DMSO（＜10 mg/mL），水（＜90 mg/mL），粉末で-20℃保存
購入先：フナコシ社（CS-0002），ナカライテスク社（SYN-1162）

◇作用機序

MK-2206 は，Akt 以外の他のキナーゼ 250 種には阻害効果を示さないとされている非常に特異性の高い Akt 阻害剤である[1)]．MK-2206 は，PH ドメインに弱く結合するアロステリック Akt 阻害剤である．しかし，同じアロステリック Akt 阻害剤である Perifosine とは異なり，Akt キナーゼの阻害も確認されている．MK-2206 は Akt1/2/3 のすべてを抑制する Pan-Akt 阻害剤である（おのおのの *in vitro* での $IC_{50} = 8$，12，65 nM）[2)][3)]．

◇生理機能

増殖因子受容体依存的に活性化した PI3K が産生する PIP3 依存的に Akt は膜移行し，308 番目のスレオニン残基と 473 番目のセリン残基が PDK1 と PDK2（mTORC2,

ILK，DNA-PKなど複数の候補分子がある）によりリン酸化され活性化する．逆に，PP1（protein phosphatase 1）やPP2A（protein phosphatase 2A）はAktの308番目のスレオニンを，PHLPP（PH domain and leucine-rich repeat protein phosphatase）はAktの473番目のセリンを脱リン酸化する．PHLPPにはアイソフォームPHLPP1とPHLPP2が存在し，Aktのアイソフォーム特異的に結合して脱リン酸化すると報告されている[4]．MK-2206は乳がん・肺がんなど幅広いがん腫を対象に併用も含めたさまざまな臨床試験が進行中であることから，その結果に注目したい．

参考文献

1）Yan L：AACR Annual Meeting2009：Abstract Number：DDT01-1, 2009
2）Hirai H, et al：Mol Cancer Ther, 9：1956-1967, 2010
3）Meuillet EJ：Curr Med Chem, 18：2727-2742, 2011
4）Brognard J, et al：Mol Cell, 25：917-931, 2007

2 PI3K関連薬剤

Wortmannin

別名：ウォルトマンニン

◆ **分子量**：428.4

◆ **IUPAC名**：(1S,6bR,9aS,11R,11bR)-1-(Methoxymethyl)-9a,11b-dimethyl-3,6,9-trioxo-1,6,6b,7,8,9,9a,10,11,11b-decahydro-3H-furo[4,3,2-de]indeno[4,5-h]isochromen-11-ylacetate

◆ **使用法・購入**
　溶媒：DMSO（＜85 mg/mL），水とDMSOにはほとんど溶けない，粉末で-20℃保存
　購入先：フナコシ社（AG-CN2-0023），シグマ社（W1628），富士フイルム和光純薬社（230-02341）

◇ 作用機序

　基礎研究で広く使用されているPI3K阻害剤として，WortmanninとLY294002があげられる．Wortmanninは，PI3Kの触媒サブユニットであるp110のATP結合部

第8章　Aktキナーゼシグナル関連薬剤

143

位のリジン残基と共有的に結合することで不可逆的に PI3K を阻害する[1][2]. *in vitro* の細胞アッセイにおいての PI3K 阻害濃度は，$IC_{50} = 3$ nM と報告されている.

◇生理機能

　PI3K は，膜の構成成分であるイノシトールリン脂質のイノシトール環3位のリン酸化にかかわる脂質キナーゼであり，哺乳類において，クラス I A，I B，II，III の4つのサブクラスに分類される．クラス I A PI3K は，触媒サブユニットである3種類のクラス I A p110 と3つの遺伝子から選択的スプライシングによって生じる7種類の制御サブユニットとのヘテロ二量体として存在する．クラス IB PI3K は，触媒サブユニットである p110γ と制御サブユニットである p101，p84 との二量体として存在する．クラス II PI3K は，制御サブユニットのない単量体として存在し，広く発現しているPI3K-C2α と PI3K-C2β，肝特異的に発現している PI3K-C2γ がある．クラス III PI3K はクラス I PI3K に近く，触媒サブユニットである Vps34 と制御サブユニットである Vps15/p150 とのヘテロ二量体として存在する．クラス I PI3K は，PtdIns(3) P，PtdIns(3,4)P$_2$，PtdIns(3,4,5)P$_3$ の産生にかかわる．クラス II PI3K は，PtdIns と PtdIns(4) P に対する基質特異性が高く，PtdIns(3)P と PtdIns(3,4)P$_2$ を主に産生する．クラス III PI3K は，PtdIns(3)P のみ産生し，オートファジーとの関連からも近年大きな注目を集めている．オートファジーは PI3K により制御されていることから，Wortmannin はオートファゴソーム形成阻害剤（$IC_{50} = 30$ nM 程度）としても汎用されている[3]．Wortmannin は PI3K 以外に DNA-PK/ATM も阻害することが知られている（$IC_{50} = 150$ nM 程度）[4]ため，PI3K 阻害に伴う効果であることを確認するためには，LY294002 を用いた阻害効果との比較確認をすることが望ましい.

参考文献

1）Yano H, et al：J Biol Chem, 268：25846-25856, 1993
2）Arcaro A & Wymann MP：Biochem J, 296（Pt 2）：297-301, 1993
3）Blommaart EF, et al：Eur J Biochem, 243：240-246, 1997
4）Sarkaria JN, et al：Cancer Res, 58：4375-4382, 1998

LY294002

◆分子量：307.4

◆IUPAC名：2-(4-Morpholinyl)-8-phenyl-4H-1-benzopyran-4-one

◆使用法・購入

溶媒：DMSO（< 30 mg/mL），PBS（< 50 μg/mL），粉末で-20℃保存

購入先：フナコシ社（70920），ナカライテスク社（20074-14），富士フイルム和光純薬社（129-04861）．negative controlとして，LY303511〔フナコシ社（15514），ナカライテスク社（53465-61）〕も汎用される

◇作用機序

PI3Kを阻害する薬剤として化学合成されたLY294002は，PI3Kの触媒サブユニットであるp110のATP結合部位においてATPと競合する可逆的PI3K阻害剤である．細胞透過性があり，培養細胞への添加の系では，IC_{50}値にして1～50μMの範囲でPI3Kを阻害し，PIP3の産生を抑制する．その結果として，Aktの膜移行と活性化が抑制される[1][2]．

◇生理機能

PI3Kは，膜の構成成分であるイノシトールリン脂質のイノシトール環3位のリン酸化にかかわる脂質キナーゼである．PI3Kの触媒サブユニットであるp110αのヘリカルドメインにおける変異（E545KとE542K）とキナーゼドメインにおける変異（H1047R）が乳がんなどで高頻度に認められることから，PI3Kの恒常的活性型変異もがん化に関与していることが示唆されている．また，PI3Kの負の制御因子は，がん抑制遺伝子として同定されていたPTENである．PTENはPI3Kの逆反応を司るイノシトールリン脂質脱リン酸化酵素である．野生型のPTENを欠失あるいは変異した細胞ではAkt活性が高く保たれており，それが細胞のがん化を促進する．野生型PTENはタンパク質の脱リン酸化活性も有する．しかし，タンパク質脱リン酸化活性にはほとんど変化が無いがイノシトールリン脂質脱リン酸化活性のみが減弱したPTEN変異ががんで見つかっていることから，がん抑制遺伝子としての機能にはイノシトールリン脂質脱リン酸化活性が重要であることが示唆されている．

◇注意点

LY294002はPKC，PKA，MAPK，EGFRなどは阻害しないが，Pim-1キナーゼやカゼインキナーゼ2（CK2）を抑制することが報告されている[3][4]．そのため，LY294002とは阻害スペクトラムの異なるPI3K阻害剤Wortmanninを用いてPI3K阻害効果の検証を実施することが望ましい．また，LY294002と構造が類似しているにもかかわらずPI3K阻害活性を示さないLY303511をnegative controlとして実験に用いることも推奨される[5]．

参考文献

1）Sato S, et al：Proc Natl Acad Sci U S A, 97：10832-10837, 2000

2）Vlahos CJ, et al：J Biol Chem, 269：5241-5248, 1994

3）Jacobs MD, et al：J Biol Chem, 280：13728-13734, 2005

4）Davies SP, et al：Biochem J, 351：95-105, 2000

5）Ding J, et al：J Biol Chem, 270：11684-11691, 1995

ZSTK474

◆**分子量**：417.4

◆**IUPAC名**：1-[4,6-bis(morpholin-4-yl)-1,3,5-triazin-2-yl]-2-(difluoromethyl)-1H-1,3-benzodiazole

◆**使用法・購入**
溶媒：DMSO（＜20 mg/mL），水（＜1 mg/mL），粉末で-20℃保存
購入先：フナコシ社（CS-0083）

◇ 作用機序

ZSTK474は，全薬工業社が合成した抗腫瘍薬である．しかし長らくその抗腫瘍活性にかかわる分子標的が不明であった．そのため，がん研究会の39種類の細胞パネル（JFCR39）にてZSTK474の評価が実施され，その標的がPI3Kであることが明らかになった[1]．ZSTK474はクラスⅠPI3Kの触媒サブユニットであるp110のATP結合部位に結合するATP競合型の可逆的Pan-Class I PI3K阻害剤であり[2]，クラスⅡPI3KとクラスⅢPI3Kは抑制しない[3]．また，mTORを含む他のキナーゼに対する抑制活性は認められていない[1]．in vitroだけでなくin vivoにおいてもPI3K阻害に伴うAktリン酸化レベルの減少が確認されており，これがバイオマーカーになりうることが示唆されている[1]．

◇ 生理機能

ZSTK474は，JFCR39を用いた作用メカニズム解析にてLY294002との類似性からPI3K阻害活性が見出された阻害剤である[1]．そのため，LY294002同様に基礎研究レベルでのPI3K阻害（Aktキナーゼシグナル系の遮断という意味でも）を細胞で検証することに適している．さらに，担がんマウスモデル系でも経口投与で腫瘍効果が確認されているだけでなく，毒性が軽微であるため，さまざまな基礎研究で活用可能である．PI3K経路は血管新生にもかかわっているため[4]，ZSTK474には血管新生阻害作用も見出されている[5]．

参考文献

1）Yaguchi S, et al：J Natl Cancer Inst, 98：545-556, 2006
2）Kong D & Yamori T：Cancer Sci, 98：1638-1642, 2007
3）Kong D, et al：Eur J Cancer, 46：1111-1121, 2010
4）Nakashio A, et al：Int J Cancer, 98：36-41, 2002
5）Kong D, et al：Eur J Cancer, 45：857-865, 2009

3 PDK1 関連薬剤

UCN-01

別名：7-hydroxystaurosporine

◆**分子量**：482.5

◆**IUPAC名**：(3R,9S,10R,11R,13R)-2,3,10,11,12,13-hexahydro-3-hydroxy-10-methoxy-9-methyl-11-(methylamino)-9,13-epoxy-1H,9H-diindolo[1,2,3-gh:3′,2′,1′-lm]pyrrolo[3,4-j][1,7]benzodiazonin-1-one

◆**使用法・購入**
溶媒：DMSO（＜5 mg/mL），粉末で4℃保存
購入先：フナコシ社（18130），メルク社（539644），シグマ社（U6508）

◇ **作用機序**

　PKCは発がんを促進するTPAなどにより活性化されることから，PKC選択的な阻害剤を見出すために微生物産物のスクリーニングが協和発酵社（現在の協和発酵キリン社）で過去に行われた．スクリーニングの結果，Staurosporineとその7位の炭素に水酸基が結合したUCN-01が見出された．StaurosporineとUCN-01のPKC阻害活性はIC$_{50}$値にしておのおの2.7 nMと4.1 nMであった[1]．その後，佐藤らはAkt阻害物質をスクリーニングする過程で，UCN-01とStaurosporineにAktの308番目のリン酸化を阻害する活性があることを見出した[2]．構造の異なるPKCの特異的阻害剤であるCalphostin CではAktのリン酸化レベルの変化が起きなかったことから，UCN-01とStaurosporineはPKC阻害とは異なる経路でAkt阻害を引き起こしていることが示唆された．標的分子の同定を進めた結果，UCN-01にはAktの上流のキナーゼPDK1を阻害していることが見出された（IC$_{50}$ = 33 nM）[2][3]．共結晶構造解析の結果から，UCN-01はPDK1のATP結合部位にはまり込むことでPDK1のキナーゼ活性を阻害していることが明らかになっている[4]．

◇ **生理機能**

　AktはPI3Kが産生するPIP3依存的に膜移行し，そこでPDK1（3-phosphoinositide-dependent kinase-1）など上流のキナーゼにより，308番目のスレオニ

ン残基と473番目のセリン残基がリン酸化を受けることにより活性化する. 473番目のセリン残基をリン酸化するキナーゼはPDK2とよばれており，複数存在する可能性が示唆されている. PDK2の第一候補はmTORC2（mTORとRictorなどからなる複合体）であるが，他にもILKやDNA-PKなどもAktの473番目のセリン残基をリン酸化する可能性が報告されている. 一方，308番目のスレオニン残基をリン酸化するキナーゼはPDK1のみであり，その点からもPDK1阻害剤はAktシグナル伝達を効率的に抑制するものと予想されている.

◇注意点

UCN-01にはChk1阻害活性があることも知られているため，結果の解釈には慎重を要する[5].

参考文献

1) Takahashi I, et al：J Antibiot (Tokyo), 40：1782-1784, 1987
2) Sato S, et al：Oncogene, 21：1727-1738, 2002
3) Tsuruo T, et al：Cancer Sci, 94：15-21, 2003
4) Komander D, et al：Biochem J, 375：255-262, 2003
5) Graves PR, et al：J Biol Chem, 275：5600-5605, 2000

4 PI3K/mTOR阻害剤

Dactolisib

別名：ダクトリシブ / BEZ235 / NVP-BEZ235

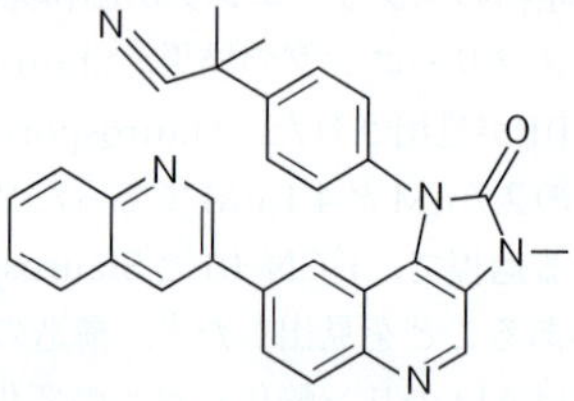

◆分子量：469.5

◆IUPAC名：2-Methyl-2-{4-[3-methyl-2-oxo-8-(quinolin-3-yl)-2,3-dihydro-1H-imidaz o[4,5-c]quinolin-1-yl]phenyl}propanenitrile

◆使用法・購入
溶媒：DMF（＜18 mg/mL），水とDMSOにはほとんど溶けない，粉末で-20℃保存
購入先：フナコシ社（AG-CR1-3633），セレック社（S1009）

◇ 作用機序

Dactolisibは，イミダゾ［4,5-c］キノリン誘導体であり，PI3KとmTORを同時に阻害するATP競合型の阻害剤である．*in vitro*でのIC$_{50}$は，PI3Kに対しては4 nMであり，mTORに対しては5〜75 nMと報告されている[1]．PI3Kのp110活性サブユニットとmTORは類似構造をとることが知られており，DactolisibのようなPI3KとmTORを同時に阻害する阻害剤は，p110活性サブユニットのα，β，δに加え，mTORC1とmTORC2を同時に阻害できる[2]．その結果，DactolisibはPI3Kだけでなくその下流のキナーゼであるAktの活性化に必須な473番目のセリン残基をリン酸化するmTORC2をも阻害することで，Aktキナーゼシグナルを強力に阻害する．さらに，Aktの下流に位置するmTORC1を阻害することで，Aktのタンパク質翻訳にかかわるシグナル伝達を遮断する．

◇ 生理機能

増殖因子レセプター下流に位置するPI3Kは，PtdIns(3,4,5)P$_3$を産生することで，PHドメインをもったさまざまな分子を細胞膜近傍へと導き活性化するため，PI3KはAktキナーゼシグナルの制御に主要な役割を果たしている．またmTORとRictorなどからなる複合体mTORC2はAktの473番目のセリン残基をリン酸化し，Aktキナーゼ活性を上昇させる．そのため，PI3KとmTORを同時に阻害するDactolisibをはじめとするPI3K/mTOR同時阻害薬は，Aktキナーゼシグナルの強い抑制をもたらす．特筆すべきことは，Dactolisibがタンパク質翻訳にかかわるmTORC1（mTORとRaptorなどからなる複合体）をも抑制することである．mTORC1のみを抑制しmTORC2を抑制しないEverolimusなどは，抗腫瘍効果は示すがその効果は弱いとされている．それは，mTORC1を阻害することで生じるAktキナーゼシグナルのネガティブフィードバックループの解除とその結果生じるAkt再活性化のためである．つまり，Dactolisibの強い抗腫瘍効果は，mTORC1とmTORC2の同時阻害によりもたらされている[2]．

◇ 注意点

DactolisibはATRに対する阻害活性もあることが報告されている[3]．

参考文献

1）Maira SM, et al：Mol Cancer Ther, 7：1851-1863, 2008
2）Garcia-Echeverria C & Sellers WR：Oncogene, 27：5511-5526, 2008
3）Toledo LI, et al：Nat Struct Mol Biol, 18：721-727, 2011

5 mTOR阻害剤/Akt活性化剤

Everolimus

別名：エベロリムス / Afinitor / RAD001

◆**分子量**：958.2

◆**IUPAC名**：(1R,9S,12S,15R,16E,18R,19R,21R,23S,24E,26E,28E,30S,32S,35R)-1,18-dihydroxy-12-{(1R)-2-[(1S,3R,4R)-4-(2-hydroxyethoxy)-3-methoxycyclohexyl]-1-methylethyl}-19,30-dimethoxy-15,17,21,23,29,35-hexamethyl-11,36-dioxa-4-aza-tricyclo[30.3.1.04,9]-hexatriaconta-16,24,26,28-tetraene-2,3,10,14,20-pentaone

◆**使用法・購入**
溶媒：DMSO（＜10 mg/mL），DMF（＜20 mg/mL），粉末で-20℃保存
購入先：フナコシ社（11597），富士フイルム和光純薬社（058-09141）

◇作用機序

　Everolimusは，免疫抑制剤であるRapamycinの誘導体として，1992年にノバルティス社で合成されたマクロライド系の化合物である[1]．細胞内に豊富に存在するタンパク質FKBP-12と複合体を形成し，その複合体がmTORに結合することで増殖シグナル伝達を抑制する．その結果として，T細胞・B細胞・血管平滑筋などの増殖を阻害する．Rapamycinにおいては，FKBP-12と結合した後にmTORのFRBドメイン（FKBP-12-Rapamycin binding domain）とも結合することで3者の安定な複合体が形成され，リン酸化される基質のmTORへのアクセスがFKBP-12により立体障害を受けると報告されている[2]．そのため，Rapamycinやその誘導体であるEverolimusのmTOR阻害効果は，mTORの基質に依存し，特にmTORC1（mTORとRaptorなどからなる複合体）の重要な基質であるp70[S6K]（S6K1）を強く抑制する．一方で，mTORC2（mTORとRictorなどからなる複合体）は阻害しないため，EverolimusはmTORC1特異的阻害剤とも称される．mTORC1と下流のS6K1は，増殖因

150　　Everolimus

子レセプター自身あるいはその下流のIRS1/2などの活性を負に制御するネガティブフィードバックループを形成している．そのため，Everolimus が mTORC1 を阻害すると，ネガティブフィードバックループが解除され，増殖因子レセプター下流の Akt キナーゼシグナル系が活性化する．特に，Akt の活性化に必須な473番目のセリン残基のリン酸化にかかわる mTORC2 を Everolimus が抑制しないこともあり，Everolimus は Akt キナーゼの再活性化を引き起こす．この再活性化が Everolimus の抗腫瘍効果が弱い原因と考えられている[3]．

◇ 生理機能

Everolimus は，日本では2010年にまず腎細胞がんの治療薬として認可されアフィニトールという名称で販売されているが，免疫抑制剤としてはサーティカンという名称で販売されている．各薬剤中の Everolimus の用量は大きく異なり，アフィニトールはサーティカンの10倍程度の用量を含む錠剤となっている．なお，Everolimus 治療中に耐性となった甲状腺がんの症例から，mTOR の FRB ドメイン中に変異がある mTOR^{F2108L} が見出されている[4]．この変異は MCF-7 乳がん細胞に Rapamycin を持続的に作用させることで樹立した耐性細胞中に見出された耐性細胞のうちの1つの変異としても見出されている[3]．上述のように，Everolimus はすでに臨床で用いられており[4]，mTOR 阻害剤としての活性は確立されている．

◇ 注意点

mTOR を含む複合体が2種類（mTORC1 と mTORC2）あること，さらに Rapamycin の長期処理は mTORC2 をも抑制するとの報告があることから[5]，Everolimus を用いた結果の解釈には難しい点がある．

参考文献

1）Sedran R, et al：Transplant Proc, 30：2192-2194, 1998
2）Aylett CH, et al：Science, 351：48-52, 2016
3）Rodrik-Outmezguine VS, et al：Nature, 534：272-276, 2016
4）Wagle N, et al：N Engl J Med, 371：1426-1433, 2014
5）Sarbassov DD, et al：Mol Cell, 22：159-168, 2006

第9章
プロテインホスファターゼ関連薬剤

金野　祐，村田陽二

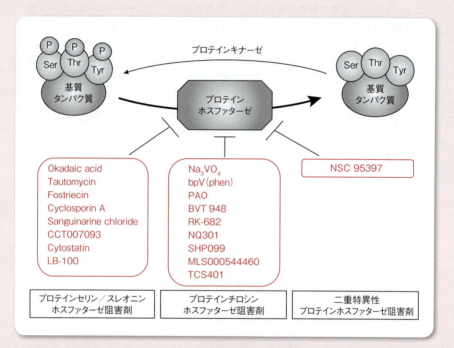

概略図　プロテインホスファターゼ関連薬剤の作用機構

　プロテインホスファターゼは，タンパク質の脱リン酸化反応を触媒する酵素であり，タンパク質のリン酸化セリン／スレオニン残基に作用するプロテインセリン／スレオニンホスファターゼ（PP）と，リン酸化チロシン残基に作用するプロテインチロシンホスファターゼ（PTP）に大別される．またPTPのなかにはPPの性質を併せもつ二重特異性プロテインホスファターゼも知られており，ヒトでは約140種類のプロテインホスファターゼ遺伝子が存在する．プロテインホスファターゼは，タンパク質のセリン／スレオニン／チロシン残基へのリン酸化反応を触媒するプロテインキナーゼとともに細胞内シグナル伝達の活性を厳密に制御しており，その活性化・不活

性化を通して生体のさまざまな生理機能（細胞増殖や分化，細胞死，糖代謝，平滑筋弛緩など）を調節する．

PPは，ヒトではおよそ30種類存在し，大きくPPP（phosphoprotein phosphatase），PPM（metal-dependent protein phosphatase, PP2C），FCP/SCP（TFⅡF-associating Component of RNA polymerase Ⅱ small C-terminal domain phosphatase /small C-terminal domain phosphatase）の3つのファミリーに分類できる[1]．またPPPファミリーにはさらにPPP1（PP1），PPP2/4/6（PP2A），PPP3（PP2B/カルシニューリン），PPP5（PP5）の4つのサブファミリーが含まれる．

一方PTPは，触媒領域のアミノ酸配列をもとに4つのファミリー（クラス1-4）に大別される[2][3]．ヒトでは107種類のPTPのうち，99種類（TC-TP, SHP2, PTP1B, Lar, CD45, PTPβ, DSP4, MKP-1, VHRなど）がクラス1に分類され，その触媒領域の相同性やさまざまな機能を付加するドメイン構造の有無により，さらに古典的PTP（38種類）および二重特異性プロテインホスファターゼ（61種類）のサブファミリーに分かれる．また，古典的PTPは分子内の膜貫通型領域の有無から細胞質型もしくは受容体型PTPへとも分けられている．クラス2にはLMW-PTP，クラス3にはCdc25A, B, C（リン酸化チロシン以外にもリン酸化スレオニンの脱リン酸化も担う），クラス4には転写因子であるEYA1-4（EYAs）のPTPが分類されている．PTPとしてリン酸化チロシンの脱リン酸化を担う活性中心がクラス1から3ではシステイン残基となり，クラス4ではアスパラギン酸残基となる．

これらプロテインホスファターゼに対する阻害剤は，対象となる酵素の触媒領域などに可逆的または不可逆的に結合することで，その機能を阻害する．また，阻害剤の中には，免疫抑制剤としての有効性を示し，臨床薬として用いられているものもある．

本章では，数あるプロテインホスファターゼ阻害剤のなかから，解析への有用性が高いPP阻害剤（Okadaic acid, Tautomycin, Fostriecin, Cyclosporin A, Sanguinarine chloride, CCT007093, Cytostatin, LB-100），PTP阻害剤〔Sodium orthovanadate（Na_3VO_4），bpV（phen），Phenylarsine oxide（PAO），BVT948, RK-682, NQ301, SHP099, MLS000544460, TCS401〕，および二重特異性プロテインホスファターゼとしての特徴を持つCdc25の選択的阻害剤（NSC 95397）について紹介し，各阻害剤の作用機序と生理機能について概説する（概略図）．

参考文献

1）Shi Y：Cell, 139：468-484, 2009

2）Julien SG, et al：Nat Rev Cancer, 11：35-49, 2011

3）Alonso A, et al：Cell, 117：699-711, 2004

Okadaic acid

別名：オカダ酸 / OA

◆**分子量**：805.0

◆**IUPAC名**：(2R)-3-[(2S,6R,8S,11R)-2-[(E,2R)-4-[(2S,2'R,4R,4aS,6R,8aR)-4-hydroxy-2-[(1S,3S)-1-hyroxy-3-[(2S,3R,6S)-3-methyl-1,7-dioxaspiro[5.5]undecan-2-yl]butyl]-3-methylidenespiro[4a,7,8,8a-tetrahydro-4H-pyrano[3,2-b]pyran-6,5'-oxolane]-2'-yl]but-3-en-2-yl]-11-hydroxy-4-methyl-1,7-dioxaspiro[5.5]undec-4-en-8-yl]-2-hydroxy-2-methylpropanoic acid

◆**使用法・購入**

溶媒：DMSO，エタノール（いずれも＜ 20 mg/mL，-20℃保存）

使用条件：細胞培養用培地に添加する場合，0.002 ～ 1 μM．動物個体への投与の場合，0.08 ～ 2 mg/kg

購入先：メルク社（495604），シグマ社（O9381），アブカム社（ab120375），ケイマン社（10011490）

◇ 作用機序

プロテインセリン／スレオニンホスファターゼ 1（PP1）および PP2A に対する阻害剤として良く用いられており，PP1，PP2A の触媒サブユニットに結合して両酵素の活性を阻害する（IC_{50} = PP1：15 ～ 50 nM，PP2A：0.1 ～ 0.3 nM）.

◇ 生理機能

高濃度では Ca^{2+} 非依存的な血管および腸管平滑筋の収縮を誘導する[1]．一方，低濃度では平滑筋収縮を抑制する活性を示す．細胞周期を G0/G1 期の状態にしたハムスターやヒト線維芽細胞では，がん抑制遺伝子 Rb および MAPK のリン酸化の亢進と共に S 期への細胞周期の進行を促進する[2]．また，ERK1/2，MEK1/2，p70S6K などの活性化や Tau のリン酸化の亢進を引き起こし，*in vitro* および *in vivo* において神経細胞の細胞死を誘導する[3]．DMBA をイニシエーターとしたマウス皮膚での二段階発がんモデルにおいて，強力な発がんプロモーターとして作用する[4]．

◇ 注意点

PP1 や PP2A 以外にも PP4（IC_{50} = 0.1 nM），PP5（IC_{50} = 3.5 nM），および PP6 に対して阻害活性を示し，また，高濃度では PP2B も阻害する[4] [5]．

参考文献

1）Shibata S, et al：J Pharmacol Exp Ther, 223：35-43, 1982

2）Afshari CA & Barrette JC：Cancer Res, 54：2317-2321, 1994

3）Medina M, et al：Mar Drugs, 11：1656-1668, 2013

4）Suganuma M, et al：Proc Natl Acad Sci U S A, 85：1768-1771, 1988

5）Swingle M, et al：Methods Mol Biol, 365：23-38, 2007

Tautomycin

別名：トウトマイシン / TM

◆**分子量**：767.0

◆**IUPAC名**：[(3R,4R,5R,8S,9S,12R)-12-[(2S,3S,6R,8S,9R)-3,9-dimethyl-8-[(3S)-3-methyl-4-oxopentyl]-1,7-dioxaspiro[5.5]undecan-2-yl]-5,9-dihydroxy-4-methoxy-2,8-dimethyl-7-oxotridecan-3-yl] (3R)-3-hydroxy-3-(4-methyl-2,5-dioxofuran-3-yl)propanoate

◆**使用法・購入**

溶媒：クロロホルム，エタノール，またはメタノール（いずれも1 mM，-20℃保存）

使用条件：細胞培養用培地に添加する場合，0.1～10 μM

購入先：メルク社（580551），富士フイルム和光純薬社（209-12041），サンタクルズ社（sc-200587）

◇ 作用機序

プロテインセリン／スレオニンホスファターゼ1（PP1）およびPP2Aに対する阻害剤として良く用いられており，前項のOkadaic acidと同様にPP1，PP2Aの触媒サブユニットの活性中心付近に結合して阻害作用を示す．またPP2よりもPP1に対してより低濃度で阻害効果を示す．さらに，TMと構造的に類似したTautomycetin（トウトマイセチン，TC）は，PP1をより選択的に阻害する（TM：IC_{50} = PP1：0.23～22 nM，PP2A：0.94～32 nM／TC：IC_{50} = PP1：1.6 nM，PP2A：62 nM）.

◇ 生理機能

Ca^{2+}非依存的に平滑筋の収縮を促進する作用を示す[1]．ヒトT細胞性白血病由来Jurkat細胞において，細胞死を誘導する[2]．ヒトケラチノサイトHaCaT細胞において，PP1からなるミオシンホスファターゼを阻害することで細胞増殖や細胞運動を抑制する一方で，細胞間接着を高める[3]．さらに，マウスへの投与によりPP1を抑制し，皮膚での創傷治癒の減弱をもたらす[3]．また，PP1をより選択的に阻害するTCは，アフリカミドリザル腎由来COS-7細胞においてPP1によるRaf-1の活性化を阻害し，Raf-1によるERKの活性化を抑制する[4]．

◇ 注意点

　TM は，PP1 および PP2A 以外にも PP4（IC_{50} = 0.5 nM），PP5（IC_{50} = 10 nM）に対しても阻害活性を示し，高濃度では PP2B も阻害する[5].

参考文献

1）Hori M, et al：FEBS Lett, 285：145-148, 1991
2）Kawamura T, et al：Biochem. Pharmacol, 55：995-1003, 1998
3）Horváth, D. et al：Biochim Biophys Acta, 1864：3268-3280, 2018
4）Mitsuhashi, S. et al：J Biol Chem, 278：82-88, 2003
5）Swingle, M. et al：Methods Mol Biol, 365：23-38, 2007

Fostriecin

別名：ホストリエシン / FST

◆ **分子量**：452.4

◆ **IUPAC名**：[(1E,3R,4R,6R,7Z,9Z,11E)-3,6,13-trihydroxy-3-methyl-1-[(2R)-6-oxo-2,3-dihydropyran-2-yl]trideca-1,7,9,11-tetraen-4-yl] dihydrogen phosphate

◆ **使用法・購入**
　溶媒：ミリ Q 水（< 50 mg/mL，-20℃保存），メタノールまたはエタノール（< 10 mg/mL，-20℃保存）
　使用条件：細胞培養用培地に添加する場合，0.1 ～ 10 μM. 動物個体への投与の場合，8.8 ～ 48 mg/kg
　購入先：メルク社（344280），シグマ社（F4425），サンタクルズ社（sc-202160），Tocris 社（1840）

◇ 作用機序

　プロテインセリン／スレオニンホスファターゼ 2A（PP2A）に対する阻害剤として良く用いられており，PP2A の触媒サブユニットの活性中心付近（前項の Okadaic acid とは異なる領域）に結合し，PP2A による基質の脱リン酸化を阻害する（IC_{50} = PP2A：1.5 ～ 5.5 nM）.

◇ 生理機能

　シリアンハムスター腎臓由来 BHK 細胞では，中間径フィラメントタンパク質ビメンチンのリン酸化を亢進させ，中間径フィラメントの再編成を誘導して細胞の形態変化を引き起こす[1]. チャイニーズハムスター卵巣由来 CHO 細胞では，PP2A を阻害し，中心体や紡錘体の形成異常，G2/M 期での細胞周期の停止を誘導することで，細

胞増殖を抑制すると考えられている[2]．また，PP2Aを不活性化しラット小脳におけるプルキンエ細胞と顆粒細胞間の長期的なシナプス伝達効率の低下である長期抑制を誘導する[3]．

◇注意点

PP2A以外にもPP4（IC_{50}＝3.0 nM）に対して阻害活性を示し，高濃度ではPP1とPP5も阻害する[4]．実際，PP4を阻害することで，細胞分裂異常を引き起こすことが報告されている[5]．また，*in vitro*では，DNAトポイソメラーゼⅡの阻害活性をもつことが報告されている．

参考文献

1）Ho DT & Roberge M：Carcinogenesis, 17：967-972, 1996
2）Cheng A, et al：Cancer Res, 58：3611-3619, 1998
3）Launey T, et al：Proc Natl Acad Sci U S A, 101：676-681, 2004
4）Swingle M, et al：Methods Mol Biol, 365：23-38, 2007
5）Theobald B, et al：Mol Cancer Res, 11：845-855, 2013

Cyclosporin A

別名：シクロスポリンA／CsA

◆**分子量**：1202.6

◆**IUPAC名**：（3S,6S,9S,12R,15S,18S,21S,24S,30S,33S）-30-ethyl-33-[（E,1R,2R）-1-hydroxy-2-methyl-4-enyl]- 1,4,7,10,12,15,19,25,28-nonamethyl-6,9,18,24-tetrakis（2-methylpropyl）-3,21-dipropan-2-yl,1,4,7,10,13,16,19,22,25,28,31-undecaazacyclotritriacontane-2,5,8,11,14,17,20,23,26,29,32-undecone

◆**使用法・購入**

溶媒：メタノール，エタノール（いずれも＜30 mg/mL，-20℃保存）
使用条件：細胞培養用培地に添加する場合，80 nM～100 μM．動物個体への投与の場

合，1〜10 mg/kg
購入先：メルク社（239835），シグマ社（C1832），東京化成工業社（C2408），アブカム社（ab120114）

◇作用機序

　プロテインセリン／スレオニンホスファターゼ2B（PP2B）であるカルシニューリンを選択的に阻害する．PP2Bは触媒サブユニットと調節サブユニットから構成される二量体酵素であり，Ca^{2+}／カルモジュリンと複合体を形成することで活性化する．CsAは，細胞内のイムノフィリンと結合し，さらにPP2Bの触媒サブユニットと調節サブユニットに結合して触媒部位の立体構造を障害することで，その活性を阻害する（IC_{50} = PP2B：9 nM）．

◇生理機能

　PP2Bによる転写因子NF-ATの脱リン酸化を抑制し，T細胞受容体を介したT細胞の活性化を阻害する[1][2]．海馬や大脳皮質におけるAMPA受容体依存性の長期抑圧（LTD）には，シナプス後部でのPP2Bを介したPP1によるCaMKIIの脱リン酸化が重要であることが知られており，CsA処理を行ったラット海馬スライスではPP2Bの活性が抑制されLTDの発現阻害が生じる[3]．また，マウスでは，精子特異的なカルシニューリンを阻害し，精子が卵子透明帯を通過する能力を失い，不妊となる[4]．本阻害剤は，T細胞の活性化を抑制することから，臓器移植や骨髄移植における拒絶反応，また，自己免疫疾患に対する薬剤として用いられている．

◇注意点

　ヒト大腸がん由来Caco2細胞およびヒト食道がん由来OE19およびOE33細胞では，細胞増殖抑制効果を示す．一方で，マウス内皮細胞の細胞増殖や細胞運動を促進するとともに，マウスメラノーマ由来B16F10細胞を皮下移植したマウスでは，腫瘍の成長を促進することが認められている[5]．これらの作用は，CsAと同様にPP2Bを阻害するFK506（タクロリムス）では確認できないことから，CsAのオフターゲットによるものであると考えられている[5]．

参考文献

1）Liu J, et al：Cell, 66：807-815, 1991
2）Clipstone NA & Crabtree GR：Nature, 357：695-697, 1992
3）Mulkey RM, et al：Nature, 369：486-488, 1994
4）Miyata H, et al：Science, 350：442-445, 2015
5）Zhou AY, et al：Mol. Cancer Res, 11：1663-1676, 2014

Sanguinarine chloride

◆**分子量**：367.8

◆**IUPAC名**：24-methyl-5,7,18,20-tetraoxa-24-azoniahexacyclo[11.11.0.02, 10.04,8.014,22.017,21]tetracosa-1(24),2,4(8),9,11,13,15,17(21),22-nonaene;chloride

◆**使用法・購入**
溶媒：メタノール，DMSO（いずれも＜10 mM，-20℃保存）
使用条件：細胞培養用培地に添加する場合，0.2～10 μM．動物個体への投与の場合，0.25～5 mg/kg
購入先：シグマ社（S5890），サンタクルズ社（sc-202800），Tocris社（2302），アブカム社（ab141022），ケイマン社（16951）

◇作用機序

プロテインセリン／スレオニンホスファターゼであるPP2Cの阻害剤であり，PP2Cの活性中心に結合し，基質の脱リン酸化を阻害すると考えられている（IC_{50} = 2.5 μM）[1]．

◇生理機能

ヒト骨髄性白血病由来HL60細胞では，p38 MAPKおよびカスパーゼカスケードを活性化し，細胞死を誘導する[1]．また，PPM1A（PP2Cファミリーの一つ）を阻害することで，結核菌感染時のヒト由来マクロファージにおけるJNKの活性化を増強する[2]．他のPPに対する阻害活性は，それぞれPP1：IC_{50} = 43 μM，PP2A：IC_{50} > 100 μM，PP2B：IC_{50} = 77 μMである．PP2Cに対する阻害効果が関与するかは不明であるが，抗菌作用，抗酸化作用，抗炎症作用や抗腫瘍作用などを誘導することも報告されている．

◇注意点

PP2C以外にも細胞質型プロテインチロシンホスファターゼであるPTP1B（IC_{50} = 1.4μM），二重特異性プロテインホスファターゼであるMKP-1（IC_{50} = 10μM）を阻害することが報告されている[3][4]．さらに，*in vitro*においては，cAMP依存プロテインキナーゼ，モノアミン酸化酵素，Na^+/K^+-ATPアーゼなども阻害する．

参考文献

1）Aburai N, et al：Biosci Biotechnol Biochem, 74：548-552, 2010
2）Schaaf K, et al：Sci Rep, 7：42101, 2017
3）Zeder-Lutz G, et al：Anal Biochem, 421：417-427, 2012
4）Vogt A, et al：J Biol Chem, 280：19078-19086, 2005

第9章 プロテインホスファターゼ関連薬剤

159

CCT007093

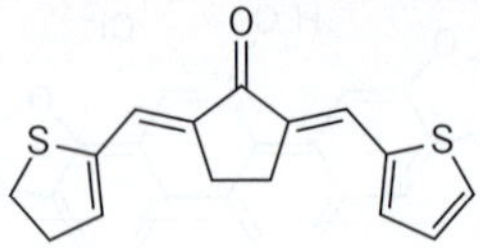

◆**分子量**：272.4

◆**IUPAC名**：(2E,5E)-2,5-bis(thiophen-2-ylmethylidene)cyclopentan-1-one

◆**使用法・購入**
溶媒：DMSO（＜1 mg/mL，-20℃保存）
使用条件：細胞培養用培地に添加する場合，0.1〜50 μM．動物個体への投与の場合，〜2.5 mg/kg
購入先：サンタクルズ社（sc-214673），メルク社（529578），シグマ社（C9369），ケイマン社（19992）

◇ 作用機序

プロテインセリン／スレオニンホスファターゼであるPP2Cの中でもPP2Cδ（PPM1D，Wip1）に不可逆的に結合することで，基質の脱リン酸化を選択的に阻害すると考えられている（IC_{50} = 8.4 μM）[1].

◇ 生理機能

ヒト乳がん由来MCF-7，MCF-3B，KPL-1細胞では，PP2Cδを阻害することで，p38 MAPK活性化に依存した細胞死を誘導する[1].マウス個体においては，PP2Cδの阻害によりmTORC1の活性化を誘導し，造血幹細胞の中でもCD150強陽性CD48陰性の幹細胞の形成を促進することが報告されている[2].

◇ 注意点

マウス皮膚由来ケラチノサイトでは，CCT007093によりUV照射によるアポトーシスの抑制が認められるが，その抑制効果はPP2Cδを欠損したケラチノサイトでも認められることから，PP2Cδ以外に作用するCCT007093のオフターゲットが報告されている[3].

参考文献
1）Rayter S, et al：Oncogene, 27：1036-1044, 2008
2）Chen Z et al：Nat Commun, 6：6808, 2015
3）Lee JS et al：J Dermatol Sci, 73：125-134, 2014

Cytostatin

◆**分子量**：428.5

◆**IUPAC名**：[(8E,10E,12E)-7-hydroxy-6-methyl-2-(3-methyl-6-oxo-2,3-dihydropyran-2-yl)tetradeca-8,10,12-trien-5-yl] dihydrogen phosphate

◆**使用法・購入**

溶媒：メタノール，クロロホルム，DMSO，および酢酸エチルに可溶（-20℃保存）．またミリＱ水にも可溶（用時調製が望ましい）

使用条件：細胞培養用培地に添加する場合，10 μg/mL．動物個体への投与の場合，〜1.25 mg/kg（腹腔内投与，ICRマウスにおける $LD_{50} = 5.0 \sim 10.0$ mg/kg）

購入先：アブカム社（ab144235），サンタクルズ社（sc-394496），フナコシ社（10664），ケイマン社（19602）

◇作用機序

プロテインセリン／スレオニンホスファターゼであるPP2Aを非競合的に選択的に阻害する（$IC_{50} = 210$ nM）[1]．PP1，およびPP5にはほとんど効果を示さないことが確認されている[2]．

◇生理機能

マウスメラノーマ由来B16F10細胞の細胞外マトリクス（ラミニン，IV型コラーゲンおよびフィブロネクチン）への接着を阻害する[3]．また，マウスに移植したB16F10細胞の転移を強く阻害する[3]．さらにマウスプルキンエ細胞において，電気刺激より誘発される興奮性シナプス後電流（evoked excitatory postsynaptic current：eEPSC）を抑制する[4]．

◇注意点

マウス線維肉腫細胞株fs3において，アポトーシスの指標であるDNAの断片化を誘導する[5]．

参考文献

1）Kawada M, et al：Biochim Biophys Acta, 1452：209-217, 1999
2）Swingle MR, et al：J Pharmacol Exp Ther, 331：45-53, 2009
3）Amemiya M, et al：J Antibiot, 47：536-540, 1994
4）Launey T, et al：Proc Natl Acad Sci U S A, 101：676-681, 2003
5）Yamazaki K, et al：J Antibiot, 48：1138-1140, 1995

LB-100

別名：LB-1

◆分子量：268.3

◆IUPAC名：3-[(4-methylpiperazin-1-yl)carbonyl]-7-oxabicyclo[2.2.1]heptane-2-carboxylic acid

◆使用法・購入
溶媒：ミリQ水やPBSに可溶［< 53 mg/mL（197.53 mM）］，有機溶媒には不溶
使用条件：細胞培養用培地に添加する場合，〜10μM．動物個体への投与の場合，〜2 mg/kg
購入先：セレック社（S7537），MedKoo Biosciences社（206834）

◇ 作用機序

PP2A阻害剤であるCantharidin, Norcantharidin（脱メチル化Cantharidin）の細胞毒性や生理活性を改善するために開発されたNorcantharidinの類縁体の一つ．Cantharidinや NorcantharidinはPP2Aの触媒サブユニットに結合して活性を阻害する．LB-100もCantharidinと同様にPP2Aを選択的に阻害する（IC$_{50}$ = 50 nM）．

◇ 生理機能

ヒトおよびマウス由来株化細胞を用いた解析から，PP2Aのホスファターゼ活性を阻害し，抗がん剤であるTemozolomide, DoxorubicinまたはCisplatinとの併用により細胞増殖抑制と細胞死を強く誘導する[1) 2)]．また，これら抗がん剤との併用により，種々のヒトおよびマウス由来株化細胞を移植した腫瘍モデルマウスにおいて強力な抗腫瘍効果を示す[1) 2)]．さらにマウス大腸がん由来CT26細胞の移植モデルでは，単剤投与で腫瘍の増殖を抑制し，免疫チェックポイント阻害薬の抗PD-1抗体と併用することでより高い抗腫瘍効果を示す[3)]．本阻害剤は，進行性固形腫瘍の患者を対象とした第一相臨床試験を終え，第二相試験へと進んでいる[2) 4)]．

参考文献

1）Hong CS, et al：Cancer Biol Ther, 16：821-33, 2015
2）O'Connor CM, et al：Int J Biochem Cell Biol, 96：182-193, 2018
3）Ho WS, et al：Nat Commun, 9：2126, 2018
4）Chung V, et al：Clin Cancer Res, 23：3277-3284, 2017

Sodium orthovanadate

別名：オルソバナジン酸ナトリウム / Na_3VO_4

◆ **分子量**：183.9

◆ **IUPAC名**：trisodium;trioxido(oxo)vanadium

◆ **使用法・購入**
　溶媒：ミリQ水（＜100 mg/mL，-80℃保存）
　使用条件：細胞培養用培地に添加する場合，1 μM～1 mM（pervanadateは0.1～100 μM）．動物個体への投与の場合，7.5～60 mg/kg（pervanadateは700 μg/kg前後）
　購入先：メルク社（567540），シグマ社（S6508），富士フイルム和光純薬社（198-09752），サンタクルズ社（sc-3540）

◇ 作用機序

プロテインチロシンホスファターゼ（PTP）に対する阻害剤である．バナジン酸塩VO_4^{3-}がPTPの活性中心のアミノ酸と結合することで，基質の脱リン酸化を阻害すると考えられている．また，Na_3VO_4よりも効果が強く不可逆的な阻害効果を示すpervanadate（Na_3VO_4と過酸化水素水の混合により調製）もPTP阻害剤として多用される（Na_3VO_4のIC_{50} = 40～50 μM，pervanadateのIC_{50} = 0.3～20 μM）．

◇ 生理機能

ラット脂肪細胞においては，PTPを阻害してインスリン受容体のチロシンリン酸化を増強することで，インスリン刺激と類似した生理作用をもたらす[1]．またラット腎臓由来NRK-1細胞では，細胞増殖能やグルコースの細胞内へのとり込みを高める[2]．また，ラット好中球において，アクチン骨格の再編成を誘導し，細胞伸展の促進などを引き起こす（pervanadateを用いて）[3]．さらに，ラットを用いた脳梗塞モデルにおいて，虚血後のAKT，ERKの活性化を誘導するとともに，神経保護作用を示すことが報告されている[4]．

◇ 注意点

Na_3VO_4およびpervanadateは，PTP以外にもIC_{50} = 10 μMでアルカリホスファターゼやNa^+/K^+-ATPaseなども阻害する．

参考文献

1) Tamura S, et al：J Bio Chem, 259：6650-6658, 1984
2) Klarlund JK：Cell, 41：707-717, 1985
3) Bennett PA：J Cell Sci., 106：891-901, 1993

4）Hasegawa Y, et al：J Pharmacol Exp Ther, 317：875-881, 2006

bpV (phen)

$$VO(O_2)_2^- K^+$$

◆**分子量**：404.3

◆**IUPAC名**：potassium;hydrogen peroxide;1,10-phenanthroline;vanadium;hydro xide;trihydrate

◆**使用法・購入**
溶媒：ミリＱ水（＜ 5 mg/mL, 4 ℃保存）
使用条件：細胞培養用培地に添加する場合, 0.5 〜 100 μM. 動物個体への投与の場合,
0.6 μmol/100 g前後
購入先：メルク社（203695）, シグマ社（SML0889）, アブカム社（ab141436）, ケイ
マン社（13331）

◇ 作用機序

プロテインチロシンホスファターゼ（PTP）の活性中心のシステイン残基を酸化す
ることで不可逆的に酵素活性を阻害する広範囲のPTP阻害剤である. bpV（phen）
の類似体として, bpV（piby）, bpV（HOpic）, bpV（pic）などがある（IC_{50} = PTP
β：343 nM, PTP1B：920 nM）.

◇ 生理機能

インスリン受容体のチロシンリン酸化およびその活性化, また, 下流シグナル分子
であるPI3キナーゼなどの活性化の亢進を引き起こす[1)2)]. *in vitro* においてPTPであ
るTC-PTP, LAR, Cdc25A, DSP4のPTP活性を阻害し, また, ヒト大腸がん由来
SW680細胞やヒト乳がん由来MCF-7細胞など種々のがん細胞に対して細胞傷害活性
を示す[3)]. ヒト角膜上皮由来HCE細胞において, HGF刺激による受容体型チロシン
キナーゼc-Metとその下流シグナル分子の活性化を促し, これには細胞質型プロテ
インチロシンホスファターゼPTP1BのPTP活性の阻害が関与することが報告されて
いる[4)].

◇ 注意点

ホスファチジルイノシトール3,4,5-三リン酸（PIP3）の脱リン酸化を触媒するPTEN
の阻害剤としても作用する（IC_{50} = 38 nM）[5)].

参考文献

1) Posner BI, et al：J Biol Chem, 269：4596-4604, 1994
2) Band CJ, et al：Molecular Endocrinology, 11：1899-1910, 1997
3) Scrivens PJ, et al：Mol Cancer Ther, 2：1053-1059, 2003
4) Kakazu A, et al：Invest Ophthalmol Vis Sci. 49：2927-2935, 2008
5) Schmid AC, et al：FEBS Lett, 566：35-38, 2004

Phenylarsine oxide

別名：フェニルアルシンオキシド / PAO

◆ 分子量：168.0

◆ IUPAC名：arsenosobenzene

◆ 使用法・購入
溶媒：クロロホルムまたはDMSO（いずれも＜50 mg/mL, -20℃保存）
使用条件：細胞培養用培地に添加する場合、1～50 μM
購入先：メルク社（521000）, シグマ社（P3075）, 東京化成工業社（P0140）, サンタクルズ社（sc-3521）

◇ 作用機序

三価のヒ素剤であるPAOは、プロテインチロシンホスファターゼ（PTP）の活性中心に存在するシステイン残基のチオール基と結合することで広範囲のPTPを阻害する。またPAOの効果は、2,3-ジメルカプトプロパノールやジチオスレイトールの添加により消失する（IC_{50} = 18 μM）。

◇ 生理機能

イヌ腎臓上皮由来MDCK細胞において、細胞内タンパク質のチロシンリン酸化の促進と細胞間接着の減弱を誘導する[1]。ヒト急性骨髄性白血病細胞株OCI-M2およびOCI/AML3に対し、転写因子NF-κBの活性化を阻害してIL-1β依存性の細胞増殖を抑制し、さらにアポトーシスを誘導する[2]。

◇ 注意点

ヒト肝がん由来HepG2細胞では、PAOを0.5～1 μM以上の濃度で使用すると細胞内にROS（活性酸素種）が発生し、ミトコンドリアや小胞体ストレスシグナル経路を介したアポトーシスが誘導される[3]。また、PTPの阻害作用を介しているのかは明確ではないが、PAOは非特異的なエンドサイトーシスを阻害する。

参考文献

1) Staddon JM, et al：J Cell Sci, 108：609-619, 1995

2）Estrov Z, et al：Blood, 94: 2844-2853, 1999

3）Huang P, et al：Metallomics, 9：1756-1764, 2017

BVT 948

◆分子量：241.2

◆IUPAC名：3,3-dimethyl-1H-benzo[g]indole-2,4,5-trione

◆使用法・購入

溶媒：有機溶媒に可溶（エタノール：＜12 mg/mL，DMSO：＜12 mg/mL）短期保存（数日〜数週）：0〜4℃，長期保存（数カ月）：-20℃

使用条件：細胞培養用培地に添加する場合，5〜10 μM. 動物個体への投与の場合，〜0.7 mg/kg

購入先：ケイマン社（16615），シグマ社（B6060），サンタクルズ社（sc-203536），アブカム社（ab141304）

◇作用機序

プロテインチロシンホスファターゼ（PTP）の活性中心のシステイン残基を酸化することで不可逆的に酵素活性を阻害する広範囲のPTP阻害剤である.

◇生理機能

受容体型プロテインチロシンホスファターゼ（PTP）であるLar（IC_{50} = 1.5 μM），および非受容体型PTPであるPTP1B（IC_{50} = 0.9 μM），TC-PTP（IC_{50} = 1.7 μM），SHP2（IC_{50} = 0.09 μM）の活性を阻害することが確認されている[1]. またラット骨格筋細胞L6においてインスリンシグナルを増強し，さらにII型糖尿病モデルマウスではインスリン感受性を高めることが報告されている[1]. ヒト乳がん由来MCF-7細胞では，TPA依存性のメタロプロテアーゼMMP9の発現と細胞浸潤活性を抑制することが報告されている[2].

◇注意点

シトクロムP450アイソザイム（1A1，2C9，2C19，2D6，2E1，3A4）（IC_{50} < 10 μM）およびメチル転移酵素SETD8（0.7 μM）を阻害する[1][3].

参考文献

1）Liljebris C, et al：J Pharmacol Exp Ther, 309：711-719, 2004

2）Hwang BM, et al：BMB Rep, 46：533-538, 2013

3）Blum G, et al：ACS Chem Biol, 9：2471-2478, 2014

RK-682

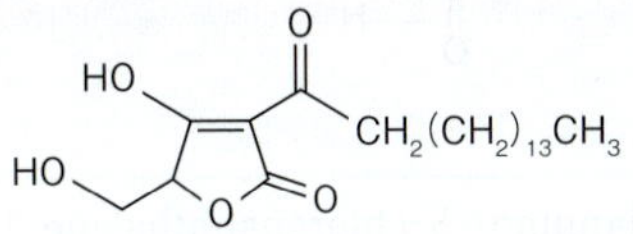

◆分子量：368.5

◆**IUPAC名**：(2R)-4-hexadecanoyl-3-hydroxy-2-(hydroxymethyl)-2H-furan-5-one

◆**使用法・購入**
溶媒：有機溶媒に可溶（DMSO：～50 mM，エタノール：～20 mM，-20℃保存）
使用条件：細胞培養用培地に添加する場合，30～160 μM
購入先：シグマ社（R2033），サンタクルズ社（sc-202791），アブカム社（ab141730）

◇ 作用機序

受容体型プロテインチロシンホスファターゼ（PTP）であるCD45，さらに細胞質型PTPであるPTP1Bおよび二重特異性プロテインホスファターゼVHR，CDC25Bの活性中心に結合し，基質の脱リン酸化を阻害する（CD45：$IC_{50} = 54 \mu$M，PTP1B：$IC_{50} = 5.5 \mu$M，VHR：$IC_{50} = 11.6 \mu$M，CDC25B：$IC_{50} = 2.2 \mu$M）[1][2]．

◇ 生理機能

ヒトB細胞白血病由来Ball-1細胞では，細胞内のタンパク質チロシンリン酸化を亢進させるとともに，細胞周期G1期からS期への移行が抑制される[1]．

◇ 注意点

PTP以外にHIV-1プロテアーゼI（$IC_{50} = 84 \mu$M），ホスホリパーゼA2（$IC_{50} = 16 \mu$M），ヘパラナーゼ（$IC_{50} = 17 \mu$M）[3]を阻害する．

参考文献

1）Hamaguchi T, et al：FEBS Lett, 372：54-58, 1995

2）Sodeoka M, et al：J Med Chem, 44：3216-3222, 2001

3）Ishida K, et al：Mol Cancer Ther, 3：1069-1077, 2004

第9章　プロテインホスファターゼ関連薬剤

NQ301

別名：Compound 211

◆**分子量**：325.8

◆**IUPAC名**：2-(4-acetylanilino)-3-chloronaphthalene-1,4-dione

◆**使用法・購入**
溶媒：DMSO（＜32.58 mg/mL，-20℃保存）
使用条件：細胞培養用培地に添加する場合，〜0.5 μM．動物個体への投与の場合，3〜12 mg/kg
購入先：ケイマン社（21958），シグマ社（SML1337），Tocris社（5724）

◇作用機序

受容体型プロテインチロシンホスファターゼ（PTP）であるCD45と結合し，そのPTP活性を不可逆的に阻害する（IC_{50}＝290 nM）[1]．CD45と脱リン酸化基質との結合は阻害しない．また他のPTP（LAR，PTP1B，PTP-σ，SHP1，DUSP22，PRL-2，TC-PTP：IC_{50}＞50 μM，PTPN22，PEP，PEST：IC_{50}＞40 μM）に比べ，CD45に対して強い阻害活性を示すためCD45選択的阻害剤と考えられている．

◇生理機能

ヒトT細胞性白血病由来Jurkat細胞では，チロシンキナーゼLckの活性制御に関わるチロシン残基のCD45による脱リン酸化が抑制される[1]．またマウス脾臓由来T細胞では，T細胞受容体を介したLck，Zap-70，MAPKの活性化とIL-2の産生が抑制される[1]．さらに，接触性皮膚炎モデルマウスにおいて，炎症反応の減弱が認められている[1]．またマウスリンパ腫由来EL4細胞に対し *in vitro* では細胞周期の停止および細胞死を誘導し，同腫瘍細胞のマウス移植モデルに対しては，その増殖を抑制する[2]．

◇注意点

マウスへの投与では，好中球の減少が確認されている（12 mg/kg）．またNQ301はウサギ血小板においてトロンボキサンA2受容体および合成酵素を阻害する[3]．さらにヒト血小板においては細胞内Ca^{2+}濃度の増加，およびATPの分泌を阻害し，一方でコラーゲン，およびトロンビン刺激による血小板cAMP量の増加を促進することで抗血小板作用を増強する[4]．

参考文献
1）Perron M, et al：Mol Pharmacol, 85：553-563, 2014

2）Perron M, et al：Mol Pharmacol, 93：575-580, 2018
3）Jin YR, et al：Basic Clin Pharmacol Toxicol, 97：162-167, 2005
4）Zhang YH, et al：Biol Pharm Bull, 24：618-622, 2001

SHP099

◆**分子量**：352.3

◆**IUPAC名**：6-(4-amino-4-methylpiperidin-1-yl)-3-(2,3-dichlorophenyl)pyr-azin-2-amine

◆**使用法・購入**
　溶媒：有機溶媒に可溶（エタノール：＜10 mg/mL，DMSOおよびDMF：＜30 mg/mL）短期保存（数日～数週）：0～4℃，長期保存（数カ月）：-20℃
　使用条件：細胞培養用培地に添加する場合，1～10 µM. 動物個体への投与の場合，75～100 mg/kg
　購入先：ケイマン社（20000），Axon Medchem社（2633），Medchem express社（HY-100388）

◇作用機序

　非受容体型プロテインチロシンホスファターゼ（PTP）であるSHP2を選択的に阻害する．SHP099はSHP2のN末端に存在するSH2ドメイン（N-SH2およびC-SH2）とチロシン脱リン酸化ドメインに結合し，不活性型SHP2の状態を保持させてその活性化を妨げることでPTP活性を阻害する（IC$_{50}$ = 71 nM）.

◇生理機能

　SHP2はRas-ERK（MAPK）シグナル経路を正に調節するPTPであるため，その選択的阻害剤であるSHP099はRas-ERK（MAPK）シグナル経路の活性化を阻害することでヒトがん細胞株（ヒト乳がん由来MDA-MB-468細胞，ヒト食道扁平上皮がん由来KYSE520細胞など）の増殖を抑制する（10 µM）[1]. さらに，免疫不全マウスを用いたKYSE520細胞の異種移植（xenograft）モデルにおいて腫瘍の増殖を抑制する[1]. SHP099をツール化合物として開発されたSHP2阻害剤TNO155については，進行性固形腫瘍の患者を対象とした第一相臨床試験が行われている[2].

◇注意点

　SHP099の選択性の高さは確認されているものの，特定の条件下ではオフターゲット効果によりRas-ERK（MAPK）経路に影響を与える可能性が指摘されている[3].

第9章　プロテインホスファターゼ関連薬剤

参考文献

1）Chen YN, et al：Nature, 535：148-152, 2016
2）Dempke, WCM, et al：Oncology, 95：257-269, 2018
3）Fulcher LJ, et al：Open Biol, 7：170066, 2017

MLS000544460

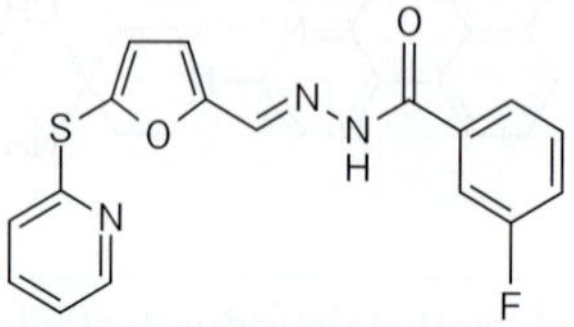

◆**分子量**：341.4

◆**IUPAC名**：3-fluoro-N-[(E)-(5-pyridin-2-ylsulfanylfuran-2-yl)methylide-neamino]benzamide

◆**使用法・購入**
溶媒：有機溶媒に可溶（DMSO：＜100 mg/mL，4℃または-20℃で保存可，遮光）
使用条件：細胞培養用培地に添加する場合，10 μM
購入先：メルク社（531085）

◇作用機序

　MLS000544460は，チロシンホスファターゼ活性をもつ転写因子 Eyes absent 2（Eya2）を選択的に阻害する．他のプロテインチロシンホスファターゼがシステイン残基を活性中心に含むのに対し，Eyaはアスパラギン酸残基を利用してチロシンホスファターゼ活性を示す．またEyaの活性中心は高度に保存されたEyaドメイン（ED）に存在するが，MLS000544460はEDとは直接的に結合せず，Helix-Bundle Motif（HBM）Capとの接点に結合し，アロステリックにEya2活性を阻害すると考えられている[1]．

◇生理機能

　MLS000544460は，ヒト乳がん由来MCF10A細胞の細胞運動を10 μMで阻害する（IC$_{50}$ = Eya2：4.1 μM）[1]．

◇注意点

　MLS000544460とEya2との結合にMg^{2+}は関係しないが，MLS000544460の阻害活性はMg^{2+}濃度に依存する．またEya2とは可逆的に結合する．一方，Eya3の活性は阻害しない（他のEyaファミリーメンバーであるEya1，Eya4に対する阻害効果は現時点では不明）（IC$_{50}$ = Eya3：＞100 μM）．

参考文献

1）Krueger AB, et al：J Biol Chem, 289：16349-16361, 2014

TCS401

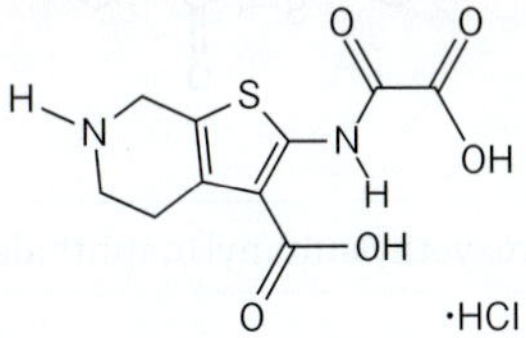

◆**分子量**：306.7

◆**IUPAC名**：2-(oxaloamino)-4,5,6,7-tetrahydrothieno[2,3-c]pyridine-3-carboxylic acid;hydrochloride

◆**使用法・購入**
　溶媒：DMSO（＜7.76 mg/mL，−20℃保存）
　使用条件：細胞培養用培地に添加する場合，0.3〜75 μM
　購入先：シグマ社（SML2140），サンタクルズ社（sc-204327），Tocris社（2754）

◇作用機序

　受容体型プロテインチロシンホスファターゼ（PTP）であるPTP1Bの活性中心に結合し，基質との結合を阻害する（$K_i = 0.29$ μM，$IC_{50} = 7$ μM）[1]．他のPTP（CD45：$K_i = 59$ μM，PTPβ：$K_i = 560$ μM，PTPε：$K_i = 1,100$ μM，SHP-1：$K_i ≧ 2,000$ μM，PTPα：$K_i ≧ 2,000$ μM，LAR：$K_i ≧ 2,000$ μM）に比べ，PTP1Bに対して強い阻害活性を示す選択的阻害剤であると考えられている[1]．また，他のPTP1Bの選択的阻害剤として，CPT-157633やMSI-1436も存在する．

◇生理機能

　ラット網膜色素細胞では，MEK/ERK，PI3K/AKTシグナルの活性を増強し，細胞増殖，細胞運動を促進する[2]．また，真皮微小血管内皮hTERT不死化細胞株（TIME）では，細胞接着，細胞伸展および血清依存的な細胞運動を促進する[3]．

参考文献

1）Iversen LF, et al：J Biol Chem, 275：10300-10307, 2000
2）Du ZD, et al：Mol Vis, 21：523-531, 2015
3）Wang Y, et al：Sci Rep, 24111, 2016

NSC 95397

◆**分子量**：310.4

◆**IUPAC名**：2,3-bis(2-hydroxyethylsulfanyl)naphthalene-1,4-dione

◆**使用法・購入**
溶媒：DMSO（＜16 mg/mL，−20℃保存）
使用条件：細胞培養用培地に添加する場合，0.1〜20 μM．動物個体への投与の場合，
0.5〜5 mg/kg
購入先：ケイマン社（21431），メルク社（217694），シグマ社（N1786），Tocris社
（1547）

◇作用機序

1万以上の化合物の中から，二重特異性プロテインホスファターゼCdc25Bを阻害
するパラキノン構造をもつ化合物として見出された[1]．哺乳類の細胞ではCdc25は
Cdc25A，B，Cの3種類が存在するが，NSC 95397はCdc25A（IC_{50} = 22.3 nM），
Cdc25C（IC_{50} = 56.9 nM），Cdc25B（IC_{50} = 125 nM）の順に阻害活性を示す[1]．パ
ラキノン構造を介してCdc25の活性中心に結合し，基質の脱リン酸化を阻害すると
考えられる[1]．また，他のCdc25の阻害剤としてNSC 663284やIRC-083864も存在
する．

◇生理機能

ヒト乳がん由来MCF-7細胞では細胞増殖を抑制し，マウス乳腺がん由来tsFT210
細胞ではG2期からM期への細胞周期の移行を抑制する[1]．低酸素による培養神経細
胞の細胞死を，Cdc25Aを阻害することで抑制する[2]．また，重症インフルエンザの
感染モデル動物への投与では，Cdc25Bを阻害してウイルスの増殖を抑制することが
報告されている[3]．Cdc25以外にも二重特異性プロテインホスファターゼであるMKP-
1，−3を阻害する[4]．

◇注意点

カルシウム結合タンパク質S100A4と結合し，S100A4の機能を阻害することに加
え，AKT，IKKα/β，MKK7，TBK1などのキナーゼも阻害することが報告されてい
る[5]．

参考文献
1）Lazo JS, et al：Mol Pharmacol, 61：720-728, 2002

NSC 95397

2）Iyirhiaro GO, et al：J Neurosci, 37：6729-6740, 2017

3）Perwitasari O, et al：J Virol, 87：13775-13784, 2013

4）Vogt A, et al：Mol Cancer Ther, 7：330-340, 2008

5）Yang Y, et al：Biochem Pharmacol, 88：201-215, 2014

第10章
カルシウム以外のイオンチャネル (Na, K, Cl など) 関連薬剤

藪田紀一

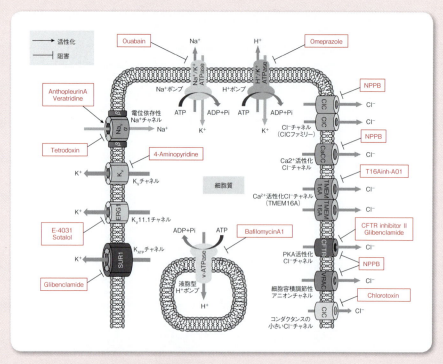

概略図　イオンチャネルと関連薬剤

　細胞や細胞小器官におけるイオンの移動は生体が恒常性を維持していくうえできわめて重要だが，電荷をもつイオンは，その分子の大きさに関係なく脂質二重層でできた細胞の膜を通過することができない．そのため，細胞はイオンチャネル (ion channel) あるいはイオン輸送体 (イオントランスポーター：ion transpoter) という膜タンパク質を介してイオンを通過させている．イオンチャネルは，細胞内外の電気化学的勾配 (イオンの濃度および電位勾配の総和) に従って受動的にイオンを通過させる．一方，イオントランスポーターの一部は，ATP あるいは他のエネルギー源を利

用してイオンを能動的に輸送するポンプとして機能し，電気化学的勾配を形成する．2種類以上のイオンを同時に輸送する「共役輸送体」は，膜を横切って同じ方向に輸送するシンポート系（共輸送体）や，互いに逆方向に輸送するアンチポート系（交換体）に分類され，一方のイオンの電気化学的勾配を原動力にして他方のイオンを共役輸送している（第16章も参照）．

　細胞はこれらのしくみを利用し，調節することによって細胞あるいは細胞小器官の内と外でイオン濃度の異なる環境をつくり出している．例えば，細胞の外側ではナトリウム（Na^+），カルシウム（Ca^{2+}），塩化物（Cl^-）イオンの濃度が高く，内側ではカリウム（K^+）イオンの濃度が高い．前述したように一部のイオントランスポーターなどはこの濃度差を利用して共役輸送を駆動している．こうしてつくり上げられたイオンの濃度勾配と膜を介した電荷の流れは，膜電位の形成や（H^+の移動による）細胞内pHの恒常性維持，細胞容積の調節や細胞内シグナル伝達などに影響を与え，神経伝達や筋収縮，分泌などにおける電気的シグナルとして重要な役割を果たしている．実際，イオンチャネルやイオントランスポーターの活性化剤あるいは阻害剤の一部は神経活動電位や心筋収縮などを調節する薬剤として利用されている．興味深いことに，一部ではがん細胞に対する増殖抑制作用なども報告されている．

　イオンチャネルにはイオン選択性があり，それぞれのイオンの大きさや電荷などに適応した多様な構造をもつ．その調節機構も電位依存性やリガンド依存性など多種に及ぶため，これらに作用する薬剤は多岐にわたる（概略図）．本章では，Na^+，Cl^-，K^+チャネルとATP駆動型イオンポンプに焦点を当てて，これらに作用する阻害剤あるいは活性化剤の一部を紹介する（第16章も参照．Ca^{2+}チャネルについては第4章を参照）．

参考文献

1）Green WN & Millar NS：Trends Neurosci, 18：280-287, 1995
2）Gadsby DC：Nat Rev Mol Cell Biol, 10：344-352, 2009
3）Lang F & Stournaras C：Philos Trans R Soc Lond B Biol Sci, 369：20130108, 2014
4）「NEW薬理学 改定第7版」（田中千賀子，加藤隆一，成宮　周／編），南江堂，2017

Anthopleurin A

別名：アントプロイリンA／AP-A

Gly-Val-Ser-Cys-Leu-Cys-Asp-Ser-Asp-Gly-Pro-Ser-Val-Arg-Gly-Asn-Thr-Leu-Ser-Gly-Thr-Leu-Trp-Leu-Tyr-Pro-Ser-Gly-Cys-Pro-Ser-Gly-Trp-His-Asn-Cys-Lys-Ala-His-Gly-Pro-Thr-Ile-Gly-Trp-Cys-Cys-Lys-Gln（ジスルフィド架橋：Cys^4-Cys^{46}，Cys^6-Cys^{36}，Cys^{29}-Cys^{47}）

◆**分子量**：5131.7

◆**使用法・購入**

溶媒：滅菌ミリQ水（1 mg/mL）．小分注して−80℃で保存

使用条件：細胞培養用培地に添加する場合，最終濃度5〜60 nM（実験条件により異なる．340 nMという例もある）．動物個体に投与する場合，使用直前に必要量を滅菌生理食塩水で希釈する．5〜50μg/kgでイヌの静脈内に急速投与（ボーラス）し，続いて毎分0.15〜1.0μg/kgの維持用量で投与している報告がある

購入先：メルク社（178005），シグマ社（A7475），富士フイルム和光純薬社（Bachem AG，H-9590，4030365）

◇ 作用機序

電位依存性Na^+チャネルの活性化剤（開口薬）．イソギンチャク由来のNa^+チャネル開口ペプチド毒のアミノ酸配列をもとに合成されたペプチド．Anthopleurin Aは，電位依存性Na^+チャネルのαサブユニット（6回膜貫通単位S1〜S6の4個のくり返し構造I〜IVから成る）のうちドメインIVの細胞外領域の特定部位（Site 3）に直接結合することによって，開口状態を維持させてチャネルの不活化を阻害する（チャネルを活性化させる）．

◇ 生理機能

神経細胞や骨格筋・心筋において電位依存性Na^+チャネルが活性化されると細胞内へのNa^+の流入により活動電位が生じる．Anthopleurin Aにより電位依存性Na^+チャネルの不活化が阻害されると神経や心筋における活動電位の再分極段階が遅延して，正常な神経興奮の伝達や筋収縮に影響を及ぼす．

◇ 注意点

神経毒．

参考文献

1）Sheets MF, et al：J Gen Physiol, 106：617-640, 1995
2）El-Sherif N, et al：Circ Res, 79：474-492, 1996
3）Chinushi M, et al：EP Europace, 10：249-255, 2008
4）Izumi D, et al：Heart Rhythm 9：796-803, 2012

Ouabain

別名：ウアバイン / g-Strophathin / ストロファチンG / アコカテリン

八水和物

·8H$_2$O

◆**分子量**：728.8（八水和物）

◆**IUPAC名**：(1β,3β,5β,11α)-3-[(6-Deoxy-α-L-mannopyranosyl)oxy]-1,5,11,14,19-pentahydroxycard-20(22)-enolide

◆**使用法・購入**

溶媒：DMSO（10～100 mM），滅菌ミリQ水（10 mg/mLまたは10 mM）．−80℃で保存（遮光）．プラスチックバイアルに保存する

使用条件：細胞培養用培地に添加する場合，最終濃度10 μM～1 mM（HeLa細胞：IC$_{50}$ = 1.1～2.4 μM）．ラット個体に投与する場合，14.4 mg/kg/日で皮下投与あるいは毎分1～100 μg/kgで点滴静脈注射

購入先：Tocris社（1076），シグマ社（O3125），アブカム社（ab120748）

◇ 作用機序

Na$^+$/K$^+$ ATPase（Na$^+$ポンプ）の阻害剤．キョウチクトウ科の植物の種子に含まれる毒成分として知られる．Na$^+$/K$^+$ ATPaseは，細胞外へのNa$^+$の能動的排出と細胞内へのK$^+$の取り込みを行うことで細胞内外のNa$^+$とK$^+$の濃度勾配および電位差の維持を担っている．Ouabainは，Na$^+$/K$^+$ ATPaseにATPのγ位のリン酸が付加した「リン酸化酵素形態（E2P）」に細胞外側から結合して安定化させ，脱リン酸化への行程を阻害することによってATPase活性とイオン輸送を抑制する．

◇ 生理機能

OuabainはDigitoxin（ジギトキシン）に類似した強心配糖体である．Ouabainによる心筋細胞内へのNa$^+$の蓄積は，二次的に細胞内Ca^{2+}濃度を上昇させて心筋の収縮力を増大させるので，うっ血性心不全や心房性不整脈などの治療に使用される．

◇ 注意点

毒性がある．

参考文献

1）Kozbor D, et al：Proc Natl Acad Sci U S A, 79：6651-6655, 1982
2）Croyle ML, et al：Eur J Biochem, 248：488-495, 1997
3）Hosoi R, et al：J Neurochem, 69：2189-2196, 1997
4）Nelissen-Vrancken HJ, et al：Naunyn Schmiedebergs Arch Pharmacol, 356：203-209, 1997
5）鈴木邦明：北海道歯学雑誌，38：16-27，2017

Veratridine

別名：ベラトリジン／3-ベラトロイルベラセビン

◆**分子量**：673.8

◆**IUPAC名**：(3β,4α,16β)-4,12,14,16,17,20-Hexahydroxy-4,9-epoxycevan-3-yl 3,4-dimethoxybenzoate

◆**使用法・購入**

溶媒：DMSO（25 mg/mLあるいは〜50 mM），エタノール（25 mg/mLあるいは5〜100 mM）．-80 ℃で保存

使用条件：細胞培養用培地に添加する場合，最終濃度1〜30 μM（実験条件により異なる．10 μMで神経細胞に細胞死を誘導するとの報告がある）．ラット個体に投与する場合，使用直前に生理食塩水で希釈した後，30〜60 mg/kgで静脈注射（実験条件により異なる）

購入先：メルク社（676950），シグマ社（V5754），Tocris社（2918），アブカム社（ab120279）

◇作用機序

　電位依存性Na$^+$チャネルの開口薬（活性化剤）．電位依存性Na$^+$チャネルのαサブユニットのうちドメインIVの特定部位（Site 2）に作用することでチャネルの開口を維持して不活性化を阻止する．活性化されたNa$^+$チャネルに優先的に結合して，その活性化を持続させ，Na$^+$の膜透過性を高める．また，間接的に電位依存性Ca^{2+}チャネルも開口させて，Na$^+$/Ca^{2+}交換体に影響を与えることなく細胞内Ca^{2+}濃度を増加させる．

◇生理機能

Veratridine はユリ科の植物から抽出されるステロイド由来アルカロイド神経毒である．細胞内 Ca^{2+} 濃度の上昇と神経伝達物質の放出も引き起こし，神経などの興奮性組織を脱分極させる．また，*in vitro* の実験において Veratridine は神経細胞に細胞死を誘導する．

◇注意点

神経毒．細胞毒性あり．一方，電位依存性 Na^+ チャネルの阻害剤として知られる Lidocaine（リドカイン）は局所麻酔薬として用いられる．

参考文献

1）Plattner H, et al：J Membr Biol, 142：229-240, 1994
2）Malmersjö S, et al：Proc Natl Acad Sci U S A, 110：E1524-E1532, 2013
3）Lu XC, et al：Life Sci, 92：1055-1063, 2013
4）Bedut S, et al：Am J Physiol Heart Circ Physiol, 311：H44-H53, 2016
5）Mohammed ZA, et al：Sci Rep, 7：45221, 2017

Tetrodotoxin

別名：テトロドトキシン / TTX

◆**分子量**：319.3

◆**IUPAC名**：Octahydro-12-(hydroxymethyl)-2-imino-5,9:7,10a-dimethano-10aH-[1,3]dioxocino[6,5-d]pyrimidine-4,7,10,11,12-pentol

◆**使用法・購入**
溶媒：希釈酢酸水溶液（pH 4.3）やクエン酸バッファー（pH 4.8）などの酸性緩衝液（3 mM．最大100 mM まで溶解可能）．-80℃で保存
使用条件：細胞培養用培地に添加する場合，最終濃度 1～10 μM（実験条件により異なる）
購入先：Tocris社（1078），アブカム社（ab120054），メルク社（554412），富士フイルム和光純薬社（207-15901）

◇作用機序

電位依存性 Na^+ チャネルの強力な阻害剤．フグの卵巣や肝臓に見出される毒物（フグ毒）．電位依存性 Na^+ チャネルの α サブユニットのうちドメイン I の特定部位（Site 1）に結合することで細胞内への Na^+ の流入を阻害する．チャネルとの結合は可逆的

であり，高親和性である（$K_d = 1 \sim 10$ nM）．

◇生理機能

　Tetrodoxin は神経細胞膜上に発現している電位依存性 Na^+ チャネルを阻害するため，Na^+ 流入による活動電位の伝播（神経インパルス）を可逆的に遮断する．そのため，体内に吸収されると運動神経や知覚神経の麻痺を引き起こし，続いて中枢神経系の麻痺から呼吸困難に陥る．Veratridine（前項参照）によって誘導される細胞内 Ca^{2+} の蓄積を防止する作用がある．

◇注意点

　毒劇指定物．購入・使用は法規制等に従い使用目的確約書が必要．取扱厳重注意．

参考文献
1）Kao CY：Ann N Y Acad Sci, 479：52-67, 1986
2）Terlau H, et al：FEBS Lett, 293：93-96, 1991
3）Gleitz J, et al：Neuropharmacology, 35：1743-1752, 1996
4）Penzotti JL, et al：Biophys J, 75：2647-2657, 1998
5）Moczydlowski EG：Toxicon, 63：165-183, 2013

4-Aminopyridine

　別名：4-アミノピリジン / 4-AP / Dalfampridine / Fampridine

◆ 分子量：94.1

◆ IUPAC名：pyridin-4-amine

◆ 使用法・購入
　溶媒：滅菌ミリQ水（100 mM あるいは 50 mg/mL）．-80℃で保存
　使用条件：in vitro 実験の場合，最終濃度 100 μM（実験条件により異なる．海馬スライスに 100 μM で添加している報告がある）．in vivo 実験の場合，実験条件により異なる．使用直前に生理食塩水で希釈した後，6.25～12.5 nmol 相当をマウスの海馬へ注入する実験報告がある
　購入先：メルク社（801111），シグマ社（A78403），Tocris社（0940），東京化成工業社（A0214），アブカム社（ab120122），富士フイルム和光純薬社（014-02782）

◇作用機序

　電位依存性 K^+（K_V）チャネルの非選択的な阻害剤．K_V チャネルには多種多様なサブタイプ（$K_V1.1 \sim K_V12.3$）が存在するが，4-AP はこれらを比較的広範に阻害する．

ただし，心筋の遅延整流性K$^+$電流（I$_{Kr}$）の形成や，速い不活性化による一過性K$^+$電流（A型電流）の形成にかかわるK$_V$チャネルに対して親和性が高いとされる．6回膜貫通型であるK$_V$チャネルは電位センサー（絶縁領域を含む）として働くドメイン（S1～S4）とKイオンを通過させるためのポア（小孔）ドメイン（S5～S6）から構成されるが，4-APは細胞膜を透過して細胞質側からポアドメインに結合することでイオンの通過を妨害する．

◇ 生理機能

K$_V$チャネルは細胞膜の脱分極に応じて開口し，K$^+$を通過させることによって活動電位の再分極や静止膜電位の制御（復帰）に機能している．多種多彩なK$_V$チャネルの発現は神経細胞や筋細胞などの興奮性組織における静止膜電位や興奮性の多様性に貢献している．4-APによるK$_V$チャネルの阻害は個体に痙攣を引き起こし，4-APの投与はてんかん様活動の実験モデルとして利用される．

◇ 注意点

グルタミン酸および神経伝達物質γ-アミノ酪酸（GABA）の放出を誘発するとの報告がある．

参考文献

1 ）Bouchard R & Fedida D：J Pharmacol Exp Ther, 275：864-876, 1995
2 ）Tseng GN：J Pharmacol Exp Ther, 290：569-577, 1999
3 ）Armstrong CM & Loboda A：Biophys J, 81：895-904, 2001
4 ）Ouyang Y, et al：Brain Res, 1143：238-246, 2007
5 ）Westphalen RI, et al：J Neurochem, 113：1611-1620, 2010

E-4031

別名：E-4031 二塩酸塩

二塩酸塩

◆ 分子量：474.4（二塩酸塩）

◆ IUPAC名：N-[4-[1-[2-(6-methylpyridin-2-yl)ethyl]piperidine-4-carbonyl]phenyl]methanesulfonamide（dihydrochloride）

◆ 使用法・購入
溶媒：DMSOまたは滅菌ミリQ水（1～50 mM）-80℃で保存

使用条件：細胞培養用培地に添加する場合，最終濃度 1 ～ 10 μM（実験条件により異なる）

購入先：シグマ社（M5060），Tocris社（1808），アブカム社（ab120158），ケイマン社（15203）

◇ 作用機序

電位依存性 K^+（K_V）チャネルのサブタイプの中で主に心臓に発現する $K_V11.1$ を選択的に阻害する K_V チャネル遮断薬．$K_V11.1$ は hERG（human Ether-a-go-go Related Gene）遺伝子にコードされることから hERG チャネルともいわれ，心筋活動電位の再分極を担う．E-4031 は hERG チャネルの開口したポアドメインに結合して K^+ の通過を阻害し，心筋細胞の遅延性 K^+ 電流（I_{Kr}）を選択的に抑制する．

◇ 生理機能

E-4031 は心筋細胞の活動電位持続時間を可逆的に延長し，第 III 群の抗不整脈薬として研究に使用される．類似の I_{Kr} 抑制作用がある抗不整脈薬として Dofetilide（ドフェチリド）や Ibutilide（イブチリド）などが知られている．

◇ 注意点

個体への投与では催不整脈作用があるとされる．一方，hERG チャネルの活性化剤（開口薬）としては NS1643 などが使用される．

参考文献

1）Wettwer E, et al：J Cardiovasc Pharmacol, 17：480-487, 1991
2）Verheijck EE, et al：Circ Res, 76：607-615, 1995
3）Wang S, et al：FEBS Lett, 417：43-47, 1997
4）Greenwood IA, et al：J Physiol, 587：2313-2326, 2009

Glibenclamide

別名：グリベンクラミド / Glyburide / グリブリド

◆ **分子量**：494.0

◆ **IUPAC名**：5-chloro-N-[2-[4-(cyclohexylcarbamoylsulfamoyl)phenyl]ethyl]-2-methoxybenzamide

◆ **使用法・購入**
溶媒：DMSO（～ 100 mM）．水には不溶．-80℃で保存

使用条件：細胞培養用培地に添加する場合，最終濃度1〜10 μM（由来する組織や実験条件により有効濃度が異なる）．マウス個体に投与する場合，使用直前に生理食塩水で希釈し，10 μg/kgで皮下注射（実験条件により投与量や投与回数が異なる）

購入先：富士フイルム和光純薬社（076-03882），アブカム社（ab120267），東京化学工業社（G0382），シグマ社（G0639）

◇作用機序

ATP依存性K^+（K_{ATP}）チャネルの阻害剤．GlibenclamideはスルホンアミドR素誘導体で，膵臓のβ細胞において細胞膜上のK_{ATP}チャネルのスルホニルウレア受容体1型（SUR1）サブユニットに結合し，K^+の細胞外への流出を遮断する．

◇生理機能

GlibenclamideによるK_{ATP}チャネルの閉鎖は，β細胞膜の脱分極を引き起こし電位依存性Ca^{2+}チャネルを活性化させて細胞内のCa^{2+}濃度の増加を誘導する．これは結果として，エキソサイトーシスによるインスリンの分泌を促すため，2型糖尿病の治療薬として用いられる．また，脳虚血中のニューロン，星状細胞および毛細血管内皮においてSUR1が調節する非選択的カチオンチャネル（NC_{Ca-ATP}）も阻害して脳浮腫の形成を減少させることから脳卒中の治療薬としても期待される．

◇注意点

同様の経口糖尿病薬として他にTolbutamide（トルブタミド）などがある．これらはCl^-チャネルであるCFTRも阻害する．一方，K_{ATP}チャネルの活性化剤（開口薬）としては，Nicorandil（ニコランジル）やMinoxidil（ミノキシジル）が知られる．

参考文献

1）Feldman JM：Pharmacotherapy, 5：43-62, 1985
2）Schmid-Antomarchi H, et al：J Biol Chem, 262：15840-15844, 1987
3）Sheppard DN & Welsh MJ：J Gen Physiol, 100：573-591, 1992
4）Proks P, et al：Diabetes, 51 Suppl 3：S368-S376, 2002
5）Simard JM, et al：Nat Med, 12：433-440, 2006

第10章 カルシウム以外のイオンチャネル関連薬剤

Sotalol

別名：ソタロール / Sotacor / ソタコール

塩酸塩

◆分子量：308.8（塩酸塩）

◆ **IUPAC名**：N-[4-[1-hydroxy-2-(propan-2-ylamino)ethyl]phenyl]methanesul-fonamide

◆**使用法・購入**

溶媒：DMSO（50 mM）あるいは滅菌ミリQ水（20 mg/mL），リン酸緩衝生理食塩水（PBS）．小分注して-80℃で保存

使用条件：細胞培養用培地に添加する場合，最終濃度10～50 μM（実験条件により異なる）．マウス個体に投与する場合，生理食塩水で希釈した後，300～600 mg/kg/日で食餌に混合して与える（腸管吸収が可能．実験条件により投与量などは異なる）

購入先：Tocris社（0952），シグマ社（S0278），アブカム社（ab142370）

◇ 作用機序

電位依存性K$^+$チャネル（K$_V$11.1; hERG）に結合してK$^+$の細胞外流出を阻害することで，心筋細胞の遅延性K$^+$電流（I$_{Kr}$）を抑制し，心筋細胞の活動電位持続時間を延長する．同時に，非選択的なβアドレナリン受容体（β1，β2）のアンタゴニスト（β遮断薬）としても作用する．そのため，Sotalolは細胞内のcAMPの産生量を減少させ，それに伴うCa^{2+}チャネルの開口を抑制することで結果として細胞内Ca^{2+}濃度を低下させる．

◇ 生理機能

抗不整脈薬として作用する．Sotalolの投与は心筋細胞におけるI$_{Kr}$の抑制とCa^{2+}濃度の低下により心筋収縮を減少させ，心拍数を遅くする．類似の作用をもつ化合物としてAmiodarone（アミオダロン）やNifekalant（ニフェカラント）などがある．

◇ 注意点

Sotalolはヒトにおける腸管吸収の程度が90％以上あるのに対してヒト結腸がん由来のCaco-2細胞株においては低透過性を示す報告がある．

参考文献

1）Zanetti LA：Clin Pharm, 12：883-891, 1993
2）Claudel JP & Touboul P：Pacing Clin Electrophysiol, 18：451-467, 1995
3）Fiset C, et al：J Pharmacol Exp Ther, 283：148-156, 1997
4）Yang Y, et al：Mol Pharm, 4：608-614, 2007
5）Liu W, et al：Pharm Res, 29：1768-1774, 2012

NPPB

別名：Hoechst 144 / HOE 144

HO$_2$C   NO$_2$

（構造式）

◆**分子量**：300.3

◆**IUPAC名**：5-Nitro-2-(3-phenylpropylamino) benzoic Acid

◆**使用法・購入**

溶媒：DMSO（100 mM）あるいはエタノール（20 mM）．水には不溶．-80℃で保存

使用条件：細胞培養用培地に添加する場合，最終濃度10〜30 μM（実験条件により異なる）．ラット個体に投与する場合，使用直前に生理食塩水で希釈した後，20〜40 mg/kgで腹腔内投与（実験条件により異なる）

購入先：Tocris社（0593），メルク社（484100），シグマ社（N4779），アブカム社（ab141521）

◇ 作用機序

Cl$^-$チャネルのブロッカーとして膜を介したCl$^-$の移動を阻害する．Cl$^-$チャネル（ClC），Ca^{2+}活性化Cl$^-$チャネル（CaCC：calcium-activated chloride channel），細胞容積調節性アニオンチャネル（VRAC：volume-regulated anion channel），CFTRチャネル（cystic fibrosis transmembrane conductance regulator，嚢胞性線維症膜コンダクタンス制御因子）のいずれのCl$^-$チャネルサブタイプに対しても広範に作用する非選択的な阻害剤である．また，プロスタグランジンE2の合成・放出を抑制するとの報告もある．

◇ 生理機能

Cl$^-$チャネルはサブタイプによって発現場所が異なるものの，脳・心筋・骨格筋・膵臓・肝臓・肺・腎臓・上皮細胞などに広く分布し，細胞内Cl$^-$濃度を調節して膜電位の安定化や応答，水輸送や腺分泌，細胞容積の調節などにかかわる重要なイオンチャネルであるため，これらを広範に阻害することはさまざまな生体機能に支障をきたすと考えられる．

◇ 注意点

Gタンパク質（膜結合型三量体GTP結合タンパク質）共役型受容体（GPCR）として機能するGPR35のアゴニスト（活性化剤）として働くとの報告がある．一方，VRACに対する選択的な阻害剤としては，DCPIB（4-(2-butyl-6,7-dichloro-2-cyclo-pentylindan-1-on-5-yl)oxybutyric acid）が知られる．

参考文献

1）Breuer W & Skorecki KL：Biochem Biophys Res Commun, 163：398-405, 1989

2）Kirkup AJ, et al：Br J Pharmacol, 117：175-183, 1996

3）Zhou SS, et al：Exp Physiol, 92：549-559, 2007

4）Taniguchi Y, et al：Pharmacology, 82：245-249, 2008

5）Ramteke VD, et al：Pharmacol Biochem Behav, 91：417-422, 2009

CFTR inhibitor Ⅱ

別名：GlyH-101

◆分子量：493.2

◆IUPAC名：N'-[(Z)-(3,5-dibromo-4-hydroxy-6-oxocyclohexa-2,4-dien-1-ylidene)methyl]-2-(naphthalen-2-ylamino)acetohydrazide

◆使用法・購入

溶媒：DMSO（～100 mM）．溶液調製済みのもの（25 mM InSolution，メルク社 219675）も販売されている．-80℃で保存

使用条件：細胞培養用培地に添加する場合，最終濃度10μM（5～50μM．実験条件により異なる）．マウス個体に投与する場合，実験条件により異なる．鼻腔電位差測定の場合，10μMで鼻腔内投与．腸液分泌測定の場合は，2.5μgで管腔内投与．必要に応じてPBSあるいは低塩素化PBSで希釈する

購入先：メルク社（219671），Tocris社（5485），ケイマン社（15772）

◇作用機序

cAMP依存性キナーゼ（PKA：protein kinase A）によるリン酸化制御によって活性化されるCl⁻チャネルであるCFTR（cystic fibrosis transmembrane conductance regulator）を選択的かつ可逆的に阻害する．CFTRは主に上皮細胞で発現し，Cl⁻の移動を調節して細胞外への水輸送や分泌にかかわるとされる．CFTR inhibitor Ⅱは膜の外側でCFTRチャネルのポア（小孔）に直接結合し，Cl⁻の移動を妨害する．

◇生理機能

マウス個体への投与により，コレラ毒素誘発性の腸液分泌を顕著に阻害できるため，腸管毒性によって引き起こされる分泌性下痢における有効な止痢剤として期待される．

◇注意点

CFTR阻害剤としては他にGlibenclamide（前述）やCFTR inhibitor-172がある．CFTR inhibitor ⅡはCFTR inhibitor-172よりも水溶性や阻害効果が高いとされる．

参考文献

1）Muanprasat C, et al：J Gen Physiol, 124：125-137, 2004
2）Sonawane ND, et al：FASEB J, 20：130-132, 2006
3）Norimatsu Y, et al：Mol Pharmacol, 82：1042-1055, 2012
4）Verkman AS, et al：Curr Pharm Des, 19：3529-3541, 2013
5）Zertal-Zidani S, et al：Diabetologia, 56：330-339, 2013

Chlorotoxin

別名：クロロトキシン / Cltx

Met-Cys-Met-Pro-Cys-Phe-Thr-Thr-Asp-His-Gln-Met-Ala-Arg-Lys-Cys-Asp-Asp-Cys-Cys-Gly-Gly-Lys-Gly-Arg-Gly-Lys-Cys-Tyr-Gly-Pro-Gln-Cys-Leu-Cys-Arg（ジスルフィド架橋：Cys^2-Cys^{19}, Cys^5-Cys^{28}, Cys^{16}-$Cys^{33}$and Cys^{20}-Cys^{35}）

◆**分子量**：4004.8

◆**使用法・購入**

溶媒：滅菌ミリＱ水（5～50 mM）あるいはリン酸緩衝生理食塩水（PBS）．-80℃で保存

使用条件：細胞培養用培地に添加する場合，最終濃度5 μM（実験条件により有効濃度が異なる）

購入先：メルク社（C5238），ペプチド研究所（339-42821），Smartox Biotechnology社（08CHL001-00100）

◇ 作用機序

Cl⁻チャネルの阻害剤．サソリ毒から単離された神経毒に由来する36個のアミノ酸からなる合成ペプチド．脳や脊髄に発現するコンダクタンスの小さい（低イオン透過性）Cl⁻チャネルのポア（小孔）領域の内側および外側の残基に結合し，膜を介したCl⁻の移動を阻害する．

◇ 生理機能

神経麻痺を引き起こす．また，Chlorotoxinは，神経膠腫（グリオーマ）細胞において高発現するマトリクスメタロプロテアーゼ-2（MMP-2）と特異的に結合し，その酵素活性を阻害してグリオーマ細胞の浸潤能を抑制することが報告されている．MMP-2が正常な脳ではほとんど発現しておらず，グリオーマで発現している他のMMPアイソフォーム（MMP-1, -3, -9）とChlorotoxinが結合しないことから，MMP-2を標的とした有望な抗がん剤として期待される．

◇ 注意点

毒性がある．

参考文献

1）Debin JA, et al：Am J Physiol, 264：C361-C369, 1993
2）Soroceanu L, et al：Cancer Res, 58：4871-4879, 1998

第10章 チャネル以外のイオンカルシウム関連薬剤

187

3）Soroceanu L, et al：J Neurosci, 19：5942-5954, 1999

4）Lyons SA, et al：Glia, 39：162-173, 2002

5）Deshane J, et al：J Biol Chem, 278：4135-4144, 2003

T16Ainh-A01

別名：TMEM16A inhibitor / ANO1 inhibitor

◆**分子量**：416.5

◆**IUPAC名**：2-[(5-ethyl-6-methyl-4-oxo-1H-pyrimidin-2-yl)sulfanyl]-N-[4-(4-methoxyphenyl)-1,3-thiazol-2-yl]acetamide

◆**使用法・購入**

溶媒：DMSO（10～100 mM，5 mg/mL）．加温して溶解する．-80℃で保存

使用条件：細胞培養用培地に添加する場合，最終濃度10～30 μM（実験条件により異なる）．組織スライスに添加する場合，最終濃度5～10 μM

購入先：メルク社（613551），シグマ社（SML0493），Tocris社（4538）

◇ 作用機序

Ca^{2+}活性化Cl$^-$チャネル（CaCC）であるTMEM16A（別名：Ano1 / Anoctamin-1）の強力かつ選択的な阻害剤．T16Ainh-A01は唾液腺がん細胞株A-253においてCaCCのイオン透過性を有意に遮断するが，気道および腸の上皮細胞にはほとんど影響を与えない．また，CFTRのCl$^-$透過性にもほとんど影響を与えない．

◇ 生理機能

マウスおよびヒトへの投与は血管平滑筋細胞のCaCCを阻害して血管を弛緩させる．また，ヒト頭頸部扁平上皮がんや悪性前立腺がんにおいてがん細胞の増殖を抑制する効果がある．

◇ 注意点

類似のTMEM16A阻害剤としてCaCCinh-A01（Tocris社，4877など）などがある．一方，TMEM16Aの活性化剤としてはEact（Tocris社，4876など）が知られており，T16Ainh-A01はEact処理により発生したCl$^-$透過を遮断することができる．

参考文献

1）Namkung W, et al：J Biol Chem, 286：2365-2374, 2011
2）Namkung W, et al：FASEB J, 25：4048-4062, 2011
3）Duvvuri U, et al：Cancer Res, 72：3270-3281, 2012
4）Davis AJ, et al：Br J Pharmacol, 168：773-84, 2013
5）Song Y, et al：Cell Death Dis, 9：703, 2018

Omeprazole

別名：オメプラゾール

◆**分子量**：345.4

◆**IUPAC名**：5-Methoxy-2-{[(4-methoxy-3,5-dimethyl-2-pyridinyl)methyl]sulfinyl}-1H-benzimidazole

◆**使用法・購入**
溶媒：DMSO（100 mM）．水やエタノールには溶けにくい．-80℃で保存
使用条件：細胞培養用培地に添加する場合，最終濃度10～50 μM（実験条件により異なる）．マウス個体に投与する場合，使用直前に生理食塩水で希釈した後，40～150 mg/kg/日で腹腔内投与（実験条件により異なる）
購入先：メルク社（496100），Tocris社（2583），富士フイルム和光純薬社（158-03491）

◇ **作用機序**

選択的かつ不可逆的なプロトンポンプ（H^+/K^+-ATPase）阻害剤．Omeprazoleは酸性条件下で活性体となりH^+/K^+-ATPaseの膜貫通領域（TM5/6）にあるシステイン残基（Cys^{813}）とジスルフィド（S-S）架橋を形成して共有結合し，H^+の排出を管腔側から阻害する．

◇ **生理機能**

胃壁細胞表面のH^+/K^+-ATPaseを特異的に阻害し，胃酸の分泌を抑制する．消化性潰瘍を抑える効果がある．また，ピロリ菌（*Helicobacter pylori*）を除去するために抗生物質と併用されることがある．

◇ **注意点**

シトクロムP450（CYP2C19，CYP3A4）の酵素阻害剤でもある．類似のプロトンポンプ阻害薬としてLansoprazole（ランソプラゾール，AG-1749）やSCH-28080などがある．

第10章 チャネル以外のイオン チャネル関連薬剤

参考文献

1）Besancon M, et al：J Biol Chem, 272：22438-22446, 1997
2）Richardson P, et al：Drugs, 56：307-335, 1998
3）Lambrecht N, et al：J Biol Chem, 275：4041-4048, 2000
4）Cowan A, et al：Eur J Pharmacol, 517：127-131, 2005
5）Shirasaka Y, et al：Drug Metab Dispos, 41：1414-1424, 2013

Bafilomycin A1

別名：バフィロマイシンA1

詳細は**第29章**同薬剤を参照

◇ 解説

　液胞型プロトンポンプ（vacuolar H^+-ATPase）の阻害剤であるバフィロマイシンA1はオートファジー経路の阻害剤としても利用される.

第11章

Notchシグナル関連薬剤
γ-secretase インヒビター

穂積勝人

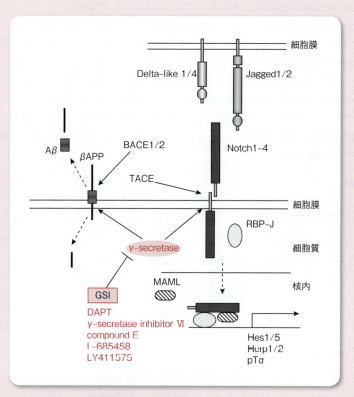

概略図　Notchシグナル関連薬剤の作用機構

　Notchは，哺乳動物では，Notch1からNotch4までの4種類の存在が知られている．Notchリガンド（NotchL）としては，Dll1およびDll4の2種類がDll（Delta-like）分子群として，Jagged1，Jagged2がJagged分子群として知られ，いずれもNotch分子と結合し，Notchシグナルを惹起する．Notchシグナルは，Notch/NotchLの結合によって，Notch分子の構造に何らかの変化が誘導され，ADAM系プロテアーゼであるTACEによって細胞外領域が切断されることにはじまる．Notch細胞外領域

はNotchLとともにNotchL発現細胞内に取り込まれる（trans-endocytosis）．その後，γ-secretaseにより細胞膜領域と細胞内領域に分解され，活性化体であるNotch細胞内領域（intracellular Notch：ICN）が細胞質内に遊離される．ICNは細胞質内にてDNA結合分子であるRBP-Jと結合し，核内に移行する．核内にて，RBP-Jの結合特異性に従ってNotch標的遺伝子制御領域に接近し，ICNに結合する転写活性化因子であるMAMLとともに三者複合体を形成する．すなわち，ICNはRBP-JとMAMLを結合・隣接させる足場として機能している．標的遺伝子としては，Hes1/5，Herp1/2，pTαなどが知られている．γ-secretaseインヒビター（GSI）は上記のγ-secretase活性を阻害し，Notchシグナルを抑制する（**概略図**）．

γ-secretaseは当初，アルツハイマー病老人斑の主要構成成分であるアミロイドβペプチド（Aβ）がアミロイドβタンパク質前駆体（βAPP）から生成される過程で機能する酵素活性の1つとして見出された．現在では，プレセニリンを主酵素とするタンパク質複合体と考えられている．βAPPはNotch同様，膜タンパク質で，連続したタンパク質分解反応により複数（主として，細胞外，膜内，細胞内）のタンパク質断片に細分化される．その結果，Aβがその細胞外・膜内の一部を含む成分として細胞外に放出される．他方，Notch分子からは，Notchシグナルを担う細胞内領域が細胞内へ遊離される．

参考文献

1）Annaert W & De Strooper B：Trends Neurosci, 22：439-443, 1999
2）Okochi M, et al：EMBO J, 21：5408-5416, 2002

DAPT

◆**分子量**：432.5

◆**IUPAC名**：N-[N-(3,5-difluorophenacethyl-L-alanyl)]-S-phenylglycine t-butyl ester

◆**使用法・購入**

溶媒：DMSO（100 mM程度），小分けして−20℃凍結保存（くり返しの凍結融解は避ける）

使用条件：細胞培養用培地に添加する場合，2〜10μM程度で効果

購入先：メルク社（γ-secretase inhibitor IX：565770）他，さまざまなメーカーから入手可能

◇作用機序

γ-secretaseを阻害するジペプチドプロテアーゼ阻害剤．γ-secretaseの活性は，活性本体であるプレセニリンといくつかのタンパク質複合体によって担われるが，プレセニリン単独では酵素活性をもたず，細胞膜内にてタンパク質分解酵素として働く際の詳細は不明である．プレセニリンは，構造上の類似性が認められるシグナルペプチドペプチダーゼと，活性中心と考えられるアスパラギン酸とその近傍に類似性が高い．GSIはこうした活性中心と高い親和性を有し，酵素活性を阻害していると考えられる．

◇生理機能

培養細胞を用いたAβ産生の抑制活性として，Aβ_{total} IC_{50} = 115 nMの記載がある（メーカー資料参照）．現在，GSIとして最も頻用される薬剤である．われわれは，単純なNotchシグナル発生系として，マウスあるいはヒトNotchリガンド（Dll1, Dll4, Jagged1, Jagged2）を強制発現させたNIH-3T3細胞と，RBP-J結合配列下流にルシフェラーゼ遺伝子を付加したレポーター遺伝子を導入したマウスNotch1発現NIH-3T3細胞とを共培養し，ルシフェラーゼ活性をNotchシグナルとして検出している．DAPTでは，2μM程度でほぼ完全な抑制が認められる．また，マウス胎仔胸腺器官培養系（FTOC）にGSIを添加することにより，CD4/CD8両陽性（DP）細胞の出現を抑制できるが[1][2]，この系では10μM程度で抑制が観察される．同様の結果がヒトT細胞分化系でも報告されている[3]．

参考文献

1）Doerfler P, et al：Proc Natl Acad Sci U S A, 98：9312-9317, 2001

2）Hadland BK, et al：Proc Natl Acad Sci U S A, 98：7487-7491, 2001
3）De Smedt M, et al：Blood, 106：3498-3506, 2005

γ-secretase inhibitor Ⅵ

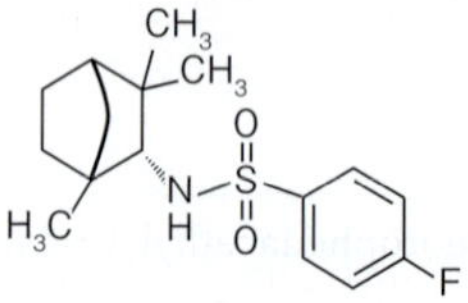

◆**分子量**：311.1

◆**IUPAC名**：1-(S)-endo-N-(1,3,3-trimethylbicyclo[2.2.1]hept-2-yl)4-fluoro-phenyl sulfonamide

◆**使用法・購入**
溶媒：DMSO（200 mM程度），小分けして−20℃凍結保存（くり返しの凍結融解は避ける）
使用条件：細胞培養用培地に添加する場合，10〜50μM程度で効果
購入先：メルク社（565763）

◇**作用機序**

DAPTの項を参照．やや古い世代のGSI.

◇**生理機能**

Aβ$_{42}$生成反応でのIC$_{50}$は，1.8μM．マウス胎仔胸腺器官培養（FTOC）時，50μMにてほぼ完全なCD4/CD8両陽性（DP）細胞分化抑制が認められる．

Compound E

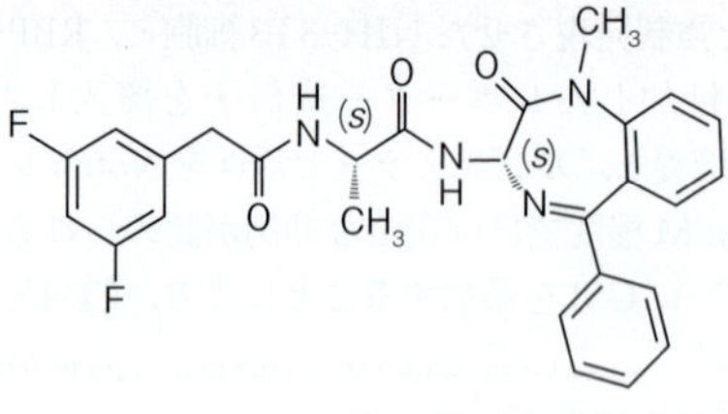

◆**分子量**：490.5

◆**IUPAC名**：(S,S)-2-[2-(3,5-difluorophenyl)-acetylamino]-N-(1-methyl-2-oxo-5-phenyl-2,3-dihydro-1H-benzo[e][1,4]diazepin-3-yl)-propionamide

◆使用法・購入
溶媒：DMSO（10 mM程度），小分けして–20℃凍結保存（くり返しの凍結融解は避ける）

使用条件：細胞培養用培地に添加する場合，0.2〜1 μM程度で効果が期待できる

購入先：メルク社（γ-secretase inhibitor XXI：565790），アブカム社（ab142164）

◇ 作用機序

DAPTの項を参照．第2世代GSIとされるLY411575（後述）と同様，非常に低濃度で活性が期待できる．

◇ 生理機能

Aβ_{40}生成反応でのIC$_{50}$は，300 pM．Notch1シグナル活性型変異が認められるヒトT細胞性白血病（T-ALL）細胞を1 μMで培養することにより，細胞周期停止や細胞死を誘導する[1]．マウス胎仔胸腺器官培養系（FTOC）では，200 nMでCD4/CD8両陽性（DP）細胞誘導を阻止できる[2]．LY-411575でもほぼ同様の濃度にてDP細胞誘導が阻止される．

参考文献
1）Weng AP, et al：Science, 306：269-271, 2005
2）Doerfler P, et al：Proc Natl Acad Sci U S A, 98：9312-9317, 2001

L-685458

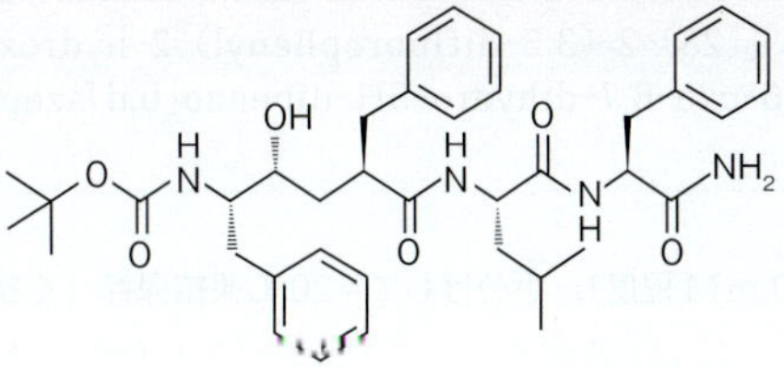

◆分子量：672.9

◆IUPAC名：{1S-benzyl-4R-[1-(1S-carbamoyl-2-phenethylcarbamoyl)-1S-3-methylbutylcarbamoyl]-2R-hydroxy-5-phenylpentyl}carbonic acid tert-butyl ester

◆使用法・購入
溶媒：DMSO（100 mM程度），小分けして–20℃凍結保存（くり返しの凍結融解は避ける）

使用条件：細胞培養用培地に添加する場合，10 μM程度で効果が期待できる

購入先：メルク社（γ-secretase inhibitor X：565771），アブカム社（ab141414）

◇ 作用機序

DAPTの項を参照. 細胞膜透過性のヒドロキシエチレンジペプチドイソスターで, プレセニリン触媒部位に親和性を有する.

◇ 生理機能

$A\beta_{total}$ 生成反応でのIC$_{50}$は, 17 nM. NIH-3T3細胞を用いたICN生成阻止実験では, 10 μMにて効果が認められている[1]. マウス胎仔胸腺器官培養系（FTOC）では, 10 μMでCD4/CD8両陽性（DP）細胞からCD8SP細胞への分化を阻止する[2].

参考文献

1）Tokunaga A, et al：J Neurochem, 90：142-154, 2004
2）Doerfler P, et al：Proc Natl Acad Sci U S A, 98：9312-9317, 2001

LY-411575

◆ 分子量：479.5

◆ IUPAC名：N(2)-[(2S)-2-(3,5-difluorophenyl)-2-hydroxyethanoyl]-N(1)-[(7S)-5-methyl-6-oxo-6,7-dihydro-5H-dibenzo[b,d]azepin-7-yl]-l-alanin-amide

◆ 使用法・購入

溶媒：DMSO（10 mM程度）, 小分けして-20℃凍結保存（くり返しの凍結融解は避ける）
使用条件：細胞培養用培地に添加する場合, 0.2～1μM程度で効果が期待できる
購入先：シグマ社（SML0506）

◇ 作用機序

DAPTの項を参照. 第2世代GSIとされる. 新規GSIの開発に際し, スタンダード化合物として用いられている.

◇ 生理機能

$A\beta_{40}$ 生成反応でのIC$_{50}$ = 100～400 pM[1][2]. マウス胎仔胸腺器官培養系（FTOC）では, 300 nM程度でDP細胞誘導を阻止できる. 1～10 mg/kgの経口投与（マウス）にて, 血漿・脳内での$A\beta_{40/42}$の産生抑制, 胸腺内T細胞分化の抑制および腸管での形態異常と杯細胞（goblet cells）の増加が認められる[2].

参考文献

1) Weihofen A, et al：J Biol Chem, 278：16528-16533, 2003
2) Wong GT, et al：J Biol. Chem, 279：12876-12882, 2004

DBZ

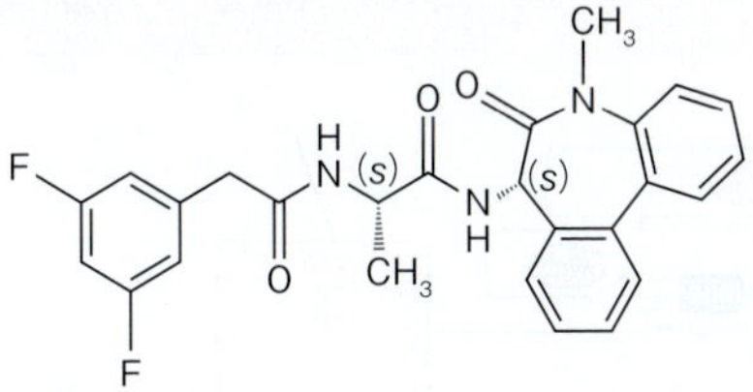

◆**分子量**：463.4

◆**IUPAC名**：(S,S)-2-[2-(3,5-difluorophenyl)-acetylamino]-N-(5-methyl-6-oxo-6,7-dihydro-5H-dibenzo[b,d]azepin-7-yl)-propionamide

◆**使用法・購入**
溶媒：DMSO（10 mg/mL），小分けして−20℃凍結保存（くり返しの凍結融解は避ける）
使用条件：マウス個体に10 mmol/kg，腹腔内投与にてNotchシグナル抑制効果が期待できる
購入先：メルク社（γ-secretase inhibitor XXI：565790），アブカム社（ab142164）

◇作用機序

DAPTの項を参照．Compound Eとの構造類似性が高く，同様の機序にて作用するものと考えられる．

◇生理機能

Notch プロセシング反応でのIC$_{50}$は，1.7 nM．マウス個体への投与実績が多く[1~3]，個体レベルでNotchシグナル抑制を試みる場合は，第一選択薬と考えられる．多くの論文にて，10 mmol/kg 腹腔内投与が行われている．0.5％（w/v）ヒドロキシメチルセルロースを用いて腹腔内投与している記述がある[1]．

参考文献

1) Tran IT, et al：J Clin Invest 123：1590-1604, 2013
2) van Es JH, et al：Nature 435：959-963, 2005
3) Real PJ, et al：Nat Med 15：50-58, 2009

第11章　Notchシグナル関連薬剤

第12章
Wntシグナル関連薬剤

中村 勉

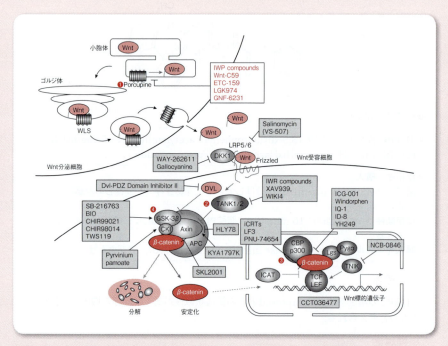

概略図 Wnt/β-catenin経路を構成するタンパク質とその関連薬剤

　Wntシグナルを伝達する経路には，Wnt/β-catenin経路，PCP経路，Wnt/Ca²⁺経路の3種類が存在する．このうちWnt/β-catenin経路は，がん・糖尿病・肥満・線維化疾患・骨粗鬆症などの発症に大きく寄与しており，治療標的として重要である．さらに，幹細胞のstemnessとの密接な関連から，幹細胞医学の分野からも注目されている．このため，旧版の出版以降この経路に対する阻害剤・活性化剤の需要が大きく拡大し，多数の薬剤が開発されてきた．本稿では，このWnt/β-catenin経路に焦点を絞り，シグナル伝達の各ポイントを標的とする多彩な阻害剤・活性化剤について紹介する（概略図）．

　Wntは，小胞体においてアシル基転移酵素Porcupineによってパルミチン酸・パルミトレイン酸付加を受けた後，細胞外に分泌される．この脂質修飾は，Wntの輸送・

分泌に必須である．標的細胞表面の受容体Frizzledおよび LRP5/6 に Wnt が結合すると，酵素 Tankyrase による Axin のポリ ADP リボシル化の結果，β-catenin destruction complex が受容体 Frizzled-LRP5/6 にリクルートされ，いわゆるシグナロソームが形成される．このため，CKI および GSK-3β によるリン酸化を免れた β-catenin は核へ移行し，転写制御因子群との相互作用により標的遺伝子の発現を調節する．

　本章で紹介する阻害剤・活性化剤の主要な標的は4カ所である．まず Wnt 分泌細胞で機能する① Porcupine で，これを阻害することで Wnt の産生そのものを抑止する．Wnt を受容する細胞側で注目されている標的は② Tankyrase で，この阻害剤は Axin を安定化およびシグナロソーム形成を阻害することにより Wnt シグナルを抑制する．核内では，β-catenin と各種転写制御因子（③ TCF4，BCL9，④ CBP および p300）との結合の選択的遮断に重点が置かれている．一方，Wnt シグナル活性化の主要な標的は⑤ GSK-3β で，そのキナーゼ活性を阻害する低分子化合物が多数開発・洗練化されてきている．

参考文献

1）Anastas JN, et al：Nat Rev Cancer, 13：11-26, 2013
2）Kahn M：Nat Rev Drug Discov, 13：513-532, 2014
3）Zhan T, et al：Oncogene, 36：1461-1473, 2016
4）Shang S, et al：Oncotarget, 8：33972-33989, 2017
5）Holland JD, et al：Curr Opin Cell Biol, 25：254-264, 2013

第12章　Wntシグナル関連薬剤

1 Porcupine 阻害剤

IWP 化合物 (IWP-2, IWP-3, IWP-4, IWP-L6, IWP-12, IWP-O1)，Wnt-C59， ETC-159， LGK974， GNF-6231

IWP-2

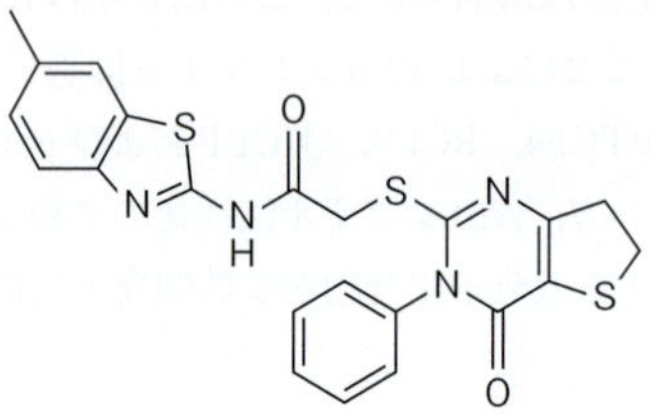

IWP-L6

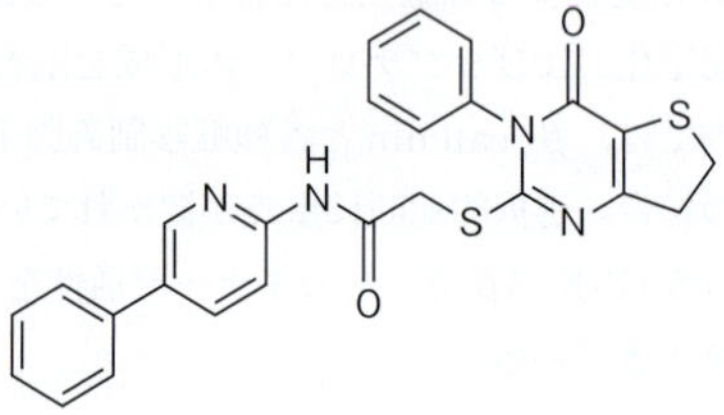

IWP-3

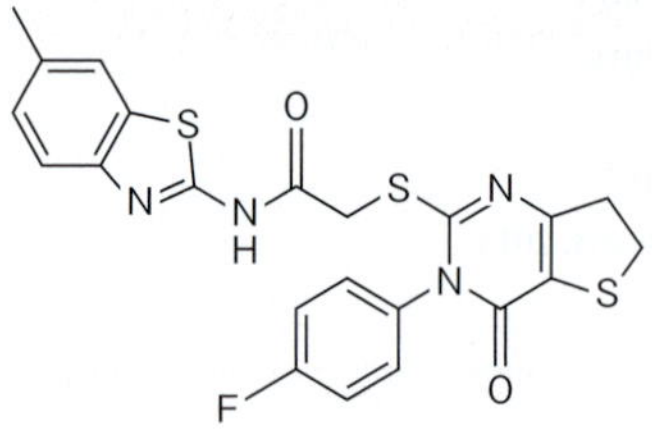

IWP-12

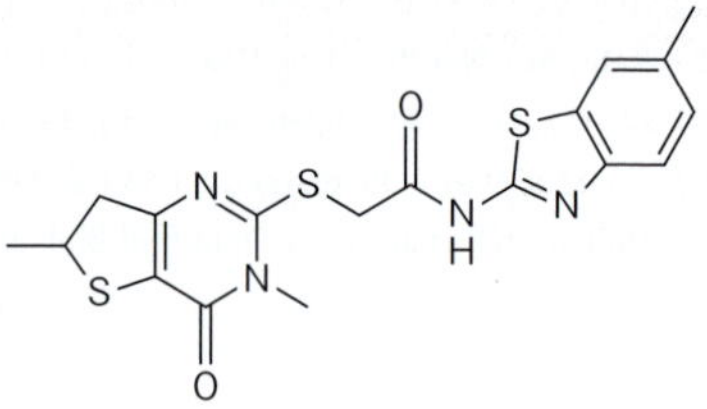

IWP-4

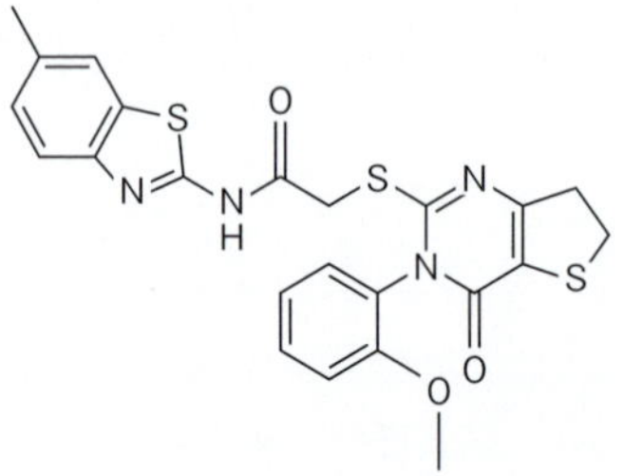

IWP-O1

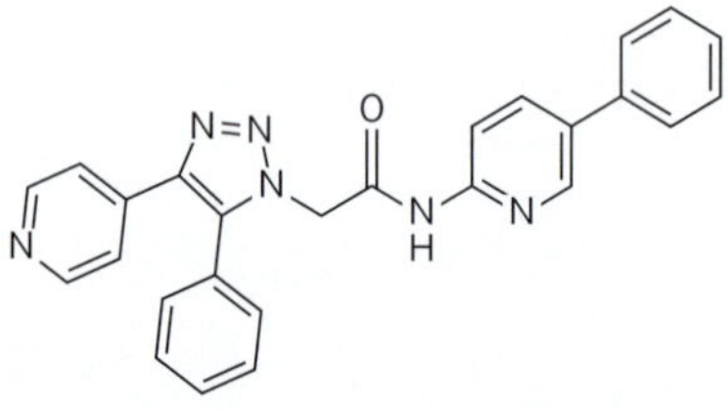

Wnt-C59

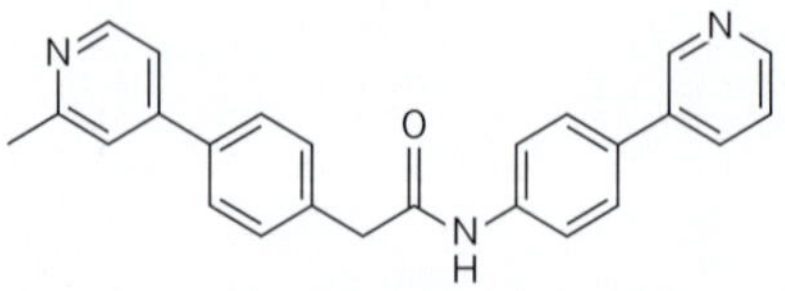

LGK974

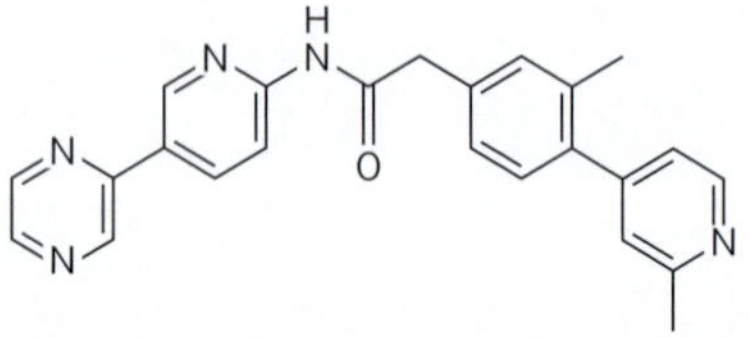

ETC-159 GNF-6231

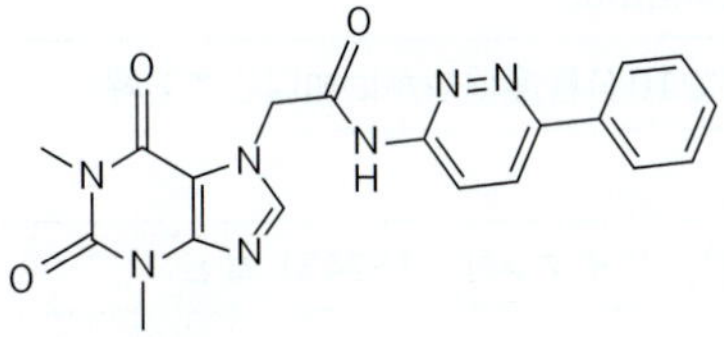

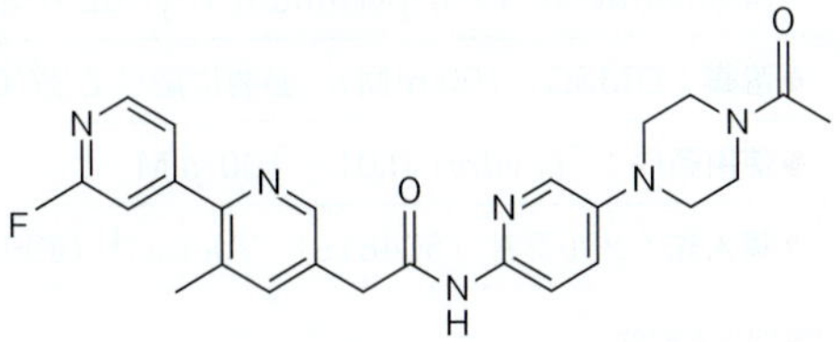

IWP-2

◆分子量：466.6

◆**IUPAC名**：N-(6-Methyl-2-benzothiazolyl)-2-[(3,4,6,7-tetrahydro-4-oxo-3-phenylthieno[3,2-d]pyrimidin-2-yl)thio]-acetamide

◆溶媒：DMSO（5 mM）．必要に応じて37℃で10分程度穏やかに加温して溶解

◆使用条件：［*in vitro*］0.05〜5 μM

◆購入先：メルク社（681671），Tocris社（3533），STEMCELL Technologies社（72122）など

IWP-3

◆分子量：484.6

◆**IUPAC名**：2-[[3-(4-Fluorophenyl)-3,4,6,7-tetrahydro-4-oxothieno[3,2-d]pyrimidin-2-yl]thio]-N-(6-methyl-2-benzothiazolyl)-acetamide

◆溶媒：DMSO（10 mM）．必要に応じて37℃で10分程度穏やかに加温して溶解

◆使用条件：［*in vitro*］1〜2 μM

◆購入先：シグマ社（SML0533），STEMCELL Technologies社（72542），Cellagen-Technology社（C4971）など

IWP-4

◆分子量：496.6

◆**IUPAC名**：N-(6-Methyl-2-benzothiazolyl)-2-[[3,4,6,7-tetrahydro-3-(2-methoxyphenyl)-4-oxothieno[3,2-d]pyrimidin-2-yl]thio]-acetamide

◆溶媒：DMSO（5 mM）．必要に応じて37℃で10分程度穏やかに加温して溶解

◆使用条件：［*in vitro*］5 μM

◆購入先：シグマ社（SML1114），Tocris社（5214），STEMCELL Technologies社（72552）など

IWP-L6

◆分子量：472.6

◆IUPAC名：N-(5-Phenyl-2-pyridinyl)-2-[(3,4,6,7-tetrahydro-4-oxo-3-phenylthieno[3,2-d]pyrimidin-2-yl)thio]-acetamide

◆溶媒：DMSO（100 mM）．必要に応じて37℃で10分程度穏やかに加温して溶解

◆使用条件：[in vitro] 0.01～100 μM

◆購入先：メルク社（504819），Tocris社（4992），ケイマン社（15243）など

IWP-12

◆分子量：418.6

◆IUPAC名：N-(6-Methyl-2-benzothiazolyl)-2-[(3,4,6,7-tetrahydro-3,6-dimethyl-4-oxothieno[3,2-d]pyrimidin-2-yl)thio]-acetamide

◆溶媒：DMSO（10 mM）．必要に応じて37℃で10分程度穏やかに加温して溶解

◆購入先：シグマ社（SML0677），Tocris社（5279），ケイマン社（22729）など

IWP-O1

◆分子量：432.5

◆IUPAC名：5-Phenyl-N-(5-phenylpyridin-2-yl)-4-(pyridin-4-yl)-1H-1,2,3-triazol-1-acetamide, Wnt-C59: 2-[4-(2-Methylpyridin-4-yl)phenyl]-N-[4-(pyridin-3-yl)phenyl]acetamide

◆溶媒：DMSO（50 mM）．必要に応じて37℃で10分程度穏やかに加温して溶解

◆使用条件：[in vitro] 1 μM

◆購入先：シグマ社（SML1962）など

Wnt-C59

◆分子量：379.5

◆IUPAC名：2-[4-(2-Methylpyridin-4-yl)phenyl]-N-[4-(pyridin-3-yl)phenyl]acetamide

◆溶媒：DMSO（100 mM）．必要に応じて37℃で10分程度穏やかに加温して溶解

◆使用条件：[in vitro] 0.25～0.5 μM／[in vivo] 2.5 mg/kg（静注）または5 mg/kg（経口）

◆購入先：アブカム社（ab142216），Tocris社（5148），Cellagen Technology社（C7641）など

ETC-159

◆分子量：391.4

◆IUPAC名：1,2,3,6-tetrahydro-1,3-dimethyl-2,6-dioxo-N-(6-phenyl-3-pyridazinyl)-7H-purine-7-acetamide

◆**溶媒**：DMSO（100 mM）．必要に応じて37℃で10分程度穏やかに加温して溶解

◆**使用条件**：［*in vitro*］0.1 µM／［*in vivo*］ETC-159：3～100 mg/kg（経口）

◆**購入先**：ケイマン社（24104），MedChemExpress社（HY-18988）など

LGK974

◆**分子量**：396.4

◆**IUPAC名**：2-(2',3-Dimethyl-2,4'-bipyridin-5-yl)-N-(5-(pyrazin-2-yl)pyridin-2-yl)acetamide

◆**溶媒**：DMSO（100 mM）．必要に応じて37℃で10分程度穏やかに加温して溶解

◆**使用条件**：［*in vitro*］0.3～3 µM／［*in vivo*］1～5 mg/kg（経口）

◆**購入先**：メルク社（531091），Cellagen Technology社（C6545），ケイマン社（14072）など

GNF-6231

◆**分子量**：448.5

◆**IUPAC名**：N-[5-(4-Acetyl-1-piperazinyl)-2-pyridinyl]-2'-fluoro-3-methyl[2,4'-bipyridine]-5-acetamide

◆**溶媒**：DMSO（200 mM）．必要に応じて37℃で10分程度穏やかに加温して溶解

◆**使用条件**：［*in vivo*］GNF-6231：0.3～3 mg/kg（経口）

◆**購入先**：セレック社（S8644），MedChemExpress社（HY-100408）

◇ 作用機序

　　小胞体におけるWntのパルミチン酸・パルミトレイン酸修飾は，Wntの輸送・分泌・生物活性に必須である．上記の薬剤は，この修飾反応を触媒する小胞体膜結合型アシル基転移酵素Porcupineを阻害する．

◇ 生理機能

　　本分類の薬剤は，Wntシグナルに依存したプロセスを*in vitro*で阻害する．例えば，培養L細胞からの各種Wntの分泌阻害，HEK293細胞やHeLa細胞でのDvlリン酸化の阻害などがあげられる．頭頸部扁平上皮がん細胞株HN30，R-spondin遺伝子に転座をもつ大腸がん細胞，RNF43に変異をもつ膵臓がん細胞の増殖を阻害する．培養マウス胚腎の分枝形成阻害，ヒトES細胞やiPS細胞の心筋細胞への分化誘導，マウスES細胞の自己複製阻害およびエピブラスト幹細胞への分化誘導，腸管クリプト細胞や腸管上皮幹細胞の三次元培養系などがあげられる．

　　*in vivo*では，マウスの経口投与で，骨量・骨密度の減少，上記の大腸がん・膵臓がんの退縮と分化誘導，MMTV-Wnt1トランスジェニックマウスの乳がんの増殖阻害などの効果がある．ゼブラフィッシュでは尾鰭の再生や体軸形を阻害する．TCF依存性の転写活性化の系における各薬剤のIC_{50}は以下の通りである．IWP-2：27 nM,

IWP-3：40 nM，IWP-4：25 nM，IWP-L6：0.5 nM，IWP-12：15 nM，
IWP-O1：80 pM，Wnt-C59：74 pM，ETC-159：2.9 nM，LGK-974：0.4 nM，
GNF-6231：0.8 nM．

◇ 注意点

　　IWP-2は血中carboxylesteraseによる代謝を受けやすいため，*in vivo* での使用は限定的である．IWP-L6は，ヒトの血漿中では24時間以上安定だが，マウスやラットの血漿中ではすみやかに代謝される（半減期はラットで190分，マウスで2分）．IWP-O1はマウス血漿中でも比較的安定である（半減期：130分）．Wnt-C59，ETC-159，LGK974およびGNF-6231は経口投与可能である．Wnt-C59の血中半減期は，2.5 mg/kgの静注または5 mg/kgの経口投与の場合1.94時間で，投与後少なくとも16時間は，*in vitro* のIC_{50}の10倍以上の濃度を維持する．ETC-159はほぼ100％がすみやかに血中に移行する（5 mg/kgの経口投与で，最高血中濃度到達時間は約30分）．GNF-6231は，実験動物レベルで72〜96％のバイオアベイラビリティを示す．代謝的にも安定で，半減期はマウスで2.4時間，ラットで2.8時間である．GNF-6231はcytochrome P450に対して抑制効果を示す（$IC_{50} > 10 \mu M$）．

参考文献

1）Chen B, et al：Nat Chem Biol, 5：100-107, 2009
2）Proffitt KD, et al：Cancer Res, 73：502-507, 2013
3）Madan B, et al：Oncogene, 35：2197-2207, 2016
4）Liu J, et al：Proc Natl Acad Sci U S A, 110：20224-20229, 2013
5）Cheng D, et al：ACS Med Chem Lett, 7：676-680, 2016

2 Tankyrase 阻害剤

IWR化合物（IWR-1，IWR-1-endo，53AH），XAV939，WIKI4

IWR-1

XAV939

IWR化合物，XAV939，WIKI4

53AH　　　　　　　　　　　　WIKI4

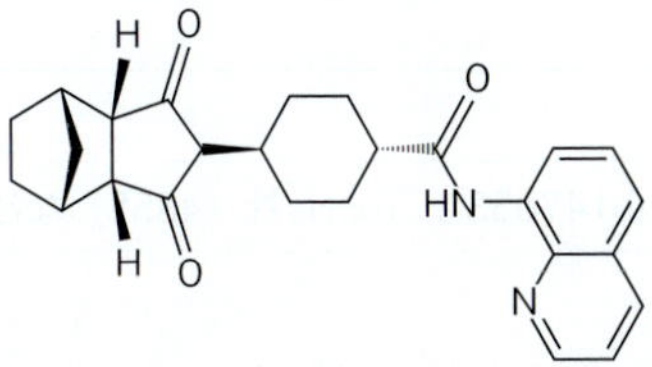

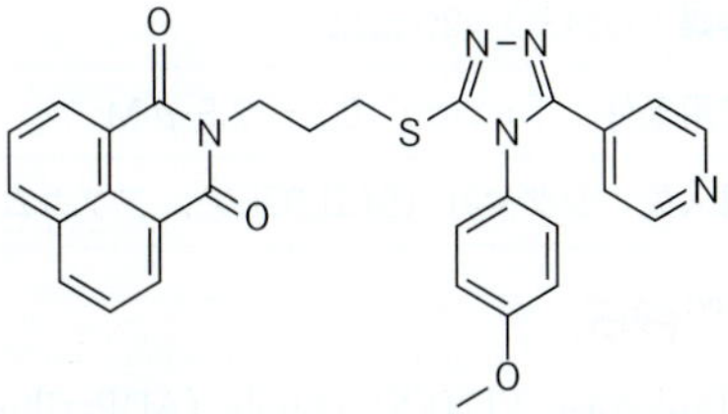

IWR-1（IWR-1-endo）

◆分子量：409.4

◆IUPAC名：［(3aR*,4S*,7R*,7aS)-1,3,3a,4,7,7a-Hexahydro-1,3-dioxo-4,7-methano-2H-isoindol-2-yl]-N-8-quinolinylbenzamide

◆溶媒：DMSO（50 mM）

◆使用条件：［in vitro］1〜25 μM／［in vivo］10 μM（ゼブラフィッシュ）

◆購入先：シグマ社（I0161），STEMCELL Technologies社（72562），Tocris社（3532）など

53AH

◆分子量：416.5

◆IUPAC名：(1R,4r)-4-((2s,3aR,4R,7S,7aS)-1,3-dioxooctahydro-1H-4,7-methanoinden-2-yl)-N-(quinolin-8-yl)cyclohexanecarboxamide

◆溶媒：DMSO（50 mM）

◆使用条件：［in vitro］0.1〜1 μM

◆購入先：Cellagen Technology社（C5324）

XAV939

◆分子量：312.3

◆IUPAC名：3,5,7,8-Tetrahydro-2-[4-(trifluoromethyl)phenyl]-4H-thiopyrano[4,3-d]pyrimidin-4-one

◆溶媒：DMSO（20 mM）

◆使用条件：［in vitro］0.33〜3.3 μM

◆購入先：シグマ社（X3004），アブカム社（ab120897），STEMCELL Technolo-gies社（72672）など

WIKI4

◆分子量：521.6

◆IUPAC名：2-[3-[[4-(4-Methoxyphenyl)-5-(4-pyridinyl)-4H-1,2,4-triazol-

3-yl]thio]propyl]-1Hbenz[de]isoquinoline-1,3(2H)-dione

◆**溶媒**：DMSO（20 mM）

◆**使用条件**：[*in vitro*] 0.1～2.5 μM

◆**購入先**：シグマ社（SML0760），アブカム社（ab147053），Tocris社（4855）など

◇ 作用機序

　Tankyrase（TNKS）は poly（ADP-ribose）polymerase で，Axin1 および Axin2 をポリ ADP リボシル化して分解を誘導する．また，Axin のポリ ADP リボシル化は，β-catenin destruction complex の受容体 Frizzled-LRP5/6 へのリクルート・シグナロソーム形成を誘導する．その結果 β-catenin が安定化し，Wnt シグナルが活性化される．Tankyrase 阻害剤は，TNKS1 および TNKS2 の酵素活性を阻害することで上述のプロセスを阻害し，Wnt シグナルを抑制する．

◇ 生理機能

　本文類の薬剤は，Wnt3a で刺激した L 細胞や HEK293 細胞に，Axin1/2 の安定化および β-catenin Ser33/37/Thr41 リン酸化を誘導し，β-catenin レベルを減少させる．大腸がん細胞において Axin1/2 を安定化，β-catenin のリン酸化を亢進させる．Wnt/β-catenin 経路が活性化している大腸がん細胞株のコロニー形成を阻害する．ゼブラフィッシュの尾びれの再生・消化管上皮細胞の生理的な再生を阻害する．ヒト ES 細胞の心筋分化を促進する．Wnt3a に依存したヒト ES 細胞の中胚葉・内胚葉系細胞への分化誘導を阻害する．IC_{50} = IWR-1, 0.18 μM; XAV939, 11 nM（TNKS1）/4 nM（TNKS2）; WIKI4, 26 nM（TNKS1）/15 nM（TNKS2）.

◇ 注意点

　IWR-1 と IWR-1-endo は同一の化合物である．IWR-1-exo は IWR-1-endo（IWR-1）のジアステレオマーで阻害活性が低く，コントロール化合物として用いられる．Tocris 社，ケイマン社，サンタクルズ社などから入手可能．IWR-2，IWR-3，IWR-4，IWR-5 は市販されていない．なお IC_{50} はそれぞれ，0.23 μM，0.35 μM，0.33 μM，2.0 μM である．53AH は IWR-1 のアナログで，まだ使用実績は少ないが，複数の実験系で IWR-1 よりも優れた Wnt 抑制能を示している．水溶性・化学的安定性・細胞毒性なども IWR-1 より優れている．IWR-1-endo，XAV939 については**第41章**も参照．

参考文献

1）Chen B, et al：Nat Chem Biol, 5：100-107, 2009
2）Willems E, et al：Circ Res, 109：360-364, 2011
3）Huang SM, et al：Nature, 461：614-620, 2009
4）James RG, et al：PLoS One, 7：e50457, 2012

3 β-catenin-TCF4 阻害剤

iCRTs

iCRT3

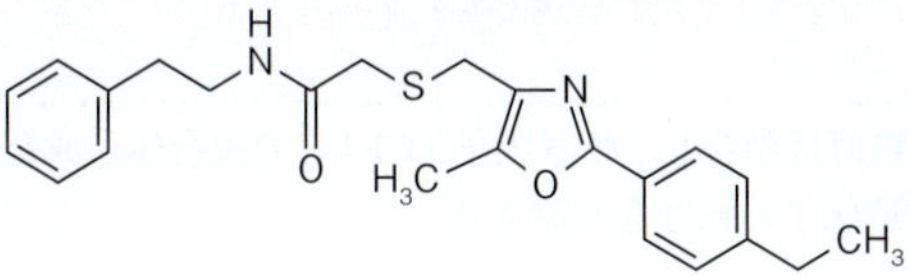

iCRT5

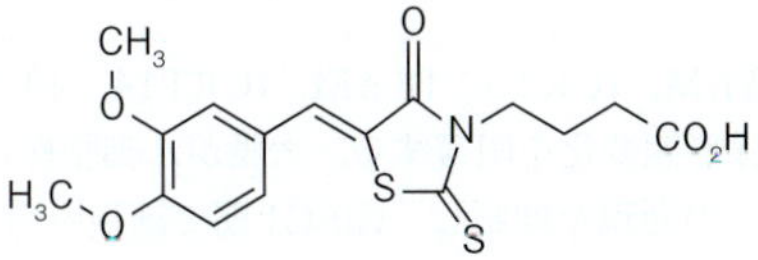

iCRT14

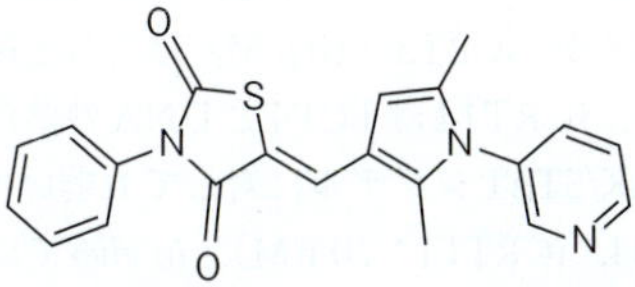

iCRT3

◆分子量：394.5

◆IUPAC名：2-[[[2-(4-ethylphenyl)-5-methyl-4-oxazolyl]methyl]thio]-N-(2-phenylethyl)acetamide

◆溶媒：DMSO（100 mM）

◆使用条件：[*in vitro*] 10〜200 μM

◆購入先：シグマ社（SML0211），メルク社（219332）

iCRT5

◆分子量：367.4

◆IUPAC名：(Z)-4-(5-(3,4-Dimethoxybenzylidene)-4-oxo-2-thioxothiazolidin-3-yl)butanoic acid

◆溶媒：DMSOに可溶

◆使用条件：[*in vitro*] 10〜200 μM

◆購入先：アブカム社（ab142141），BioVision社（1896）

iCRT14

◆分子量：375.4

第12章　Wntシグナル関連薬剤

207

◆ **IUPAC名**：5-[[2,5-Dimethyl-1-(3-pyridinyl)-1H-pyrrol-3-yl]methylene]-3-phenyl-2,4-thiazolidinedione

◆ **溶媒**：DMSO（75 mM）

◆ **使用条件**：[*in vitro*] 10～200 μM／[*in vivo*] 20～50 mg/kg（腹腔内投与）

◆ **購入先**：シグマ社（SML0203），Tocris社（4299），ケイマン社（22132）

◇ 作用機序

β-cateninに直接結合し，転写因子TCF4との複合体形成をブロックすることにより，Wnt標的遺伝子の転写を抑制する．

◇ 生理機能

IC_{50} = iCRT3：8.2 nM，iCRT5：18 nM，iCRT14：40.3 nM．Wnt3aによるC57MG細胞のEMT様形態変化を阻害する．大腸がん細胞株においてWnt標的遺伝子（*CyclinD1, Axin2*）の発現を抑制し，G0/G1期で細胞周期を停止させる．iCRT3はβ-cateninとTCF1の相互作用もブロックする．マウスES細胞の分化の際にTCF1依存性の転写が活性化されるが，iCRT3（10μM）はこれを阻害し，自己複製を活性化し多分化能を維持させる．iCRT14はTCF4とDNAの結合もブロックできる．また，Notch，hedgehog，JAK/STATシグナルに対しても弱い抑制効果を示す（IC_{50} = iCRT3：69.2，iCRT5：194，iCRT14：70 nM）．*in vivo*では，ヒト大腸がん細胞株HCT116およびHT29の移植モデルで，腫瘍組織の増殖を約50％に抑制する．

◇ 注意点

β-catenin/TCF4結合阻害剤は多数あり，詳細はYan M, et al：Exp Biol Med, 242：1185-1197, 2017を参照されたい．

参考文献

1）Gonsalves FC, et al：Proc Natl Acad Sci U S A, 108：5954-5963, 2011
2）Fang L, et al：Cancer Res, 76：891-901, 2016
3）Trosset JY, et al：Proteins, 64：60-67, 2006
4）Leal LF, et al：Oncotarget, 6：43016-43032, 2015

LF3

◆ **分子量**：416.6

◆ IUPAC名：N-[4-(Aminosulfonyl)phenyl]-4-(3-phenyl-2-propen-1-yl)-1-piperazinecarbothioamide

◆ 使用法・購入
溶媒：DMSO（100 mM）
使用条件：［in vitro］10～60 μM ／［in vivo］50 mg/kg（静注）
購入先：シグマ社（SML1752），MedChemExpress社（HY-101486）

◇ 解説

作用機序，注意点，参考文献は iCRTs の項に同じ．

◇ 生理機能

β-catenin と TCF4 または LEF1 との結合を 50 % 程度阻害する．大腸がん細胞株において，Wnt 標的遺伝子（*Bmp4*, *Axin2*, *Survivin*, *Bambi*, *c-Myc*）の発現を抑制する．大腸がん細胞株の運動能および増殖を抑制し，細胞周期を G0/G1 期で停止させる．大腸がん幹細胞の自己複製を阻害する．マウス唾液腺上皮がん幹細胞の増殖とスフェア形成を阻害し，分化を誘導する．*in vivo* では，大腸がん幹細胞を移植したマウスにおいて腫瘍組織の増殖を抑制し，上皮系への分化を誘導する．$IC_{50} = 1.65 \sim 1.82$ μM．

PNU-74654

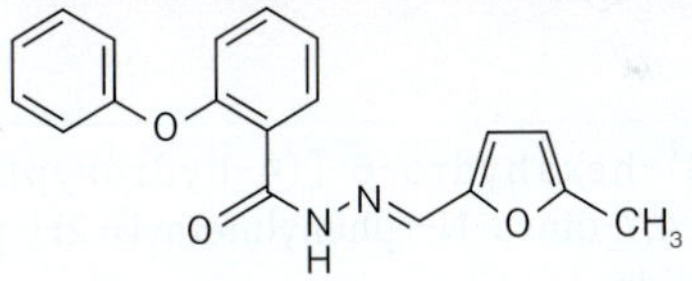

◆ 分子量：320.3

◆ IUPAC名：Benzoic acid, 2-phenoxy-, 2-[(5-methyl-2-furanyl)methylene]hydrazide

◆ 使用法・購入
溶媒：DMSO（75 mM）
使用条件：［in vitro］5～200 μM
購入先：シグマ社（P0052），アブカム社（ab144613），Tocris社（3534）など

◇ 解説

作用機序，注意点，参考文献は iCRTs の項に同じ．

◇ 生理機能

ヒト副腎皮質がん細胞株の増殖を阻害しアポトーシスを誘導する．

4 β-catenin-CBP/p300阻害剤

　CBPとp300はアミノ酸レベルで93％の同一性を有し，histone acetyltransferase（HAT）活性を介して転写コアクチベーターとして機能する．CBP/β-cateninシグナルは幹細胞の自己複製促進・多能性維持に作用するのに対して，p300/β-cateninシグナルは幹細胞の分化誘導という対照的な作用をもつ．β-cateninの相方となる転写コアクチベーターを切り替えることで幹細胞の状態をコントロールできることから，特に幹細胞生物学や再生医療の分野で注目を集めている．

ICG-001

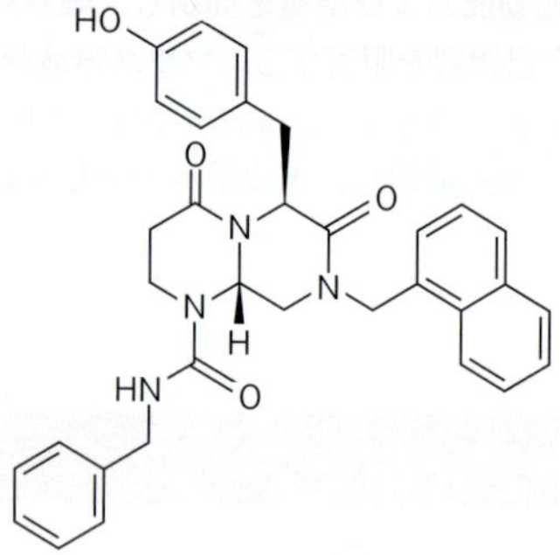

◆**分子量**：548.6

◆**IUPAC名**：(6S,9aS)-hexahydro-6-[(4-hydroxyphenyl)methyl]-8-(1-naphthalenylmethyl)-4,7-dioxo-N-(phenylmethyl)-2H-pyrazino[1,2-a]pyrimidine-1(6H)-carboxamide

◆**使用法・購入**
　溶媒：DMSO（100 mM）
　使用条件：［*in vitro*］2〜25 μM／［*in vivo*］150〜300 mg/kg（抗腫瘍効果）；5 mg/kg（抗線維化効果）
　購入先：メルク社（504712），Tocris社（4505），ケイマン社（16257）

◇ **作用機序**

　ICG-001はCBPに直接結合し，CBPとβ-cateninの結合を選択的に遮断する．p300には作用せず（p300とβ-cateninの結合は遮断しない）高い選択性を示す．

◇ **生理機能**

　大腸がん細胞においてWnt標的遺伝子（*Survivin, Cyclin D1*）の発現を抑制（$IC_{50} = 3$ μM）し，増殖を阻害する（$IC_{50} = 4\sim6$ μM）．caspase-3/7を活性化する．正常大腸上皮細胞には影響しない．急性リンパ性白血病幹細胞・唾液腺扁平上皮

がん幹細胞の自己複製を阻害し分化を誘導する．ヒトES細胞に対して分化を誘導する．*in vivo* では，水溶性アナログを $Apc^{min/+}$ マウスに投与すると，消化管ポリープの発生数を42％減少させる．大腸がん細胞を移植したヌードマウスに同アナログを静注すると，腫瘍組織の成長を阻害する．上記のがん幹細胞を移植したマウスへの投与で，腫瘍組織の増殖を抑制する．Bleomycin により誘発されるマウス肺の線維化（特発性肺線維症のモデル）において，肺組織の Wnt/β-catenin シグナルを抑制し，Bleomycin の線維化作用を抑制する．また，線維化後に投与しても肺の組織像および生存率を著しく改善させる．

◇ 注意点

　ICG-001 と同様の作用を有し，類似の構造をもちながらより阻害能の高い（$IC_{50} =$ 150 nM）PRI-724 が PRISM Pharma 社により開発されている．アブカム社やセレック社の製品情報に PRI-724 の記載があるが，構造式・分子式・分子量など ICG-001 と混同しているようである．実際，MedKoo Biosciences 社の製品情報にも，"Note: ICG-001 and PRR-724 are not the same molecule, which are enantiomer isomers. Many vendors confused them" と記載されている．ところが，Osawa らの論文（Osawa Y, et al: EBioMedicine, 2: 1751-1758, 2015）の Supplementary Fig. 8 で公開されている PRI-724 とその活性型代謝物 C-82 の構造式によれば，ICG-001 の鏡像異性体でもなく全く別の分子である．入手の際には注意を要する．また，ICG-001 を使用していながら ICG-001/PRI-724 と併記するなど，両者を混同している論文がある．

参考文献

1）Emami KH, et al: Proc Natl Acad Sci U S A, 101: 12682-12687, 2004
2）Hao J, et al: Cell Rep, 4: 898-904, 2013
3）Miyabayashi T, et al: Proc Natl Acad Sci U S A, 104: 5668-5673, 2007
4）Hasegawa K, et al: Stem Cells Transl Med, 1: 18-28, 2012
5）Higuchi Y, et al: Curr Mol Pharmacol, 9: 272-279, 2016

Windorphen

◆分子量：302.8

◆IUPAC名：(Z)-3-Chloro-2,3-bis(4-methoxyphenyl)acrylaldehyde

◆使用法・購入

溶媒：DMSO（100 mM）

使用条件：［*in vitro*］5〜30 μM

購入先：メルク社（509164），シグマ社（SML0899）

◇作用機序

Windorphen は p300/β-catenin 複合体の形成を阻害するとともに，p300 の HAT 活性を阻害する（IC$_{50}$ = 4.2 μM）．CBP と β-catenin との結合は阻害しない．

◇生理機能

安定化型 β-catenin による転写活性化を阻害する．大腸がん細胞株・前立腺がん細胞株にアポトーシスを誘導する．ゼブラフィッシュ β-catenin-1 による転写活性化を阻害するが，β-catenin-2 に対しては阻害しない．IC$_{50}$ = 1.5 μM．

◇注意点

Windorphen は幾何異性体の Z 体と E 体の混合物で，活性をもつ Z 体は 12〜15 ％含まれる．ネガティブコントロールとして，不活性型の E 体が市販されている（メルク社 509166）

参考文献

ICG-001 の項に同じ

IQ-1

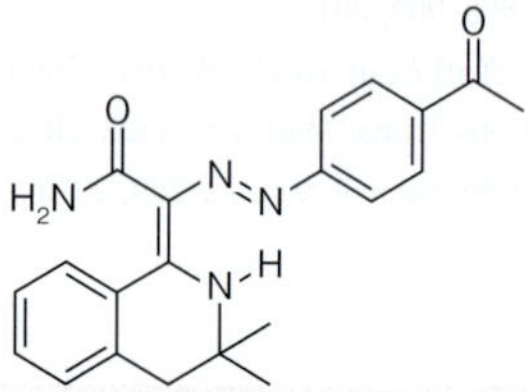

◆**分子量**：362.4

◆**IUPAC名** ： 2-[2-(4-Acetylphenyl)diazenyl]-2-(3,4-dihydro-3,3-di-methyl-1(2H)-isoquinolinylidene)acetamide

◆**使用法・購入**

溶媒：DMSO（100 mM）

使用条件：［*in vitro*］4 μg/mL ／［*in vivo*］72 mg/kg（経口）

購入先：STEMCELL Technologies 社（72772），アブカム社（ab142079），メルク社（412400）など

◇作用機序

IQ-1 の直接のターゲットは PP2A の調節サブユニットの一つ PR72/130 で，これに

IQ-1 が結合すると PP2A/Naked cuticle 複合体が解離する．この作用と p300 Ser[89] のリン酸化抑制との間をつなぐメカニズムはわかっていないが，PKC（Wnt5a とそれが駆動する Wnt/Ca^{2+}経路）が関与すると考えられている．

◇ 生理機能

IQ-1（＋15％FCS）存在下では，フィーダー細胞・LIF を用いることなく，少なくとも65日間にわたり，マウス ES 細胞の自己複製・多分化能維持が可能．無血清培地では，Wnt3a＋IQ-1 添加で，長期にわたり（少なくとも48日間）自己複製と多能性が維持される．Nanog, Oct3/4, Rex-1 の発現を亢進させる．心血管前駆細胞の分化を抑制，自己複製を促進する．妊娠マウスへの IQ-1 の経口投与により，*in utero* でマウス胚を IQ-1 処理すると，気道が伸長するとともに分枝が著しく減少する（肺上皮細胞が近位化される）．

参考文献
ICG-001 の項に同じ

ID-8

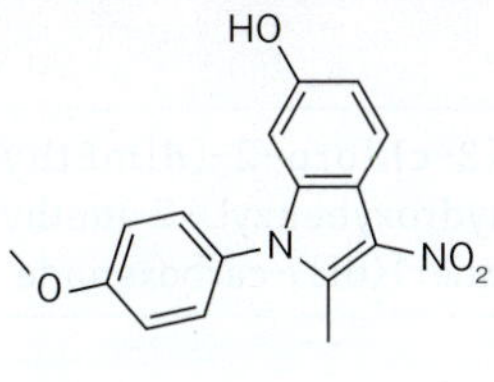

◆ 分子量：298.3

◆ IUPAC 名：1-(4-Methoxyphenyl)-2-methyl-3-nitro-1H-indol-6-ol

◆ 使用法・購入
溶媒：DMSO（200 mM）
使用条件：[*in vitro*] 0.5 μM
購入先：STEMCELL Technologies 社（72502），MedChemExpress 社（HY-15838）

◇ 作用機序

ID-8 は DYRK（dual-specificity tyrosine phosphorylation-regulated kinase）2 および 4 に直接結合し，p300/β-catenin 複合体の形成を阻害し，同時に CBP/β-catenin 複合体の形成を促進する．

◇ 生理機能

フィーダー細胞・LIF 非存在下でも，ヒト ES 細胞において OCT4, NANOG, SOX2 の発現を維持し，自己複製と多能性維持を促進する．Wnt3a と組合わせることで，

FGFやTGFβ等の増殖因子・動物由来成分・フィーダー細胞フリーで，多能性と正常な染色体構成を維持しつつ，ヒトES細胞を20継代以上にわたり増殖させることができる．

参考文献

ICG-001の項に同じ

YH249

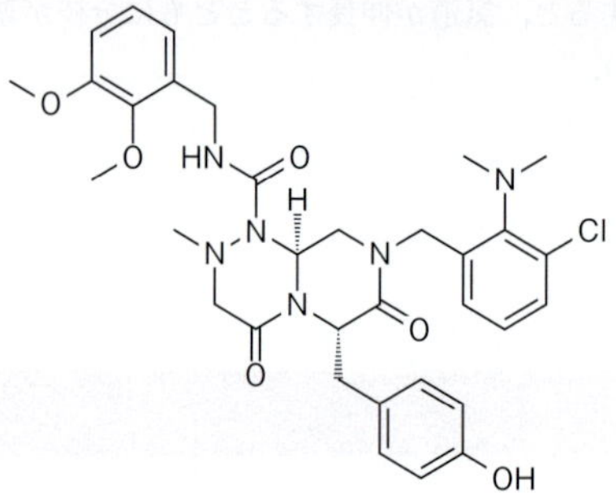

◆**分子量**：651.2

◆**IUPAC名**：(6S,9aS)-8-(3-chloro-2-(dimethylamino)benzyl)-N-(2,3-dimethoxybenzyl)-6-(4-hydroxybenzyl)-2-methyl-4,7-dioxohexahydro-2H-pyrazino[2,1-c][1,2,4]triazine-1(6H)-carboxamide

◆**使用法・購入**
溶媒：DMSOに可溶
購入先：Reagency社（RGNCY-0043），AdooQ Bioscience社（A14052）

◇作用機序

YH249はp300に直接結合し，p300とβ-cateninの結合を特異的にブロックする．CBPには作用せず，CBPとβ-cateninの結合は遮断しない．Windorphen・IQ-1・ID-8と異なり，直接的かつシンプルなメカニズムでp300/β-catenin相互作用のみを阻害することから，CBP/β-cateninアンタゴニストICG-001のカウンターパートとして注目されている．

◇生理機能

マウスおよびヒト多能性幹細胞の多能性を維持する．マウス筋芽細胞株C2C12の分化をブロックする．$IC_{50} = 0.06\ \mu M$．

参考文献

ICG-001の項に同じ

214　　**YH249**

5 GSK-3β阻害剤

SB-216763

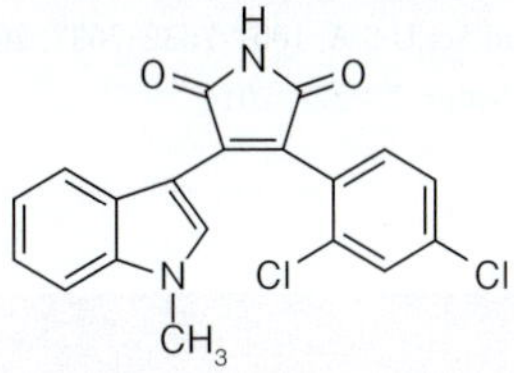

◆**分子量**：371.2

◆**IUPAC名**：3-(2,4-dichlorophenyl)-4-(1-methyl-1H-indol-3-yl)-1H-pyrrole-2,5-dione

◆**使用法・購入**
溶媒：DMSO（50 mM）
使用条件：[*in vitro*] 〜10 μM
購入先：シグマ社（S3442），メルク社（361566），アブカム社（ab120202）など

◇**作用機序**

GSK-3βに直接結合し，GSK-3βとATPとの相互作用を阻害することにより，β-cateninのリン酸化を抑制，結果的にWnt/β-catenin経路を活性化する．

◇**生理機能**

GSK-3αとGSK-3βを同程度に阻害する．GSK-3αに対するIC_{50}は，0.01 mM ATP存在下で34.3 nM．0.1 mM ATP存在下で，10 μMのSB-216763はGSK-3βのキナーゼ活性を96％阻害する．他の24種の主要なタンパク質リン酸化酵素の活性はほとんど阻害しない．GSK-3α/βの基質であるTauとβ-cateninのリン酸化を阻害することによりニューロンを細胞死から守る，小脳顆粒ニューロンや海馬ニューロンをグルタミン酸受容体アゴニストによる興奮毒性から守る，神経前駆細胞の生存や樹状突起の成熟を改善し，海馬依存性の学習・記憶能力を改善する，低酸素・虚血障害から脳や血液脳関門を保護する，などの神経保護作用を有する．虚血再灌流障害から心筋細胞を保護する．フィーダー細胞存在下・LIF非存在下で，マウスES細胞の多能性と自己複製を2カ月以上維持する．マウス神経幹細胞・網膜幹細胞・造血幹細胞の自己複製を促進する．ヒト間葉系幹細胞の脂肪分化を抑制する．その一方で，神経幹細胞・神経前駆細胞においてニューロン分化を誘導，マウス造血前駆細胞からの樹状細胞分化を促進する．また，ヒトグリオブラストーマ幹細胞の分化を誘導する．

◇**注意点**

GSK-3β阻害剤として非常に多くの化合物が開発されており，ここでは入手が容易

第12章　Wntシグナル関連薬剤

で代表的なもののみを採り上げた．TWS119以外の4種の阻害剤の細胞毒性や活性化能については，文献5を参照されたい．

参考文献

1 ）Coghlan MP, et al：Chem Biol, 7：793-803, 2000
2 ）Meijer L, et al：Chem Biol, 10：1255-1266, 2003
3 ）Ring DB, et al：Diabetes, 52：588-595, 2003
4 ）Ding S, et al：Proc Natl Acad Sci U S A, 100：7632-7637, 2003
5 ）Naujok O, et al：BMC Res Notes, 7：273, 2014

BIO

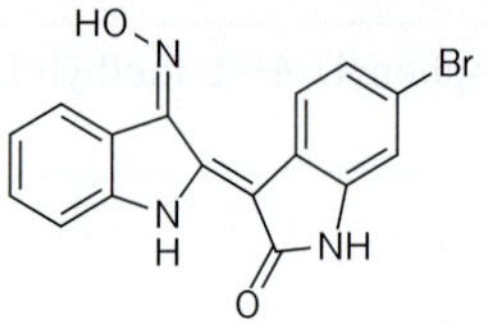

◆**分子量**：356.2

◆**IUPAC名**：6-bromo-3-[(3E)-1,3-dihydro-3-(hydroxyimino)-2H-indol-2-ylidene]-1,3-dihydro-(3Z)-2H-indol-2-one

◆**使用法・購入**
溶媒：DMSO（25 mM）
使用条件：[*in vitro*] 1～5 μM
購入先：シグマ社（B1686），メルク社（361550），STEMCELL Technologies社（72032）など

◇**解説**

作用機序，注意点，参考文献はSB-216763の項に同じ．

◇**生理機能**

ES細胞との融合による体細胞のリプログラミングにおいて，ES細胞をBIOで処理すると，マウス線維芽細胞・神経幹細胞・胸腺細胞のリプログラミング効率を著しく亢進させる．マウスおよびヒトES細胞において，フィーダー細胞フリーの条件下でOct-3/4, Rex-1およびNanogの発現を維持し自己複製を維持する．新生仔および成体の心筋細胞に対して，脱分化と増殖を誘導する．$IC_{50} = 5$ nM．

CHIR99021

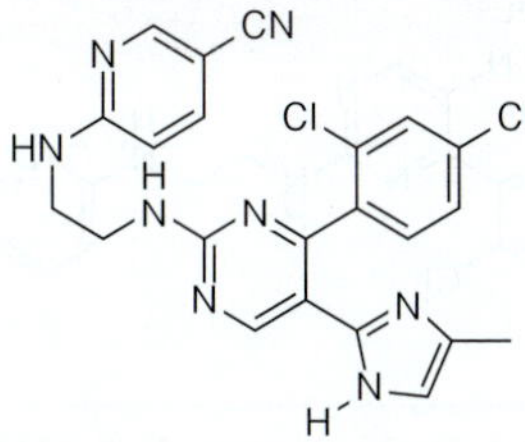

◆ **分子量**：465.3

◆ **IUPAC名**：6-[[2-[[4-(2,4-Dichlorophenyl)-5-(5-methyl-1H-imidazol-2-yl)-2-pyrimidinyl]amino]ethyl]amino]-3-pyridinecarbonitrile

◆ **使用法・購入**
溶媒：DMSO（100 mM）
使用条件：[*in vitro*] 3〜20 μM／[*in vivo*] 30 mg/kg（経口）
購入先：アブカム社（ab120890），シグマ社（SML1046），STEMCELL Technologies 社（72052）など

◇ 解説

作用機序，注意点，参考文献はSB-216763の項に同じ．

◇ 生理機能

GSK-3β阻害剤のなかでも特に高い選択性を示し，他の主要なタンパク質リン酸化酵素20種類に対して500〜1,000倍以上の選択性を示すだけでなく，最も近縁のCdc2やErk2に対しても高い選択性を示す．ヒトES細胞およびiPS細胞から心筋細胞への分化を誘導する．MEK阻害剤PD032590と共用することにより，LIF非存在下でマウスES細胞の自己複製を維持する．Rapamycinと共用することにより，サイトカイン非存在下でヒトおよびマウス造血幹細胞の未分化状態を長期間維持する．化学的リプログラミングにも使用され，複数の薬剤との組合わせにより，マウス胚線維芽細胞からiPS細胞を誘導する，ヒトおよびマウス線維芽細胞を（神経前駆細胞を経ることなく）直接神経細胞に変換する等の例がある．*in vivo*では，ZDFラット（2型糖尿病モデル）のグルコース代謝を改善する．IC_{50} = 10 nM（GSK-3α），6.7 nM（GSK-3β）．

第12章　Wntシグナル関連薬剤

CHIR98014

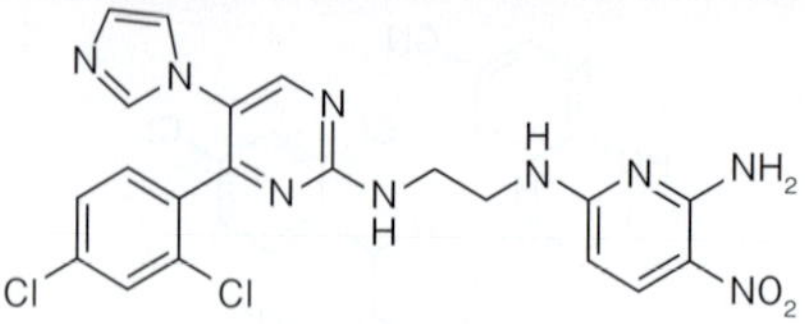

◆分子量：486.3

◆IUPAC名：N-6-[2-[[4-(2,4-Dichlorophenyl)-5-(1H-imidazol-1-yl)-2-pyrim-idinyl]amino]ethyl]-3-nitro-2,6-pyridinediamine

◆使用法・購入
溶媒：DMSO（10mM）
使用条件：［in vitro］2～6 μM／［in vivo］CHIR98014：30 mg/kg（経口）または30 mg/kg（DMSO溶液静注）
購入先：シグマ社（SML1094），STEMCELL Technologies社（73042），アブカム社（ab146633）など

◇解説

作用機序，注意点，参考文献はSB-216763の項に同じ．

◇生理機能

GSK-3β阻害剤のなかで最も選択性の高いものの一つで，最も近縁のCdc2やErk2に対しても高い選択性を示し，他の主要なタンパク質リン酸化酵素20種類に対しても1,000～10,000倍以上のきわめて高い選択性を示す．ヒト胎仔中脳由来ドパミン作動性神経前駆細胞株において，TauのSer^{396}リン酸化を93％抑制する．VEGF非存在下でヒトiPS細胞の血管内皮前駆細胞，血管内皮細胞への分化を誘導する．in vivoでは，経口投与でdb/dbマウス（2型糖尿病モデル）のグルコース代謝を改善する．脳への移行性をもち，P12ラットへの30 mg/kg DMSO溶液静注で，脳中濃度は最大7 μMに達し，大脳皮質および海馬におけるTauのSer^{396}リン酸化を40～60％程度抑制する．IC$_{50}$ = 0.65 nM（GSK-3α），0.58 nM（GSK-3β）．

TWS119

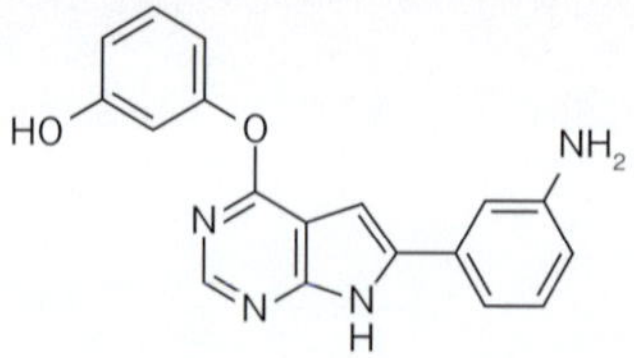

◆分子量：318.3

◆**IUPAC名**：3-[6-(3-Aminophenyl)-7H-pyrrolo[2,3-d]pyrimidin-4-yloxy] phenol

◆**使用法・購入**
溶媒：DMSO（100 mM）
使用条件：［*in vitro*］0.4～20 μM
購入先：アブカム社（ab142075），STEMCELL Technologies社（73512），シグマ社（SML1271）など

◇**解説**

作用機序，注意点，参考文献はSB-216763の項に同じ．

◇**生理機能**

ヒト胞巣状横紋筋肉腫細胞の増殖を阻害しアポトーシスを誘導する．マウス胚性がん腫細胞株P19の30～60％，マウスES細胞の50～60％にニューロン分化を誘導する．マウスまたはヒトCD8$^+$T細胞から幹細胞様メモリーT細胞を誘導する．ラット肝星細胞を幹細胞や前駆細胞に類似した静止期の状態に維持する．$IC_{50} = 30$ nM.

6 その他の作用点の関連薬剤

Salinomycin

別名：サリノマイシン / VS-507

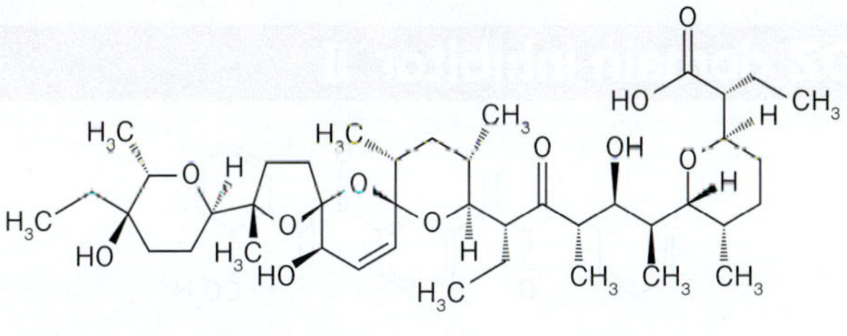

◆**分子量**：751.0（ナトリウム塩は773.0）

◆**IUPAC名**：(2R)-2-[(2R,5S,6R)-6-[(3S,5S,7R,9S,10S,12R,15R)-3-[(2R,5R,6S)-5-Ethyl-5-hydroxy-6-methyloxan-2-yl]-15-hydroxy-3,10,12-trimethyl-4,6,8-trioxadispiro[4.1.5.3]pentadec-13-en-9-yl]-3-hydroxy-4-methyl-5-oxooctan-2-yl]-5-methyloxan-2-yl]butanoic acid

◆**使用法・購入**
溶媒：DMSO（50 mM）
使用条件：［*in vitro*］0.3～8 μM ／ ［*in vivo*］5 mg/kg
購入先：シグマ社（S4526），アブカム社（ab146178），Tocris社（3637）など

◇作用機序

LRP6のリン酸化を阻害し，分解を促進する．Salinomycinはカリウムイオノフォアであり，細胞内のイオン濃度の変化がリン酸化の阻害をもたらすと考えられている．蛍光標識したSalinomycinを用いた解析では，Salinomycinは小胞体膜に局在して細胞質へのCa^{2+}リリースを誘導，C/EBP homologous proteinとプロテインキナーゼC（PKC）の活性化を介してWntシグナルを抑制するらしい．

◇生理機能

Wnt-1を強制発現させたHEK293細胞において，LRP6のリン酸化を阻害し分解を誘導する．胃がん，大腸がん，肺がん，乳がん，子宮内膜がん，前立腺がん，骨肉腫，慢性白血病などのがん幹細胞に対して，選択的な細胞障害活性・アポトーシス誘導活性を示す．乳がん細胞を移植したマウスに5週間腹腔投与すると，腫瘍の増殖および転移が抑制される．TCF依存性の転写活性化の系における$IC_{50} = 163\,nM$である．

◇注意点

Salinomycinは放線菌 *Streptomyces albus* より単離されたポリエーテル系抗生物質であり，がん幹細胞を標的とした医薬品研究が行われている．VS-507の名称は，Verastem社の開発コード．

参考文献

1）Gupta PB, et al：Cell, 138：645-659, 2009
2）Lu D, et al：Proc Natl Acad Sci U S A, 108：13253-13257, 2011
3）Huang X, et al：ACS Cent Sci, 4：760-767, 2018

Dvl-PDZ domain inhibitor Ⅱ

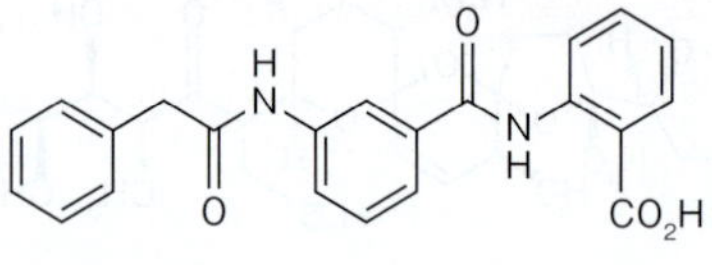

◆**分子量**：374.4

◆**IUPAC名**：2-((3-(2-Phenylacetyl)amino)benzoyl)amino)benzoic acid

◆**使用法・購入**
溶媒：DMSO（100 mM）
使用条件：［*in vitro*］3〜100 μM／［*in vivo*］培養液中10〜25 μM添加（アフリカツメガエル初期胚）
購入先：メルク社（322338）

◇ 作用機序

Dvl の PDZ ドメインに結合し（$K_d = 10.6 \mu M$），Frizzled との相互作用をブロックすることにより，Wnt シグナルを抑制する．

◇ 生理機能

Wnt3a（10 ng/mL）で刺激した293細胞に対し，TCF依存性の転写活性化を約50％阻害する．アフリカツメガエル初期胚において Wnt シグナル活性を約50％阻害し，Wnt3a mRNA インジェクションによる二次体軸形成を阻害する．マウス硝子体血管系の内皮細胞のプログラム細胞死と血管退縮（Wnt7b が関与）の系において，144 fmol を硝子体にインジェクションすると，細胞死を阻害する．前立腺がん細胞株の増殖を約16％阻害する．

参考文献

1）Grandy D, et al：J Biol Chem, 284：16256-16263, 2009

Pyrvinium pamoate

別名：パモ酸ピルビニウム

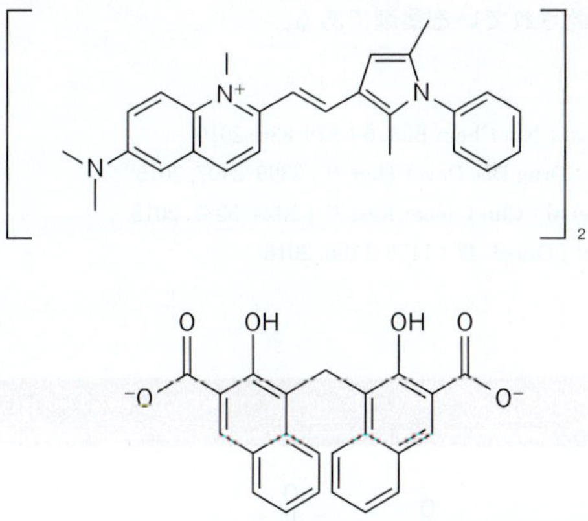

◆ **分子量**：575.7

◆ **IUPAC名**：6-(Dimethylamino)-2-[2-(2,5-dimethyl-1-phenyl-1H-pyrrol-3-yl)ethenyl]-1-methyl-4,4′-methylenebis[3-hydroxy-2-naphthalenecarboxylate](2:1)-quinolinium

◆ **使用法・購入**
溶媒：DMSO（20 mM）
使用条件：［*in vitro*］10〜200 nM ／［*in vivo*］200 μM
購入先：シグマ社（P0027），富士フイルム和光純薬社（1592001）

第12章　Wntシグナル関連薬剤

221

◇作用機序

CK1α（casein kinase 1α）に結合してキナーゼ活性を亢進させることにより，Wnt/β-catenin シグナルを抑制する．CK1 の他のアイソフォーム（γ1，δ，ε）にも結合できるが，キナーゼ活性を亢進させることはできない．β-catenin のリン酸化促進による分解誘導，Axin の分解阻害に加えて，核内において Pygopus の分解を促進する作用がある．

◇生理機能

CK1α による β-catenin のリン酸化を促進することで，それに引き続く GSK-3β によるリン酸化も促進する．Wnt3a による β-catenin の安定化と核内蓄積，Axin の分解，Wnt 標的遺伝子の発現などを阻害する．Pygopus の分解を促進する．Wnt/β-catenin 経路が活性化されている大腸がん細胞株の増殖を阻害する（EC_{50} ＝ 8 ～ 59 nM）．IWR-1 では増殖阻害できない細胞株（SW480，SW620）に対しても阻害効果を示す．間葉系幹細胞の自己複製を促進し，骨・軟骨系への分化を抑える．肺がん幹細胞，神経膠芽腫幹細胞，乳がん幹細胞などに対して自己複製を阻害する．アフリカツメガエル初期胚において，Xwnt8 による二次体軸の形成をブロックする．*in vivo* で組織の修復・虚血障害後の心筋の修復再生を促進する．IC_{50} ＝ 10 nM．

◇注意点

駆虫薬として承認されている薬剤である．

参考文献

1）Thorne CA, et al：Nat Chem Biol, 6：829-836, 2010
2）Zhang X, et al：Drug Des Devel Ther, 9：2399-2407, 2015
3）Venugopal C, et al：Clin Cancer Res, 21：5324-5337, 2015
4）Xu L, et al：Int J Oncol, 48：1175-1186, 2016

KYA1797K

◆**分子量**：442.5

◆**IUPAC 名**：(5Z)-5-[[5-(4-Nitrophenyl)-2-furanyl]methylene]-4-oxo-2-thioxo-3-thiazolidinepropanoic acid

◆**使用法・購入**
溶媒：DMSOまたは水（50 mM）
使用条件：［*in vitro*］0.2～25 μM／［*in vivo*］20～25 mg/kg（腹腔内投与）
購入先：シグマ社（SML1831），アブカム社（ab229170）

◇ 作用機序

Axin の RGS（regulators of G-protein signaling）ドメインに結合し，β-catenin と Ras に対する β-catenin destruction complex（Axin，GSK-3β，β-TrCP）の結合親和性を増強することにより，β-catenin と Ras の分解を促進する．ただし APC/β-catenin 相互作用には影響しない．

◇ 生理機能

APC・Ras に変異をもつ大腸がん細胞株に対して，β-catenin と Ras の分解を誘導，増殖とコロニー形成を阻害する（増殖の $IC_{50} = 4～5\ \mu$M）．*in vivo* では，APC と KRAS に変異をもつ大腸がん移植組織の増殖を阻害する．がん組織では β-catenin と Ras が減少し，核に局在する β-catenin と細胞膜に局在する Ras も顕著に減少する．$Apc^{min/+}/Kras^{G12D}$LA2 マウスへの投与で，消化管の腫瘍の発生を 65％抑制する．$IC_{50} = 0.75\ \mu$M.

◇ 注意点

Wnt/β-catenin シグナリングと Ras/ERK シグナリングの双方を抑制する．

参考文献
1）Cha PH, et al：Nat Chem Biol, 12：593-600, 2016

NCB-0846

◆**分子量**：375.4

◆**IUPAC名**：cis-4-(2-(3H-benzo[d]imidazol-5-ylamino)quinazolin-8-yloxy) cyclohexanol

◆**使用法・購入**
溶媒：DMSO（200 mM），塩酸塩は水溶性
使用条件：［*in vitro*］0.1～10 μM／［*in vivo*］40～100 mg/kg（経口）
購入先：MedChemExpress社（HY-100830），AOBIOUS社（AOB8129）

◇ 作用機序

TNIK（TRAF2 and NCK-interacting protein kinase）は，転写因子TCF4のSer^{154}をリン酸化して活性化する．NCB-0846はTNIKに結合し，そのキナーゼ活性を阻害する（$IC_{50} = 21$ nM）ことにより，TCF4依存性の転写を抑制する．*TNIK*遺伝子自体の発現を抑制する効果もある．TNIKはLRP5/6の安定化にも関与しているが，NCB-0846はこの作用も阻害し，LRP5/6の分解を誘導する．

◇ 生理機能

TNIKによるTCF4のリン酸化，TNIKの自己リン酸化を阻害する．Wnt標的遺伝子*Axin2*および*c-Myc*の発現を抑制する．また，TNIK自身の発現を阻害する．LRP5/6の分解を誘導する．大腸がん細胞におけるTCF4依存性の転写を阻害する．大腸がん細胞株の増殖を阻害し（$IC_{50} = 0.36 \mu M$），足場非依存性の増殖も阻害する（$IC_{50} = 0.19 \mu M$）．大腸がん細胞株にアポトーシスを誘導する．大腸がん幹細胞の幹細胞性を阻害する（大腸がん幹細胞マーカーの減少，EMTの阻害，スフェア形成の阻害，造腫瘍性の阻害）．Oct4，Nanog，Sox2などの未分化マーカーの発現には影響しない．大腸がん患者由来のがん幹細胞に対して増殖阻害効果を示す．*in vivo*では，大腸がん細胞を移植したマウスへの投与で腫瘍組織の増殖を阻害する．$Apc^{min/+}$マウスの小腸の腫瘍形成を抑制するが，大腸の腫瘍形成には有意な抑制効果はない．がん幹細胞を移植したマウスに対して抗腫瘍効果を示す．

◇ 注意点

FLT3，JAK3，PDGFRα，TRKA，CDK2/CycA2，HGKに対しても阻害効果を示す（$0.1 \mu M$で80％以上の阻害効果）．TNIK阻害剤としては，他にもNCB-0846と同じ国立がん研究センターとカルナバイオサイエンス社によるNCB-0594，アステックス社の4‐フェニル‐2‐フェニルアミノピリジン系TNIK阻害剤，韓国の研究グループのKY-05009などが開発されている．

参考文献

1）Mahmoudi T, et al：EMBO J, 28：3329-3340, 2009
2）Shitashige M, et al：Cancer Res, 70：5024-5033, 2010
3）Masuda M, et al：Nat Commun, 7：12586, 2016

CCT036477

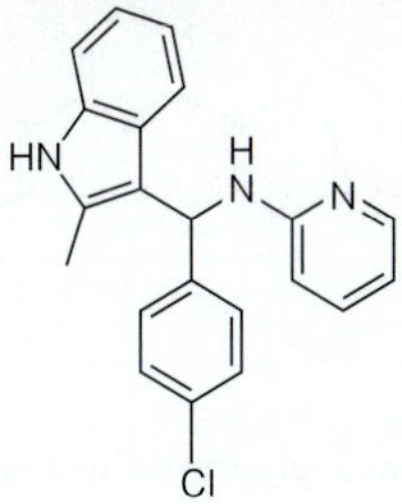

◆**分子量**：347.8

◆**IUPAC名**：N-[(4-Chlorophenyl)-(2-methyl-1H-indol-3-yl)methyl]pyridin-2-amine

◆**使用法・購入**
溶媒：DMSO（50 mM）60°Cに加温して溶解
使用条件：[*in vitro*] 10〜75 μM
購入先：アブカム社（ab145242），メルク社（681674），シグマ社（SML0151）など

◇ 作用機序

β-catenin依存性の転写活性化を阻害する．ただし，β-cateninの細胞内発現レベルや局在は変化させず，β-cateninとCBPもしくはp300との結合をブロックもしない．

◇ 生理機能

*c-Myc*および*Survivin*プロモーターに対して抑制効果を示す．大腸がん細胞株の増殖を阻害する（IC$_{50}$ = 17〜33 μM）．正常大腸上皮細胞株には影響しない．マントル細胞リンパ腫幹細胞の生存を阻害し，マントル細胞リンパ腫細胞にアポトーシスを誘導する．Wnt標的遺伝子*PPARδ*，*Cyclin D1*，*TCF4*，*ID2*の発現を減少させる．*Nanog*，*Oct4*，*Sox2*，*Myc*，*Klf4*の発現を減少させる．アフリカツメガエル初期胚を腹側化し，一次体軸の形成を阻害する．ゼブラフィッシュの頭部・尾部のパターン形成に異常を誘起する．IC$_{50}$ = 4.6 μM.

参考文献

1）Ewan K, et al：Cancer Res, 70：5963-5973, 2010
2）Mathur R, et al：J Hematol Oncol, 8：63, 2015

第12章　Wntシグナル関連薬剤

225

WAY-262611

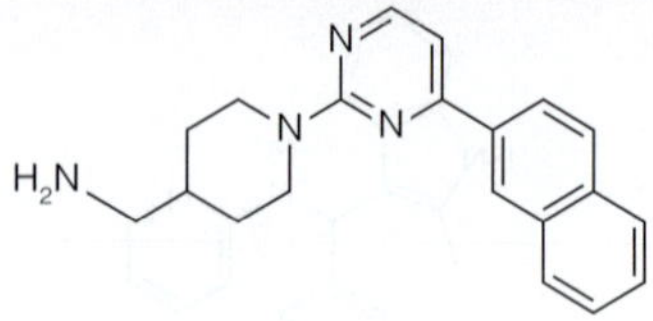

◆分子量：318.4

◆ **IUPAC名**：［1-(4-Naphthalen-2-ylpyrimidin-2-yl)piperidin-4-yl]methanamine

◆使用法・購入
　溶媒：DMSO（75 mM）
　使用条件：［*in vivo*］0.3～10 mg/kg（経口）
　購入先：アブカム社（ab145229），メルク社（317700），ケイマン社（17704）

◇ 作用機序

　Wnt-LRP5/6 相互作用の生理的アンタゴニスト Dkk の作用を選択的に阻害する.

◇ 生理機能

　野生型マウスへの投与で頭蓋冠の骨形成を促進する. 卵巣摘出ラット（最も汎用される骨粗鬆症モデル）への経口投与で，脛骨の骨梁形成を促進する. $IC_{50} = 0.63\,\mu M$

参考文献

1 ）Pelletier JC, et al：J Med Chem, 52：6962-6965, 2009
2 ）Li X, et al：Proc Natl Acad Sci U S A, 109：11402-11407, 2012
3 ）Iozzi S, et al：ISRN Mol Biol, 2012：823875, 2012

Gallocyanine

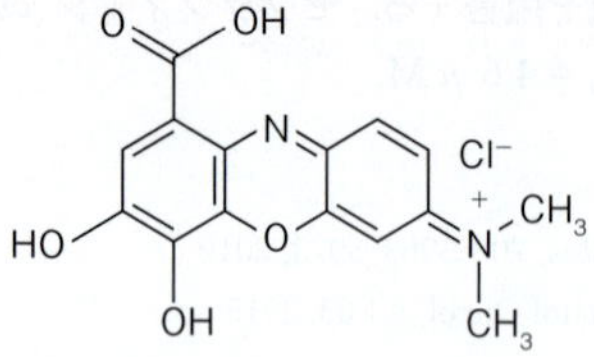

◆分子量：336.7

◆ **IUPAC名**：1-carboxy-7-(dimethylamino)-3,4-dihydroxy-phenoxazin-5-ium, monochloride

◆使用法・購入
　溶媒：水（25 mM）または DMSO（50 mM）
　使用条件：［*in vitro*］0.1 ～10 μ M ／［*in vivo*］0.02 ～ 7 mg/kg（腹腔投与）

購入先：アブカム社（ab145230），ケイマン社（20657），サンタクルズ社（sc-215067）

◇作用機序

LRP5/6の3番目のYWTDリピートドメイン（DKK結合領域）に直接結合し，DKKの結合をブロックする．その結果として，Wnt/β-catenin経路を活性化する．

◇生理機能

細胞表面に発現するLRP5に対するDkk1の結合を阻害する．Wnt3aに対するDkk1の抑制効果をキャンセルする（$EC_{50} \simeq 5\ \mu M$）．*in vivo*では，頭蓋冠の骨形成を促進する．骨密度を増加させる．血中グルコース濃度を低下させる（DKK2 KOマウスと同程度に低い）．野生型マウスへの投与で，グルコース負荷試験，インスリン耐性試験，肝臓グリコーゲン量などグルコース代謝において，DKK2 KOマウスと同等の変化を誘起する．2型糖尿病モデルdb/dbマウスへの投与で，空腹時血中グルコース濃度を低下させるのに加えて，グルコース負荷試験の成績を改善する．

◇注意点

Iozzi Sらにより報告されているNCI8642[3]はGallocyanineである．

参考文献

1）Pelletier JC, et al：J Med Chem, 52：6962-6965, 2009
2）Li X, et al：Proc Natl Acad Sci U S A, 109：11402-11407, 2012
3）Iozzi S, et al：ISRN Mol Biol, 2012：823875, 2012

HLY78

◆**分子量**：267.3

◆**IUPAC名**：4-ethyl-5-methyl-5,6-dihydro-[1,3]dioxolo[4,5-j]phenanthridine

◆**使用法・購入**
溶媒：DMSO（10 mM），必要に応じ加温
使用条件：［*in vitro*］2.5〜20 μM／［*in vivo*］5〜80 μM
購入先：シグマ社（SML0833），ケイマン社（19087）

◇作用機序

AxinのN末端領域は同一分子内で他の領域と相互作用し，LRP6との結合をブロックしている．HLY78はAxinのDIX（DAX）ドメインに直接結合してこの自己阻害を解除し，LRP6との複合体形成を促進，Wnt/β-catenin経路を活性化する．

第12章　Wntシグナル関連薬剤

◇ **生理機能**

Wnt3aの作用を濃度依存的に増強する（β-cateninのリン酸化・安定化を増強し，標的遺伝子*Axin2*，*DKK1*，*NKD1*の発現を相乗的に亢進させる）．Wnt3aによるLRP6 Ser^{1490}リン酸化およびAxinの細胞膜へのリクルートを促進する．細胞増殖抑制作用やアポトーシス誘導作用を示さない．*in vivo*では，ゼブラフィッシュ背腹軸形成におけるWnt8の作用を増強し，造血幹細胞の発生を促進する．

◇ **注意点**

Wntの作用に対する相乗効果を示すが，HLY78単独ではWnt/β-catenin経路活性能をもたない．

参考文献

1）Wang S, et al：Nat Chem Biol, 9：579-585, 2013

SKL2001

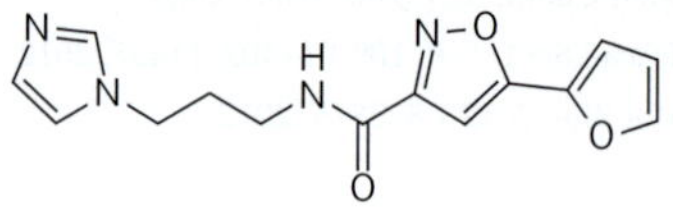

◆ **分子量**：286.3

◆ **IUPAC名**：5-furan-2yl-isoxazole-3-carboxylic acid（3-imidazol-1yl-propyl）-amide

◆ **使用法・購入**
溶媒：DMSO（100 mM）
使用条件：［*in vitro*］　2.5〜80 μM
購入先：メルク社（681667），セレック社（S8320）

◇ **作用機序**

β-cateninとAxinの複合体形成を抑制することで，β-cateninを安定化する．

◇ **生理機能**

β-cateninとAxinの相互作用を約77％阻害する．β-cateninのSer33/Ser37/Thr41/Ser45のリン酸化を阻害，細胞質および核内のβ-cateninを増加（安定化）させる．β-catenin依存性の転写を活性化する．GSK-3β他19種の主要タンパク質リン酸化酵素の活性に影響しない．マウス間葉系幹細胞ST2において細胞質および核内のβ-cateninを安定化する．マウスおよびヒト間葉系幹細胞に骨芽細胞への分化を誘

228　SKL2001

導する（alkaline phosphatase・type I collagen・Runx2の発現誘導・石灰化の誘導）．マウス胎仔線維芽細胞株3T3-L1においてβ-cateninを安定化，脂肪細胞への分化を阻害する（脂肪分化のマスター転写因子C/EBPαおよびPPARγの発現抑制，脂肪滴蓄積の抑制）．

参考文献

1 ）Gwak J, et al：Cell Res, 22：237-247, 2012

第13章 ヘッジホッグシグナル関連薬剤

小松将之, 佐々木博己

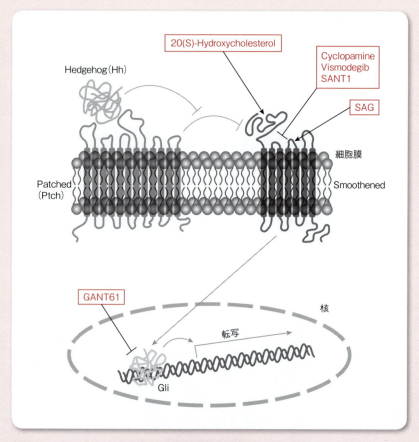

概略図 ヘッジホッグシグナル関連薬剤の作用点

　ヘッジホッグ（Hedgehog：Hh）シグナルは後生動物の発生・成長にきわめて重要な役割を担っており，発生過程の段階から厳密に制御されている．Hhシグナルの重要性は，その破綻がさまざまな発達障害を引き起こす一方で，シグナルの撹乱が発がんやその進展を促進することからも理解できる．脊椎動物では5種類のHhリガンド（Shh，Ihh，Dhh，Boc，Cdon）が存在する．一方，細胞膜上では12回膜貫通受容

体であるPatched（Ptch）があり，Gタンパク質共役受容体Smoothened（Smo）の発現および活性を抑制している．リガンドであるHhがPtchに結合すると，Smoへの抑制が解除され，Smoが活性化型の立体構造に変換する．Gli（Gli1, 2）は普段その抑制タンパク質であるSuFuと複合体を形成して細胞質に局在しているが，Smoの活性化によりSuFuが複合体から遊離する．これにより核内に移行したGliがその標的遺伝子（*PTCH1*，*MYC*，*BCL2*，*NANOG*，*CCND1*，*SOX2*など）の転写を促進することで増殖，アポトーシス抑制，幹細胞の自己複製などを誘導する．現在，Hhシグナルの阻害剤・活性化剤の多くはSmoのアンタゴニスト・アゴニストである．本章でとり上げるCyclopamine, Vismodegib, SANT1は，すべて膜貫通領域から細胞外領域にかけて存在するリガンドポケットに結合することで，Smoを不活性型の立体構造へと変化させる．一方，アゴニストであるSAGと20（S）-Hydroxycholesterolは結合部位が異なるものの，Smoを活性化型へと変換させ，Ptch存在下であっても下流のHhシグナルを活性化することができる．この他にも，下流の分子を標的とする阻害剤としてGANT61が知られており，これはGliの転写活性を直接抑制するため，上流シグナル非依存的にHhシグナルを遮断することができる（概略図）．

参考文献

1）Robbins DJ, et al：Sci Signal, 5：re6, 2012
2）Rimkus TK, et al：Cancers（Basel）, 8：10.3390/cancers8020022, 2016
3）Ruat M, et al：Trends Pharmacol Sci, 35：237-246, 2014
4）Tukachinsky H, et al：J Cell Biol, 191：415-428, 2010

Cyclopamine

別名：シクロパミン

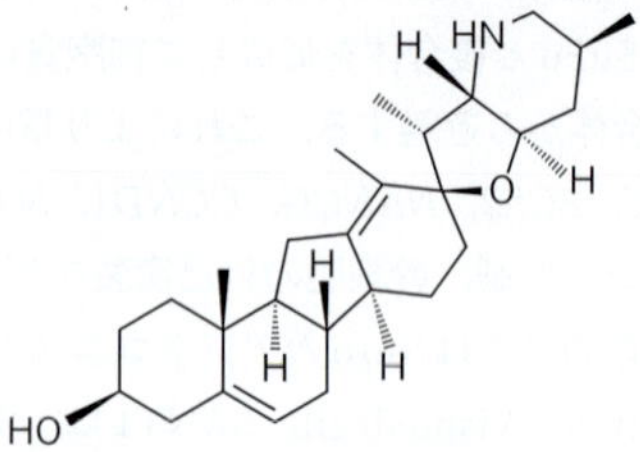

◆**分子量**：411.6

◆**IUPAC名**：(3β,23R)-17,23-Epoxyveratraman-3-ol

◆**使用法・購入**
　溶媒：DMF（10 mM），溶液は-80℃で6カ月保存可能
　使用条件：細胞培養用培地に添加する場合，10〜40 μMで効果．マウス個体に投与する場合，25〜50 mg/kgを腹腔，皮下，および経口投与
　購入先：シグマ社（C4116），セレック社（S1146）

◇ 作用機序

　Smoothened（Smo）に対する細胞膜透過性のアンタゴニスト．バイケイソウに属する植物から単離されたステロイド性アルカロイドとして知られる．Cyclopamine をはじめとする複数の阻害剤・活性化剤は，Smoのリンカードメイン・細胞外ループ・7回膜貫通ヘリックスバンドルに囲まれた細長い溝のリガンドポケットに結合する．

◇ 生理機能

　Smo は Frizzled と同じ G タンパク質共役受容体クラス F に分類される膜タンパク質であり，ヘッジホッグ（Hh）シグナルのなかで重要なモジュレーターとして働く．広く真核生物の胚発生と生後の組織構築に必須の分子である．また，種々のがんで発現が亢進しており，細胞増殖・分化・アポトーシス回避・上皮－間葉転換・幹細胞性維持に関与している．Cyclopamine は催奇性を有しており，脊椎動物の原腸形成期における曝露は，Smoのノックアウトマウスと同様に，前脳の形成不全による単眼症を引き起こすことが報告されている．一方，Hh経路が活性化された大腸がん，乳がん，未分化型胃がん，および小細胞肺がんの細胞株で抗腫瘍効果を発揮することが in vitro または異種移植（xenograft）マウスモデルで示されている．

◇ 注意点

　安定性と溶解性を向上させた誘導体，GDC-0449（Vismodegib，次項）もある．

参考文献
1）Chen JK, et al：Genes Dev, 16：2743-2748, 2002
2）Fukaya M, et al：Gastroenterology, 131：14-29, 2006

3) Ohta H, et al：Br J Cancer, 100：389-398, 2009

4) Wang C, et al：Nat Commun, 5：4355, 2014

5) Rimkus TK, et al：Cancers（Basel), 8：10.3390/cancers8020022, 2016

Vismodegib

別名：ビスモデジブ / GDC-0449

◆**分子量**：421.3

◆**IUPAC名**：2-Chloro-N-(4-chloro-3-pyridin-2-ylphenyl)-4-methylsulfonyl-benzamide

◆**使用法・購入**

溶媒：DMSO（200 mM），溶液は-80℃で6カ月保存可能

使用条件：細胞培養用培地に添加する場合，1～50 μMで効果．マウス個体に投与する場合，50～100 mg/kgを経口および腹腔内投与

購入先：ケイマン社（13613），セレック社（S1081)

◇ 作用機序

ベンゾイミダゾールを母体として，薬物特性向上のために最適化された化合物でSmoothened（Smo）の強力なアンタゴニスト．経口投与が可能で，血液脳関門を通過する．また，前項のCyclopamineの1/10の濃度（0.1～1 mM）でヘッジホッグ（Hh）シグナルを阻害する．

◇ 生理機能

Smoの立体構造を不活性型へと変化させることにより，シグナルを遮断する．進行性・転移性基底細胞がん（10％の症例でSmoの活性型変異）に対して，アメリカ食品医薬局が認可した最初のHhシグナル阻害剤であり，2012年からの治療に用いられている．髄芽腫・進行性胃がん・大腸がん・膵臓がんなどで開発が進められてきた．併用療法も注目されており，乳がんではTamoxifen，膵臓がんではDoxorubicinとの併用により抗腫瘍効果が増強されることが示されている．一方，転移性の髄芽腫に対するVismodegibの治療では，Smoの耐性獲得変異（D473H）により再発することが報告されている．

◇ 注意点

ABCG2などのABC輸送体に対しても阻害活性を示す．

第13章　ヘッジホッグシグナル関連薬剤

参考文献

1）Robarge KD, et al：Bioorg Med Chem Lett, 19：5576-5581, 2009
2）Byrne EFX, et al：Nature, 535：517-522, 2016
3）Zhou Q, et al：Sci Rep, 7：13379, 2017
4）Ramaswamy B, et al：Cancer Res, 72：5048-5059, 2012

SANT-1

◆**分子量**：373.5

◆**IUPAC名**：（E)-N-(4-benzylpiperazin-1-yl)-1-(3,5-dimethyl-1-phenylpyrazol-4-yl)methanimine

◆**使用法・購入**
　溶媒：DMSO（50 mM）またはエタノール（25 mM），粉末は-20℃で1カ月保存可能
　使用条件：細胞培養培地に添加する場合，10～100 μM で効果
　購入先：シグマ社（S4572），ケイマン社（14933）

◇作用機序

　Smoothened（Smo）に対する細胞膜透過性のアンタゴニスト．他と同様に，リガンドポケットに結合するが，その結合部位はより深部の幅が狭い領域で，直線的な構造のSANT-1が隙間なく入り込む．

◇生理機能

　Smoは複数のがん種（髄芽腫，髄膜腫，基底細胞がん，エナメル上皮腫）で活性化型変異（S278I, L412F, S533N, W535L, R562Q）が報告されている．特に，髄芽腫と基底細胞がんではおのおの全体の30％と10％の発がんがSmoの変異により説明される．Smo阻害剤に対する薬剤耐性変異の獲得（VismodegibによるD473HやE518Kなど）も治療の障害となるが，SANT-1は野生型だけでなく，獲得性変異型に対しても同程度の阻害活性を有する．また，EGFR阻害剤に耐性の非小細胞肺がんでは，Hhシグナルを介した上皮-間葉転換を抑制することで，EGFR阻害剤と相乗的に抗腫瘍効果が得られることも示されている．また，SANT-1とヒストン脱アセチル化酵素阻害剤SAHAとの併用は，Gemcitabine耐性の膵臓がんの細胞増殖を相乗的に抑制できることも報告されている．

234　　SANT-1

参考文献

1) Chen JK, et al：Proc Natl Acad Sci U S A, 99：14071-14076, 2002
2) Wang C, et al：Nat Commun, 5：4355, 2014
3) Dijkgraaf GJ, et al：Cancer Res, 71：435-444, 2011
4) Bai XY, et al：PLoS One, 11：e0149370, 2016

SAG

別名：Smoothened agonist

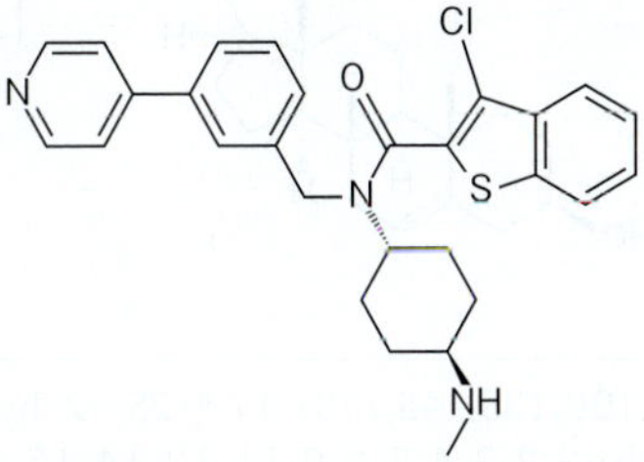

◆**分子量**：490.1

◆**IUPAC名**：3-chloro-N-[4-(methylamino)cyclohexyl]-N-[(3-pyridin-4-yl-phenyl)methyl]-1-benzothiophene-2-carboxamide

◆**使用法・購入**

溶媒：DMSO（100 mM），溶液は-20℃で6カ月保存可能
使用条件：細胞培養用培地に添加する場合，10～250 nMで効果．マウス個体に投与する場合，20 mg/kgを腹腔内投与
購入先：メルク社（566660），アブカム社（ab142160）

◇作用機序

　Hhシグナルを活性化させるベンゾチオフェン化合物に属するSmoothened（Smo）の細胞膜透過性アゴニスト．他のSmo阻害剤と同様に，細長いリガンドポケットに結合する．ただし，他がポケットの奥に潜り込むのに対して，SAGは細胞外領域近傍でのみ相互作用する．

◇生理機能

　活性化型Smoの構造解析やHhシグナルの活性化の手段として使われている．例えば，SAGの添加実験によって，このシグナルが神経およびグリア細胞前駆体の自己増殖を誘導することが明らかにされた．また，Hhシグナルは血管新生でも重要な役割を担っており，SAGは低酸素状態におかれた肺動脈平滑筋細胞を増殖させることも報告されている．

◇注意点

　1 μM以上では阻害剤として作用する．

第13章　ヘッジホッグシグナル関連薬剤

参考文献

1）Wang C, et al：Nat Commun, 5：4355, 2014
2）Bragina O, et al：Neurosci Lett, 482：81-85, 2010
3）Heine VM, et al：Sci Transl Med, 3：105ra104, 2011

20(S)-Hydroxycholesterol

◆**分子量**：402.7

◆**IUPAC名**：(3S,8S,9S,10R,13S,14S,17S)-17-[(2S)-2-hydroxy-6-methylheptan-2-yl]-10,13-dimethyl-2,3,4,7,8,9,11,12,14,15,16,17-dodecahydro-1H-cyclopenta[a]phenanthren-3-ol

◆**使用法・購入**
溶媒：エタノール（100 mM），粉末は-20℃で1年間保存可能
使用条件：細胞培養用培地に添加する場合，0.1〜10μMで効果
購入先：シグマ社（H5884），Tocris社（4474）

◇ 作用機序

Smoothened（Smo）に対するアロステリックなアゴニスト．Hhリガンドとの相乗的な効果が認められないことから，Ptch非依存的にSmoを活性化する．前項で紹介したSAGとは異なり，Smoの細胞外システインリッチドメイン（CRD）の2つのαヘリックスとループから形成される溝に入り込む．

◇ 生理機能

20(S)-Hydroxycholesterol(20(S)-OHC)は体内でコレステロールから胆汁酸へと酸化される過程で生じる中間生成物，オキシステロールの一つである．そのなかで最もHhシグナルを活性化する．前項のSAGと同様に，Hhシグナルの活性化の研究に使われる．特に骨形成の分野で用いられており，Hhシグナルの活性化を介して脂肪組織由来の幹細胞から骨形成を誘導する一方，骨髄間質細胞への曝露はPPARγの発現を抑制することで脂肪分化を制御することが報告されている．

参考文献

1）Huang P, et al：Cell, 166：1176-1187.e14, 2016
2）Lee JS, et al：Stem Cell Res Ther, 8：276, 2017
3）Yalom A, et al：Plast Reconstr Surg, 134：960-968, 2014

4）Kim WK, et al：J Bone Miner Res, 22：1711-1719, 2007

5）Berretta A, et al：Sci Rep, 6：21896, 2016

GANT61

◆**分子量**：429.6

◆**IUPAC名**：2-[[3-[[2-(dimethylamino)phenyl]methyl]-2-pyridin-4-yl-1,3-diazinan-1-yl]methyl]-N,N-dimethylaniline

◆**使用法・購入**
　溶媒：エタノール（100 mM），溶液は-20℃で1年間保存可能
　使用条件：細胞培養用培地に添加する場合，10～100 μM で効果．マウス個体に投与する場合，25～50 mg/kgを皮下投与，50 mg/kgを腹腔内投与．または30～50 mg/kgを経口投与
　購入先：シグマ社（G9048），セレック社（S8075）

◇**作用機序**

　Glioma-associated oncogene homolog 1（Gli1）とGli2に対する選択的阻害剤．2007年，Gli標的配列融合ルシフェラーゼレポーター導入細胞を用いたハイスループットスクリーニングによりGANT58とともに発見された．GANT61はGliに直接結合，その転写活性を抑制する．その活性はGANT58よりも高い．

◇**生理機能**

　Gli1とGli2はHhシグナルの最下流の転写活性化因子で，このシグナル機能を伝える最終因子である．Gli1のノックアウトマウスは明らかな表現型を認めないが，Gli2のホモ接合型欠失は胚性致死となる．Gliはその名の通り，多くのがんで活性化されている．そのためGANT61は，がんのさまざまな表現型に影響を与える．例えば，アポトーシス誘導，テロメラーゼの発現抑制による不死化制御，オートファジーの誘導，炎症性サイトカインの誘導による腫瘍免疫の増強などがあげられる．現在，多くのがん種で臨床試験が進められている．重要なことに，GANT61によるGliの阻害は，Smoやその下流に耐性変異が生じている場合や，Gli自身が過剰発現しているがんの治療にも有効らしい．

参考文献

　1）Agyeman A, et al：Oncotarget, 5：4492-4503, 2014

　2）Lauth M, et al：Proc Natl Acad Sci U S A, 104：8455-8460, 2007

　3）Gonnissen A, et al：Oncotarget, 6：13899-13913, 2015

第13章　ヘッジホッグシグナル関連薬剤

第14章
サイトカインシグナル関連薬剤

河府和義

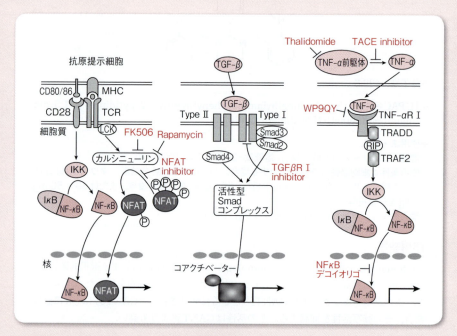

概略図 サイトカインシグナル阻害剤の作用点

　細胞間情報伝達分子であるサイトカインは，免疫系細胞の分化・生存・アポトーシス・増殖促進（または抑制）および，細胞機能の促進（または抑制）を厳密に制御するきわめて重要な液性因子である．これらの働きによって，免疫系の発生や成体免疫の恒常性が正常に維持されている．歴史的にはサイトカインは免疫・炎症反応の制御に関与する生体内調節因子として半世紀以上前からその研究がはじまったが，免疫細胞のみならず，内分泌・神経その他の細胞系，さらには腫瘍微小環境においてもその重要性がその後に明らかとなっている．この章ではサイトカインバランスの不均衡や免疫力亢進により発症する種々の免疫疾患に対して実際に用いられている免疫抑制剤や抗炎症剤などの阻害剤，さらにはIFN・インターロイキン・その他の炎症関連因子などのサイトカインシグナルを阻害する種々のマテリアルについて詳解する．
　サイトカインシグナルは非常に多様性に富むが，その実態は，①サイトカイン受容

体，②細胞内情報伝達因子，③核内の転写因子などの，比較的単純なメディエーター群により構成されている．それらがおのおののサイトカインとその受容体との組合わせによって微妙に異なる様式で使い分けられていることから，その全体像が多様性を増している．すなわち互いに類似性のあるサイトカインファミリーが多様に存在し，これらにはそれぞれに特異的な受容体複合体が対応しているが，同時にサイトカインシグナル受容体はサイトカインファミリー内で共通のサブユニットを共有する場合も多く，さらには細胞内シグナル経路もいくつかの代表的なパスウェイの巧妙なシナジーによって構成されている（概略図）．結果として特定の標的免疫細胞に，分化・生存・アポトーシス・増殖促進または抑制のシグナルを的確に伝達できる．

　サイトカインバランスの不均衡によって発症する疾患治療には「抗サイトカイン療法」が有効である．代表的なものとして，①サイトカイン自体を中和・不活性化する抗体療法，②サイトカインと受容体間の結合を阻害することを目的として，可溶性受容体や受容体アンタゴニストおよび抗体を使用するもの，③サイトカインの産生を阻止するために，情報伝達分子や転写因子の機能を阻害するものなどがあげられる．

　歴史的には阻害剤はおおむね低分子量の化学化合物が主流であった．しかし過去10数年において非常に活発に開発されたバイオ医薬品としての「抗サイトカイン療法」では中和抗体などの抗体医薬，受容体機能に対する競合ペプチドなどのペプチド医薬，転写因子阻害のための核酸医薬（アンチセンス，siRNA，デコイ，RNAアプタマー）など，最新の創薬技術の粋を結集しており，今後も目覚ましく飛躍することが期待されている．

参考文献

1）Taniguchi T：Science, 268：251-255, 1995
2）Macian F：Nat Rev Immunol, 5：472-484, 2005
3）Kishimoto T：Annu Rev Immunol, 23：1-21, 2005

Rapamycin

別名：ラパマイシン / Sirolimus / シロリムス

詳細は**第41章**同薬剤を参照

◇ 解説

mTOR阻害剤であるラパマイシンはオートファジー活性化にも用いられる．**第29章**も参照．

Thalidomide

別名：サリドマイド

詳細は**第31章**同薬剤を参照

◇ 解説

TNF-α生合成の選択的阻害剤であるサリドマイドは血管新生阻害効果もある．

JAK/STAT inhibitor

◇ 解説

IFNおよびインターロイキンの細胞内情報伝達に重要な役割を担うJAK/STATは抗炎症作用がある．RuxolitinibはJAK/STAT阻害剤の1つである（**第35章**参照）．

NFAT inhibitor

H－Met－Ala－Gly－Pro－His－Pro－Val－Ile－Val－Ile－Thr－Gly－Pro－His－Glu－Glu－OH

◆ **分子量**：1683.9

◆ **使用法・購入**
溶媒：水（PBSなど），-20℃保存
使用条件：細胞培養用培地に添加する場合，10〜100μM程度で効果
購入先：シグマ社（N7032），メルク社（480402）

◇ 作用機序

きわめて選択性の高い NFAT（nuclear factor of activated T-cells）阻害剤.

◇ 生理機能

転写因子 NFAT に存在するカルシニューリン結合ドメイン構造を基盤に作成された ペプチドライブラリーからスクリーニングにより得られた阻害剤. カルシニューリン —NFAT 間の相互作用を阻害し NFAT の脱リン酸化および核内移行を阻害する. 結 果的に, T 細胞における NFAT の活性化と NFAT 標的サイトカイン遺伝子群の発現を 阻害する. NFAT 非依存性のカルシニューリン下流因子が関与する他のサイトカイン の発現には影響しないとされているが, カルシニューリンと相互作用する他のシグナ ル伝達因子の脱リン酸化を抑制する可能性はある.

◇ 注意点

カルシニューリンそのものの脱リン酸化酵素活性には阻害効果はない.

参考文献

1) Aramburu J, et al：Science, 285：2129-2133, 1999
2) Kiani A, et al：Blood, 98：1480-1488, 2001
3) Martinez-Martinez S, et al：Curr Med Chem, 11：997-1007, 2004

TGF-βRI inhibitor

別名：LY364947

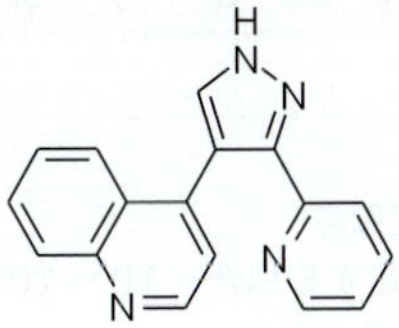

◆ **分子量：272.3**

◆ **IUPAC 名：**[3-(pyridin-2-yl)-4-(4-quinonyl)]-1H-pyrazole

◆ **使用法・購入**
溶媒：DMSO（5 mg/mL）, −20 ℃保存
使用条件：細胞培養用培地に添加する場合, 0.1〜1 μM 程度で効果
購入先：メルク社（616451）, 富士フイルム和光純薬社（123-05981）

◇ 作用機序

細胞透過性の高い 2 ヘテロアレル置換ピラゾール化合物で, ATP 競合阻害効果によ り TGF-β タイプ I 受容体のキナーゼ活性を強力かつ特異的に抑制する. $IC_{50} = 51$ nM.

◇生理機能

　標的キナーゼに対する特異性は比較対象のp38a MAPキナーゼに対するものよりも約15倍高い．NIH 3T3細胞などではTGF-β依存性の細胞増殖を阻害し，種々のSmad転写因子の標的遺伝子転写を抑制する．TGF-βは，アクチビン，骨形成因子（bone morphogenetic protein：BMP）などから成るTGF-βスーパーファミリーを構成しており，細胞の増殖抑制や分化，発生，アポトーシスの制御などの多種多様な生命現象に関与している．TGF-βシグナルの異常はがん転移や各種臓器の線維症などのさまざまな疾患を引き起こすことが明らかとなっており，TGF-β阻害剤は線維症治療などに有効性が期待されている．TGF-βシグナル阻害剤を大まかに分類すると，①抗体などの高分子阻害剤：Lerdelimumab, Metelimumab, GC-1008など，②低分子阻害剤，③siRNAなどの核酸医薬にわかれる．TGF-β R1キナーゼインヒビターは後者に属しており，タイプ I 受容体のキナーゼATP競合阻害剤のさきがけとして同定・検証され，類似化合物であるGalunisertib, Vactosertibなどの阻害剤が抗がん剤または線維症治療剤として開発されつつある．

参考文献

1）Sawyer JS, et al：J Med Chem, 46：3953-3956, 2003
2）Singh J, et al：Bioorg Med Chem Lett, 13：4355-4359, 2003

TNF-α antagonist

別名：WP9QY

H－Tyr－Cys－Trp－Ser－Gln－Tyr－Leu－Cys－Tyr－OH

◆**分子量**：1226.4

◆**使用法・購入**

溶媒：水（10 mg/mL），−20℃保存
使用条件：細胞培養用培地に添加する場合，10～100 μM程度で効果．マウス個体投与の場合，24 mg/kg×8回/日で効果
購入先：メルク社（654255）

◇作用機序

　TNF-αシグナルの競合阻害ペプチド．

◇生理機能

　TNF-αタイプ I 受容体に対して競合阻害を持つサイクリックペプチドで，TNF-α依存性のアポトーシスを阻害する．WP9QYという名称は，TNF-α/TNF受容体タイプ I 複合体中にみられるWP9と命名された部位に結合すること，およびアミノ酸のグルタミン（Q）とチロシン（Y）が導入されていることに由来している．破骨細胞形成抑制作用をもつDBA/J1背景マウスでのコラーゲン誘導関節炎を抑制すること

や，骨代謝にかかわる骨吸収の過剰な進行を防ぐことで骨粗鬆症などに効果があることが報告されている．

参考文献

1）Takasaki W：Nat Biotechnol, 15：1266-1270, 1997
2）Kojima T, et al：J Med Dent Sci, 52：91-99, 2005
3）Ueda Y：J Neurochem, 95：99-110, 2005
4）Khan AA, et al：J Oral Biosci, 55：47-54, 2013

ヘルパーT細胞分化抑制抗体群

別名：抗マウスサイトカイン抗体

◆**使用法・購入**
溶媒：PBSなど，4℃保存
使用条件：マウスプライマリT細胞の培地に添加する場合，5〜10μg/mL程度で効果
購入先：anti-IFNγ抗体：R&D Systems社（AF-485-NA）／anti-IL-4抗休：R&D Systems社（AF-404-NA）／anti-IL-12抗体：R&D Systems社（AF-419-NA）

◇ 作用機序

各種T細胞分化制御サイトカインの機能を阻害する中和抗体．

◇ 生理機能

　ナイーブなヘルパーT細胞は活性化に伴い数種類のタイプに分化することがこれまでに報告されている．おのおののタイプのヘルパーT細胞は抗原提示細胞などから分泌される周囲のサイトカイン環境のバランスによって運命が決まり，それぞれの恒常性が維持される．ヘルパーT細胞は代表的には，細胞性免疫を制御するTh1型細胞や，液性免疫を制御するTh2型細胞，細菌感染に応答して分化するTh17細胞に分化して，生体免疫防御機構を維持している．生体内でこれらの分化制御機構が正常なバランスを失うと免疫疾患（アレルギー性疾患や自己免疫疾患など）の原因となりうる．この項目ではこのようなThバランスをマウス初代T細胞培養系で人為的に制御できる抗サイトカイン抗体について，代表的な例を紹介したい．

　①Anti-IFNγ抗体
　Th1細胞分化を正に制御するIFNγを阻害することでTh1以外のヘルパーT細胞（例えばTh2やTh17など）への分化を促進する．マウスIL-4との併用でより効果的なTh2細胞分化誘導が可能である．

　②Anti-IL-4抗体
　Th2細胞分化を正に制御するIL-4を阻害することでTh2以外のヘルパーT細胞への分化を促進する．マウスIL-12との併用でより効果的なTh1細胞分化誘導が可能である．

◇ 注意点

　マウス由来の初代培養T細胞での分化誘導はT細胞受容体およびCD28の活性化などを伴う難易度の高いアッセイ系であることから，効率よく誘導することは難しい．分化誘導系をはじめて導入する際には経験者に習うことをお勧めする．

参考文献

1）Komine O, et al：J Exp Med, 198：51-61, 2003
2）Maekawa Y, et al：Immunity, 19：549-559, 2003

TACE inhibitor

TAPI-0

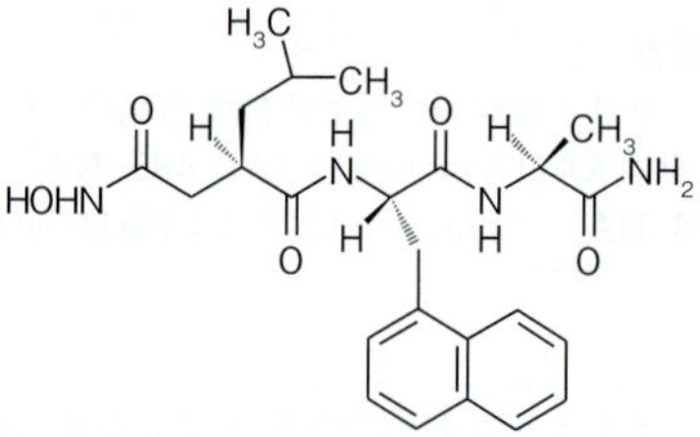

◆ **分子量**：456.6（TAPI-0），499.6（TAPI-1）

◆ **IUPAC名**：N-(R)-(2-(Hydroxyamin bonyl)Methyl)-4-Methylpentanoyl-L-Naphthylalanyl-L-Alanine Amide

◆ **使用法・購入**
　溶媒：DMSO（＞5 mg/mL），-20℃保存
　使用条件：細胞培養用培地に添加する場合，5〜20μM程度で効果
　購入先：シグマ社（TAPI-0：SML1292），メルク社（TAPI-1：579051）

◇ 作用機序

　TACE（TNF-α converting enzyme）抑制により，TNF1前駆体から遊離型TNF-αの産生を阻害するメタロプロテナーゼ阻害剤．

◇ 生理機能

　種々の炎症反応の引き金となる主要な炎症性サイトカインであるTNF-αは，タンパク質への翻訳直後の前駆体は膜結合型として細胞膜に分布する．TACEはTNF-α前駆体を切断することでTNF-αは細胞膜から遊離して分泌型へと変換される．TAPI-1（TNF-α protease inhibitor-1）などのヒドロキサム酸ベースの阻害剤はTACE活性を阻害することにより，細胞からの分泌型TNF-α産生を抑制し，リウマチ性関節炎などを対象とした抗サイトカイン治療薬として期待されている．

◇ 注意点

TAPI は TACE 以外のコラゲナーゼやゲラチナーゼの阻害活性を有する.

参考文献

1）Mohler KM, et al：Nature, 370：218-220, 1994
2）Roghani M, et al：J Biol Chem, 274：3531-3540, 1999

マウス IL-6 中和抗体

◆ 使用法・購入

溶媒：PBS など，4℃保存
使用条件：細胞培養用培地に添加する場合，anti-IL-6 mAb 10 μg/mL 程度で効果
購入先：R&D Systems 社（AF-406-NA）

◇ 作用機序

IL-6 シグナルの阻害剤.

◇ 生理機能

IL-6 は生体免疫にとっては重要な役割を担うサイトカインの一つであり，抗体産生や炎症反応を調節する．関節リウマチ（RA）を代表とする炎症性免疫疾患患者ではIL-6 の慢性的な過剰分泌が観察されており，病態増悪に深く関与すると考えられている．具体的には骨破壊を伴う多発性関節炎を特徴とする RA の関節内では，滑膜細胞やマクロファージに由来する過剰な IL-6 が自己反応性 Th17 系譜細胞の活性化やB細胞からの自己抗体産生を亢進させていることが考えられる．ヒト化抗 IL-6 受容体抗体は 1992 年に大阪大学と中外製薬社との共同で開発された．当初は多発性骨髄腫への応用が期待されたことから，myeloma receptor antibody（MRA）とよばれた．マウス抗ヒト IL-6 受容体（α サブユニット）抗体をオリジナルとし，遺伝子組換え技術によりヒト IgG1 化してある．IL-6 とその受容体の結合を競合的に阻害することにより，IL-6 の生理活性を抑制して薬効を示す．一般名は Tocilizumab（トシリズマブ）．Tocilizumab は RA 以外にもキャッスルマン病，全身性エリテマトーデス，骨髄腫などに対しても臨床試験が行われており，優れた治療効果が明らかとなっており，RA やキャッスルマン病にはすでに適応承認されており，実臨床で貢献している．

マウスやサルを用いたコラーゲン誘導関節炎において IL-6 シグナル阻害は有効性が確認されており，T細胞の活性化の抑制および抗コラーゲン抗体産生の抑制が示唆された．分子免疫学では主にモデルマウスを用いた解析がさかんに実施されるが，抗マウス IL-6 中和抗体が阻害剤として有用である．

参考文献

1）Sato K, et al：Cancer Res, 53：851-856, 1993
2）Choy EHS, et al：Arthritis Rheum, 46：3143-3150, 2002
3）Mangan PR, et al：Nature, 441：231-234, 2006

第14章　サイトカインシグナル関連薬剤

第15章
ホルモン関連薬剤

河府和義

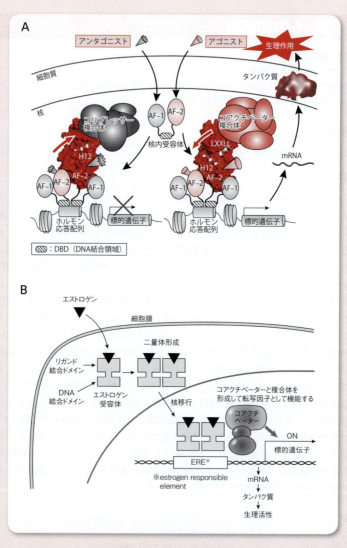

概略図　核内受容体（A）と選択的エストロゲン受容体モジュレーター（B）の作用機構

ホルモンは水溶性リガンドと脂溶性リガンドに分類される．インスリン，グルカゴンに代表される水溶性リガンドは，細胞膜を通過できないが，細胞表面に発現する受容体を活性化して細胞内へとシグナルを伝達する．一方，ステロイドホルモンに代表される脂溶性リガンドは細胞膜を通過して，細胞内に局在する核内受容体に結合してその転写活性を制御することで生理作用を発揮する．ホルモン阻害剤として臨床的にも成功しているのが性ステロイドホルモン阻害剤である．性ホルモンは生殖器に生じる腫瘍の増悪因子であるため，性ホルモン阻害剤が古くから開発されている．最近ではこのような臨床的成功から，核内受容体を標的分子とした創薬研究がさかんに行われている．

核内ステロイドホルモン受容体（概略図A）

　核内受容体は遺伝子スーパーファミリーを形成しており，それらの構造と機能は高度に保存されている．核内受容体はそのC末端に位置するリガンド結合領域（LBD）内の疎水性ポケットにリガンドが結合することで構造変化を生じて活性化される．核内受容体は転写制御因子として標的遺伝子の発現を制御する．その際には核内の巨大複合体群を形成することで染色体構造調節とヒストンタンパク質修飾がなされる．これら核内受容体を介して生理作用を発揮する数多くのステロイド／甲状腺ホルモン，脂溶性ビタミンA／Dや低分子量脂溶性生理活性物質に対しては，創薬や治療の目的で各種アゴニストまたはアンタゴニストが開発されている．女性ホルモン完全アンタゴニストとしてICI-164384，プロゲステロン／グルココルチコイドアンタゴニストとしてRU-486（ミフェプリストン），ビタミンDアンタゴニストとしてTEI-9647，RARα，PPARγ，FXRアンタゴニストとしてそれぞれRo41-5253，GW9662，ググルステロンが報告されている．

選択的エストロゲン受容体モジュレーター（SERM）（概略図B）

　抗ホルモンアンタゴニストである4-ヒドロキシタモキシフェン（抗女性ホルモン），フルタミドやビカルタミド（抗男性ホルモン）は，ホルモンアンタゴニストとして，それぞれ乳がん，前立腺がんへ臨床的に用いられてきた．その後の研究により，タモキシフェンは部分的アンタゴニスト／アゴニストとして，組織特異的に抗エストロゲン様，エストロゲン様活性を示すことが明らかとなっている．これらの組織特異的エストロゲン活性を示す合成リガンドはSERM（selective estrogen receptor modulator）と総称され，同様の活性を示す各種核内受容体に対するリガンド誘導体が開発されている．

参考文献

1) Mangelsdorf DJ, et al：Cell, 83：835-839, 1995
2) Gronemeyer H, et al：Nat Rev Drug Discov, 3：950-964, 2004
3) Smith CL & O'Malley BW：Endocr Rev, 25：45-71, 2004

Dexamethasone

別名：デキサメタゾン

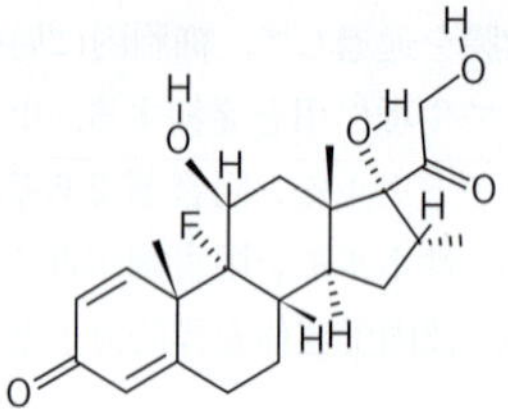

◆**分子量**：392.5

◆**IUPAC名**：(8S,9R,10S,11S,13S,14S,16R,17R)-9-Fluoro-11,17-dihydroxy-17-(2-hydroxyacetyl)-10,13,16-trimethyl-6,7,8,9,10,11,12,13,14,15,16,17-dodecahydro-3H-cyclopenta[a]phenanthren-3-one

◆**使用法・購入**
溶媒：エタノール
使用条件：マウス個体投与の場合は1～3 mg/kg
購入先：シグマ社（D1756）

◇ 作用機序

ステロイド系抗炎症剤の一種．生体内では副腎皮質から糖質コルチコイドが分泌され炎症細胞の活性を抑制するが，この天然の糖質コルチコイドの合成アナログであるDexamethasoneも抗炎症作用を示す．

◇ 生理機能

糖質コルチコイドの受容体はグルココルチコイド受容体であり，核内受容体ファミリーの一種である．グルココルチコイド受容体は転写制御因子として機能するが，アゴニストであるステロイドや合成アナログであるステロイド抗炎症剤が結合することで種々の炎症関連遺伝子の転写を負に制御する．結果，炎症の原因とは無関係にさまざまな炎症性疾患を治療することができる．全身性の炎症には経口剤，呼吸器の炎症には吸入剤，そして皮膚の炎症には外用剤として利用される．

参考文献

1）Kunicka JE, et al：Cell Immunol, 149：39-49, 1993
2）Adcock IM & Caramori G：Immunol Cell Biol, 79：376-384, 2001

Tretinoin

別名：トレチノイン

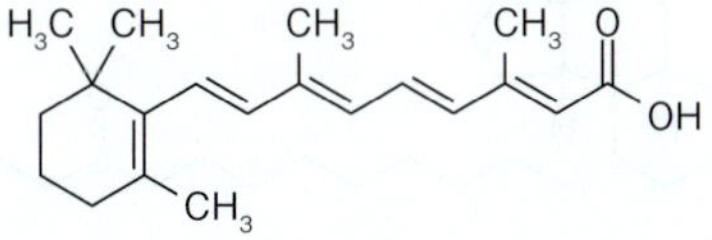

◆**分子量**：300.4

◆**IUPAC名**：(2E,4E,6E,8E)-3,7-dimethyl-9-(2,6,6-trimethylcyclohexen-1-yl)
nona-2,4,6,8-tetraenoic acid

◆**使用法・購入**
溶媒：メタノールまたはDMSO
使用条件：細胞に処理する場合は0.1〜1μM
購入先：シグマ社（PHR1187）

◇ 作用機序

レチノイン酸受容体のアゴニストとして脊椎動物の胚の発生段階において胚後部の発生を制御するモルフォゲンとして機能している．血液細胞の一種である好中球の分化制御や皮膚組織のターンオーバーの促進などにも関与している．

◇ 生理機能

TretinoinはビタミンA誘導体の一種であり，構造式でわかる通りすべての2重結合がトランス型になっていることからオールトランスレチノイン酸とよばれる．3種あるレチノイン酸受容体（RARα，RARβ，RARγ）のすべてに作用するアゴニストであり，レチノイン酸研究では最も頻繁に利用されてきた．前骨髄球性白血病の治療薬としても骨髄球の分化を正に制御することで未分化な白血病細胞の増殖を抑制する．

参考文献
1 ）Chambon P：FASEB J, 10：940-954, 1996
2 ）Warrell RP Jr, et al：N Engl J Med, 324：1385-1393, 1991

第15章　ホルモン関連薬剤

Fulvestrant

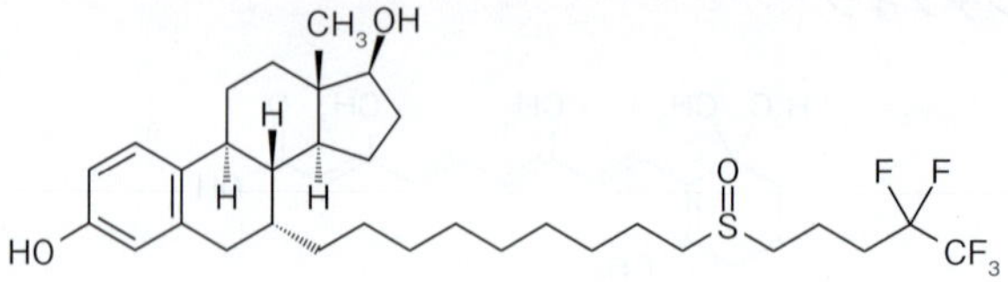

◆分子量：606.8

◆**ＩＵＰＡＣ名** ： （7R,8R,9S,13S,14S,17S）-13-methyl-7-［9-（4,4,5,5,5-pentafluoropentylsulfinyl）nonyl］-6,7,8,9,11,12,14,15,16,17-decahydrocyclopenta［a］phenanthrene-3,17-diol

◆**使用法・購入**
溶媒：DMSO
使用条件：細胞に処理する場合は，10～1,000 nM
購入先：シグマ社（I4409）

◇作用機序

　　エストロゲンの完全な阻害物質であるFulvestrantは，エストロゲンと同様にステロイド骨格を有し，エストロゲン受容体に結合して選択的に分解促進することにより，エストロゲンの機能を阻害する．選択的エストロゲン受容体抑制薬（selective estrogen receptor down-regulator：SERD）に分類される．

◇生理機能

　　閉経後乳がんの治療薬として承認されている．

参考文献

1） Long X & Nephew KP：J Biol Chem, 281：9607-9615, 2006
2） Howell A, et al：J Clin Oncol, 20：3396-3403, 2002

Flutamide

別名：フルタミド

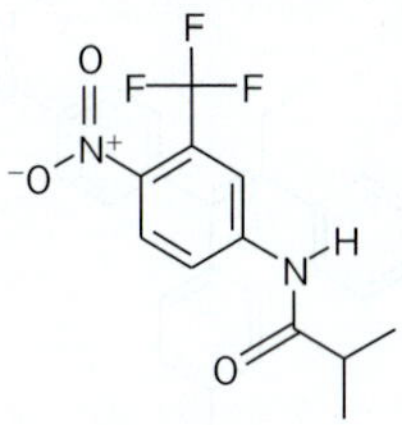

◆**分子量**：276.2

◆**IUPAC名**：2-methyl-N-[4-nitro-3-(trifluoromethyl)phenyl]propanamide

◆**使用法・購入**
　溶媒：エタノール（1 mM），−20℃保存
　使用条件：細胞培養用培地に添加する場合，10 nM〜1μMで効果
　購入先：メルク社（F9397）

◇ 作用機序

　アンドロゲン阻害剤であるFlutamideはアンドロゲン受容体に結合してその機能を阻害する．

◇ 生理機能

　Flutamideは前立腺がんの治療に用いられているように，前立腺においてがん細胞の増殖を抑制し，抗アンドロゲン作用を示す．また女性や子どものアンドロゲン依存性多毛症の治療にも用いられる．国内では承認されていないがホルモン療法としてニキビ治療にも有効である．

参考文献

1）Ohsako S, et al：J Repro Dev, 49：275-290, 2003
2）Katsuno M, et al：Nat Med, 9：768-773, 2003
3）Yoon H-G & Wong J：Mol Endocrinol, 20：1048-1060, 2006

第15章　ホルモン関連薬剤

251

4-Hydroxytamoxifen

別名：4-OHT／4-ヒドロキシタモキシフェン

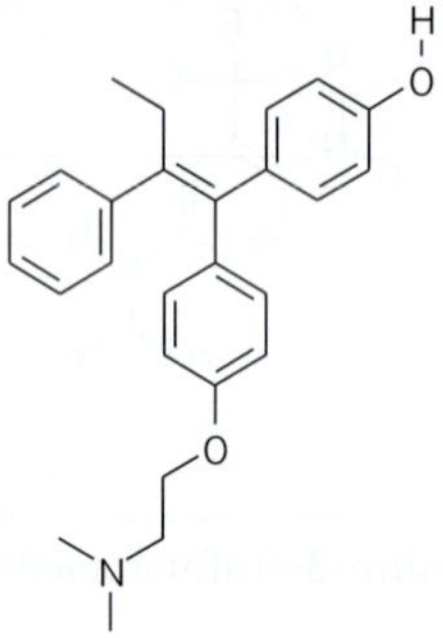

◆**分子量**：387.5

◆**IUPAC名**：4-[(Z)-1-[4-(2-dimethylaminoethoxy)phenyl]-2-phenyl-but-1-enyl]phenol

◆**使用法・購入**
溶媒：エタノール（＜20 mg/mL），–20℃保存
使用条件：細胞培養用培地に添加する場合，10 nM～1μMで効果．マウス個体に投与する場合にはサンフラワーシードオイルに溶解したものを1～8 mg腹腔内投与する
購入先：Enzo Life Sciences社（ALX-550-361-M001），シグマ社（H7904）

◇作用機序

　選択的エストロゲン受容体モジュレーター（SERM）である4-Hydroxytamoxifen（4-OHT）は，エストロゲンの受容体への結合を競合阻害することにより，エストロゲンの機能を部分的に阻害する．

◇生理機能

　4-OHTは，乳腺に対しては増殖抑制効果があり，エストロゲン阻害作用を発揮するため，乳がんの治療に用いられている．しかし，子宮内膜に対しては部分的アゴニストとして作用し，子宮がんのリスクを高めることが報告されている．また，骨組織や肝臓に対してはアゴニストとして作用する．基礎研究領域ではER融合タンパク質（CreERなど）を活性化誘導する際に用いられている．

◇注意点

　マウスに高用量投与する場合には，組織によっては予期せぬ副作用が生じることを留意すること．

参考文献

1 ）Gundimeda U, et al：J Biol Chem, 271：13504-13514, 1996
2 ）Ye Q & Bodell WJ：Carcinogenesis, 17：1747-1750, 1996

RU-486

別名：Mifepristone / ミフェプリストン

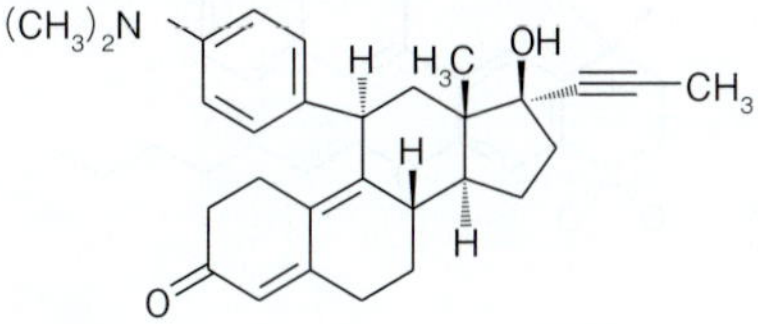

◆**分子量**：429.6

◆**IUPAC名**：(8S,11S,13S,14S,17S)-11-(4-dimethylaminophenyl)-17-hydroxy-13-methyl-17-prop-1-ynyl-1,2,6,7,8,11,12,14,15,16-decahydrocyclopenta[a]phenanthren-3-one

◆**使用法・購入**

溶媒：メタノール，エタノール，DMSO（10～50 mg/mL）に溶解，–20℃保存
使用条件：細胞培養用培地に添加する場合，0.1～10μMで効果
購入先：Enzo Life Sciences社（BML-S510-0100），メルク社（475838），シグマ社（M8046）

◇作用機序

プログステロン受容体（PR）アンタゴニストとしての作用と（K_d = 2.6 nM），グルココルチコイド受容体（GR）アンタゴニストとしての作用をもつ（K_d = 0.4 nM）.

◇生理機能

プログステロンに対する拮抗作用により，内膜や脱落膜の剥離による出血を誘導し非妊娠状態にリセットさせる作用がある．よって欧米では妊娠初期の経口人工中絶薬として使用されている．また抗血管新生作用およびVEGF産生抑制作用を示す．GRに対するアンタゴニストとしては，非下垂体性クッシング症候群患者の副腎皮質機能亢進症の非外科的治療薬として使用される.

参考文献

1）Jung-Testas I & Baulieu EE：Exp Cell Res, 147：177-182, 1983
2）Terakawa N, et al：J Steroid Biochem, 31：161-166, 1988
3）Sidell N, et al：Ann N Y Acad Sci, 955：159-173, 2002

第15章　ホルモン関連薬剤

253

Ro41-5253

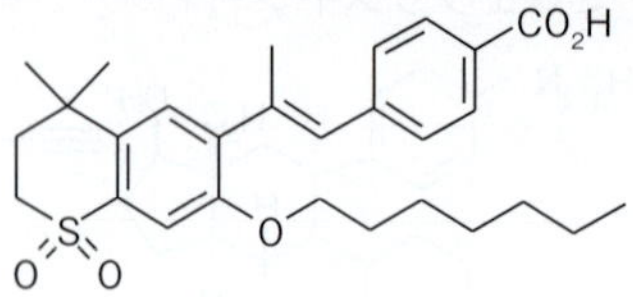

◆**分子量**：484.7

◆**IUPAC名**：4-[(Z)-2-(7-heptoxy-4,4-dimethyl-1,1-dioxo-2,3-dihydrothiochromen-6-yl)prop-1-enyl]benzoic acid

◆**使用法・購入**
溶媒：DMSO（50 mg/mL），エタノール（15 mg/mL）に溶解，–20℃保存
使用条件：細胞培養用培地に添加する場合，10～1,000 nMで効果
購入先：Enzo Life Sciences社（BML-GR110-0025）

◇作用機序

選択的レチノイン酸受容体（RAR）αアンタゴニスト．レチノイン酸の各RARサブタイプ結合に対するIC_{50} = RARα：60 nM，RARβ：2,400 nM，RARγ：3,300 nM.

◇生理機能

RARを介したレチノイン酸によるヒト前骨髄球性白血病細胞（HL-60）の顆粒球系細胞への分化促進作用やB細胞の活性化を抑制する．RARαに結合することでRARα/RXRαのDNA結合能は阻害しないが，転写活性化作用は阻害される．さらにRo41-5253は，C3H10T1/2細胞においてレチノイン酸誘導性のコネキシン43の発現を抑制する．

参考文献
1）Keidel S, et al：Mol Cell Biol, 14：287-298, 1994
2）Bertram JS, et al：Biochim Biophys Acta, 1740：170-178, 2005

GW9662

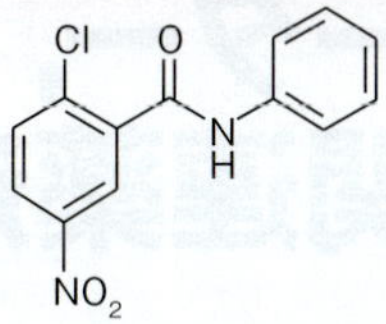

◆**分子量**：276.7

◆**IUPAC名**：2-chloro-5-nitro-N-phenyl-benzamide

◆**使用法・購入**
溶媒：DMSO（20 mg/mL），エタノール（10 mg/mL）に溶解，−20℃保存
使用条件：細胞培養用培地に添加する場合，1〜100 nMで効果
購入先：Enzo Life Sciences社（BML-GR234-0050），メルク社（370700），シグマ
社（M6191）

◇ 作用機序

選択的ペルオキシソーム増殖剤応答性受容体（PPAR）γ アンタゴニスト（IC_{50} =
3.3 nM）．PPARα，PPARδ に対する IC_{50} は，それぞれ 32 nM，2,000 nM．10 μM
ではPXR，FXRに対してアゴニストとして作用する．

◇ 生理機能

PPARγ を介した脂肪細胞分化を抑制する．またIL-4により発現誘導されるPPAR
γ や12/15-lipoxygenaseによってマクロファージではCD36発現誘導が起こるが，
GW9662はこのCD36誘導を阻害する．GW7845，Ciglitazone，Troglitazoneといっ
たPPARγ アゴニストは，ヒト大動脈平滑筋細胞（HASMC）においてOsteoprote-
gerin（OPG）の発現を抑制する作用を有するが，本薬剤はその作用を完全に阻害す
る．

参考文献
1）Huang JT, et al：Nature, 400：378-382, 1999
2）Fu M, et al：J Biol Chem, 276：45888-45894, 2001
3）Leesnitzer LM, et al：Biochemistry, 41：6640-6650, 2002

第15章　ホルモン関連薬剤

255

第16章

トランスポーター，5-HTなどのGPCRs関連薬剤

藪田紀一

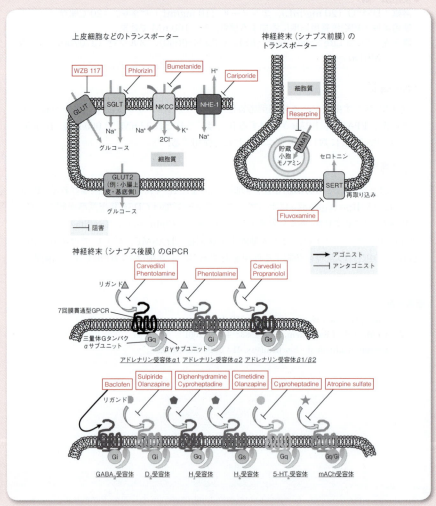

概略図　SLCトランスポーター，GPCRsに作用する薬剤

トランスポーター（輸送体）あるいはキャリア（担体）は，無機および有機イオンや糖，アミノ酸，生体アミン，外来の化学物質などのさまざまな基質を脂質二重層の膜を横切って輸送する膜貫通タンパク質である．それぞれの基質の特性（分子の大きさや構造，極性など）や輸送様式（ユニポート，シンポート，アンチポート）に適応した構造をもつ多種多様なトランスポーターが存在する．そのうち，SLC（solute carrier：溶質担体）遺伝子群として分類される一群は，ヒトのゲノムにおいてこれまでに少なくとも65種類のサブファミリー（$SLC1 \sim SLC65$）を形成し，400種を超えるトランスポーターをコードしている（http://slc.bioparadigms.org/）．これらのトランスポーターは原則ATPの加水分解エネルギーに直接依存しない膜輸送（二次性輸送）を担い，ATPの加水分解エネルギーにより能動輸送を行うABCトランスポーター（ATP結合カセット輸送体）やATP駆動型イオンポンプをコードする遺伝子群とは区別される．代表的なSLCとしては，Na^+（ナトリウムイオン）−グルコース共輸送体SGLT（SLC5ファミリー）やグルコース輸送体GLUT（SLC2ファミリー），セロトニントランスポーターSERT（SLC6ファミリー）などがあげられる．SLCの異常は，糖尿病やがんなどを含むヒトの疾患とかかわりが深いため，SLCを標的とした薬剤は有用性が高いとされる．

　セロトニン（5-HT），アセチルコリン，ノルアドレナリン，アドレナリン，ドーパミンおよびヒスタミンのような生体アミン（生理活性アミン）は，中枢神経系および末梢神経系において神経伝達物質として重要な役割を果たしている．このため，それらの合成や貯蔵，シナプス間隙への放出，特異的な受容体との結合や放出後の再取り込みなどは厳密に制御されている．例えば，小胞への貯蔵や再取り込みでは特定のトランスポーター（VMATやSERTなど）が機能し，シグナルの受容には多種多様なGタンパク質共役型受容体（GPCR：G protein-coupled receptor）が関与している．GPCRによる細胞内シグナル伝達では，三量体Gタンパク質（主としてG_s，$G_{i/o}$，$G_{q/11}$）を介して下流のエフェクターを活性化あるいは抑制する（**第2章参照**）．GPCRを介したシグナル伝達経路の異常も多くの疾患と関係しているため，市販の薬剤にはGPCRを標的としたものが多くみられる（現在市販されている全薬物のおよそ30〜40％を占めるといわれている）．

　本章では，SLCトランスポーターと，生体アミンなどの受容体として働くGPCRに着目し，これらに作用する薬剤の一部を紹介する（**概略図**）．

参考文献

1）Lindemann L & Hoener MC：Trends Pharmacol Sci, 26：274-281, 2005
2）Hediger MA, et al：Mol Aspects Med, 34：95-107, 2013
3）Stevens RC, et al：Nat Rev Drug Discov, 12：25-34, 2013
4）Lin L, et al：Nat Rev Drug Discov, 14：543-560, 2015
5）Hay N：Nat Rev Cancer, 16：635-649, 2016

Phlorizin

別名：フロリジン / フロリジン水和物

◆**分子量**：436.4（二水和物：472.4）

◆**IUPAC名**：1-[2,4-dihydroxy-6-[(2S,3R,4S,5S,6R)-3,4,5-trihydroxy-6-(hydroxymethyl)oxan-2-yl]oxyphenyl]-3-(4-hydroxyphenyl)propan-1-one

◆**使用法・購入**
溶媒：DMSO（100 mM）．エタノールにも可溶．-80℃で保存．
使用条件：細胞培養用培地に添加する場合，最終濃度50 μM（実験条件により異なる）．
マウス個体に投与する場合，使用直前に生理食塩水で希釈し，400 mg/kgで皮下注射
（実験条件により異なる．必要に応じて投与量と回数を決める）．
購入先：Tocris社（4627），アブカム社（ab143144），東京化学工業社（P0248；水和物），フナコシ社（11576），シグマ社（P3449；二水和物）

◇ 作用機序

Na$^+$－グルコース共輸送体（SGLT：selective sodium–glucose cotransporter）の競合的阻害剤．SGLTはNa$^+$の濃度勾配を利用してグルコースを輸送するシンポート系の輸送体．Phlorizinはリンゴの樹皮に含まれる天然物で，小腸や腎臓で高発現するSGLT1（別名：SLC5A1）のC末端側にある「ループ13」領域に結合して腸および腎臓における細胞内へのグルコース輸送（吸収）を阻害する．また，腎臓の近位尿細管に高発現している別のサブタイプのSGLT2（別名：SLC5A2）も阻害する．

◇ 生理機能

Phlorizin投与によるSGLT1およびSGLT2の阻害は，小腸での糖の吸収と腎臓近位尿細管での糖の再吸収を遮断するため，血中の血糖値を降下させるだけでなく腎性糖尿（血糖値は正常範囲だが腎臓で再吸収できなかった余分な糖が尿中に出る）を引き起こす．

◇ 注意点

実験的な糖尿誘発に利用される．一方，SGLT2に選択的な阻害剤としてTofogliflozin（トホグリフロジン）やEmpagliflozin（エンパグリフロジン）などがあり，2型糖尿病治療薬として国内で承認されている．

参考文献

1）Matsuoka T, et al：J Neurochem, 70：772-777, 1998
2）Wright EM：Am J Physiol Renal Physiol, 280：F10-F18, 2001
3）Raja MM, et al：Biochemistry, 43：10944-10951, 2004
4）Ehrenkranz JR, et al：Diabetes Metab Res Rev, 21：31-38, 2005
5）Brouwers B, et al：J Biol Chem, 288：27200-27207, 2013

WZB 117

別名：Glucose transporter inhibitor Ⅳ

◆**分子量**：368.3

◆**IUPAC名**：[3-fluoro-2-(3-hydroxybenzoyl)oxyphenyl] 3-hydroxybenzoate

◆**使用法・購入**

溶媒：DMSO（100 mMあるいは20 mg/mL）．DMSO中で不安定なため小分注して-80℃で保存する．

使用条件：細胞培養用培地に添加する場合，最終濃度10 μM（実験条件により異なる）．マウス個体に投与する場合，PBS/DMSO溶媒（1:1, v/v）で適宜希釈した後，10 mg/kg/日で腹腔内投与し，10週間続ける（実験条件により異なる）．

購入先：メルク社（400036），シグマ社（SML0621），Tocris社（6143）

◇ 作用機序

赤血球で高発現するグルコース輸送体（GLUT1）の阻害剤．WZB117はGLUT1（別名：SLC2A1）のチャネル領域に位置する3つのアミノ酸残基（Asn[34]，Arg[126]，Trp[412]）に水素結合することで，グルコース輸送を競合的に阻害して細胞内へのグルコース取り込み量を抑制する．一方で，細胞からの糖排出の非競合的阻害剤としても働く．

◇ 生理機能

GLUT1は各種がん細胞でも高発現しているため，WZB117はがん細胞におけるグルコース輸送を遮断することで細胞内のATP量を減少させ，細胞増殖とヌードマウスにおける腫瘍形成能を効果的に抑制する．また，WZB117はがん細胞に細胞周期の停止と細胞老化を誘導する．がん幹細胞の自己複製能と腫瘍形成能も阻害できるとの報告もある．

第16章　トランスポーター，5-HTなどのGPCRs関連薬剤

259

◇ 注意点

WZB117は，インスリン感受性のサブタイプGLUT4や神経細胞で高発現するサブタイプGLUT3に対しても程度は異なるが阻害効果を示す．

参考文献

1 ）Liu Y, et al：Mol Cancer Ther, 11：1672-1682, 2012
2 ）Shibuya K, et al：Oncotarget, 6：651-661, 2015
3 ）Ojelabi OA, et al：J Biol Chem, 291：26762-26772, 2016

Bumetanide

別名：ブメタニド / Ro 10-6338

◆ **分子量**：364.4

◆ **IUPAC名**：3-(butylamino)-4-phenoxy-5-sulfamoylbenzoic acid

◆ **使用法・購入**
溶媒：DMSO（50 mM）．-80℃で保存
使用条件：細胞培養用培地に添加する場合，最終濃度30 μM（10〜50 μM．実験条件により異なる）．*in vitro*結合アッセイの場合，最終濃度25 nM．ラット個体に投与する場合，2〜20 mg/kgで経口投与あるいは静脈注射（実験条件により異なる）
購入先：シグマ社（B3023），アブカム社（ab142489），ケイマン社（14630），富士フイルム和光純薬社（593-01921）

◇ 作用機序

Na$^+$–K$^+$–2Cl$^-$共輸送体（NKCC1）の特異的阻害剤．NKCC1（別名：SLC12A2）は，ヒトの上皮や内皮細胞，神経細胞，心筋細胞，赤血球などさまざまな細胞の膜に発現し，濃度勾配によるNa$^+$の細胞内流入を原動力にしてK$^+$とCl$^-$を細胞内へ運搬するシンポート系のイオントランスポーターである（**第10章**も参照）．Bumetanideは NKCC1の12回の膜貫通領域のうち複数箇所に作用してこれらのイオン輸送を遮断する．

◇ 生理機能

個体に経口投与すると強力な利尿作用がある．Bumetanide が腎臓の Henle 係蹄の太い上行脚でNKCC1を阻害することによってNa$^+$とCl$^-$の再吸収および尿の濃縮を阻害して，大量の水と塩（NaCl）を尿中に排出させる．最も強力な利尿薬「ループ

利尿薬」の1つとして使用される.

◇ 注意点

同様のループ利尿薬としてFurosemide（フロセミド）があるが，Bumetanideは
体内への吸収率や阻害作用がFurosemideよりも高いとされている.

参考文献

1）O'Grady SM, et al：Am J Physiol, 253：C177–C192, 1987
2）Klein JD, et al：J Biol Chem, 265：22238–22242, 1990
3）Lee SH, et al：J Pharmacokinet Biopharm, 22：1–17, 1994
4）Isenring P, et al：J Gen Physiol, 112：549–558, 1998
5）Somasekharan S, et al：J Biol Chem, 287：17308–17317, 2012

Reserpine

別名：レセルピン / Apoplon / アポプロン

◆ **分子量**：608.7

◆ **IUPAC名**：methyl(1R,15S,17R,18R,19S,20S)-6,18-dimethoxy-17-(3,4,5-
trimethoxybenzoyl)oxy-1,3,11,12,14,15,16,17,18,19,20,21-
dodecahydroyohimban-19-carboxylate

◆ **使用法・購入**

溶媒：DMSO（100 mM）．水に不溶．−80℃で保存
使用条件：細胞培養用培地に添加する場合，最終濃度50 nM〜1 μM（実験条件により
異なる）．ラット個体に投与する場合，使用直前に生理食塩水で希釈した後，5 mg/kg
で皮下注射（実験条件により異なる）
購入先：Tocris社（2742），東京化成工業社（R0007），富士フイルム和光純薬社（184-
00691），アブカム社（ab120609），シグマ社（R0875），ケイマン社（16474）

◇ 作用機序

小胞モノアミントランスポーターであるVMAT1（vesicular monoamine trans-
porter 1, 別名：SLC18A1）とVMAT2（別名：SLC18A2）の不可逆的な阻害剤.
VMATは神経終末においてモノアミン（ドパミン，ノルアドレナリン，アドレナリ
ン，セロトニン，ヒスタミンなどの神経伝達物質の総称）を貯蔵小胞内へ輸送する

第16章 トランスポーター，5-HTなどのGPCRs関連薬剤

が，ReserpineはVMATの小胞内側のドメインに結合してこの輸送活性を阻害する．例えば，Reserpineによってノルアドレナリンやその原料でもあるドパミンの輸送が阻害されると，貯蔵小胞へ取り込まれず細胞質内で分解されるため，結果としてノルアドレナリンが枯渇する．

◇ 生理機能

Reserpineによる神経終末のカテコラミン（主にドパミン，ノルアドレナリン，アドレナリンの3種を指す）の枯渇は，交感神経機能の低下，心拍数の減少，血圧の低下などをもたらすため，高血圧の治療に利用される．一方で，中枢神経に発現するVMAT2を選択的に阻害するTetrabenazine（テトラベナジン：TBZ）はハンチントン病に関連する多動性障害の治療のために利用される．

◇ 注意点

Reserpineによるカテコラミンの枯渇は，シナプス後膜におけるノルアドレナリン受容体やアドレナリン受容体の発現を増加させるため，これらの神経伝達物質に対する感受性を増強させてしまう．

参考文献

1）Schuldiner S, et al：J Biol Chem, 268：29-34, 1993
2）Erickson JD, et al：Proc Natl Acad Sci U S A, 93：5166-5171, 1996
3）Naudon L, et al：Eur J Neurosci, 8：842-846, 1996
4）Kölby L, et al：Br J Cancer, 89：1383-1388, 2003
5）Mandela P, et al：Neurochem Int, 56：760-767, 2010

Carvedilol

別名：カルベジロール

◆ **分子量**：406.5

◆ **IUPAC名**：1-（9H-carbazol-4-yloxy）-3-[2-（2-methoxyphenoxy）ethylamino] propan-2-ol

◆ **使用法・購入**
溶媒：DMSO（100 mM）．-80℃で保存
使用条件：細胞培養用培地に添加する場合，最終濃度0.1～10 μM（実験条件により異なる）．ラット個体に投与する場合，使用直前に生理食塩水で希釈した後，30 mg/kg／日で経口投与あるいは1 mg/kgで1日2回の腹腔内投与（目的や実験条件により異なる）

購入先：Tocris社（2685），シグマ社（C3993），アブカム社（ab120709），ケイマン社（15418），サンタクルズ社（sc-200157）

◇作用機序

アドレナリン受容体（AR）$\alpha 1$，$\beta 1$，$\beta 2$に拮抗的に結合して阻害する（アンタゴニスト）．ARはカテコラミンにより活性化される7回膜貫通型のGタンパク質共役型受容体（GPCR）の一種で，$\alpha 1$受容体がG_qタンパク質を介してCa^{2+}によるシグナル伝達とプロテインキナーゼC（PKC）を活性化し，$\beta 1$および$\beta 2$受容体がG_sタンパク質を介してcAMP産生によるシグナル伝達を活性化する．CarvedilolのR体が非選択的なβ受容体（$\beta 1$と$\beta 2$の両方）の遮断薬として働き，その鏡像異性体であるS体が$\alpha 1$受容体の遮断薬として働く．in vitroの実験結果によると，Carvedilolは，$\alpha 1$受容体のサブタイプのうち$\alpha 1$Dおよび$\alpha 1$Bに対してβ受容体よりも高い親和性を有することが示されている．

◇生理機能

Carvedilolはカテコラミンの作用を競合的に抑制する．すなわち，心臓に作用する$\beta 1$受容体の阻害により心拍出量は減少し，血管収縮に働く$\alpha 1$受容体の阻害は血圧の低下を引き起こすことから，心不全や高血圧症の治療に利用される．また，平滑筋に作用する$\beta 2$受容体の阻害により気管支の拡張が阻害される．

◇注意点

抗高血圧作用や抗酸化作用があるとされる．類似の$\alpha \beta$遮断薬としてLabetalol（ラベタロール）などがある．

参考文献

1）Ohlstein EH, et al：Proc Natl Acad Sci U S A, 90：6189-6193, 1993
2）Koshimizu TA, et al：Cardiovasc Res, 63：662-672, 2004
3）Jonsson G, et al：J Cardiovasc Pharmacol, 49：27-32, 2007
4）Stafylas PC, et al：Vasc Health Risk Manag, 4：23-30, 2008
5）Arozal W, et al：ISRN Pharmacol, 2011：430549, 2011

Propranolol

別名：プロプラノロール / プロプラノロール塩酸塩 / インデラル

◆分子量：295.8（塩酸塩）

◆ **IUPAC名**：1-naphthalen-1-yloxy-3-（propan-2-ylamino）propan-2-ol

◆ **使用法・購入**
　溶媒：DMSO（100 mM）あるいは滅菌ミリQ水（50 mg/mL，加温で溶解）．−80℃
　　で保存
　使用条件：細胞培養用培地に添加する場合，最終濃度10〜200 μM（実験条件により
　　異なる）．ラット個体に投与する場合，500 mg/Lで飲水に混合して与える（実験条件
　　により異なる）
　購入先：Tocris社（0835, 0624），アブカム社（ab120757），フナコシ社（0834/100），
　　富士フイルム和光純薬社（163-24501,169-24503），シグマ社（P0884）

◇ 作用機序

　アドレナリン受容体 β の非選択的な拮抗的阻害剤（β 遮断薬）．$\beta 1$ および $\beta 2$ 受容
体の作用を阻害するが，α 受容体は阻害しない．Propranololは，β 遮断作用とは独
立してホスファチジルホスホヒドロラーゼ（ホスファチジン酸を加水分解してジアシ
ルグリセロールに変換する酵素）やプロテインキナーゼC（PKC）を阻害できる．ま
た，悪性がん細胞のオートファジー（自食作用）を抑制するとの報告もある．

◇ 生理機能

　β 遮断作用として心収縮力を低下させて心拍出量を減少させる．血液脳関門を通過
し，狭心症・不整脈・高血圧の治療に利用される．一部のセロトニン受容体（5-HT$_{1A}$，
5-HT$_{1B}$，5-HT$_{1D}$）に対しても弱い阻害作用が示されている．

◇ 注意点

　鏡像異性体を分別せずラセミ体（RS体）として使用されるが，より活性の高いS
体だけを分離して販売もされている（アブカム社やフナコシ社）．Propranololには
K$_{ATP}$ チャネルの阻害効果があるとする報告もある．同様の非選択的な β 遮断薬として
Alprenolol（アルプレノロール）などがある．一方，$\beta 1$ 受容体に選択的な阻害剤と
してMetoprolol（メトプロロール）などがある．

参考文献

1）Sozzani S, et al：J Biol Chem, 267：20481-20488, 1992
2）Glennon RA, et al：Mol Pharmacol, 49：198-206, 1996
3）Adachi T, et al：Hepatology, 24：1274-1281, 1996
4）Xie LH, et al：Br J Pharmacol, 123：599-604, 1998
5）Brohée L, et al：Sci Rep, 8：7050, 2018

Phentolamine

別名：Phentolamine Hydrochloride / Phentolamine mesylate / フェント
ラミン / フェントラミン塩酸塩 / フェントラミンメシル酸塩

◆分子量：281.4（塩酸塩：317.8，メシル酸塩：377.5）

◆IUPAC名：3-[N-(4,5-dihydro-1H-imidazol-2-ylmethyl)-4-methylanilino]
phenol

◆使用法・購入
溶媒：DMSO（50〜100 mM）あるいは滅菌ミリQ水（20 mg/mL）．ただし，水溶
液中は不安定なので調製後すぐに使用する．小分注して-80℃で保存
使用条件：細胞培養用培地に添加する場合，最終濃度50〜100 μM（実験条件により
異なる）．マウス個体に投与する場合は，使用直前に生理食塩水で希釈した後，5〜10
mg/kgで腹腔内投与（実験条件により異なる）
購入先：Tocris社（メシル酸塩：6431），シグマ社（塩酸塩：P7547），アブカム社（塩
酸塩：ab120791）

◇作用機序

非選択的なアドレナリン受容体αの拮抗薬．アドレナリン受容体α1およびα2の
両方を阻害する．Phentolamineによるα1受容体の阻害は，$G_{q/11}$タンパク質−ホス
ホリパーゼC（PLC）経路を介したCa^{2+}によるシグナル伝達とプロテインキナーゼ
C（PKC）の活性を抑制する．一方，α2受容体の阻害は，抑制性$G_{i/o}$タンパク質に
よるアデニル酸シクラーゼの抑制を妨害してcAMPの産生を促進させる．また，セ
ロトニン受容体（5-HT）やK^+チャネルに対しても阻害作用があるとされる．

◇生理機能

末梢血管拡張薬として用いられる．α1受容体作用の遮断により血管平滑筋が弛緩
し，血管が広がり，血圧を低下させる．また，α2受容体は交感神経の神経終末から
ノルアドレナリンが遊離することを抑制しているので，α2受容体の阻害は遊離ノル
アドレナリンの量を増加させて，β受容体を刺激して心筋興奮などの「β作用」を惹
起する．

◇注意点

類似のα受容体の非選択的な阻害剤として，Tolazoline（トラゾリン）がある．一
方で，α1受容体に選択的な阻害剤としてDoxazosin（ドキサゾシン）など，α2受
容体に選択的な阻害剤としてYohimbine（ヨヒンビン）などが知られる．

第16章　トランスポーター，5-HTなどのGPCRs関連薬剤

265

参考文献

1）Proks P, et al：Proc Natl Acad Sci U S A, 94：11716-11720, 1997
2）Hu H, et al：Cell, 131：160-173, 2007
3）Lu H, et al：Exp Mol Med, 46：e118, 2014
4）Nonogaki K & Kaji T：Neurosci Lett, 638：35-38, 2017

Baclofen

別名：バクロフェン / Lioresal / リオレサール

◆**分子量**：213.7（塩酸塩：250.1）

◆**IUPAC名**：4-amino-3-(4-chlorophenyl)butanoic acid

◆**使用法・購入**

溶媒：生理食塩水（1.25〜2.5 mg/mL）．1N NaOH（〜100 mM）あるいは1N HCl にも可溶．-80℃で保存

使用条件：細胞培養用培地に添加する場合，最終濃度100 μM（実験条件により異なる）．ラット個体に投与する場合，生理食塩水で溶解したものを10 mg/kgで腹腔内投与（実験条件により異なる）

購入先：Tocris社（0417），富士フイルム和光純薬社（1134-47-0, 029-10261），アブカム社（ab120149），東京化成工業社（B3343），シグマ社（B5399）

◇作用機序

GABA受容体B型（GABA$_B$）の活性化剤（アゴニスト）．GABA（γ-アミノ酪酸）は中枢神経系で高濃度に存在する抑制性の神経アミノ酸である．その受容体は3種類のサブタイプ（GABA$_A$, GABA$_B$, GABA$_C$）に分類され，そのうちGABA$_B$受容体はGタンパク質と共役する7回膜貫通型受容体（GPCR）として機能し，中枢および末梢神経細胞に発現している．BaclofenはGABAの構造類似体としてGABA$_B$受容体（B1/B2の二量体）のB1サブユニットに結合して活性化させる．

◇生理機能

Baclofenが作用したGABA$_B$受容体はシナプス前膜ではG$_{i/o}$タンパク質を介してアデニル酸シクラーゼを抑制しCa^{2+}の流入を減少させることで神経伝達物質の放出を抑制する．Baclofenはこれらの制御機構により興奮性神経伝達を抑制すると考えられる．骨格筋の弛緩剤，抗痙攣薬，抗精神病薬などに利用される．

◇注意点

Baclofenの鏡像異性体S体はR体よりも活性が低い．Baclofenよりも強力なGABA$_B$

受容体アゴニストとしてSKF 97541がある．一方，GABA$_B$受容体の阻害剤（アンタゴニスト）としてはFaclofen（ファクロフェン）などが知られている．また，GABA$_A$およびGABA$_C$受容体は，GABA$_B$受容体と異なり，Cl$^-$チャネルを形成してCl$^-$を流入させることで神経興奮の抑制にかかわるが，Baclofenはこれらに作用しない．GABA$_A$受容体のアゴニストとしてバルビツール酸誘導体などが知られている．

参考文献

1) Bowery NG, et al：Nature, 283：92-94, 1980
2) Bowery NG：Annu Rev Pharmacol Toxicol, 33：109-147, 1993
3) Misgeld U, et al：Prog Neurobiol, 46：423-462, 1995
4) Liu L, et al：Sci Rep, 5：14474, 2015
5)「NEW薬理学 改訂第7版」（田中千賀子，加藤隆一，成宮　周／編），南江堂，2017

Sulpiride

別名：スルピリド

◆**分子量**：341.4

◆**IUPAC名**：N-[(1-ethylpyrrolidin-2-yl)methyl]-2-methoxy-5-sulfamoylbenzamide

◆**使用法・購入**

　溶媒：DMSO（100 mM）あるいは1N HCl．水に溶けにくい．0.5％（w/v）メチルセルロース400溶液（富士フイルム和光純薬社）を使用している例がある．-80℃で保存

　使用条件：細胞培養用培地に添加する場合，最終濃度10～100 μM（実験条件により濃度が異なる）．マウス個体に投与する場合，使用前に生理食塩水で希釈し12.5～50 μmol/kgで1日に2回皮下注射し，3日間続ける（実験条件により異なる）．ラット個体に投与する場合，使用前に生理食塩水で希釈し100 mg/kgで必要に応じてくり返し経口投与する（実験条件により異なる）

　購入先：Tocris社（0894），富士フイルム和光純薬社（190-12061），アブカム社（ab120578），シグマ社（S8010）

◇ 作用機序

　ドパミンD$_2$受容体の拮抗的な阻害剤（アンタゴニスト）．ドパミン受容体は，中枢神経および抹消の臓器に広範に存在するGタンパク質共役型受容体（GPCR）の一種で，G$_s$タンパク質と共役して興奮性の神経伝達に働くD$_1$様受容体（D$_1$，D$_5$）と，G$_i$タンパク質と共役して抑制性の神経伝達に働くD$_2$様受容体（D$_{2S}$，D$_{2L}$，D$_3$，D$_4$）に大別される．SulpirideはD$_{2S}$，D$_{2L}$，D$_3$受容体に対して選択的に結合し拮抗阻害する．

◇ 生理機能

定型抗精神病薬として用いられる．統合失調症，うつ病などに適用される．もともと食欲増進剤として利用されてきた経緯があり，胃の収縮運動を促進する（制吐作用と胃排出促進作用）．また，Sulpiride を含む D_2 様受容体アンタゴニストががん幹細胞の排除に有効であるとの報告もある．

◇ 注意点

同様の作用をもつ D_2 様受容体拮抗薬として，Metoclopramide（メトクロプラミド）や Donperidone（ドンペリドン）などがある．一方，Clozapine（クロザピン）は比較的弱い D_2 様受容体のアンタゴニストであるが，D_4 受容体に対する阻害活性がありSulpiDEと併用される．

参考文献

1）Seeman P & Van Tol HH：Trends Pharmacol Sci, 15：264-270, 1994
2）Dong E, et al：Proc Natl Acad Sci U S A, 105：13614-13619, 2008
3）Taketa Y, et al：Toxicol Sci, 121：267-278, 2011
4）Li J, et al：Acta Pharmacol Sin, 38：1282-1296, 2017
5）Li L, et al：Biopharm Drug Dispos, 38：526-534, 2017

Diphenhydramine

別名：ジフェンヒドラミン／ジフェンヒドラミン塩酸塩／DPH

◆ **分子量**：255.4（塩酸塩：291.8）

◆ **IUPAC名**：2-benzhydryloxy-N,N-dimethylethanamine

◆ **使用法・購入**

溶媒：ミリQ水（100 mM）あるいはDMSO（100 mM）．小分注して-80℃で保存
使用条件：細胞培養用培地に添加する場合，最終濃度100 μM（実験条件により異なる．3 μM～1 mM）．マウス個体に投与する場合，5％アラビアガム（gum arabic）と混合し，1～3 mg/kgで経口投与した例がある（実験条件により異なる）
購入先：Tocris社（塩酸塩：3072），東京化成工業社（D4744），シグマ社（塩酸塩：D3630），ケイマン社（塩酸塩：11158），アブカム社（塩酸塩：ab120733），富士フイルム和光純薬社（塩酸塩：044-19772）

◇ 作用機序

ヒスタミン受容体 H_1 の拮抗的阻害剤（アンタゴニスト）．第1世代の H_1 拮抗薬とし

て知られている．ヒスタミン受容体は7回膜貫通型のGタンパク質共役型受容体（GPCR）で，少なくとも4種類のサブタイプ（$H_1 \sim H_4$）が存在する．Diphenhydramineは，$G_{q/11}$タンパク質と共役してホスホリパーゼC（PLC）を活性化するH_1型に結合してヒスタミンの作用を競合的に阻害する．DiphenhydramineによるPLC活性の阻害は，細胞内のCa^{2+}貯蔵庫（小胞体）からのCa^{2+}の放出やプロテインキナーゼC（PKC）活性を抑制し，これらを介したシグナル伝達を抑制すると考えられる．また，DiphenhydramineがNa^+チャネルに直接結合してイオン輸送を阻害するとの報告もある．

◇ 生理機能

H_1型は中枢神経や平滑筋，血管内皮細胞などで発現し，血管平滑筋の弛緩による血管の拡張と血圧低下，気管支平滑筋の収縮，およびアレルギー反応などにかかわる．Diphenhydramineにはこれらを抑制する抗ヒスタミン作用のほかに，制吐作用や鎮静作用などがある．

◇ 注意点

塩酸塩化合物が用いられることが多い．Diphenhydramineは風邪薬に含まれる抗アレルギー作用の成分で眠気を誘発する．抗コリン作用もあることから，口渇や心拍の増加などの副作用があるとされる．

参考文献
1）Sugimoto Y, et al：Eur J Pharmacol, 351：1-5, 1998
2）Domino EF：Psychosom Med, 61：591-598, 1999
3）Khalifa M, et al：J Pharmacol Exp Ther, 288：858-865, 1999
4）Kim YS, et al：Brain Res, 881：190-198, 2000

Cimetidine

別名：シメチジン / SKF-92334 / Tagamet / タガメット

◆ 分子量：252.3

◆ IUPAC名：1-cyano-2-methyl-3-[2-[(5-methyl-1H-imidazol-4-yl)methylsulfanyl]ethyl]guanidine

◆ 使用法・購入
溶媒：DMSO（100 mM）あるいは滅菌ミリQ水（50 mM，加温して溶解する）．小分注して−80℃で保存
使用条件：細胞培養用培地に添加する場合，最終濃度100 μM（実験条件により異な

第16章　トランスポーター，5-HTなどのGPCRs関連薬剤

269

る）．マウス個体に投与する場合，使用直前に生理食塩水で希釈した後，$10 \sim 200$ mg/kg/日で腹腔内投与（実験条件により異なる）．ラット個体に投与する場合，使用直前に生理食塩水で希釈した後，$50 \sim 100$ mg/kg/日で経口投与（実験条件により異なる）

購入先：Tocris社（0902），シグマ社（C4522），東京化学工業社（C1252），富士フイルム和光純薬社（034-16312），アブカム社（ab120731），サンタクルズ社（sc-202996）

◇ 作用機序

ヒスタミン受容体H_2の拮抗的阻害剤（アンタゴニスト）．H_2受容体は，7回膜貫通型のGタンパク質共役型受容体（GPCR）で，G_sタンパク質と共役してアデニル酸シクラーゼを活性化して細胞内のcAMP濃度を増加させる．CimetidineはH_2受容体に結合して競合的に阻害し，cAMP濃度を低下させてcAMPを介したシグナル伝達を抑制すると考えられる．また，Cimetidineはイミダゾール骨格を持つためI_1-イミダゾリン受容体にも拮抗的に結合し，ジアシルグリセロール（DG）やアラキドン酸の産生およびこれらがセカンドメッセンジャーとしてかかわるシグナル伝達を抑制すると考えられる．

◇ 生理機能

H_2受容体は，胃壁細胞や脳，心臓，血管平滑筋，マスト細胞，Tリンパ球などに多く存在する．CimetidineによるH_2受容体の阻害は，胃酸分泌を減少させるので抗潰瘍薬として利用される．また，ヒスタミン作用による免疫抑制を阻害するので免疫調節薬としても利用される．さらに，胃がんを含むがん細胞の増殖抑制や転移の抑制，血管新生の阻害に関する効果などが報告されており抗がん剤としての役割が期待されている．

◇ 注意点

Cimetidineは肝臓におけるシトクロムP450の代謝活性も阻害するので，他の薬剤との相互作用に注意を払う必要がある．

参考文献

1）Hill SJ：Pharmacol Rev, 42：45-83, 1990
2）Tsuchida T, et al：Digestion, 47：8-14, 1990
3）Smit MJ, et al：Proc Natl Acad Sci U S A, 93：6802-6807, 1996
4）Kobayashi K, et al：Cancer Res, 60：3978-3984, 2000
5）Kubecova M, et al：Eur J Pharm Sci, 42：439-444, 2011

Cyproheptadine

別名：シプロヘプタジン / シプロヘプタジン塩酸塩1.5水和物 / Periactin / ペリアクチン

◆**分子量**：287.4，323.9（塩酸塩），350.9（塩酸塩1.5水和物）

◆**IUPAC名**：4-(dibenzo[1,2-a:1',2'-e][7]annulen-11-ylidene)-1-methylpiperidine

◆**使用法・購入**

溶媒：DMSO（100 mM）あるいは滅菌ミリQ水（10 mM．加温しながら溶解する）．小分注して-80℃で保存

使用条件：細胞培養用培地に添加する場合，最終濃度0.1～1 μM（実験条件により有効濃度が異なる）．マウス個体に投与する場合，使用直前に生理食塩水で希釈した後，1～2 mg/kgで腹腔内投与（実験条件により異なる）．ラット個体に投与する場合，使用直前に生理食塩水で希釈した後，1 mg/kgで静脈注射（実験条件により異なる）

購入先：Tocris社（塩酸塩，0996），シグマ社（塩酸塩1.5水和物，C6022），東京化成工業社（塩酸塩1.5水和物，C3218），富士フイルム和光純薬社（塩酸塩1.5水和物，038-22903），アブカム社（塩酸塩1.5水和物，ab120732），ケイマン社（19551），サンタクルズ社（塩酸塩，sc-203557）

◇ 作用機序

セロトニン受容体5-HT$_2$の拮抗的阻害剤（アンタゴニスト）．セロトニン（化学名：5-ヒドロキシトリプタミン；5-HT）の受容体は少なくとも7種類のサブタイプ（5-HT$_1$～5-HT$_7$）に大別される．このうち，Cyproheptadineは，7回膜貫通型のGタンパク質共役型受容体（GPCR）でG$_q$共役型である5-HT$_2$受容体（さらに5-HT$_{2A}$，5-HT$_{2B}$，5-HT$_{2C}$の3種類に分類される）に対して非選択的に結合して阻害し，PLCを介したイノシトール3リン酸（IP$_3$）とジアシルグリセロール（DG）の産生を抑制する．また，CyproheptadineはヒスタミンH$_1$受容体のアンタゴニストとしても働き，抗ヒスタミン作用（抗アレルギー作用）を示す．

◇ 生理機能

5-HT$_2$受容体は，大脳皮質や胃腸管，血管内皮細胞などに存在して神経興奮や平滑筋収縮などに働くが，Cyproheptadineはこれらのセロトニン作用を阻害することから片頭痛の予防剤として利用される．また，抗ヒスタミン作用として鎮痒薬としても利用される．一方で，Cyproheptadineは乳がん細胞株においてエストロゲン受容体（ER）αのメチル化転移酵素Set7/9の活性を阻害してERαを不安定化させるとの報

271

告がある.

◇ 注意点

上記のように，Cyproheptadine には抗セロトニン作用だけでなく，抗ヒスタミン作用やがん細胞の増殖を抑制する作用がある.

参考文献

1 ）Ishibashi M & Yamaji T：J Clin Invest, 68：1018-1027, 1981
2 ）Njung'e K & Handley SL：Br J Pharmacol, 104：105-112, 1991
3 ）Hoyer D, et al：Pharmacol Rev, 46：157-203, 1994
4 ）Morán A, et al：Br J Pharmacol, 113：1358-1362, 1994
5 ）Takemoto Y, et al：J Med Chem, 59：3650-3660, 2016

Olanzapine

別名：オランザピン / LY-170053 / Zyprexa / ジプレキサ

◆ **分子量**：312.4

◆ **IUPAC名**：2-methyl-4-（4-methylpiperazin-1-yl）-5H-thieno[3,2-c][1,5] benzodiazepine

◆ **使用法・購入**
溶媒：DMSO（100 mM）. 小分注して -80 ℃で保存
使用条件：細胞培養用培地に添加する場合，最終濃度 10 ～ 150 μM（実験条件により異なる）. ラット個体に投与する場合，使用直前に生理食塩水で希釈した後，2 ～ 6 mg/kg/日で経口あるいは腹腔内投与（実験条件により異なる）
購入先：Tocris 社（4349），シグマ社（O1141），東京化成工業社（O0393），富士フイルム和光純薬社（150-03071），アブカム社（ab120736），ケイマン社（11937），サンタクルズ社（sc-212469）

◇ 作用機序

セロトニン受容体 5-HT$_{2A}$ およびドパミン受容体 D$_2$ の拮抗的阻害剤（アンタゴニスト）. Olanzapine は，5-HT$_{2A}$ 受容体および D$_2$ 受容体にとりわけ高い親和性を有するが，その他にもセロトニン受容体 5-HT$_{2B}$，5-HT$_{2C}$，5-HT$_6$ やドパミン受容体 D$_2$，D$_3$，D$_4$，アドレナリン受容体 α1，ヒスタミン受容体 H$_1$ に対しても高い親和性をもち多数の神経伝達物質受容体に対して拮抗的に作用する. ただし，ムスカリン受容体 M$_{1-5}$ に対しては親和性が弱く，GABA$_A$ 受容体やアドレナリン受容体 β にはほとんど親和

性を示さないようである．一方で，悪性脳腫瘍の一つであるグリオーマ（神経膠腫）において Olanzapine が抗がん剤の増強剤になる可能性を示唆する報告もある．

◇ 生理機能

詳細な分子機構や作用機序は明らかになっていないが，Olanzapine は多種の神経伝達受容体に比較的幅広く作用するため，統合失調症や躁うつ病（双極性障害）などの多様な神経症状に対する多受容体作用抗精神病薬（MARTA）として利用される．

◇ 注意点

Olanzapine の構造や作用は Clozapine（クロザピン）に比較的類似している．

参考文献

1 ）Tollefson GD ＆ Taylor CC : CNS Drug Reviews, 6 : 303-363, 2000
2 ）Aravagiri M, et al : Biopharm Drug Dispos, 20 : 369-377, 1999
3 ）Park SW, et al : Neurosci Res, 71 : 335-340, 2011
4 ）Karpel-Massler G, et al : J Neurooncol, 122 : 21-33, 2015

Fluvoxamine

別名：フルボキサミン / フルボキサミンマレイン酸塩 / Depromel / デプロメール / Luvox / ルボックス

◆ **分子量**：434.4（マレイン酸塩）

◆ **IUPAC名**：2-[（E）-[5-methoxy-1-[4-(trifluoromethyl)phenyl]pentylidene]amino]oxyethanamine

◆ **使用法・購入**

溶媒：ミリQ水（10 mM）．小分注して-80℃で保存
使用条件：細胞培養用培地に添加する場合，最終濃度 1 ～ 40 μM あるいは 10 μg/mL（実験条件により異なる）．神経幹細胞には低濃度（0.1 ～ 500 nM）で使用している例がある．ラット個体に投与する場合，使用直前に生理食塩水で希釈した後，50 mg/kgで腹腔内投与（実験条件により異なる）
購入先：（すべてフルボキサミンマレイン酸塩）Tocris 社（1033），シグマ社（F2802），東京化成工業社（F0858），富士フイルム和光純薬社（061-05173），アブカム社（ab141082），ケイマン社（15617），サンタクルズ社（sc-203582）

◇ 作用機序

選択的なセロトニン再取り込みの阻害剤（SSRI：selective serotonin reuptake

inhibitor）．刺激によってシナプス間隙に放出されたセロトニン（5-HT）はシナプス前膜に存在する12回膜貫通型のセロトニントランスポーター（SERT，別名：SLC6A4）によって再び取り込まれてその作用を調節する．Fluvoxamine は SERT に特異的に結合してセロトニンの再取り込みを阻害する．その結果，シナプス間隙内のセロトニン量が減少することなくセロトニン作動性の神経伝達が持続し，抗うつ作用をもたらすと考えられる．一方で，Fluvoxamine は神経細胞における小胞体ストレスに起因した細胞死を緩和したり，神経膠芽腫（グリオブラストーマ）のアクチン重合を阻害して浸潤能を抑制したりする作用も報告されている．

◇生理機能

比較的安全な抗うつ薬として用いられる．アドレナリン作動性やコリン作動性受容体などに対して親和性が低いため副作用が少ないとされる．

◇注意点

類似の SSRI として Paroxetine（パロキセチン）などがあり，抗うつ薬として利用される．Fluvoxamine にはシトクロム P450 に対する阻害作用があることが報告されている．

参考文献

1）Claassen V, et al：Br J Pharmacol, 60：505-516, 1977
2）Jeppesen U, et al：Eur J Clin Pharmacol, 51：73-78, 1996
3）Omi T, et al：Cell Death Dis, 5：e1332, 2014
4）Hayashi K, et al：Sci Rep, 6：23372, 2016
5）Ghareghani M, et al：Sci Rep, 7：4923, 2017

Atropine sulfate

別名：アトロピン硫酸塩

・H_2SO_4
・H_2O

◆分子量：289.4（アトロピン硫酸塩一水和物：694.8）

◆IUPAC名：（8-methyl-8-azabicyclo[3.2.1]octan-3-yl）3-hydroxy-2-phenylpropanoate;sulfuric acid

◆使用法・購入
溶媒：ミリQ水（5 mM あるいは 2,500 mg/mL），エタノール（200 mg/mL）．小分注

して−80℃で保存

使用条件：細胞培養用培地に添加する場合，最終濃度1〜3μM（実験条件により有効濃度が異なる）．カエルの卵母細胞に投与する場合は，最終濃度1μMという報告がある．ラット個体に投与する場合，使用直前に生理食塩水で希釈した後，1〜10 mg/kgで皮下注射，あるいは2日おきに3 mg/kg/日で腹腔内投与（実験条件により異なる）

購入先：シグマ社（アトロピン硫酸塩一水和物：A0257），東京化成工業社（アトロピン硫酸塩一水和物：A0550），アブカム社（ab145582），フナコシ社（エキストラシンシース，アトロピン硫酸塩一水和物：0615），サンタクルズ社（アトロピン硫酸塩一水和物：sc-203322）

◇ 作用機序

ムスカリン性アセチルコリン受容体（mAChR）の可逆的かつ拮抗的阻害剤（アンタゴニスト）．R体（$d-$ヒヨスチアミン）と活性が高い鏡像異性体S体（$l-$ヒヨスチアミン）との混合物．mAChRは，主に中枢神経・脳・心臓・平滑筋などに分布して副交感神経を司る7回膜貫通型のGタンパク質共役受容体（GPCR）の一種で，少なくとも5種類のサブタイプ（M_1〜M_5）が存在する．M_1およびM_3受容体は$G_{q/11}$タンパク質を介したIP_3およびDG産生に働き，M_2受容体は$G_{i/o}$タンパク質を介したcAMP合成の抑制に働く．Atropine sulfateは，これらの受容体に対して非選択的に結合してアセチルコリンの作用を阻害するとされる．

◇ 生理機能

個体への投与は抗ムスカリン作用により副交感神経の刺激効果が抑制される．Atropine sulfateはナス科の植物から単離された天然アルカロイドであるが，作用部位が広いため中枢神経の鎮静，胃酸分泌の抑制，頻脈，気管支の拡張，消化管の運動減少，散瞳などさまざまな効果と副作用がみられる．

◇ 注意点

作用の持続時間が長く，投与量によって異なる効果と副作用が現れる．少量であればほとんど中枢神経に作用しない．鎮痙剤や抗不整脈薬として利用される一方で，神経毒などに対する解毒剤としても利用される．

参考文献

1）Takeyasu K, et al：Life Sci, 25：585-592, 1979
2）Wallis RM, et al：Life Sci, 64：395-401, 1999
3）Zwart R, et al：Mol Pharmacol, 52：886-895, 1997
4）Walch L, et al：Br J Pharmacol, 130：73-78, 2000

第16章　トランスポーター，5-HTなどのGPCRs関連薬剤

Cariporide

別名：カリポリド / HOE-642

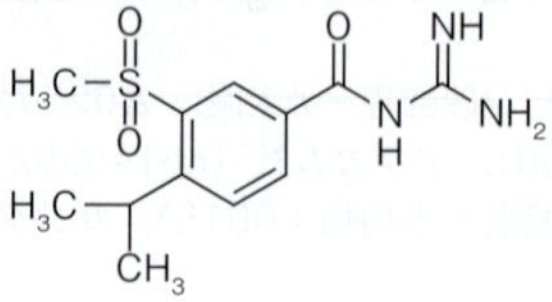

◆**分子量**：283.4

◆**IUPAC名**：N-(diaminomethylidene)-3-methylsulfonyl-4-propan-2-ylbenzamide

◆**使用法・購入**

溶媒：DMSO（20 mg/mL）．エタノール（20 mM）の場合はゆっくり暖めながら溶解する．-80 ℃で保存

使用条件：細胞培養用培地に添加する場合，最終濃度1～120 μM（細胞種や使用目的により異なる）．ラット個体に投与する場合，使用直前に生理食塩水で希釈した後，0.1～1 mg/kgで静脈注射（実験系により異なる）

購入先：Tocris社（5358），シグマ社（SML1360），ケイマン社（16935）

◇ 作用機序

ヒトゲノムにはNa^+/H^+交換体（Na^+/H^+ exchanger）のアイソフォームが少なくとも9種類（NHE-1～NHE-9）コードされているが，CariporideはNHE-1（別名：SLC9A1）に対して選択性が高い強力な阻害剤である（$IC_{50} = 0.05$ μM）．NHE-1はほとんどの哺乳動物細胞に遍在的に発現し，Na^+の細胞内流入を原動力にしてH^+（水素イオン，プロトン）の排出を促進することでH^+勾配を生成するアンチポート系トランスポーターである．CariporideによるNHE-1の阻害は細胞内pHの恒常性に支障をきたす．

◇ 生理機能

心臓の虚血・再灌流時に起こる心筋細胞内でのNa^+の蓄積は，二次的にNa^+/Ca^{2+}交換体を逆転させて細胞質内のカルシウム蓄積を引き起こし，心臓の機能不全および細胞死をもたらす．Cariporideは心筋細胞のNHE-1に作用してNa^+/H^+の交換を阻害することで不整脈の減少や虚血誘導性アポトーシスの減弱により心臓保護効果を発揮するとされる．また，CariporideはNHE-1を過剰発現するがん細胞にアポトーシスを誘導できるとされ，NHE-1を標的とした抗がん治療薬として期待されている．

◇注意点

高濃度でNHE-2やNHE-3にも作用する（IC_{50}はそれぞれ3 μMおよび1,000 μMとされる）.

参考文献

1）Chakrabarti S, et al：J Mol Cell Cardiol, 29：3169-3174, 1997
2）Masereel B, et al：Eur J Med Chem, 38：547-554, 2003
3）Wajima T, et al：Pharmacology, 70：68-73, 2004
4）McAllister SE, et al：J Appl Physiol (1985), 106：20-28, 2009
5）Harguindey S, et al：J Transl Med, 11：282, 2013

第17章
エピジェネティクス関連薬剤①
アセチル化・脱アセチル化

河府和義

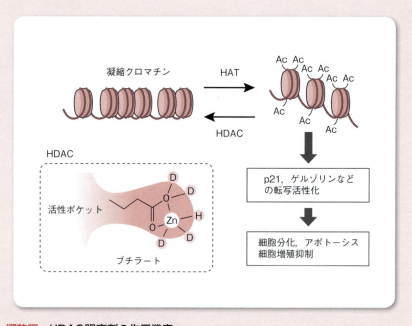

概略図　HDAC阻害剤の作用機序

　遺伝子の発現はエピジェネティック（epigenetic，後成的）制御により時期・部域特異的に厳密な調節を受けている．これは遺伝子配列の変化を伴わない遺伝子プロモーターの転写活性化または抑制化の長期的な変化であり，ダイナミックなヌクレオソーム構造変化（クロマチンリモデリング）を伴うと考えられている．生命現象の根幹を司るこの制御機構はiPS細胞樹立や抗がん剤開発にも応用されている．真核生物の核内で，DNAはヌクレオソームを基本としたクロマチン構造をとっているが，ヌクレオソームを構成するタンパク質であるヒストンH3のテールのK9とK14のリジンがアセチル化されると，ヒストンの正電荷が中和されてヌクレオソーム構造が弛緩する．結果的にそのプロモーター領域には転写調節因子がアクセスしやすくなり，転

写が活性化される．また逆にコアヒストンの脱アセチル化が亢進するとヌクレオソーム構造が凝縮し転写が抑制される．ヒストン分子のアセチル化はヒストンアセチル化酵素（HAT）とヒストン脱アセチル化酵素（HDAC）により代謝回転されている（**概略図**）．HDACはこのアセチル化リジンを加水分解し，アセチル基を除去する酵素である．

　HDACとして11種のタンパク質がこれまでに同定されており，主に全身にユビキタスに分布するクラスI（HDAC1，-2，-3，-8）と，心臓，骨格筋，脳に多く分布するクラスII（HDAC4，-5，-6，-7，-9，-10），さらにはクラスIIIとしてのThe silent information regulator 2（Sir2）ファミリーや，クラスIVのHDAC11がある．HDAC阻害剤はいずれもHDAC触媒活性を低下させることにより阻害効果を示すが，同時に複数の異なる共役抑制性転写因子群と複合体を形成し多様性をもって機能する．これまでに同定されたHDAC阻害剤はその構造の違いによって4タイプに分類される．①ヒドロキサム酸タイプ（TrichostatinA，Oxamflatinなど），②短鎖脂肪酸タイプ（Butilate，Valproic Acidなど），③環状テトラペプチドタイプ（Trapoxin，Apicidin，FK228など），④ベンザミドタイプ（MS-275，CI-994など）である．

　抗腫瘍活性やアポトーシス誘導活性を示す薬剤の一部にHDACを阻害する活性が見出された．Trichostatin A，TrapoxinなどのHDAC阻害剤は，細胞周期停止・細胞分化・部分的にはアポトーシスをも誘導する．このことは，ある種の抗腫瘍・アポトーシス誘導薬においてHDAC阻害効果そのものが抗腫瘍活性やアポトーシス誘導活性の本体であることを強く示唆している．実際，白血病や固形がんなどにおいて，特定の転写因子遺伝子（AML1/RUNX1など）に何らかの異常を生じ，その病態にHDACが関与している症例が少なくない．このことから，特定遺伝子制御領域のヒストンアセチル化の低下が細胞のがん化と密接にかかわっていると考えられ，HDAC阻害剤は新しいタイプの抗がん剤の創薬分子標的として注目を浴び，現在複数の製薬企業にて開発が進められている．一方で，ヒストンアセチル化酵素（HAT）を抑制する阻害剤としてAnacardic acidやGarcinol，逆にHAT活性を促進する活性化剤としてCTPBが開発された．

参考文献

1）Yang XJ, et al：Mol Cell Biol, 25：2873-2884, 2005
2）Yoshida M, et al：Ann N Y Acad Sci, 886：23-36, 1999
3）Taylor GP & Matsuoka M：Oncogene, 24：6047-6057, 2005
4）Drummond DC, et al：Annu Rev Pharmacol Toxicol, 45：495-528, 2005
5）Takahashi K：Cell, 131：861-872, 2007

Trichostatin A

別名：トリコスタチンA／TSA

◆分子量：302.4

◆IUPAC名：4,6-Dimethyl-7-[p-dimethylaminophenyl]-7-oxahepta-2,4-dieno-hydroxamic Acid

◆使用法・購入
溶媒：エタノール（＜1 mg/mL），−20℃保存
使用条件：細胞培養用培地に添加する場合，10～100 nMで効果
購入先：メルク社（647925），シグマ社（T8552）

◇ 作用機序

ヒストン脱アセチル化酵素（HDAC）の可逆的で強力な阻害剤．ヒドロキサム酸タイプに属するTrichostatin Aはヒドロキサム酸部分を活性部位としてもつ．Trichostatin Aはその長いアルキル基によってHDAC活性中心ポケット（active site pocket）にはまり込み，ヒドロキサム酸部分などの活性基がHDAC活性中心の亜鉛をキレートすることによりその活性を阻害する．

◇ 生理機能

HDACは酵素活性中心にZn^{2+}をもつ加水分解酵素である（**概略図**）．HDAC阻害剤はおおむねこの活性中心を標的とし，結果的に染色体中のDNAに結合している塩基性タンパク質群のヒストンH3またはヒストンH4のN末端域リジン残基のアセチル化を亢進させる活性がある．Trichostatin Aはp53非依存的にp21Waf1の発現を活性化し細胞周期進行をG1期でブロックする．他にもアポトーシス関連遺伝子の発現を上昇させることや，DNAメチル化を促進することで一部のがん抑制遺伝子の発現を促進することも報告されている．

参考文献

1）Yoshida M, et al：J Biol Chem, 265：17174-17179, 1990
2）Yoshida M, et al：Cancer Chemother Pharmacol, 48 Suppl 1：S20-S26, 2001
3）Ou JN, et al：Biochem Pharmacol, 73：1297-1307, 2007

Oxamflatin

別名：オキサムフラチン

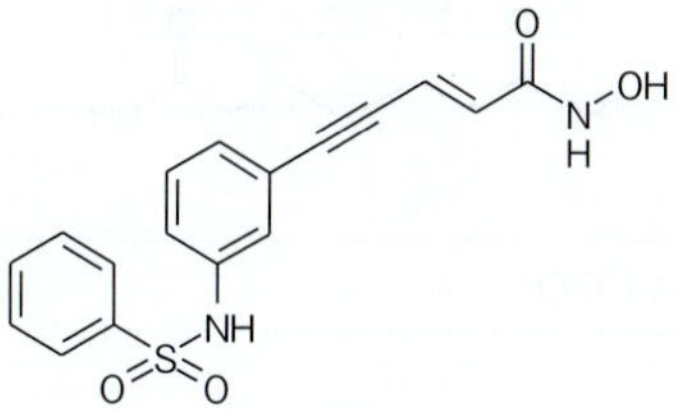

◆**分子量**：342.4

◆**IUPAC名**：(2E)-5-[3-(Phenylsulfonylamino)phenyl]pent-2-en-4-ynolhydroxamic Acid

◆**使用法・購入**
溶媒：DMSO（13 mg/mL），−20℃保存
使用条件：細胞培養用培地に添加する場合，0.1～1 μg/mL程度で効果
購入先：メルク社（499700），シグマ社（O3139）

◇ 作用機序

ヒドロキサム酸タイプのHDAC阻害剤．ヒドロキサム酸基を有する芳香族スルホンアミド誘導体であり，HDAC酵素活性部位Zn^{2+}に作用する．

◇ 生理機能

v-rasにより形質転換したNIH3T3細胞を正常化するコンパウンドとして化合物ライブラリーからスクリーニングにより同定された．OxamflatinはHeLa細胞に対して前出のTrichostatin Aと共通の細胞形態変化の効果を示すことからHDAC阻害活性があることが推測され，実際に阻害効果があることが確認された（IC_{50} = 15.7 nM）．

参考文献
1）Sonoda H, et al：Oncogene, 13：143-149, 1996
2）Kim YB, et al：Oncogene, 18：2461-2470, 1999
3）Peart MJ, et al：Cancer Res, 63：4460-4471, 2003

第17章 エピジェネティクス関連薬剤 アセチル化・脱アセチル化 ①

281

Butilate

別名：ブチラート

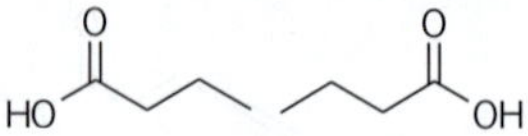

◆分子量：110.1

◆IUPAC名：$CH_3CH_2CH_2COO^-$

◆使用法・購入
溶媒：PSBなど，−20℃保存
使用条件：細胞培養用培地に添加する場合，1〜10 mM程度で効果
購入先：シグマ社（Sodium Butyrate：B5887）

◇作用機序

短鎖脂肪酸タイプのHDAC阻害剤.

◇生理機能

Butilateは短鎖脂肪酸タイプのHDAC阻害剤であり，大腸の腸内細菌により代謝されて食物繊維から生じる短鎖脂肪酸（short-chain fatty acids，SCFA）である．ヒト大腸には50 mM もの高濃度でButilateが存在するといわれている．1978年にButilateにHDAC阻害活性があることが相次いで報告された．Butilate 2分子がトリコスタチンA1分子に相当してHDACを阻害すると考えられている．Butilateは多くのタイプのHDACを阻害するが，HDAC6，HDAC10およびクラスⅢ HDACは阻害しない．大腸で生じるButilateにはがん細胞増殖抑制効果があることが報告されている．しかしButilateのHDAC阻害にはmMレベルの濃度を必要とするために実際には創薬開発はなされておらず，むしろHDAC阻害剤の構造・作用機序の研究ツールとして有用である．食物繊維を必要量摂取している人とそうでない人の間で比較すると，前者では腸内Butilate濃度が高く，大腸がんの発症率も低いという疫学的データも報告されている．

参考文献

1）Vidali G, et al：Proc Natl Acad Sci U S A, 75：2239-2243, 1978
2）Candido EP, et al：Cell, 14：105-113, 1978
3）Clausen MR, et al：Gut, 32：923-928, 1991

Valproic acid

別名：バルプロ酸

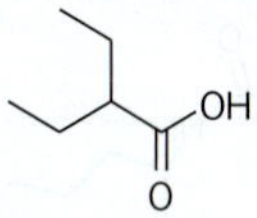

◆ 分子量：166.2

◆ IUPAC名：sodium 2-propylpentanoate

◆ 使用法・購入
溶媒：水（ミリＱ水，蒸留水など）（50 mg/mL），−20 ℃保存
使用条件：細胞培養用培地に添加する場合，1～10 mM程度で効果
購入先：シグマ社（P4543）

◇ 作用機序

短鎖脂肪酸タイプのHDAC阻害剤．HDAC触媒活性の抑制とタンパク質分解を促進することによりHDAC活性を阻害する．

◇ 生理機能

Valproic acidはButilateと同じく短鎖脂肪酸であり，やはりHDAC阻害効果を発揮するにはmMレベルの濃度を必要とするために創薬開発品としては不向きであり，HDAC阻害剤の構造・作用機序の研究ツールとして有用である．Valproic acidは抗てんかん薬，あるいは躁病などの気分障害の治療薬として広く用いられてきた薬物である．Valproic acidは抑制性シナプスにおいてGABA作用を増強することにより抗痙攣作用を発揮すると考えられている．これは，GABAトランスアミナーゼを阻害することによって抑制性シナプス内のGABA量を上昇させるためであると考えられている．

参考文献
1) Pliel CJ, et al：J Biol Chem, 276：36734-36741, 2001
2) Gottlicher M, et al：EMBO J, 20：6969-6978, 2001

Trapoxin

別名：トラポキシン

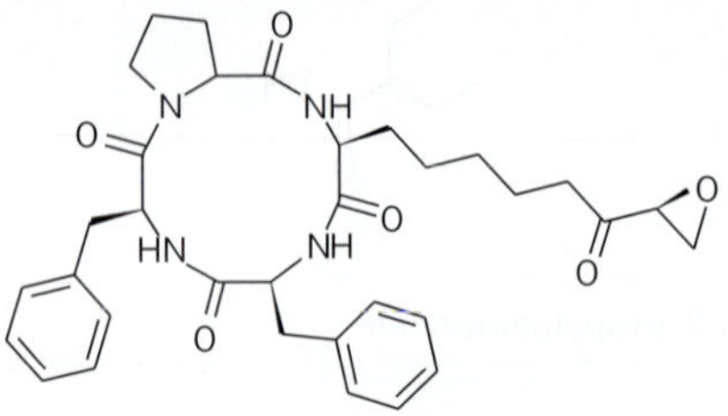

◆ **IUPAC名：**

Trapoxin A：cyclo[(S)-phenylalanyl-(S)-phenylalanyl-(R)-pipecolinyl-(2S,9S)-2-amino-8-oxo-9,10-epoxydecanoyl-]

Trapoxin B：cyclo[(S)-phenylalanyl-(S)-phenylalanyl-(R)-prolyl-2-amino-8-oxo-9,10-epoxydecanoyl-]

◆ **使用法・購入**
使用条件：細胞培養用培地に添加する場合，10～100 nM程度で効果
購入先：シグマ社（T2580）

◇ 作用機序

HDACをアルキル化することにより触媒活性を阻害する．Trapoxinはエポキシドを介してHDACに共有結合し，不可逆的な阻害効果がある（$IC_{50} = 0.47$ nM）．ただしHDAC6に対する阻害効果がないので要注意．

◇ 生理機能

菌類（*Helicoma ambiens* RF-1023）由来の環状テトラペプチド．Trapoxinなどの環状テトラペプチドはエポキシケトンがHDACの触媒ポケットをアルキル化することにより活性を阻害すると考えられている．Trapoxinは化合物そのものの不安定性や生体への高い毒性などの理由から臨床開発はなされていない．また，このTrapoxinと前出のTrichostatin Aの両者におけるHDAC阻害必須部位を双方とも備えるハイブリッドコンパウンド（CHAPs：cyclic hydorxamic-acid-containing peptides）が創出され，そのHDAC阻害効果や抗腫瘍効果も確認されているが創薬開発は中止となっている．

参考文献

1）Kijima M, et al：J Biol Chem, 268：22429-22435, 1993
2）Furumai R, et al：Proc Natl Acad Sci U S A, 98：87-92, 2001

Apicidin

別名：アピシジン

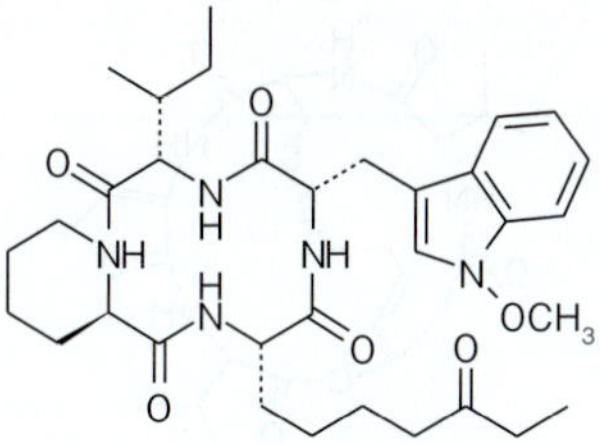

◆**分子量**：623.8

◆**IUPAC名**：cyclo(N-O-methyl-L-tryptophanyl-L-isoleucinyl-D-pipecolinyl-L-2-amino-8-oxodecanoyl

◆**使用法・購入**
溶媒：DMSO（50 mg/mL），−20℃保存
使用条件：細胞培養用培地に添加する場合，0.1〜1μM程度で効果
購入先：メルク社（178276），シグマ社（A8851）

◇ 作用機序

環状テトラペプチドタイプのHDAC阻害剤.

◇ 生理機能

真菌の代謝産物として単離された．寄生虫のHDAC活性の阻害（IC_{50} = 700 pM）やHeLa細胞の増殖阻害（G1期で細胞周期停止），形態変化およびヒストンH4のメチル化の亢進を引き起こすことが知られている．細胞周期インヒビターのp21[WAF1/CIP1]遺伝子，およびゲルゾリン遺伝子の可逆的な転写活性化をも誘導する．またHL60細胞には細胞増殖の抑制と長期間の分化誘導（CD11bの発現誘導）を引き起こすが，その効果は前出のTrichostatin Aに比較して強いことも報告されている.

参考文献

1）Darkin-Rattray SJ, et al：Proc Natl Acad Sci U S A, 93：13143-13147, 1996
2）Han JW, et al：Cancer Res, 60：6068-6074, 2000
3）Hong J, et al：Cancer Lett, 189：197-206, 2003

第17章 エピジェネティクス関連薬剤①　アセチル化・脱アセチル化

285

FK228

別名：Romidepsin / ロミデプシン / Istodax / イストダックス

◆ **IUPAC名**：(1S,4S,7Z,10S,16E,21R)-7-ethylidene-4,21-diisopropyl-2-oxa-12,13-dithia-5,8,20,23-tetrazabicyclo[8.7.6]tricos-16-ene-3,6,9,19,22-pentone

◆ **使用法・購入**
溶媒：DMSO
使用条件：細胞培養用培地に添加する場合，1～10 nMで効果がある
購入先：グロセスター（Gloucester）社（直接リクエスト可），シグマ社（SML1175）

◇ 作用機序

環状テトラペプチドタイプのHDAC阻害剤．FK228には前出のTrichostatin Aのようなアルキル側鎖や活性基はないが，細胞内に取り込まれた後に還元されることにより自身の環状デプシペプチド分子内を架橋するS-S結合が切断されて開環し，HDAC活性中心ポケット内に入りうる環状構造が出現するらしい．

◇ 生理機能

ヒトの固形がん（ras変異を伴うもの，乳がん，前立腺がんなど）の増殖を抑制する．抗がんタンパク質であるGelsolinや細胞周期阻害タンパク質p21[WAF1/CIP1]遺伝子を活性化することによる．p21[WAF1/CIP1]はサイクリンキナーゼ（CDK）を阻害するタンパク質である．サイクリンD1はPAK1を介するRasシグナルにより活性化され，細胞分裂中にはG1期からS期へ移行するのに必要不可欠な因子である．p21[WAF1/CIP1]はサイクリンD1を阻害することによってPAK1の下流シグナルを遮断し，細胞をG1期に停止させる．現在までのところ，種々のHDAC阻害剤（またはPAK1遮断剤）のなかで，FK228は最も強力（IC_{50} = 1nM）で，かつ生体内代謝的に安定であることから，種々のがん（皮膚T細胞リンパ腫，転移性乳がんなど）を適応として医薬品承認がされている（商品名：イストダックス）．

参考文献

1）Sasakawa Y, et al：Cancer Lett, 195：161-168, 2003
2）VanderMolen KM, et al：J Antibiot (Tokyo), 64：525-531, 2011

MS-275

別名：Entinostat／エンチノスタット

◆**分子量**：376.4

◆**IUPAC名**：N-(2-Aminophenyl)-4-[N-(pyridine-3ylmethoxycarbonyl)amino-methyl]benzamide; 3-pyridinylmethyl[[4-[[(2-aminophenyl)amino]carbonyl]phenyl]methyl]carbamate

◆**使用法・購入**
溶媒：DMSO（38 mg/mL），−20℃保存
使用条件：細胞培養用培地に添加する場合，0.3〜3μM程度で効果
購入先：シグマ社（M5568）

◇ 作用機序

　ベンザミドタイプのHDAC阻害剤（HDAC1およびHDAC3を阻害する）．ベンザミド基が直接HDAC活性ポケット内のZn^{2+}に結合し触媒活性を阻害する．

◇ 生理機能

　ベンザミド誘導体（ドグマチール，エミレース，パルネチールなど）は抗潰瘍，精神安定剤として，十二指腸潰瘍，精神分裂病，うつ病・うつ状態の改善に有効であることが有名であるが，近年では別のベンザミド誘導体にHDAC阻害効果があることが見出され，種々の誘導体が検証された．そのなかでも顕著なHDAC阻害効果を示したMS-275は，ヒト卵巣がん細胞株A2780できわめて高い増殖阻害効果を示し，ゲルゾリンやp21[WAF1/CIP1]遺伝子を活性化することが報告された．またMS-275にはモデルマウスでの異種移植（xenograft）による抗腫瘍効果や，レチノイン酸受容体β2遺伝子の活性化が報告されており，13-cis-retinoic acid（CRA）との共役により網膜芽細胞腫や前立腺がん細胞の治療に有効性が示唆された．ホジキンリンパ腫に対する第Ⅱ相臨床試験が進行中であり，アロマターゼ阻害薬との併用効果についても臨床開発がなされている．他にも悪性度の高い腫瘍治療薬として効果が期待されている．

参考文献
1）Saito A, et al：Proc Natl Acad Sci U S A, 96：4592-4597, 1999
2）Wang XF, et al：Clin Cancer Res, 11：3535-3542, 2005
3）Simonini MV, et al：Proc Natl Acad Sci U S A, 103：1587-1592, 2006

Sulforaphane

別名：スルフォラファン / SFN

◆**分子量**：177.3

◆**IUPAC名**：（R)-1-Isothiocyanato-4-(methylsulfinyl)butane; 4-methylsulfinyl-butyl isothiocyanate

◆**使用法・購入**
溶媒：DMSO（＞5 mg/mL），−20℃保存
使用条件：細胞培養用培地に添加する場合，10〜50μM程度で効果
購入先：シグマ社（S6317）

◇作用機序

　細胞内に取り込まれた後に代謝されてSFN-CysまたはSNF-NACとなり，HDAC活性ポケットに結合し活性を阻害する．

◇生理機能

　Sulforaphaneはブロッコリーから発見された物質（ファイトケミカル）であり，イオン化合物が反応して生成された成分である．Sulforaphaneは解毒酵素の働きを活発にする作用と活性酸素による影響を抑える作用があることが確認されている．また，米ジョンズホプキンス大学の研究チームによって，Sulforaphaneには胃がん発症の要因と考えられるピロリ菌を殺傷する作用があることや，がん細胞の増殖を抑制する酵素を活性化させる働きがあることが確認されている．すなわち，肝臓での代謝における第二相酵素には発がん物質などを無毒化する効果があるが，Sulforaphaneにはこれら第二相酵素を活性化させる効果があり，発がん物質などを無毒化して体外への排出を促進する．Sulforaphaneはヒト大腸がん細胞株HCT116においてp21[WAFI/CIP1]遺伝子を活性化する．また，大腸ポリポーシスのモデルマウス［Apc（Min）マウス］に投与すると腸粘膜細胞でのp21[WAFI/CIP1]およびBax遺伝子の発現が上昇し，ポリープ形成が抑制されることが確認されている．

参考文献
1）Myzak MC, et al：Cancer Res, 64：5767-5774, 2004
2）Myzak MC, et al：Carcinogenesis, 27：811-819, 2006
3）Myzak MC, et al：Mol Carcinog, 45：443-446, 2006

Anacardic acid

別名：アナカルド酸

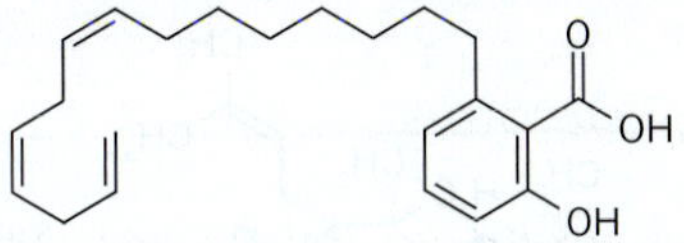

◆**分子量**：342.5

◆**IUPAC名**：2-hydroxy-6-[(8Z,11Z)-pentadeca-8,11,14-trienyl]benzoic acid

◆**使用法・購入**
溶媒：DMSO またはエタノール．細胞に処理する場合は $25 \sim 200 \ \mu$M
購入先：ケイマン社（13144）

◇ 作用機序

　Anacardic acid はヒストンアセチル化酵素（HAT）の阻害剤．P300 や PCAF の阻害により転写活性を抑制する．また Tip60 のもつ HAT 活性を阻害することで ATM の活性化を抑制する．

◇ 生理機能

　Anacardic acid はカシューナッツの殻から発見されたフェノール脂質．細胞膜透過性の高いサリチル酸のアナログでもある．HAT 活性を阻害するのみならず，他にも抗菌作用やプロスタグランジン産生阻害，チロシナーゼ阻害効果，リポキシゲナーゼ阻害効果，RanGAP1-C2 の SUMOylation 阻害効果も示す．

参考文献
1 ）Balasubramanyam K, et al：J Biol Chem, 278：19134-19140, 2003
2 ）Sun Y, et al：FEBS Lett, 580：4353-4356, 2006

第17章 エピジェネティクス関連薬剤 アセチル化・脱アセチル化①

289

Garcinol

別名：ガルシノール

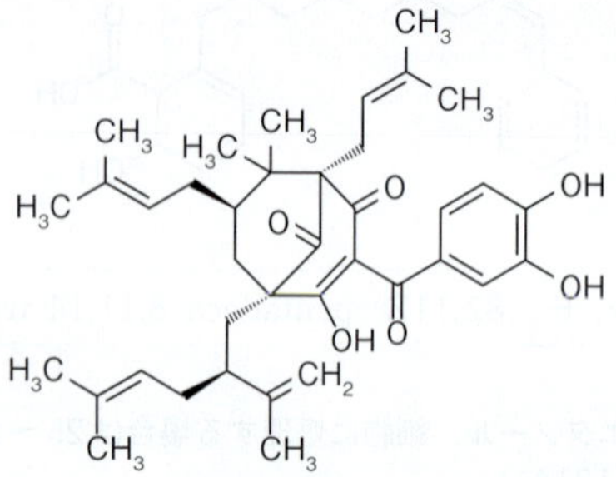

◆ **分子量**：602.8

◆ **IUPAC名**：(1S,5R,7R)-3-[(3,4-dihydroxyphenyl)-hydroxymethylidene]-6,6-dimethyl-5,7-bis(3-methylbut-2-enyl)-1-[(2S)-5-methyl-2-prop-1-en-2-ylhex-4-enyl]bicyclo[3.3.1]nonane-2,4,9-trione

◆ **使用法・購入**
溶媒：DMSOまたはエタノール
使用条件：細胞に処理する場合は1〜100μM
購入先：Enzo Life Sciences社（BML-GR343）

◇ 作用機序

Garcinolは，HAT阻害剤．阻害活性はAnacardic acidとほぼ同じ．

◇ 生理機能

HAT活性により，染色体リモデリングや遺伝子発現のエピジェネティック制御がなされている．よってさまざまな細胞分化・増殖・細胞死・発生・抗酸化・抗血管新生・がん化などに関与することからGarcinolは抗炎症作用や抗がん作用をもっている．

参考文献

1）Balasubramanyam K, et al：J Biol Chem, 279：33716-33726, 2004
2）Saadat N & Gupta SV：J Oncol, 2012：647206, 2012

CTPB

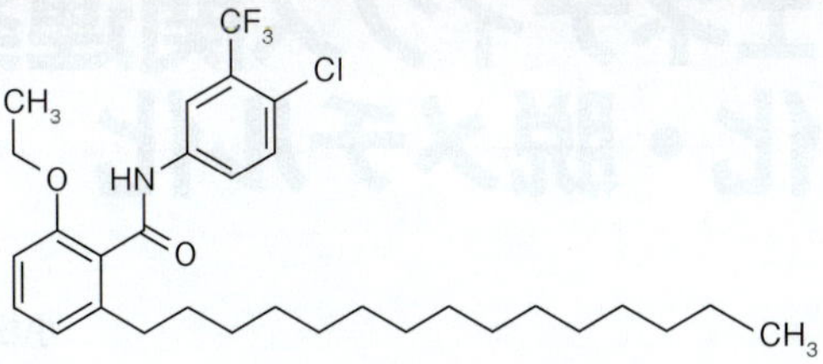

◆ **分子量**：554.1

◆ **IUPAC名**：N-[4-chloro-3-(trifluoromethyl)phenyl]-2-ethoxy-6-pentadecyl-benzamide

◆ **使用法・購入**
溶媒：DMSO
使用条件：細胞に処理する場合は50〜200 μM
購入先：シグマ社（C6499）

◇ 作用機序

Anacardic acidの誘導体であるCTPBはP300のHAT活性を活性化する．しかしPCAF（p300/CBP-associated factor）HATには作用しない．

◇ 生理機能

P300HAT活性を制御することで遺伝子プロモーター領域のヒストンアセチル化を促進する結果，転写は活性化される．神経細胞の生存や軸索の形成などを促進することも報告されており，パーキンソン病などの治療にも期待されている．

参考文献

1）Balasubramanyam K, et al：J Biol Chem, 278：19134-19140, 2003
2）Mantelingu K, et al：J Phys Chem B, 111：4527-4534, 2007
3）Hegarty SV, et al：Neurotox Res, 30：510-520, 2016

第18章

エピジェネティクス関連薬剤②
メチル化・脱メチル化

小松将之, 佐々木博己

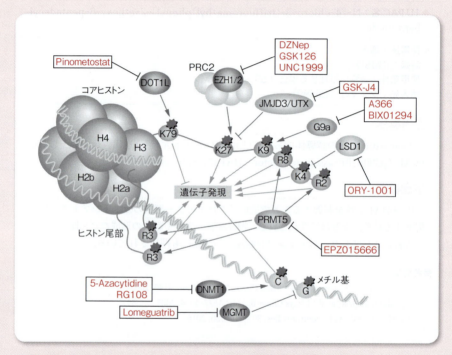

概略図 DNAのメチル化・脱メチル化と関連薬剤の作用点

　遺伝子発現の調節は発生, 分化などの生命活動に必須である. これは先天的 (遺伝的) にプログラムされているだけでなく, 後天的 (エピジェネティック) にも調節される. このエピジェネティックな遺伝子発現の調節は, DNAのメチル化とヒストンの翻訳後修飾という2つの機序でおおむね説明できる. メチル化DNAの大半は, ゲノム上のCpGジヌクレオチドのシトシンに生じ, 下流遺伝子の転写を抑制する. 哺乳類では3種類のメチル化酵素が知られており, DNMT1がDNA複製におけるメチル化パターンの維持に, DNMT3Aや3Bが新規のメチル化を担っている. 5-AzacytidineやRG108はDNMT1を阻害することで遺伝子発現を亢進させる. また, グアニ

ンのメチル化も転写に影響することが知られており，Lomeguatribが脱メチル化酵素であるMGMTを阻害する．一方，ヒストンの翻訳後修飾は多岐にわたり，**第17章**のアセチル化と本章で紹介するメチル化の他にも，リン酸化やユビキチン化などがある．ヒストンのメチル化はアセチル化とともに遺伝子発現調節にとって重要であり，主にヒストン尾部の特定のリジンおよびアルギニンがモノ・ジ・トリメチル化される．これを担うヒストンメチル化酵素は3つのファミリーに分類され，いずれもS−アデノシルメチオニンをメチル基の供給源とするが，SETドメインをもつタンパク質（EZH1/2など）とDOT1様タンパク質（DOT1Lなど）はリジン残基をメチル化するのに対して，PRMT（PRMT5など）はアルギニン残基をメチル化する．それぞれの酵素は認識するアミノ酸残基の位置およびメチル化の程度に特異性を有し，正または負に遺伝子発現を調節している．一方，ヒストン脱メチル化酵素には，2つのファミリー，すなわちJmjCドメイン含有ジオキシゲナーゼ（JMJD3，UTXなど）とFAD依存性のアミノ酸化酵素（LSD1など）があり，特定のアミノ酸残基を脱メチル化する．本章で紹介する化合物は，前述の酵素を特異的に阻害することで遺伝子発現を誘導または抑制することができる．

参考文献

1）Smith ZD & Meissner A：Nat Rev Genet, 14：204-220, 2013
2）Greer EL & Shi Y：Nat Rev Genet, 13：343-357, 2012
3）Jones PA：Nat Rev Genet, 13：484-492, 2012
4）Bannister AJ & Kouzarides T：Cell Res, 21：381-395, 2011

5-Azacytidine

別名：5-アザシチジン

◆**分子量**：244.2

◆**IUPAC名**：4-amino-1-[(2R,3R,4S,5R)-3,4-dihydroxy-5-(hydroxymethyl)oxolan-2-yl]-1,3,5-triazin-2-one

◆**使用法・購入**
溶媒：DMSO（100 mM），溶解後直ちに使用
使用条件：細胞培養用培地に添加する場合，$1 \sim 10 \ \mu M$．マウス個体に投与する場合，$2.5 \sim 10$ mg/kgを腹腔内投与
購入先：シグマ社（A2385），アブカム社（ab142744）

◇ 作用機序

DNAメチル化転移酵素1（DNMT1）の不可逆的阻害剤で，細胞内で5-aza-2'-deoxycytidine-5'-triphosphateになり，細胞複製時にDNAに取り込まれる．DNA上のアザシチジン−グアニンのジヌクレオチドはDNMT1の基質となる．5-アザシチジンでは，5位の炭素が窒素に置換しているためDNMT1が生成物から解離できず，分解される．

◇ 生理機能

DNMT1は3種類存在するメチル基転移酵素の1つであり，複製されたDNA上のCpGアイランドにメチル基を転移することで，ゲノム全体のメチル化パターンを維持している．DNMT1完全欠失マウスは胚性致死に至る．また，白血病，乳がん，大腸がんなどでは，DNMT1の過剰発現が報告されており，5-アザシチジンをがん細胞に添加するとがん抑制遺伝子や化学療法感受性遺伝子の発現を再活性化する．慢性骨髄単球性白血病等の治療薬として認可されている．

参考文献

1）Stresemann C & Lyko F：Int J Cancer, 123：8-13, 2008
2）Gnyszka A, et al：Anticancer Res, 33：2989-2996, 2013
3）Chik F, et al：Adv Exp Med Biol, 720：91-104, 2011
4）Hascher A, et al：Clin Cancer Res, 20：814-826, 2014
5）Flotho C, et al：Leukemia, 23：1019-1028, 2009

RG108

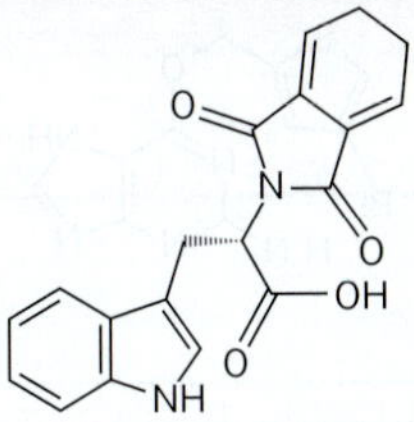

◆**分子量**：334.3

◆**IUPAC名**：(2S)-2-(1,3-dioxoisoindol-2-yl)-3-(1H-indol-3-yl)propanoic acid

◆**使用法・購入**
溶媒：DMSOおよびエタノール（100 mM），溶液は-20℃で1カ月保存可能
使用条件：細胞培養用培地に添加する場合，1〜10 μM．マウス個体に投与する場合，
5〜10 mg/kgを腹腔内投与
購入先：シグマ社（R8279），富士フイルム和光純薬社（041-30101）

◇ 作用機序

　DNAメチル化転移酵素1（DNMT1）に対する非ヌクレオシド系選択的阻害剤．水溶液中での高い安定性および優れた細胞透過性を有する．5-アザシチジンと異なり，DNMT1の酵素活性部位に結合することで競合的な阻害活性を示す．DNMT1の触媒ポケット内でRG108のカルボキシル基が作用することが阻害活性に重要である．

◇ 生理機能

　RG108はDNAに取り込まれず，DNMTと共有結合することもないため，細胞毒性が低い．がん細胞にRG108を添加すると，p16^{Ink4a}等のがん抑制遺伝子を再活性化し，その増殖を抑制する．一方，マウス胚線維芽細胞から人工多能性幹細胞を作製する際に，リプログラミングの効率を増加させることが報告されている．

参考文献

1）Ou Y, et al：Oncol Rep, 39：993-1002, 2018
2）Brueckner B, et al：Cancer Res, 65：6305-6311, 2005
3）Shi Y, et al：Cell Stem Cell, 3：568-574, 2008

第18章　エピジェネティクス関連薬剤②　メチル化・脱メチル化

Lomeguatrib

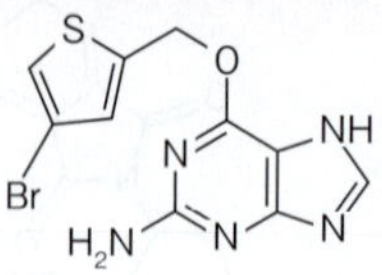

◆**分子量**：326.2

◆**IUPAC名**：6-[(4-bromothiophen-2-yl)methoxy]-7H-purin-2-amine

◆**使用法・購入**
溶媒：DMSO（100 mM），溶液は-80℃で1カ月保存可能
使用条件：細胞培養用培地に添加する場合，10 μMで効果．マウス個体に投与する場合，20 mg/kgを腹腔内投与
購入先：アブカム社（ab142741），シグマ社（SML0586）

◇作用機序

O^6-メチルグアニンDNAメチルトランスフェラーゼ（MGMT）の強力な阻害剤．MGMTの基質であるO^6-メチルグアニンの誘導体として開発されており，本来の基質よりも溶解度，阻害活性，細胞への取り込み能に優れている．

◇生理機能

MGMTはDNAアルキルトランスフェラーゼであり，主に単独でグアニンのO^{6}位に付加されたメチル基をとり除く．通常の細胞では，DNA複製と細胞生存には必須の酵素ではない．一方で，外的要因によりDNAが過剰にアルキル化された際は，脱アルキル化修復により細胞の増殖・生存を維持する．実際に，MGMTのノックアウトマウスは，アルキル化剤に対しての毒性が顕著になることが知られている．MGMTは複数のがん種で過剰発現しており，アルキル化剤を用いた化学療法の獲得耐性に関与している．乳がん細胞株の異種移植マウスモデルの研究では，LomeguatribがTemozolomideの抗がん効果を増強することが報告されている．

参考文献
1）Moore MH, et al：EMBO J, 13：1495-1501, 1994
2）Middleton MR & Margison GP：Lancet Oncol, 4：37-44, 2003
3）Clemons M, et al：Br J Cancer, 93：1152-1156, 2005

3-Deazaneplanocin A

別名：DZNep

◆**分子量**：298.7

◆**IUPAC名**：(1S,2R,5R)-5-(4-aminoimidazo[4,5-c]pyridin-1-yl)-3-(hydroxymethyl)cyclopent-3-ene-1,2-diol

◆**使用法・購入**
溶媒：水またはDMSO（10 mM），溶液は-20℃で1年間保存可能
使用条件：細胞培養用培地に添加する場合，200 nM～2 μM．マウス個体に投与する場合，1～5 mg/kgを腹腔内投与
購入先：シグマ社（SML0305），富士フイルム和光純薬社（049-33701）

◇ 作用機序

アデノシンアナログ系のEZH2（Enhancer of zeste homolog 2）阻害剤．SAHase（アデノシルホモシステイナーゼ）の基質であるSAH（S-アデノシル-L-ホモシステイン）に対して競合的に働き，細胞内のアデノシンとホモシステインが欠乏し，最終的にSAMの枯渇とSAHの蓄積が生じる．これによりEZH2が阻害される．

◇ 生理機能

EZH2はPRC2（ポリコーム抑制複合体2）のなかでヒストンH3K27メチル化の触媒活性を有する重要な因子である．多種のがんでEZH2が高発現することに加えて，発がんやがん幹細胞の維持への関与も報告されている．本薬剤はSAHaseの阻害を介して，EZH2を阻害すると同時にPRC2の分解も促進することが知られており，B細胞リンパ腫や黒色腫以外に，肺がんなどの上皮系のがんでも抗腫瘍効果が報告されている．また，エボラウイルスを感染させたマウスモデルに投与するとIFN α の発現を誘導し，治療効果を発揮する．

◇ 注意点

アデノシンホモシステイナーゼも阻害する．

参考文献

1）Glazer RI, et al：Biochem Biophys Res Commun, 135：688-694, 1986
2）Fujiwara T, et al：J Biol Chem, 289：8121-8134, 2014
3）Martínez-Fernández M, et al：Int J Mol Sci, 16：27107-27132, 2015
4）Bray M, et al：Antiviral Res, 55：151-159, 2002

第18章 エピジェネティクス関連薬剤② メチル化・脱メチル化

GSK126

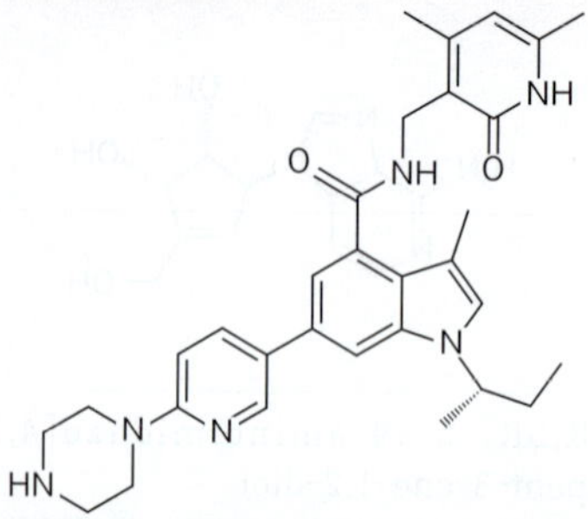

◆**分子量**：526.7

◆**IUPAC名**：1-[(2S)-butan-2-yl]-N-[(4,6-dimethyl-2-oxo-1H-pyridin-3-yl) methyl]-3-methyl-6-(6-piperazin-1-ylpyridin-3-yl)indole-4-carboxamide

◆**使用法・購入**
  溶媒：DMSO（5 mM），溶液は-20℃で3カ月保存可能（凍結融解禁止）
  使用条件：細胞培養用培地に添加する場合，10 nM～10 μM．マウス個体に投与する
    場合，50～150 mg/kgを腹腔内投与
  購入先：セレック社（S7061），ケイマン社（346574-57-9）

◇ 作用機序

　EZH2に対する細胞膜透過性の選択的阻害剤．EZH2の補因子であるSAM（S-ア
デノシルメチオニン）と競合することで阻害活性を示す．特異性が高く，他の20種
類のメチル化転移酵素に対して阻害活性が非常に低い（1/1,000以下）．*in silico*の解
析から，GSK126はEZH2のSETドメインで構成されるSAM結合ポケットに結合す
ることが示唆されている．

◇ 生理機能

　EZH2の体細胞性機能獲得型変異はB細胞リンパ腫や黒色腫において高頻度で生じ
ており，ポリコーム抑制複合体が制御する遺伝子座の抑制・活性化を通じてがんの発
症や進行に寄与することが報告されている．GSK126は野生型だけでなく主要な変異
型（Y461，A477）のEZH2に対しても同等の阻害活性を示す．びまん性大細胞型B
細胞株（DLBCL）の研究から，EZH2変異を有するがん細胞においても，ヒストン
H3のトリメチル化リジン27（H3K27me3）の量を減少させることでアポトーシスを
誘導し，腫瘍の増殖を抑制できることがわかった．また，胚性幹細胞のH3K27me3
を減少させることで，間葉系幹細胞への分化を促進できることも報告されている．

◇ 注意点

　高濃度（数μM）でJMJD2dとCaMK1aに対して阻害活性を示す．

参考文献

1）McCabe MT, et al：Nature, 492：108-112, 2012
2）Souroullas GP, et al：Nat Med, 22：632-640, 2016
3）Yu Y, et al：Stem Cell Reports, 9：752-761, 2017

UNC1999

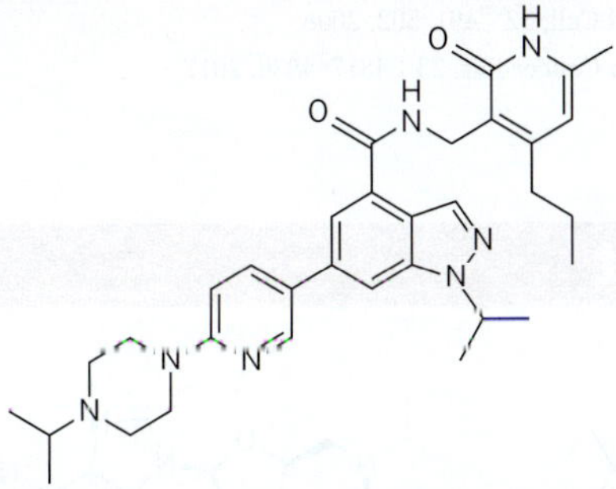

◆**分子量**：569.7

◆**IUPAC名**：N-[(6-methyl-2-oxo-4-propyl-1H-pyridin-3-yl)methyl]-1-propan-2-yl-6-[6-(4-propan-2-ylpiperazin-1-yl)pyridin-3-yl]indazole-4-carboxamide

◆**使用法・購入**

溶媒：DMSO（100 mg/mL），溶液は-20℃で6カ月保存可能
使用条件：細胞培養用培地に添加する場合，0.5～5 μMで効果．マウス個体に投与する場合，50～150 mg/kgを経口投与
購入先：セレック社（S7165），シグマ社（SML0778）

◇ 作用機序

　EZH2の選択的阻害剤であるEPZ005687の誘導体で，EZH1およびEZH2に対する細胞膜透過性の選択的阻害剤．EPZ005687や前項のGSK126と同様に，EZH2のSAM（S-アデノシルメチオニン）結合ポケット内のアミノ酸と水素結合および疎水性相互作用を形成することにより，補因子であるSAMに対して競合的な阻害活性を示す．

◇ 生理機能

　EZH2と同様に，EZH1もポリコーム抑制複合体2のなかでヒストンH3K27のメチル化を担っている．EZH1は正常およびがん幹細胞において，EZH2によるヒストンのメチル化を補完することで幹細胞性の維持を担っている．UNC1999はEZH1とEZH2双方を阻害することで白血病細胞のヒストンH3K27のメチル化を全体的に抑制する．特に遠位調節配列のメチル化を抑制することで，本来ポリコーム複合体が抑えているCDKN2A等のがん抑制遺伝子の発現を誘導する．また多発性骨髄腫では，

第18章　エピジェネティクス関連薬剤②　メチル化・脱メチル化

299

UNC1999の作用によりMYCの発現抑制を介したプロテアソーム阻害剤への感受性が増大し，両者の併用は骨髄腫細胞の増殖を抑制できることが報告されている．

◇注意点

EZH1と比較して，EZH2をより強く（22倍）阻害する．

参考文献

1）Konze KD, et al：ACS Chem Biol, 8：1324-1334, 2013
2）Xu B, et al：Blood, 125：346-357, 2015
3）Shen X, et al：Mol Cell, 32：491-502, 2008
4）Rizq O, et al：Clin Cancer Res, 23：4817-4830, 2017

Pinometostat

別名：EPZ-5676

◆**分子量**：562.7

◆**IUPAC名**：（2R,3R,4S,5R）-2-（6-aminopurin-9-yl）-5-[[[3-[2-(6-tert-butyl-1H-benzimidazol-2-yl)ethyl]cyclobutyl]-propan-2-ylamino]methyl]oxolane-3,4-diol

◆**使用法・購入**
溶媒：DMFおよびエタノール（30 mg/mL），またはDMSO（20 mg/mL）．粉末は-20℃で2年以上保存可能
使用条件：細胞培養用培地に添加する場合，10 nM～5 μMで効果．マウス個体に投与する場合，10～70 mg/kgを腹腔内投与
購入先：セレック社（S7062），ケイマン社（16175）

◇作用機序

DOT1L（Disruptor of telomeric silencing 1-like）に対するアミノヌクレオシド系の阻害剤．DOT1Lの基質であるSAM（S-アデノシルメチオニン）の類似体であり，競合的に作用する．Pinometostatは高い阻害活性（$K_i = 80$ pM）と特異性を有しており，他の15種類のSAM依存性リジンおよびアルギニンメチルトランスフェラーゼに対してはきわめて活性が低い．

◇生理機能

DOT1Lは現在51種類知られているリジンメチル基転移酵素（PKMT）の一つであ

る．多くの PKMT で保存されている SET ドメインをもたず，PKMT の中で唯一ヒストン H3K79 のメチル化反応を触媒する．MLL 遺伝子再構成を伴う白血病細胞において，Pinometostat は DOT1L が担う H3K79 のメチル化を阻害することにより，がん関連遺伝子（*HOXA9* や *MEIS1*）の発現を抑制し，アポトーシスを誘導する．マウス移植モデルに Pinometostat を投与すると，腫瘍を完全に縮退させる．

参考文献

1）Daigle SR, et al：Blood, 122：1017-1025, 2013
2）Yu W, et al：Nat Commun, 3：1288, 2012
3）Jones B, et al：PLoS Genet, 4：e1000190, 2008

A-366

◆**分子量**：329.4

◆**IUPAC 名**：5'-methoxy-6'-(3-pyrrolidin-1-ylpropoxy)spiro[cyclobutane-1,3'-indole]-2'-amine

◆**使用法・購入**
溶媒：DMSO（100 mM），粉末は -20℃で保存可能
使用条件：細胞培養用培地に添加する場合，0.3〜3 μM で効果．マウス個体に投与する場合，30 mg/kg/日を浸透圧ポンプで投与
購入先：シグマ社（SML1410），Tocris 社（5163）

◇ 作用機序

EHMT2（Euchromatic histone methyltransferase 2，別名 G9a）の選択的阻害剤．ペプチド基質に対して競合的に阻害するが，補因子である S-アデノシルメチオニンに対しては競合しない．高い阻害活性（$IC_{50} = 3$ nM）と特異性を有しており，他の 21 種類のメチルトランスフェラーゼと比較して選択性が 1,000 倍以上高い（$IC_{50} > 50$ μM）．

◇ 生理機能

G9a はリジンメチル基転移酵素であり，ヒストン H3K9 のモノメチル化およびジメチル化を担っている．H3K9 のメチル化を介したユークロマチンの遺伝子抑制により初期胚発生に重要な遺伝子を制御することが知られている．そのため G9a のノックアウトマウスは重篤な発育遅延を引き起こし，胎生致死に至る．他方，肺がん等では G9a が過剰発現しており，浸潤・転移を亢進する．A-366 は急性骨髄性白血病細胞の

第18章　エピジェネティクス関連薬剤②　メチル化・脱メチル化

H3K9me2を減少させることで，分化と増殖抑制を誘導する．

◇ 注意点

他のメチル化酵素に対する活性は低いが，GLPに対しては高い活性を示す．

参考文献
1）Sweis RF, et al：ACS Med Chem Lett, 5：205-209, 2014
2）Tachibana M, et al：Genes Dev, 16：1779-1791, 2002
3）Pappano WN, et al：PLoS One, 10：e0131716, 2015
4）Scheer S & Zaph C：Front Immunol, 8：429, 2017

BIX01294

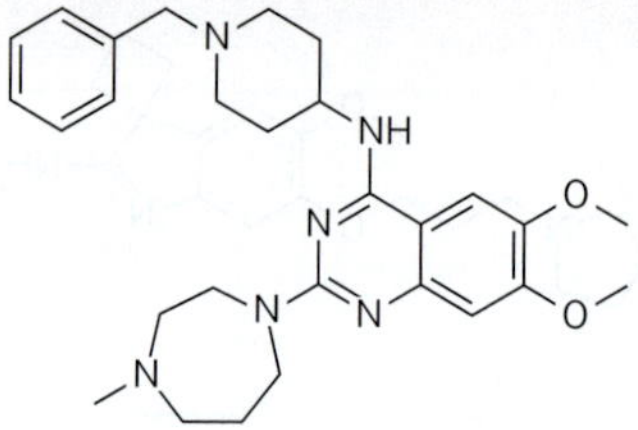

◆分子量：490.7

◆IUPAC名：N-(1-benzylpiperidin-4-yl)-6,7-dimethoxy-2-(4-methyl-1,4-diazepan-1-yl)quinazolin-4-amine

◆使用法・購入
溶媒：水（10 mg/mL）またはDMSO（5 mg/mL），溶液は-20℃で1カ月保存可能
使用条件：細胞培養用培地に添加する場合，1～10 μMで効果．マウス個体に投与する場合，10 mg/kgを腹腔内投与
購入先：アブカム社（ab141407），ケイマン社（13124）

◇ 作用機序

ヒストンメチル化酵素（HMTase）であるG9aに対する選択的阻害剤．αアドレナリン受容体のアゴニストであるBunazosinと類似の骨格を有する．GLP以外のHMTaseに対する阻害活性はほとんどなく，SETドメインの触媒部位に結合するが，近接のメチル基供与体結合部位には影響しない．実際，BIX01294はG9aの補因子であるS-アデノシルメチオニンと競合せず，触媒部位の結合溝を占有することで基質（特にH3K4-H3R8）と酵素との結合を阻害する．

◇ 生理機能

BIX01294は細胞内のヒストンH3K9のジメチル化を減少させ，オートファジーを介した分化およびアポトーシスを誘導することが肝細胞がんなど複数のがん種で報告されている．また，神経幹細胞や線維芽細胞にOct3/4とKlf4遺伝子を導入して人工

多能性幹（iPS）細胞を作製する際，リプログラミング効率を高める．一方，脂肪組織および骨髄由来の間葉系幹細胞の分化を促進するという側面も併せもつ．

◇注意点

G9a以外にGLPに対して同等の阻害活性を示す．また，ヒストンのメチル化だけでなく，DNAメチルトランスフェラーゼに対しても阻害活性を有する．

参考文献

1）Kubicek S, et al：Mol Cell, 25：473-481, 2007
2）Chang Y, et al：Nat Struct Mol Biol, 16：312-317, 2009
3）Yokoyama M, et al：Oncotarget, 8：21315-21326, 2017
4）Ciechomska IA, et al：Sci Rep, 6：38723, 2016

GSK-J4

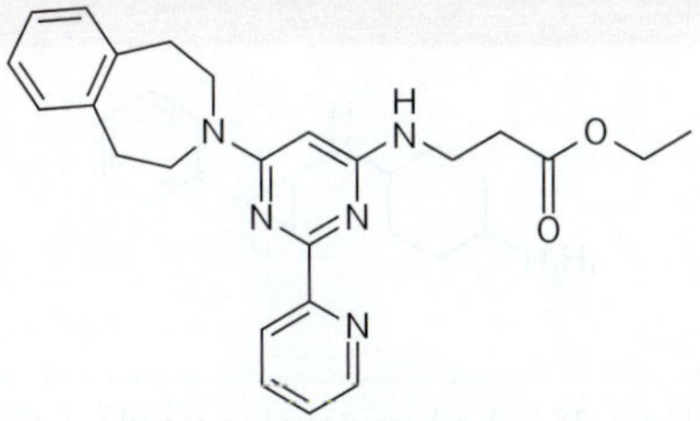

◆**分子量**：417.5

◆**IUPAC名**：Ethyl3-[[2-pyridin-2-yl-6-(1,2,4,5-tetrahydro-3-benzazepin-3-yl)pyrimidin-4-yl]amino]propanoate

◆**使用法・購入**
溶媒：DMSOおよびエタノール（100 mM），溶液は-20℃で1カ月保存可能
使用条件：細胞培養用培地に添加する場合，1～10 μM で効果．マウス個体に投与する場合，25　100 mg/kgを腹腔内投与．
購入先：シグマ社（SML0701），アブカム社（ab144395）

◇作用機序

ヒストン脱メチル化酵素であるJMJD3およびUTXに対する選択的阻害剤．細胞膜透過性を高めるため，GSK-J1のカルボン酸をエチルエステル化した誘導体．JmjCドメインからなるJMJD3の触媒部位において，GSK-J1のプロパン酸部分が複数のアミノ酸（K1381，T1387，N1480）と相互作用することで，補因子であるαケトグルタル酸との結合を模倣する．

◇生理機能

JmjCドメイン含有ヒストン脱メチル化酵素は二価鉄イオンとαケトグルタル酸依

第18章　エピジェネティクス関連薬剤②　メチル化・脱メチル化

存性ジオキシゲナーゼであり，モノメチル・ジメチル・トリメチル化されたアミノ酸残基を脱メチル化する．このなかでJMJD3とUTXは，トリメチル化されたヒストンH3K27を脱メチル化する唯一の酵素である．UTX遺伝子は発生に必須であるが，機能欠失型変異は多くのがんで報告されており，がん抑制遺伝子と考えられている．GSK-J4は，マウスにおいて樹状細胞の成熟を抑制すると同時に制御性T細胞を活性化することで，自己免疫性脳脊髄炎の進行を抑制することが報告されている．また，GSK-J4はリポ多糖によって誘導されるマクロファージの炎症性サイトカイン産生を抑制することも報告されている．

参考文献

1）Kruidenier L, et al：Nature, 488：404-408, 2012
2）Agger K, et al：Nature, 449：731-734, 2007
3）Doñas C, et al：J Autoimmun, 75：105-117, 2016

ORY-1001

◆**分子量**：303.3

◆**IUPAC名**：rel-N1-[(1R,2S)-2-phenylcyclopropyl]-1,4-Cyclohexanediamine hydrochloride(1:2)

◆**使用法・購入**

溶媒：水（61 mg/mL），DMSO（5 mg/mL），もしくはエタノール（4 mg/mL）．-80℃で6カ月保存可能

使用条件：細胞培養用培地に添加する場合，0.1～100 nMで効果．マウス個体に投与する場合，0.02 mg/kgを経口投与

購入先：セレック社（S7795），ケイマン社（19136）

◇ 作用機序

母体であるTCP（トラニルシプロミン）の誘導体ライブラリーから選抜されたLSD1（リジン特異的脱メチル化酵素1）に対する選択的阻害剤．TCPはLSD1のみならず，類似構造のモノアミン酸化酵素（MAO-AとMAO-B）も阻害するが，ORY-1001はLSD1のみを阻害する．さらに，他のメチル化・脱メチル化酵素に対しても作用しない．

◇ 生理機能

ヒストンH3脱メチル化酵素は，前項で述べたJmjCドメインファミリーとLSDファミリーに大別される．LSDファミリーはFAD依存性のアミン酸化酵素であり，モノ

メチル化およびジメチル化された H3K4 を脱メチル化するが，H3K4 トリメチル化には作用しない．CoREST や NuRD と複合体を形成し，H3K4 の脱メチル化を介して遺伝子発現を抑制する．また，アンドロゲンやエストロゲン受容体とも複合体を形成し，H3K9 を脱メチル化することで遺伝子発現を促進する．胚発生に重要な役割を担っており，ノックアウトマウスは卵筒形成不全による発育不全で発生初期に死亡する．急性骨髄性白血病細胞では，ORY-1001 の作用により H3K4me2 の蓄積が生じて分化が誘導され，移植マウスの生存期間が延長される．

◇ 注意点

ノルアドレナリン・ドパミン輸送体，Ca^{2+} チャネルに対してわずかに阻害活性を示す．

参考文献

1）Maes T, et al：Cancer Cell, 33：495–511.e12, 2018
2）Kerenyi MA, et al：Elife, 2：e00633, 2013
3）Zheng YC, et al：Curr Top Med Chem, 16：2179–2188, 2016

EPZ015666

別名：GSK3235025

◆ 分子量：383.4

◆ IUPAC 名：(S)-N-(3-(3,4-Dihydroisoquinolin-2(1H)-yl)-2-hydroxypropyl)-6-(oxetan-3-ylamino)pyrimidine-4-carboxamide

◆ 使用法・購入
溶媒：DMSO（60 mg/mL），粉末は -20℃で 2 年間保存可能
使用条件：細胞培養用培地に添加する場合，1～5 μM で効果．マウス個体に投与する場合，100～200 mg/kg を経口投与
購入先：シグマ社（SML1421），セレック社（S7748）

◇ 作用機序

ADME 特性を向上させた EPZ007345 の誘導体で，PRMT5（タンパク質アルギニンメチル化酵素 5）の経口阻害剤．リジンメチル基転移酵素や他の PRMT と比較して，20,000 倍以上の選択的活性を示す．

◇ 生理機能

PRMT5 はヒトにおいて 9 種類存在する PRMT の 1 つであり，アルギニン残基をモ

ノメチル化および対称的にジメチル化することからタイプIIに分類される．MEP50
と活性化型複合体を形成し，SAMをメチル基のドナーとしてヒストン（H2A，H3，
H4），転写因子，調節タンパク質等のアルギニン残基をメチル化する．機能喪失は胚
性致死の表現型を示す．他方，PRMT5の異常調節ががん（肺がん，乳がん，リンパ
腫），腎疾患，神経疾患（ハンチントン病，アルツハイマー病）において報告されて
いる．EPZ007345はPRMT5が担うSmD3のメチル酸化を阻害することで，*in vitro*／
*in vivo*においてマントル細胞リンパ腫の増殖を抑制できる．また，NF-κBシグナル
を遮断することで多発性骨髄腫に対しても抗がん作用を示すことも報告されている．

参考文献

1）Tee WW, et al：Genes Dev, 24：2772-2777, 2010
2）Chan-Penebre E, et al：Nat Chem Biol, 11：432-437, 2015
3）Yang Y & Bedford MT：Nat Rev Cancer, 13：37-50, 2013
4）Gullà A, et al：Leukemia, 32：996-1002, 2018

第19章

NF-κB転写因子関連薬剤

合田　仁，井上純一郎

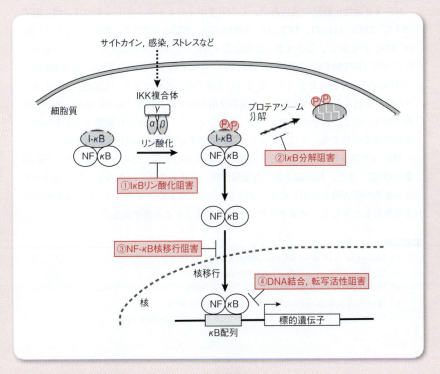

概略図　NF-κB活性化シグナルとその関連薬剤

　NF-κBは，Relホモロジードメインを有する5種類のタンパク質〔p50, p52, p65（RelA），c-Rel, RelB〕の主にヘテロ二量体（例：p50/p65, p50/c-Rel, p52/RelB）で構成される転写因子であり，種々のサイトカイン，細菌やウイルスなどの構成成分，活性酸素，DNA障害などのストレス刺激によってすみやかに活性化される．その標的遺伝子は多岐にわたり，免疫炎症反応，細胞増殖や分化，アポトーシスなどの制御にかかわる遺伝子の発現を制御する．また，NF-κBの活性化制御異常と免疫疾患，感染症，発がん，神経系疾患，骨代謝異常などの種々の疾病との関連も明らかにされ，NF-κB活性化阻害剤はそれら疾病に対する治療薬開発につながると期待されている．

NF-κBは通常，その内在性阻害タンパク質であるI-κBと結合し，細胞質領域に存在することで不活性の状態にある．細胞が活性化刺激を受けると，まずIKKα，β，γ（IKKγはキナーゼ活性をもたない）からなるI-κBキナーゼ（IKK）複合体の活性化が誘導され，活性化したIKKはI-κBの特定のセリン残基をリン酸化する．リン酸化I-κBはユビキチン／プロテアソーム系によってすみやかに分解される．その結果，フリーとなったNF-κBは核内に移行，ゲノムDNAの標的配列に結合し標的遺伝子の発現を促進する（概略図）．

NF-κB活性化経路の阻害剤は，その阻害ポイントから，①I-κBのリン酸化阻害（BAY，BMS-345541，IKK-16，IMD0354，NDBペプチド，PDTC，PS-1145，SC-514，TPCA-1），②I-κBの分解阻害（プロテアソーム阻害剤），③NF-κBの核移行阻害（DHMEQ，JSH-23，SN50），④NF-κBのDNA結合，転写活性阻害（DHMEQ，NF-κBデコイ）の4つに大別することができる（概略図）．現在まで100種類を超える化合物がNF-κB阻害作用を有すると報告されているが，本章では使用頻度の高さ，入手のしやすさという点を考慮し，できるだけ阻害ポイントの異なる阻害剤を紹介する．なお，プロテアソーム阻害剤はI-κBの分解を阻害することからNF-κB阻害作用を有するが，特異性の観点から本章では紹介していない（第23章を参照）．また，阻害剤を用いた実験全般に言えることではあるが，阻害機序の異なる複数の阻害剤を使用したり，遺伝子ノックダウンやノックアウトなどその他の方法を併用したりして，オフターゲット効果に留意する必要がある．

参考文献

1）Inoue J, et al：Cancer Sci, 98：268-274, 2007
2）Liu F, et al：Immunol Rev, 246：239-253, 2012
3）Hoesel B & Schmid JA：Mol Cancer, 12：86, 2013
4）Hinz M & Scheidereit C：EMBO Rep, 15：46-61, 2014
5）Verstrepen L & Beyaert R：Biochem Pharmacol, 92：519-529, 2014

BAY11-7082, BAY11-7085

BAY 11-7085

BAY 11-7082

BAY11-7082

◆分子量：207.3

◆IUPAC名：(E)-3-[(4-Methylphenyl)sulfonyl]-2-propenenitrile

◆使用法・購入
溶媒：DMSO（10～100 mM），-20℃保存，要遮光
使用条件：細胞培養用培地に添加する場合，10～100 μM
溶媒：メルク社（196870），シグマ社（B5556），サンタクルズ社（sc-200615），セレック社（S2913），東京化成工業社（T2846），富士フイルム和光純薬社（020-17871，026-17873）その他，多数のメーカーから入手可能

BAY11-7085

◆分子量：249.3

◆IUPAC名：(E)-3-[(4-t-Butylphenyl)sulfonyl]-2-propenenitrile

◆使用法・購入
溶媒：DMSO（10～100 mM），-20℃保存，要遮光
使用条件：細胞培養用培地に添加する場合，10～100 μM
購入先：メルク社（196872），シグマ社（B5681），サンタクルズ社（sc-202490），セレック社（S7352），東京化成工業社（B4845），富士フイルム和光純薬社（020-14331，026-14333）その他，多数のメーカーから入手可能

◇ 作用機序

BAY11-7082，BAY11-7085は，細胞外刺激によって誘導されるI-κBのリン酸化を不可逆的に阻害する．そのため，IKK複合体が両阻害剤の標的と考えられていたが，近年，BAY11-7082はIKKに対する直接の阻害作用はなく，ユビキチン結合酵素（E2）であるUbc13，UbcH7，およびユビキチン連結酵素（E3）であるLUBACを阻害することが報告された．

◇ 生理機能

血管内皮細胞においてTNF-α刺激によって誘導されるICAM-1，VCAM-1，E-セレクチンなどの細胞接着分子，IL-6，IL-8などの炎症性サイトカインの発現を抑制する（10 μM以上）．特に，BAY11-7085はラットモデルにおいて強いin vivo抗炎

第19章　NF-κB転写因子関連薬剤

309

症作用を有する．また，B細胞やT細胞などの血球系由来腫瘍細胞に細胞死を誘導する．

◇ 注意点

BAY11-7082，BAY11-7085はNF-κB阻害剤として非常に多くの論文で使用されている．しかし，前述のようにBAY11-7082はポリユビキチン経路を阻害することで，間接的にNF-κB活性化を阻害する可能性が示唆されている．したがって，その使用および実験結果の解釈には注意を要する．なお，BAY11-7085のユビキチン関連酵素に対する影響の直接的なデータはないが，BAY11-7082と化学構造上，生理作用上の類似性が多いことから，同様の注意が必要と考えられる．

参考文献

1）Pierce JW, et al：J Biol Chem, 272：21096-21103, 1997
2）Hu X, et al：Cancer Res, 61：6290-6296, 2001
3）Strickson S, et al：Biochem J, 451：427-437, 2013

BMS-345541

別名：IKK inhibitor Ⅲ

◆ **分子量**：255.3

◆ **IUPAC名**：4-(2'-Aminoethyl)amino-1, 8-dimethylimidazo[1, 2-a]quinoxaline

◆ **使用法・購入**
溶媒：DMSO（10 mM），-20 ℃保存，要遮光
使用条件：細胞培養用培地に添加する場合，5〜25 μM
購入先：アブカム社（ab144822），Axon Medchem社（1731），Bio-Techne（4806），ケイマン社（16667），MedChem Express社（HY-10518），メルク社（401480），シグマ社（B9935），サンタクルズ社（sc-221741），セレック社（S8044）

◇ 作用機序

BMS-345541は，IKKαおよびIKKβのキナーゼ活性を直接阻害することにより，I-κBのリン酸化を抑制する．IKKα（IC$_{50}$ = 4 μM）よりもIKKβ（IC$_{50}$ = 0.3 μM）に対して強い阻害活性を示す．BMS-345541は，IKKα，IKKβ以外の15種類のキナーゼに対しては，100 μMの濃度でも阻害効果はみられない．IKKαおよびIKKβに対してアロステリックに阻害するが，両者に対する阻害機構は異なる．BMS-345541

は，IKKαに対してIKKαとATPの結合を阻害するが，IKKβに対してはIKKβと基質（I-κBのリン酸化部位）との結合を抑制すると考えられている．

◇ 生理機能

ヒト単球系細胞株THP-1細胞においてTNF-αで誘導されるI-κBαのリン酸化を抑制する（$IC_{50} = 4\ \mu M$）．また，LPS刺激で誘導されるIL-1，TNF-α，IL-6，IL-8の発現を抑制する（$IC_{50} = 1 \sim 5\ \mu M$）．また，細胞周期の進行にも影響を及ぼし，細胞周期をG2/M期で停止させることが報告されている．*in vivo*においても，LPS投与によって上昇したマウス血中のTNF-α量を抑制し（$IC_{50} = 10\ mg/kg$），モデルマウスにおいてコラーゲン誘導関節炎の症状を緩和させる．また，脳虚血における脳梗塞範囲を縮小させ，神経細胞死を抑制することが報告されている．

参考文献

1) Burke JR, et al：J Biol Chem, 278：1450-1456, 2003
2) McIntyre KW, et al：Arthritis Rheum, 48：2652-2659, 2003
3) Herrmann O, et al：Nat Med, 11：1322-1329, 2005
4) Blazkova H, et al：Cell Cycle, 6：2531-2540, 2007

IKK-16

別名：IKK inhibitor Ⅶ

◆ **分子量**：483.6

◆ **IUPAC名**：N-(4-Pyrrolidin-1-yl-piperidin-1-yl)-[4-(4-benzo[b]thiophen-2-yl-pyrimidin-2-ylamino)phenyl]carboxamide

◆ **使用法・購入**
溶媒：DMSO（10〜50 mM），-20℃保存，要遮光
使用条件：細胞培養用培地に添加する場合，1〜10 μM
購入先：アブカム社（ab216471），Bio-Techne社（2539），ケイマン社（13313），サンタクルズ社（sc-204009），セレック社（S2882），シグマ社（SML1138）

◇ 作用機序

IKK-16は，*in vitro*キナーゼアッセイにおいてIKKβの活性を強く抑制する（IKKβ：$IC_{50} = 40\ nM$，IKKα：$IC_{50} = 200\ nM$，IKK複合体：$IC_{50} = 70\ nM$）．

第19章　NF-κB転写因子関連薬剤

311

◇生理機能

THP-1細胞をTNF-α刺激したときに誘導されるI-κBαの分解を抑制する（$IC_{50} = 1\ \mu M$）．ヒト血管内皮細胞HUVEC細胞において，TNF-α刺激で誘導されるE-セレクチン，ICAM，VCAMの発現を抑制する（$IC_{50} = 0.3 \sim 0.5\ \mu M$）．*in vivo* では，ラットにおいてLPS投与による血中のTNF-αレベルの増加を抑制する（皮下および経口投与：30 mg/kg）．また，チオグリコレート誘発腹膜炎マウスモデルにおいて，好中球の血管外遊走を抑制する（皮下投与：10 mg/kg）．

◇注意点

IKK-16は，IKK以外にプロテインキナーゼD（PKD）ファミリーを阻害する（*in vitro* キナーゼアッセイ：$IC_{50} = 100 \sim 150\ nM$）．また，P糖タンパク質ABCB1への阻害効果も報告されている．

参考文献

1）Waelchli R, et al：Bioorg Med Chem Lett, 16：108-112, 2006
2）Tandon M, et al：PLoS One, 8：e75601, 2013
3）Ansbro MR, et al：PLoS One, 8：e60334, 2013

IMD0354

別名：IKK-2 Inhibitor V

◆**分子量**：383.7

◆**IUPAC名**：N-[3, 5-Bis(trifluoromethyl)phenyl]-5-chloro-2-hydroxybenzamide

◆**使用法・購入**
溶媒：エタノール（10〜100 mM），DMSO（10 mM），-20 ℃保存，要遮光
使用条件：細胞培養用培地に添加する場合，0.1〜1 μM
購入先：アブカム社（ab144823），Axon Medchem社（2725），Bio-Techne 社（2611），ケイマン社（17290），メルク社（401482），シグマ社（I3159），サンタクルズ社（sc-203084），セレック社（S2864）

◇作用機序

IMD0354は，活性化型IKKβ変異体〔IKKβ（S177E／S181E）〕によって誘導されるNF-κBの転写活性を抑制すること，TNF-α刺激で誘導されるI-κBαのリン

酸化を阻害することから，IKKβを標的としていると考えられる.

◇ 生理機能

ラット心筋細胞において，TNF-α刺激で誘導されるNF-κBの活性化を抑制する. c-kit遺伝子に変異を有するマスト細胞由来腫瘍細胞やヒトT細胞白血病（ATL）の腫瘍細胞でみられる恒常的NF-κB活性化を阻害し，腫瘍細胞の増殖を強力に抑制する. Ovalbumin（OVA）誘発アレルギーモデルマウスにおいて，IL-5やIL-13のようなTh2サイトカインの産生を抑制し，気道炎症や過敏性を軽減する.

参考文献

1 ）Onai Y, et al：Cardiovasc Res, 63：51-59, 2004
2 ）Tanaka A, et al：Blood, 105：2324-2331, 2005
3 ）Sugita A, et al：Int Arch Allergy Immunol, 148：186-198, 2009
4 ）Uota S, et al：Cancer Sci, 103：100-106, 2012

NBD-peptide

別名：NBDペプチド

H-Asp-Arg-Gln-Ile-Lys-Ile-Trp-Phe-Gln-Asn-Arg-Arg-Met-Lys-Trp-Lys-Lys-Thr-Ala-Leu-Asp-Trp-Ser-Trp-Leu-Gln-Thr-Glu-OH

◆ 分子量：3693.3

◆ 使用法・購入

溶媒：DMSO（50 mg/mL），-20℃保存
使用条件：細胞培養用培地に添加する場合，100 μM以上
購入先：ペプチド合成受託メーカーに合成を依頼するか，各自で合成. または以下のメーカーで購入. Enzo Life Sciences社（BML-P607-0500），メルク社（480025）

◇ 作用機序

IKKγ（NEMO）との結合を担うIKKβの領域（NEMO binding domain：NBD）（上記構造式の下線部）と，膜透過性を有する*Drosophilla Antennapedia*のホメオドメイン由来17アミノ酸からなるペプチド（非下線部）との細胞膜透過性融合ペプチドである. NBDペプチドは，IKKγとIKKαおよびIKKβとの相互作用を阻害し，IKK複合体を破壊することにより，I-κBのリン酸化反応を阻害する.

◇ 生理機能

HeLa細胞において，TNF-α刺激によるIKK複合体の活性化，NF-κBのDNA結合および転写活性化を抑制するが（200 μM），c-Junのリン酸化，Oct-1のDNA結合活性は抑制しない. 血管内皮細胞において，TNF-α刺激によって誘導される細胞間接着分子E-セレクチンの発現を抑制する（100 μM）. また，マウス単球／マクロファージ系細胞株Raw264.7細胞をLPSで刺激したときに誘導されるNO産生を抑制

第19章　NF-κB転写因子関連薬剤

313

する（100 μM）．マウスを用いた実験では，抗炎症作用を有する．また，骨吸収を担う破骨細胞の分化を阻害し，関節炎による骨破壊を抑制することが報告されている．この作用は，細胞膜透過性を担う部分を*Antennapedia*由来からHIVのTatタンパク質由来に代えたTat-NBDペプチド，ポリリジンと融合させたNBDペプチド（例：8K-NBD）を用いても観察される．

◇ **注意点**

溶媒，ストック濃度は，各メーカーのデータシートや文献の記載に従うこと．また，ネガティブコントロールペプチドも入手可能（メルク社480030）．

参考文献

1）May MJ, et al：Science, 289：1550-1554, 2000
2）Jimi E, et al：Nat Med, 10：617-624, 2004
3）Dai S, et al：J Biol Chem, 279：37219-37222, 2004
4）Tilstra JS, et al：J Clin Invest, 122：2601-2612, 2012

Pyrrolidinedithiocarbamate

別名：PDTC / ピロリジンジチオカルバメイト / APDC（アンモニウム塩）

APDC

◆ **分子量**：164.3（APDC）

◆ **IUPAC名**：pyrrolidine-1-carbodithioic acid

◆ **使用法・購入**
溶媒：蒸留水（10 mg/mL），-20℃保存，要遮光
使用条件：細胞培養用培地に添加する場合，10〜100 μM
購入先：メルク社（548000），セレック社（S3633），シグマ社（P8765）

◇ **作用機序**

従来から，抗酸化剤，重金属キレーターがNF-κB阻害作用を示すことは知られていた．PDTCを含むジチオカルバメイト誘導体も抗酸化作用，金属キレート作用を有しており，なかでもPDTCはTNF-α，LPS，TPA，酸化ストレスによって誘導されるNF-κB活性化を強力に阻害する．他の転写因子AP-1，SP-1，Oct-1の活性化は阻害しない．PDTCの阻害機構は不明な点が多いが，阻害ポイントとしてI-κBのリン酸化やNF-κBのDNA結合のステップが示唆されている．また，PDTCが間接的にNF-κB構成因子p50のシステイン残基を酸化することによりNF-κBのDNA結合を抑制するというモデルが提唱されている．このモデルは，PDTCが抗酸化剤ではなく最終的に酸化剤として働くことでNF-κB活性化を阻害するという点で興味深い．

◇ 生理機能

PDTCは，前述のように阻害機構は不明であるが，広範囲な細胞株において強力にNF-κB活性化を阻害することから，NF-κB活性化阻害剤として用いられている．生理作用として，マクロファージをLPSで刺激したときに誘導されるNOシンターゼを阻害する（50 μM以上）．血管内皮細胞をTNF-α，LPSで刺激したときに誘導される炎症性サイトカインの産生を抑制する（20〜100 μM）．また，Etoposideなどのアポトーシス誘導剤で誘導されるHL-60細胞およびヒト胸腺細胞のアポトーシスを阻害する．*in vivo*では，PDTC投与はエンドトキシンショックを緩和させる．

◇ 注意点

PDTCは，アンモニウム塩（APDC）の形状で市販されている．PDTCは他の阻害剤に比べ安価ではあるが，前述の通り，PDTCは抗酸化剤，金属キレート剤であるため，NF-κB阻害以外の生理作用を有すると考えられるので，結果の解釈には注意を要する．

参考文献

1）Schreck R, et al：J Exp Med, 175：1181-1194, 1992
2）Sherman MP, et al：Biochem Biophys Res Commun, 191：1301-1308, 1993
3）Bessho R, et al：Biochem Pharmacol, 48：1883-1889, 1994

PS-1145

別名：IKK inhibitor X

◆ **分子量**：322.8

◆ **IUPAC名**：N-(6-chloro-9H-pyrido[3,4-beta]indol-8-yl)-3-pyridinecarboxamide

◆ **使用法・購入**
溶媒：DMSO（10 mM），-20℃保存，要遮光
使用条件：細胞培養用培地に添加する場合，5〜25 μM
購入先：Axon Medchem社（1568），Bio-Techne社（4569），ケイマン社（14862），サンタクルズ社（sc-221742, sc-301621），セレック社（S7691），シグマ社（P6624）

◇ 作用機序

PS-1145はIKKのキナーゼ活性を阻害することにより，I-κBのリン酸化を抑制する．標的分子および阻害様式は不明であるが，細胞抽出液より精製したIKK複合体

の活性を阻害することから（IC_{50} ＝ 88 nM），IKK複合体を直接の標的にしていると考えられる．他の14種類のプロテインキナーゼに対しては100 μ Mでも阻害活性は示さない．細胞膜透過性があり，培養細胞を用いた実験に使用可能である．

◇ 生理機能

HeLa細胞において，TNF-α刺激によるI-κBαのリン酸化，NF-κBのDNAへの結合を阻害する（5〜10 μ M）．骨髄腫細胞に対する増殖抑制作用を有し，TNF-α刺激による接着分子ICAM-1の発現誘導の抑制，アポトーシス誘導作用を示す．前立腺がん細胞における恒常的なNF-κB活性化を抑制し，増殖抑制，細胞死誘導，浸潤抑制を示す．ヒトCD4$^+$T細胞において，TCR刺激による細胞増殖，NF-κBおよびAP-1活性化を抑制する．また，LPS投与によるマウス血中TNF-α量の上昇を，50 mg/kgの投与で約60％減少させる．

参考文献

1 ）Hideshima T, et al：J Biol Chem, 277：16639-16647, 2002
2 ）Castro AC, et al：Bioorg Med Chem Lett, 13：2419-2422, 2003
3 ）Yemelyanov A, et al：Oncogene, 25：387-398, 2006
4 ）Lupino E, et al：J Immunol, 188：2545-2555, 2012

SC-514

◆ **分子量**：224.3

◆ **IUPAC名**：4-Amino-[2',3'-bithiophene]-5-carboxamide

◆ **使用法・購入**
溶媒：DMSO（50 mM），-20 ℃保存，要遮光
使用条件：細胞培養用培地に添加する場合，10〜100 μ M
購入先：アブカム社（ab144415），Bio-Techne社（3318），ケイマン社（10010267），メルク社（401479），シグマ社（SML0557），サンタクルズ社（sc-205504），セレック社（S4907）

◇ 作用機序

SC-514は，IKKβのキナーゼ活性をATP競合的に阻害する．*in vitro* キナーゼアッセイにおいて，IKKα/IKKβヘテロ複合体およびIKKβ／Ikkβホモ複合体の活性を阻害するが（IC_{50} ＝ 3〜12 μ M），IKKαのキナーゼ活性は阻害しない（IC_{50} ＞ 200 μ M）．

◇ 生理機能

滑膜線維芽細胞RASF細胞をIL-1βで刺激したときに誘導されるIL-6，IL-8，COX-2の産生を抑制する（$IC_{50} = 8 \sim 20 \mu M$）．また，I-κBαの分解を抑制する（$100 \mu M$）．LPS投与したラットにおいて，血中のTNF-α量を減少させる（腹腔内投与：50 mg/kg，約70%の抑制）．

◇ 注意点

28種類のキナーゼ[1]については$100 \mu M$以上の濃度でも阻害効果は示さないが，CDK2/Cyclin A（$IC_{50} = 61 \mu M$），AUR2（$IC_{50} = 71 \mu M$），PRAK（$IC_{50} = 75 \mu M$）に対してキナーゼ阻害効果を示す．

参考文献

1）Kishore N, et al：J Biol Chem, 278：32861-32871, 2003

TPCA-1

別名：IKK-2 Inhibitor IV

◆ 分子量：279.3

◆ IUPAC名：2-[(Aminocarbonyl)amino]-5-(4-fluorophenyl)-3-thiophenecarboxamide

◆ 使用法・購入
溶媒：DMSO（10〜50 mM），-20℃保存，要遮光
使用条件：細胞培養用培地に添加する場合，$0.5 \sim 10 \mu M$
購入先：アブカム社（ab145522），Bio-Techne社（2559），ケイマン社（15115），メルク社（401481），シグマ社（T1452），サンタクルズ社（sc-203083），セレック社（S2824）

◇ 作用機序

TPCA-1は，IKKβのキナーゼ活性をATP競合的に阻害する（$IC_{50} = 17.9$ nM）．IKKαに対する阻害効果（$IC_{50} = 400$ nM）は，IKKβに比べて20倍以上低い．

◇ 生理機能

ヒト末梢血単核細胞（PBMC）由来単球細胞をLPS刺激したときのTNF-α，IL-6，IL-8の産生を抑制する（$IC_{50} = 170 \sim 320$ nM）．また，マウスにおいてコラーゲン誘発性関節炎の症状を緩和する（腹腔内投与：20 mg/kg）．

参考文献

1) Podolin PL, et al：J Pharmacol Exp Ther, 312：373-381, 2005

(-)-DHMEQ

別名：(-)-dehydroxymethylepoxyquinomicin／デヒドロキシメチルエポキ
シキノマイシン

◆**分子量**：261.2

◆**IUPAC名**：2-Hydroxy-N-(2-hydroxy-5-oxo-7-oxa-bicyclo[4,1,0]hept-3-en-3-yl)benzamide

◆**使用法・購入**
　溶媒：DMSO（20 mg/mL），-20 ℃保存，要遮光
　使用条件：細胞培養用培地に添加する場合，1～10 μM
　購入先：ケムシーン社（CS-5488），MedChem Express社（HY-14645）．または，
　　DHMEQの開発者である愛知医科大学医学部分子標的医薬探索講座 梅澤一夫教授に
　　問い合わせる．

◇作用機序

　(-)-DHMEQは，I-κBのリン酸化や分解に影響を与えないが，NF-κBの核移行
を抑える．近年，(-)-DHMEQは，p52以外のNF-κB構成因子（p50，p65，c-Rel，
RelB）の特定のシステイン残基に共有結合し，NF-κBのDNAへの結合を抑制する
ことが示された．ただし，核移行阻害とDNA結合阻害の関連性は明らかではなく，
各構成因子（p65とRelB）によって阻害メカニズムが異なると考えられる[3) 4)]．

◇生理機能

　(-)-DHMEQは，細胞毒性を示すことなく，TNF-αやTPA刺激によるNF-κB活
性化を10 μg/mLの濃度でほぼ完全に抑制する．*in vitro*，*in vivo*のレベルで抗炎症作
用を示し（炎症性サイトカイン，炎症メディエーターの発現抑制など），関節炎リウ
マチ，小腸虚血再灌流障害，糖尿病誘発網膜炎症，アレルギーなどのさまざまな炎症
性疾患動物モデルにおいて，顕著な改善作用を示す．また，乳がん，膵臓がん，膀胱
がんなどの固形腫瘍細胞，成人T細胞白血病（ATL）細胞，ホジキンリンパ腫，多発
性骨髄腫などの血液由来がん細胞に対して増殖抑制，細胞死誘導を示す．

参考文献

1) Ariga A, et al：J Biol Chem, 277：24625-24630, 2002

2) Yamamoto M, et al：J Med Chem, 51：5780-5788, 2008

3) Takeiri M, et al：Org Biomol Chem, 10：3053-3059, 2012

4) Horie K, et al：Oncol Res, 22：105-115, 2015

5) Umezawa K：Biomed Pharmacother, 65：252-259, 2011

JSH-23

別名：NF-κB activation inhibitor Ⅱ

◆分子量：240.3

◆IUPAC名：4-methyl-N1-(3-phenylpropyl)-1,2-benzenediamine

◆使用法・購入

溶媒：DMSO（10〜50 mM），-20℃保存，要遮光

使用条件：細胞培養用培地に添加する場合，10〜50 μM

購入先：Axon Medchem社（2349），Abcam社（ab144824），ケイマン社（15036），メルク社（481408），シグマ社（J4455），サンタクルズ社（sc-222061），セレック社（S7351）

◇作用機序

JSH-23の直接の標的因子は不明であるが，I-κBの分解を阻害することなくNF-κBの核への集積を抑制するため，NF-κBの核移行を阻害すると考えられている．

◇生理機能

マウス単球／マクロファージ系細胞株Raw264.7細胞をLPSで刺激したときに誘導されるNF-κBの活性化を阻害し（IC_{50} = 7.1 μM），TNFα，IL-6，COX-2などのNF-κB標的遺伝子の発現を抑制する．また，卵巣がん細胞のシスプラチンに対する感受性を促進する．糖尿病モデルラットにおいて，糖尿病性神経障害の症状を緩和する．

◇注意点

現在のところオフターゲット効果は報告されていないが，JSH-23の作用機序が未解明であること，NF-κB以外のシグナル伝達系への影響に関するデータが少ないことから，実験結果の解釈には注意を要すると考えられる．

参考文献

1) Shin HM, et al：FEBS Lett, 571：50-54, 2004

2) Kasparkova J, et al：FEBS J, 281：1393-1408, 2014

3) Kumar A, et al：Diabetes Obes Metab, 13：750-758, 2011

第19章　NF-κB転写因子関連薬剤

SN50

H-Ala-Ala-Val-Ala-Leu-Leu-Pro-Ala-Val-Leu-Leu-Ala-Leu-Leu-Ala-
Pro-Val-Gln-Arg-Lys-Arg-Gln-Lys-Leu-Met-Pro-OH

◆**分子量**：2781.5

◆**使用法・購入**
　溶媒：メーカーのデータシート，文献に従うこと．例：PBS（pH7.2），5 mg/mL，用事調製
　使用条件：細胞培養用培地に添加する場合，20〜100 μM
　購入先：ペプチド合成受託メーカーに合成を依頼するか，各自で合成．または以下のメーカーなどで購入．Enzo Life Sciences社（BML-P600-0005），ケイマン社（17493）

◇ 作用機序

　SN50は，N末側（前述構造式の非下線部）に細胞膜透過性があるカポジ線維芽細胞増殖因子（K-FGF）のシグナルペプチド疎水性領域を有し，C末側（下線部）にNF-κB構成因子p50の核移行配列（NLS）を有する融合ペプチドである．NF-κBの核移行を阻害する．作用機序として，SN50のNLS部分が核輸送タンパク質複合体に結合し，NF-κBとの核輸送タンパク質複合体との相互作用を阻害すると考えられている．

◇ 生理機能

　SN50は，培養細胞においてTNF-α，LPS，TPA/イオノフォア刺激によるNF-κBの活性化を抑制する（20〜100 μM）．

◇ 注意点

　SN50の標的は核輸送タンパク質であるため，NF-κB以外の転写因子の活性化にも影響を与える．事実，転写因子AP-1，NFAT，STAT1の核移行を阻害することが報告されている．

参考文献
1）Lin YZ, et al：J Biol Chem, 270：14255-14258, 1995
2）Torgerson TR, et al：J Immunol, 161：6084-6092, 1998
3）Boothby M：Nat Immunol, 2：471-472, 2001

NF-κB decoy oligodeoxynucleotide

別名：NF-κB decoy ODN / NF-κBデコイオリゴデオキシヌクレオチド / NF-κBデコイ

(例)　5'- CCTTGAA<u>GGGATTTCCC</u>TCC -3'
　　　3'- GGAACTT<u>CCCTAAAGGG</u>AGG -5'

◆使用法・購入
溶媒：TE buffer，蒸留水．いずれも−20℃保存
使用条件：トランスフェクション法（リポフェクション法，エレクトロポレーション法など）を用いて細胞内に導入させる
購入先：DNA合成受託メーカーに合成を依頼するか，各自で合成する

◇作用機序

　NF-κBが認識するDNA配列（κB配列，上記構造式の下線部）を含む二重鎖オリゴデオキシヌクレオチド（NF-κBデコイ）を細胞内に導入することにより，NF-κBの標的遺伝子プロモーターへの結合を競争的に阻害する．

◇生理機能

　HeLa細胞などの種々の培養細胞において，細胞外刺激によって誘導されるNF-κBのDNA結合を抑制する．TNF-αやUV刺激によるアポトーシス誘導を促進する．in vivoにおけるNF-κB活性化の阻害効果も認められる．ラット再灌流障害モデルにおいて心筋梗塞抑制効果がみられる．クローン病や関節炎リウマチに対する改善作用も報告されている．

◇注意点

　κB配列には"ゆらぎ"があるので，デコイに使用されている配列には文献上いくつかのバリエーションがある（一例を構造式に示す）．デコイODNの安定性を上げるためにホスホロチオエート化などの化学修飾が望ましい．ネガティブコントロールとして，κB配列に変異を導入したODNを用いる必要がある．通常のプラスミドDNAの導入と同様，種々のトランスフェクション法を用いて細胞内に導入する．

参考文献

1) Morishita R, et al：Net Med, 3：894-899, 1997
2) Morishita R, et al：Curr Opin Pharmacol, 4：139-146, 2004
3) Fichtner-Feigl S, et al：J Clin Invest, 115：3075-3071, 2005
4) Yamaguchi H, et al：Int J Oral Sci, 9：80-86, 2017

第19章　NF-κB転写因子関連薬剤

第20章
非アポトーシス細胞死関連薬剤

仁科隆史，中野裕康

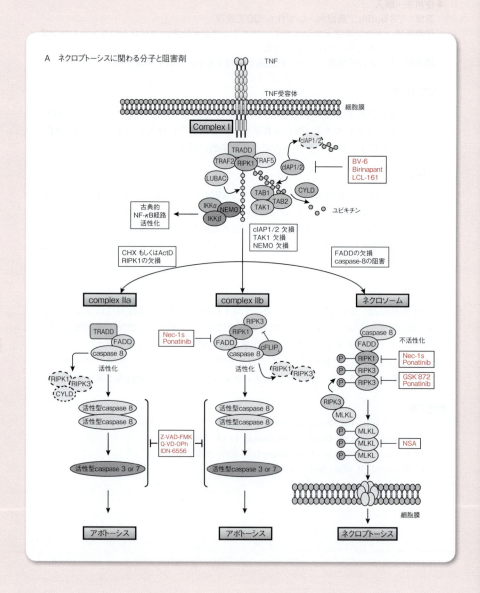

B　フェロトーシスに関わる分子と阻害剤

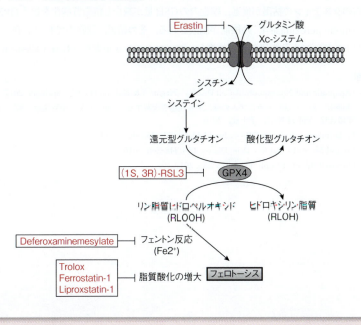

概略図　ネクロプトーシス（A）およびフェロトーシス（B）の機序と関連薬剤

　計画的あるいは制御された細胞死としてアポトーシスが知られているが，近年アポトーシス以外の細胞死（ネクロプトーシス，フェロトーシス，パイロトーシスなど）が発見された[1)2)]．これらの細胞死経路は，さまざまな病態に関与し治療標的としても有用性が示されつつある[3)〜5)]．本稿では，このような非アポトーシス細胞死のなかでも，ネクロプトーシスおよびフェロトーシスの解析に有用な薬剤を紹介していきたい．

　ネクロプトーシスは，さまざまな刺激によって誘導されることが報告されているが，本稿ではTNFによって誘導される機構について説明する．多くの細胞ではTNFが受容体に結合すると，古典的NF-κB経路などの活性化を誘導するcomplex Ⅰの形成が促進される．しかしながらCHX存在下，もしくはcIAP1/2の阻害剤や，TAK1やNEMOの欠損細胞ではcaspase 8依存的なアポトーシスが誘導される．この際に，カスパーゼの活性化が阻害されると，RIPK1，RIPK3，MLKLから構成されるネクロソームが形成され，MLKLの多量体化形成が促進される．多量体化したMLKLは，細胞膜や細胞内小器官の脂質膜に移行して，孔を形成し，最終的にネクローシス様の細胞死，ネクロプトーシスを実行する（概略図A）．

フェロトーシスはFe^{2+}依存性の脂質酸化による細胞死である．Erastinなどによって，シスチンおよびグルタミン酸の交換輸送体であるXc⁻システムが抑制されると，細胞内のシステインの枯渇が促進，細胞内のGSH量が減少し抗脂質酸化を担うGPX4（glutathione peroxidase 4）の機能が制限される．その結果，細胞内でFe^{2+}を介したフェントン反応により脂質酸化が亢進し，フェロトーシスが実行される（概略図B）．

参考文献

1）「Apoptotic and Non-apoptotic Cell Death」（Nagata S & Nakano H eds），Springer, 2017
2）「細胞死　新しい実行メカニズムの謎に迫り疾患を理解する」（田中正人，中野裕康／編），実験医学増刊号　Vol.34 No.7，羊土社，2016
3）Linkermann A & Green DR：N Engl J Med, 370：455-465, 2014
4）Conrad M, et al：Nat Rev Drug Discov, 15：348-366, 2016
5）Stockwell BR, et al：Cell, 171：273-285, 2017

Necrostatin-1s

別名：Nec-1s / Necrostatin 2 racemate / RIP1 Inhibitor Ⅱ / 7-Cl-O-Nec1 / ネクロスタチン

◆**分子量**：277.7

◆**IUPAC名**：5-[(7-Chloro-1H-indol-3-yl)methyl]-3-methyl-2,4-imidazolidine-dione

◆**使用法・購入**
溶媒：DMSO（20 mM），-20℃以下保存
使用条件：［*in vitro*］20 μM程度／［*in vivo*］6 mg/kg程度
購入先：メルク社（504297），BioVision社（2263-1.5），アブカム社（221984）など

◇ 作用機序

Nec-1sは，RIPK1のキナーゼ活性を阻害する．Nec-1sはキナーゼドメイン間の活性化ループに近い疎水性部分に結合し，RIPK1を不活性化状態に安定させてしまう[1]．

◇ 生理機能

Nec-1sは，RIPK1のキナーゼ活性を抑制することでTNFとZ-VAD-FMKなどにより誘導されるネクロプトーシスを抑制する[2]．また，TNFとIAP阻害剤刺激ではRIPK1のキナーゼ活性依存性にアポトーシス（complex Ⅱ bを介した経路）が誘導されるが，Nec-1sはRIPK1を抑制することでアポトーシスを抑制する[3]．一方で，TNFとCHX処理により誘導されるアポトーシスは，RIPK1非依存性なのでNec-1sはアポトーシス（complex Ⅱ aを介した経路）を抑制しない[3]．TNF投与による敗血症性ショックモデルにおいては，Nec-1s投与は病態の軽減に寄与する[4]．また，ALSの病態モデルにおいても，Nec-1s投与は病態改善に働く[5]．

◇ 注意点

Nec-1sと同様にRIPK1の阻害作用を示すNecrostatin-1は，IDO（indoleamine 2,3-dioxygenase）に対しても阻害剤として機能することが知られている．一方で，Nec-1sにはその作用はない[4]．

参考文献

1）Xie T, et al：Structure, 21：493-499, 2013
2）Degterev A, et al：Nat Chem Biol, 4：313-321, 2008
3）Wang L, et al：Cell, 133：693-703, 2008
4）Takahashi N, et al：Cell Death Dis, 3：e437, 2012
5）Ito Y, et al：Science, 353：603-608, 2016

第20章　非アポトーシス細胞死関連薬剤

325

GSK'872

別名：GSK2399872A

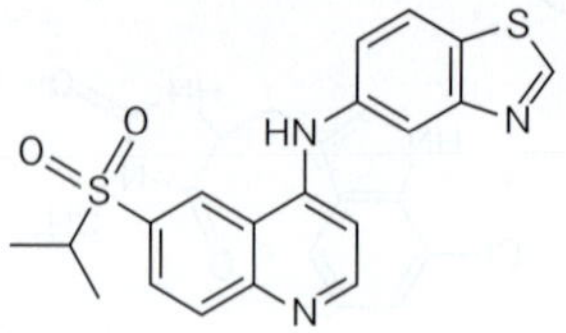

◆分子量：383.5

◆IUPAC名：N-(6-(Isopropylsulfonyl)quinolin-4-yl)benzo[d]thiazol-5-amine

◆使用法・購入
溶媒：ストック濃度 DMSO（～100 mg/mL），10 mM -20℃以下保存
使用条件：[in vitro] 1～10 μM程度
購入先：セレック社（S8465），BioVision社（2673）など

◇作用機序

RIPK3 の阻害剤である．GSK'872 は RIPK3 のキナーゼドメインに結合し，この分子のキナーゼ活性を抑制する[1]．

◇生理機能

GSK'872 は RIPK3 の活性を抑制することで，TNF と Z-VAD-FMK，TNF と IAP 阻害剤処理によって誘導されるネクロプトーシスを抑制する[1]．また GSK'872 は，RIPK1 を介さない DNA-dependent activator of interferon regulatory factors（DAI/ZBP1/DLM-1）や Toll 様受容体 3，4 または IFN を介したネクロプトーシスを抑制するが，Nec-1s にその抑制効果はない[2]．

参考文献
1）Mandal P, et al：Mol Cell, 56：481-495, 2014
2）Kaiser WJ, et al：J Biol Chem, 288：31268-31279, 2013

Necrosulfonamide

別名：NSA

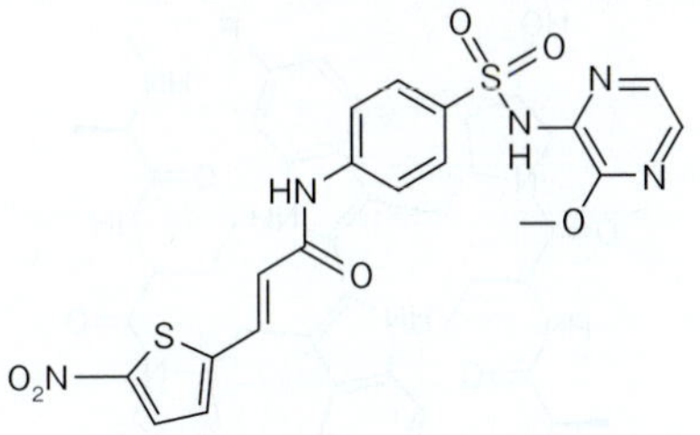

◆**分子量**：461.5

◆**IUPAC名**：(E)-N-[4-[(3-methoxypyrazin-2-yl)sulfamoyl]phenyl]-3-(5-nitro-thiophen-2-yl)prop-2-enamide

◆**使用法・購入**
溶媒：DMSO（1 mM）， 20℃以下保存
使用条件：［*in vitro*］1 μM程度
購入先：メルク社（480073-25MGCN），アブカム社（143839），ケイマン社（20844）
など

◇ **作用機序**

NSAはMLKL阻害剤である．NSAはMLKLのN末端より86番目のシステイン（Cys86）に共有結合することで，MLKLの膜移行を阻害する．ただし，このCys86はマウスのMLKLに存在しないため，NSAはマウスの細胞ではネクロプトーシスを抑制することができない[1]．

◇ **生理機能**

NSAは，ヒトの細胞でTNFとIAP阻害剤とZ-VAD-FMK処理などにより誘導されるMLKLの膜移行を阻害し，ネクロプトーシスを抑制する[1]～[3]．

◇ **注意点**

前述のようにマウスMLKLは阻害することができない[1]．

参考文献
1 ）Sun L, et al：Cell, 148：213-227, 2012
2 ）Cai Z, et al：Nat Cell Biol, 16：55-65, 2014
3 ）Wang H, et al：Mol Cell, 54：133-146, 2014

第20章　非アポトーシス細胞死関連薬剤

327

Birinapant

別名：TL32711 / ビリナパント

◆ **分子量**：807.0

◆ **IUPAC名**：(2S)-N-[(2S)-1-[(2R,4S)-2-[[6-fluoro-2-[6-fluoro-3-[[(2R,4S)-4-hydroxy-1-[(2S)-2-[[(2S)-2-(methylamino)propanoyl]amino]butanoyl]pyrrolidin-2-yl]methyl]-1H-indol-2-yl]-1H-indol-3-yl]methyl]-4-hydroxypyrrolidin-1-yl]-1-oxobutan-2-yl]-2-(methylamino)propanamide

◆ **使用法・購入**
溶媒：DMSO（10 mM），−20℃以下保存
使用条件：［*in vitro*］10 μM程度／［*in vivo*］30 mg/kg程度
購入先：CHEMIETEK社（CT-BIRI），BioVision社（2597）など

◇ 作用機序

　Birinapantは，*in vivo*投与可能なSMAC（second mitochondria-derived activator of caspases）のペプチド様低分子化合物（Smac-mimetic）でありIAP（inhibitor of apoptosis protein）の阻害剤である．Birinapantは，XIAP（X chromosome-linked IAP），cellular IAPs（cIAP1/2）に結合し，その機能を抑制し，分解を促す[1]．

◇ 生理機能

　Birinapantは，cIAP1/2（cIAP1 > cIAP2）の分解を促す結果，TNFなどの存在下complex Ⅱbを介したアポトーシスを促進させる[1]．またBirinapantは，caspase阻害下ではネクロプトーシスの実行を促進する[2,3]．さらに，ヒトがん細胞，がん組織片を用いた担がんマウスモデルを用いた解析から，Birinapantは抗がん剤との併用により，抗がん剤単独時よりもアポトーシスを促進する[2,4]．

参考文献

1）Benetatos CA, et al：Mol Cancer Ther, 13：867-879, 2014
2）McComb S, et al：Sci Transl Med, 8：339ra70, 2016
3）Brumatti G, et al：Sci Transl Med, 8：339ra69, 2016
4）Krepler C, et al：Clin Cancer Res, 19：1-11, 2013

BV-6

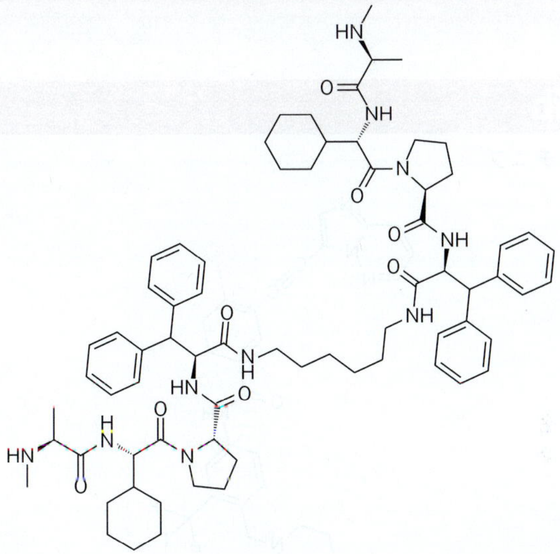

◆分子量：1205.6

◆IUPAC名：(2S)-1-[(2S)-2-cyclohexyl-2-[[(2S)-2-(methylamino)propanoyl]amino]acetyl]-N-[(2S)-1-[6-[[(2S)-2-[[(2S)-1-[(2S)-2-cyclohexyl-2-[[(2S)-2-(methylamino)propanoyl]amino]acetyl]pyrrolidine-2-carbonyl]amino]-3,3-diphenylpropanoyl]amino]hexylamino]-1-oxo-3,3-diphenylpropan-2-yl]pyrrolidine-2-carboxamide

◆使用法・購入
溶媒：DMSO（1 mM），−20℃以下保存
使用条件：［*in vitro*］100 nM～1 μM程度
購入先：APExBIO社（B4653），セレック社（S7597）など

◇ 作用機序

BV-6はIAP阻害剤であり，cIAP1/2のBIR2/3ドメインに結合し，cIAP1/2の自己ユビキチン化，分解を誘導することで，その機能を抑制する[1]．

◇ 生理機能

BV-6は，cIAP1/2の抑制を促す結果，complex Ⅱ bを介したアポトーシスを促進させる[1]．また，マウス線維芽細胞やヒト急性骨髄性白血病細胞などを用いた解析からBV-6は，caspase 8阻害下（例えばTNF，Z-VAD-FMK存在下）では，ネクロプトーシスを促進する[2]〜[4]．

参考文献

1）Varfolomeev E, et al：Cell, 131：669-681, 2007

2）Laukens B, et al：Neoplasia, 13：971-979, 2011

第20章 非アポトーシス細胞死関連薬剤

3）Mandal P, et al：Mol Cell, 56：481-495, 2014
4）Safferthal C, et al：Oncogene, 36：1487-1502, 2017

Ponatinib

別名：ポナチニブ

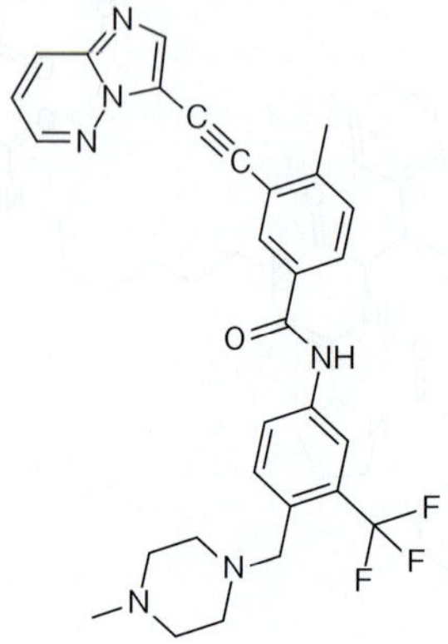

◆**分子量**：532.6

◆**IUPAC名**：3-(2-imidazo[1,2-b]pyridazin-3-ylethynyl)-4-methyl-N-[4-[(4-methylpiperazin-1-yl)methyl]-3-(trifluoromethyl)phenyl]benzamide

◆**使用法・購入**
溶媒：DMSO（1mM），-20℃以下保存
使用条件：［*in vitro*］100 nM程度／［*in vivo*］0.4〜30 mg/kg程度
購入先：セレック社（S1490），ケムシーン社（CS-0204）など

◇作用機序

Ponatinibは，RIPK1，RIPK3のキナーゼ活性を抑制する．PonatinibはRIPK1においては，N末端より43番目のイソロイシン，45番目のリジン，90番目のロイシン，92番目のメチオニンの側鎖より形成されるポケットに入ると考えられる[1]．

◇生理機能

Ponatinibは，ネクロプトーシス誘導条件下（例えば，TNFαとZ-VAD-FMK，TAK1阻害剤），RIPK1，RIPK3のキナーゼ活性を抑制する結果，ネクロプトーシスを抑制する[1][2]．一方で，caspase 8活性が存在している状態では，RIPK1のキナーゼ活性が複合体形成に必要なcomplex Ⅱbを介したアポトーシスの実行が抑制される[1]．また，Ponatinibは，フィラデルフィア染色体陽性急性リンパ性白血病治療に用いられるT315I変異などを含む変異型BCL-ABLに対して阻害効果を示す多標的のチロシンキナーゼ阻害剤である[3]．この他にもPonatinibは，VEGFR（vascular endothelial growth factor receptor）やFGFR（fibroblast growth factor receptor）に対しても阻害効果を示す[3][4].

◇注意点

多標的阻害剤であるため，効果の評価には注意を要する.

参考文献

1）Najjar M, et al：Cell Rep, 10：1850-1860, 2015
2）Fauster A, et al：Cell Death Dis, 6：e1767, 2015
3）O'Hare T, et al：Cancer Cell, 16：401-412, 2009
4）Gozgit JM, et al：Mol Cancer Ther, 11：690-699, 2012

Z-VAD-FMK

別名：Z-Val-Ala-Asp（OMe）-CH₂F

◆**分子量**：467.5

◆**IUPAC名**：methyl 5-fluoro-3-[2-[[3-methyl-2-(phenylmethoxycarbonylamino)butanoyl]amino]propanoylamino]-4-oxopentanoate

◆**使用法・購入**
溶媒：DMSO（50 mM），-20℃以下保存
使用条件：[*in vitro*] 20 μM程度
購入先：ペプチド研究所（3188-v），APExBIO社（A1902），プロメガ社（G7232），R＆D社（FMK001），ベイバイオサイエンス社（TNB-1001-M001）など

◇作用機序

Z-VAD-FMKは，不可逆性の全カスパーゼ阻害剤であり，活性中心に偽基質として作用する競合阻害剤である．汎カスパーゼ阻害剤については**第23章**も参照.

◇生理機能

Z-VAD-FMKは，death receptorやミトコンドリアを介した内因性経路によるカスパーゼの活性化を阻害し，アポトーシスを抑制する[1]～[3]．また，Z-VAD-FMKは，inflammasomeにおけるcaspase 1の活性化を阻害する[1][3][4]．一方で，TNFとIAP阻害剤，TNFとCHX処理などの阻害下では，Z-VAD-FMKはネクロプトーシスを促進する[5].

参考文献

1）Dolle RE, et al：J Med Chem, 37：563-564, 1994

2）Slee EA, et al：Biochem J, 315（Pt 1）：21-24, 1996

3）Margolin N, et al：J Biol Chem, 272：7223-7228, 1997

4）Martinon F, et al：Mol Cell, 10：417-426, 2002

5）He S, et al：Cell, 137：1100-1111, 2009

Erastin

別名：エラスチン

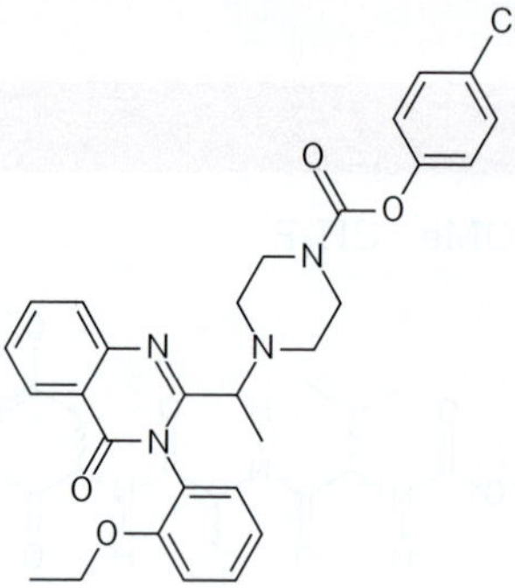

◆**分子量**：547.1

◆**IUPAC名**：2-[1-[4-[2-(4-chlorophenoxy)acetyl]piperazin-1-yl]ethyl]-3-(2-ethoxyphenyl)quinazolin-4-one

◆**使用法・購入**
溶媒：DMSO（10 mM），-20℃以下保存
使用条件：[*in vitro*] 10 μM程度
購入先：メルク社（329600，E7781），セレック社（S7242），ケムシーン社（CS-1675），アブカム社（ab209693）など

◇作用機序

Erastin は，正常細胞には作用しないが，発がん性変異 RAS をもつ腫瘍細胞のみに作用する抗がん剤として同定された[1]．Erastin は，細胞外からシスチンを取り込みグルタミン酸を放出する，SLC7A11 および 4F2hc より構成されるシスチントランスポーター（Xc⁻システム）を阻害する[2][3]．当初 Erastin は，SLC7A5 を介して Xc⁻ システムを抑制すると考えられたが[2]，SLC7A5 抑制下でもフェロトーシスが実行されることから[3]，他の抑制機構が働いていることが示唆された．また Erastin は，電位依存性陰イオンチャネル VDAC2，3 と結合し，その分解を誘導することが報告されている[5]．

332　　Erastin

◇ 生理機能

Xc⁻システムを阻害する結果，Erastinは，細胞内のグルタチオン量を減少させ，細胞膜の過酸化を誘導してフェロトーシスを促進する[2) 4)]．

参考文献

1) Dolma S, et al：Cancer Cell, 3：285-296, 2003
2) Dixon SJ, et al：Cell, 149：1060-1072, 2012
3) Dixon SJ, et al：Elife, 3：e02523, 2014
4) Yang WS, et al：Cell, 156：317-331, 2014
5) Yagoda N, et al：Nature, 447：864-868, 2007

Ferrostatin-1

別名：Fer-1

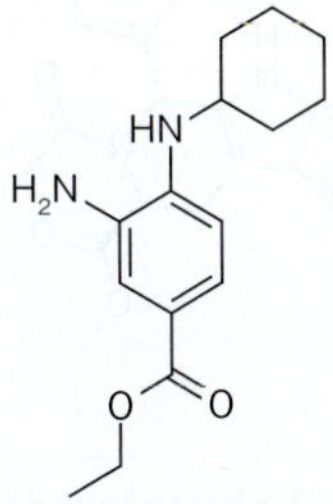

◆ **分子量**：262.4

◆ **IUPAC名**：ethyl 3-amino-4-(cyclohexylamino)benzoate

◆ **使用法・購入**
　溶媒：DMSO（1 mM），-20℃以下保存
　使用条件：[in vitro] 1 μM程度
　購入先：リィマン社（17729），セレック社（S7243），シグマ社（SML-0583），アフカム社（ab146169）など

◇ 作用機序

Ferrostatin-1は，Erastinによって誘導される細胞膜の過酸化を抑制する抗酸化剤として働く[1)]．

◇ 生理機能

Ferrostatin-1は，ErastinやRSL3によって誘導されるフェロトーシスを抑制する[2)]．また，Gpx4欠損によって誘導されるフェロトーシスもFerrostatin-1は抑制する[3)]．さらに，Ferrostatin-1は，ラット海馬のスライス培養を用いたグルタミン酸投与による細胞死を抑制する[2)]．加えて，ラット皮質線条体のスライスを用いたハンチントン病モデルにおいて，Ferrostatin-1は生存中型有棘神経細胞数を増加させることが

第20章　非アポトーシス細胞死関連薬剤

示されている[1]．同様に，脳室周囲白質軟化症モデルや横紋筋融解症による急性腎障害モデルに対して，Ferrostatin-1は細胞防御に働くことが報告されている[1]．

参考文献

1）Skouta R, et al：J Am Chem Soc, 136：4551-4556, 2014
2）Dixon SJ, et al：Cell, 149：1060-1072, 2012
3）Friedmann Angeli JP, et al：Nat Cell Biol, 16：1180-1191, 2014

(1S,3R)-RSL3

別名：RSL3

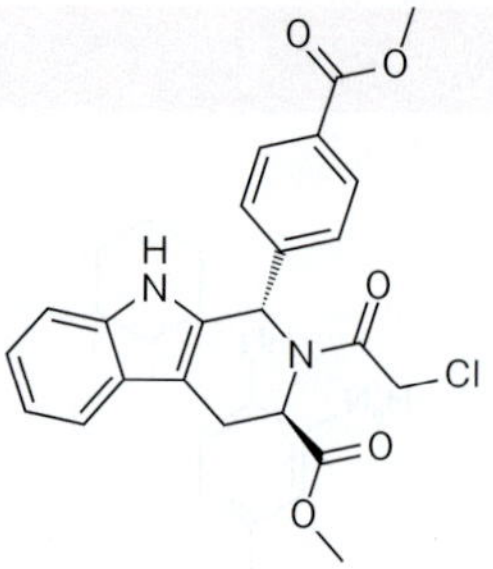

◆**分子量**：440.9

◆**IUPAC名**：methyl (1S,3R)-2-(2-chloroacetyl)-1-(4-methoxycarbonylphenyl)-1,3,4,9-tetrahydropyrido[3,4-b]indole-3-carboxylate

◆**使用法・購入**
溶媒：DMSO（1 mM），-20℃以下保存
使用条件：［in vitro］1μM程度
購入先：ケイマン社（19288），R＆D社（6118），MedChemExpress社（HY-100218A）など

◇ 作用機序

RSL3は，GPX4に結合しペルオキシダーゼ活性を阻害する[1]．RSL3は，クロロアセトアミド部は，GPX4の阻害に重要である[1]．RSL3は，GPX4の活性部位に存在するセレノシステインの求核部を標的として，GPX4と共有結合する．

◇ 生理機能

RSL3は，正常細胞には作用しないが，発がん性変異RASをもつ腫瘍細胞のみに作用する抗がん剤として同定された[2]．RSL3は，GSHのレベルに変化を与えずに脂質酸化を亢進させ，フェロトーシスを誘導する[1][3]．

参考文献

1）Yang WS, et al：Cell, 156：317-331, 2014

2）Yang WS & Stockwell BR：Chem Biol, 15：234-245, 2008

3）Yang WS, et al：Proc Natl Acad Sci U S A, 113：E4966-E4975, 2016

Deferoxamine mesylate

別名：DFOM / desferal

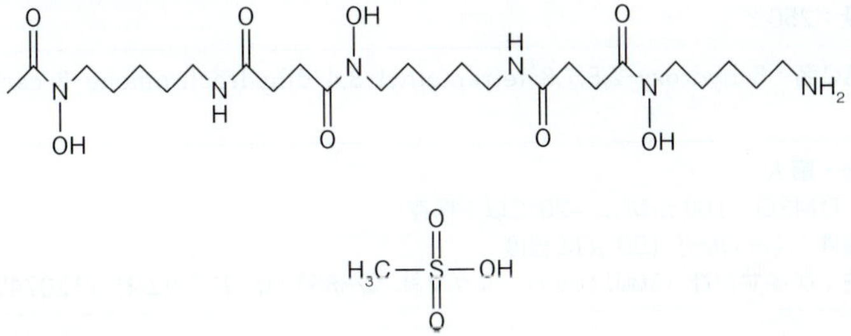

◆分子量：656.8

◆IUPAC名：N-[5-[[4-[5-[acetyl(hydroxy)amino]pentylamino]-4-oxobutanoyl]-hydroxyamino]pentyl]-N'-(5-aminopentyl)-N'-hydroxybutanediamide;methane sulfonic acid

◆使用法・購入
　溶媒：滅菌蒸留水（100 mM），-20℃以下保存
　使用条件：［in vitro］100 μM程度／［in vivo］100 mg/kg程度
　購入先：ケイマン社（14595），R＆D社（5764/50），シグマ社（D9533），アブカム社（ab120727）など

◇作用機序

　DFOMは遊離鉄に結合するキレート剤である．in vitroの実験から，鉄が触媒するヒドロキシラジカルの産生や脂質酸化を抑制する[1]．

◇生理機能

　DFOMはErastin処理やRSF3処理やGPX4欠損により惹起されるフェロトーシスを抑制する[2]～[4]．また，遊離鉄がかかわるさまざまな病態モデルにおいて，DFOM投与は防御的に働く[5]．

参考文献

1）Gutteridge JM, et al：Biochem J, 184：469-472, 1979

2）Dixon SJ, et al：Cell, 149：1060-1072, 2012

3）Yang WS & Stockwell BR：Chem Biol, 15：234-245, 2008

4）Yang WS, et al：Cell, 156：317-331, 2014

5）Halliwell B：Free Radic Biol Med, 7：645-651, 1989

第20章　非アポトーシス細胞死関連薬剤

Trolox

別名：トロロックス

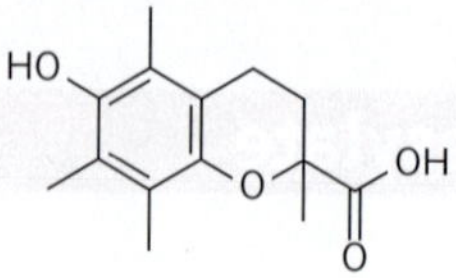

◆**分子量**：250.3

◆**IUPAC名**：6-hydroxy-2,5,7,8-tetramethyl-3,4-dihydrochromene-2-carboxylic acid

◆**使用法・購入**
溶媒：DMSO（100 mM），−20℃以下保存
使用条件：[*in vitro*] 100 μM程度
購入先：ケイマン社（10011659），シグマ社（238813），アブカム社（120747）など

◇ 作用機序

細胞膜透過性の水溶性ビタミンE誘導体で，抗酸化作用を示す[1].

◇ 生理機能

Troloxは，RSL3やErastinにより誘導される脂質酸化を抑制することで，フェロトーシスの実行を阻害する[2].

参考文献
1）Barclay LRC, et al：J Am Chem Soc, 106：2479-2481, 1984
2）Dixon SJ, et al：Cell, 149：1060-1072, 2012

Q-VD-OPh

別名：OOBJCYKITXPCNS-REWPJTCUSA-N

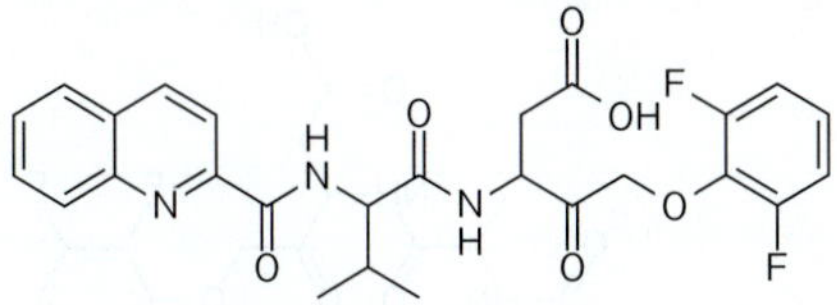

◆分子量：513.5

◆IUPAC名：(3S)-5-(2,6-difluorophenoxy)-3-[[(2S)-3-methyl-2-(quinoline-2-carbonylamino)butanoyl]amino]-4-oxopentanoic acid

◆使用法・購入
溶媒：DMSO（20 mM），−20℃以下保存
使用条件：[in vitro] 10〜20 μM程度
購入先：APExBIO社（A8165），R＆D社（OPH001），セレック社（S7311），ケイマン社（15260），ベイバイオサイエンス社（TNB-1002-M001），AdipoGen社（AG-CP3-0006）など

◇作用機序

Q-VD-OPhは，細胞膜透過性のcaspase 3，7，8，9，10，12などを阻害する不可逆的な汎カスパーゼ阻害剤であり，Z-VAD-FMKより阻害効果が高く，C末端にO-フェノキシ基をもつため非特異的な毒性も低いとされている[1][2]．汎カスパーゼ阻害剤については**第23章**も参照.

◇生理機能

Q-VD-OPhは，ネクロプトーシス誘導条件（TNFαとIAP阻害剤）でcaspase 8の活性化を抑制するためネクロプトーシスを促進する[3]．また，Q-VD-OPhは，Actinomycin D処理や抗Fas抗体刺激，エトポシド刺激によって誘導されるアポトーシスを抑制する[1]．

参考文献

1 ）Caserta TM, et al：Apoptosis, 8：345-352, 2003
2 ）Chauvier D, et al：Cell Death Differ, 14：387-391, 2007
3 ）Hildebrand JM, et al：Proc Natl Acad Sci U S A, 111：15072-15077, 2014
4 ）Vince JE, et al：Immunity, 36：215-227, 2012

第20章　非アポトーシス細胞死関連薬剤

IDN-6556

別名：Emricasan／エムリカサン

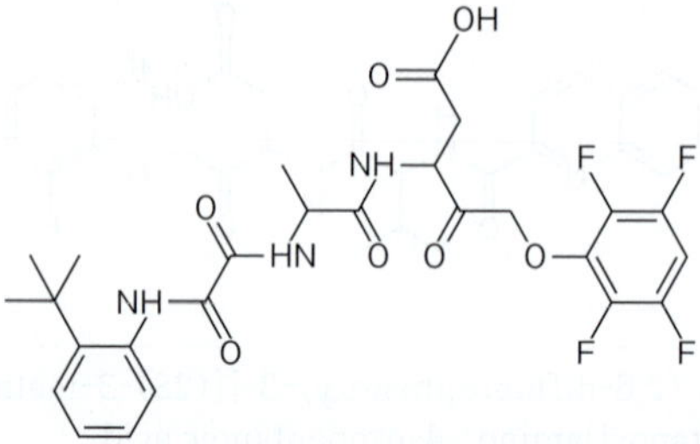

◆**分子量**：569.5

◆**IUPAC名**：(3S)-3-[[(2S)-2-[[2-(2-tert-butylanilino)-2-oxoacetyl]amino]pro-panoyl]amino]-4-oxo-5-(2,3,5,6-tetrafluorophenoxy)pentanoic acid

◆**使用法・購入**
溶媒：DMSO（10〜50 mM程度），−20℃以下保存
使用条件：[*in vitro*] 10 μM程度／[*in vivo*] 0.6〜1.3 mg/kg程度
購入先：ケイマン社（22204），ケムシーン社（CS-0599），セレック社（S7775）など

◇**作用機序**

IDN-6556は，細胞膜透過性の不可逆的な汎カスパーゼ阻害剤である[1].

◇**生理機能**

IDN-6556は，急性骨髄性白血病様細胞に対して，Birinapant存在下でネクロプトーシスの実行を促進する[2].また移植時に生じうる虚血−再灌流モデルを用いた解析からIDN-6556は，類洞内皮細胞に生じるcaspase 3の活性化，アポトーシスを抑制する[1].加えて，IDN-6556は *in vivo* においても経口投与などで有効であり[3]，D−ガラクトサミンとエンドトキシンによる肝障害や，抗Fas抗体を用いた肝障害モデルマウスにおいて，肝障害を抑制することが報告されている[3].そしてIDN-6556は，Conatus Pharmaceuticals社によって，治療薬として肝疾患を対象とした臨床試験が進んでいる.

参考文献

1) Natori S, et al：Liver Transpl, 9：278-284, 2003
2) Brumatti G, et al：Sci Transl Med, 8：339ra69, 2016
3) Hoglen NC, et al：J Pharmacol Exp Ther, 309：634-640, 2004

LCL-161

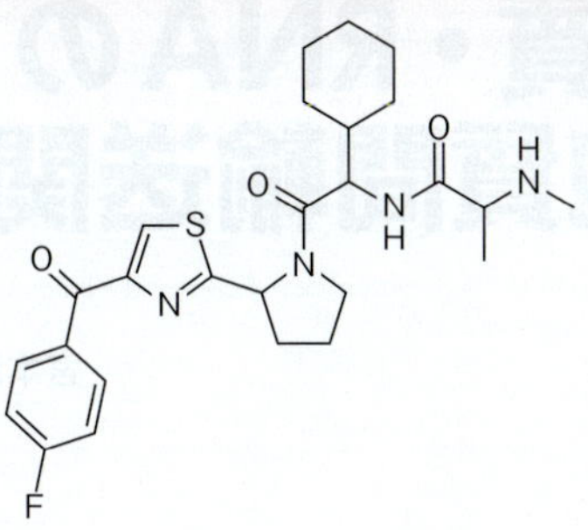

◆**分子量**：500.6

◆**IUPAC名**：(2S)-N-[(1S)-1-cyclohexyl-2-[(2S)-2-[4-(4-fluorobenzoyl)-1,3-thiazol-2-yl]pyrrolidin-1-yl]-2-oxoethyl]-2-(methylamino)propanamide

◆**使用法・購入**
溶媒：DMSO（10 mM程度），-20℃以下保存
使用条件：[*in vitro*] 5～10 μM程度／[*in vivo*] 50～100 mg/kg程度
購入先：Chemietek社（CT-LCL161），Active Biochem社（A-1147），ケイマン社（22420）など

◇ 作用機序

LCL-161は，経口投与可能なIAP阻害剤である．LCL-161は，IAPsファミリータンパク質に結合阻害し，cIAP1などの分解を促進させる．

◇ 生理機能

LCL-161は，マウス線維芽細胞やヒト結腸腺がん細胞株HT-29細胞において，TNFおよびカスパーゼ阻害下で，ネクロプトーシスの実行を促進する[1) 2)]．また，ヒト急性骨髄性白血病（AML）細胞やマウスAML様細胞に対して，LCL-161はチロシンキナーゼ阻害剤と協調的に働き，細胞死を亢進させる[3)]．加えて，LCL-161は多発性骨髄腫モデルマウスに対して，有効性を示し延命効果をもたらす[4)]．そしてノバルティス社によりLCL-161は，多発性骨髄腫や骨髄線維症に対して，臨床試験が進んでいる[5)]．

参考文献
1 ）Ros U, et al：Cell Rep, 19：175-187, 2017
2 ）Gong YN, et al：Cell, 169：286-300.e16, 2017
3 ）Weisberg E, et al：Leukemia, 24：2100-2109, 2010
4 ）Chesi M, et al：Nat Med, 22：1411-1420, 2016
5 ）Pemmaraju N, et al：Blood, 128：3105, 2016

第21章

タンパク質・RNAの核―細胞質間輸送関連薬剤

宮本洋一, 岡　正啓, 米田悦啓

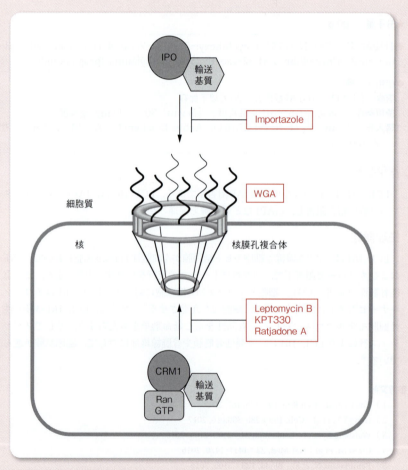

概略図　核－細胞質間物質輸送と阻害剤

真核細胞は核と細胞質の間で常に情報のやりとりを行い，細胞内外の状況に柔軟か

つ迅速に対応している．この核―細胞質間の情報伝達にはイオンや低分子量代謝産物とともに，核酸やタンパク質などが重要な役割を担っている．核は脂質二重膜でできた核膜によって細胞質から隔離されているが，核膜には核膜孔とよばれる穴が存在しており，この核膜孔を介して核と細胞質は物質のやりとりを行っている．核膜孔はnucleoporin（ヌクレオポリン）と総称される約30種の分子が集合した核膜孔複合体により構成されており，イオンや低分子の代謝産物などはその濃度勾配に依存した拡散によって核膜孔を自由に通過する．一方で，タンパク質やmRNAなどの高分子（おおむね50 kDa以上）は，importinやexportinといった輸送因子の助けを借りたり，あるいは自らがnucleoporinと直接相互作用することで能動的に核膜孔を通過する．

核膜孔を介した能動輸送の阻害ポイントとして，輸送因子の機能（基質との結合など）を阻害する場合と核膜孔構成タンパク質の機能をブロックするものがあげられる（概略図）．Importazole（インポータゾール）は核内輸送因子importin β1（概略図にIPOと表記）と特異的に相互作用することで輸送基質の核内への移行を阻害する．Leptomycin B（レプトマイシンB）やKPT330，Ratjadone Aといった薬剤は核外輸送因子CRM1（exportin 1）と特異的に結合し，核から細胞質への輸送を阻害する．レクチンの一種であるWGA（wheat germ agglutinin）は，ヌクレオポリンに付加している糖鎖を認識することから，核内外両方向の能動輸送を阻害する．

これまでに20種類以上の輸送因子が同定されていることから，今後，さまざまなタイプの特異的な阻害剤が見つかりこの分野の研究に活用されていくことが予想される．

参考文献

1）宮本洋一，米田悦啓：医学のあゆみ，267：966-970，医歯薬出版，2018
2）Jans DA, et al：Curr Opin Cell Biol, 58：50-60, 2019

Leptomycin B

別名：レプトマイシンB / LMB

◆ **分子量**：540.7

◆ **IUPAC名**：(2E,10Z,12E,16Z,18E)-17-ethyl-6-hydroxy-3,5,7,9,11,15-hexamethyl-19-(3-methyl-6-oxo-2,3-dihydropyran-2-yl)-8-oxo-nonadeca-2,10,12,16,18-pentaenoic acid

◆ **使用法・購入**
溶媒：メタノール，エタノール（市販品は5μg/mL前後），−20℃保存
使用条件：1〜20 ng/mLで効果
購入先：メルク社（431050），シグマ社（L2913）

◇ 作用機序

　放線菌（*Streptomyces sp.*）から発見された抗生物質の一種．標的因子は核外輸送因子として知られるCRM1（exportin 1）で，CRM1の保存されたシステイン残基と共有結合する．Leptomycin Bが結合するとCRM1は基質分子と相互作用できなくなるため，CRM1を介した核から細胞質へのタンパク質やRNAの輸送が阻害される．Leptomycin AとBは双方とも同じような阻害作用を示すが，Bのほうが阻害作用が強いため，一般にBが使用されている．

◇ 生理機能

　Leptomycin Bは膜透過性をもち，培養液中に添加して酵母や動物細胞の細胞周期を止める作用を発揮する．またRev〔HIVのrevにコードされているタンパク質で，RREとよばれる構造をもつウイルスRNAをCRM1（exportin 1）依存的に感染細胞の核から細胞質に輸送する活性をもつ〕の核外移行を阻害することから，ヒト単球におけるHIV-1複製を抑制する（IC_{50} = 0.6 nM）．標的因子であるCRM1のシステイン残基は種を超えて保存されていることから，酵母からヒトの細胞まで幅広く効果を示す．ある核外移行がCRM1依存的かどうかを判断するために，その核外移行がLeptomycin B処理で阻害されるかどうかが重要な判断指標の一つとなっている．

参考文献

1）Fornerod M, et al：Cell, 90：1051-1060, 1997
2）Kudo N, et al：Proc Natl Acad Sci U S A, 96：9112-9117, 1999

Ratjadone A

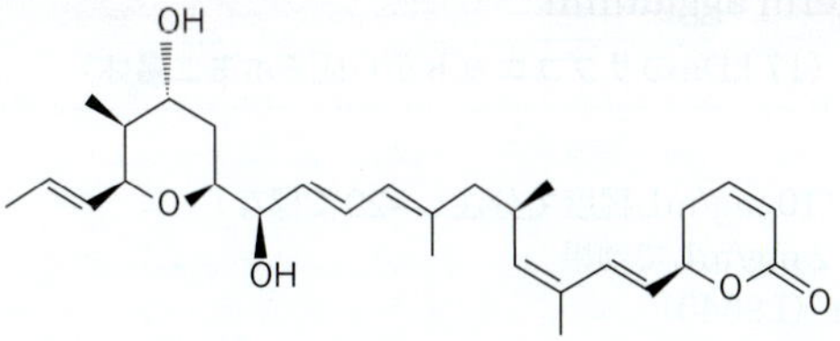

◆**分子量**：456.6

◆**IUPAC名**：(6R)-6-[(1E,3Z,5R,7E,9E,11R)-11-hydroxy-11-[(2S,4R,5S,6R)-4-hydroxy-5-methyl-6-[(E)-prop-1-enyl]oxan-2-yl]-3,5,7-trimethyl-undeca-1,3,7,9-tetraenyl]-5,6-dihydropyran-2-one

◆**使用法・購入**
溶媒：メタノール，エタノール（市販品は5 μg/mL前後），–70℃保存
使用条件：～5 ng/mLで効果
購入先：メルク社（553590）

◇作用機序

粘液細菌から見つかった抗生物質の一種．標的因子はLeptomycin Bの場合と同じく核外輸送因子として知られるCRM1（exportin 1）で，CRM1と共有結合することにより基質／CRM1／Ran-GTPの複合体形成を阻害し，その核外輸送を阻む．作用機序はLeptomycin Bと同様である．

◇生理機能

培養液中に添加して作用を発揮する．酵母や糸状菌に対する抗生作用を示し，培養細胞に対しても細胞周期を止めて増殖を阻害する（IC_{50} = 0.5 ng/mL程度）．そのほか，Leptomycin Bと同様に細胞核の大きさを増大させるなどの作用が報告されている．生理機能および作用濃度はLeptomycin Bとほぼ同様である．

参考文献
1）Köster M, et al：Exp Cell Res, 286：321-331, 2003
2）Meissner T, et al：FEBS Lett, 576：27-30, 2004

第21章 タンパク質・RNAの核─細胞質間輸送関連薬剤

WGA

別名：wheat germ agglutinin

◆分子量：35 kDa（17 kDaのサブユニットから成るホモ二量体）

◆使用法・購入
溶媒：PBSなど（10 mg/mL程度で分注し−20℃保存）
使用条件：0.1〜2 mg/mLで効果
購入先：シグマ社（L9640）

◇作用機序

　小麦胚芽に含まれるレクチンで，特にN−アセチルグルコサミンに対して親和性をもつ．核膜孔構成タンパク質（p62など）には糖鎖（N−アセチルグルコサミン）が付加しており，それらを認識して結合することによりタンパク質やRNAといった高分子の核膜孔通過を阻害する．

◇生理機能

　WGAは35 kDaの分子量をもつタンパク質であるため，細胞培養液に添加しても細胞内に取り込まれないことから何らかの方法で細胞内に直接導入する必要がある．核―細胞質間輸送の研究で用いられる方法として，細胞（細胞質もしくは核）に直接マイクロインジェクションするか，Digitoninで細胞膜を可溶化した細胞を用いる *in vitro* での輸送アッセイ系に添加する．WGAは核膜孔構成タンパク質を介した能動輸送を阻害するため，核内輸送と核外輸送双方に影響が見られる．しかし低分子の拡散による核膜孔通過には影響を与えない．

参考文献
1）Hanover JA, et al：J Biol Chem, 262：9887-9894, 1987
2）Finlay DR, et al：J Cell Biol, 104：189-200, 1987
3）Yoneda Y, et al：Exp Cell Res, 173：586-595, 1987

Importazole

別名：IPZ / インポータゾール

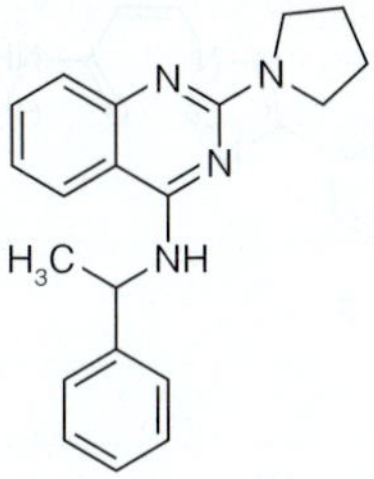

◆**分子量**：318.4

◆**IUPAC名**：N-(1-phenylethyl)-2-(pyrrolidin-1-yl)quinazolin-4-amine

◆**使用法・購入**
  溶媒：DMSO（25 mg/mL），-20 ℃保存
  使用条件：細胞培養用培地に添加する場合，15〜100 μMで効果
  購入先：メルク社（401105），シグマ社（SML0341），アブカム社（ab146155）

◇ 作用機序

　Importazole は核輸送因子 importin β1 に特異的に結合し，RanGTP と importin β1 の相互作用を阻害する．これにより importin β1 依存的な核内移行を阻害する[1]．一方，transportin（importin β2）や CRM1（exportin 1）による輸送は阻害しない．さらに，importin β1-RanGTP がかかわる紡錘体凝集を阻害することで顕著な分裂異常を引き起こす効果もある[2]．

◇ 生理機能

　Importazole は細胞膜透過性をもち，培養液中に添加して作用を発揮する．転写因子 NFAT 安定発現細胞株において，Importazole を1時間作用させることで NEAT の核移行は阻害される（$IC_{50} = 15\ \mu$M）[1]．また，Importazole の効果は可逆的であり，洗い流すことでその核移行は回復する．細胞死誘導効果を示す（$IC_{50} = 22.5\ \mu$M）．

参考文献
  1）Soderholm JF, et al：ACS Chem Biol, 6：700-708, 2011
  2）Bird SL, et al：Mol Biol Cell, 24：2506-2514, 2013

第21章　タンパク質・RNAの核─細胞質間輸送関連薬剤

KPT330

別名：Selinexor

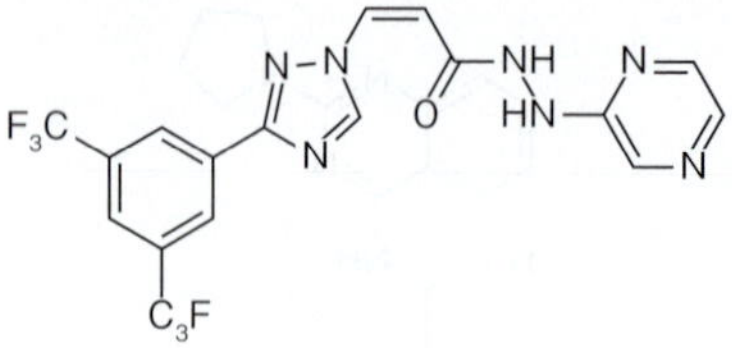

◆分子量：443.3

◆IUPAC名：(2Z)-3-[3-[3,5-bis(trifluoromethyl)phenyl]-1H-1,2,4-triazol-1-yl]-2-propenoic acid 2-(2-pyrazinyl)hydrazide

◆使用法・購入
溶媒：DMSO，エタノール
使用条件：数10 nM〜1 μMで効果
購入先：セレック社（S7252），ケイマン社（18127）

◇作用機序

Leptomycin Bと同様に，核外輸送因子CRM1（ヒトCRM1の場合528番目）のシステイン残基に共有結合して輸送基質とCRM1の結合を競合的に阻害する．

◇生理機能

Leptomycin Bは強い核外輸送阻害活性をもつ物質であるが，一方で細胞毒性や副作用が強く，医薬品には不適であった．近年（米国のKaryopharm Therapeutics社によって）開発されたSINE（selective inhibitors of nuclear export）の1つであるKPT330は，細胞毒性が低い核外輸送阻害剤として知られており，現在，多様ながん種に対する臨床試験が進められている．Leptomycin Bに比べてSINEの毒性が低い理由としては，CRM1への結合が可逆的であること，分子サイズが小さいこと等が示唆されている．

参考文献
1）Ishizawa J, et al：Pharmacol Ther, 153：25-35, 2015
2）Sun Q, et al：Signal Transduct Target Ther, 1：16010, 2016

第22章

mRNA スプライシング関連薬剤

甲斐田大輔

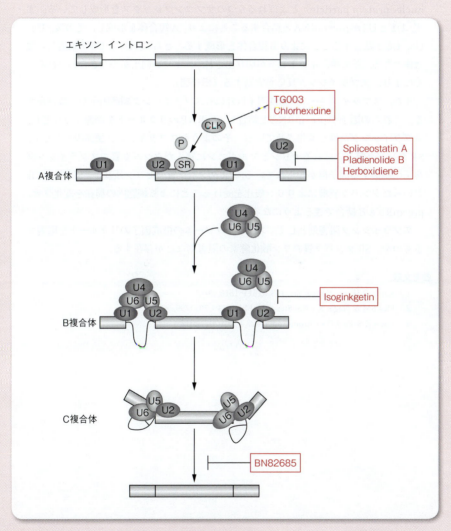

概略図　mRNA スプライシング関連薬剤の作用点

真核生物では，転写されたばかりのmRNAは未成熟の状態（pre-mRNA）である．pre-mRNAはイントロンとエキソンとよばれる領域が交互に並んだ構造になっており，スプライシングによりイントロンが切り出され，エキソン同士がつなぎ合わされることで成熟型のmRNAとなる．スプライシング反応を司るのは，スプライソームとよばれる巨大複合体である．スプライソームは，5つのRNA分子と，150個以上のタンパク質から構成されている．5つのRNA分子は，それぞれタンパク質と複合体を形成することにより，U1，U2，U4，U5，U6 snRNP（small nuclear ribonucleoprotein particle）とよばれる5つのサブコンプレックスを形成している．まず，U1とU2がpre-mRNAと結合することにより，A複合体を形成し，その後，U4，U5，U6が結合することによりB複合体を形成する．さらに，U1とU4が乖離しC複合体となる．その後，イントロンが切り出され，エキソン同士がつなぎ合わされることにより，スプライシング反応が完結する（概略図）．

　また，スプライソームの構成因子以外にもスプライシング調節因子が多数存在する．これらの因子がpre-mRNAと結合し，snRNPのリクルートを調節するなどし，スプライシング活性を変化させている．そのようなスプライシング調節因子として，SRタンパク質とよばれるセリンとアルギニンに富んだタンパク質でスプライシングを正に制御する因子群が知られている．SRタンパク質のセリン残基が，SRPKやClkといったタンパク質群によりリン酸化を受けることにより細胞内の局在を変化させ，pre-mRNAと結合できるようになる．

　スプライシング阻害剤として，スプライソームの構成因子のリクルートを阻害するものや，SRタンパク質のリン酸化酵素の阻害剤などが存在する．

参考文献

1）Kaida D, et al：Cancer Sci, 103：1611-1616, 2012
2）Fica SM & Nagai K：Nat Struct Mol Biol, 24：791-799, 2017
3）Zhou Z & Fu XD：Chromosoma, 122：191-207, 2013

Spliceostatin A

別名：スプライソスタチン A / SSA

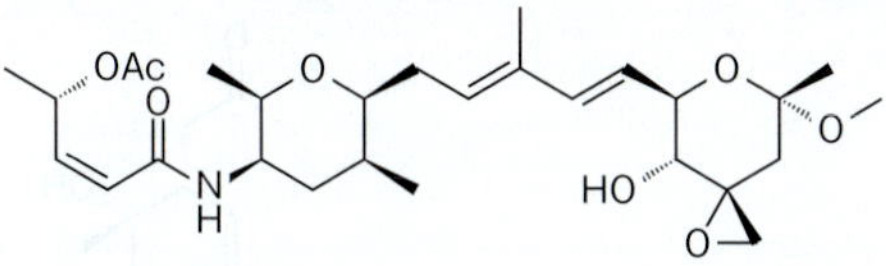

◆**分子量**：521.7

◆**IUPAC名**：[(Z,2S)-4-[[(2R,3R,5S,6S)-6-[(2E,4E)-5-[(3R,4R,5R,7S)-4-hydroxy-7-methoxy-7-methyl-1,6-dioxaspiro[2.5]octan-5-yl]-3-methylpenta-2,4-dienyl]-2,5-dimethyloxan-3-yl]carbamoyl]but-3-en-2-yl] acetate

◆**使用法・購入**
溶媒：メタノール（＜1 mg/mL），−20℃保存
使用条件：細胞培養用培地に添加する場合，1〜200 nM
購入先：Probechem社（PC-62418）

◇ 作用機序

スプライシングの強力な阻害剤．スプライソソームの構成因子であるSF3B複合体に結合し，U2 snRNPとpre-mRNAとの安定的な結合を阻害する[1)2)]．その結果，スプライシング反応の阻害や，本来のスプライシング部位以外の箇所での異常なスプライシングを引き起こす．

◇ 生理機能

スプライシングは，すべての真核生物にとって重要であり，Spliceostatin A処理により細胞周期がG1期ならびにG2/M期で停止する[1)3)]．また，一部のpre-mRNAの核外輸送や翻訳を亢進する．その結果，CDKインヒビターの一つであるp27のC末端欠失型の発現を誘導する[1)]．強い抗がん活性ももつ[3)]．

◇ 注意点

高濃度かつ長時間の処理により細胞死を引き起こす．

参考文献
1）Kaida D, et al：Nat Chem Biol, 3：576–583, 2007
2）Corrionero A, et al：Genes Dev, 25：445–459, 2011
3）Nakajima H, et al：J Antibiot（Tokyo）, 49：1204–1211, 1996

Pladienolide B

別名：プラジエノライドB

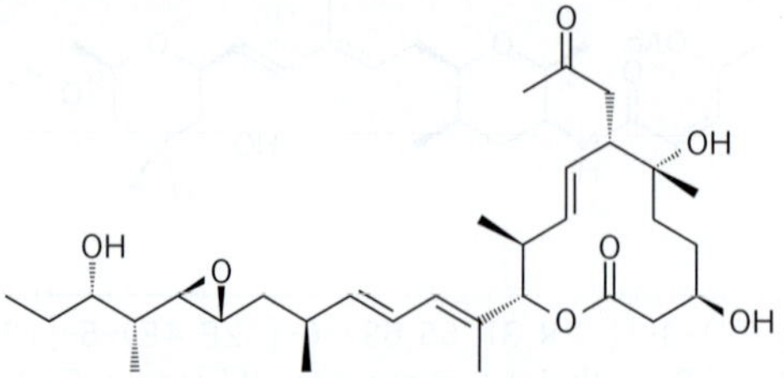

◆**分子量**：536.7

◆**IUPAC名**：[7,10-dihydroxy-2-[7-[3-(3-hydroxypentan-2-yl)oxiran-2-yl]-6-methylhepta-2,4-dien-2-yl]-3,7-dimethyl-12-oxo-1-oxacyclododec-4-en-6-yl] acetate

◆**使用法・購入**
溶媒：メタノール（＜1 mg/mL），-20℃保存
使用条件：細胞培養用培地に添加する場合，1〜200 nM．マウス個体に投与する場合，10 mg/kgを腹腔内投与
購入先：サンタクルズ社（sc-391691），Tocris社（6070）

◇作用機序

スプライシングの強力な阻害剤．スプライソソームの構成因子であるSF3B複合体と結合し，U2 snRNPとpre-mRNAとの安定的な結合を阻害する[1][3]．その結果，スプライシング反応の阻害を引き起こす．

◇生理機能

Pladienolide B処理により細胞周期がG1期ならびにG2/M期で停止する．また，強い抗がん活性ももつ[2]．

参考文献
1）Kotake Y, et al：Nat Chem Biol, 3：570-575, 2007
2）Sato M, et al：Cancer Sci, 105：110-116, 2014
3）Yokoi A, et al：FEBS J, 278：4870-4880, 2011

Herboxidiene

別名：ハーボキシジエン

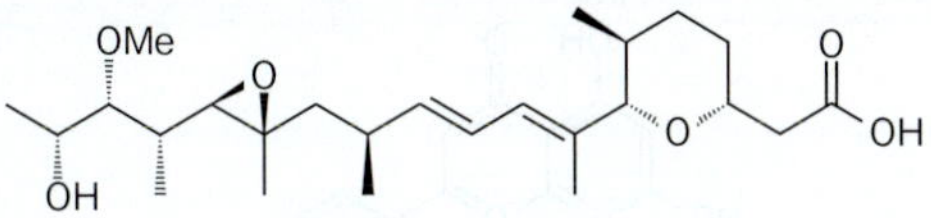

◆**分子量**：438.6

◆**IUPAC名**：[(2R,5S)-6-[(S,1E,3E)-6-{(2R)-3-[(1R,2R,3R)-3-Hydroxy-2-methoxy-1-methylbutyl]-2-methyl-2-oxiranyl}-1,5-dimethyl-1,3-hexadienyl]-5-methyltetrahydro-2H-pyran-2-yl]acetic acid

◆**使用法・購入**
溶媒：DMSO（＜1 mM），-20℃保存
使用条件：細胞培養用培地に添加する場合，10 nM～1μM．マウス個体に投与する場合，1 mg/kgを腹腔内投与
購入先：Focus biomolecules社（10-1614-0200）

◇作用機序

スプライシングの阻害剤．スプライソソームの構成因子であるSF3B1タンパク質と結合し，スプライシング反応の阻害を引き起こす[1]．

◇生理機能

Herboxidiene処理により細胞周期がG1期ならびにG2/M期で停止する[2][3]．また，強い抗がん活性ももつ．CDKインヒビターの一つであるp27のC末端欠失型の発現を誘導する[1]．

参考文献

1）Hasegawa M, et al：ACS Chem Biol, 6：229-233, 2011
2）Sakai Y, et al：J Antibiot（Tokyo）, 55：855-862, 2002
3）Sakai Y, et al：J Antibiot（Tokyo）, 55：863-872, 2002

Isoginkgetin

別名：イソギンクゲチン

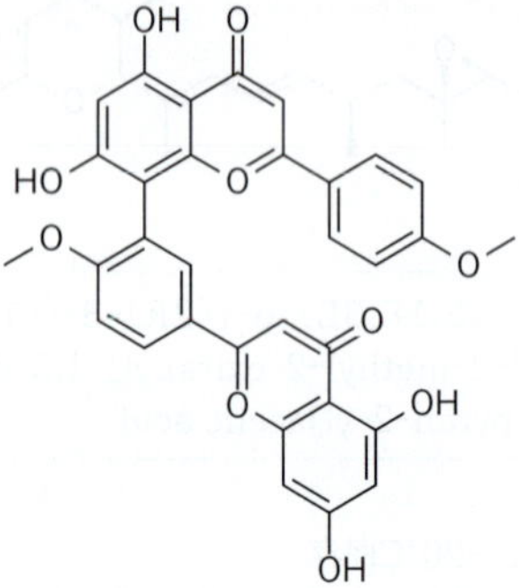

◆ **分子量**：566.5

◆ **IUPAC名**：8-(5-(5,7-dihydroxy-4-oxo-4H-chromen-2-yl)-2-methoxyphenyl)-5,7-dihydroxy-2-(4-methoxyphenyl)-4H-chromen-4-one

◆ **使用法・購入**
溶媒：DMSO（＜100 mM），-20℃遮光保存
使用条件：細胞培養用培地に添加する場合，30～100 μM
購入先：メルク社（416154），Tocris社（6483）

◇ 作用機序

スプライシングの阻害剤．スプライソソームの構成因子であるU1 snRNPとU2 snRNPがpre-mRNAと結合したスプライソソーム前駆体への，他のスプライソソーム構成因子であるU4/U5/U6 snRNPのリクルートを阻害する[1]．

◇ 生理機能

さまざまな遺伝子のスプライシングを阻害する[1]．また，強い抗がん活性をもつ[2]．

参考文献
1）O'Brien K, et al：J Biol Chem, 283：33147-33154, 2008
2）Yoon SO, et al：Mol Cancer Ther, 5：2666-2675, 2006

TG003

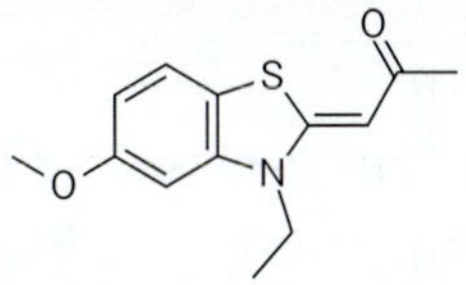

◆**分子量**：249.3

◆**IUPAC名**：(1Z)-1-(3-Ethyl-5-methoxy-1,3-benzothiazol-2-ylidene)propan-2-one

◆**使用法・購入**
溶媒：DMSO（＜33 mg/mL），－20℃保存
使用条件：細胞培養用培地に添加する場合，10 μM，*in vitro*でのClk1/4の阻害，10〜50 nM
購入先：シグマ社（T5575），サンタクルズ社（sc-202528），Tocris社（4336）

◇ 作用機序

SRタンパク質のリン酸化酵素であるClk1/4の選択的な阻害剤[1]．Clk2に対しては若干の阻害効果を示すが，Clk3や他のSRタンパク質リン酸化酵素であるSRPK1/2は阻害しない．Clk1/4の阻害の結果，SRタンパク質のリン酸化に変化が生じ，選択的スプライシングのパターン変化を引き起こす．

◇ 生理機能

TG003処理により，多くのpre-mRNAのスプライシングパターンに変化が生じる[1]．一例として，TG003は，筋ジストロフィーの原因遺伝子であるジストロフィン遺伝子の変異の入ったエキソンをスキップさせることにより，正常型に近いタンパク質を産生させる効果をもつ[2]．

参考文献

1）Muraki M, et al：J Biol Chem, 279：24246-24254, 2004
2）Nishida A, et al：Nat Commun, 2：308, 2011

Chlorhexidine

別名：クロロヘキシジン

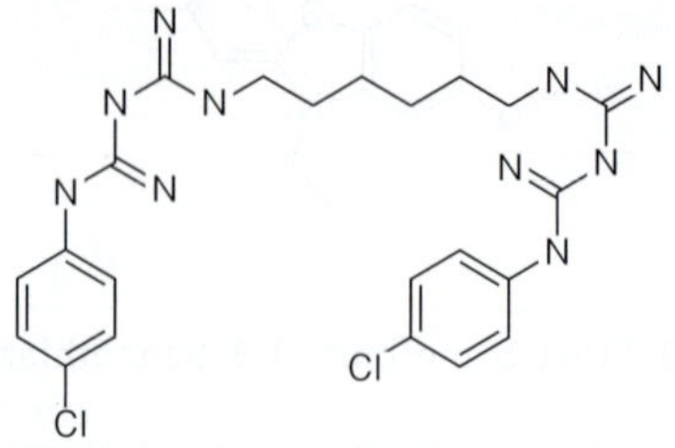

◆**分子量**：505.5

◆**IUPAC名**：(1E)-2-[6-[[amino-[(E)-[amino-(4-chloroanilino)methylidene]amino]methylidene]amino]hexyl]-1-[amino-(4-chloroanilino)methylidene]guanidine

◆**使用法・購入**
溶媒：DMSO（＜ 2 mM），-20℃保存
使用条件：細胞培養用培地に添加する場合，10 〜 20 μM
購入先：シグマ社（282227），アブカム社（ab141090）

◇作用機序

　SRタンパク質のリン酸化酵素であるClkタンパク質群の阻害剤．Clk4やClk3に対しては比較的強い阻害効果を示すが，Clk1/2に対しては弱い阻害効果を示す[1]．他のSRタンパク質リン酸化酵素であるSRPK1/2は阻害しない．Clkタンパク質の阻害の結果，SRタンパク質のリン酸化に変化が生じ，選択的スプライシングのパターン変化を引き起こす．

◇生理機能

　Chlorhexidine処理により，多くのpre-mRNAのスプライシングパターンに変化が生じる[1]．

参考文献
1 ）Younis I, et al：Mol Cell Biol, 30：1718-1728, 2010

BN82685

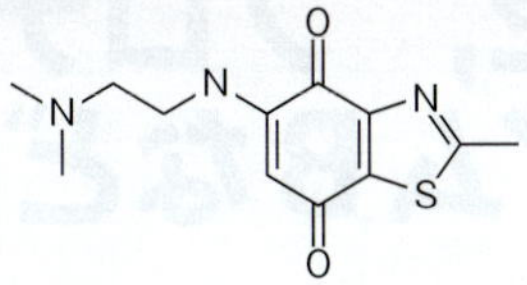

◆ 分子量：265.3

◆ IUPAC名 ： 5-[2-(dimethylamino)ethylideneamino]-2-methyl-1,3-benzothiazole-4,7-diol

◆ 使用法・購入
溶媒：DMSO（< 10 mM），−20℃保存
使用条件：細胞培養用培地に添加する場合，500 nM～20 μM
購入先：MedKoo Biosciences社（584476）

◇ 作用機序

スプライシング反応の阻害剤．細胞内標的分子は未知であるが，スプライソソームC複合体が形成された後，スプライシング反応を停止させる[1]．

◇ 生理機能

BN82685処理により，スプライシング反応が停止する[1]．BN82685は，CDC25の阻害剤として知られているが，CDC25の阻害とスプライシング阻害には関連はないようである[1][2]．

参考文献

1）Berg MG, et al：Mol Cell Biol, 32：1271-1283, 2012
2）Brezak MC, et al：Mol Cancer Ther, 4：1378-1387, 2005

Okadaic acid

別名：オカダ酸 / OA

構造式，分子量，使用法などは**第9章**同薬剤を参照

◇ 解説

ホスファターゼの阻害剤であるオカダ酸はスプライシングの阻害にも用いられる．SRタンパク質や，他のスプライシング因子の適切なリン酸化／脱リン酸化がスプライソソームの形成やスプライシング反応に必要なため．

第23章

カスパーゼ，プロテアソーム，グランザイムBなど関連薬剤

鎌田真司

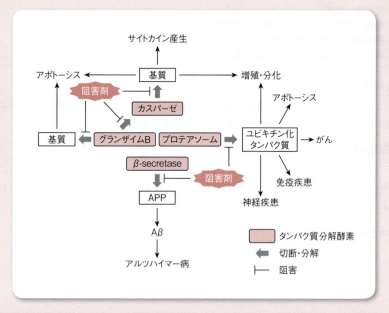

概略図 カスパーゼ，グランザイムB：プロテアソーム，β-secretaseとその機能

　近年，細胞増殖，細胞分化，発生，あるいは各種疾病におけるタンパク質分解酵素の役割に注目が集まっている．本章では，カスパーゼ，グランザイムB，プロテアソーム，および，アルツハイマー病発症に重要な役割を果たすβ-secretaseに注目し，それらの阻害剤について解説する．

　カスパーゼは活性中心にシステイン残基をもつシステインプロテアーゼであり，哺乳動物から18種類同定されている．細胞内では不活性な前駆体として存在しており，刺激に応じて切断，活性化され大小サブユニットが四量体となって活性型酵素となる．カスパーゼは炎症性サイトカインの生成に関与するものとアポトーシスに関与するものに大別されるが，最近になり細胞増殖や分化への関与も示唆されている（概略図）．いずれのカスパーゼもアスパラギン酸のC末端側を切断するが，基質特異性は

切断部位のアスパラギン酸とそのN末端側3アミノ酸残基により規定される.

グランザイムBは細胞障害性T細胞やNK細胞の分泌顆粒中に存在するタンパク質分解酵素であり，活性中心にセリン残基をもつセリンプロテアーゼである．カスパーゼと同様アスパラギン酸のC末端側を切断する．基質特異性はカスパーゼ8と非常によく似ている．パーフォリンと協同して働き，標的細胞にアポトーシスを誘導する.

プロテアソームは触媒ユニットと制御ユニットからなる巨大タンパク質複合体であり，真核生物のATP依存性プロテアーゼである．触媒ユニットである20Sプロテアソームの両端に制御ユニットが会合する．20Sプロテアソームはおのおの7種類のサブユニットがリング状に集まったαリングとβリングが$\alpha\beta\beta\alpha$の順で会合した円筒型粒子であり，酸性，塩基性，疎水性アミノ酸のいずれからも切断できる活性を有している多機能性のプロテアーゼ複合体である.

アルツハイマー病はアミロイドβ（Aβ）ペプチドの蓄積により引き起こされると考えられている．Aβはアミロイド前駆体タンパク質（APP）からβ-およびγ-secretaseによる切断を受けて産生される．β-secretase（BACE1）は活性中心にアスパラギン酸をもつアスパラギン酸プロテアーゼである．γ-secretaseの基質としてAPP以外にもNotch，カドヘリン等が同定されている．アルツハイマー病治療という面から，β-secretaseとγ-secretaseに注目が集まっている．なお，γ-secretase阻害剤については**第11章**を参照のこと.

参考文献

1) Thornberry NA & Lazebnik Y：Science, 281：1312-1316, 1998
2) Lieberman J：Nat Rev Immunol, 3：361-370, 2003
3) Coux O, et al：Annu Rev Biochem, 65：801-847, 1996
4) Citron M：J Neurosci Res, 70：373-379, 2002
5) Eckhart L, et al：Mol Biol Evol, 25：831-841, 2008

1 カスパーゼ阻害剤

カスパーゼ特異的阻害剤

別名：Caspase specific inhibitors

◆使用法

溶媒：DMSO（100 mM程度），－20℃保存

使用条件：細胞培養用培地に添加する場合，1～100 μMで効果

カスパーゼ1阻害剤

Ac-YVAD-CHO

◆分子量：492.5

◆IUPAC名：(3S)-3-[[(2S)-2-[[(2S)-2-[[(2S)-2-acetamido-3-(4-hydroxyphenyl)propanoyl]amino]-3-methylbutanoyl]amino]propanoyl]amino]-4-oxobutanoic acid

◆購入先：メルク社（400010），ペプチド研究所（3165-v），Kamiya Biomedical社（AB-024），Bachem AG社（4018830）

Ac-YVAD-CMK

◆分子量：541.0

◆IUPAC名：(3S)-3-[[(2S)-2-[[(2S)-2-[[(2S)-2-acetamido-3-(4-hydroxyphenyl)propanoyl]amino]-3-methylbutanoyl]amino]propanoyl]amino]-5-chloro-4-oxopentanoic acid

◆購入先：メルク社（400012），ペプチド研究所（3180-v），Bachem AG社（4018838），AnaSpec社（As-60840）

Z-YVAD-FMK

◆分子量：630.7

◆IUPAC名：methyl (3S)-5-fluoro-3-[[(2S)-2-[[(2S)-2-[[3-(4-hydroxyphenyl)-2-(phenylmethoxycarbonylamino)propanoyl]amino]-3-methylbutanoyl]amino]propanoyl]amino]-4-oxopentanoate

◆購入先：メルク社（218746），シグマ社（C1980），BioVision社（1012，1141），PromoCell GmbH社（PK-CA577-1012，PK-CA577-1141），Bachem AG社（4027532），Kamiya Biomedical社（AB-011），R&D Systems社（FMK005），GENETEX社（GTX47952）

Ac-AAVALLPAVLLALLAP-YVAD-CHO

◆分子量：1990.5

◆**購入先**：メルク社（400011）

カスパーゼ2阻害剤

Ac-VDVAD-CHO

◆**分子量**：543.6

◆**IUPAC名**：(3S)-3-[[(2S)-2-acetamido-3-methylbutanoyl]amino]-4-[[(2S)-1-[[(2S)-1-[[(2S)-1-carboxy-3-oxopropan-2-yl]amino]-1-oxopropan-2-yl]amino]-3-methyl-1-oxobutan-2-yl]amino]-4-oxobutanoic acid

◆**購入先**：ペプチド研究所（3204-v），Bachem AG社（4034851）

Z-VDVAD-FMK

◆**分子量**：695.7

◆**IUPAC名**：methyl (3S)-5-fluoro-3-[[(2S)-2-[[(2S)-2-[[(2S)-4-methoxy-2-[[(2S)-3-methyl-2-(phenylmethoxycarbonylamino)butanoyl]amino]-4-oxobutanoyl]amino]-3-methylbutanoyl]amino]propanoyl]amino]-4-oxopentanoate

◆**購入先**：メルク社（218744），シグマ社（C1605），BPS Bioscience社（27668），KareBay Biochem社（KP2255），PromoCell GmbH社（PK-CA577-1073，PK-CA577-1142），Kamiya Biomedical社（AB-008），R&D Systems社（FMK003），BioVision社（1073），GENETEX社（GTX47951）

カスパーゼ3阻害剤

Ac-DMQD-CHO

◆**分子量**：533.6

◆**IUPAC名**：(3S)-3-acetamido-4-[[(2S)-1-[[(2S)-5-amino-1-[[(2S)-1-carboxy-3-oxopropan-2-yl]amino]-1,5-dioxopentan-2-yl]amino]-4-methylsulfanyl-1-oxobutan-2-yl]amino]-4-oxobutanoic acid

◆**購入先**：ペプチド研究所（3192-v）

Z-DQMD-FMK

◆**分子量**：685.7

◆**IUPAC名**：methyl 3-[[2-[[5-amino-2-[[4-methoxy-4-oxo-2-(phenylmethoxycarbonylamino)butanoyl]amino]-5-oxopentanoyl]amino]-4-methylsulfanylbutanoyl]amino]-5-fluoro-4-oxopentanoate

◆**購入先**：メルク社（219002），シグマ社（C0480），KareBay Biochem社（KP2257），BPS Bioscience社（27666），R&D Systems社（2168），Tocris Bioscience社（2168）

カスパーゼ3／7阻害剤

Ac-DEVD-CHO

◆分子量：502.5

◆**IUPAC名**：(4S)-4-[[(2S)-2-acetamido-3-carboxypropanoyl]amino]-5-[[(2S)-1-[[(2S)-1-carboxy-3-oxopropan-2-yl]amino]-3-methyl-1-oxobutan-2-yl]amino]-5-oxopentanoic acid

◆**購入先**：メルク社（235420），ペプチド研究所（3172-v），シグマ社（C0835），Kamiya Biomedical社（AB-025），Bachem AG社（4026022）

Z-DEVD-FMK

◆分子量：668.7

◆**IUPAC名**：methyl (4S)-5-[[(2S)-1-[[(3S)-5-fluoro-1-methoxy-1,4-dioxopentan-3-yl]amino]-3-methyl-1-oxobutan-2-yl]amino]-4-[[(2S)-4-methoxy-4-oxo-2-(phenylmethoxycarbonylamino)butanoyl]amino]-5-oxopentanoate

◆**購入先**：メルク社（264155），シグマ社（C0605），MBL社（4800-510），BioVision社（1143, 1009），R&D Systems社（2166），BPS Bioscience社（27314），ケイマン社（14414），Novus biologicals社（NB2166），KareBay Biochem社（KP2256），PromoCell GmbH（PK-CA577-1009, PK-CA577-1143），Bachem AG社（4027402），R&D Systems社（FMK004），GENETEX社（GTX47950），Tocris Bioscience社（2166）

Ac-AAVALLPAVLLALLAP-DEVD-CHO

◆分子量：2000.4

◆**購入先**：メルク社（235423）

カスパーゼ4阻害剤

Ac-LEVD-CHO

◆分子量：500.5

◆**IUPAC名**：(4S)-4-[[(2S)-2-acetamido-4-methylpentanoyl]amino]-5-[[(2S)-1-[[(2S)-1-carboxy-3-oxopropan-2-yl]amino]-3-methyl-1-oxobutan-2-yl]amino]-5-oxopentanoic acid

◆**購入先**：メルク社（218755），Bachem AG社（4028464）

Z-LEVD-FMK

◆分子量：652.7

◆**IUPAC名**：methyl (4S)-5-[[(2S)-1-[[(3S)-5-fluoro-1-methoxy-1,4-dioxopentan-3-yl]amino]-3-methyl-1-oxobutan-2-yl]amino]-4-[[(2S)-4-methyl-2-(phenylmethoxycarbonylamino)pentanoyl]amino]-5-oxopentanoate

◆購入先：シグマ社（C9484），BioVision社（1144, 1008），PromoCell GmbH社（PK-CA577-1008, PK-CA577-1144），GENETEX社（GTX47949）

Ac-AAVALLPAVLLALLAP9-LEVD-CHO

◆分子量：1998.5

◆購入先：メルク社（218766）

カスパーゼ5阻害剤

Z-WEHD-FMK

◆分子量：763.8

◆IUPAC名：methyl (4S)-5-[[(2S)-1-[[(3S)-5-fluoro-1-methoxy-1,4-dioxopentan-3-yl]amino]-3-(1H-imidazol-5-yl)-1-oxopropan-2-yl]amino]-4-[[(2S)-3-(1H-indol-3-yl)-2-(phenylmethoxycarbonylamino)propanoyl]amino]-5-oxopentanoate

◆購入先：メルク社（218753），シグマ社（C1855），BPS Bioscience社（27672），PromoCell GmbH社（PK-CA577-1100），Kamiya Biomedical社（AB-009），BioVision社（1100），R&D Systems社（FMK002），GENETEX社（GTX47948）

カスパーゼ6阻害剤

Ac-VEID-CHO

◆分子量：500.5

◆IUPAC名：(4S)-4-[[(2S)-2-acetamido-3-methylbutanoyl]amino]-5-[[(2S,3S)-1-[[(2S)-1-carboxy-3-oxopropan-2-yl]amino]-3-methyl-1-oxopentan-2-yl]amino]-5-oxopentanoic acid

◆購入先：ペプチド研究所（3182-v），シグマ社（A6339），Kamiya Biomedical社（AB-027），Bachem AG社（4027894）

Z-VEID-FMK

◆分子量：652.7

◆IUPAC名：methyl (4S)-5-[[(2S,3S)-1-[[(3S)-5-fluoro-1-methoxy-1,4-dioxopentan-3-yl]amino]-3-methyl-1-oxopentan-2-yl]amino]-4-[[(2S)-3-methyl-2-(phenylmethoxycarbonylamino)butanoyl]amino]-5-oxopentanoate

◆購入先：メルク社（218757），シグマ社（C1730），BioVision社（1146），BPS Bioscience社（27669），PromoCell GmbH社（PK-CA577-1011, PK-CA577-1146），Kamiya Biomedical社（AB-007），R&D Systems社（FMK006），BioVision社（1011, 1146），GENETEX社（GTX47947）

Ac-AAVALLPAVLLALLAP-VEID-CHO

◆分子量：1998.5

◆購入先：メルク社（218767）

カスパーゼ8阻害剤

Ac-IETD-CHO

◆分子量：502.5

◆**IUPAC名**：(4S)-4-[[(2S,3S)-2-acetamido-3-methylpentanoyl]amino]-5-[[(2S,3R)-1-[[(2S)-1-carboxy-3-oxopropan-2-yl]amino]-3-hydroxy-1-oxobutan-2-yl]amino]-5-oxopentanoic acid

◆**購入先**：メルク社（368055），ペプチド研究所（3196-v），シグマ社（A1216），Kamiya Biomedical社（AB-026），Bachem AG社（4027874）

Z-IETD-FMK

◆分子量：654.7

◆**IUPAC名**：methyl (4S)-5-[[(2S,3R)-1-[[(3S)-5-fluoro-1-methoxy-1,4-dioxopentan-3-yl]amino]-3-hydroxy-1-oxobutan-2-yl]amino]-4-[[(2S,3S)-3-methyl-2-(phenylmethoxycarbonylamino)pentanoyl]amino]-5-oxopentanoate

◆**購入先**：メルク社（218759），シグマ社（C1230），MBL社（4805-510），BioVision社（1148），PromoCell GmbH社（PK-CA577-1064, PK-CA577-1148），Kamiya Biomedical社（AB-004），R&D Systems社（FMK007），Novus biologicals社（NBP2-29397），BioVision社（1064, 1148），GENETEX社（GTX47946）

Ac-AAVALLPAVLLALLAP-IETD-CHO

◆分子量：2000.5

◆**購入先**：メルク社（218773）

カスパーゼ9阻害剤

Ac-LEHD-CHO

◆分子量：538.6

◆**IUPAC名**：(4S)-4-[[(2S)-2-acetamido-4-methylpentanoyl]amino]-5-[[(2S)-1-[[(2S)-1-carboxy-3-oxopropan-2-yl]amino]-3-(1H-imidazol-5-yl)-1-oxopropan-2-yl]amino]-5-oxopentanoic acid

◆**購入先**：ペプチド研究所（3199-v），Bachem AG（4028708），Alexis（260-079-M005）

Ac-LEHD-CMK

◆分子量：587.0

◆**IUPAC名**：(4S)-4-[[(2S)-2-acetamido-4-methylpentanoyl]amino]-5-[[(2S)-1-[[(2S)-1-carboxy-4-chloro-3-oxobutan-2-yl]amino]-3-(1H-imidazol-5-yl)-1-oxopropan-2-yl]amino]-5-oxopentanoic acid

◆**購入先**：メルク社（218728）

Z-LEHD-FMK

◆**分子量**：690.7

◆**IUPAC名**：methyl (4S)-5-[[(2S)-1-[[(3R)-5-fluoro-1-methoxy-1,4-dioxopentan-3-yl]amino]-3-(1H-imidazol-5-yl)-1-oxopropan-2-yl]amino]-4-[[(2R)-4-methyl-2-(phenylmethoxycarbonylamino)pentanoyl]amino]-5-oxopentanoate

---

◆**購入先**：メルク社（218761），シグマ社（C1355），MBL（4810-510），BioVision社（1074, 1149），PromoCell GmbH（PK-CA577-1074, PK-CA577-1149），Kamiya Biomedical社（AB-010），R&D Systems社（FMK008），Novus biologicals社（NBP2-29398），GENETEX社（GTX47945）

Ac-AAVALLPAVLLALLAP-LEHD-CHO

◆**分子量**：2036.5

◆**購入先**：メルク社（218776）

カスパーゼ10阻害剤

Z-AEVD-FMK

◆**分子量**：610.6

◆**購入先**：シグマ社（C8484），PromoCell GmbH社（PK-CA577-1112），R&D Systems社（FMK009），BioVision社（1112），GENETEX社（GTX47944）

カスパーゼ12阻害剤

Z-ATAD-FMK

◆**分子量**：540.5

◆**購入先**：R&D Systems社（FMK013），BioVision社（1079, 1152），PromoCell GmbH社（PK-CA577-1079, PK-CA577-1152），GENETEX社（GTX47943）

カスパーゼ13阻害剤

Z-LEED-FMK

◆**分子量**：696.7

◆**購入先**：Kamiya Biomedical社（AB-012），BioVision社（1115），R&D Systems社（FMK010），GENETEX社（GTX47942），PromoCell GmbH社（PK-CA577-1115），シグマ社（C8859）

◇ 作用機序

　同定されたカスパーゼ基質の切断部位の配列と合成ペプチドを用いて決定された各カスパーゼの基質特異性に関する情報から，各カスパーゼの選択的阻害剤がデザイン

第23章　カスパーゼ，プロテアソーム，グランザイムBなど関連薬剤

363

された．各カスパーゼに好まれるアミノ酸配列は，カスパーゼ1（YVAD），カスパーゼ2（VDVAD），カスパーゼ3（DMQD，DQMD），カスパーゼ3および7（DEVD），カスパーゼ4（LEVD），カスパーゼ5（WEHD），カスパーゼ6（VEID），カスパーゼ8（IETD），カスパーゼ9（LEHD），カスパーゼ10（AEVD），カスパーゼ12（ATAD），カスパーゼ13（LEED）である．N末端側はアセチル（Ac）化，あるいは，benzyloxycarbonyl（Z）化されており，C末端側にはアルデヒド（CHO），chloromethylketone（CMK），fluoromethylketone（FMK）等が付加されている．CHOが付加されたものは可逆的阻害剤であり，CMK，FMKが付加されたものは不可逆的阻害剤である．CHOをもつものよりCMKあるいはFMKをもつものの方が細胞膜透過性が高い．また，細胞膜透過性を向上させるためにカポシ線維芽細胞成長因子のシグナルペプチドの疎水性領域（AAVALLPAVLLALLAP）を付加した阻害剤もある．

◇ 生理機能

カスパーゼ1，5は炎症性サイトカインの産生，カスパーゼ8，10はレセプターを介したアポトーシスに関与し，ストレスなどで誘導されるアポトーシスにおいてはカスパーゼ2，9がカスケードの上流で機能し，カスパーゼ3，6，7が下流で機能する．また，カスパーゼ4は小胞体ストレスによるアポトーシスに関与する．

◇ 注意点

各カスパーゼに特異的な阻害剤を用いることによって，各カスパーゼが関与する生理機能を抑制することができる．各カスパーゼ特異的阻害剤ではあるが，カスパーゼは基質特異性に共通性も認められるため，使用時には他のカスパーゼに対する非特異的阻害にも留意しておく必要がある．カスパーゼ1阻害剤であるAc-YVAD-CHOはカスパーゼ1に対して$K_i = 0.76$ nM，カスパーゼ4，5に対してそれぞれ$K_i = 362$ nM，$K_i = 163$ nMであるため特異性は高い．カスパーゼ3／7阻害剤であるAc-DEVD-CHOはカスパーゼ3，7に対してそれぞれ$K_i = 0.23$ nM，$K_i = 1.6$ nMであるが，カスパーゼ8に対して$K_i = 0.92$ nM，カスパーゼ1，6，10に対してそれぞれ$K_i = 18$ nM，$K_i = 31$ nM，$K_i = 12$ nMであるため，他のカスパーゼへの影響も考慮しなければならない．カスパーゼ8阻害剤であるAc-IETD-CHOはカスパーゼ8，1，6，10に対してそれぞれ$K_i = 1.05$ nM，$K_i < 6$ nM，$K_i = 5.6$ nM，$K_i = 27$ nMである．カスパーゼ2阻害剤であるAc-VDVAD-CHOはカスパーゼ2，3，7に対してそれぞれ$K_i = 3.5$ nM，$K_i = 1.0$ nM，$K_i = 7.5$ nMである．

参考文献

1）Thornberry NA, et al：J Biol Chem, 272：17907-17911, 1997
2）Garcia-Calvo M, et al：J Biol Chem, 273：32608-32613, 1998
3）Nicholson DW, et al：Nature, 376：37-43, 1995

汎カスパーゼ阻害剤

別名：Broad spectrum caspase inhibitors

◆使用法
　溶媒：DMSO（100 mM程度），－20℃保存
　使用条件：細胞培養用培地に添加する場合，1～100μMで効果

Boc-D-FMK

◆分子量：263.3

◆IUPAC名：methyl 5-fluoro-3-[(2-methylpropan-2-yl)oxycarbonylamino]-4-oxopentanoate

◆購入先：メルク社（218745），シグマ社（B2682），Novus biologicals社（NBP2-29395），ケイマン社（16118），Adipogen Life Sciences社（AG-CP3-0030）

Z-Asp-CH2-DCB

◆分子量：454.3

◆IUPAC名：(3S)-5-(2,6-dichlorobenzoyl)oxy-4-oxo-3-(phenylmethoxycarbonylamino)pentanoic acid

◆購入先：ペプチド研究所（3174-v），ケイマン社（15143），Focus Biomolecules（10-2244），StressMarq Biosciences社（SIH-206）

Z-VAD-FMK

◆分子量：467.5

◆IUPAC名：methyl(3S)-5-fluoro-3-[[(2S)-2-[[(2S)-3-methyl-2-(phenylmethoxycarbonylamino)butanoyl]amino]propanoyl]amino]-4-oxopentanoate

◆購入先：メルク社（627610），シグマ社（V116），ペプチド研究所（3188-v），MBL社（4800-520），R&D Systems社（FMK001，2163），KareBay Biochem社（KP2254），BioVision社（1010，1140），Novus biologicals社（NB2163），StressMarq Biosciences社（SIH-557），LKT Laboratories社（Z8401），BPS Bioscience社（27017），Adipogen Life Sciences社（AG-CP3-0002），PromoCell GmbH社（PK-CA577-1010，PK-CA577-1140），Kamiya Biomedical社（AB-001），GENETEX社（GTX47941），Novus biologicals社（NBP2-29392），Tocris Bioscience社（2163）

◇ 作用機序

　作用スペクトルの広い，細胞膜透過型の非可逆性カスパーゼ阻害剤．カスパーゼがAsp（D）のC末端側を切断する性質を利用して，活性中心に各阻害剤のAsp残基が入り込むことにより活性を阻害する．Boc-D-FMK，Z-Asp-CH2-DCBはすべてのカスパーゼの活性を抑制すると考えられる．Z-VAD-FMKはカスパーゼ1の認識配列であるYVADからYを除くことにより汎用性を高めている．

◇ 生理機能

　汎カスパーゼ阻害剤は作用スペクトルが広いため，カスパーゼが関与するすべての生理作用，アポトーシスや炎症性サイトカインの産生を阻害すると考えられる.

参考文献

1) Boudreau N, et al：Science, 267：891-893, 1995
2) Mashima T, et al：Biochem Biophys Res Commun, 209：907-915, 1995
3) Garcia-Calvo M, et al：J Biol Chem, 273：32608-32613, 1998

2　グランザイムB阻害剤

グランザイムB阻害剤

　別名：Granzyme B inhibitor

Ac-IEPD-CHO

◆ **分子量**：498.5

◆ **IUPAC名**：(4S)-4-[[(2S)-2-acetamido-4-methylpentanoyl]amino]-5-[2-[[(2S)-1-carboxy-3-oxopropan-2-yl]carbamoyl]pyrrolidin-1-yl]-5-oxopentanoic acid

◆ **使用法・購入**
　溶媒：DMSO（100 mM程度），−20℃保存
　使用条件：細胞培養用培地に添加する場合，1〜100 μMで効果
　購入先：メルク社（368056），BioVision社（1119），PromoCell GmbH社（PK-CA577-1119）

◇ 作用機序

　グランザイムBは細胞傷害性T細胞やNK細胞の分泌顆粒中の存在する29 kDaのセリンプロテアーゼであり，カスパーゼと同様にアスパラギン酸のC末端側を切断する. 合成ペプチドを用いた基質特異性に関する解析からIle-Glu-Pro-Asp（IEPD）に強い親和性をもつことが明らかとなった. また，カスパーゼ8の阻害剤であるAc-IETD-CHO，Z-IETD-FMK，Ac-AAVALLPAVLLALLAP-IETD-CHOもグランザイムBの阻害剤として機能する.

◇ 生理機能

　標的細胞中に送り込まれたグランザイムBは，まずプロカスパーゼ3を切断，活性化する. また，BIDを切断することによりミトコンドリアからのチトクロームcの遊離を促し，アポトソーム上でのカスパーゼ9の活性化，さらにはカスパーゼ3の活性化を誘導する. 最終的には活性化したカスパーゼ3によってアポトーシスが実行され

366　　グランザイムB阻害剤

るが，グランザイム B 阻害剤はこれらの過程を抑制する．

参考文献

1) Thornberry NA, et al：J Biol Chem, 272：17907–17911, 1997
2) Harris JL, et al：J Biol Chem, 273：27364–27373, 1998
3) Lieberman J：Nat Rev Immunol, 3：361–370, 2003

3 プロテアソーム阻害剤

Lactacystin

別名：ラクタシスチン

◆**分子量**：376.4

◆**IUPAC名**：(2R)-2-acetamido-3-[(2R,3S,4R)-3-hydroxy-2-[(1S)-1-hydroxy-2-methylpropyl]-4-methyl-5-oxopyrrolidine-2-carbonyl]sulfanylpropanoic acid

◆**使用法・購入**
溶媒：DMSO あるいは滅菌水（100 mM 程度），−20℃保存
使用条件：細胞培養用培地に添加する場合，1～100 μM で効果
購入先：メルク社（426100），シグマ社（L6785），ペプチド研究所（4368-v），バイオリンクス社（BLK-0460），Adipogen Life Sciences社（AG-CN2-0104），ケイマン社（70980），LKT Laboratories社（L0107），StressMarq Biosciences社（SIH-327），Focus Biomolecules社（10-1314），BPS Bioscience社（27705），Toronto Research Chemicals社（L101000），R & D Systems社（2267），BioVision社（1709, 2434），Tocris社（2267）

◇ 作用機序

　特異性が高い不可逆的な 20S プロテアソーム阻害剤であり，Streptomyces 属の代謝物である．触媒 β サブユニットを標的とする．共有結合によってプロテアソームのトリプシンおよびキモトリプシン様活性を阻害する．

◇ 生理機能

　プロテアソームは 76 アミノ酸のユビキチンが多分子共有結合した細胞内タンパク

367

質を選択的に分解する．ユビキチン—プロテアソームシステムの関与は細胞周期，増殖，アポトーシス制御など多岐にわたっている．神経芽腫細胞の神経突起発芽を誘導し，また，細胞周期を G0/G1 と G2/M 期で停止させる．さらには，細胞の状態によってアポトーシスを誘導したり抑制したりする．NF-κB の活性化を $IC_{50} = 10 \mu M$ で阻害する．

参考文献

1) Omura S, et al : J Antibiot (Tokyo), 44 : 113-116, 1991
2) Omura S, et al : J Antibiot (Tokyo), 44 : 117-118, 1991
3) Fenteany G & Schreiber SL : J Biol Chem, 273 : 8545-8548, 1998

MG-115

◆**分子量**：461.6

◆**IUPAC名**：benzyl N-[(2S)-4-methyl-1-[[(2S)-4-methyl-1-oxo-1-[[(2S)-1-oxopentan-2-yl]amino]pentan-2-yl]amino]-1-oxopentan-2-yl]carbamate

◆**使用法・購入**

溶媒：DMSO（100 mM 程度），−20℃保存
使用条件：細胞培養用培地に添加する場合，1〜100 μM で効果
購入先：メルク社（474780），シグマ社（C6706），BioVision 社（1831，2144），ケイマン社（15413），Adipogen Life Sciences 社（AG-CP3-0015），R & D Systems 社（I-135），富士フイルム和光純薬社（139-14011）

◇ 生理機能

プロテアソームの強力な可逆的阻害剤であり，キモトリプシン様活性を特異的に阻害する．20S および 26S プロテアソームに対して $K_i = 21$ nM および $K_i = 35$ nM．ラット PC12 細胞に神経突起の伸長を誘導する．さらに，IκB の分解を抑制し，NF-κB の活性化を抑制する．また，Rat-1 あるいは PC12 細胞に MG115 を処理すると，p53 が蓄積しアポトーシスが誘導される．

参考文献

1) Saito Y, et al：Neurosci Lett, 120：1-4, 1990

2) Lopes UG, et al：J Biol Chem, 272：12893-12896, 1997

3) Palombella VJ, et al：Cell, 78：773-785, 1994

MG-132

◆**分子量**：475.6

◆**IUPAC名**：benzyl N-[(2S)-4-methyl-1-[[(2S)-4-methyl-1-[[(2S)-4-methyl-1-oxopentan-2-yl]amino]-1-oxopentan-2-yl]amino]-1-oxopentan-2-yl]carbamate

使用法・購入

溶媒：DMSO あるいはメタノール（100 mM程度），−20℃保存

使用条件：細胞培養用培地に添加する場合，100 μM で効果

購入先：メルク社（474790），ペプチド研究所（3175-v），シグマ社（C2211），ケムシーン社（CS-0471），Adipogen Life Sciences社（AG-CP3-0011），ケイマン社（13697，10012628），KareBay Biochem社（KI0523），BioVision社（1703，1791），Focus Biomolecules社（10-1309），EnoGene Biotech社（E1KS2619），StressMarq Biosciences社（SIH-326），R & D Systems社（1748, 6033, I-130），LKT Laboratories社（M2400），Bachem AG社（4027888），BPS Bioscience社（27226, 27230），Cellagen Technology社（C6413-5s），Tocris社（1748），富士フイルム和光純薬社（139-18451，139-18453）

◇ 作用機序

細胞膜透過性の強力な可逆的プロテアソーム阻害剤である．キモトリプシン様活性を阻害する（$K_i = 4$ nM）．

◇ 生理機能

MG-115と同様の作用を示すが，活性はMG-115よりも高い．MG-132はJNK1（c-Jun N-terminal kinase）を活性化し，アポトーシスを誘導する．また，アルツハイマー病の原因となるアミロイド前駆体タンパク質の β-secretase による切断を阻害することが報告されている．

参考文献

1) Saito Y, et al：Neurosci Lett, 120：1-4, 1990

2) Jensen TJ, et al：Cell, 83：129-135, 1995

3）Meriin AB, et al：J Biol Chem, 273：6373-6379, 1998

4 β-secretase 阻害剤

β-Secretase inhibitor Ⅰ

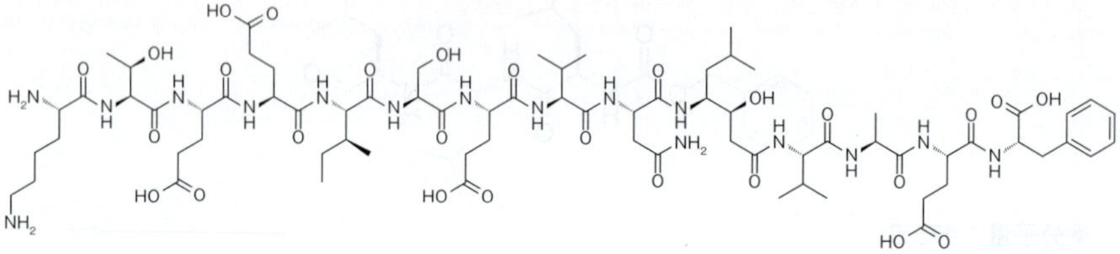

◆**分子量**：1651.8

◆**IUPAC名**：4-[2-[[2-[[4-[[4-amino-2-[[2-[[4-carboxy-2-[[2-[[2-[[4-carboxy-2-[[4-carboxy-2-[[2-(2,6-diaminohexanoylamino)-3-hydroxybutanoyl]amino]butanoyl]amino]butanoyl]amino]-3-methylpentanoyl]amino]-3-hydroxypropanoyl]amino]butanoyl]amino]-3-methylbutanoyl]amino]-4-oxobutanoyl]amino]-3-hydroxy-6-methylheptanoyl]amino]-3-methylbutanoyl]amino]propanoylamino]-5-[(1-carboxy-2-phenylethyl)amino]-5-oxopentanoic acid

◆**使用法・購入**
溶媒：DMSO，−20℃保存
使用条件：細胞培養用培地に添加する場合，0.1～10μMで効果
購入先：AnaSpec社（AS-23958），PromoCell GmbH社（PK-CA577-7501），KAMIYA Biomedical Company社（AB-053），シグマ社（S4562），メルク社（171601）

◇ **作用機序**

強力なβ-secretase阻害剤である．

◇ **生理機能**

*in vitro*アッセイにおいてIC$_{50}$ = 30 nM.

参考文献
1）Sinha S, et al：Nature, 402：537-540, 1999

370　　β-Secretase inhibitor Ⅰ

β-Secretase inhibitor Ⅱ

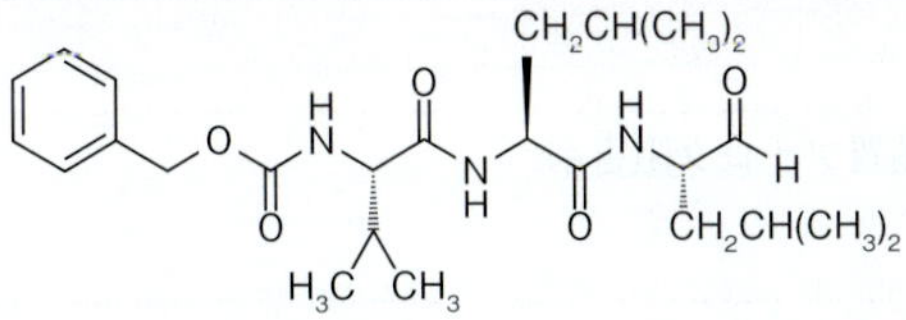

◆**分子量**：461.6

◆**IUPAC名**：benzyl N-[(2S)-3-methyl-1-[[(2S)-4-methyl-1-[[(2S)-4-methyl-1-oxopentan-2-yl]amino]-1-oxopentan-2-yl]amino]-1-oxobutan-2-yl]carbamate

◆**使用法・購入**
　溶媒：DMSO（10mM），-20℃保存
　使用条件：細胞培養用培地に添加する場合，3〜300 μM で効果
　購入先：アブカム社（ab146640），メルク社（565749），PromoCell GmbH社（PK-CA577 7502），BioVision社（7502）

◇ 作用機序

　細胞膜透過性を有する β-secretase の可逆的阻害剤である．

◇ 生理機能

　アミロイド β40（Aβ40）と Aβ42 の生成を抑制する活性（IC_{50}）は，それぞれ 0.7 μM と 2.5 μM である．

参考文献

1）Yoon SY, et al：Neurosci Lett, 509：33-38, 2012
2）Nagai N, et al：J Biol Chem, 282：14942-14951, 2007
3）Yamamoto R, et al：Neurosci Lett, 370：61-64, 2004

β-Secretase inhibitor Ⅲ

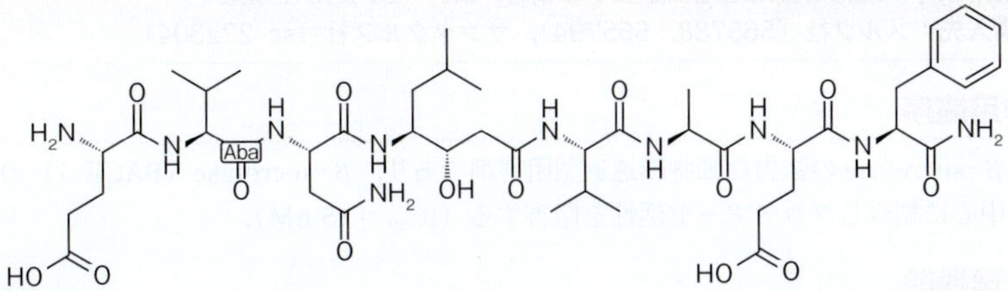

◆**分子量**：963.1

◆**使用法・購入**
　溶媒：DMSO（1 mg/mL），-20℃保存

使用条件：細胞培養用培地に添加する場合，1～100 μM で効果
購入先：メルク社（565780）

◇ **作用機序**

β-secretase の基質アナログ阻害剤.

◇ **生理機能**

β-secretase を発現した MDCK 細胞に由来する可溶化膜分画のタンパク質分解活性を 5 μM で完全に阻害する.

参考文献

1）Capell A, et al：J Biol Chem, 277：5637-5643, 2002
2）Tung JS, et al：J Med Chem, 45：259-262, 2002

β-Secretase inhibitor Ⅳ

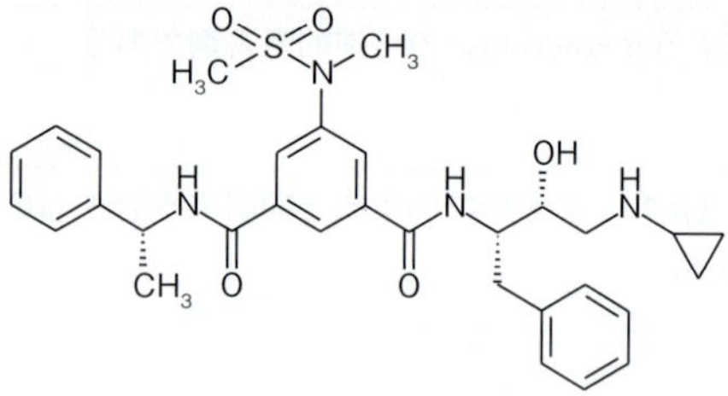

◆ **分子量**：578.7

◆ **IUPAC名**：3-N-[(2S,3R)-4-(cyclopropylamino)-3-hydroxy-1-phenylbutan-2-yl]-5-(N-methylmethanesulfonamido)-N3-[(1R)-1-phenylethyl]benzene-1,3-dicarboxamide

◆ **使用法・購入**

溶媒：DMSO（10 mg/mL），−20℃保存
使用条件：細胞培養用培地に添加する場合，0.1～10 μM で効果
購入先：メルク社（565788, 565794），サンタクルズ社（sc-222304）

◇ **作用機序**

β-secretase の強力な細胞膜透過型阻害剤であり，β-secretase（BACE-1）の活性中心に結合しプロテアーゼ活性を阻害する（IC$_{50}$ = 15 nM）.

◇ **生理機能**

β-secretase の切断配列（NFEV）をもつアミロイド前駆体タンパク質（APP）を高発現した HEK293 細胞において，β-secretase 切断によってできる N 末端断片産生に対する阻害活性は IC$_{50}$ = 29 nM である．また，本薬剤の他のアスパラギン酸プ

ロテアーゼ，BACE-2，カテプシンD，レニンに対するIC$_{50}$はそれぞれ0.23 μM，7.6 μM，>50 μMであり，β-secretase（BACE-1）に対する特異性が高い．

参考文献

1）Stachel SJ, et al：J Med Chem, 47：6447-6450, 2004

OM99-2

EVNLYAAEF（LeuとAlaの間に非加水分解性のヒドロキシエチレンイソスターを含む）

◆**分子量**：893.0

◆**IUPAC名**：(4S)-4-amino-5-[[(2S)-1-[[(2S)-4-amino-1-[[(4S,5S,7R)-8-[[(2S)-1-[[(2S)-4-carboxy-1-[[(1S)-1-carboxy-2-phenylethyl]amino]-1-oxobutan-2-yl]amino]-1-oxopropan-2-yl]amino]-5-hydroxy-2,7-dimethyl-8-oxooctan-4-yl]amino]-1,4-dioxobutan-2-yl]amino]-3-methyl-1-oxobutan-2-yl]amino]-5-oxopentanoic acid

◆**使用法・購入**
溶媒：DMSO（1 mM），−20℃保存
使用条件：細胞培養用培地に添加する場合，0.01〜1 μMで効果
購入先：メルク社（496000）

◇ 作用機序

非常に強力なペプチド擬態型のβ-secretaseの遷移状態アナログ阻害剤．Aspから
Alaへの置換をもつスウェーデン変異型APPのβ-secretase切断点をはさむ8アミノ
酸残基をもとに設計された．アスパラギン酸プロテアーゼ阻害骨格であるヒドロキシ
エチレンイソステア構造をもつ．

◇ 生理機能

β-secretase活性を阻害することによって，Aβの産生を抑制する．β-secretase
（BACE-2）に強く結合し，活性型β-secretaseに対してK_i = 1.6 nM，前駆体
β-secretaseに対してK_i = 9.6 nMである．また，カテプシンDに対してはK_i = 48
nMである．

参考文献

1）Hong L, et al：Science, 290：150-153, 2000
2）Ghosh AK & Wang Y：J Am Chem Soc, 122：3522-3523, 2000
3）Turner RT 3rd, et al：Biochemistry, 40：10001-10006, 2001
4）Ghosh AK, et al：J Med Chem, 44：2865-2868, 2001

KMI-429

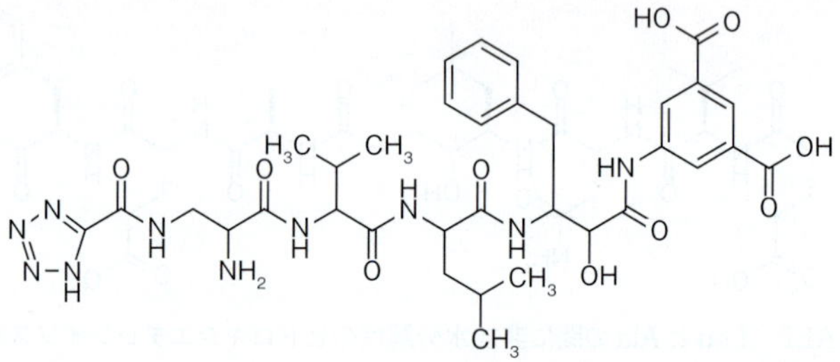

◆**分子量**：752.8

◆**IUPAC名**：5-[[(2R,3S)-3-[[(2S)-2-[[(2S)-2-[[(2S)-2-amino-3-(2H-tetrazole-5-carbonylamino)propanoyl]amino]-3-methylbutanoyl]amino]-4-methylpentanoyl]amino]-2-hydroxy-4-phenylbutanoyl]amino]benzene-1,3-dicarboxylic acid

◆**使用法・購入**

溶媒：DMSOあるいはエタノール，−20℃保存
使用条件：細胞培養用培地に添加する場合，0.02～2 μMで効果
購入先：富士フイルム和光純薬社（115-00901）

◇ **作用機序**

家族性アルツハイマー患者から見つかったスウェーデン変異型アミロイド前駆体タンパク質（APP）の切断部位周辺のアミノ酸配列をモデルにしたペプチド型阻害剤.

◇ **生理機能**

in vivo アッセイにおいて IC$_{50}$ = 3.9 nM.

参考文献

1）Hamada Y, et al：Bioorg Med Chem Lett, 18：1649-1653, 2008

KMI-574

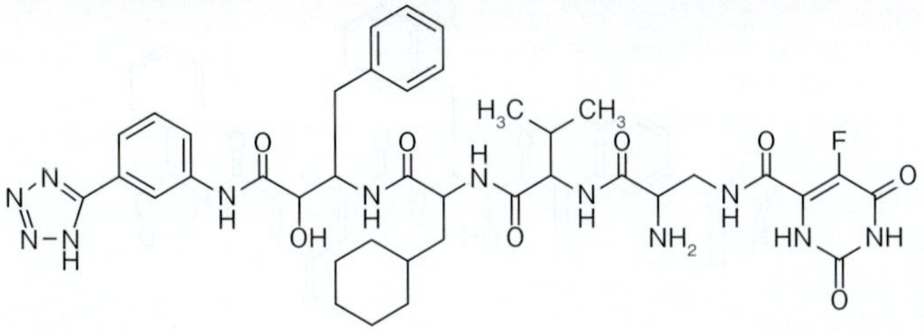

◆ 分子量：832.9

◆ **IUPAC名**：N-[(2S)-2-amino-3-[[(2S)-1-[[(2S)-3-cyclohexyl-1-[[(2S,3R)-3-hydroxy-4-oxo-1-phenyl-4-[3-(2H-tetrazol-5-yl)anilino]butan-2-yl]amino]-1-oxopropan-2-yl]amino]-3-methyl-1-oxobutan-2-yl]amino]-3-oxopropyl]-5-fluoro-2,4-dioxo-1H-pyrimidine-6-carboxamide

◆ **使用法・購入**

溶媒：DMSOあるいはエタノール，−20℃保存
使用条件：細胞培養用培地に添加する場合，0.03〜3 μMで効果
購入先：富士フイルム和光純薬社（111-00911）

◇ 作用機序

血液脳関門の透過性を上げるためにKMI-429の側鎖を生物学的等価体で置換したペプチド型β-secretase阻害剤.

◇ 生理機能

β-secretase発現培養細胞において，β-secretaseのラフトへの局在性に作用する.
*in vitro*アッセイにおいてIC$_{50}$ = 5.6 nM.

参考文献

1）Hamada Y, et al：Bioorg Med Chem Lett, 18：1649-1653, 2008

375

KMI-1027

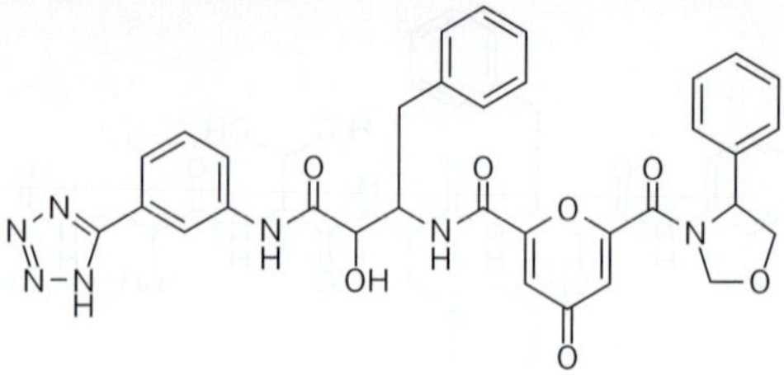

◆**分子量**：635.6

◆**IUPAC名**：N-[(2S,3S)-3-hydroxy-4-oxo-1-phenyl-4-[3-(2H-tetrazol-5-yl) anilino]butan-2-yl]-4-oxo-6-[(4S)-4-phenyl-1,3-oxazolidine-3-carbonyl] pyran-2-carboxamide

◆**使用法・購入**
溶媒：DMSOあるいはエタノール，−20℃保存
使用条件：細胞培養用培地に添加する場合，0.2〜20 μM で効果
購入先：富士フイルム和光純薬社（119-00921）

◇ 作用機序

KMI-429をモデルに設計した非ペプチド型阻害剤．非ペプチド型阻害剤とすることにより，生体内での安定性が増し，低分子量化した．

◇ 生理機能

in vitro アッセイにおいて $IC_{50} = 50$ nM.

参考文献
1）Hamada Y, et al：Bioorg Med Chem Lett, 18：1654, 2008

KMI-1303

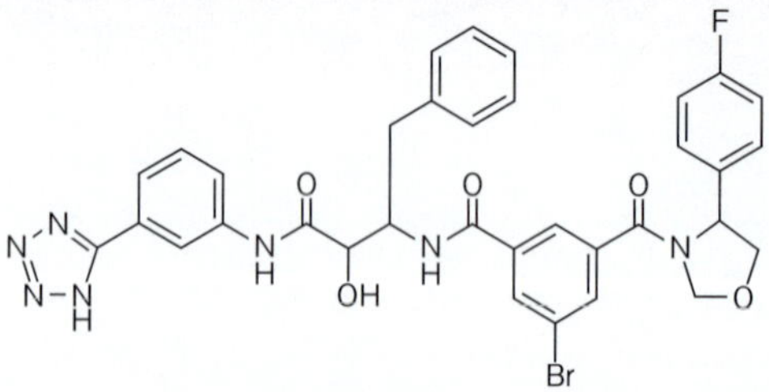

◆**分子量**：715.5

◆**IUPAC名**：4-bromo-6-[(4S)-4-(4-fluorophenyl)-1,3-oxazolidine-3-carbonyl]-

N-[(2S,3S)-3-hydroxy-4-oxo-1-phenyl-4-[3-(2H-tetrazol-5-yl)anilino]butan-2-yl]pyridine-2-carboxamide

◆使用法・購入

溶媒：DMSOあるいはエタノール，−20℃保存

使用条件：細胞培養用培地に添加する場合，0.05〜5 μM で効果

購入先：富士フイルム和光純薬社（116-00931）

◇ 作用機序

KMI-1027をもとに，β-secretase の活性ポケットへの親和性を高めるためにハロゲン分子を導入した非ペプチド型β-secretase 阻害剤であり，より強い阻害活性がある．

◇ 生理機能

in vitro アッセイにおいて IC_{50} = 9 nM.

参考文献

1）Hamada Y, et al：Bioorg Med Chem Lett, 18：2435, 2008

AZD3839

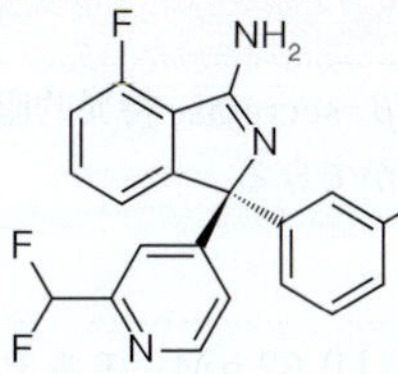

◆分子量：431.4

◆ **IUPAC名**：(3S)-3-[2-(difluoromethyl)pyridin-4-yl]-7-fluoro-3-(3-pyrimidin-5-ylphenyl)isoindol-1-amine

◆使用法・購入

溶媒：DMSO（10 mM），−20℃保存

使用条件：細胞培養用培地に添加する場合，0.1〜10 μM で効果

購入先：アブカム社（ab223887）

◇ 作用機序

強力なβ-secretase 特異的阻害剤である．

◇ 生理機能

β-secretase 阻害における IC_{50} = 23.6 nM であり，γ-secretase よりも14倍β-secretase に特異的に作用する．

参考文献

1）Aasa J, et al：Drug Metab Dispos, 41：159-169, 2013
2）Swahn BM, et al：J Med Chem, 55：9346-9361, 2012
3）Jeppsson F, et al：J Biol Chem, 287：41245-41257, 2012

Lanabecestat

別名：AZD3293

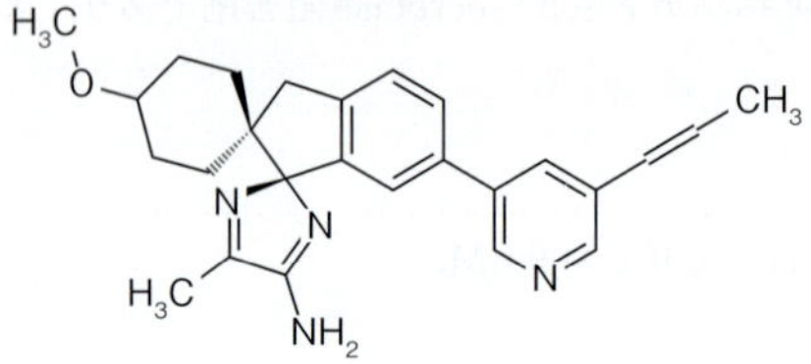

◆分子量：412.5

◆使用法・購入
溶媒：DMSOあるいはエタノール（200 mM以下），−20℃保存
使用条件：細胞培養用培地に添加する場合，0.5～50 nMで効果
購入先：アブカム社（ab223888）

◇作用機序

高い細胞膜透過性を有する強力なβ-secretase特異的阻害剤であり，経口投与が可能であり血液脳関門を透過することができる.

◇生理機能

IC_{50}はマウス由来初代神経細胞では0.62 nM，モルモット由来初代神経細胞では0.31 nM，アミロイド前駆体タンパク質を発現させたSH-SY5Y細胞では0.08 nMである. 経口投与後の動物モデルにおいて，血漿，脳脊髄液および脳におけるAβ40およびAβ42のレベルを低下させることができる.

参考文献

1）Eketjäll S, et al：J Alzheimers Dis, 50：1109-1123, 2016
2）Yan R：Transl Neurodegener, 5：13, 2016

LY2886721

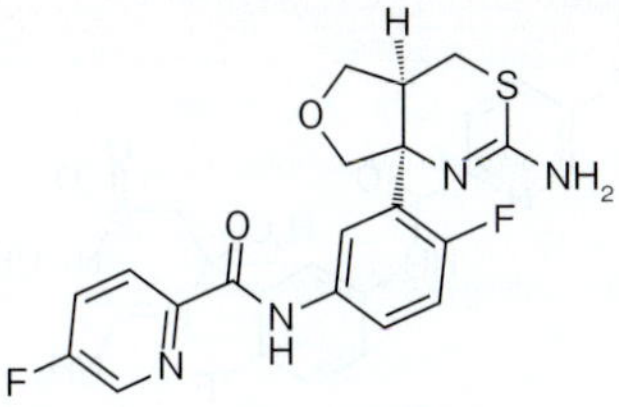

◆分子量：390.4

◆IUPAC名：N-[3-[(4aS,7aS)-2-amino-4,4a,5,7-tetrahydrofuro[3,4-d][1,3]
thiazin-7a-yl]-4-fluorophenyl]-5-fluoropyridine-2-carboxamide

◆使用法・購入
　溶媒：DMSO（20 mM）あるいはエタノール（2 mM以下），−20℃保存
　使用条件：細胞培養用培地に添加する場合，0.05～5 μMで効果
　購入先：BioVision社（2299），KareBay Biochem社（KI1142），アブカム社
　　（ab223886），ケムシーン社（CS-0458），ケイマン社（21599），Cellagen Tech-
　　nology社（C5288），EnoGene Biotech社（E1KS2156）

◇ 作用機序

強力なβ-secretase特異的阻害剤である．

◇ 生理機能

組換えヒトβ-secretase 1（hBACE1）に対して$IC_{50} = 20.3$ nMであり，ヒト
β-secretase 2（hBACE2）は10.2 nMのIC_{50}で阻害される．カテプシンD，ペプシ
ン，レニンなどの他のアスパルチルプロテアーゼを阻害しない．培養細胞におけるA
βの産生は，$IC_{50} = 10 \sim 20$ nMで阻害する．

参考文献
1）May PC, et al；J Neurosci, 35：1199-1210, 2015
2）Qi Y, et al：Acta Neuropathol Commun, 2：175, 2014
3）Lahiri DK, et al：Alzheimers Dement, 10：S411-S419, 2014

Verubecestat

別名：MK-8931

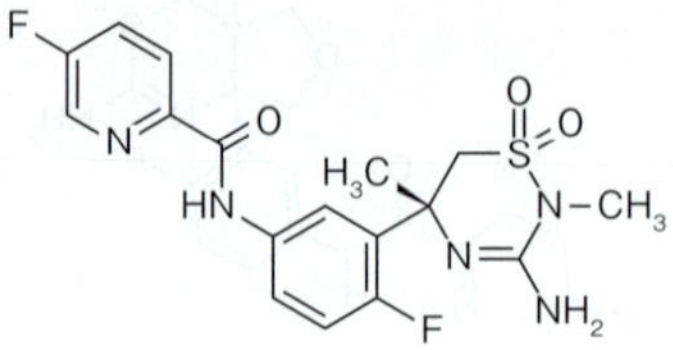

◆分子量：409.4

◆**IUPAC名**：N-[3-[(5R)-3-amino-2,5-dimethyl-1,1-dioxo-6H-1,2,4-thiadiazin-5-yl]-4-fluorophenyl]-5-fluoropyridine-2-carboxamide

◆**使用法・購入**
溶媒：DMSO（75 mM），-20℃保存
使用条件：細胞培養用培地に添加する場合，0.01～1 μM で効果
購入先：ケムシーン社（CS-5823），ケイマン社（21115），アブカム社（ab223883），BioVision社（B1315）

◇ 作用機序

強力な β -secretase 特異的阻害剤である．

◇ 生理機能

β -secretase 阻害における IC$_{50}$ = 2.2 nM である．

参考文献

1）Kennedy ME, et al：Sci Transl Med, 8：363ra150, 2016
2）Ohno M：Brain Res Bull, 126：183-198, 2016
3）Yan R & Vassar R：Lancet Neurol, 13：319-329, 2014

第24章

メタロプロテアーゼ関連薬剤

中島元夫

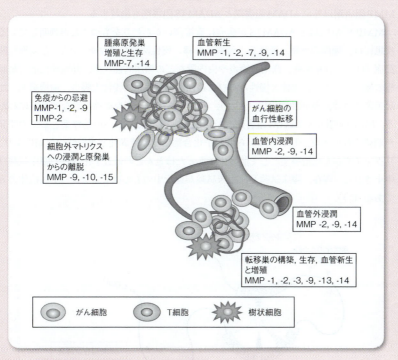

概略図1 細胞活動で機能するMMPの役割

　細胞膜表面あるいは細胞外で機能するZn^{2+}を酵素活性中心にもつメタロプロテアーゼは，マトリックスメタロプロテイナーゼ（matrix metalloproteinase, MMP, ヒト25種類），ADAM（a disintegrin and metalloproteinase, ヒト21種類），とADAMTS（a disintegrin and metalloproteinase with thrombospondin motif, ヒト19種類）の3種類に大別されている．これらの細胞外メタロプロテアーゼは細胞間接着と情報伝達，細胞外マトリックスへの接着と浸潤に働き，細胞の増殖と遊走や進展に必須のタンパク質分解酵素であり，組織の構築と修復に機能する．1980年代にはリウマチや動脈硬化をはじめとする各種臓器の炎症やがんの浸潤と転移，さらに血管新生の分子機構の研究がさかんになり，これらの細胞活動で機能するMMPの役割が急速に解明された（概略図1）．そのためMMP阻害剤（MMP inhibitor, MMPI）をリウ

マチやがんの治療薬として応用する研究が注目を浴び，1990年代から20年間にわたり多くの臨床試験が実施された．しかしながら，主にがんの浸潤と転移を対象に研究されていたMMPは，正常組織におけるそれらの生理機能の多くが未解明であったことと，当時は未知の部分が多かったADAMやADMATSファミリーのメタロプロテアーゼに対する阻害作用が検討されていなかったため，さまざまな予期せぬ副作用が発現した．その後，これらのメタロプロテアーゼは受精や発生，分化と成長における機能が明らかにされてきたため，本改訂版では，メタロプロテアーゼ阻害剤として，MMP阻害剤以外にADAM阻害剤とADAMTS阻害剤も掲載する．

　MMPやADAMとADAMTSが病態に直接深いかかわりをもつことが判明している疾患には，腫瘍の増殖，悪性化，浸潤，転移，慢性関節リウマチ（RA）と変形性関節症（OA），骨粗鬆症，歯槽骨膜炎や白内障などの糖尿病性疾患，動脈硬化症と動脈瘤の進行，心不全，急性と慢性ならびに遺伝性の腎疾患，慢性大腸炎，歯槽膿漏，加齢黄斑変性症，多発性硬化症（ALS），神経変性疾患，脳炎症性疾患など多岐にわたる．MMP阻害剤やADAM阻害剤，ADAMTS阻害剤はこれらの治療薬としての開発が期待されてきた．しかしながら低分子化合物はその特異性と選択性の欠如により，リウマチやがんの治療薬として開発中であったほとんどの低分子化合物の臨床試験は中止された．現在，臨床試験と前臨床試験が進行中のものはモノクローナル抗体のみである（表）．

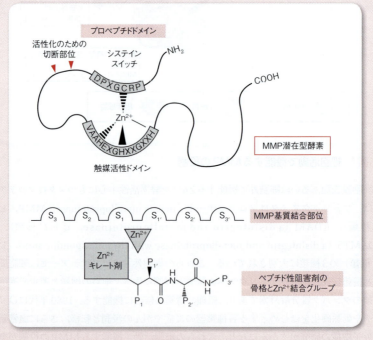

概略図2　MMPの保存された活性部位の構造とヒドロキサム酸型MMPI

表　MMP阻害剤

阻害剤	阻害活性基	標的MMP	対象疾患	副作用	試験結果
Batimastat (BB-94)	ヒドロキサム酸	(低い特異性) MMP-1, -2, -3, -7, -9, -14	膵がん, 卵巣がん, 腎がん, 大腸がん, 胃がん, 中皮腫	骨格筋異常, 消化管異常	第3相試験中止
Marimastat (BB-2516)	ヒドロキサム酸	MMP-1, -2, -3, -7, -9	乳がん, 大腸がん, 胃がん, 悪性神経膠腫, 膵がん	骨格筋異常, 消化管異常	第3相試験中止
Tanomastat (BAY 12-9566)	カルボン酸	MMP-2, -3, -8, -9, -13	非小細胞肺がん, 膵がん, 卵巣がん	血液細胞異常, 貧血, 血小板減少	第3相試験中止
Prinomastat (AG3340)	ヒドロキサム酸	MMP-2, -3, -9, -13, -14	非小細胞肺がん, 食道がん	骨格筋異常, 血液細胞異常	第3相試験中止
Andecaliximab (GS5745)	ヒト化モノクローナル抗体	MMP-9	胃がん, 乳がん, 膵がん, 非小細胞肺がん, 潰瘍性大腸炎	白血球減少, 吐き気, 消化管傷害	Gilead 第2/3相試験中止
AB0041	モノクローナル抗体	MMP-9	大腸がん, 潰瘍性大腸炎	N/A	前臨床試験中
SDS3	モノクローナル抗体	MMP-9	潰瘍性大腸炎, 多発性硬化症	N/A	前臨床試験中
TIMP-1	リコンビナントタンパク質 非可逆的阻害	MT1-MMP, MT3-MMP, MT5-MMPとMMP-19を除くMMP. 特にMMP-9, -1, -3に強い阻害活性			
TIMP-2	リコンビナントタンパク質 非可逆的阻害	MMP-2, -9, -13, -14			

MMP阻害剤

MMPには30種類以上の遺伝子ファミリーが存在し、コラゲナーゼ（MMP-1, 8, 13）、ゼラチナーゼ（MMP-2, 9）、ストロメライシン（MMP-3, 10, 11）、マトリライシン（MMP-7, 26）、膜貫通型MMP（MMP-14, 15, 16, 17, 24, 25）、その他（MMP-12, 19, 20, 21, 23, 27, 28）に分類されている。MMPの活性中心では、3つのヒスチジンのチオール基がZn^{2+}に配位結合しており、プロペプチドドメイン中のシステインスイッチがこれを覆って不活性型とした状態で細胞外に露出あるいは分泌される。このプロペプチドが他のプロテアーゼにより限定分解除去されて活性型になる。またRXKRもしくはRRKR配列をもつMMP（膜結合型MMPはすべてこのなかに含まれる）はゴルジ体に存在するフューリン（Furin）とよばれる酵素による切断を受け、活性化される。MMPを阻害する低分子阻害剤には、プロペプチドを模倣できるペプチドか基質の特異的認識切断部位のペプチドに類似したものが適しており、それらの末端にZn^{2+}をキレートするヒドロキサム酸、カルボン酸、リン酸かチオール基を付加したものが合成された（概略図2）。活性型はZn^{2+}をキレートできるEDTAでも非特異的に阻害される。

ADAM阻害剤

ADAMは糖鎖修飾されている細胞膜結合型のZn^{2+}依存性プロテアーゼで、細胞間相互作用や細胞と細胞外マトリクスとの相互作用に重要な機能を果たしており、受精、筋細胞融合、炎症性サイトカインTNFαの遊離、NotchとDeltaの神経系構築における制御などに働いている。

参考文献

1) Beckett RP, et al：Drug Disc Today, 1：16-26, 1996
2) MacPherson LJ, et al：J Med Chem, 40：2525-2532, 1997
3) Montana J, et al：Int J Pharm Med, 12：9-12, 1998

1 MMP 阻害剤

Marimastat

別名：マリマスタット / BB-2516

◆**分子量**：331.4

◆**IUPAC名**：(2S,3R)-N'-[(1S)-2,2-dimethyl-1-(methylcarbamoyl)propyl]-N,2-dihydroxy-3-(2-methylpropyl)butanediamide

◆**使用法・購入**

溶媒：DMSOに溶解した高濃度溶液（DMSO > 20 mg/mL）をストックとして調製して−20℃保存. 酵素反応液や細胞培養液に要時添加して最終濃度に調製する

使用条件：実験動物には，腹腔内投与，静脈注射のいずれも可能. 長期投与では皮下に埋め込む subQ Alzetpump（Alzet, Cupertino, CA）を利用する

購入先：シグマ社〔M2699-5MG, M2699-25MG, 純度 > 98 %（HPLC）〕

◇ 作用機序

活性中心の Zn^{2+} をヒドロキサム酸がキレートすることにより酵素活性を阻害する.

◇ 生理機能

ゼラチナーゼ（MMP-9），コラゲナーゼ（MMP-1），ゼラチナーゼ（MMP-2），膜型MMP（MMP-14），マトリライシン（MMP-7）などを阻害し，その IC_{50} はそれぞれ 3，5，6，9，13 nM である. その他にストロメライシン-1，-2，33，マクロファージメタロエラステラーゼ，好中球コラゲナーゼ，MMP-15，-16，-17，-19，-20，-21，-23，-24，-25，-26，-27，-28，を阻害し，TNFα転換酵素（TACE）も阻害する（IC_{50} = 3.8 nM）.

◇ 注意点

MMPファミリーのプロテアーゼに対してはかなり広範な阻害活性を有し，TACEも強く阻害するので，オフターゲット効果と毒性に留意する.

参考文献

1）Rasmussen HS & McCann PP：Pharmacol Ther, 75：69-75, 1997
2）Barlaam B, et al：J Med Chem, 42：4890-4908, 1999
3）Whittaker M, et al：Chem Rev, 99：2735-2776, 1999
4）Wada N, et al：Clin Exp Metastasis, 20：431-435, 2003

5）Bjørnland K, et al：J Surg Res, 127：151-156, 2005

Prinomastat

別名：プリノマスタット / AG3340

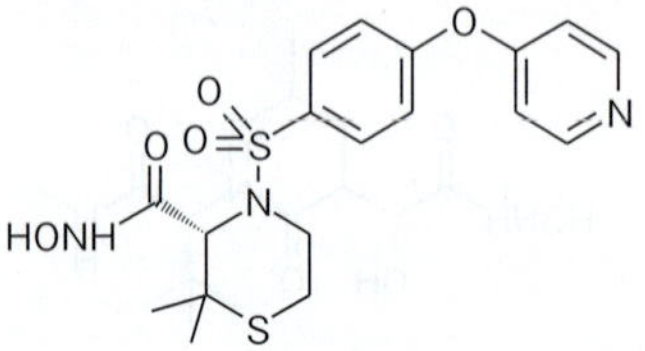

◆分子量：423.5

◆**IUPAC名** ： 3-N-hydroxy(3S)-2,2-dimethyl-4-[4-(pyridin-4-yloxy)benzenesulfonyl]thiomorpholine-3-carboximidic acid

◆**使用法・購入**

溶媒：DMSOに溶解した高濃度溶液をストックとして調製して−20℃で保存し，酵素反応液や細胞培養液に要時添加して最終濃度に調製する

使用条件：実験動物には，腹腔内投与，静脈注射のいずれも可能．長期投与では皮下に埋め込むsubQ Alzetpump（Alzet, Cupertino, CA）を利用する

購入先：シグマ社からプリノマスタット塩酸塩〔PZ0198（分子量：460.0，純度＞95％（HPLC）〕として購入可能

◇作用機序

活性中心のZn^{2+}をヒドロキサム酸がキレートすることにより酵素活性を阻害する．疎水性で，血液脳関門を透過する．

◇生理機能

MMP-2, 9, 13, 14を阻害し，がん細胞の細胞外基質の分解，血管新生，増殖，浸潤，転移を阻害する．

◇注意点

MMPファミリーのプロテアーゼに対してはかなり広範な阻害活性を有し，オフターゲット効果と毒性に留意する．また高脂血症治療薬PitavastatinとPrinomastatを併用すると，血中Pitavastatinの濃度が低下する．

参考文献

1）Shalinsky DR, et al：Ann N Y Acad Sci, 878：236-270, 1999

2）Scatena R：Expert Opin Investig Drugs, 9：2159-2165, 2000

3）Deryugina EI, et al：Int J Cancer, 104：533-541, 2003

AB0041

別名：Monoclonal antibody raised against MMP-9

◆分子量：150.0 kDa

◆使用法・購入

使用条件：細胞培養系への添加，動物へは尾静脈注射による投与．（特異性）ヒト MMP-9，（種特異性）ヒト，ラット，カニクイザル

購入先：Gilead Sciences社，抗ヒトMMP-9抗体特許US8501916B2，US20130281676A1（Gilead Sciences, https://www.gilead.com/）．Creative BioLabs社（HPAB-0027-YC，CHP細胞産生抗ヒトMMP-9抗体）（https://www.creativebiolabs.net/）

◇ 作用機序

MMP-9への特異的選択的結合によるアロステリック酵素活性阻害．

◇ 生理機能

MMP-9阻害による細胞増殖，浸潤と炎症の抑制，潰瘍性大腸炎と大腸がんの抑制，免疫組織染色やフローサイトメトリーにも適する．

◇ 注意点

ヒト化抗体のGS-5745は臨床第Ⅱ・Ⅲ相試験中（NCT01831427，NCT02077465，NCT01803282）

参考文献

1）Marshall DC, et al：PLoS One, 10：e0127063, 2015

ヒト TIMP-1

別名：メタロプロテイナーゼの組織インヒビター1 / 線維芽細胞コラゲナーゼインヒビター / 赤血球増強点性タンパク質

CTCVPPHPQT AFCNSDLVIR AKFVGTPEVN QTTLYQRYEI KMTKMYKGFQ ALGDAADIRF VYTPAMESVC GYFHRSHNRS EEFLIAGKLQ DGLLHITTCS FVAPWNSLSL AQRRGFTKTY TVGCEECTVF PCLSIPCKLQ SGTHCLWTDQ LLQGSEKGFQ SRHLACLPRE PGLCTWQSLR SQIA

◆分子量：20.6 kDa

◆使用法・購入

溶媒：大腸菌，昆虫細胞，あるいはヒトHEK293細胞により産生された組換えタンパク質が凍結乾燥品として市販されている．いずれもバイアルを開封前に遠心して，0.1～1.0 mg/mLの濃度となるよう水で再構成するが，ボルテックスは使わない．溶液は2～8℃で1週間まで保存可能

使用条件：（特異性）ヒトTIMPには4種類が知られているが，ヒトTIMP-1は広範囲

のMMPとADAM10を阻害する．特にMMP-9, 1, 3に対する結合効率が高い．ただしMT1（membrane type 1）-MMP, MT3-MMP, MT5-MMPとMMP-19は阻害しない

購入先：シグマ社から大腸菌により生産したヒトTIMP-1〔SRP3173-10UG，純度＞95％（SDS-PAGE），＞95％（HPLC）〕，CHO細胞により製造したヒトTIMP-1（T8947-5U），昆虫細胞Sf-9により生産したヒトTIMP-1（SRP6040-5UG），ヒトHEK239細胞により生産したヒトTIMP-1（SRP6445-10UG）が入手可能

◇ 作用機序

TIMP-1のN末側ユニットが各種メタロプロテイナーゼの酵素活性部位への特異的結合により酵素活性を阻害する．

◇ 生理機能

組織の破壊と構築の阻害，がん細胞の浸潤と転移の阻害，赤血球増強活性．

◇ 注意点

水溶液状態にしたTIMP-1の長期保存には，キャリアタンパク質（0.1％BSAなど）を含有するバッファーで希釈し，1回使用量ごとに分けて-20～-80℃で保存する．

参考文献

1）Khokha R & Waterhouse P：J Neurooncol, 18：123-127, 1994
2）Nagase H, et al：Ann N Y Acad Sci, 878：1-11, 1999
3）Gardner J & Ghorpade A：J Neurosci Res, 74：801-806, 2003
4）Grunnet M, et al：Scand J Gastroenterol, 48：899-905, 2013

ヒトTIMP-2

別名：CSC-21K／メタロプロテイナーゼの組織インヒビター2

MCSCSPVHPQ QAFCNADVVI RAKAVSEKEV DSGNDIYGNP IKRIQYEIKQ
IKMFKGPEKD IEFIYTAPSS AVCGVSLDVG GKKEYLIAGK AEGDGKMHIT
LCDFIVPWDT LSTTQKKSLN HRYQMGCECK ITRCPMIPCY ISSPDECLWM
DWVTEKNING HQAKFFACIK RSDGSCAWYR GAAPPKQEFL DIEDP

◆**分子量**：21.8 kDa

◆**使用法・購入**

溶媒：市販のTIMP-2は組換えタンパク質の凍結乾燥品であり，バイアルを開封前に遠心して，0.1～1.0 mg/mLの濃度となるよう水で再構成するが，ボルテックスは使わない．溶液は2～8℃で1週間まで保存可能

使用条件：（特異性）TIMP-2は広範のMMPを非可逆的に阻害する活性を有し，MMP-1, 2, 3, 7, 8, 9, 10, 12, 13, 14, 15, 16と19に対する特異性が高い

購入先：シグマ社から大腸菌による組換えタンパク質の精製品（SRP3174-10UG）が入手できる．

◇ 作用機序

MMPの酵素活性部位を特異的に覆って非可逆的な阻害活性を発揮する.

◇ 生理機能

各種MMPを阻害することにより組織の構築と再構成に機能している. またMMP阻害活性とは独立に血管内皮細胞の増殖を阻害し, 血管新生を抑制する.

◇ 注意点

水溶液状態にしたTIMP-2の長期保存には, キャリアタンパク質（0.1％BSAなど）を含有するバッファーで希釈し, 1回使用量ごとに分けて-20～-80℃で保存する. MMP阻害活性とは独立の血管内皮細胞に対する抑制作用があるので, 動物試験では血管への影響を考慮する必要がある.

参考文献

1）Yu AE, et al：Biochem Cell Biol, 74：823-831, 1996
2）Chen WT & Wang JY：Ann N Y Acad Sci, 878：361-371, 1999
3）Sounni NE, et al：Matrix Biol, 22：55-61, 2003
4）Liu C, et al：Medicine（Baltimore）, 96：e7484, 2017

2 ADAM阻害剤

INCB3619

◆ **分子量**：413.5

◆ **IUPAC名**：Methyl(6S,7S)-7-(hydroxycarbamoyl)-6-[(4-phenyl-3,6-dihydro-1(2H)-pyridinyl)carbonyl]-5-azaspiro[2.5]octane-5-carboxylate

◆ **使用法・購入**

溶媒：結晶粉末をDMSO溶液をストックとして調製し, -20～-80℃で保存する
使用条件：細胞培養液に要時添加して最終濃度を調製
購入先：Incyte Corporation社, jfridman@incyte.com. LabNetwork社（LN01344208）, MuseChem社（I007302）

第24章 メタロプロテアーゼ関連薬剤

◇ 作用機序

　ヒドロキサム酸による酵素活性部位のZn²⁺のキレートによる阻害.

◇ 生理機能

　ADAM10/17の阻害によるTGF-α, amphiregulin（AR）, HB-EGFとheregulin（HRG）の細胞表面からのシェディングを阻害する.

◇ 注意点

　MMP-2やMMP-12に対する阻害活性もある.

参考文献

1）Fridman JS, et al：Clin Cancer Res, 13：1892-1902, 2007

TAPI-1

　別名：TNF α protease inhibitor 1

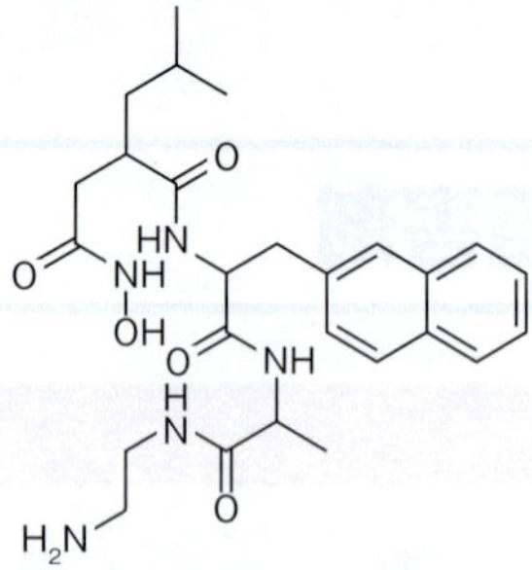

◆ **分子量**：499.6

◆ **IUPAC名**：N-{(2R)-2-[2-(Hydroxyamino)-2-oxoethyl]-4-methylpentanoyl}-3-(2-naphthyl)-L-alanyl-N-(2-aminoethyl)-L-alaninamide

◆ **使用法・購入**
　溶媒：結晶粉末をDMSO溶液をストックとして調製し, -20～-80℃で保存
　使用条件：細胞培養液に要時添加して最終濃度を調製
　購入先：ケイマン社（18505）

◇ 作用機序

　ヒドロキサム酸によるメタロプロテアーゼ酵素活性部位のZn²⁺キレートによる阻害.

◇ 生理機能

　さまざまなMMPとTACEを阻害する. 細胞表面のIL-6受容体, p60 TNF受容体とp80 TNF受容体のシェディングを抑制する. またムスカリン受容体刺激による

sAAP α の遊離も阻害する．$IC_{50} = 5 \sim 100\ \mu M.$

◇注意点

MMPに対する阻害活性も有する．

参考文献

1）Vincent B, et al：J Biol Chem, 276：37743-37746, 2001
2）Hooper NM, et al：Biochem J, 321（Pt 2）：265-279, 1997
3）Crowe PD, et al：J Exp Med, 181：1205-1210, 1995
4）Müllberg J, et al：J Immunol, 155：5198-5205, 1995
5）Mohler KM, et al：Nature, 370：218-220, 1994

TAPI-2

別名：TNF α　protease inhibitor 2

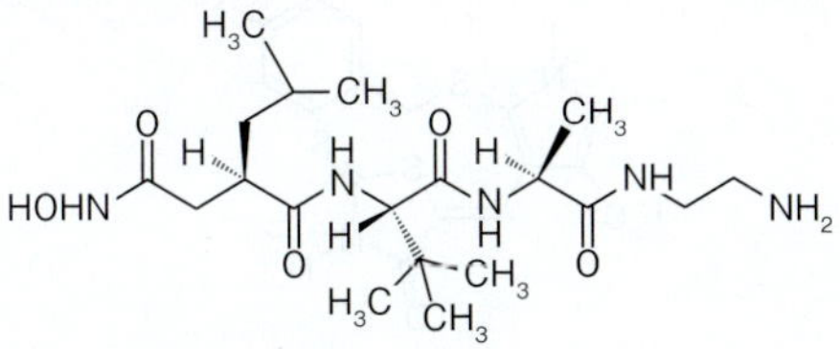

◆分子量：415.5

◆IUPAC名：N-(R)-[2-(Hydroxyaminocarbonyl)methyl]-4-methylpentanoyl-L-t-butyl-alanyl-L-alanine, 2-aminoethyl Amide

◆使用法・購入
溶媒：白色結晶粉末をDMSOに溶解しストック溶液として-20〜-80℃で保存
使用条件：細胞培養液に要時添加して最終濃度を調製
購入先：メルク社（579052）

◇作用機序

ヒドロキサム酸によるメタロプロテアーゼ酵素活性部位の Zn^{2+} キレートによる阻害．

◇生理機能

刺激された好中球や好酸球，リンパ球からL-セレクチンがシェディングされるのを抑制する．TACE，ADAMs，ACEとMMPsの阻害活性も有し，DCC7，APP，TNF α，NOTCH，TGF α，IL-6R9，erbB2/HER2の遊離を阻害する．ACEに対しては $IC_{50} = 18\ \mu M.$

◇注意点

ADAM17（TACE）に対してのみ特異性があるのではないので，細胞培養系におけ

る阻害実験については結果の解釈に注意を要する.

参考文献

1) Arribas J, et al：J Biol Chem, 271：11376-11382, 1996
2) Black RA, et al：Nature, 385：729-733, 1997
3) Parvathy S, et al：Biochem J, 327（Pt 1）：37-43, 1997
4) Maskos K, et al：Proc Natl Acad Sci U S A, 95：3408-3412, 1998
5) Fiorucci S, et al：Aliment Pharmacol Ther, 12：1139-1153, 1998

3 ADAMTS 阻害剤

ADAMTS-5 inhibitor

◆**分子量**：449.9

◆**IUPAC名**：(5Z)-5-[[5-[(4-Chlorophenyl)methylsulfanyl]-1-methyl-3-(trifluoromethyl)pyrazol-4-yl]methylidene]-2-sulfanylidene-1,3-thiazolidin-4-one

◆**使用法・購入**
溶媒：粉末結晶をDMSOに溶解してストック溶液として-20～-80℃で保存
使用条件：細胞培養液に要時添加して最終濃度を調製
購入先：Medkoo Biosciences社（564127），シグマ社（114810-5MGCN）

◇ **作用機序**

　チオキソチアゾリディノン化合物でZn^{2+}キレート活性を有し，ADAMTS-5（アグリカナーゼ-2）阻害剤（IC$_{50}$ = 1.1 μM）．ADAMTS-5にはADAMTS-4（アグリカナーゼ-1）に比べて40倍強い阻害活性を発揮する.

◇ **生理機能**

　ADAMTS-5は別名をアグリカナーゼ-2といい，軟骨の主要なプロテオグリカンであるアグリカンを分解する酵素の一つで，OA（変形性関節症）において軟骨を破壊するために機能している．ADAMTS-5は，一方では神経系の構築に重要な役割を担っている．これらのアグリカナーゼの活性を阻害することで軟骨代謝の研究とOAに対する治療の研究に用いられている.

◇ 注意点

ヒドロキサム酸に比べてメタロプロテアーゼ酵素阻害活性は緩和であり，他のMMPやADAMに対する阻害は少ない．

参考文献

1) Bondeson J, et al：Clin Exp Rheumatol, 26：139-145, 2008
2) Lemarchant S, et al：J Neuroinflammation, 10：133, 2013
3) Bursavich MG, et al：Bioorg Med Chem Lett, 17：1185-1188, 2007
4) Gilbert AM, et al：Bioorg Med Chem Lett, 17：1189-1192, 2007

ADAMTS13 inhibitor

◆**分子量**：IgG 150 kDa

◆**使用法・購入**
　使用条件：ADAMTS13活性は血栓性血小板減少性紫斑病（TTP）の診断補助に，ADAMTS13阻害剤は後天性TTPの診断補助に用いる

◇ 作用機序

ADAMTS13活性中和抗体．

◇ 生理機能

ADAMTS13はvon Willebrand因子（VWF）特異的切断酵素で，血液難病のTTP（血栓性血小板減少性紫斑病）の原因となる鍵酵素である．ADAMTS13とVWFの均衡破綻は血小板血栓による微小循環障害を生じ，さまざまな疾患の基礎病態形成に重要である．TTPは血小板減少，溶血性貧血，動揺性精神神経症状，腎機能障害，発熱を特徴とする致死的血小板血栓症で，無治療では90％以上の症例が早期に死亡するとされている．ADAMTS13活性が著減する原因としては，ADAMTS13遺伝子異常による「先天性TTP」とADAMTS13阻害剤（中和抗体）による「後天性TTP」が知られている．ADAMTS13はTTPの他に炎症，脳梗塞，インフルエンザ重篤化，膠原病や妊娠に合併する血栓症，そして播種性血管内凝固とが関連する．関連疾患：TTP（血栓性血小板減少性紫斑病），HUS（溶血性尿毒症症候群），TMA（血栓性微小血管症）．

参考文献

1) 伊藤 晋 他：日本輸血細胞治療学会誌, 56：27-35, 2010
2) 松本雅則：臨床血液, 58：2081-2086, 2017
3) 藤村吉博：J Jpn Coll Angiol, 51：321–331, 2011

第25章
COX, 酸化ストレス, NO関連薬剤

川崎善博

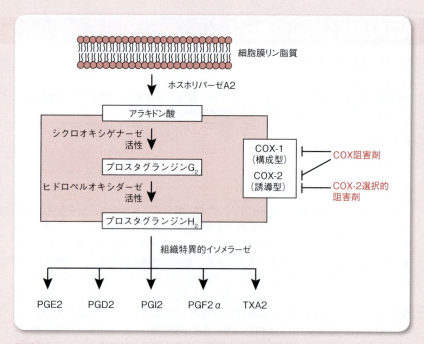

概略図1　COX（シクロオキシゲナーゼ）とその阻害剤

　COX（シクロオキシゲナーゼ）はアラキドン酸からPG（プロスタグランジン）の生成を触媒する酵素で，COX-1とCOX-2の2種類のアイソフォームが知られている（概略図1）．COX-1はさまざまな種類の細胞や組織において発現しており，胃粘膜の保護や生理機能の恒常性維持にかかわっている．一方，COX-2はTNF-αやIL-1などの炎症性サイトカインや増殖因子によって発現が誘導され，炎症や発熱を媒介するPGを生成する．そのため，Celecoxibに代表されるCOX-2選択的阻害剤は胃粘膜障害などの副作用を抑えた抗炎症薬として使われている．

　酸化ストレスとは，活性酸素を産生する酸化反応と抗酸化反応のバランスが崩れて

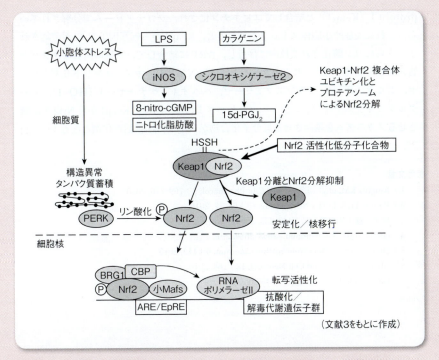

概略図2　炎症および小胞体ストレスによるNrf2活性化機構とNrf2誘導剤

酸化に傾いている状態のことをあらわしている．通常，生体内で発生した活性酸素は抗酸化物質や抗酸化酵素によって十分に消去されるが，過剰の活性酸素はDNA，タンパク質，脂質などの生体分子に損傷を与えることが知られている．酸化ストレスは，神経変性疾患，心疾患，がんなどのさまざまな疾患の発症にかかわっていることが明らかにされている．

一酸化窒素合成酵素（NOS）はL-アルギニンから一酸化窒素（NO）とL-シトルリンを生合成する酵素で，3種類のアイソフォーム（nNOS：神経型NOS，eNOS：血管内皮型NOS，iNOS：誘導型NOS）が知られている．nNOSとeNOSは恒常的に発現しており，産生されたNOは神経伝達物質や血管拡張因子として作用し，生理機能の恒常性維持に関与している．一方，iNOSは炎症性サイトカインの刺激を受けたマクロファージなどで発現が誘導され，大量に生じたNOは貪食細胞が殺菌能を示す際に必要となることが示されている．現在，NOSに対する阻害剤としては基質であるL-アルギニンの誘導体が広く使用されている．

Nrf2誘導剤/活性化剤（執筆：中島元夫）

一連の抗炎症タンパク質の発現を誘導する転写因子Nrf2は常に発現して細胞質内に存在しているが，Nrf2（NF-E2-related factor）はKelch-like ECH-associated protein 1（Keap1）と結合してユビキチン化され，プロテアソームで分解されている．これに炎症や小胞体ストレスが加わると，Keap1 から転写因子 Nrf2 が遊離されて，さらにリン酸化されて核内に移行し，ARE に結合して，一連の抗炎症タンパク質の発現を誘導する．それらのタンパク質には NADPH，キノンオキシドリダクターゼ，グルタチオン S-トランスフェラーゼ，ヘムオキシゲナーゼ 1（HO-1），γ-グルタミルシステインシンテターゼなどが含まれる．同様に Keap1 から Nrf2 を遊離させるメカニズムを誘起させる低分子化合物が Nrf2 誘導剤/活性化剤となる（概略図2）．

参考文献

1）Knights KM, et al：Expert Rev Clin Pharmacol, 3：769-776, 2010
2）Poulos TL & Li H：Nitric Oxide, 63：68-77, 2016
3）伊東　健：生化学，81：447-455, 2009
4）de Haan JB：Diabetes, 60：2683-2684, 2011
5）Duleh S, et al：Acta Neuropathol Commun, 4：115, 2016
6）Abeti R, et al：Front Cell Neurosci, 12：188, 2018
7）Gameiro I, et al：Sci Rep, 7：45701, 2017

Acetylsalicylic acid

別名：アセチルサリチル酸 / Aspirin / アスピリン

◆**分子量**：180.2

◆**IUPAC名**：2-(acetyloxy)-benzoic acid

◆**使用法・購入**
　溶媒：水（3 mg/mL），DMSO（50 mM），-20℃保存
　注意点：細胞培養用培地に添加する場合，0.01～10 mM．マウス個体に投与する場合，
　　20～300 mg/kgを経口投与もしくは腹腔内投与
　購入先：シグマ社（A5376），サンタクルズ社（sc-202471），ケイマン社（70260）

◇作用機序

　アスピリンはCOX-1のSer530およびCOX-2のSer516をアセチル化するとともに，酵素活性部位に結合することによって不可逆的にCOX酵素活性を阻害する．$IC_{50} = 0.75\ \mu M$（COX1），$1.25\ \mu M$（COX2）.

◇生理機能

　アスピリンはプロスタグランジンの産生を抑えることで解熱・鎮痛・抗炎症作用を発揮することがよく知られている[1]．また，COX阻害作用以外のアスピリンの抗炎症効果は，炎症性サイトカインの転写因子であるNF-κBの活性抑制で理解されている[2][3]．通常，NF-κBはI-κBと複合体を形成しているが，IL-1やTNF-αの刺激でI-κBがIKKによってリン酸化を受けると，NF-κBはI-κBから離れて核内に移行し転写を活性化する．アスピリンはIKKを阻害することでNF-κBの核内移行を抑制している．現在，市販薬（バファリンAなど）および処方薬として広く用いられている．

◇注意点

　アスピリンはMAPKを活性化すること，抗アポトーシス作用があるMcl-1の発現を低下させることでアポトーシスを誘導していることも示されている[4].

参考文献
1）Vane JR：Nat New Biol, 231：232-235, 1971
2）Kopp E & Ghosh S：Science, 265：956-959, 1994
3）Yin MJ, et al：Nature, 396：77-80, 1998
4）Iglesias-Serret D, et al：Apoptosis, 15：219-229, 2010

第25章　COX，酸化ストレス，NO関連薬剤

Sulindac sulfide

別名：スリンダックスルフィド

◆分子量：340.4

◆**IUPAC名**：(Z)-5-Fluoro-2-methyl-1-[p-(methylthio)benzylidene]indene-3-acetic acid

◆**使用法・購入**
溶媒：DMSO（100 mM），-20℃保存
使用条件：細胞培養用培地に添加する場合，10〜200 μM．マウス個体に投与する場合，1〜10 mg/kgを経口投与もしくは腹腔内投与
購入先：メルク社（574102），シグマ社（S3131），サンタクルズ社（sc-200118），ケイマン社（10004387），アブカム社（ab120650）

◇ 作用機序

Indomethacin とともにインドール酢酸誘導体に分類される COX 阻害剤．基質結合部位に対する拮抗阻害剤として作用する．$IC_{50} = 1.02$ μM（COX1），10.43 μM（COX2）．

◇ 生理機能

Sulindac はさまざまな細胞株においてアポトーシスを誘導する．さらに，Sulindac の投与によって，Min マウス（ヒト大腸がんのモデルマウス）の腸管で発生するポリープ数の減少とプロスタグランジン産生の低下が起こることも示されている[1]．また，アスピリンと同様に IKK を阻害することで NF-κB 経路を抑制していることも報告されている[2]．現在，解熱鎮痛薬としてクリノリルという商品名で販売されている．

◇ 注意点

Sulindac 自体は薬理活性をほとんど示さないプロドラッグとして働き，スルフィド誘導体（Sulindac sulfide）へ代謝されることで活性化型となる．また，Sulindac sulfide は Aldose reductase（$IC_{50} = 0.279$ μM）の活性も阻害することが示されている[3]．

参考文献

1）Boolbol SK, et al：Cancer Res, 56：2556–2560, 1996
2）Yamamoto Y, et al：J Biol Chem, 274：27307-27314, 1999
3）Zheng X, et al：FEBS Lett, 586：55-59, 2012

Indomethacin

別名：インドメタシン

◆分子量：357.8

◆IUPAC名：1-(p-Chlorobenzoyl)-5-methoxy-2-methyl-1H-indole-3-acetic Acid

◆使用法・購入
溶媒：DMSO（50 mM），-20℃保存
使用条件：細胞培養用培地に添加する場合，1～200 μM．マウス個体に投与する場合，0.5～50 mg/kg を経口投与
購入法：メルク社（405268），シグマ社（I7378），サンタクルズ社（sc-200503），ケイマン社（70270），アブカム社（ab120719），セレック社（S1723）

◇ 作用機序

Sulindac sulfide とともにインドール酢酸誘導体に分類される COX 阻害剤．基質結合部位に対する拮抗阻害剤として作用する．$IC_{50} = 0.28$ μM（COX1），14 μM（COX2）．

◇ 生理機能

Indomethacin は内因性のプロスタグランジン生合成を阻害して強力な解熱鎮痛作用を発揮することが知られている．培地に Indomethacin を添加するとさまざまな細胞株でアポトーシスが起こる．最近，グリオーマ細胞を用いた実験から Indomethacin で誘導されるアポトーシスは ceramide/PP2A/Akt 経路の活性化を介していることが明らかにされた[1]．また，Indomethacin は PPARγ を活性化することで脂肪細胞への分化を誘導することが報告されている[2]．HT29 細胞（大腸がん細胞株）では ERK1/2 の活性を阻害することで細胞周期の G1 期から S 期への移行を妨げることが示されている[3]．現在，市販薬（塗り薬，湿布）および処方薬として広く用いられている．

◇ 注意点

動物への経口投与では用量依存的に消化管粘膜障害を誘導する．

参考文献
1）Chang CY, et al：Exp Cell Res, 365：66-77, 2018
2）Lehmann JM, et al：J Biol Chem, 272：3406-3410, 1997

Ibuprofen

別名：イブプロフェン

◆分子量：206.3

◆IUPAC名：α-methyl-4-(2-methylpropyl)-benzeneacetic acid

◆使用法・購入

溶媒：溶媒 DMSO（100 mM），−20℃保存

使用条件：細胞培養用培地に添加する場合，〜2 mM．マウス個体に投与する場合，〜45 mg/kg を経口投与

購入先：メルク社（401003），シグマ社（I4883），サンタクルズ社（sc-200534），ケイマン社（70280），アブカム社（ab141553），セレック社（S1638）

◇作用機序

Ibuprofen はプロピオン酸誘導体に分類される COX 阻害剤．基質に対する拮抗阻害剤として作用する．側鎖の α 位に不斉炭素原子をもつため，2種類の光学異性体（S体とR体）が存在し，S体の方が強い COX 阻害活性を示す．(S)-(＋)-Ibuprofen の $IC_{50} = 8.9\ \mu M$（COX1），$7.2\ \mu M$（COX2）[1]．

◇生理機能

Ibuprofen は他の COX 阻害剤と同様に細胞増殖や TNF による NF-κB の活性化を抑制することが示されている[2]．また，胃がんのがん幹細胞を用いた研究において，Ibuprofen は Wnt/β-catenin シグナルを抑制することで細胞の増殖や幹細胞性を低下させることも明らかにされている[3]．現在，市販薬（イブなど）および処方薬として広く用いられている．

◇注意点

Ibuprofen は Thromboxane B2 release（$IC_{50} = 1.27\ \mu M$）の活性も阻害することが示されている．

参考文献

1）Meade EA, et al：J Biol Chem, 268：6610-6614, 1993

2）Takada Y, et al：Oncogene, 23：9247-9258, 2004

3）Akrami H, et al：Cell Biol Int, doi:10.1002/cbin.10959, 2018

Diclofenac sodium

別名：ジクロフェナック

◆**分子量**：318.1

◆**IUPAC名**：2-[(2,6-Dichlorophenyl)amino]benzeneacetic acid sodium salt

◆**使用法・購入**

溶媒：DMSO（100 mM），ミリQ水（50 mM），-20℃保存

使用条件：細胞培養用培地に添加する場合，10〜500 μM．マウス個体に投与する場合，1〜25 mg/kgを経口投与もしくは腹腔内投与

購入先：メルク社（287840），シグマ社（D6899），サンタクルズ社（sc-202136），ケイマン社（70680），アブカム社（ab120621），セレック社（S1903）

◇作用機序

Diclofenacはヘテロアリール酢酸誘導体に分類されるCOX阻害剤．基質に対する拮抗阻害剤として作用する．IC_{50} = 75 nM（COX1），29 nM（COX2）．

◇生理機能

Diclofenacはさまざまな細胞株においてアポトーシスを誘導する．また，I-κBの分解を誘導することでNF-κBを活性化すること，さらにその結果としてWnt/β-cateninシグナルを抑制する働きがあることが明らかにされている[1][2]．さまざまなグリオーマ細胞株においては，乳酸脱水素酵素活性と乳酸産生の低下，STAT3のリン酸化とc-Mycの発現低下，および細胞増殖・細胞運動の低下を招く[3]．現在，市販薬および処方薬（ボルタレンなど）として広く用いられている．

◇注意点

Diclofenacはヒト肝臓由来phenol sulfotransferases（HL-PST）（IC_{50} = 9.5 μM）の活性も阻害することが示されている[4]．

参考文献

1）Takada Y, et al：Oncogene, 23：9247-9258, 2004

2）Cho M, et al：FEBS Lett, 579：4213-4218, 2005

3）Leidgens V, et al：PLoS One, 10：e0140613, 2015

4）Vietri M, et al：Eur J Clin Pharmacol, 56：81-87, 2000

第25章　COX，酸化ストレス，NO関連薬剤

3-Amino-1,2,4-triazole

別名：3-アミノ-1,2,4-トリアゾール / 3-AT

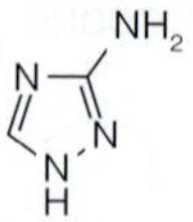

◆**分子量**：84.1

◆**IUPAC名**：3-Amino-1,2,4-triazole

◆**使用法・購入**
溶媒：水（50 mg/mL），-80℃保存
使用条件：細胞培養用培地に添加する場合，5～50 μM．マウス個体に投与する場合，1～2.25 g/kgを腹腔内投与
購入先：メルク社（814495），シグマ社（A8056），サンタクルズ社（sc-202016）

◇作用機序

3-アミノ-1,2,4-トリアゾール（3-AT）は，カタラーゼの反応中間体と結合することで，カタラーゼ活性を阻害する．

◇生理機能

ラット初代培養肝細胞を3-ATおよびメルカプトコハク酸で処理すると，内因性酸化ストレスが惹起されアポトーシスが起こる[1]．また，NT-2神経細胞やSP2/0-Ag-14ミエローマ細胞で3-ATはAβによる細胞毒性を増強することも示されている[2]．

◇注意点

ラット脳に直接投与することでもカタラーゼを阻害できる[3]．

参考文献
1）Ishihara Y, et al：Free Radic Res, 39：163-173, 2005
2）Milton NG：Neurotoxicology, 22：767-774, 2001
3）Valenti VE, et al：Clinics (Sao Paulo), 65：1339-1343, 2010

L-NAME

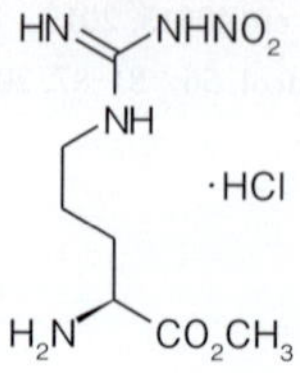

◆**分子量**：269.7

◆**IUPAC名**：N^5-[imino(nitroamino)methyl]-L-ornithine, methyl ester, monohydrochloride

◆**使用法・購入**

溶媒：ミリQ水（100 mM），-20℃保存

使用条件：細胞培養用培地に添加する場合，〜300 μM．マウス個体に投与する場合，〜300 mg/kgを静脈投与

購入先：シグマ社（N5751），サンタクルズ社（sc-200333），ケイマン社（80210），アブカム社（ab120136），セレック社（S2877），Tocris社（0665）

◇作用機序

非選択的NOS阻害薬として作用するL-アルギニン誘導体．NOSに対してL-アルギニンと競合的に作用し，阻害作用を示す．IC_{50} = 15 nM（nNOS），39 nM（eNOS），4.4 μM（iNOS）．

◇生理機能

NOSはK-Rasの変異が誘導するがん発症にかかわっていると考えられており，肺がんモデルマウスにL-NAMEを投与すると肺に発生する腫瘍の数が減少し生存率が向上することが示されている[1]．また，アセチルコリンによるラット肺動脈の弛緩や分子シャペロンHsp90の阻害剤Radicicolによるテロメアの短縮およびアポトーシス誘導を阻害することも明らかにされている[2]．

◇注意点

L-NAMEはNOS阻害剤として作用するだけでなく，鉄を含有する生体内物質と反応したり，ムスカリン性アセチルコリン受容体を阻害することも示されている．

参考文献

1）Pershing NL, et al：Oncotarget, 7：42385-42392, 2016

2）Compton SA, et al：Mol Cell Biol, 26：1452-1462, 2006

L-NMMA

◆**分子量**：248.3

◆**IUPAC名**：N^5-[imino(methylamino)methyl]-L-ornithine, monoacetate

◆**使用法・購入**

溶媒：ミリQ水（50 mM），-20℃保存

使用条件：細胞培養用培地に添加する場合，〜300 μM．マウス個体に投与する場合，

〜100 mg/kgを静脈投与

購入先：メルク社（475886），シグマ社（M7033），ケイマン社（10005031），アブカム社（ab120137），Tocris社（0771）

◇作用機序

L-NMMAはL-アルギニンのグアニジノ基を修飾した化合物で，非選択的NOS阻害薬として作用する．NOSに対してL-アルギニンと競合的に作用し，阻害作用を示す．$IC_{50} = 0.18\ \mu M$（nNOS），$0.4\ \mu M$（eNOS），$6\ \mu M$（iNOS）．

◇生理機能

iNOSとeNOSを発現している歯根膜幹細胞をL-NMMAで処理すると細胞増殖やアポトーシスに影響は出ないが分化能が低下する[1]．一方，胃がん細胞株ではFKHRL1/ROCK経路の活性化を介したアポトーシスを誘導する[2]．また，ヒスタミンやアセチルコリンによるモルモット肺動脈の弛緩を阻害することも明らかにされている．さらに最近，骨肉腫細胞を移植したマウスが感じる痛みを和らげる効果があることも報告された[3]．

◇注意点

L-NMMAのネガティブコントロールとしてD-NMMA（メルク社475892）が販売されている．

参考文献

1）Yang S, et al：Stem Cell Res Ther, 9：118, 2018
2）Wang YZ, et al：Biomed Environ Sci, 19：285-291, 2006
3）Yang Y, et al：Mol Med Rep, 13：1220-1226, 2016

L-NNA

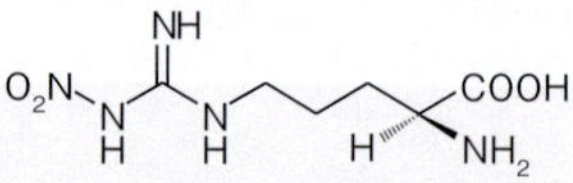

◆分子量：219.2

◆IUPAC名：N^5-[imino(nitroamino)methyl]-L-ornithine

◆使用法・購入
溶媒：ミリQ水（5 mM），-20℃保存
使用条件：細胞培養用培地に添加する場合，〜$100\ \mu M$．マウス個体に投与する場合，〜50 mg/kgを静脈投与，経口投与または腹腔内投与
購入先：メルク社（483120），シグマ社（N5501），ケイマン社（80220），アブカム社（ab141312），Tocris社（0664）

◇ 作用機序

L-NNAはL-アルギニンの類似体で，nNOSとeNOSに対する阻害薬として作用する．$IC_{50} = 15\ nM$（nNOS），39 nM（eNOS），4.4 μM（iNOS）.

◇ 生理機能

肺がん細胞株A431をリポポリサッカライド（LPS）で処理すると，iNOS経路の活性化に伴ってVEGF-Cの発現増大が起こるが，L-NNAを添加するとVEGF-Cの発現増大は完全に抑えられる[1]．また，ES細胞をL-NNAで処理することでHIF-1 α が誘導する心臓分化を抑制することも示されている[2]．神経伝達物質サブスタンスP による血管内皮細胞の増殖や運動能の活性化も抑制する[3]．

◇ 注意点

高濃度で使用するとiNOSに対する阻害効果も示す．

参考文献

1 ）Franchi A, et al：J Pathol, 208：439-445, 2006
2 ）Ng KM, et al：J Mol Cell Cardiol, 48：1129-1137, 2010
3 ）Ziche M, et al：J Clin Invest, 94：2036-2044, 1994

L-NIL dihydrochloride

◆ **分子量**：260.2

◆ **IUPAC名**：L-N⁶-(1-Iminoethyl)lysine dihydrochloride

◆ **使用法・購入**
　溶媒：ミリQ水（100 mg/mL），-20℃保存
　使用条件：細胞培養用培地に添加する場合，〜150 μM．マウス個体に投与する場合，〜10 mg/kgを静脈投与，経口投与または腹腔内投与
　購入先：メルク社（482100），シグマ社（I8021），サンタクルズ社（sc-205362），ケイマン社（80310），Tocris社（1139）

◇ 作用機序

iNOSに対する選択的阻害剤として作用するL-アルギニン誘導体．$IC_{50} = 92\ \mu$M（nNOS），38 μM（eNOS），3.3 μM（iNOS）.

◇ 生理機能

肺上皮細胞にインフルエンザウイルスが感染すると，iNOSの発現上昇に伴うアポトーシスが起こるが，L-NIL処理によってアポトーシスは大きく抑えられることが

示されている[1]．また，L-NIL は A375 細胞（メラノーマ細胞株）で細胞周期の G2/M 期停止を誘導して細胞増殖を抑えること[2]や，TNF-α によって上昇した破骨細胞の生存率を下げることが報告されている[3]．

◇注意点

高濃度で使用すると nNOS および eNOS に対する阻害効果も示す．

参考文献

1) Mgbemena V, et al：J Immunol, 189：606 615, 2012
2) Lopez-Rivera E, et al：Cancer Res, 74：1067-1078, 2014

Celecoxib

別名：セレコキシブ

詳細は**第 31 章**同薬剤を参照

◇解説

COX-2 選択的阻害剤として使用されているが，高濃度では COX-1 も阻害する．

Epigallocatechin gallate

別名：EGCG／エピガロカテキンガレート

詳細は**第 34 章**同薬剤を参照

◇解説

緑茶に含まれるポリフェノール成分の一つで，カテキン類のなかでも特に強い抗酸化作用をもつ．

Sulforaphane

別名：スルフォラファン

構造式，分子量，使用法などは**第 17 章**同薬剤を参照

◇ 作用機序

Sulforaphane は細胞質内の Nrf2 を活性化させ，解毒酵素や抗酸化酵素の発現を促進する．一方で Nrf2 が炎症を増悪させるサイトカインである IL-6 や IL-1β の遺伝子の上流に結合してこれらの炎症性サイトカインの発現を抑制する．

◇ 生理機能

Sulforaphane はイソチオシアネートの一種で，アブラナ科野菜のブロッコリーなどに前駆物質である Sulforaphane グルコシノレート（SGS）の状態で含まれる．SGS が加水分解されることで Sulforaphane に変化する．Nrf2 を活性化させることにより体内の解毒酵素や抗酸化酵素の生成を促進し，体の抗酸化力や解毒力を高める．抗炎症活性に加えて，抗糖尿病活性や発がん抑制作用が知られている．

◇ 注意点

前駆体 SGS は熱に強く水に溶けやすいが，Sulforaphane は揮発性．

参考文献

1）Kensler TW, et al：Top Curr Chem, 329：163-177, 2013
2）Kobayashi EH, et al：Nat Commun, 7：11624, 2016
3）Feng S, et al：Mol Neurobiol, 54：375-391, 2017

Bardoxolone methyl

別名：バルドキソロンメチル / RTA 402

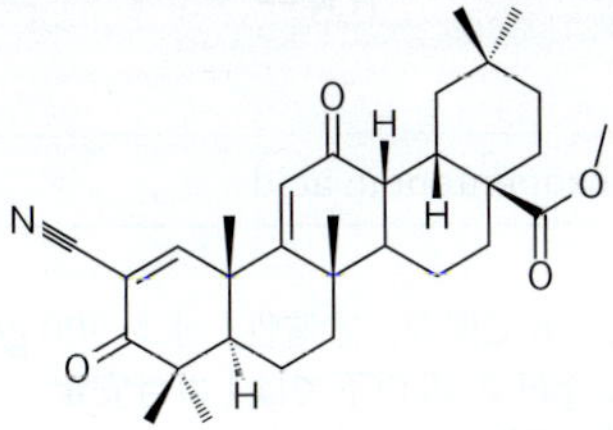

◆ **分子量**：505.7

◆ **IUPAC名**：methyl 2-cyano-3,12-dioxooleana-1,9(11)-dien-28-oate

◆ **使用法・購入**
溶媒：DMSO に溶解して-20～-80℃で保存する．DMSO > 49 mg/mL，純度 > 98 %
購入先：ケムシーン社（CS-0598）

◇ 作用機序

オレイン酸から合成される合成トリテルペノイドである CDDO 化合物で，抗酸化・抗解毒酵素の誘導に関与する転写因子 Nrf2 を活性化する．Nrf2 はマクロファージの炎症応答を転写レベルで抑制し，抗炎症作用を発揮する．

第25章　COX，酸化ストレス，NO関連薬剤

◇ 生理機能

　糖尿病性腎臓病（DKD）を含む慢性腎臓病（CKD）では糸球体濾過量（GFR）が低下するが，バルドキソロンメチルはGFRを増加させ病状を改善する．肺高血圧の治療にも有益であることが報告されている．現在，日本国内で糖尿病合併CKD GFR区分3-4の患者を対象とした臨床第Ⅲ相試験が実施されており，米国では，腎糸球体基底膜構成タイプⅣコラーゲンの遺伝子異常で発症するアルポート症候群に対する腎機能改善薬としても開発が進んでいる．

◇ 注意点

　抗酸化活性を有する合成トリテルペノイドであり，密封して-20～-80℃で保存する．

参考文献
1）Reisman SA, et al：J Am Soc Nephrol, 23：1663-1673, 2012
2）McCullough PA & Ali S：Drug Des Devel Ther, 6：141-149, 2012

5-Aminolevulinic acid

別名：5-アミノレブリン酸 / δ-aminolevulinic acid

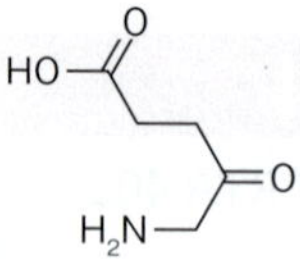

◆**分子量**：131.1

◆**IUPAC名**：5-amino-4-oxopentanoic acid

◆**使用法・購入**
　溶媒：白色結晶，冷暗所2～8℃保存，水溶性．水＞500 g/L，用時調製．1％水溶液はpH 5以下で2日間安定，pH 2.35以下では1カ月安定
　購入先：コスモ・バイオ社（CRI-AL-00-1）

◇ 作用機序

　PEPT1などの特異的トランスポーターにより細胞内に取り込まれると，細胞質内とミトコンドリア内のポルフィリン合成系により最終産物ヘムに変換される．好気的代謝が行われていないがん細胞等では中間産物であるプロトポルフィリンPpIXが蓄積する．ヘムはミトコンドリアの電子伝達系の活性を上げると同時に，Nrf-2の活性化やHO-1の発現を誘導する．

◇ 生理機能

　ヘム産生亢進によりミトコンドリアを活性化することにより，各種細胞機能を活性

化し，ミトコンドリア病，アルツハイマー病，パーキンソン病，自閉スペクトラム症などに改善効果を発揮する．ミトコンドリアの活性化は好気的代謝を亢進し，糖質や脂肪の燃焼の効率をあげるため，II型糖尿病や肥満にも改善効果がある．Nrf-2の活性化やHO-1の発現により抗酸化作用と抗炎症作用を発現する．またグアニン4重鎖構造（G4）にヘムやPpIXが作用することにより，G4で制御される遺伝子の発現を抑制したり亢進するため，抗ウイルス作用やX連鎖αサラセミア・精神遅滞症候群（ATR-X）などの遺伝病の症状を改善する．ヘムの前駆体であるPpIXは青色光により励起され赤色蛍光を発揮するのでがん細胞の特異的検出に使われる．また励起されたPpIXからは活性酸素が生じるため，がん細胞のアポトーシスを誘導する．

◇ 注意点

pH 7.0以上では不安定で二量体化し，細胞内のポルフィリン合成に使えなくなる．細胞培養系におけるNrf-2やHO-1の誘導は，二価鉄の添加でさらに促進される．

参考文献

1 ）Mauzerall D & Granick S：J Biol Chem, 219：435-446, 1956
2 ）Okayama A, et al：Clin Chem, 36：1494-1497, 1990
3 ）Elfsson B, et al：Eur J Pharm Sci, 7：87-91, 1999
4 ）Nishio Y, et al：Int Immunopharmacol, 19：300-307, 2014
5 ）Fujino M, et al：Int Immunopharmacol, 37：71-78, 2016

第26章
DNA損傷，修復関連薬剤

塩川大介

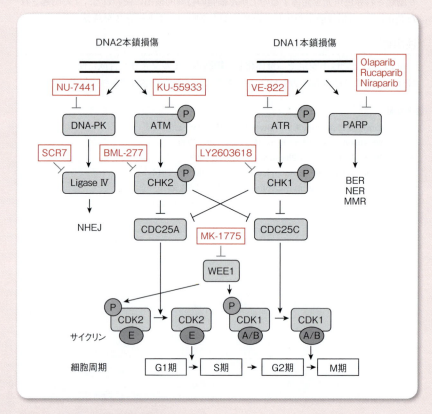

概略図　DNA損傷，修復経路

　細胞は紫外線照射や酸化ストレスなど，DNAに損傷を与える刺激に絶えずさらされている．これらのDNA損傷に対処し細胞のトランスフォーメーションを防ぐため，細胞にはチェックポイントとよばれる細胞周期調節機構が備わっている．これによりDNAの損傷を感知しDNA複製と細胞周期の停止を行い，DNA損傷の修復，品質管理を行う（概略図）[1,2]．

　ヌクレオチドレベルでの損傷，単鎖切断等のDNA1本鎖損傷，さらに電離放射線や抗がん剤などによって誘発されたDNA2本鎖損傷は，それぞれATR，ATMキナー

ゼを活性化する．さらにATR/ATMにより活性化されたCHK1/CHK2キナーゼは，CDC25A，CDC25C等のホスファターゼをリン酸化し阻害する．結果としてCDC25A，CDC25Cは，WEE1キナーゼにより不活性化されているCDK2/サイクリンE，CDK1/サイクリンA/B複合体の脱リン酸化による活性化を触媒できなくなり，細胞周期はG1/S期，G2/M期の境界で停止する．概略図には示していないが，DNA損傷が過剰である場合，ATR，ATMにはじまるキナーゼカスケードはがん抑制遺伝子産物であるp53をタンパク質レベルで安定化し，損傷を受けた細胞自体をアポトーシスにより除去する．

　DNA損傷が修復可能である場合，2本鎖損傷はDNA-PKにより検知され，DNAリガーゼIVによる非相同末端再結合（NHEJ：non-homologous end-joining）により修復される．またDNA1本鎖損傷はPARPを活性化し，ヌクレオチド除去修復（NER：nucleotide excision repair），塩基除去修復（BER：base excision repair），ミスマッチ修復（MMR：mismatch repair）等により修復される[1,2]．

　本章ではこれらの細胞周期チェックポイント，DNA修復に関与する酵素群に対する主な阻害剤を紹介した．細胞周期チェックポイント，DNA修復は多くの分子が関与する非常に複雑な機構であり，前述のメカニズムはその基本骨格を抜粋したに過ぎない．詳細はその他の成書，原著論文を参照されたい．なお，当該過程を標的とした阻害剤は，新たながん治療薬としての可能性を期待され，大きな注目を集めている．特にDNA1本鎖損傷の修復を司るPARPに対する阻害剤は，DNA2本鎖損傷の修復に必要なBRCA1/2遺伝子に変異をもつ細胞に対して「合成致死」とよばれる細胞死を誘導することがわかってきた．現在，OlaparibをはじめとするPARP阻害剤が，卵巣がんや乳がんに対する治療薬として臨床で用いられている[3]．

参考文献

1）Ciccia A & Elledge SJ：Mol Cell, 40：179-204, 2010
2）Pilié PG, et al：Nat Rev Clin Oncol：10.1038/s41571-018-0114-z, 2018
3）Lord CJ & Ashworth A：Science, 355：1152-1158, 2017

KU-55933

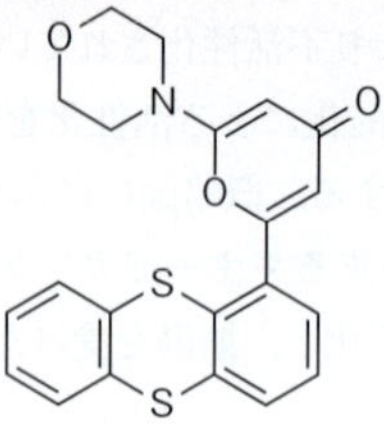

◆**分子量**：395.5

◆**IUPAC名**：2-morpholin-4-yl-6-thianthren-1-ylpyran-4-one

◆**使用法・購入**
　溶媒：DMSO（10 mM），エタノール（50 mM），-20℃保存
　使用条件：細胞培養用培地に添加する場合，1～10 μM
　購入先：アブカム社（ab120637），ケイマン社（16336），シグマ社（SML1109）

◇作用機序

　KU-55933はATMキナーゼに対する競合的な阻害剤．ATMキナーゼに対する特異性は高く（IC_{50} = 13 nM），mTOR，PI3K等のキナーゼを通常用いられる濃度では阻害しない．

◇生理機能

　ATM（ataxia-telangiectasia mutated）キナーゼはDNA2本鎖損傷により活性化されるセリン／スレオニンタンパク質キナーゼであり，DNA損傷のチェックポイントにおいて重要な役割を担っている．KU-55933はATMキナーゼを阻害することにより放射線照射や抗がん剤に対する細胞の感受性を高める．またHIV-1のインテグラーゼはATMキナーゼを介するDNA損傷レスポンスを活性化するが，KU-55933は当該過程を阻害し感染細胞を細胞死へと導く．

参考文献
1）Hickson I, et al：Cancer Res, 64：9152-9159, 2004
2）Lau A, et al：Nat Cell Biol, 7：493-500, 2005
3）Cowell IG, et al：Biochem Pharmacol, 71：13-20, 2005

VE-822

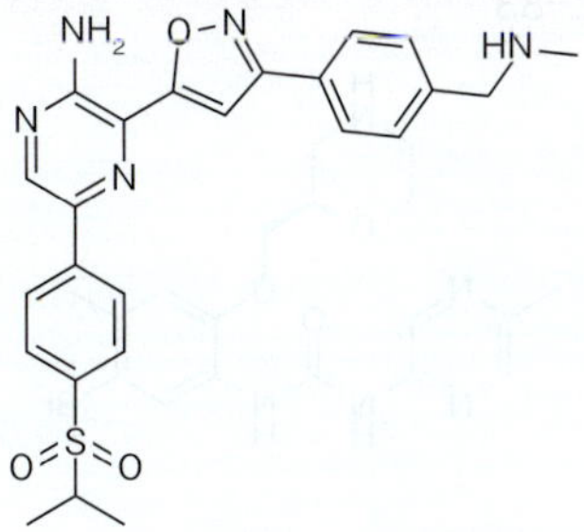

◆ 分子量：463.6

◆ IUPAC名：3-[3-[4-(methylaminomethyl)phenyl]-1,2-oxazol-5-yl]-5-(4-propan-2-ylsulfonylphenyl)pyrazin-2-amine

◆ 使用法・購入

溶媒：DMSO（36 mg/mL），-20℃保存

使用条件：細胞培養用培地に添加する場合，30〜100 nM

購入先：セレック社（S7102），ケイマン社（24198）

◇ 作用機序

VE-822はATRキナーゼに対する競合的な阻害剤である．ATRキナーゼに対する特異性は高く（IC_{50} = 19 nM），ATM，DNA-PKに対するIC_{50}はそれぞれ2.6 μM，18.1 μMである．

◇ 生理機能

ATR（taxia telangiectasia and Rad3-related protein）キナーゼは，PI3キナーゼファミリーに属するセリン／スレオニンタンパク質キナーゼである．DNA1本鎖損傷のセンサーとして働き，DNA損傷チェックポイント機構の活性化を担う．VE-822はATR経路を阻害することにより，腫瘍細胞特異的に放射線照射やGemcitabineに対する感受性を高めることが報告されている．

参考文献

1）Fokas E, et al：Cell Death Dis, 3：e441, 2012

第26章　DNA損傷，修復関連薬剤

LY2603618

別名：Rabusertib / IC-83

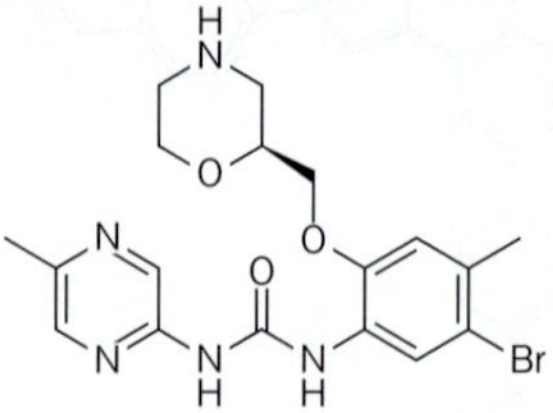

◆**分子量**：436.3

◆**IUPAC名**：1-[5-bromo-4-methyl-2-[[(2S)-morpholin-2-yl]methoxy]phenyl]-3-(5-methylpyrazin-2-yl)urea

◆**使用法・購入**
溶媒：DMSO（20 mg/mL），-20℃保存
使用条件：細胞培養用培地に添加する場合，1〜10 μM．マウス個体に投与する場合，200 mg/kg を経口投与
購入先：ケイマン社（20351），ケムシーン社（CS-0472），R＆Dシステムズ社（6454）

◇ 作用機序

LY2603618はChk1キナーゼに対する特異的な阻害剤（IC_{50} = 7 nM）であり，ATP結合部位を競合する．PDK1（IC_{50} = 893 nM），Chk2（IC_{50} = 2,000 nM）等，他のキナーゼより100倍以上強くChk1を阻害する．

◇ 生理機能

Chk1（checkpoint kinase 1）キナーゼはDNA損傷と細胞周期チェックポイントをコーディネートするセリン／スレオニンタンパク質キナーゼである．LY2603618はChk1キナーゼを阻害することにより，DNA損傷に伴う細胞周期の停止を抑制する．

参考文献
1）Wang G, et al：PLoS One, 8：e76662, 2013
2）King C, et al：Invest New Drugs, 32：213-226, 2014

BML-277

別名：Chk2 Inhibitor II / C-3742

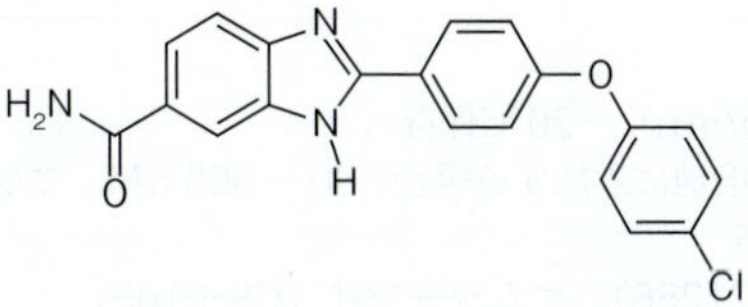

◆**分子量**：363.8

◆**IUPAC名**：2-[4-(4-chlorophenoxy)phenyl]-3H-benzimidazole-5-carboxamide

◆**使用法・購入**
溶媒：DMSO（72 mg/mL），エタノール（21 mg/mL），-20℃保存
使用条件：細胞培養用培地に添加する場合，1～10 μM
購入先：ケイマン社（17552），セレック社（S8632），サンタクルズ社（sc-200700）

◇ 作用機序

BML-277はChk2キナーゼに対する特異的な阻害剤（IC_{50} = 15 nM）であり，ATP結合部位を競合する．Chk1キナーゼに比べ1,000倍以上強くChk2を阻害する．

◇ 生理機能

Chk2（checkpoint kinase 2）キナーゼはDNA2本鎖損傷時に細胞周期の停止，p53依存的なアポトーシスの誘導を媒介するセリン／スレオニンタンパク質キナーゼである．がんの発生に対し抑制的に働く．BML-277はChk2キナーゼを阻害することにより，放射線によるDNA損傷に対するp53の応答を抑制しT細胞を放射線誘導アポトーシスから保護することが知られている．

参考文献
1）Arienti KL, et al：J Med Chem, 48：1873-1885, 2005
2）Pereg Y, et al：Mol Cell Biol, 26：6819-6831, 2006

MK-1775

別名：Adavosertib / AZD-1775

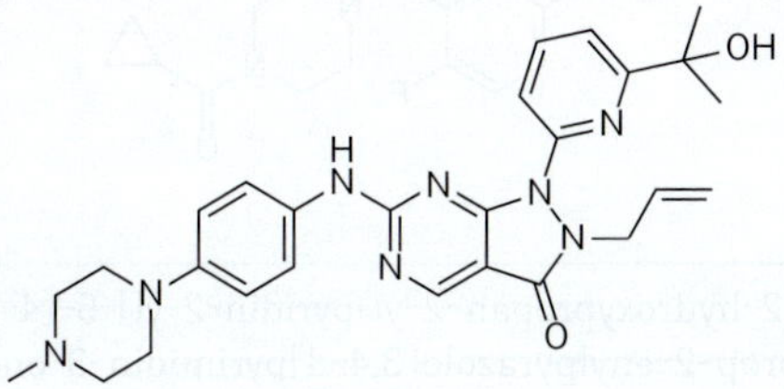

第26章　DNA損傷，修復関連薬剤

415

◆ **分子量**：500.6

◆ **IUPAC名**：1-[6-(2-hydroxypropan-2-yl)pyridin-2-yl]-6-[4-(4-methylpiperazin-1-yl)anilino]-2-prop-2-enylpyrazolo[3,4-d]pyrimidin-3-one

◆ **使用法・購入**
溶媒：DMSO（80 mg/mL），-20℃保存
使用条件：細胞培養用培地に添加する場合，30 ～ 300 nM．マウス個体に投与する場合，30 mg/kgを経口投与
購入先：ケイマン社（21266），ケムシーン社（CS-0105）

◇ 作用機序

MK-1775はWee1キナーゼに対する特異的な阻害剤（IC_{50} = 5.2 nM）である．

◇ 生理機能

Wee1はG2チェックポイントを制御するタンパク質キナーゼである．細胞質で活性化したサイクリンB1/CDK1複合体のCDK1をリン酸化しG2期からM期への移行を阻害する．MK-1775はWee1キナーゼを阻害することにより，DNA損傷に伴うG2チェックポイントでの細胞周期の停止を抑制，細胞死を誘導する．多くのがんではp53の不活性化によりG1チェックポイントが機能していない，すなわちがん細胞で唯一機能しているG2チェックポイントのMK-1775による阻害が，がん細胞の抗がん剤に対する感受性上昇を可能にすると期待されている．

参考文献

1）Rajeshkumar NV, et al：Clin Cancer Res, 17：2799-2806, 2011
2）Bridges KA, et al：Clin Cancer Res, 17：5638-5648, 2011
3）Hirai H, et al：Cancer Biol Ther, 9：514-522, 2010

Olaparib

別名：Lynparza / AZD-2281 / オラパリブ / リムパーザ

◆ **分子量**：434.5

◆ **IUPAC名**：1-[6-(2-hydroxypropan-2-yl)pyridin-2-yl]-6-[4-(4-methylpiperazin-1-yl)anilino]-2-prop-2-enylpyrazolo[3,4-d]pyrimidin-3-one

◆使用法・購入
　溶媒：DMSO（29 mg/mL），-20℃保存
　使用条件：細胞培養用培地に添加する場合，1〜10 μM．マウス個体に投与する場合，
　　50 mg/kgを経口投与
　購入先：ケイマン社（10621），ケムシーン社（CS-0075）

◇ 作用機序

　Olaparibは PARP-1および PARP-2に対する阻害剤（IC_{50} = 5 nM PARP 1，1 nM PARP-2）である．

◇ 生理機能

　PARP〔poly（ADP-ribose）polymerase〕は NAD^+ を基質に標的タンパク質をポリ（ADP-リボシル）化する酵素である．DNAの切断部位を検知し活性化され，塩基除去型，一本鎖DNA切断修復をコントロールする．Olaparibは PARP-1および PARP-2の酵素活性を阻害することにより，塩基除去修復等のDNA修復過程を阻害する．特にがん細胞等で相同組換えによるDNA2本鎖切断修復を司る BRCA1/2に変異がある場合，Olaparibは細胞にアポトーシスを誘導する．この現象は合成致死とよばれ，新たながん治療戦略の1つとして注目を集めている．Olaparib（商品名リムパーザ，アストラゼネカ）は再発卵巣がん治療薬として2018年に日本国内製造販売承認を取得している．

参考文献

1）Senra JM, et al：Mol Cancer Ther, 10：1949-1958, 2011
2）Menear KA, et al：J Med Chem, 51：6581-6591, 2008
3）Yasukawa M, et al：Int J Mol Sci, 17：272, 2016

SCR7

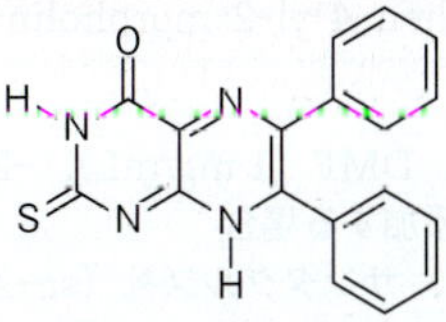

◆分子量：334.4

◆IUPAC名：5-(benzylideneamino)-6-[(E)-benzylideneamino]-2-sulfanylidene-1H-pyrimidin-4-one

◆使用法・購入
　溶媒：DMSO（38 mg/mL），DMF（20 mg/mL），-20℃保存
　使用条件：細胞培養用培地に添加する場合，20〜200 μM．マウス個体に投与する場合，20 mg/kgを腹腔内投与

購入先：ケイマン社（18015），ケムシーン社（CS-0075）

◇作用機序

SCR7はDNA ligase IVの阻害剤である．

◇生理機能

DNA ligase IVはDNA二本鎖切断修復において非相同末端結合（NHEJ：non-homologous end joining）を触媒するDNA結合酵素である．SCR7はDNA ligase IVを阻害することにより，がん細胞の抗がん剤への感受性向上，マウスモデルにおける腫瘍形成の抑制等の効果を示す．さらにCRISPR-Cas9ゲノム編集システムにおける相同組換え効率を上昇させることが報告されている．

参考文献

1 ）Srivastava M, et al：Cell, 151：1474-1487, 2012
2 ）Chu VT, et al：Nat Biotechnol, 33：543-548, 2015
3 ）Maruyama T, et al：Nat Biotechnol, 33：538-542, 2015

NU-7441

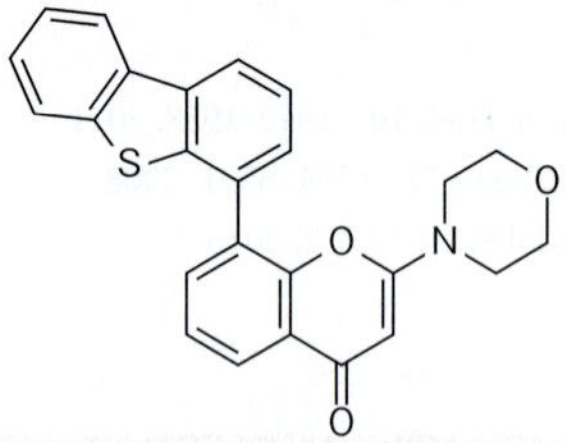

◆分子量：413.5

◆IUPAC名：8-dibenzothiophen-4-yl-2-morpholin-4-ylchromen-4-one

◆使用法・購入
溶媒：DMSO（0.1 mg/mL），DMF（1 mg/mL），-20℃保存
使用条件：細胞培養用培地に添加する場合
購入先：ケイマン社（14881），サンタクルズ社（sc-208107）

◇作用機序

NU-7441は選択性の高いDNA-PK（DNA-dependent protein kinase）阻害剤（IC_{50} = 14 nM）．他のキナーゼに対する阻害効果は，IC_{50}＝1.7 μM（mTOR），5 μM（PI3K），> 100 μM（ATM），> 100 μM（ATR）．

◇生理機能

DNA-PKはPI3キナーゼファミリーに属するセリン／スレオニンタンパク質キナー

ゼであり，DNA二本鎖切断修復において非相同末端結合（NHEJ：non-homologous end joining）に関与する．NU-7441はDNA-PKを阻害することによりEtoposide，放射線照射による細胞毒性を増強することが報告されている．

参考文献

1) Leahy JJ, et al：Bioorg Med Chem Lett, 14：6083-6087, 2004
2) Zhao Y, et al：Cancer Res, 66：5354-5362, 2006
3) Hardcastle IR, et al：J Med Chem, 48：7829-7846, 2005

Rucaparib

別名：AG-014447 / ルカパリブ

◆**分子量**：323.4

◆**IUPAC名**：8-fluoro-2-{4-[(methylamino)methyl]phenyl}-1,3,4,5-tetrahydro-6H-azepino[5,4,3-cd]indol-6-one

◆**使用法・購入**

溶媒：DMSO（25 mg/mL），DMF（30 mg/mL），-20℃保存
使用条件：細胞培養用培地に添加する場合，1〜10 μM．マウス個体に投与する場合，150 mg/kgを経口投与
購入先：ケイマン社（15643）

◇ 作用機序

Rucaparibは PARP-1 および PARP-2 に対する阻害剤 $K_i = 1.4$ nM（PARP-1），0.17 nM（PARP-2）である．

◇ 生理機能

Rucaparibは PARP-1 および PARP-2 の酵素活性を阻害することにより，BRCA1/2 に変異があるがん細胞に合成致死を誘導する．詳細は Olaparib の項を参照．Rucaparibは卵巣がんの治療薬として FDA により承認されている．

◇ 注意点

Rucaparibはリン酸塩型のAG-014699としても入手可能，（セレック社 S1098，AdoQ bioscience社 A10045）．AG-014699は DMSO に84 mg/mLまで溶解可能．

第26章　DNA損傷，修復関連薬剤

419

参考文献

1）Daniel RA, et al：Br J Cancer, 103：1588-1596, 2010
2）Drew Y, et al：J Natl Cancer Inst, 103：334-346, 2011

Niraparib

別名：MK-4827 / ZEJULA / ニラパリブ

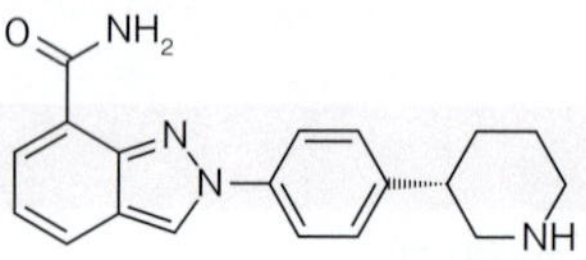

◆分子量：320.4

◆IUPAC名：2-[4-[(3S)-piperidin-3-yl]phenyl]indazole-7-carboxamide

◆使用法・購入
溶媒：DMSO（64 mg/mL），-20℃保存
使用条件：細胞培養用培地に添加する場合，1～10 μM．マウス個体に投与する場合，50 mg/kgを経口投与
購入先：ケムシーン社（CS-0780），セレック社（S2741）

◇ **作用機序**

NiraparibはPARP-1およびPARP-2に対する阻害剤 IC_{50} = 3.8 nM（PARP-1, 2）．1 nM（PARP-2）である．

◇ **生理機能**

NiraparibはPARP-1およびPARP-2の酵素活性を阻害することにより，BRCA1/2に変異があるがん細胞に合成致死を誘導する．詳細はOlaparibの項を参照．Niraparibは卵巣がんの治療薬としてFDAにより承認されている．

◇ **注意点**

Niraparibはtosylate型としても入手可能（ケイマン社 20842，セレック社 S7625）など．

参考文献

1）Wang L, et al：Invest New Drugs, 30：2113-2120, 2012
2）Bridges KA, et al：Oncotarget, 5：5076-5086, 2014
3）Jones P, et al：J Med Chem, 52：7170-7185, 2009

第27章
アポトーシス関連薬剤

塩川大介

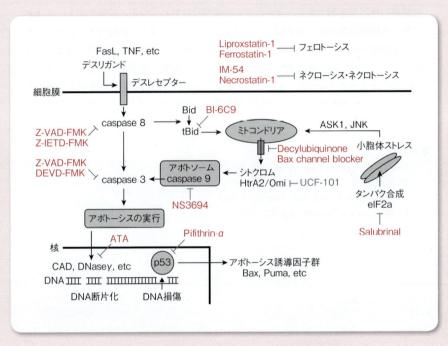

概略図 アポトーシスシグナル伝達経路とアポトーシスの関連薬剤

　アポトーシスは，多細胞生物の生体内で不要となった細胞を安全に排除し，細胞集団の健全なホメオスタシスを保つための細胞自死機構である[1)2)]．Z-VAD-FMK等のカスパーゼ阻害剤はアポトーシスによる細胞死を抑制する目的で広く用いられているが（第20章参照），現在ではアポトーシス誘導過程を構成するさまざまな要素に特異的な阻害剤が開発されており，アポトーシスのメカニズム解明に役立てられている．

　生理的なアポトーシス誘導因子であるFasリガンド等のデスリガンドは，それぞれの受容体に結合し上流カスパーゼであるcaspase 8を活性化する．caspase 8は直接に，もしくはミトコンドリア経路を介してアポトーシス実行カスパーゼであるcaspase 3を活性化する．caspase 8により限定分解を受けたBid（tBid）は，ミトコンドリアに移行しシトクロムcの放出を誘導，caspase 9，Apaf1等の複合体であるアポトソームの集合を惹起する．さらにアポトソームにおいて活性化されたcaspase 9はcaspase 3

を活性化し，DNA断片化，核凝縮，アポトーシス小体の形成等のアポトーシス実行過程を遂行させる．その他，異常なタンパク質の蓄積による小胞体ストレスはASK1，JNKを介して，放射線・UV照射等によるDNA損傷はp53の安定化によるBax，Puma等の発現誘導によりミトコンドリア経路を介するアポトーシスを誘導する（**概略図**）．

　本章では代表的なアポトーシス阻害物質をまとめたが，これらの阻害剤はすべての細胞で同様の効果を示すわけではなく，それぞれの実験系において適正な濃度，処理時間等の検討が必須である．メカニズムの詳細には触れないが，近年アポトーシスとは異なる細胞自死機構，例えばFe^{2+}によるフェロトーシス[3]，能動的ネクローシスであるネクロトーシス[4]等が報告され，細胞自死機構はアポトーシスだけではないことがわかってきた．阻害剤の過剰な使用はそれ自体が細胞に対するストレスとなり，他の経路によるアポトーシス，さらにはアポトーシス以外の細胞死を引き起こす原因となりうる．すなわちアポトーシス阻害剤を用いた実験のデザイン，結果の解釈には細心の注意が必要である．

参考文献

1）Kerr JF, et al：Br J Cancer, 26：239-257, 1972
2）Wyllie AH：Nature, 284：555-556, 1980
3）Dixon SJ, et al：Cell, 149：1060-1072, 2012
4）Sun L, et al：Cell, 148：213-227, 2012

Pifithrin-α

別名：PFTα / ピフィスリンα

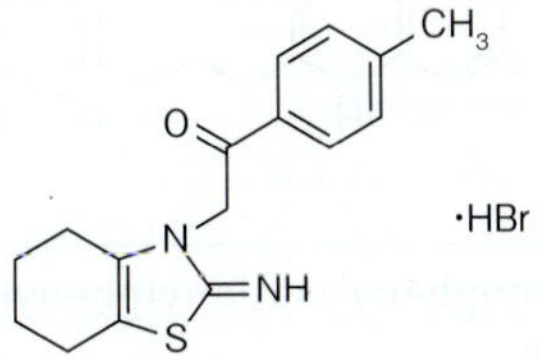

·HBr

◆**分子量**：367.3

◆**IUPAC名**：2-(2-imino-4,5,6,7-tetrahydro-1,3-benzothiazol-3-yl)-1-(4-methylphenyl)ethanone;hydrobromide

◆**使用法・購入**
溶媒：DMSO（20 mg/mL），-20℃保存
使用条件：細胞培養用培地に添加する場合，10～30 μM．マウス個体に投与する場合，2.2 mg/kgを腹腔内投与
購入先：富士フイルム和光純薬社（162-23133，166-23131），メルク社（506132），シグマ社（P4359）

◇ 作用機序

Pifithrin-αはp53の阻害剤である，p53に応答するレポーターに対する阻害効果を指標にした細胞レベルでのスクリーニングにより発見された．

◇ 生理機能

p53はDNA損傷時にタンパク質レベルで安定化される転写因子．主な下流ターゲット遺伝子にp21，Puma，Bax等が知られており細胞周期の停止やアポトーシスによる細胞死を惹起する．p53はがん抑制遺伝子であり，多くのがんで変異が認められる．Pifithrin-αはp53の転写因子としての機能を阻害することにより，UV照射やDoxorubicin等によるアポトーシスを抑制する．

◇ 注意点

実験で用いられる多くの細胞はがん由来であり前述のようにp53の変異が認められる場合が多い．これらの場合Pifithrin-αの効果は期待できないので注意を要する．

参考文献
1）Komarov PG, et al：Science, 285：1733-1737, 1999

第27章　アポトーシス関連薬剤

BI-6C9

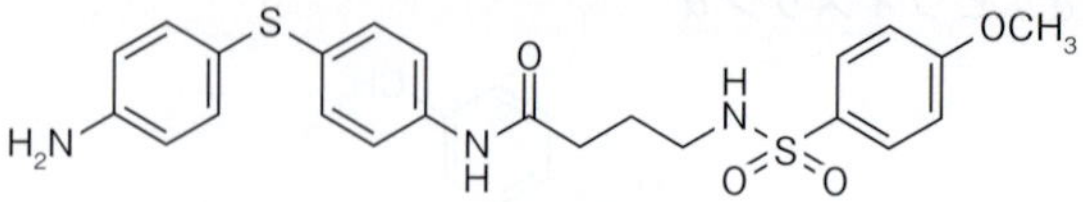

◆分子量：471.6

◆IUPAC名：N-[4-(4-Aminophenyl)sulfanylphenyl]-4-[(4-methoxyphenyl)sulfonylamino]butanamide

◆使用法・購入
溶媒：DMSO（＜20 mg/mL），-20℃保存
使用条件：細胞培養用培地に添加する場合，10〜100 μM
購入先：サンタクルズ社（sc-210915），ケイマン社（17265），シグマ社（B0186）

◇ 作用機序

　　BI-6C9tBidのミトコンドリアへの移行を阻害することによりアポトーシスの誘導を抑制する．SAR by ILOEs（structure activity relationships by interligand nuclear overhauser effect）とよばれる理論的創薬法により開発された．

◇ 生理機能

　　BidはBcl-2ファミリーに属するアポトーシス誘導性のタンパク質．FasやTNF受容体等からのアポトーシスシグナルに応じて活性化されたcaspase 8により限定分解を受け，Bidはその活性型であるtBidへと変換される．tBidはミトコンドリアへ移行し，チトクロムcの細胞質への放出を促しアポトーシスを誘導する．

参考文献

1）Becattini B, et al：Chem Biol, 11：1107-1117, 2004

NS3694

別名：Apoptosis inhibitor Ⅱ

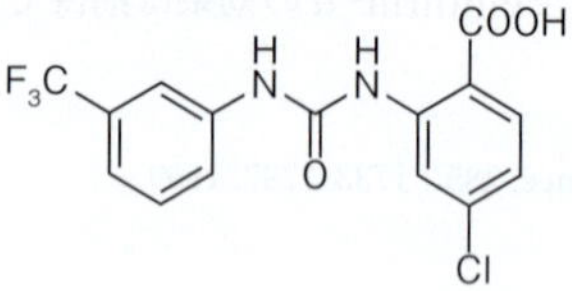

◆分子量：358.7

◆IUPAC名：4-chloro-2-[[3-(trifluoromethyl)phenyl]carbamoylamino]benzoic acid

◆使用法・購入

溶媒：DMSO（22mg/mL），4℃保存
使用条件：細胞培養用培地に添加する場合，30〜100 μM
購入先：サンタクルズ社（sc-203823），メルク社（178494），シグマ社（N7787）

◇作用機序

NS3694はアポトソーム（apotosome）形成阻害剤である．

◇生理機能

ミトコンドリアより放出されたチトクロム c は，細胞質に存在するApaf-1を中心とするタンパク質複合体，アポトソーム（apotosome）の形成を惹起する．アポトソームは不活性型の caspase 9 をリクルートし活性型に変換することによりアポトーシス実行カスケードのスイッチをオンにする．

参考文献

1）Shim G, et al：Eur J Pharm Biopharm, 85：673-681, 2013
2）Zhao CQ, et al：Age（Dordr）, 32：161-177, 2010

UCF-101

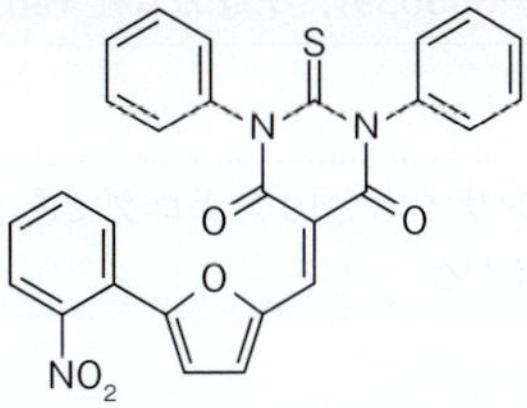

◆分子量：495.5

◆IUPAC名：Dihydro-5-[[5-(2-nitrophenyl)-2-furanyl]methylene]-1,3-diphenyl-2-thioxo-4,6(1H,5H)-pyrimidinedione

◆使用法・購入

溶媒：DMSO（5 mg/mL），遮光-20℃保存
使用条件：細胞培養用培地に添加する場合，30〜100 μM．マウス個体に投与する場合，10 μmol/kgを腹腔内投与
購入先：サンタクルズ社（sc-222101），メルク社（496150），シグマ社（SML1105）

◇作用機序

UCF-101はHtrA2/Omi（タンパク質分解酵素）阻害剤である．

◇生理機能

HtrA2/Omiはミトコンドリアに局在するセリンプロテアーゼである．アポトーシスの誘導刺激に伴い細胞質に放出され，主にIAPs（inhibitor of apoptosis proteins）

425

の機能を阻害することによりアポトーシスを誘導すると考えられる.

参考文献

1）Cilenti L, et al：J Biol Chem, 278：11489-11494, 2003

Decylubiquinone

別名：dUb / デシルユビキノン

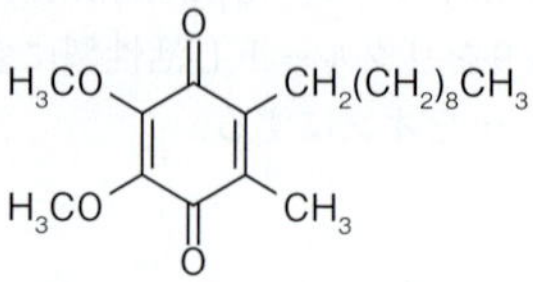

◆**分子量**：322.4

◆**IUPAC名**：2-decyl-5,6-dimethoxy-3-methylcyclohexa-2,5-diene-1,4-dione

◆**使用法・購入**
溶媒：DMSO（100 mM），エタノール（100 mM），-20℃保存
使用条件：細胞培養用培地に添加する場合，10〜100 μM
購入先：サンタクルズ社（sc-358659），アブカム社（ab145233），シグマ社（D7911）

◇ 作用機序

Decylubiquinone はコエンザイム Q10 アナログである．ミトコンドリア膜透過性遷移孔（MPTP）形成を阻害する．

◇ 生理機能

ミトコンドリア膜透過性遷移はアポトーシスだけではなくネクローシスにおいても重要な細胞死決定過程の一部である．Decylubiquinone は ROS スカベンジャーとして働きレドックスにより制御されるミトコンドリア膜透過性遷移孔形成を阻害し，細胞をアポトーシスから守る．

参考文献

1）Armstrong JS, et al：J Biol Chem, 278：49079-49084, 2003
2）Telford JE, et al：J Biol Chem, 285：8639-8645, 2010

Salubrinal

別名：サルブリナル

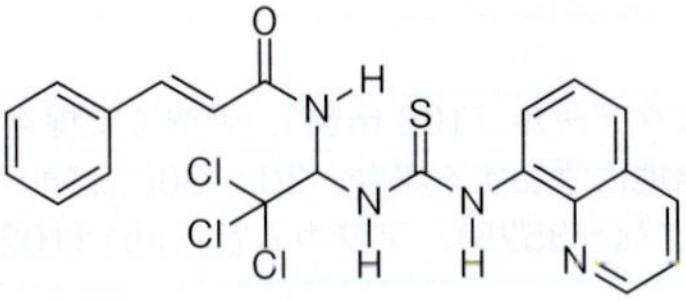

◆**分子量**：479.8

◆**IUPAC名**：(E)-3-phenyl-N-[2,2,2-trichloro-1-(quinolin-8-ylcarbamothioylamino) ethyl]prop-2-enamide

◆**使用法・購入**
溶媒：DMSO（20 mg/mL），-20℃保存
使用条件：細胞培養用培地に添加する場合，10～100 μM
購入先：ケイマン社（1473），セレック社（S2923），シグマ社（SML0951）

◇ **作用機序**

翻訳開始因子 eIF2α の脱リン酸化を阻害することにより，細胞のタンパク質合成を止める．

◇ **生理機能**

小胞体内に折りたたみを誤ったタンパク質が増加すると，小胞体ストレスが誘発され細胞はアポトーシスによる細胞死を起こす．Salubrinalはタンパク質合成を止めることにより，さまざまな細胞ストレスに起因するアポトーシスを回避させる．

参考文献
1）Muaddi H, et al：Mol Biol Cell, 21：3220-3231, 2010
2）Boyce M, et al：Cell Death Differ, 15：589-599, 2008
3）Boyce M, et al：Science, 307：935 939, 2005

Aurintricarboxylic acid

別名：ATA / アウリントリカルボン酸

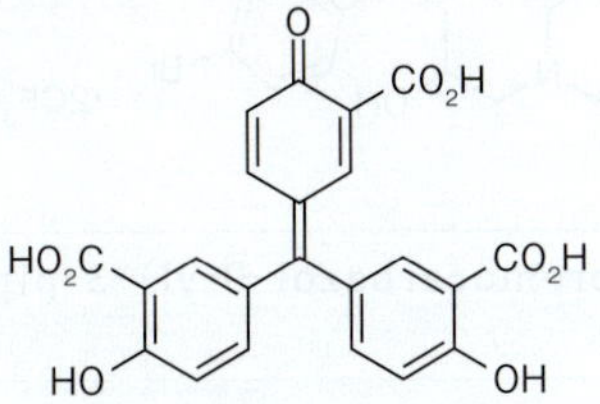

◆**分子量**：422.4

◆**IUPAC名**：5-[(3-carboxy-4-hydroxyphenyl)-(3-carboxy-4-oxocyclohexa-2,5-dien-1-ylidene)methyl]-2-hydroxybenzoic acid

◆**使用法・購入**
溶媒：水（20 mM），エタノール（100 mM），遮光4℃保存
使用条件：細胞培養用培地に添加する場合，30～300 µM
購入先：サンタクルズ社（sc-3525），アブカム社（ab141027），シグマ社（A36883）

◇ **作用機序**

核酸とタンパク質の相互作用を阻害する．DNA分解酵素阻害剤．

◇ **生理機能**

アポトーシスによる細胞死の大きな特徴としてヌクレオソーム単位でのDNA断片化が知られており，これはアポトーシスによる細胞死の定義の1つとされてきた．Aurintricarboxylic acidはこのDNA断片化の阻害剤として使用される．

◇ **注意点**

Aurintricarboxylic acidはアポトーシス研究の初期からDNA分解酵素阻害剤として用いられてきた．しかしAurintricarboxylic acidの特異性は低く，MAPキナーゼやPI3キナーゼ等のリン酸化酵素，カルパイン等のプロテアーゼも阻害することが明らかになっている．実験結果の解釈には注意を要する．

参考文献
1）González RG, et al：Biochemistry, 19：4299-4303, 1980
2）Batistatou A & Greene LA：J Cell Biol, 115：461-471, 1991

Bax channel blocker

別名：Baxチャネルブロッカー

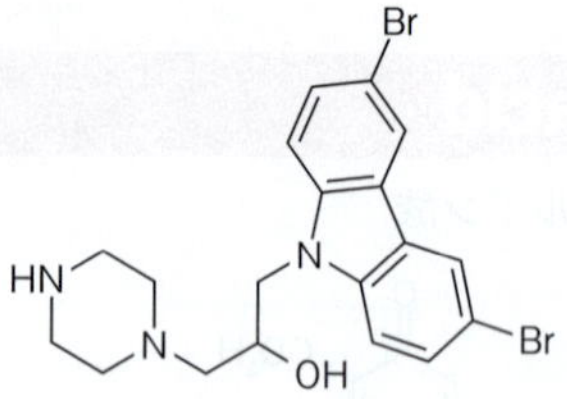

◆**分子量**：695.3

◆**IUPAC名**：1-(3,6-dibromocarbazol-9-yl)-3-piperazin-1-ylpropan-2-ol;dihydrochloride

◆**使用法・購入**

溶媒：DMSO（100 mM），−20℃保存
使用条件：細胞培養用培地に添加する場合，3〜10 μM.
購入先：サンタクルズ社（sc-203524），アブカム社（ab145899），メルク社（196805）

◇ 作用機序

Baxによるチャネル形成を阻害する．

◇ 生理機能

アポトーシスに伴うミトコンドリアからのチトクロムc放出にはアポトーシス誘導性Bcl2ファミリータンパク質の一つであるBaxによるチャネル形成が必要と考えられている．Bax channel blockerはこの過程を阻害することによりアポトーシスの誘導を抑制する．

参考文献
1）Peixoto PM, et al：Biochem J, 423：381–387, 2009
2）Bombrun A, et al：J Med Chem, 46：4365 4368, 2003

Liproxstatin-1

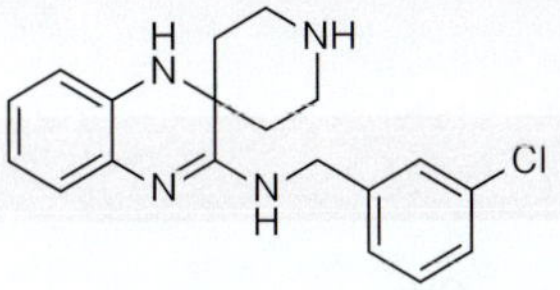

◆分子量：340.9

◆IUPAC名：N-[(3-chlorophenyl)methyl]spiro[4H-quinoxaline-3,4'-piperidine]-2-amine

◆使用法・購入
溶媒：DMSO（10 mg/mL），−20℃保存
使用条件：細胞培養用培地に添加する場合，100 〜 300 nM. マウス個体に投与する場合，10 mg/kgを腹腔内投与
購入先：ケイマン社（17730），R＆Dシステムズ社（6113），シグマ社（SML1414）

◇ 作用機序

フェロトーシス阻害剤．フリーラジカルの発生を阻害すると考えられる．

◇ 生理機能

フェロトーシスはFe^{2+}が関与する細胞死である．ROSの産生の結果として生じる細胞死である．

◇注意点

フェロトーシスは比較的新しく発見されたタイプの細胞死であり，そのメカニズムには不明な点が多い．フリーラジカルはフェロトーシスだけでなくアポトーシスを含むさまざまな生命現象に関与するため実験結果には慎重な考察が必要である．

参考文献

1）Friedmann Angeli JP, et al：Nat Cell Biol, 16：1180-1191, 2014
2）Dong T, et al：Chembiochem, 16：2557-2561, 2015

Ferrostatin-1

別名：フェロスタチン-1

詳細は**第20章**同薬剤を参照

◇解説

アポトーシスとは異なる細胞死，フェロトーシス阻害剤．

IM-54

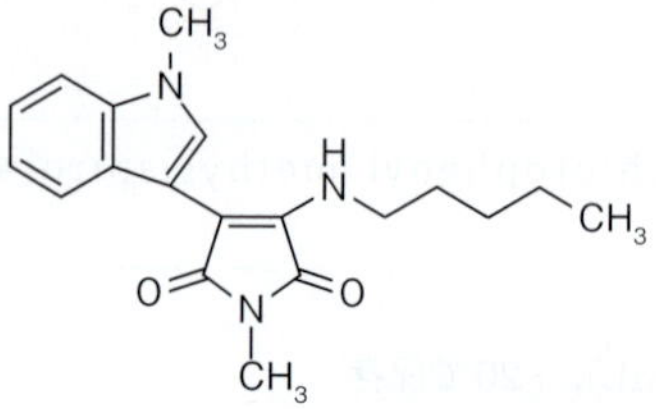

◆**分子量**：325.4

◆**IUPAC名**：1-methyl-3-(1-methylindol-3-yl)-4-(pentylamino)pyrrole-2,5-dione

◆**使用法・購入**
溶媒：DMSO（5 mg/mL），遮光-20℃保存
使用条件：細胞培養用培地に添加する場合，1〜10 μM
購入先：サンタクルズ社（sc-222053），メルク社（480060），シグマ社（SML0412）

◇作用機序

ネクローシス阻害剤．

◇ 生理機能

H_2O_2によるネクローシスを阻害する，Etoposideが誘導するアポトーシスは阻害しない．

◇ 注意点

ネクローシス特異的な阻害剤としてネクローシスのメカニズム解明に役立つことが期待される．しかしその作用機序は不明であり，どのようなネクローシスを阻害するかは検討を要する．

参考文献

1）Dodo K, et al：Bioorg Med Chem Lett, 15：3114-3118, 2005
2）Sodeoka M & Dodo K：Chem Rec, 10：308-314, 2010

Necrostatin-1

別名：ネクロスタチン-1

詳細は**第20章**同薬剤を参照

◇ 解説

プログラムネクローシスとして知られるネクロトーシス阻害剤．

第27章 アポトーシス関連薬剤

第28章

抗生物質

塩川大介

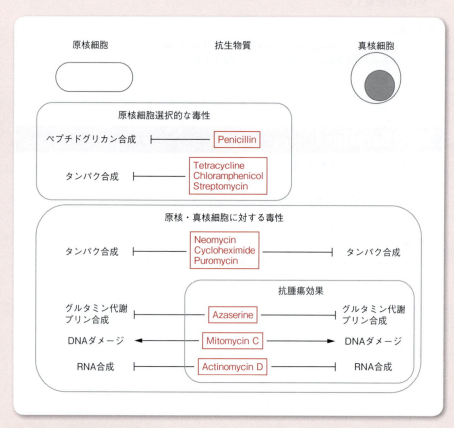

概略図　抗生物質の作用点

　抗生物質は，微生物の生育を阻害する活性をもつ物質であり，特に細菌や真菌等の微生物により産生されるものを指す[1]．抗生物質の作用としては，DNA複製阻害，RNA合成阻害，タンパク質合成阻害，細菌細胞壁合成阻害作用等があげられる．なかでも，特に細菌が増殖するのに必要な代謝経路に作用し細菌にのみ選択的に毒性を示す抗生物質は（**概略図**），臨床の場で肺炎や化膿等の細菌感染症の治療，予防に広く用いられており，さらに農薬・飼料添加剤・食品保存用防腐剤などにも利用されて

いる．また，これらの細菌選択的抗生物質は，研究室でプラスミドによる形質転換大腸菌の選択等に日常的に用いられる．Neomycin等，原核・真核細胞に対してタンパク質合成阻害活性を示す抗生物質（概略図）は，研究室レベルでは，真核細胞の形質転換株の選択，タンパク質合成阻害実験等に広く用いられている．概略図に示すAzaserine等の抗生物質も，前述のNeomycin等と同様に原核・真核細胞に対してさまざまな阻害効果を示す．しかしこれらの抗生物質は，特に腫瘍細胞に対して強い毒性を示すことが知られており，抗腫瘍剤として臨床で用いられている[2]．

　1928年にイギリスのアレクサンダー・フレミング博士によってPenicillinが発見されて以来，抗生物質は多くの人命を感染症から救ってきた[1]．現在においても，抗生物質の消費量はさまざまな薬剤のなかで最上位を占めており，新規な抗生物質が世界中で開発されている．しかし，その使用に伴いさまざまな薬剤耐性菌の出現が急速に増加しており，今日深刻な社会問題となっている[3]．さらに微生物等の原核細胞選択的に毒性を示すとされる抗生物質においても，場合によってはさまざまな副作用をヒトに対し引き起こすことが報告されている[4]．

参考文献

1）Mohr KI：Curr Top Microbiol Immunol, 398：237-272, 2016
2）Orlikova B, et al：Cancer Treat Res,159：123-143, 2014
3）Aminov R：Biochem Pharmacol, 133：4-19, 2017
4）Dancer SJ：Lancet Infect Dis, 4：611-619, 2004

Azaserine

別名：アザセリン

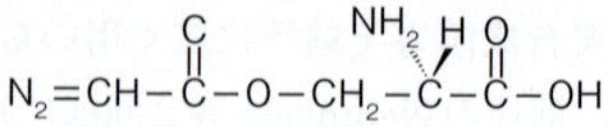

$$N_2=CH-\overset{C}{C}-O-CH_2-\overset{NH_2}{\underset{H}{C}}-\overset{O}{C}-OH$$

◆分子量：173.1

◆IUPAC名：(E)-1-[(2S)-2-amino-2-carboxyethoxy]-2-diazonioethenolate

◆使用法・購入
溶媒：水（50 mg/mL），-20℃保存
使用条件：細胞培養用培地に添加する場合．1〜30 μM
購入先：サンタクルズ社（sc-29063），ケイマン社（14834），シグマ社（A4142）

◇ 作用機序

Azaserine はグルタミンの構造アナログであり，グルタミンアミドトランスフェラーゼを阻害する．

◇ 生理機能

Azaserine は天然に存在するセリン誘導体である．グルタミン代謝，プリン生合成を阻害することにより抗真菌剤，抗腫瘍剤として働くことが知られている．

参考文献
1）Hull RL, et al：Am J Physiol Cell Physiol, 293：C1586-1593, 2007
2）Wada K, et al：J Mol Biol, 380：361-372, 2008
3）Rajapakse AG, et al：Am J Physiol Heart Circ Physiol, 296：H815-822, 2009

Mitomycin C

別名：マイトマイシンC / MMC

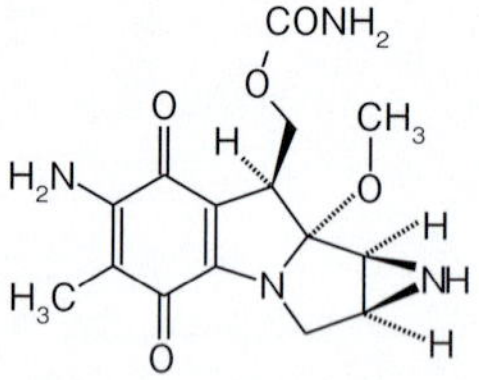

◆分子量：334.3

◆IUPAC名：[(1aS,8S,8aR,8bS)-6-amino-8a-methoxy-5-methyl-4,7-dioxo-1,1a,2,4,7,8,8a,8b-octahydroazirino[2',3':3,4]pyrrolo[1,2-a]indol-8-yl]methyl carbamate

◆使用法・購入

434   Azaserine

溶媒：DMSO（100 mM），4℃保存

使用条件：細胞培養用培地に添加する場合．10μM〜1 mM．マウス個体に投与する場合．2 mg/kgを腹腔内投与

購入先：サンタクルズ社（sc-3514），アブカム社（ab120797），シグマ社（10107409001）

◇ **作用機序**

Mitomycin Cは，細胞内で還元され活性代謝物となり，DNAへの架橋形成，アルキル化，フリーラジカルによるDNA鎖切断を惹起しDNAの複製を阻害，抗腫瘍効果を示すと考えられる．慢性リンパ性および骨髄性白血病，胃がん，結腸・直腸がんなどに対する抗がん剤として用いられる．

◇ **生理機能**

Mitomycinは，*Streptomyces caespitosus* の培養濾液から得られた一群の抗腫瘍性抗生物質である．そのなかから安定性が高く，最も強い抗腫瘍活性を有するMitomycin Cが抗がん剤として使用されている．

参考文献

1 ）Tomasz M, et al：Science, 235：1204-1208, 1987
2 ）Tomasz M, et al：Biochemistry, 27：3182-3187, 1988
3 ）Merlo GR, et al：J Cell Biol, 128：1185-1196, 1995

Actinomycin D

別名：アクチノマイシンD / ActD / Dactinomycin / ダクチノマイシン

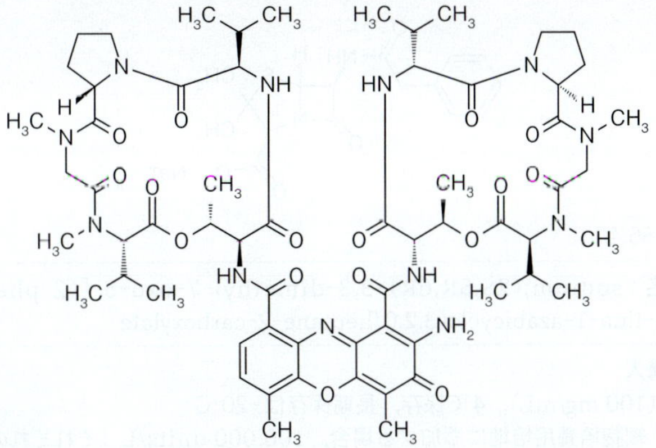

◆ **分子量**：1255.4

◆ **IUPAC名**：2-amino-4,6-dimethyl-3-oxo-1-N,9-N-bis-[(18aS)-10c,14,17-trimethyl-5,8,12,15,18-pentaoxo-6c,13t-di(propan-2-yl)-18ar-hexadecahydro-

1H-pyrrolo[2,1-i][1,4,7,10,13]oxatetraazacyclohexadecin-9c-yl]-3H-phenoxazine-1,9-dicarboxamide

◆使用法・購入
　溶媒：DMSO（1 mg/mL），遮光4℃保存
　使用条件：細胞培養用培地に添加する場合．1～100 ng/mL
　購入先：サンタクルズ社（sc-200906），アブカム社（ab141058），シグマ社（A1410）

◇作用機序

　DNAと安定した複合体を形成し，RNAポリメラーゼの移動を阻害することによって転写を抑制する．ウィルムス腫瘍，絨毛上皮腫，破壊性胞状奇胎などに対する治療薬として用いられる．

◇生理機能

　Actinomycinは，放線菌が産生するポリペプチド系の抗生物質，ペプチド配列の違いにより20種以上が知られている．特にActinomycin Dは研究用試薬や小児がん等に対する抗がん剤として利用されている．

参考文献
1）Bailey SA, et al：Biochemistry, 32：5881-5887, 1993
2）Verhaegen S, et al：Biochem Pharmacol, 50：1021-1029, 1995
3）Wang MJ, et al：Neurosci Res, 59：40-46, 2007

Penicillin G sodium

別名：ペニシリンG 塩酸塩

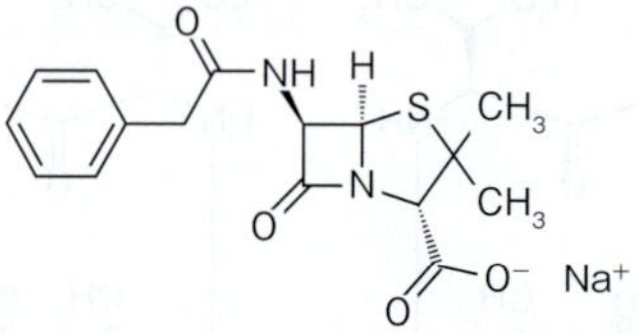

◆分子量：356.4

◆IUPAC名：sodium;(2S,5R,6R)-3,3-dimethyl-7-oxo-6-[(2-phenylacetyl)amino]-4-thia-1-azabicyclo[3.2.0]heptane-2-carboxylate

◆使用法・購入
　溶媒：水（100 mg/mL），4℃保存，長期保存は-20℃
　使用条件：細胞培養用培地に添加する場合，100,000 units/L（それぞれのロットでユニットを確認のこと）
　購入先：シグマ社（P3032）

◇ 作用機序

Penicillinはβ-ラクタム系抗生物質であり，真正細菌の細胞壁の主要成分であるペプチドグリカン合成酵素を阻害する．

◇ 生理機能

Penicillinは，1928年にイギリスのアレクサンダー・フレミング博士によって発見された，世界初の抗生物質である．Penicillinが作用した細菌はペプチドグリカンを作れなくなり増殖が抑制される．現在ではセファロスポリン系抗生物質やニューキノロンが主力抗菌剤として使用されているが，研究用細胞培養系に添加される抗生物質としてはStreptomycinとともに広く用いられている．肺炎，梅毒，咽頭・喉頭炎，中耳炎，感染性心内膜炎などに対する治療薬として用いられる．

◇ 注意点

細胞培養用培地に使用する場合には，ペニシリン・ストレプトマイシン水溶液（100倍濃度）が入手可能．シグマ社（P4333），富士フイルム和光純薬社（168-23191），サーモフィッシャーサイエンティフィック社（15-140-122）等．

参考文献
1）Winstanley TG & Hastings JG：J Antimicrob Chemother, 23：189-199, 1989

Tetracycline

別名：テトラサイクリン

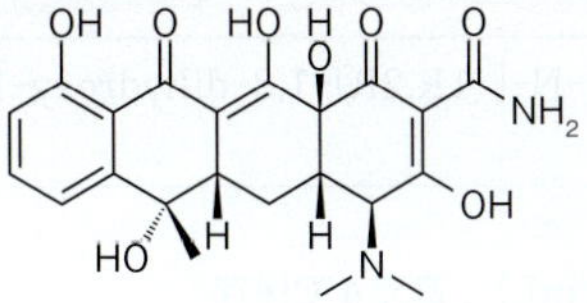

◆**分子量**：444.4

◆**IUPAC名**：(4S,4aS,5aS,6S,12aS)-4-(dimethylamino)-3,6,10,12,12a-pentahydroxy-6-methyl-1,11-dioxo-1,4,4a,5,5a,6,11,12a-octahydrotetracene-2-carboxamide

◆**使用法・購入**
溶媒：エタノール（10 mg/mL），遮光 -20℃保存
使用条件：大腸菌培養用培地に添加する場合．10〜20 μg/mL
購入先：シグマ社（P3032）

◇ 作用機序

Tetracyclineは細菌の30SリボソームサブユニットにおけるアミノアシルtRNAのA部位への結合をブロックし，タンパク質合成を阻害する．歯周組織炎，抜歯創，口

437

腔手術創の二次感染，感染性口内炎などの塗布治療薬として用いられる．

◇生理機能

Tetracycline はテトラサイクリン系に属する広範囲抗菌性抗生物質である．ブドウ球菌・肺炎球菌などのグラム陽性菌，赤痢菌・大腸菌などのグラム陰性菌，リケッチア・クラミジアなどの感染症に適用される．

◇注意点

可逆的遺伝子発現調節であるTet on/offシステムでは，メタサイクリンから化学的に合成されたテトラサイクリン系抗菌剤であり，強い転写誘導活性を示すDoxycycline（ドキシサイクリン）が用いられる．

参考文献

1）Degenkolb J, et al：Antimicrob Agents Chemother, 35：1591-1595, 1991
2）Wilson DN：Crit Rev Biochem Mol Biol, 44：393-433, 2009

Chloramphenicol

別名：クロラムフェニコール

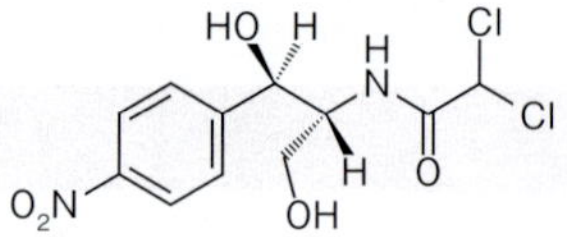

◆**分子量**：323.1

◆**IUPAC名**：2,2-dichloro-N-[(1R,2R)-1,3-dihydroxy-1-(4-nitrophenyl)propan-2-yl]acetamide

◆**使用法・購入**
溶媒：エタノール（50 mg/mL），遮光4℃保存
使用条件：大腸菌培養用培地に添加する場合．10～20 μg/mL
購入先：シグマ社（C0378），メルク社（220551）

◇作用機序

Chloramphenicol は，細菌のリボソーム50SサブユニットにおけるペプチジルトランスフェラーゼによるアミノアシルtRNAへのペプチド鎖移動をブロック，タンパク質合成を阻害する．細菌性膣炎の治療薬として用いられる．

◇生理機能

Chloramphenicol は *Streptomyces venezuelae* から得られた広範な抗菌スペクトルをもつ抗生物質である．グラム陽性・陰性菌，レプトスピラ，リケッチア，クラミドフィラ等に効果を示す．Chloramphenicol 耐性は，Chloramphenicol のヒドロキシ

基をアセチル化する酵素であるクロラムフェニコールアセチルトランスフェラーゼ（CAT）をコードする遺伝子により与えられる．CAT遺伝子はプロモーター活性の測定等を目的としたレポーター遺伝子として利用されている．

参考文献

1）Jardetzky OJ：Biol Chem, 238：2498-2508, 1963

Streptomycin sulfate salt

別名：ストレプトマイシン硫酸塩

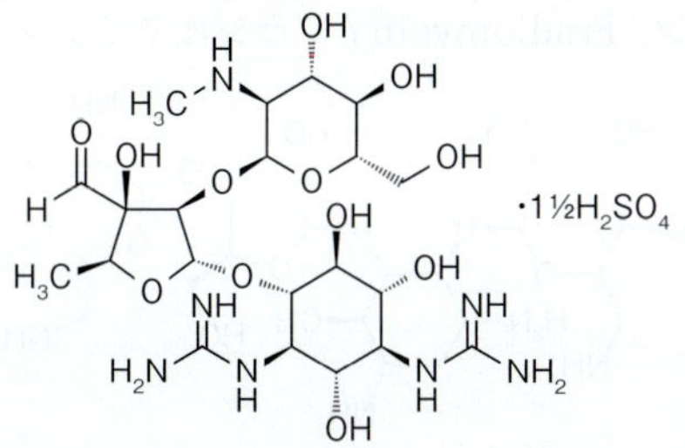

◆**分子量**：728.7

◆**IUPAC名**：2-[(1R,2R,3S,4R,5R,6S)-3-(diaminomethylideneamino)-4-[(2R,3R,4R,5S)-3-[(2S,3S,4S,5R,6S)-4,5-dihydroxy-6-(hydroxymethyl)-3-(methylamino)oxan-2-yl]oxy-4-formyl-4-hydroxy-5-methyloxolan-2-yl]oxy-2,5,6-trihydroxycyclohexyl]guanidine;sulfuric acid

◆**使用法・購入**

溶媒：水（25 mg/mL），4℃保存，長期保存は-20℃

使用条件：細胞培養用培地に添加する場合．100 μg/mL

購入先：シグマ社（S9137），メルク社（5711）

◇ 作用機序

リボソーム30Sサブユニットの16S rRNAに結合し，formyl methionyl tRNAの30Sサブユニットへの結合をブロックすることにより細菌のタンパク質合成を阻害する．感染性心内膜炎，ペスト，肺結核およびその他の結核症などの治療薬として用いられる．

◇ 生理機能

Streptomycinは放線菌の一種である *Streptomyces griseus* から分離されたアミノグリコシド系抗生物質．結核の治療に用いられた最初の抗生物質である．研究用細胞培養系に添加される抗生物質としてPenicillinとともに広く用いられている．

◇ 注意点

細胞培養用培地に使用する場合には，ペニシリン・ストレプトマイシン水溶液（100倍濃度）が入手可能．シグマ社（P4333），富士フィルム和光純薬社（168-23191），サーモフィッシャーサイエンティフィック社（15-140-122）等．

参考文献

1）Modolell J & Davis BD：Nature, 224：345-348, 1969

Neomycin

別名：ネオマイシン / Fradiomycin / フラジオマイシン

◆ **分子量**：614.7

◆ **IUPAC名**：(2R,3S,4R,5R,6R)-5-amino-2-(aminomethyl)-6-[(1R,2R,3S,4R,6S)-4,6-diamino-2-[(2S,3R,4S,5R)-4-[(2R,3R,4R,5S,6S)-3-amino-6-(aminomethyl)-4,5-dihydroxyoxan-2-yl]oxy-3-hydroxy-5-(hydroxymethyl)oxolan-2-yl]oxy-3-hydroxycyclohexyl]oxyoxane-3,4-diol

◆ **使用法・購入**

溶媒：Neomycin三硫酸塩水和物の場合，水（50 mg/mL），4℃保存，長期保存は-20℃

使用条件：形質転換細胞の選択に使用する場合．0.1〜1 mg/mL細胞により要検討

購入先：シグマ社（Neomycin三硫酸塩水和物，N1876），富士フィルム和光純薬社（Neomycin塩酸塩，146-08871）

◇ 作用機序

Neomycinはグラム陽性菌，グラム陰性菌において，30Sリボソームと結合しタンパク質合成を阻害する．外傷，熱傷および手術創などの二次感染の治療薬として用いられている．

◇ 生理機能

Neomycinは，*Streptomyces fradiae*が生産するアミノグリコシド系抗生物質．fradiomycin（フラジオマイシン）ともよばれる．比較的広範な抗菌スペクトルを有し，グラム陰性菌・陽性菌に対し強い抗菌作用を示す．生物学の研究においてネオマイシン耐性遺伝子は，薬剤選択マーカーとして形質転換細胞の選択に利用される．

◇ 注意点

　Neomycin 耐性遺伝子は Kanamycin も不活性化するので大腸菌の薬剤選択にも使用される．真核生物細胞における Neomycin 耐性遺伝子を利用した外来遺伝子安定発現株の選択には，通常 Gentamycin に類似した構造のアミノグリコシド系抗生物質である G418（Geneticin）を用いる．G418 は 80S リボソームに作用して真核細胞のタンパク質合成を阻害する．G418 水溶液（50 mg/mL）が富士フイルム和光純薬社（071-06431），ロシュ社（G418-RO）等から購入できる．

参考文献

1）Mehta R & Champney WS：Curr Microbiol, 47：237-243, 2003
2）Waksman SA, et al：J Clin Invest, 28：934-939, 1949

Cycloheximide

別名：シクロヘキシミド / CHX

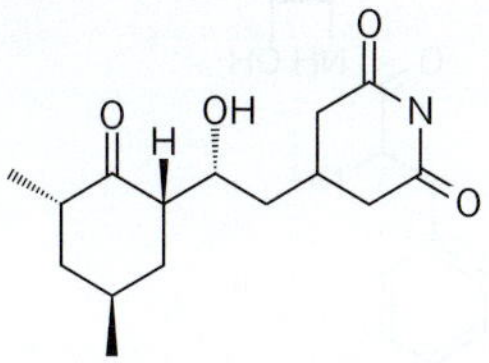

◆**分子量**：281.4

◆**IUPAC 名**：4-[(2R)-2-[(1S,3S,5S)-3,5-Dimethyl-2-oxocyclohexyl]-2-hydroxyethyl]piperidine-2,6-dione

◆**使用法・購入**
　溶媒：DMSO（10 mg/mL），エタノール（10 mg/mL），-20℃保存
　使用条件：細胞培養用培地に添加する場合．5〜50 μg/mL
　購入先：シグマ社（P3032）

◇ 作用機序

　Cycloheximide はリボソームの 60S サブユニットに作用してペプチド鎖伸長を阻害する．真核生物細胞におけるタンパク質合成を阻害する．

◇ 生理機能

　Cycloheximide は *Streptomyces griseus* によってつくられる Glutarimide 系抗生物質であるが，臨床的には使用されない．Cycloheximide は生化学研究に広く用いられ，タンパク質の安定性評価，アポトーシスの誘導等に使用される．また酵母や菌類の Cycloheximide 耐性株の選択にも用いられる．

第28章　抗生物質

441

◇注意点

毒物である．取り扱い，保管は添付の安全データシートに従うこと．

参考文献

1）Schneider-Poetsch T, et al：Nat Chem Biol, 6：209-217, 2010
2）Klinge S, et al：Science, 334：941-948, 2011

Puromycin

別名：ピューロマイシン

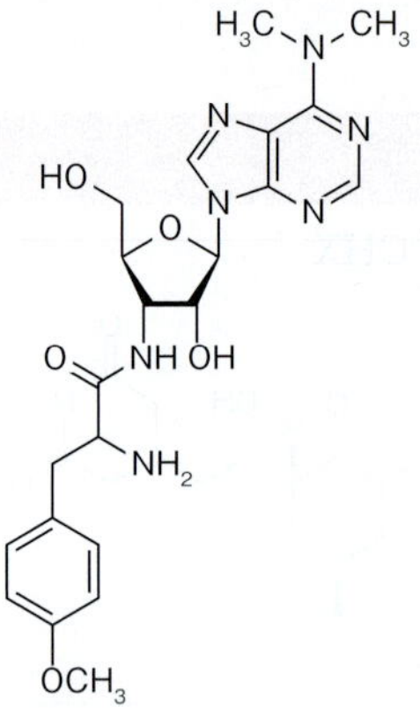

◆**分子量**：471.5

◆**IUPAC名**：3'-deoxy-N,N-dimethyl-3'-[(O-methyl-L-tyrosyl)amino]adenosine

◆**使用法・購入**
溶媒：水（50 mg/mL），4℃保存，長期保存は-20℃
使用条件：細胞培養用培地に添加する場合1～10 μg/mL
購入先：シグマ社（P3032）

◇作用機序

リボソームでのRNA翻訳を中断し，タンパク質合成を阻害する．

◇生理機能

Puromycinは細菌の *Streptomyces alboniger* から得られたアミノヌクレオシド系抗生物質である．細胞培養系における外来遺伝子安定発現株の選択剤として用いられる．原核・真核細胞双方に対して毒性を示す．耐性遺伝子には，Puromycin生産菌から得られたピューロマイシンN-アセチルトランスフェラーゼ（PAC）をコードするPac遺伝子がある．

◇注意点

安定発現株の選択剤として用いる分には特に問題はないが，PuromycinはジペプチジルペプチダーゼⅡや細胞質アラニルアミノペプチダーゼの可逆的阻害剤でもあるので注意．

参考文献

1）Pestka S：Annu Rev Microbiol, 25：487-562, 1971
2）Dando PM, et al：Biomed Health Res, 13：88-95, 1997
3）McDonald JK, et al：J Biol Chem, 243：2028-2037, 1968

第29章
オートファジー関連薬剤

濱 祐太郎，森下英晃，水島 昇

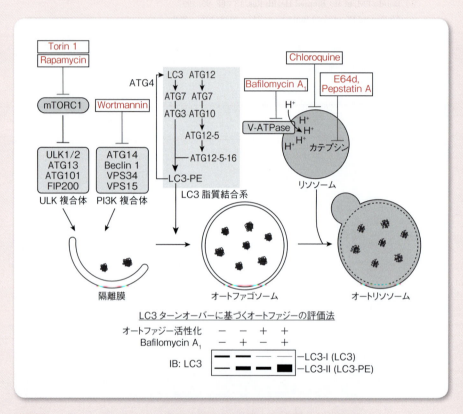

概略図 オートファジーおよびその評価法の概要と関連薬剤の作用点

　オートファジーとは，細胞質をオートファゴソームとよばれる直径1μm程度の二重の膜構造で取り囲み，それをリソソームと融合させて分解する細胞内分解系である．細胞内のタンパク質やオルガネラの品質管理および飢餓適応に重要と考えられている[1]．オートファジーの分子機構は明らかになってきたものの，オートファジーを特異的に制御する化合物はいまだ開発されていない．本章では，間接的ではあるが一般的に用いられている薬剤を紹介する（**概略図**）．
　オートファゴソームの形成にはオートファジー関連（autophagy-related：ATG）

タンパク質からなるいくつかの複合体が必要である．オートファジーの開始にかかわるULK複合体，PI3P（ホスファチジルイノシトール3-リン酸）を産生するクラスⅢPI3K（PI3キナーゼ）複合体，およびオートファゴソームのマーカーとしても知られるLC3（microtubule-associated protein 1 light chain 3）の脂質結合系である．形成されたオートファゴソームはリソソームと融合する．

オートファジー活性化剤として，一般にmTORC1（mechanistic target of rapamycin complex 1）阻害剤が用いられる．mTORC1によるULK複合体のオートファジー抑制的リン酸化を阻害することで，オートファジーが活性化される．オートファジーを阻害する方法はオートファゴソーム形成阻害，およびリソソーム阻害による基質分解阻害の2通りがある[2]．リソソーム阻害は，酸性化阻害，リソソームストレス誘導，およびプロテアーゼ阻害の3つの方法がある．

オートファジーの基質分解量（オートファジーフラックス）の評価法として，リソソームを阻害して蓄積した脂質化LC3（LC3-Ⅱ）の量を比較する方法がある．この目的のためにもリソソーム阻害剤が頻繁に用いられている[2]．

参考文献
1）Mizushima N & Komatsu M：Cell, 147：728-741, 2011
2）Mizushima N, et al：Cell, 140：313-326, 2010

Torin 1

別名：トリン1

◆**分子量**：607.6

◆**IUPAC名**：1-[4-[4-(1-Oxopropyl)-1-piperazinyl]-3-(trifluoromethyl)phenyl]-9-(3 quinolinyl)benzo[h]-1,6-naphthyridin-2(1H)-one

◆**使用法・購入**

　溶媒：細胞培養用培地に添加する場合，DMSOに溶解（＜1 mM），−20℃保存．マウス個体に使用する場合，100 % N-メチルピロリドンに溶解（25 mg/mL）

　使用条件：細胞培養用培地に添加する場合，終濃度250〜1,000 nMで培地に添加．マウス個体に使用する場合，上記保存液を50 % PEG400に希釈し2〜20 mg/kgで腹腔内投与

　購入先：フナコシ社（1222998-36-8），CST社（14379）

◇ 作用機序

　タンパク質キナーゼmTOR（mechanistic target of rapamycin）のATP競合阻害剤．

◇ 生理機能

　Torin1はmTORを特異的かつ強力に阻害する（IC_{50} = 2〜10 nM）[1]．mTORは栄養や増殖因子などを感知して活性化し，細胞増殖を制御する．mTORは細胞内で構成因子の異なる2種類の複合体mTORC1およびmTORC2を形成する[2]．そのうちmTORC1がオートファジーの始動を担うATG13複合体を直接リン酸化する．このリン酸化はオートファジー抑制的であり，mTORC1が阻害されるとオートファジーは活性化する[3]．

◇ 注意点

　mTORC1だけでなくmTORC2も阻害する．これらはオートファジー以外にも翻訳や代謝の制御など非常に広範な役割をもつため，副作用に注意すべきである[2]．

参考文献

1）Thoreen CC, et al：J Biol Chem, 284：8023-8032, 2009
2）Saxton RA & Sabatini DM：Cell, 169：361-371, 2017
3）Hosokawa N, et al：Mol Biol Cell, 20：1981-1991, 2009

4）Liu Q, et al：J Med Chem, 53：7146-7155, 2010
5）Chao X, et al：Gastroenterology, 155：865-879.e12, 2018

Rapamycin

別名：ラパマイシン / Sirolimus / シロリムス

詳細は**第41章**同薬剤を参照

◇解説

mTORC1阻害剤であるラパマイシンはオートファジー活性化にも用いられる．mTORC1を選択的に阻害するが，オートファジー活性化効果は弱い．

Wortmannin

別名：ワルトマニン / KY12420

詳細は**第8章**同薬剤を参照

◇解説

PI3K阻害剤であるWortmanninはオートファゴソーム形成に必要なクラスⅢ PI3K複合体の構成因子VPS34を阻害するため，オートファゴソーム形成阻害剤としても用いられる[1]．クラスⅠ PI3Kも阻害するため，特に富栄養条件下ではAKTを介したmTORC1阻害効果が顕著となり，むしろオートファジーを活性化することがある[2]．

参考文献
1）Blommaart EF, et al：Eur J Biochem, 15：240-246, 1997
2）Wu YT, et al：J Biol Chem, 285：10850-10861, 2010

Bafilomycin A₁

別名：バフィロマイシン A_1

◆**分子量**：622.8

◆**IUPAC名**：(3Z,5E,7R,8S,9S,11E,13E,15S,16R)-8-Hydroxy-16-[(1S,2R,3S)-2-hydroxy-1-methyl-3-[(2R,4R,5S,6R)-tetrahydro-2,4-dihydroxy-5-methyl-6-(1-methylethyl)-2H-pyran-2-yl]butyl]-3,15-dimethoxy-5,7,9,11-tetramethyloxacyclohexadeca-3,5,11,13-tetraen-2-one

◆**使用法・購入**
　溶媒：DMSOに溶解（100 μM），−20℃保存
　使用条件：細胞培養用培地に添加する場合，終濃度100 nMで培地に添加．マウス個体
　　に投与する場合，PBSに溶解し，0.1〜1 mg/kgで腹腔内投与する
　購入先：シグマ社（B1793），セレック社（S1413）

◇ 作用機序

　V-ATPase（Vacuolar H^+-ATPase）の阻害剤.

◇ 生理機能

　Bafilomycin A_1 はV-ATPaseの機能を強力に阻害する（$IC_{50} = 14$ nM）[1]．V-ATPaseはリソソームなどにプロトンを汲み入れて酸性化するプロトンポンプである[2]．多くのリソソーム酵素は酸性の至適pHをもつため，V-ATPaseの阻害によってpHが上昇すると，リソソームの機能は著しく障害される[3]．オートファジー基質の分解を担うリソソームが障害されると，オートファジーの基質は蓄積する．

◇ 注意点

　V-ATPaseはゴルジ体などにも局在し細胞種特異的な機能も報告されている[2]．また，V-ATPaseを阻害して数時間すると，mTORC1が二次的に阻害され，その結果オートファジーが活性化する[4]．さらに，Bafilomycin A_1 は小胞体のカルシウムポンプを阻害することも報告されている[5]．以上のような副作用に注意すべきである．

参考文献
1）Oliveira PF, et al：Comp Biochem Physiol A Mol Integr Physiol, 139：425-432, 2004
2）Forgac M：Nat Rev Mol Cell Biol, 8：917-929, 2007
3）Mizushima N, et al：Cell, 140：313-326, 2010

4 ）Zoncu R, et al：Science, 334：678-683, 2011
5 ）Mauvezin C, et al：Nat Commun, 6：7007, 2015

Chloroquine

別名：クロロキン

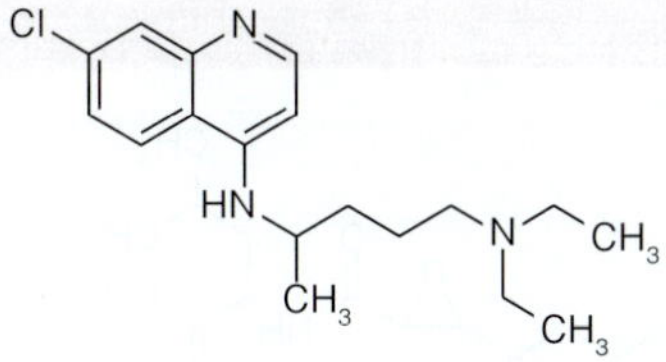

◆分子量：319.9

◆IUPAC名：4-N-(7-chloroquinolin-4-yl)-1-N,1-N-diethylpentane-1,4-diamine

◆使用法・購入
　溶媒：細胞培養用培地に添加する場合，水に溶解（20～100 μM），-20℃保存．マウス個体に使用する場合，PBSに溶解
　使用条件：細胞培養用培地に添加する場合，終濃度20～100 μMで培地に添加．マウス個体に使用する場合，10～100 mg/kgで腹腔内投与
　購入先：富士フイルム和光純薬社（034-17973），ナカライテスク社（08660-04）

◇作用機序

　リソソーム阻害剤．リソソーム膜を透過した後，酸性条件でイオン化されて膜透過性を失い蓄積する（lysosomotropism）．

◇生理機能

　Chloroquineは細胞質の100倍以上の濃度でリソソームに蓄積しその機能を阻害する[1]．Chloroquineが蓄積したリソソームには，浸透圧ストレスやpH上昇など多様な障害が生じる．リソソームによる分解が障害され，オートファジーの基質は蓄積する[2]．また，高濃度（100 μM）で使用するとオートファジー非依存的にオートファゴソームのマーカーLC3をエンドソーム・リソソームに誤局在させ，蓄積させる[3]．米国では悪性腫瘍に対してChloroquineおよびHydroxychloroquineの臨床試験が行われている．また，全身性エリテマトーデスに対する治療薬として用いられているが，その作用機序は不明である．

◇注意点

　リソソームは他の小胞輸送経路に広範な役割をもつ．また，オートファジー非依存的LC3-Ⅱ蓄積を引き起こすため，オートファジーの基質分解量評価に使用する場合は細心の注意が必要である（**概論**参照）．

第29章　オートファジー関連薬剤

449

参考文献

1）Villamil Giraldo AM, et al：Biochem Soc Trans, 42：1460-1464, 2014
2）Mizushima N, et al：Cell, 140：313-326, 2010
3）Florey O, et al：Autophagy, 11：88-99, 2015
4）Moulis M & Vindis C：Cells, 6：doi:10.3390/cells6020014, 2017

E64d

◆**分子量**：342.4

◆**IUPAC名**：[(2S,3S)-3-Ethoxycarbonyloxirane-2-carbonyl]-L-leucine(3-methylbutyl)amide

◆**使用法・購入**
溶媒：DMSOに溶解（50 mM），-20℃保存
使用条件：細胞培養用培地に添加，終濃度50 μM
購入先：ペプチド研究所（4321-v），ほか多数

◇ 作用機序

システインプロテアーゼの不可逆的な阻害剤．細胞膜を透過して細胞内に入り，エステルが加水分解されてE64cとなり，プロテアーゼ活性部位のシステインと共有結合する[1]．

◇ 生理機能

E64dはカテプシンB, H, K, L, Sを含むシステインプロテアーゼを阻害する．特にカテプシンBに対する選択性が高く（IC_{50} = 12 nM），カテプシンK, L, Sの15〜55倍とされる[2]．リソソームにおけるオートファジー基質の分解を阻害する[3]．これ以外に，細胞質中のカルパインも阻害する（IC_{50} = 4 μM）[4]．

◇ 注意点

オートファジーの解析にはPepstatin Aと併用するのが一般的である[3]．また，他のシステインプロテアーゼも阻害するため注意が必要である．

参考文献

1）Katunuma N：Proc Jpn Acad Ser B Phys Biol Sci, 87：29-39, 2011
2）Zhang X, et al：Biol Pharm Bull, 40：1240-1246, 2017
3）Tanida I, et al：Autophagy, 1：84-91, 2005
4）Huang Z, et al：J Med Chem, 35：2048-2054, 1992

Pepstatin A

別名：ペプスタチンA

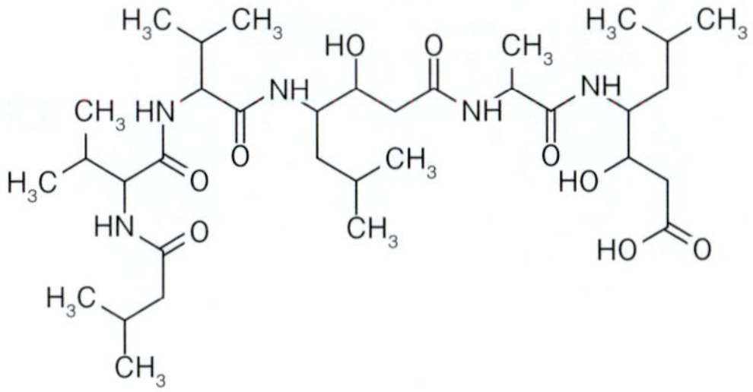

◆**分子量**：685.9

◆**IUPAC名**：Isovaleryl-L-valyl-L-valyl[(3S,4S)-4-amino-3-hydroxy-6-methylheptanoyl]-L-alanyl[(3S,4S)-4-amino-3-hydroxy-6-methylheptanoic acid]

◆**使用法・購入**
溶媒：DMSOに溶解（50 mM），−20℃保存
使用条件：細胞培養用培地に添加，終濃度50 μM．マウス個体に投与する場合，PBSに溶解し20 mg/kgで腹腔内投与する
購入先：ペプチド研究所（4397-v），ほか多数

◇ 作用機序

アスパラギン酸プロテアーゼの可逆的阻害剤．活性部位の複数の残基と相互作用し立体構造を変化させる[1]．

◇ 生理機能

Pepstatin Aはエンドサイトーシスなどで細胞に取り込まれ，リソソーム内のカテプシンD（$K_i = 0.01$ nM）およびEを阻害する[2]．リソソームにおけるオートファジー基質の分解を阻害する[3]．ほかにも，レニン（$K_i = 0.13$ nM）およびペプシン（$K_i = 1.7$ nM）を阻害する[4]．

◇ 注意点

オートファジーの分解阻害にはE64d（前項参照）と併用するのが一般的である[3]．他のアスパラギン酸プロテアーゼの阻害には注意すべきである．

参考文献

1）Baldwin ET, et al：Proc Natl Acad Sci U S A, 90：6796-6800, 1993
2）Leung D, et al：J Med Chem, 43：305-341, 2000
3）Tanida I, et al：Autophagy, 1：84-91, 2005
4）McKown MM, et al：J Biol Chem, 249：7770-7774, 1974
5）Moulis M & Vindis C：Cells, 6：doi:10.3390/cells6020014, 2017

第30章

糖脂質代謝関連薬剤

浅井洋一郎, 片桐秀樹

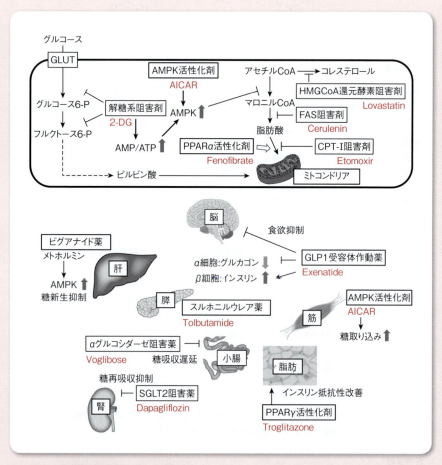

概略図 糖脂質代謝経路と関連薬剤

　生体は摂取した食物を消化・吸収し，栄養素を異化することでエネルギーを獲得する一方，余剰なエネルギーは同化により組織へ蓄えることで絶食・飢餓に備えている．基本となる栄養素である糖と脂質は，状況に応じてダイナミックに代謝され，各臓器が効率的にその役割を果たすべく個体レベルで調整が行われている．

細胞内のエネルギー不足はAMP/ATP比・ADP/ATP比の低下としてAMPKに感知され，活性化したAMPKが異化の亢進（解糖系促進・脂肪酸酸化亢進）・同化の抑制（糖新生抑制・脂肪酸合成抑制・コレステロール合成抑制）に作用し，エネルギーバランスを正に傾ける．

　個体レベルでは，摂取された炭水化物は小腸で単糖類に消化され吸収される．消化管ホルモンは膵β細胞にインクレチン作用を及ぼし，また血中のブドウ糖は直接インスリン分泌を促進する．腎では糸球体を濾過したブドウ糖は尿細管で再吸収され，肝では調節的に糖が新生され，空腹時でも低血糖にならないしくみが存在する．脂肪組織は，インスリンに応じ糖を取り込み脂肪として蓄積するほか，種々のアディポカインを分泌して全身の代謝状態を調節する．脂肪組織の分化にはPPARγが関与し，主に肝臓での脂質代謝にはPPARαが大きな役割を果たす．またコレステロールは主に肝でHMG-CoA還元酵素を律速とする経路で合成される．これらの根本的な代謝経路にかかわる多くの薬剤が臨床応用され，糖尿病や脂質異常症などの治療にも広く使われている（**概略図**）．

　本章においては，上記の糖脂質代謝にかかわる薬剤について解説する．

参考文献

1) Herzig S & Shaw RJ : Nat Rev Mol Cell Biol, 19 : 121-135, 2018
2) American Diabetes Association. : Diabetes Care, 41 : S73-S85, 2018

2-Deoxy-D-glucose

別名：2-DG / 2-デオキシグルコース

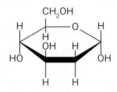

- ◆ 分子量：164.2
- ◆ IUPAC名：(3R,4S,5R)-3,4,5,6-tetrahydroxyhexanal
- ◆ 使用法・購入
  溶媒：水に溶解（＜100 mM）
  使用条件：細胞培養用培地に添加する場合，0.5〜10 mMで効果
  購入先：シグマ社（D8375）

◇作用機序

　2-Deoxy-D-glucose（2-DG）はグルコースの2-ヒドロキシル基が水素原子に置換されたグルコース類縁体であり，解糖系の阻害剤として用いられる．グルコース同様，グルコース輸送体（GLUT）により細胞内へ取り込まれ，ヘキソキナーゼによるリン酸化を受けるが，ホスホグルコースイソメラーゼによる代謝を受けない．細胞内へ蓄積した2-DG-6-リン酸は，解糖系の律速であるヘキソキナーゼを非競合的に，ホスホグルコースイソメラーゼを競合的に阻害することで解糖系を阻害し，細胞内ATP量を低下させる．

◇生理機能

　正常酸素下においては細胞内ATPの低下は部分的であるが，特に解糖系へのATP産生の依存度が高い低酸素下や悪性腫瘍組織においては，2-DGによる細胞内ATPの低下が高度となる．また，2-DGはマンノースと競合することによりタンパク質のNグリコシル化を阻害し，小胞体ストレスを誘導する．これらの機序により，細胞増殖の抑制，アポトーシス促進，オートファジー促進に働く．

参考文献
1) Wick AN, et al：J Biol Chem, 224：963-969, 1957
2) Chen W & Guéron M：Biochimie, 74：867-873, 1992
3) Xi H, et al：Biochem Pharmacol, 85：1463-1477, 2013
4) Ramírez-Peinado S, et al：Cancer Res, 71：6796-6806, 2011

Tolbutamide

別名：トルブタミド

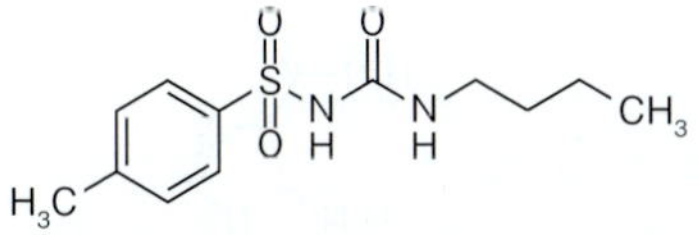

$$分子量：270.3$$

◆ **分子量**：270.3

◆ **IUPAC名**：1-butyl-3-(4-methylphenyl)sulfonylurea

◆ **使用法・購入**
　溶媒：DMSO（＜100 mM）．溶解後は-20℃保存
　使用条件：細胞培養用培地に添加する場合，100～300μMで効果
　購入先：アブカム社（ab120278）

◇ **作用機序**

　Tolbutamideはインスリン分泌促進薬である．膵β細胞においては，内向き整流性K$^+$チャネルであるKir6.2とスルホニルウレア受容体1（SUR1）がヘテロ八量体となってATP感受性K$^+$チャネルを形成しており，Tolbutamideを含むスルホニルウレア薬はSUR1へ結合し，ATP感受性K$^+$チャネルを閉鎖する．ベンズアミド構造を有するSU薬であるGlibenclamideが心筋に存在するSUR2Aへも結合するのに対し，TolbutamideはSUR1への選択性が高い．

◇ **生理機能**

　ATP感受性K$^+$チャネルはグルコース刺激時における主要なインスリン分泌機構を担っている．TolbutamideはATP感受性K$^+$チャネルの閉鎖により，膜電位を上昇させ，電位依存性Ca^{2+}チャネルの開口をもたらし，細胞内Ca^{2+}濃度が上昇する結果，インスリン分泌顆粒が細胞膜と融合し，インスリン分泌が促進される．生体においては，スルホニルウレア薬は強い血糖低下作用を示し，古くからヒトにおいても糖尿病治療薬として臨床応用されている．

参考文献
1）Inagaki N, et al：Science, 270：1166-1170, 1995
2）Ashfield R, et al：Diabetes, 48：1341-1347, 1999

第30章　糖脂質代謝関連薬剤

5-Aminoimidazole-4-carboxamide ribonucleotide

別名：AICAR

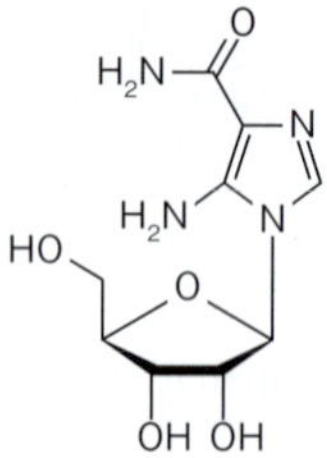

◆**分子量**：258.2

◆**IUPAC名**：5-amino-1-[(2R,3S,5R)-3,4-dihydroxy-5-(hydroxymethyl)oxolan-2-yl]imidazole-4-carboxamide

◆**使用法・購入**
溶媒：水に溶解（50 mM）．溶解後は-20℃で保存
使用条件：細胞培養用培地に添加する場合，0.01～1 mM で効果．マウス個体に投与する場合，200～300 mg/kg を腹腔内投与
購入先：シグマ社（A9978）

◇ 作用機序

　真核生物において高度に保存されている細胞内エネルギーセンサーであるAMPK（AMP-activated protein kinase）は，細胞内AMP/ATP比が上昇することにより活性化される．アデノシンアナログであるAICARはアデノシン輸送体により細胞内へ取り込まれ，アデノシンキナーゼによるリン酸化を受ける．結果，AMPの擬似体となり，AMPと同様にAMPKγサブユニットへ結合し，AMPKを活性化する．

◇ 生理機能

　AMPK活性化の作用は多岐に及ぶが，エネルギー代謝においては異化の亢進（ATP産生の促進），同化の抑制（ATP消費の抑制）に働く．骨格筋では，GLUT4の細胞膜へのトランスロケーションによりインスリン非依存性の糖取り込みを誘導する．糖尿病薬として広く用いられるメトホルミンもAMPKを活性化させるが，メトホルミンが特に肝臓のAMPKを活性化させるのに対し，AICARは骨格筋へのAMPK活性化作用が強いとされる．

参考文献

1）Corton JM, et al：Eur J Biochem, 229：558-565, 1995
2）Kurth-Kraczek EJ, et al：Diabetes, 48：1667-1671, 1999
3）Konagaya Y, et al：Cell Rep, 21：2628-2638, 2017

Dapagliflozin

別名：ダパグリフロジン

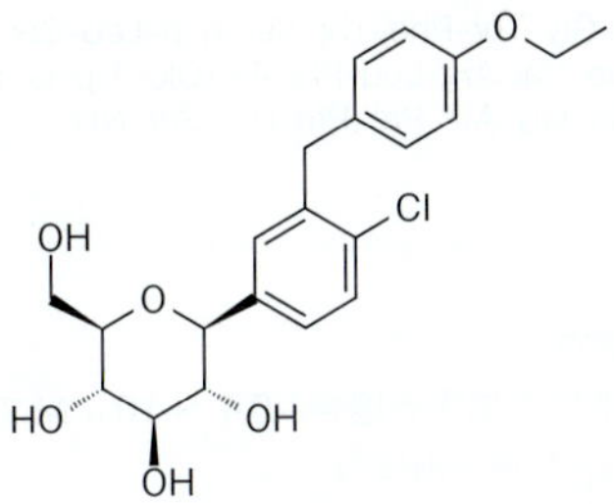

◆**分子量**：408.9

◆**IUPAC名**：(2S,3R,4R,5S,6R)-2-[4-chloro-3-[(4-ethoxyphenyl)methyl]phenyl]-6-(hydroxymethyl)oxane-3,4,5-triol

◆**使用法・購入**
溶媒：DMSO（＜10 mM）．-20℃保存
使用条件：細胞培養用培地に添加する場合，0.01～10μMで効果．マウス個体に投与する場合，1～10 mg/kg/日を経口投与

◇作用機序

　腎近位尿細管の上皮細胞管腔側に存在するナトリウム・グルコース共輸送体（SGLT）2に対する競合的かつ可逆的な阻害剤である．ヒトSGLT2を用いた*in vitro*の検討ではSGLT1に対して約1,400倍の高い選択性とされる．

◇生理機能

　近位尿細管S1セグメントに存在するSGLT2はグルコース再吸収のおよそ90％を担っている．SGLT2阻害薬はグルコースの再吸収を阻害することにより，生体においてインスリン作用に依存しない血糖降下作用を示し，体重減少効果も認められる．ヒトを対象とした大規模臨床試験において心不全／心血管死の減少が報告されている．一方，マウスの検討においてDapagliflozin（10 mg/kg）の単回経口投与は，交感神経の抑制により褐色脂肪組織の熱産生を抑制することも報告されている．

参考文献

1）Kanai Y, et al：J Clin Invest, 93：397-404, 1994
2）Han S, et al：Diabetes, 57：1723-1729, 2008
3）Wiviott SD, et al：N Engl J Med, 380：347-357, 2019
4）Chiba Y, et al：PLoS One, 11：e0150756, 2016

第30章　糖脂質代謝関連薬剤

Exenatide

別名：Exendin-4 / エキセナチド

H–His–Gly–Glu–Gly–Thr–Phe–Thr–Ser–Asp–Leu–Ser–Lys–Gln–Met–
Glu–Glu–Glu–Ala–Val–Arg–Leu–Phe–Ile–Glu–Trp–Leu–Lys–Asn–Gly–
Gly–Pro–Ser–Ser–Gly–Ala–Pro–Pro–Pro–Ser–NH_2

◆分子量：4186.6

◆使用法・購入
溶媒：水に溶解．−20℃保存
使用条件：細胞培養用培地に添加する場合，0.1～10μＭで効果．マウス個体に投与する場合，10～100μg/kgを腹腔内投与
購入先：シグマ社（E7144）

◇作用機序

Exenatideはアフリカドクトカゲより分離された39アミノ酸からなるペプチドホルモンである．Ｎ末端配列はヒトGLP-1と異なることから，内因性ペプチド分解酵素であるDPP-4による分解に抵抗性を示す．膵β細胞のGLP-1受容体へ作用し，cAMP増加を介してPKA，Epac2を活性化し，グルコース応答性インスリン分泌を増強する（増幅経路）．

◇生理機能

腸管からの栄養素刺激によって小腸下部L細胞からGLP-1が分泌され，同じくインクレチンホルモンとして知られるGIPとともに，膵島からのインスリン分泌を促進する（インクレチン効果）．ExenatideなどのGLP-1受容体作動薬は膵島からのグルカゴン分泌抑制効果ももち，また，食欲抑制，胃排出遅延，心保護作用など多くの膵外作用も報告され，ヒトにおいても臨床応用されている．

参考文献
1）Seino S：Diabetologia, 55：2096-2108, 2012
2）Nauck MA & Meier JJ：Diabetes Obes Metab, 20 Suppl 1：5-21, 2018

Vogllbose

別名：ボグリボース

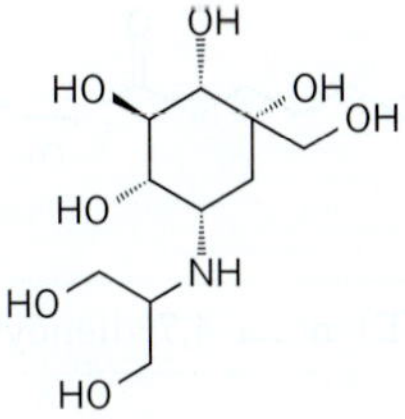

◆ **分子量**：267.3

◆ **IUPAC名**：(1S,2S,3R,4S,5S)-5-(1,3-dihydroxypropan-2-ylamino)-1-(hydroxymethyl)cyclohexane-1,2,3,4-tetrol

◆ **使用法・購入**
溶媒：水に溶解．分注後は-20℃で保存
使用条件：0.01 μM〜10 μMで使用
購入先：シグマ社（50359），ケイマン社（14179）

◇ 作用機序

Vogliboseは小腸粘膜刷子縁に存在する二糖類水解酵素（α-グルコシダーゼ）に対する競合拮抗的阻害剤である．ラット小腸由来マルターゼ，イソマルターゼ，スクラーゼに対するIC$_{50}$はそれぞれ，0.18，5.2，0.37 μMとされる．一方で，ブタおよびラット膵α-アミラーゼに対する阻害作用はAcarboseの約1/3,000であり，β-グルコシダーゼに対しては阻害活性を示さない．

◇ 生理機能

腸管において二糖類から単糖類への分解を担う二糖類水解酵素（α-グルコシダーゼ）を阻害し，糖質の消化・吸収を遅延させることにより食後高血糖を改善する．単糖類の血糖上昇に対しては無効である．Vogliboseは，耐糖能異常から糖尿病への進展を抑制する効果が報告されている．

参考文献
1）Natori Y, et al：Bioorg Med Chem Lett, 21：738-741, 2011
2）小高裕之, 他：日本栄養・食糧学会誌, 45：27, 1992
3）Kawamori R, et al：Lancet, 373：1607-1614, 2009

第30章 糖脂質代謝関連薬剤

Cerulenin

別名：セルレニン

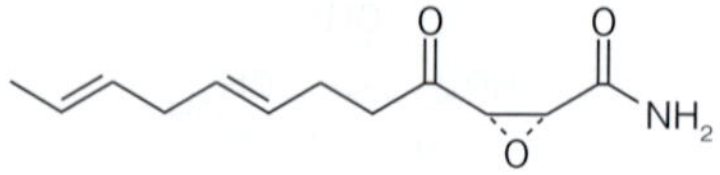

◆**分子量**：223.3

◆**IUPAC名**：(2R,3S)-3-[(4E,7E)-nona-4,7-dienoyl]oxirane-2-carboxamide

◆**使用法・購入**
溶媒：DMSOに溶解（＜75 mM）．-20℃保存
使用条件：細胞培養用培地に添加する場合，1～10 μg/mLで効果
購入先：シグマ社（C2389）

◇作用機序

　*Cephalosporium caerulens*から産出される抗生物質であるCeruleninは，脂肪酸生合成の阻害作用をもつことが発見された．脂肪酸生合成においては，アセチルCoAからマロニルCoAを経て，脂肪酸合成酵素（FAS）の多段階反応によって，パルミチン酸が合成される．FASのうち縮合反応を担うβケトアシルACP合成酵素の活性中心であるシステイン残基に共有結合することにより不可逆的に反応を阻害する．

◇生理機能

　細胞膜や細胞内小器官の構成成分である脂肪酸の合成が阻害され，また，タンパク質のアシル化，中性脂肪合成も抑制される．*in vivo*では，肥満モデルマウスに対するCerulenin投与により脂肪肝抑制の他，食欲抑制，体重減少効果も認める．多くのがん組織においてFASの発現が亢進し，増殖に寄与していることから，FAS阻害薬は抗がん剤としても開発が進んでいる．

参考文献
1）Omura S：Bacteriol Rev, 40：681-697, 1976
2）Price AC, et al：J Biol Chem, 276：6551-6559, 2001
3）Makimura H, et al：Diabetes, 50：733-739, 2001
4）Cheng G, et al：PLoS One, 8：e75980, 2013
5）Luengo A, et al：Cell Chem Biol, 24：1161-1180, 2017

Etomoxir

別名：エトモキシル

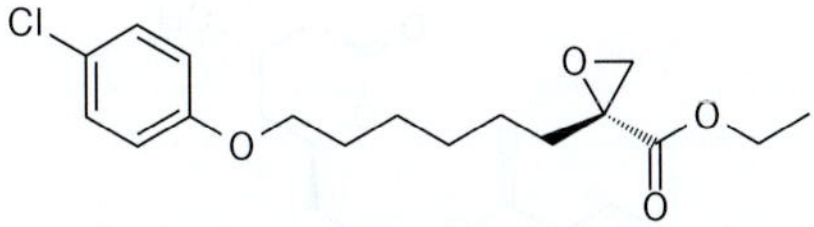

◆**分子量**：326.8

◆**IUPAC名**：ethyl(2R)-2-[6-(4-chlorophenoxy)hexyl]oxirane-2-carboxylate

◆**使用法・購入**
溶媒：DMSOに溶解（＜10 mM）
使用条件：細胞培養用培地に添加する場合，1〜200 μMで効果
購入先：アブカム社（ab144763）

◇**作用機序**

　脂肪酸がミトコンドリア膜を通過するためには，ミトコンドリア外膜に存在するカルニチンパルミトイルトランスフェラーゼI（CPT-I）によるアシルCoAとカルニチンとの融合を要する．EtomoxirはCPT-Iを不可逆的に阻害することで，ミトコンドリアにおける脂肪酸β酸化を抑制する．200μMの高濃度では，ミトコンドリアcomplex Iを阻害するオフターゲット効果も報告されている．

◇**生理機能**

　脂肪酸のβ酸化が抑制され，細胞内ATP/ADP比の減少，NADPHの低下をもたらす．脂肪酸酸化の亢進や同経路へのエネルギー依存が高い腫瘍組織においては，CPT-I阻害薬が抗腫瘍効果を示す．*in vivo* では，血糖低下作用，摂食亢進の効果も報告されている．

参考文献

1）Weis BC, et al：J Biol Chem, 269：26443-26448, 1994
2）Yao CH, et al：PLoS Biol, 16：e2003782, 2018
3）Carracedo A, et al：Nat Rev Cancer, 13：227-232, 2013
4）Horn CC, et al：Physiol Behav, 81：157-162, 2004

第30章　糖脂質代謝関連薬剤

Lovastatin

別名：ロバスタチン

◆**分子量**：404.5

◆**IUPAC名**：[(1S,3R,7S,8S,8aR)-8-[2-[(2R,4R)-4-hydroxy-6-oxooxan-2-yl]
ethyl]-3,7-dimethyl-1,2,3,7,8,8a-hexahydronaphthalen-1-yl](2S)-2-
methylbutanoate

◆**使用法・購入**
溶媒：DMSO（＜100 mM）．溶液は-20℃保存
使用条件：0.01〜50 μM
購入先：アブカム社（ab120614）

◇ 作用機序

　コレステロールは主に肝細胞においてアセチルCoAより生合成され，HMG-CoA
からメバロン酸への変換を触媒するHMG-CoA還元酵素がその律速酵素である．
Lovastatinを含むスタチンは小胞体膜に存在するHMG-CoA還元酵素を競合阻害す
ることにより内因性コレステロール合成を抑制する．

◇ 生理機能

　スタチンにより細胞内コレステロール含量が低下すると，小胞体に結合しているコ
レステロールセンサーであるSREBP2が活性化され，LDL受容体の発現が上昇する．
その結果，LDLの細胞内取り込みが亢進し，血中コレステロールが低下する．また，
コレステロール低下作用以外に，血管内皮細胞，単球・マクロファージへ作用し，血
管拡張や炎症抑制に寄与するなど，多面的な作用が報告されている（Pleiotropic
effect）．脂質異常症（高コレステロール血症）の治療薬としてさまざまなスタチン製
剤が広く臨床応用されている．

参考文献

1）Luskey KL & Stevens B：J Biol Chem, 260：10271–10277, 1985
2）Brown MS & Goldstein JL：Science, 232：34-47, 1986
3）Sirtori CR：Pharmacol Res, 88：3-11, 2014

Fenofibrate

別名：フェノフィブラート

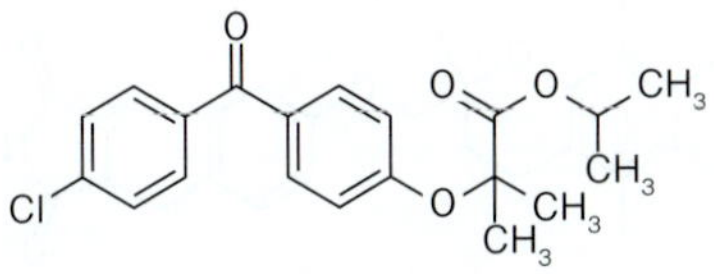

◆ **分子量**：360.8

◆ **IUPAC名**：propan-2-yl 2-[4-(4-chlorobenzoyl)phenoxy]-2-methylpropanoate

◆ **使用法・購入**
　溶媒：DMSO（＜ 100 mM）．溶液は -20 ℃保存
　使用条件：細胞培養用培地に添加する場合，0.1 〜 100 μM で効果
　購入先：シグマ社（F6020）

◇ **作用機序**

　Fenofibrate は核内受容体型転写因子であるペルオキシソーム増殖因子活性化受容体 α（PPAR α）の選択的アゴニストである．PPAR α はレチノイド X 受容体（RXR）とヘテロ二量体を形成し，DNA の PPAR 応答配列（PPRE）へ結合し，脂肪酸代謝にかかわるさまざまな遺伝子の発現を制御する．

◇ **生理機能**

　PPAR α の活性化により，カイロミクロン，VLDL の中性脂肪を異化するリポタンパク質リパーゼ，遊離脂肪酸をアシル CoA へ変換するアシル CoA 合成酵素，アシル CoA がミトコンドリア膜を通過するのに重要なカルニチンパルミトイル転移酵素（CPT-1）などが標的遺伝子として発現が亢進する．結果的に中性脂肪の分解，脂肪酸酸化が促進され，血中の中性脂肪が低下する．また，アポ A- Ⅰ，アポ A- Ⅱの産生増加により HDL 数を増加させ，動脈硬化に対し保護的に働き，ヒトにおいても脂質異常症の治療薬として用いられている．

参考文献

1）Schoonjans K, et al：EMBO J, 15：5336-5348, 1996
2）Vu-Dac N, et al：J Biol Chem, 269：31012-31018, 1994
3）Vu-Dac N, et al：J Clin Invest, 96：741-750, 1995

第30章　糖脂質代謝関連薬剤

Troglitazone

別名：トログリタゾン

◆**分子量**：441.5

◆**IUPAC名**：5-[[4-[(6-hydroxy-2,5,7,8-tetramethyl-3,4-dihydrochromen-2-yl) methoxy]phenyl]methyl]-1,3-thiazolidine-2,4-dione

◆**使用法・購入**
溶媒：DMSO（20 mg/mL）
使用条件：細胞培養用培地に添加する場合，1 ～ 100 μM で効果
購入先：シグマ社（T2573）

◇ 作用機序

　Troglitazone などのチアゾリジン誘導体は，核内受容体型転写因子であるペルオキシソーム増殖因子活性化受容体 γ（PPAR γ）の選択的アゴニストである．活性化した PPAR γ は RXR とヘテロ二量体を形成して認識配列（PPRE）に結合し，標的遺伝子の発現を促進する．

◇ 生理機能

　PPAR γ は脂肪細胞の分化において中心的な役割を果たす転写因子である．PPAR γ の活性化は，脂肪蓄積にかかわる分子の発現を増やすとともに，インスリン感受性を高めるアディポネクチンの発現を亢進させ，また，NF- κ B の標的遺伝子の発現抑制により，インスリン抵抗性をもたらす炎症性サイトカインを低下させる．また，インスリン標的臓器における AMPK の活性化をもたらし，糖代謝を改善させる．我が国においては，同じく PPAR γ アゴニストである Pioglitazone が糖尿病治療薬として用いられている．

参考文献

1）Lehmann JM, et al：J Biol Chem, 270：12953-12956, 1995
2）Iwaki M, et al：Diabetes, 52：1655-1663, 2003
3）Pascual G, et al：Nature, 437：759-763, 2005
4）Fryer LG, et al：J Biol Chem, 277：25226-25232, 2002
5）Saha AK, et al：Biochem Biophys Res Commun, 314：580-585, 2004

第31章
血管新生関連薬剤

安部まゆみ

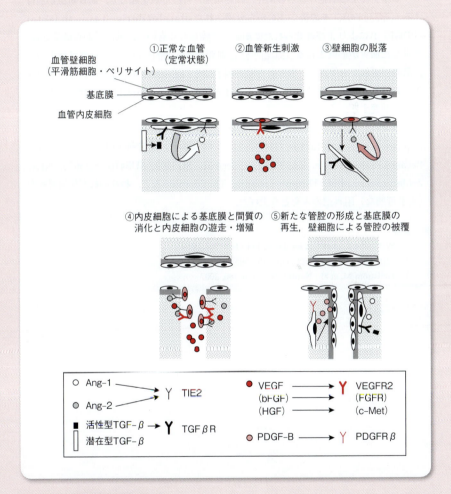

概略図　血管新生のプロセス

　血管内皮細胞（endothelilal cell：EC）と壁細胞の接着と血管の静的状態の維持は，angiopoietin-1（Ang-1）/TIE2系とtransforming growth factor-β（TGF-β）/TGF-βR系による（概略図①）．vascular endothelial growth factor（VEGF）や

basic fibroblast growth factor（bFGF）などの血管新生促進因子によりECが活性化されると（概略図②），ECから産生されたAng-2がオートクライン的にAng-1/TIE2を競合阻害して，壁細胞が血管壁から脱落する（概略図③）．両細胞が乖離することでTGF-βの作用（遊走，増殖，プロテアーゼ産生の抑制と細胞外基質の産生）がなくなり，さらに血管新生促進因子がECにさまざまな遺伝子を発現させ，ECの遊走，plasminogen activator（PA）やmatrix metalloproteinase（MMP）などのプロテアーゼ産生による細胞外基質の消化，細胞増殖，管腔形成を起こし，血管新生が進行する（概略図④）．その後，ECから分泌されたplatelet derived growth factor（PDGF）Bによりより寄せられた壁細胞が管腔をとり巻いて，基底膜が再構築され，安定した血管が形成される（概略図⑤）．血管新生促進因子は，これら血管新生の各段階のいずれかを促進し，血管新生阻害因子はその逆の作用を有する．近年，血管新生におけるネガティブフィードバック因子といわれる分子が見出されたが[1]~[3]，ここでは割愛する．

　本章では，血管新生促進因子として研究に頻用されるVEGF，bFGF，Ang-1，hepatocyte growth factor（HGF）について概説し，血管新生阻害因子としては，Bevacizumab, Avastin, ZALTRAP, Celecoxib, SU5402, SU5416, SU6656, NK4, 2-Methoxyestradiol, Thrombospondin, Thalidomideなど，われわれが使用可能な（入手可能な）阻害剤のみをとり上げた．

参考文献

1）Watanabe K, et al：J Clin Invest, 114：898-907, 2004
2）Minami T, et al：J Biol Ckem, 279：50537-50554, 2004
3）Hellström M, et al：Nature, 445：776-780, 2007

Vascular endothelial growth factor

別名：血管内皮増殖因子 / VEGF

◆**分子量**：38.2〜38.8 kDa（VEGF-A$_{165}$ホモ二量体）

◆**使用法・購入**

溶媒：滅菌した精製水またはPBSに，0.1〜1.0 mg/mLの濃度に溶解してストックを作成．長期保存の場合は，0.1％血清アルブミンなどのキャリアータンパク質を添加し，分注して凍結保存．凍結融解を避ける

使用条件：1.0〜30 ng/mL

購入先：（ヒトリコンビナント VEGF-A$_{165}$，*E. coli*），富士フイルム和光純薬社（10 μg：223-01311，1 mg：223-01313），コスモ・バイオ社（10 mg：SBI100-44）/（ヒトリコンビナント VEGF-A$_{165}$，Sf21/baculovirus），R & D Systems社（10 μg：293-VE-010）

◇ 作用機序

ヒトのVEGFファミリーには，VEGF-A，VEGF-B，VEGF-C，VEGF-D，placental growth factor（PlGF）があり，血管新生に最も重要なのがVEGF-Aである．VEGF-Aにはアミノ酸の数が異なるサブタイプがあるが（121，165，189），VEGF-A$_{165}$が最も量が多く，活性も強い．本項では，VEGF-A$_{165}$（VEGFとあらわす）について概説する．VEGFがEC特異的受容体型チロシンキナーゼであるVEGFR2と結合すると，受容体の二量体化と自己リン酸化が惹起され，PLCγ-ERK1/2経路やPI3K-AKT-mTOR経路を介して，ECの増殖や遊走，生存シグナルが伝達される．

◇ 生理機能

VEGFはヘテロノックアウトでも血管の発育異常で胎生致死となるほど，血管新生においてきわめて重要な分子である．VEGFの作用は，血管新生の過程（ECの増殖や遊走，ECによる管腔形成やプロテアーゼ・他の増殖因子の産生）の促進，ECのアポトーシスの抑制，血管透過性の亢進，血管芽細胞からECへの分化促進などで，主にVEGFR2経路が担う．胎生初期の血管形成では，VEGFR1はVEGFR2に対し競合的抑制作用を示す．胎生後期・出生後は，VEGFR1を有するマクロファージ/単球，血管内皮前駆細胞を動員して血管新生に働き，腫瘍においては，単球系細胞の遊走や血管新生因子の産生を促し，腫瘍血管新生を介して腫瘍の増殖やがんの転移にも関与する．

参考文献

1）Simons M, et al：Nat Rev Mol Cell Biol, 17：611-625, 2016

第31章　血管新生関連薬剤

Angiopoietin 1

別名：アンジオポエチン1 / Ang-1

◆**分子量**：56.3 kDa

◆**使用法・購入**

溶媒：0.1％血清アルブミンを添加した滅菌PBSに10 μg/mLの濃度に溶解してストックを作成．分注して-20～-70℃で凍結保存．凍結融解を避ける

使用条件：10～40 ng/mL

購入先：（ヒトリコンビナントAng-1，HeLa細胞）Pepro Tech社（5 mg，20 mg：130-06）／（ヒトリコンビナントAng-1，マウスメラノーマ株）R & D Systems社（25 mg：923-AN-025）

◇ 作用機序

Angiopoietinファミリーには Ang-1～4の4分子が同定されている．このうち，Ang-1とAng-2が主に研究されている．壁細胞から産生・分泌されるAng-1は，パラクライン的にECに存在するチロシンキナーゼ型受容体TIE2に結合する．リガンドの結合により自己リン酸化されたTIE2はAKTを活性化し，ECのアポトーシス抑制や生存経路の活性化，EC特異的接着分子VE-カドヘリンを介したEC間の接着の維持を通じて，EC保護作用や血管透過性抑制作用を発揮する．一方Ang-2は，状況に応じて，TIE2のアゴニストにもアンタゴニストにもなりうる．

◇ 生理機能

Ang-1のKOマウスはTIE2のそれと同じで，未熟な血管と心臓形成障害により胎生致死である．このように胎生期において，Ang-1/TIE2は心血管系の形成に重要な役割を担う．また，Ang-1はリンパ管形成を促進することが報告されている．成体においてもAng-1は，ECと血管壁細胞の接着に関与し，血管透過性を制御して，血管構造の維持に寄与する．

参考文献

1）Saharinen P, et al：Nat Rev Drug Discov, 16：635-661, 2017

Fibroblast growth factor 2

別名：FGF2 / basic fibroblast growth factor / bFGF / 線維芽細胞増殖因子2 / 塩基性線維芽細胞増殖因子

◆**分子量**：17.2 kDa

◆**使用法・購入**

溶媒：5 mM Tris（pH 7.6）で0.1～1.0 mg/mLに溶解する．分注後-20℃で凍結保存．凍結融解を避ける

使用条件：0.5～30 ng/mL

購入先：（ヒトリコンビナントbFGF，HEK293細胞）Humanzyme社（10, 50, 100,

1,000 μg：HZ-1285，-1286，-1291，-1287）／（ヒトリコンビナント bFGF，*E. coli*）富士フイルム和光純薬社（50，100，1,000 μg：064 04541，060-04543，068-04544）

◇ 作用機序

　FGFファミリーはヒトでは22のメンバーからなり，標準的（canonical）かつ分泌される15種類のFGFは，5つのサブファミリーに分類される．これら15種のFGFは，ヘパリンあるいはヘパラン硫酸存在下に，チロシンキナーゼ型受容体のFGFR1〜4に結合し，これをリン酸化する．活性化されたFGFRは，RAS-MAPKやPI3K-AKT，PLCγ，STATなどの細胞内経路を通じてシグナルを伝達する．FGFは，細胞増殖や形態形成を含む多様な作用を有する増殖因子である．

◇ 生理機能

　FGFファミリーは，胎生期では中胚葉誘導因子の1つとして血管形成に関与し，成体においても血管新生（特に創傷治癒時）に促進的に作用する．なかでもFGF2は中胚葉からのECの分化に重要であり，またVEGFと同様に血管新生の各過程を促進する．FGF2はさまざまな細胞に作用し，VEGFやHGFなどの血管新生促進因子の産生や分泌を促し，血管新生を惹起・亢進させる．FGFを産生する細胞，FGF受容体を有する細胞は，血管構成細胞以外にも多岐にわたり，血管新生以外の作用も多いのが特徴である．

参考文献

1）Ornitz DM & Itoh N：Wiley Interdiscip Rev Dev Biol, 4：215-266, 2015

2）Beenken A & Mohammadi M：Nat Rev Drug Discov, 8：235-253, 2009

Hepatocyte growth factor

　別名：HGF／肝細胞増殖因子

◆ **分子量**：82.3 kDa

◆ **使用法・購入**

　溶媒：0.1％血清アルブミンを添加した滅菌PBSに10 μg/mLの濃度に溶解してストックを作成．分注して-20〜-70℃で凍結保存．凍結融解を避ける

　使用条件：1〜200 ng/mL

　購入先：〔ヒトリコンビナント HGF，（BTI-Tn-5B1-4) Hi-5昆虫細胞〕Pepro Tech 社（2，10，100，500，1,000 μg：100-39），富士フイルム和光純薬社（10，500 μg：082-08721，086-08724）／（ヒトリコンビナント HGF，HEK293細胞），Pepro Tech 社（5，25 μg：100-39H）

◇ 作用機序

　HGFは肝細胞の増殖作用を有する分子として発見されたヘパリン結合性ポリペプチドで，α鎖とβ鎖からなるヘテロ二量体である．HGFが膜型チロシンキナーゼ受

第31章　血管新生関連薬剤

容体HGFR/c-Metに結合するとRAS-MAPKやPI3-AKTの経路が活性化され，細胞の生存，運動，増殖が惹起される．

◇生理機能

　HGFの受容体は，肝細胞だけでなく，血管内皮細胞や平滑筋細胞，上皮細胞などさまざまな細胞にも存在することが判明している．HGF/c-Metシグナル伝達経路は，胎生期においては器官形成や胎児の発育，成体ではがんの増殖や浸潤，転移，腫瘍血管新生などにも関与する．HGF/c-Metシグナル伝達経路を標的にした抗がん剤の開発や治験が行われているが，臨床応用に至っていない．本章の後半に研究に使用できる入手可能なHGF/c-MetシグナルシグナルNK4をとり上げている．

参考文献

1 ）Parikh RA, et al：Onco Targets Ther, 7：969-983, 2014
2 ）Hack SP, et al：Oncotarget, 5：2566-2880, 2014
3 ）De Silva DM, et al：Biochem Soc Trans, 45：855-870, 2017

Avastin

　別名：アバスチン / Bevacizumab / ベバシズマブ
◆**分子量**：149,000

◆**使用法・購入**
　溶媒：ベバシズマブ濃度25 mg/mLで，α，αトレハロース二水和物60 mg/mL，リン酸ナトリウム（第一，一水和物）5.8 mg/mL，リン酸ナトリウム（第二，無水）1.2 mg/mL，ポリソルベート50.4 mg/mLを含む注射用水に溶解されている（pH 6.2）．長期の場合は-20℃で分注して保存する．原液は-20℃では凍結しない
　使用条件：10〜500 ng/mL
　購入先：ジェネンテック社のウェブサイト（https://www.gene.com/scientists/mta）から直接申し込む．アバスチンR（製品）の場合は中外製薬に問い合わせる．ただし，基礎研究に限り，臨床研究には使用不可

◇作用機序

　VEGFを抗原としたヒト化したマウスモノクローナル抗体．VEGF分子に結合して，そのEC特異的受容体型チロシンキナーゼ（VEGFR1ならびにVEGFR2）への結合を阻止し，シグナル伝達を遮断して，VEGFの作用を阻害する中和抗体である．

◇生理機能

　VEGFのECへの作用（増殖・遊走・生存・透過性・NO産生・さまざまな遺伝子の発現）を阻害する．VEGFのHUVEC（human umbilical vein EC，ヒト臍帯静脈内皮細胞）の増殖，生存，透過性，NO産生，遊走促進作用は，$VEGF_{165}$のホモ二量体1分子に対してAvastin 2.6分子のモル比（2.6：1）のときに最も強く阻害される．組織因子の発現に関しては1.4：1のモル比の際に阻害効果が最大になる[1]．また，直

腸がん患者へのAvastin単回静脈内投与（5 mg/kg）により，直接かつ迅速な腫瘍血管新生抑制効果を発揮することが示された[2]．

◇ **解説**

　2004年に米国のFDA（食品医薬品局）から認可された世界初の血管新生阻害剤である．本邦では，「治癒切除不能な進行・再発の結腸・直腸がん」，「扁平上皮がんを除く切除不能な進行・再発の非小細胞肺がん」，「手術不能または再発乳がん」，「悪性神経膠腫」，「卵巣がん」，「進行または再発の子宮頸がん」への使用が承認されている．

参考文献

1 ）Wang Y, et al：Angiogenesis, 7：335-345, 2004
2 ）Willett CG, et al：Nat Med, 10：145-147, 2004

ZALTRAP

別名：ザルトラップ / EYLEA / アイリーア / Aflibercept / アフリベルセプト
◆**分子量**：約115,000

Aflibercept beta / ZALTRAP [1]

◆**使用法**
溶媒：ZALTRAP濃度25 mg/mLで，精製白糖200 mg/mL，ポリソルベート20　1 mg/mL，リン酸二水素ナトリウム一水和物0.566 mg/mL，リン酸水素二ナトリウム七水和物0.241 mg/mL，クエン酸ナトリウム水和物1.4705 mg/mLを含む注射用水に溶解されている（pH 6.0～6.4）．2～8℃で36カ月まで保存可

Aflibercept / EYLEA [2]

◆**使用法**
溶媒：Aflibercept濃度40 mg/mLで，精製白糖50 mg/mL，ポリソルベート20　0.299 mg/mL，リン酸二水素ナトリウム1.104 mg/mL，リン酸一水素ナトリウム0.536 mg/mL，塩化ナトリウム50 mg/mLを含む注射用水に溶解されている（pH 5.9～6.5）．遮光保存
使用条件：［*in vivo*］
マウスへの投与：（ZALTRAP）2週間半の週2回の3.2 mg/kg皮下注で抗腫瘍効果有り[3]．（EYLEA）0.5～4.92 μg/eyeの硝子体内注射で加齢黄斑変性や糖尿病性増殖性網膜症のモデルマウスで血管新生や血管透過性を抑制[4]．
ヒトへの投与：（ZALTRAP）生理食塩水または5％ブドウ糖液で希釈し，0.6～8 mg/mLの濃度に調製して点滴静注する[1]．（EYLEA）2 mg/0.05 mLを硝子体内に注射する[2]．
［*in vitro*］VEGF-Aと等モル以上でVEGFの作用を阻害．
入手先：（Aflibercept beta / ZALTRAP）：サノフィ社に原末提供を申し込む．どの原末提供にも以下の条件がある．①非臨床試験で研究結果の公表（学会発表または論文

発表等）を目的としていること．②日本国内の既承認製品の原薬（開発品，海外品の場合は不可）であること．③提供に際して，申請から提供まで約120日程度かかる．

【担当者への連絡】カスタマー・サポート・センター 0120-852-297

【製品情報問合わせ】くすり相談室 0120-109-905

◇作用機序

ヒトVEGFR1の第2免疫グロブリン（Ig）様C2ドメインとVEGFR2の第3Ig様C2ドメインを融合し，さらにそれをヒトIgGのFcドメインに融合することにより作成された二量体糖タンパク質である[4]．VEGF-A，VEGF-B，PlGFに結合して1：1の複合体を形成し，VEGFR1ならびにVEGFR2への結合を阻止することで，シグナル伝達を遮断して，VEGFの作用を阻害する．

◇生理機能

Afliberceptは可溶性のデコイ受容体として，VEGFによるEC増殖，血管新生，血管透過性亢進を阻害することで，抗腫瘍効果や眼内の病的血管新生抑制効果を示す．

◇解説

ZALTRAPは，2017年5月にサノフィ社から治癒切除不能な進行・再発の結腸・直腸がんに使用する点滴静注薬として販売開始された．通常，FOLFIRI療法（フルオロウラシル，レボホリナート，イリノテカン）と併用する．EYLEAは，滲出性加齢黄斑変性症，網膜中心静脈閉塞症に伴う黄斑浮腫，病的近視における脈絡膜新生血管，糖尿病性黄斑浮腫への適応が承認されている硝子体内注射薬である．

参考文献

1）ザルトラップ点滴静注添付書，2017年5月（第1版），サノフィ株式会社

2）アイリーア硝子体内注射液添付文書，2016年5月（第8版），バイエル薬品株式会社

3）Holash J, et al：Proc Natl Acad Sci U S A, 99：11393-11398, 2002

4）www.pmda.go.jp/drugs/2012/.../630004000_22400AMX01389_F100_2.pdf

Celecoxib

別名：セレコキシブ / Celebrex / セレブレックス / Celecox / セレッコクス

◆**分子量**：381.4

◆**IUPAC名**：4-(5-(4-methylphenyl)-3-(trifluoromethyl)-1H-pyrazol-1-yl) benzenesulfonamide

◆**使用法・購入**
溶媒：DMSO（200 mg/mL），エタノール（100 mg/mL），メタノール，要遮光保存
使用条件：0.1 ～ 100 μM
購入先：LKT LABS 社（C1644），Toronto Research Chemicals 社（C251000）

◇ 作用機序

　Celecoxibは，シクロオキシゲナーゼ2（cyclooxygenase-2：COX-2）に選択性の高い非ステロイド抗炎症薬（nonsteroidal anti-inflammatory drugs：NSAIDs）の1つである．COX-2は，アラキドン酸をプロスタグランジン H_2（PGH_2）に変換する．さらに各特異的酵素により PGD_2，PGE_2，$PGF_{2\alpha}$，PGI_2，TXA_2 が産生される．Celecoxibはこれらプロスタノイド合成を抑制し，PGE_2による血管新生促進作用を含めたすべての作用を阻害する．

◇ 生理機能

　EC に作用して *in vitro* のネットワーク形成を阻害する．また，*in vivo* の血管形成モデルにおいてEC の増殖を促進し，アポトーシスを抑制して血管新生を阻害する[1) 2)]．血管豊富ながんでCOX-2の発現が増強していることから，腫瘍血管新生におけるCOX-2の関与が強く示唆されている．Celecoxibは腫瘍細胞ならびに腫瘍間質細胞に対しても，増殖抑制，アポトーシス誘導，VEGFの産生抑制に働き，抗腫瘍効果を発揮する[2) 3)]．

◇ 解説

　海外でがんの治療中に心血管系の副作用が報告され，治験中止となった．本邦では，長期の使用による心血管系のリスクの可能性との警告付きで，NSAIDsとして販売されている．

参考文献

1）Masferrer JL, et al：Cancer Res, 60：1306-1311, 2000
2）Leahy JL, et al：Cancer Res, 62：625-631, 2002
3）Williams CS, et al：J Clin Invest, 105：1589-1594, 2000

第31章　血管新生関連薬剤

SU5402

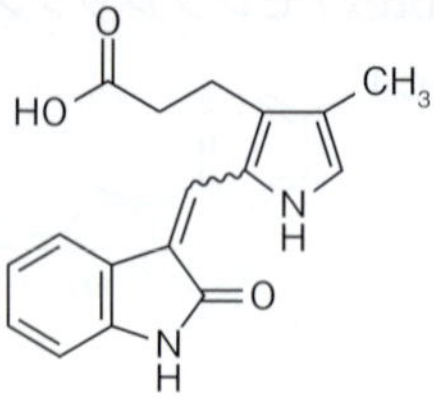

◆**分子量**：296.3

◆**IUPAC名**：3-{4-methyl-2-[(Z)-(2-oxo-1,2-dihydro-3H-indol-3-ylidene) methyl]-1H-pyrrol-3-yl}propanoic acid

◆**使用法・購入**
溶媒：DMSO 10 mg/mL（可溶性＞30 mg/mL），保管温度-20℃，水に不溶
使用条件：［*in vitro*］1〜20 μM／［*in vivo*］10 μM（マウスマトリゲルプラーグアッセイ），100 mg/kg/日（マウス皮下注射）
購入先：シグマ社（SML0433-5MG，SML0443-25MG），アブカム社（ab141368），ケムシーン社（CS-0200）

◇ 作用機序

SU5402は，SUGEN社で開発された低分子量の受容体型チロシンキナーゼ阻害剤の1つで，リガンドのVEGFRやFGFR1への結合を阻害する低分子阻害剤である（IC_{50} ＝ 20ならびに30 nM）[1]．SU5402はこれら受容体以下のシグナル伝達を阻害して，各リガンドの作用を抑制する．

◇ 生理機能

SU5402は，*in vitro*ならびに*in vivo*の実験において抗腫瘍効果を示す．これらの作用はVEGFやFGFの阻害を介した，血管新生抑制効果によるものと考えられる（PDGFやEGFの阻害作用も関与する可能性有）．また，FGF依存性の胚の左右軸形成を阻害する[2]．

◇ 注意点

SU5402は，PDGFRβやEGFRに対しても弱い結合阻害効果を有する（IC_{50} ＝ 510 nMならびに100 μM）[1]．

参考文献
1）Sun L, et al：J Med Chem, 42：5120-5130, 1999
2）Tanaka Y, et al：Nature, 435：172-177, 2005

474　SU5402

SU5416

別名：セマキシニブ / Semaxinib

◆**分子量**：238.3

◆**IUPAC名**：(3Z)-3-[(3,5-dimethyl-1H-pyrrol-2-yl)methylidene]-1,3-dihydro-2H-indol-2-one

◆**使用法・購入**

溶媒：［*in vitro*］DMSO（〜100 mM），エタノール（10 mM），保管温度-20℃（-80℃で2年間），水に不溶[1] ／［*in vivo*］1 % DMSO + 30 % polyethylene glycol + 1 % Tween 80に溶解・混合後，直ちに使用[1]

使用条件：［*in vitro*］〜100 μM[2] ／［*in vivo*］マウス1〜25 mg/kg/日，腹腔内注射[2]

購入先：セレック社（S2845），アブカム社（ab145056），シグマ社（S8442）

◇ 作用機序

　SU5416もSU5402と同様，SUGEN社で開発された低分子量の受容体型チロシンキナーゼ阻害剤である．VEGFR2への強力かつ選択的阻害剤であり，リガンド存在下でもVEGFR2のリン酸化を抑制する（IC_{50} = 1.23 mM）[1]．FGFRやEGFRに対する阻害効果はないが，PDGFRβ に対して若干の阻害作用を有する（VEGFR2の1/20程度）．

◇ 生理機能

　SU5416は，*in vitro* ならびに *in vivo* の実験において血管新生阻害作用を示す．ECの増殖阻害ならびに腫瘍血管新生阻害作用を介した腫瘍増殖抑制効果が報告された[2]．

◇ 解説

　進行性の結腸・直腸がんに対し，Irinotecanとの併用療法の第III相臨床治験が行われたが，期待された効果がみられず終了した[3]．なお，この関連薬剤であるSU11248：Sunitinib（スニチニブ）／商品名Sutent（スーテント）は，根治切除不能腎細胞がんやImatinib抵抗性消化管間質腫瘍患者での使用が承認されている．

参考文献

1）http://www.selleck.co.jp/products/semaxanib-su5416.html
2）Fong TA, et al：Cancer Res, 59：99-106, 1999
3）Hoff PM, et al：Jpn J Clin Oncol, 36：100-103, 2006

第31章　血管新生関連薬剤

SU6656

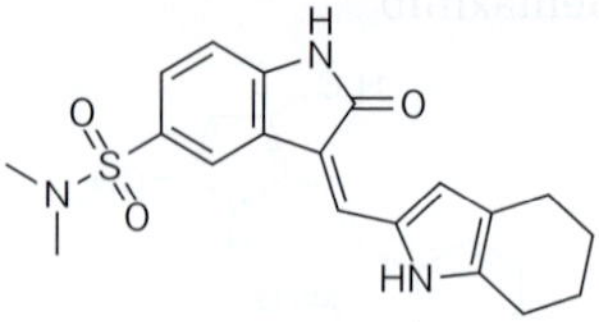

◆分子量：371.5

◆IUPAC名：(3Z)-N,N-dimethyl-2-oxo-3-(4,5,6,7-tetrahydro-1H-indol-2-ylmethylidene)-2,3-dihydro-1H-indole-5-sulfonamide

◆使用法・購入
溶媒：DMSO（50〜200 mM）．保管温度-20℃（-80℃で2年間）．水やエタノールには不溶
使用条件：［*in vitro*］5 μM ／［*in vivo*］マウス3 mg/kg，腹腔内注射
購入先：セレック社（S7774），BioSource社（PHZ1203）

◇ 作用機序

SU6656は，SUGEN社で開発された低分子量のSrcファミリーキナーゼ阻害剤で，c-SrcやYes，Lyn，Fynへの阻害効果は，それぞれIC$_{50}$ = 280，20，130，170 nMである[2]．Lynは造血細胞に発現するが，その他は普遍的に存在する．Srcファミリーは細胞内に局在する非受容体型チロシンキナーゼタンパク質で，細胞内膜や細胞質，細胞と細胞の，あるいは細胞と細胞外マトリクスの接着部に存在するさまざまな基質をリン酸化し，細胞の増殖・分化・接着・運動などに関与する．

◇ 生理機能

VEGFによるVEGFR2の活性化は，接着分子インテグリンβ3のチロシンリン酸化を促進し，翻って，インテグリンβ3のチロシンリン酸化は，VEGF依存性のVEGFR2のチロシンリン酸化を誘導する．VEGFによるc-Srcの動員と活性化，c-Srcを介したインテグリンβ3のチロシンリン酸化は，ECのインテグリンβ3依存性細胞接着や遊走を誘導し，血管新生を惹起させる[3]．

参考文献
1）http://www.selleck.co.jp/products/su6656.html
2）Blake RA, et al：Mol Cell Biol, 20：9018-9027, 2000
3）Mahabeleshwar GH, et al：Circ Res, 101：570-580, 2007

NK4

◆**分子量**：約51 kDa

◆**使用法・購入**

溶媒：20 mMクエン酸緩衝液，0.01 % Tween 80，0.5 M NaCl（pH 6.0）．この緩衝液に1～2 mg/mLの濃度に分注して-80℃で保存．-80℃にて数年，4℃ではキャリアタンパク質添加で1カ月程度は活性の減衰無し

使用条件：VEGF（10 ng/mL），bFGF（3 ng/mL）によるECの増殖促進に対するNK4の阻害効果は300 nMから認められ，1,000 nMで100 %の阻害が得られる．HGF（0.11 nM）が上皮系細胞に及ぼす種々の活性に対しては，NK4を加えると，11 nMから阻害活性が認められ，110 nM添加すると完全に抑制する

購入先：まずは下記に問い合わせる．金沢大学がん進展制御研究所 松本邦夫教授（kmatsu@staff.kanazawa-u.ac.jp）

◇ 作用機序

　NK4はヘテロ二量体であるHGF分子のうちα鎖のN末端の447アミノ酸の部分で，N末のヘアピンドメインと4つのクリングルドメインを含む．NK4はVEGFやbFGF，HGF（hepatocyte growth factor）といった血管新生促進因子によるECへの作用を阻害する．これは，NK4がHGFの受容体（c-Met）への結合を競合的に阻害することによる．さらに，その特異的受容体（未同定）にも結合し，このシグナルがVEGFやbFGFのシグナル伝達経路のERK-1/2以下のシグナルを阻害すると考えられている[1]．

◇ 生理機能

　肝再生因子として発見されたHGFは腎や肺など多くの器官再生において中心的な働きをする以外にも，がん細胞の増殖・浸潤・転移や腫瘍血管新生にも関与することが判明した．血管新生に関しては，*in vitro*の系ではECのアポトーシスを促進し，VEGFやbFGF，HGFといった血管新生促進因子による内皮細胞の増殖や遊走を濃度依存的に抑制する．*in vivo*ではCAMアッセイやCPアッセイにおいても血管新生を抑制し，さらにマウスを用いた系ではさまざまな種類のがんの腫瘍血管新生，腫瘍増殖の阻害，宿主の延命効果が報告されている[1]．

参考文献

1）Matsumoto K & Nakamura T：Biochem Biophys Res Commun, 333：316-327, 2005

第31章　血管新生関連薬剤

477

2-Methoxyestradiol

別名：2-ME／2-メトキシエストラジオール

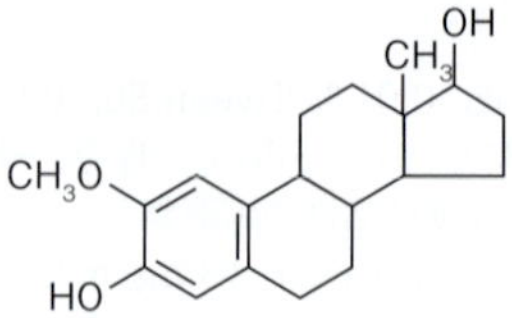

◆**分子量**：302.4

◆**IUPAC名**：2-methoxy-3,17β-dihydroxyestra-1,3,5(10)-trien

◆**使用法・購入**
　溶媒：DMSO，エタノール．溶液の保存は-20℃で3カ月間まで
　使用条件：0.1〜10 μM
　購入先：メルク社（454180），Tronto Research Chemicals社（M262625），富士フイルム和光純薬社（134-15503，138-15501），シグマ社（M6383-5MG）

◇ 作用機序

　2-MEはエストロゲン受容体の有無にかかわらず作用し，チュブリンのコルヒチン結合部位に結合することで重合を阻害する[1]．このため微小管・防錘糸の形成異常を起こし，分裂中期で細胞分裂が停止する．この細胞障害性作用に連動してECならびに腫瘍細胞内のHIF（hypoxia inducible factor）-1αレベルが低下し，細胞増殖，生存，浸潤，VEGFの発現等の抑制が起こる[2]．

◇ 生理機能

　経口投与可能な低分子血管新生阻害剤として見出されたエストロゲン活性を示さない，天然の17β-エストラジオール代謝物である[3]．2-MEは*in vitro*の系においてECの細胞増殖，遊走，浸潤を阻害し，*in vivo*の系においても血管新生を抑制する．マウスに移植した固形がんの血管新生を顕著に阻害し，腫瘍の成長を抑制する[3]．

◇ 注意点

　2-MEは腫瘍細胞のアポトーシスも促進し，血管新生阻害を介さない，直接の抗腫瘍効果も有す．

参考文献
1）D'Amato RJ, et al：Proc Natl Acad Sci U S A, 91：3964-3968, 1994
2）Mooberry SL：Drug Resist Updat, 6：355-361, 2003
3）Fotsis T, et al：Nature, 368：237-239, 1994

Thrombospondin

別名：トロンボスポンジン / TSP

◆分子量：450 kDa（三量体分子として）

◆使用法・購入
溶媒：水溶性．低・非タンパク質接着性チューブに分注して-20℃保存
使用条件：1～100 nM
購入先：（ヒト血小板由来精製品）メルク社（605225），Athens Research and Technology社（16-20-201319）

◇作用機序

　TSP-1，-2は非常に相同性の高い三量体分子であり，N末からN端球状ドメイン，プロコラーゲン様ドメイン，3つの1型リピート，3つの2型リピート，7つの3型リピート，C端球状ドメインの各部分を含む．1型リピートがECのCD36に結合し，Fasリガンドの発現を増強し，アポトーシスを促進する．受容体下流のシグナル伝達系も不明だが，TSP-1，-2はG0/G1期で細胞周期を停止させ，増殖を阻害する．さらに，MMP2やMMP9に結合して，これらの活性化を抑制する．また，TSP-1の1型リピート内にはCD36結合部位とは異なるTGFβ活性化部位が存在し，これが腫瘍細胞の増殖を抑制する可能性も示唆されている．

◇生理機能

　TSPは血小板をはじめとしたさまざまな細胞で産生され，細胞外基質に存在する糖タンパク質である．TSPは5つのメンバーからなるファミリーを形成するが，このうちTSP-1，-2に血管新生阻害活性がある．in vitroでECの増殖や遊走を抑制し，in vitroの血管新生アッセイにおいても血管新生を抑制する．マウスにTSP-1やTSP-2を過剰発現させた腫瘍細胞を移植すると，腫瘍血管新生が阻害され，腫瘍の増殖が抑制される[2]．一方，TSP-1の発現は腫瘍抑制遺伝子であるp53やPTENTにより抑制される．

参考文献

1）Rege TA, et al：Neuro Oncol, 7：106-121, 2005
2）Streit M, et al：Proc Natl Acad Sci U S A, 96：14888-14893, 1999

Thalidomide

別名：サリドマイド

◆**分子量**：258.2

◆**IUPAC名**：2-(2,6-dioxo-3-piperidinyl)-1H-isoindole-1,3(2H)-dione

◆**使用法・購入**
溶媒：DMSO
使用条件：0.01～500 μM
購入先：メルク社（585970），MP Biomedicals社（02158753），LKT LABs社（T2800），AG Scientific社（T1020）

◇ 作用機序

*in vitro*でのECへの直接作用としては低濃度（0.01 μM）では遊走促進，高濃度（10 μM）では抑制，両者でVEGFの分泌阻害，管腔形成抑制が報告されている[1]．*in vivo*ではbFGFによる血管新生を阻害する[2]．さらにTNF-α刺激によるECの接着分子（ICAM-1，VCAM-1，L-selectin，E-selectin）の発現亢進を阻害する[3]．

◇ 生理機能

免疫調節作用，血管新生抑制作用（免疫調節作用とは独立した作用），抗腫瘍効果（腫瘍細胞への直接作用と抗血管新生作用の間接作用）をもつ．FDAがハンセン病の結節性紅斑ならびに難治性・不応性多発性骨髄腫への使用を認可している．本邦では2008年に多発性骨髄腫に対する治療薬として再承認された．

◇ 注意点

再承認時の条件として，胎児への薬剤の影響を防ぐために，「サリドマイド製剤安全管理手順」という安全管理システムの遵守が医療機関に義務付けられている[4]．D・L体半々のラセミ体で，一方のみに催奇形性がある．しかし，一方のみを投与しても体内で他方に変換されてしまうため催奇形性は防げない．

参考文献

1）Komorowski J, et al：Life Sci, 78：2558-2563, 2006
2）D'Amato RJ, et al：Proc Natl Acad Sci U S A, 91：4082-4085, 1994
3）Geitz H, et al：Immunopharmacology, 31：213-221, 1996
4）https://ganjoho.jp/public/cancer/MM/treatment.html

第32章

細胞骨格・細胞分裂関連薬剤①
アクチン細胞骨格系

渡邊直樹, 清末優子

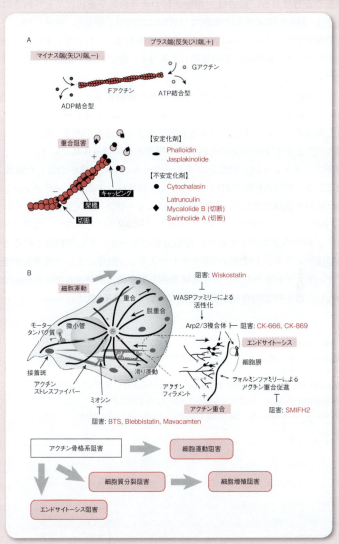

概略図 アクチンフィラメントの構造と代表的な薬剤の作用機序 (A) および細胞骨格の細胞内配置と機能 (B)

真核生物，とくに動物細胞の形態の形成・維持や細胞運動に重要な役割を担う細胞骨格は主として，アクチンフィラメント，微小管，中間系フィラメントという3種類の基本的なタンパク質線維系からなる．アクチン骨格系や微小管骨格系の阻害は運動や分裂，物質輸送など細胞の重要な機能を抑制することから，医療において制がん剤としての適用が期待されている．

　アクチン細胞骨格系には，主に2つの力の発生機構が備わっている．1つはアクチンが伸長する際に生じる力であり，もう1つはミオシンがアクチン線維上を滑走することで生じる力である．前者は，細胞辺縁の糸状仮足や葉状仮足を外向きに突出させ，後者は，細胞の収縮運動や細胞質分裂時に収縮環を駆動し，個体においては筋肉の張力を発生する．このほかにアクチン細胞骨格系は，エンドサイトーシスおよびエキソサイトーシスや植物の原形質流動にも関与し，物質輸送や細胞内情報伝達とも深くかかわっている．

　アクチン細胞骨格系は，神経シナプスを含めた細胞間コミュニケーションや組織構築においても重要な役割を果たしており，アクチン系に作用する薬剤は，アクチン系の関与を検証するための実験ツールとしてさまざまな用途がある．加えて，ミオシンに直接作用する心不全や心筋症の治療薬の開発が近年試みられている．

　中間径フィラメントは，細長いコイルドコイルタンパク質が会合した直径10 nmの線維である．細胞の核膜を裏打ちするラミン以外は，中間径フィラメントを構成する分子は細胞や組織で異なり，神経細胞ではニューロフィラメント，アストロサイトではGFAP（グリア線維性酸性タンパク質），筋細胞ではデスミン，間葉系細胞ではビメンチンがその主な成分である．細胞分化のマーカーとして利用されることが多い．中間径フィラメントは種々のキナーゼによるリン酸化によって脱重合が促進されるが，フィラメントそのものに対する特異的な阻害剤は開発されていないので本章では扱わない．微小管細胞骨格系関連薬剤については**第33章**で述べる．

参考文献

1）「Molecular Biology of the Cell（6th ed.）」（Alberts B, et al），2014
2）渡邊直樹：京大発！フロンティア生命科学（京都大学大学院生命科学研究科編），4.2.1節および4.2.3節，2018
3）Pollard TD, et al：Annu Rev Biophys Biomol Struct, 29：545-576, 2000
4）Allingham JS, et al：Cell Mol Life Sci, 63：2119-2134, 2006
5）Holzinger A & Blaas K：Methods Mol Biol, 1365：243-261, 2016

Cytochalasins：Cytochalasin B, Cytochalasin D

別名：サイトカラシン類：サイトカラシン B，サイトカラシン D

Cytochalasin B

Cytochalasin D

Cytochalasin B

◆分子量：479.6

◆IUPAC名：(1S,4E,6R,10R,12E,14S,15S,17S,18S,19S)-19-benzyl-6,15-dihydroxy-10,17-dimethyl-16-methylidene-2-oxa-20-azatricyclo[12.7.0.01,18]henicosa-4,12-diene-3,21-dione

◆使用法・購入
溶媒：ジメチルスルホキシドあるいはエタノール（20 mg/mL），-20 ℃保存
使用条件：カエル卵割阻害：10 μg/mL．線維芽細胞細胞質分裂阻害：100 μg/mL
購入先：BIOMOL社（T-108），メルク社（250233），シグマ社（C6762）

Cytochalasin D

◆分子量：507.6

◆IUPAC名：[(1R,2R,3E,5R,7S,9E,11R,12S,14S,15R,16S)-16-benzyl-5,12-dihydroxy-5,7,14-trimethyl-13-methylidene-6,18-dioxo-17-azatricyclo[9.7.0.01,15]octadeca-3,9-dien-2-yl] acetate

◆使用法・購入
溶媒：ジメチルスルホキシド（2〜20 mg/mL），-20 ℃保存
使用条件：ストレスファイバーの崩壊：2〜4 μg/mL．ファゴサイトーシスの抑制：1 μg/mL
購入先：BIOMOL社（T-109），メルク社（250255），シグマ社（C8273）

◇作用機序

　Cytochalasin類は，多種の真菌類が産生する細胞膜透過性毒素であり，代謝産物を含め，100を超える類縁化合物が同定されている．Cytochalasinは，アクチン線維の速い伸長端である反やじり端に結合し，アクチン重合を阻害する．Cytochalasin Dのこの効果は，プロセッシブにアクチンを伸長するフォルミンファミリー（mDia1）を

第32章　細胞骨格・細胞骨格分裂関連薬剤①
アクチン・細胞骨格系

483

用いた細胞内単分子イメージングによって直接可視化されている．また，*in vitro*の
アクチン重合反応においては，Cytochalasinは単量体アクチンの二量体化を促進し，
初期のアクチン重合核の形成を加速する．

Cytochalasin BおよびDが基礎研究によく用いられる．Cytochalasin Bは，グル
コーストランスポーターに対する非競合阻害作用も有しており，細胞膜の単糖輸送機
構の関与を検証する目的で頻用される．Cytochalasin Dは，アクチン重合阻害活性が
Cytochalasin Bの約10倍強力であり，グルコース輸送系への直接阻害作用がないた
め，特異的なアクチン伸長阻害薬として用いることができる．

◇ 生理機能

Cytochalasinは，中程度の濃度域において収縮環のアクチン線維形成を妨げ，細胞
質分裂を抑制する．ただし核分裂は抑制されずに進行するため，細胞の多核化が生じ
る．さらに高い濃度では，細胞核の排出を促進する．カエルの受精卵の卵割抑制やウ
ニの原腸陥入抑制など，発生初期の形態形成の阻害剤としても用いられる．ほかに細
胞運動や白血球の食作用，血小板凝集の抑制作用などが知られている．サイトカラシ
ン類は，細胞内アクチン線維の断片化と凝集を引き起こす．

参考文献

1）Scherlach K, et al：Nat Prod Rep, 27：869-886, 2010
2）Higashida C, et al：Science, 303：2007-2010, 2004
3）Goddette DW & Frieden C：J Biol Chem, 261：15974-15980, 1986
4）Sampath P & Pollard TD：Biochemistry, 30：1973-1980, 1991

Latrunculins : Latrunculin A, Latrunculin B

別名：ラトランキュリン類：ラトランキュリンA, ラトランキュリンB

Latrunculin A

Latrunculin B

Latrunculin A

◆分子量：421.6

◆IUPAC名：(4R)-4-[(1R,4Z,8E,10Z,12S,15R,17R)-17-hydroxy-5,12-dimethyl-3-oxo-2,16-dioxabicyclo[13.3.1]nonadeca-4,8,10-trien-17-yl]-1,3-thiazolidin-2-one

◆使用法・購入
溶媒：ジメチルスルホキシドあるいはエタノール（ともに25 mg/mL），-20 ℃保存
使用条件：原腸の形成阻害：20 nM／培養細胞のアクチン重合阻害：0.1～1 μM
購入先：BIOMOL社（T-119），メルク社（428021）

Latrunculin B

◆分子量：395.5

◆IUPAC名：(4R)-4-[(1R,4Z,8Z,10S,13R,15R)-15-hydroxy-5,10-dimethyl-3-oxo-2,14-dioxabicyclo[11.3.1]heptadeca-4,8-dien-15-yl]-1,3-thiazolidin-2-one

◆使用法・購入
溶媒：ジメチルスルホキシドあるいはエタノール（ともに25 mg/mL），-20 ℃保存
使用条件：原腸の形成阻害：20 nM／培養細胞のアクチン重合阻害：0.1～1 μM
購入先：BIOMOL社（T-110），メルク社（428020）

◇ 作用機序

　紅海海綿 *Latrunculia magnifica* 由来のマクロライドで，細胞膜浸透性毒素である．単量体アクチンのサブドメイン2および4に挟まれた，ATP結合部位近傍に結合することで，アロステリック作用によってアクチン重合を阻害する．また，ADP－ATP交換反応を阻害する．前出のCytochalasinとは異なり，アクチン線維末端に対するキャッピング作用はもたない．Latrunculinは，Profilinやサイモシンβ4が結合した単量体アクチンに結合することができるが，アクチンとサイモシンβ4との間の親

第32章 細胞骨格・細胞骨格分裂関連薬剤①　アクチン・細胞骨格系

和性を低下させる．ちなみに低濃度（約0.1μM）で細胞を処理すると，フォルミンファミリーによるアクチン重合核形成を間接的に活性化する．これは，薬剤とも単量体隔離タンパク質とも結合していない遊離アクチン単量体の濃度を増加させる，逆説的な薬物効果のためと考えられている．

◇ 生理機能

アクチン線維形成を阻害することにより，細胞運動，細胞伸展，形態形成，受精や胚発生といった種々のアクチン依存性プロセスを阻害する．植物では，花粉の発芽や花粉管の伸長，原形質流動を抑制する．また，エンドサイトーシスにおけるアクチン重合の重要性の発見にも用いられた．アクチン線維構造やアクチン重合に依存するプロセスの役割を検証する目的で，Cytochalasin Dと相補的に用いられるが，LatrunculinとCytochalasinが異なる効果を示すこと（例えば，serum response factorによる転写の活性化）もある．また，高濃度でもアクチン線維を完全には消失させないことに留意が必要である．

参考文献

1）Spector I, et al：Science, 219：493-495, 1983
2）Yarmola EG, et al：J Biol Chem, 275：28120-28127, 2000
3）Ayscough KR, et al：J Cell Biol, 137：399-416, 1997
4）Sotiropoulos A, et al：Cell, 98：159-169, 1999
5）Higashida C, et al：J Cell Sci, 121：3403-3412, 2008

Mycalolide B, Trisoxazole-bearing macrolides

別名：ミカロライドB，およびその他のトリソキサゾールマクロライド類

◆**分子量**：1027.2

◆**IUPAC名**：［4-acetyloxy-1-［formyl(methyl)amino］-11-（16-hydroxy-10,22-dimethoxy-11,21-dimethyl-12,18-dioxo-3,7,19,27-tetraoxa-29,30,31-triazatetracyclo［24.2.1.1²,⁵.1⁶,⁹］hentriaconta-1(28),2(31),4,6(30),8,13,24,26(29)-octaen-20-yl)-10-methoxy-3,5,9-trimethylundec-1-en-6-yl］2,3-dimethoxypropanoate

◆**使用法・購入**

溶媒：ジメチルスルホキシド（0.5 mg/mL），−20 ℃保存
使用条件：*in vitro* におけるアクチン（12 μM）脱重合：3～10 μM．MDCKイメ上皮細胞のバリア機能破壊：1 μM
購入先：BIOMOL社（T-123），メルク社（475975），富士フイルム和光純薬社（132-12081）

◇ 作用機序

　紀伊半島五ヶ所湾の海綿 *Mycale sponge* より単離された魚介毒．類縁のトリソキサゾール構造をもつマクロライドが海綿やウミウシから単離されている．単量体アクチンと1：1の複合体を形成し（$K_d = 13～20\,nM$），アクチン重合を阻害する．また，アクチン線維の切断活性をもち，アクチン脱重合を加速する．キャッピング活性も有すると考えられる．他のトリキサゾールマクロライドにおいて，2段階の単量体アクチンへの結合が報告されており，最終的には単量体アクチンと強固な複合体を形成する可能性がある．これらの性質から，トリキサゾール類は，ゲルソリン様作用をもつ低分子量化合物ともよばれる．

◇ 生理機能

　細胞内アクチンフィラメントを破壊する．マウス白血病細胞株L1210に対する $IC_{50} = 10～50\,nM$ 程度と報告されている．トリソキサゾール類のアクチン結合に重要な尾部構造を化合物シードとして，細胞外に漏出したアクチンのスカベンジャー薬（外傷による筋・組織挫滅や嚢胞性線維症の喀痰排泄困難に対する潜在的治療薬）の開発が試みられている．

参考文献

1) Allingham JS, et al：Cell Mol Life Sci, 63：2119-2134, 2006
2) Saito S, et al：J Biol Chem, 269：29710-29714, 1994
3) Tanaka J, et al：Proc Natl Acad Sci U S A, 100：13851-13856, 2003
4) Pereira JH, et al：ChemMedChem, 9：2286-2293, 2014

Swinholide A

別名：スウィンホライドA

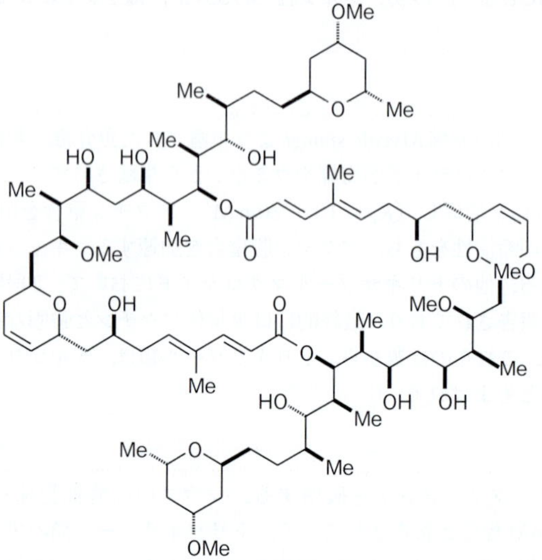

◆**分子量**：1389.9

◆**IUPAC名**：(1R,3S,5E,7E,11S,12S,13R,15S,16S,17S,19S,23S,25S,27E,29E,33S,34S,35R,37S,38S,39S,41S)-3,13,15,25,35,37-hexahydroxy-11,33-bis[(2S,3S,4S)-3-hydroxy-6-[(2S,4R,6S)-4-methoxy-6-methyloxan-2-yl]-4-methylhexan-2-yl]-17,39-dimethoxy-6,12,16,28,34,38-hexamethyl-10,32,45,46-tetraoxatricyclo[39.3.1.119,23]hexatetraconta-5,7,21,27,29,43-hexaene-9,31-dione

◆**使用法・購入**
溶媒：ジメチルスルホキシドあるいはエタノール（ともに0.5 mg/mL, −20 ℃保存）
使用条件：培養細胞のストレスファイバー崩壊：10〜50 nM
購入先：メルク社（574776）

◇**作用機序**

　紅海海綿*Theonella swinhoei*によって産生される二量体環状ラクトン構造をもつマクロライドで，単量体アクチンと1：2の比率で結合しアクチンを二量体として隔離し，重合を阻害する．また，アクチン線維切断活性によってアクチン線維をすみやかに崩壊させる．明らかなキャッピング活性は報告されていない．興味深いことに，非常に類似した二量体環状ラクトン構造をもつMisakinolide A（ミサキノライドA）は線維切断活性をもたないが，反やじり端をキャッピングする活性を有する．Misakinolide Aが結合したアクチン二量体は，反やじり端に結合するが，Swinholide A結合アクチン二量体は反やじり端に結合できない形状をとるためと考えられている．

488　　Swinholide A

◇ 生理機能

細胞膜のラッフリングやアクチンストレス線維を減少させ，細胞の運動性を低下させる．細胞質分裂を阻害し，多核化を引き起こす．また，抗真菌および抗腫瘍作用をもつ．

参考文献

1）Bubb MR, et al：J Biol Chem, 270：3463-3466, 1995
2）Terry DR, et al：J Biol Chem, 272：7841-7845, 1997

Phalloidin

別名：ファロイジン

◆ **分子量**：788.9

◆ **IUPAC名**：28-(2,3-dihydroxy-2-methylpropyl)-18-hydroxy-34-(1-hydroxyethyl)-23,31-dimethyl-12-thia-10,16,22,25,27,30,33,36-octazapentacyclo[12.11.11.03,11.04,9.016,20]hexatriaconta-3(11),4,6,8-tetraene-15,21,24,26,29,32,35-heptone

◆ **使用法・購入**

溶媒：エタノール（10 mg/mL），ミリQ水（1 mg/mL），あるいはジメチルスルホキシド（10 mg/mL）（いずれの場合も-20 ℃保存）．オレイン酸エステル誘導体：ジメチルスルホキシド（1mg/mL，-20 ℃保存）

使用条件：イモリ卵割阻害：50 μM．培養細胞形態変化：10 μM．肝細胞のトリアシルグリセロール分泌阻害：10 μM

購入先：BIOMOL社（T-111：Amanita phalloides），メルク社（516640：Amanita phalloides，516641：オレイン酸エステル誘導体），シグマ社（P2141：Amanita phalloides）

◇ 作用機序

タマゴテングダケ（*Amanita phalloides*）が産生する毒性の環状ペプチド（ファロトキシン）の1つ．アクチン線維に1：1のモル比で結合する．線維内において3分子のアクチンと相互作用し，おそらく，らせん状のアクチン線維の2つのストランド間

第32章 細胞骨格・細胞分裂アクチン・細胞骨格系関連薬剤 ①

489

の結合を強めることで，線維を安定化し脱重合を阻害する．*in vitro*のアクチン重合反応において，重合核形成を加速するが，線維伸長はやや減速させる．単量体アクチンとは結合しない．Phalloidinは細胞膜透過性が低く，細胞のアクチンターンオーバーを阻害する目的には，後出のJasplakinolideが通常用いられる．固定標本のアクチン線維の染色には，多種の蛍光標識Phalloidinが開発されており頻用されている．

◇生理機能

　経口投与による毒性は低く，タマゴテングダケ中毒の主な原因は，RNAポリメラーゼⅡを阻害するAmatoxin類の作用に由来する．ラットやマウスの腹腔内から全身投与された場合は，胆汁酸の輸送機構を介して肝細胞にすみやかに吸収されるため，肝肥大・肝機能障害を引き起こす．

参考文献

1）Wendel H & Dancker P：Biochim Biophys Acta, 915：199-204, 1987
2）Oda T, et al：Biophys J, 88：2727-2736, 2005
3）Nishida E, et al：Proc Natl Acad Sci U S A, 84：5262-5266, 1987
4）Wieland T, et al：Proc Natl Acad Sci U S A, 81：5232-5236, 1984

Jasplakinolide

別名：ジャスプラキノライド

◆分子量：709.7

◆IUPAC名：(4R,7R,10S,13S,15E,17R,19S)-7-[(2-bromo-1H-indol-3-yl)methyl]-4-(4-hydroxyphenyl)-8,10,13,15,17,19-hexamethyl-1-oxa-5,8,11-triazacyclononadec-15-ene-2,6,9,12-tetrone

◆使用法・購入
溶媒：ジメチルスルホキシド（0.5～2 mg/mL），-20℃保存
使用条件：好中球の接着促進：10 μM．培養細胞のストレスファイバー増加：50 nM．
　マイクロフィラメントの凝集：100 nM
購入先：メルク社〔420107, 420127（溶液）〕，Molecular Probes社（J7473）

◇作用機序

海綿 *Japis johnstoni* から分離された細胞膜透過性の環状ペプチド．アクチン脱重合阻害作用をもつ．アクチン線維に $K_d = 15\,\text{nM}$ で結合する．Phalloidin とは異なり，*in vitro* においてアクチン伸長速度を約2倍加速する．一方，重合核形成速度には影響しない．そのアクチン線維への結合は Phalloidin と競合し，Phalloidin と同様にコフィリンのアクチン線維への結合を阻害する．培養細胞を $4\,\mu\text{M}$ で処理すると，2分以内にアクチン線維に結合するコフィリン分子がほぼ完全に消失する．

◇生理機能

Phalloidin とは異なり細胞膜透過性であり，*in vitro* および *in vivo* の両方においてアクチン脱重合を強力に阻害する．培養細胞では投与後3〜5分程度でアクチンターンオーバーによる単量体アクチンの供給が停止することによって，アクチン重合による葉状仮足の伸展が阻害され，細胞運動が停止する．さらに長時間処理すると，アクチンストレス線維の形態異常やアクチン線維の凝集を引き起こす．

参考文献

1）Bubb MR, et al：J Biol Chem, 269：14869-14871, 1994
2）Bubb MR, et al：J Biol Chem, 275：5163-5170, 2000
3）Tsuji T, et al：PLoS One, 4：e4921, 2009
4）Cramer LP, et al：Cell Motil Cytoskeleton, 51：27-38, 2002

Cucurbitacin E

別名：ククルビタシンE

◆**分子量**：556.7

◆**IUPAC名**：[(E,6R)-6-[(8S,9R,10R,13R,14S,16R,17R)-2,16-dihydroxy-4,4,9,13,14-pentamethyl-3,11-dioxo-8,10,12,15,16,17-hexahydro-7H-cyclopenta[a]phenanthren-17-yl]-6-hydroxy-2-methyl-5-oxohept-3-en-2-yl] acetate

◆**使用法・購入**

溶媒：エタノール，ジメチルスルホキシド：〜30 mg/mL
使用条件：*in vitro* 培養細胞におけるアクチン脱重合阻害：10 nM，G2/M期停止とアポトーシス誘導による各種がん細胞株の増殖阻害：IC_{50} = 50〜1,000 nM
購入先：シグマ社（SML0577），EXTRASYNTHESE社（14821），ケイマン社（14821）

◇作用機序

Cucurbitacin は，ウリ科の植物が産生するステロイドの一種で，苦みがあり，免疫抑制や下痢を誘発することが知られている．Cucurbitacin E はその1つ．*in vitro* で線維状アクチンの257番目のシステイン残基に共有結合し，アクチン線維の脱重合を抑制する．

◇生理機能

Jasplakinolide とは異なり，アクチン分子より少ないモル比（1：6）でアクチン脱重合阻害作用が最大となるが，その際，一部の線維のみが安定化され，部分的に脱重合することが報告されている．培養細胞では，低濃度（10 nM）で不可逆的にアクチン凝集体を形成する．また，ビオチン化 Cucurbitacin E を固層化したカラムによって，細胞溶出物からコフィリンが結合タンパク質として同定されている．Jasplakinolide とは異なるアクチン線維安定化作用を反映した所見かもしれない．

参考文献

1）Momma K, et al：Cytotechnology, 56：33-39, 2008
2）Nakashima S, et al：Bioorg Med Chem Lett, 20：2994-2997, 2010
3）Sörensen PM, et al：ACS Chem Biol, 7：1502-1508, 2012

Wiskostatin

別名：ウィスコスタチン

◆分子量：426.2

◆IUPAC名：1-(3,6-dibromocarbazol-9-yl)-3-(dimethylamino)propan-2-ol

◆使用法・購入
溶媒：ジメチルスルホキシド（5〜25 mg/mL），-20 ℃保存
使用条件：アフリカツメガエル卵抽出液中のアクチン重合阻害：10 μM．培養上皮細胞における N-WASP 阻害：50 μM

購入先：BIOMOL 社（T-126），メルク社（681525）

◇作用機序

　N-WASP（neural Wiskott-Aldrich syndrome protein）は，低分子量 G タンパク質 Cdc42，ホスファチジルイノシトール 4,5-二リン酸（PIP$_2$）によって活性化され，アクチンの重合核となる Arp2/3 複合体を活性化することでアクチン重合を誘導する．本化合物は N-WASP を選択的，可逆的に阻害することにより，間接的にアクチン線維構築を阻害する．細胞膜透過性をもつ．N-WASP の低分子量 GTP アーゼ結合ドメインに結合し，N-WASP を自己阻害状態で安定化させる．

◇生理機能

　アフリカツメガエル卵の細胞質抽出液を用いたアッセイにおいて，PIP$_2$ によって誘導されるアクチン重合を阻害する（IC$_{50}$=4 μM）．

参考文献

1）Peterson JR, et al：Nat Struct Mol Biol, 11：747-755, 2004
2）Ivanov AI, et al：Mol Biol Cell, 16：2636-2650, 2005
3）Leung DW, et al：Methods Enzymol, 406：281-296, 2006
4）Guerriero CJ & Weisz OA：Am J Physiol Cell Physiol, 292：C1562-C1566, 2007
5）Wegner AM, et al：J Biol Chem, 283：15912-15920, 2008

CK-666, CK-869

CK-666

CK-869

CK-666

◆分子量：296.3

◆IUPAC名：2-fluoro-N-[2-(2-methyl-1H-indol-3-yl)ethyl]benzamide

◆使用法・購入
　使用条件：ウシ Arp2/3：IC$_{50}$=17 μM，Sp 酵母 Arp2/3：IC$_{50}$=5 μM，ヒト Arp2/3：IC$_{50}$=4 μM，リステリアのコメットテイル形成阻害：10 μM
　購入先：Tocris 社（フナコシ社，富士フイルム和光純薬社，ナカライテスク社）（3950），

第32章　細胞骨格・細胞分裂関連薬剤①　アクチン細胞骨格系

Enzo Life Sciences社（ALX-270-506），メルク社（182515）

CK-869

◆分子量：394.3

◆IUPAC名：2-(3-bromophenyl)-3-(2,4-dimethoxyphenyl)-1,3-thiazolidin-4-one

◆使用法・購入
使用条件：ウシArp2/3：$IC_{50} = 11 \mu M$，リステリアのコメットテイル形成阻害：$IC_{50} = 7 \mu M$
購入先：Tocris社（フナコシ社，富士フイルム和光純薬社，ナカライテスク社）（4984），Enzo Life Sciences社（ALX-270-507），メルク社（182516）

◇ 作用機序

Arp2/3複合体の阻害薬スクリーニングで同定されたリード化合物のより強力な類縁化合物．Arp2，Arp3サブユニットが重合核形成に適さない配置に固定される．Arp2/3複合体のアクチン線維側面，および矢じり端への結合や，アクチン線維の枝分かれ構造の崩壊には影響しない．

◇ 生理機能

細胞膜透過性であり，ポドソームや細胞内リステリア菌がつくるアクチンコメットの形成を阻害する．

参考文献
1）Nolen BJ, et al：Nature, 460：1031-1034, 2009
2）Hetrick B, et al：Chem Biol, 20：701-712, 2013
3）Yi K, et al：Nat Cell Biol, 13：1252-1258, 2011
4）Rotty JD, et al：Nat Rev Mol Cell Biol, 14：7-12, 2013

SMIFH2

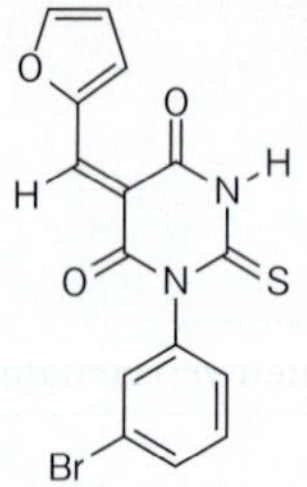

◆分子量：377.2

◆IUPAC名：(5E)-1-(3-bromophenyl)-5-(furan-2-ylmethylidene)-2-

sulfanylidene-1,3-diazinane-4,6-dione

◆使用法・購入

溶媒：ジメチルスルホキシド，30〜50 mg/mL，-20℃保管

使用条件：*in vitro*における酵母，線虫，マウス由来フォルミンのアクチン重合活性阻害：$IC_{50} = 5〜15 \mu M$，3Dマトリゲル中を移動するヒト乳腺がん細胞株の運動抑制：$25 \mu M$

購入先：メルク社（344092），TOCRIS社（4401）

◇作用機序

フォルミンファミリーは，細胞質分裂，細胞の遊走や極性形成，アクチンストレス線維や酵母のアクチンケーブルの形成に重要な役割を果たすアクチン重合促進因子で，真核生物に広く保存されている．FH2ドメインによってアクチン重合核形成を促進するとともに，形成された線維のプラス端に結合したまま，FH1ドメインとProfillinの相互作用を介して線維伸長を顕著に加速する．

◇生理機能

SMIFH2は，複数のフォルミンファミリーによる重合核形成反応を抑制し，フォルミン依存的なアクチン構造（酵母ではアクチンケーブルや収縮環，哺乳類細胞ではストレスファイバー等）を破壊し細胞分裂や細胞運動を阻害するが，Arp2/3に依存的なアクチン構造（酵母ではエンドサイトーシスにおけるアクチンパッチ，哺乳類細胞では細胞辺縁部のラメリポディア等）には影響を及ぼさない．

参考文献

1）Rizvi SA, et al：Chem Biol, 16：1158-1168, 2009

2）Poincloux R, et al：Proc Natl Acad Sci U S A, 108：1943-1948, 2011

第32章 細胞骨格・細胞骨格分裂関連薬剤 アクチン・細胞骨格系①

495

N-Benzyl-*p*-toluenesulfonamide

別名：*N*-ベンジル-*p*-トルエンスルホンアミド / BTS

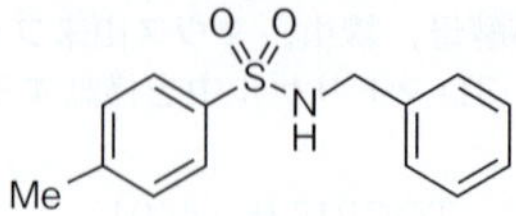

◆分子量：261.3

◆IUPAC名：N-benzyl-4-methylbenzenesulfonamide

◆使用法・購入
　溶媒：ジメチルスルホキシド：～25 mg/mL，エタノール：～18mg/mL，-20℃保管
　使用条件：骨格筋由来ミオシンⅡのモーター領域断片（S1）のATPase阻害：IC_{50}～5 μM
　購入先：TOCRIS社（1870），メルク社（203895）

◇作用機序

　細胞膜透過性のベンゼンスルホンアミド誘導体．ウサギ骨格筋由来のミオシンⅡのモーター領域断片（S1）のアクチン刺激ATPase活性を指標としたスクリーニングにより同定された．本化合物はATPとは競合せずにミオシンに結合し，ATP加水分解により生じたリン酸の解離を抑制してアクチンとの強い結合を抑制する．また，ADP-PiもしくはADPに結合したミオシンのアクチンに対する親和性を低下させる．速筋線維のミオシンⅡを選択的に阻害し，心筋，遅筋線維，血小板由来ミオシンⅡへの効果は低い．

◇生理機能

　本化合物は，アクチン－ミオシン間の滑り運動を阻害することで，筋線維の収縮を阻害する．*in vitro*におけるミオシン依存的Fアクチンの滑走運動をおよそ20 μMで完全に阻害する．ミオシンのモーター活性と滑走運動に対する抑制効果は可逆的である．培養筋細胞における横紋構造の形成を10～20 μMで阻害する．

参考文献

1）Cheung A, et al：Nat Cell Biol, 4：83-88, 2002
2）Shaw MA, et al：Biochemistry, 42：6128-6135, 2003
3）Ramachandran I, et al：Cell Motil Cytoskeleton, 55：61-72, 2003
4）Kagawa M, et al：Zoolog Sci, 23：969-75, 2006

Blebbistatin

別名：ブレビスタチン

◆**分子量**：292.3

◆**IUPAC名**：3a-hydroxy-6-methyl-1-phenyl-2,3-dihydropyrrolo[2,3-b]quinolin-4-one

◆**使用法・購入**

溶媒：ジメチルスルホキシド：30〜100 mg/mL，-20℃保管

使用条件：心筋型ミオシンⅡのATPase阻害：$IC_{50} = 2 \mu M$

購入先：メルク社〔203390，203389（溶液）：ラセミ（±）体，203391：（−）体，203392：（＋）体〕

◇作用機序

細胞膜透過性で，可逆的にヒト非筋型，骨格筋型，心筋型ミオシンⅡのATPase活性を阻害する．平滑筋型ミオシンⅡも弱く阻害する．一方，ミオシンIb，Va，XのATPase活性は，100 μMでも阻害しない．Blebbistatinは，ミオシンのATP結合とは競合せず，ミオシン−ADP-Pi複合体に強く結合し安定化することで，アクチンとは弱く相互作用する状態にミオシン頭部をロックすることで，力の発生を抑制する．2つの鏡像異性体のうち，（−）体（S）体が活性をもち，（＋）体（R）体には活性がない．

◇生理機能

Blebbistatinは，その名前の由来の通り細胞膜ブレブ（細胞表面にみられる水疱状の突出）形成を阻害するほか，遊走，細胞質分裂を阻害する．細胞分裂においては，有糸分裂や収縮環の形成そのものには影響しないが，収縮環の陥入を妨げて細胞質分裂を阻害する．細胞に投与すると，1〜2分程度で細胞表層の張力が減弱する表現型が観察される．Blebbistatinは，488 nmもしくはUV光により不活性化され，青色光照射下では光毒性によって細胞死を誘導するため，GFP（green fluorescent protein）など緑色蛍光標識を用いた生細胞イメージングには不向きである．最近，青色光照明下での毒性が低く，水への溶解度がより高い類縁化合物パラアミノBlebbistatinが開発された．

◇注意事項

Blebbistatinは，488nmもしくはUV光により不活性化され，青色光照射下では光毒性によって細胞死を誘導するため，GFP（green fluorescent protein）など緑色蛍

第32章 細胞骨格・細胞骨格分裂関連薬剤① アクチン・細胞骨格系

光標識を用いた生細胞イメージングには不向きである．最近，青色光照明下での毒性が低く，水への溶解度がより高い類縁化合物 Para-aminoblebbistatin が開発された．

参考文献

1）Straight AF, et al：Science, 299：1743-1747, 2003
2）Rauscher AÁ, et al：Trends Biochem Sci, 43：700-713, 2018
3）Yamashiro S, et al：Mol Biol Cell, 29：1941-1947, 2018
4）Várkuti BH, et al：Sci Rep, 6：26141, 2016

Omecamtiv mecarbil

別名：オメカムチブ / CK-1827452

◆**分子量**：401.4

◆**IUPAC名**：methyl 4-[[2-fluoro-3-[(6-methylpyridin-3-yl)carbamoylamino]phenyl]methyl]piperazine-1-carboxylate

◆**使用法・購入**
溶媒：ジメチルスルホキシド，〜80 mg/mL，-80℃保存
使用条件：*in vitro* における心筋細胞の収縮誘導：200 nM．*in vivo* 試験は，ラットには＜1.2 mg/kg/時で経静脈投与，イヌへは0.25〜0.5 mg/kg でボーラス投与の後，0.25〜0.5 mg/kg/時で24時間経静脈投与
購入先：セレック社（S2623）

◇ 作用機序

　心筋に対して陽性変力をもつ作用薬で，心筋ミオシンのアクチン活性化ATPaseを促進するリード化合物から数回の改変を経て得られた．心不全に対する臨床試験が行われている．ミオシン頭部に結合し，軽鎖ドメインの形状変化も含めたアロステリック作用をもたらす．*in vitro* では，ATPaseサイクル数を増加するのではなく，ATP水解反応とその後のPi放出を加速するとともに，ミオシンがアクチンに強く結合し力を生じる時間を延長することで収縮力を上昇させる．興味深いことに，アクチンスライディングアッセイにおいて，アクチン線維の移動速度を顕著に抑える一方で，線維の運搬力を大きく増強する．心筋細胞の Ca^{2+} 濃度や酸素消費量には影響しない．

◇ 生理機能

　現在までに，3つの第Ⅱ相臨床試験の報告があり，現在，第Ⅲ相試験が進行中である．副作用は限局的であり，慢性心不全を対象としたCOSMIC-HF試験では，用量

依存的に，心機能の改善（一回拍出量および心肥大の軽減，血中BNP低下），心収縮時間延長（25 ms），心拍数減少などの有益な効果について，プラセボ群と比較し有意な改善が得られている．一方，急性心不全に対するATOMIC-AHF試験において，エンドポイントである呼吸困難について，現段階では有意な改善は得られていない．

参考文献

1）Malik FI, et al：Science, 331：1439-1443, 2011
2）Liu Y, et al：Biochemistry, 54：1963-1975, 2015
3）Aksel T, et al：Cell Rep, 11：910-920, 2015
4）Kampourakis T, et al：J Physiol, 596：31-46, 2018
5）COSMIC-HF Investigators.：Lancet, 388：2895-2903, 2016
6）ATOMIC-AHF Investigators.：J Am Coll Cardiol, 67：1444-1455, 2016

Mavacamten

別名：マバカムテン / MYK-461

◆**分子量**：273.3

◆**IUPAC名**：6-[[(1S)-1-phenylethyl]amino]-3-propan-2-yl-1H-pyrimidine-2,4-dione

◆**使用法・購入**
溶媒：ジメチルスルホキシド，～100 mg/mL，-20°C保存
使用条件：*in vitro*における精製ウシ心筋ミオシン頭部に対するATPase阻害：IC_{50}＝0.3 μM．マウスに対しては0.5％メチルセルロースに溶解，0.125～1 mg/mLで経口投与
購入先：ケイマン社（19216）

◇ **作用機序**

ウシ心筋ミオシンのATPase活性の抑制を指標としたスクリーニングで得られた化合物．骨格筋ミオシン（IC_{50}＝4.7 μM）よりも心筋ミオシン（IC_{50}＝0.3 μM）に対して選択性が高い．肥大型心筋症に対する臨床試験が進行中．ミオシン頭部が折り畳まれた不活性型のコンフォメーションに誘導することで，ATPaseサイクルを阻害し，力の発生を抑える．結果として，ミオシン頭部からのADP放出の抑制作用ももつ．

◇ **生理機能**

心筋型ミオシン遺伝子にヒトの肥大型心筋症の原因となる変異を導入したマウスモ

第32章 細胞骨格・細胞骨格系分裂関連薬剤① アクチン・細胞分裂

デルにおいて，早期投与によって左心壁の肥厚，線維化，筋線維の錯綜配列形成を抑制する．しかし，すでに心肥大が進行したマウスにおいては，線維化や錯綜配列形成は有意に抑制しないと報告されている．閉塞性肥大型心筋症に対する第Ⅱ相臨床試験において，運動後左室内最大圧較差，高酸素摂取量，心不全重症度を有意に改善することが報告され，第Ⅲ相臨床試験への移行がアナウンスされている．

参考文献

1）Green EM, et al：Science, 351：617-621, 2016
2）Rohde JA, et al：Proc Natl Acad Sci U S A, 115：E7486-E7494, 2018
3）Anderson RL, et al：Proc Natl Acad Sci U S A, 115：E8143-E8152, 2018
4）http://investors.myokardia.com/phoenix.zhtml?c=254211&p=irol-newsArticle&ID=2337154

第33章

細胞骨格・細胞分裂関連薬剤②
微小管骨格系

清末優子

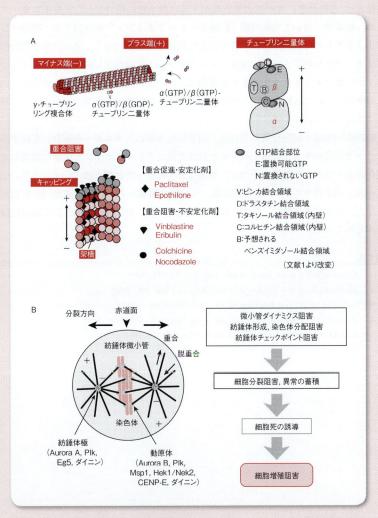

概略図 微小管の構造と代表的な薬剤の結合部位（A）および微小管骨格系の阻害による細胞増殖抑制機構（B）

微小管はα/β-チューブリンのヘテロ二量体が重合して形成される直径25 nmの管状構造で，13本のプロトフィラメントからなる（**概略図**A）．細胞内では主にプラス端が伸長と短縮のダイナミクス（動的不安定性）をくり返して，極性化したネットワークを構築する（**第32章概略図**B）．微小管は，間期においてはモータータンパク質に依存した物質の極性輸送の足場となり，有糸分裂においては紡錘体を形成して染色体を2つの娘細胞に分配する．

　細胞分裂時，微小管はプラス端を介して染色体上に形成される動原体に結合し，種々の微小管制御タンパク質の制御を受けて伸縮することにより染色体を動かす（**概略図**B）．このとき，すべての染色体が正確に微小管に結合したことをモニターするため，動原体において監視機構（紡錘体チェックポイント）が作動する．細胞分裂を停止させるためには紡錘体微小管を完全に破壊する必要はなく，個々の微小管の伸縮ダイナミクスを低下させて紡錘体チェックポイントを活性化し続けることで十分である．微小管ダイナミクスを阻害する薬剤は，フィラメントの安定化，不安定化のいずれの機序においても細胞分裂の進行を停止させて細胞増殖を抑制するため抗がん剤として広く用いられている．

　紡錘体の形成や細胞分裂の進行は，ATP加水分解のエネルギーを運動に変換するダイニンや多数のキネシン様モータータンパク質，チェックポイント機構に重要なリン酸化酵素やそれらの調節因子など，多様な分子によって制御されている．近年，モータータンパク質やGTP加水分解酵素，リン酸化酵素，およびその調節因子の相互作用など，さまざまな標的に対する阻害剤が開発され，主に抗がん剤として臨床試験が進められている．

参考文献

1) Downing KH：Annu Rev Cell Dev Biol, 16：89–111, 2000
2) Hirokawa N, et al：Nat Rev Mol Cell Biol, 10：682–696, 2009
3) Lens SM, et al：Nat Rev Cancer, 10：825–841, 2010
4) Dumontet C & Jordan MA：Nat Rev Drug Discov, 9：790–803, 2010
5) Rath O & Kozielski F：Nat Rev Cancer, 12：527–539, 2012

1 チューブリン／微小管関連薬剤

Paclitaxel

別名：Taxol / パクリタキセル / タキソール

◆**分子量**：854.0

◆**IUPAC名**：[2aR-[2aα,4β,4aβ,6β,9α-(αR*,βS*),11α,12α,12aα,12bα]]-β-(Benzoylamino)-α-hydroxybenzenepropanoic acid 6,12b-bis(acetyloxy)-12-(benzoyloxy)-2a,3,4,4a,5,6,9,10,11,12,12a,12b-dodecahydro-4,11-dihydroxy-4a,8,13,13-tetramethyl-5-oxo-7,11-methano-1H-cyclodeca-[3,4]benz[1,2-b]oxet-9-yl ester

◆**使用法・購入**

溶媒：DMSO（＜85 mg/mL），−80℃保存

使用条件：培養細胞チューブリンの過剰重合ならびに安定化：10～20 μM．微小管伸縮ダイナミクスの停止：10～100 nM．培養細胞のアポトーシス誘導，増殖阻害：IC$_{50}$＝30～100 nM．免疫不全マウスへのヒト腫瘍細胞株の異種移植：10～20 mg/mL，皮下投与または静脈内投与

購入先：メルク社：580555（*Taxus* sp.），580556（semi-synthetic），シグマ社 T7402（*Taxus brevifolia*），T1912（*Taxus yannanensis*），T7191（semisynthetic）

◇作用機序

　Paclitaxel／Taxol（以下，Paclitaxel）は，1960年代に太平洋イチイ（*Texus brevifolia*）の樹皮から分離された抗腫瘍性物質で，1971年に化学構造が決定された[1]．Paclitaxelを合成しているのは樹皮中の内生菌（*Taxomyces andreanae*）であることが1993年に報告されている[2]．本薬剤は，β-チューブリンに結合し，隣り合うプロトフィラメントのチューブリン間の結合を安定化することで脱重合を妨げ微小管構造を安定化する[3]．β-チューブリンのPaclitaxel結合領域は重合した微小管の内壁となる．Taxolの全合成はHolton博士らがはじめて成功し1994年に報告，同年にNicolaou博士らも報告し，その後も研究が続けられているが[4]，全合成はコストを要するため，医薬品としては中間体を原材料とした半合成によって生産されている．

503

◇生理機能

　本薬剤は，微小管を安定化してそのダイナミクスを抑制することで有糸分裂を阻害し，アポトーシスを誘導する．100 nM 以下程度の濃度では，既存の微小管を安定化してチューブリンの入れ替わりを阻害することにより，微小管の伸縮を停止させる．1 μM 以上の高濃度では，フリーのチューブリンを重合させてポリマーを増加させる．分裂細胞では，低濃度では紡錘体微小管構造には著しい変化を及ぼさないが，微小管ダイナミクスを阻止して分裂中期で停止させる．ただし，本薬剤は薬剤排泄ポンプとして働く MDR1（multi-drug resistance 1）遺伝子産物 P-糖タンパク質のよい基質となるため，P-糖タンパク質を過剰発現する細胞への作用は弱い．また，*in vitro* における実験系において，精製チューブリンを重合させ微小管を安定化するために汎用されている．光分解性のケージング基（保護基）を結合した Paclitaxel は，微小管動態の時空間制御による微小管機能解析に有用である[5]．薬品としては，乳がん，非小細胞肺がん，卵巣がん，子宮体がんなどの広範ながん種に対する標準的な化学療法薬として単独あるいは他剤との併用で用いられている．

参考文献

1）Wani M, et al：J Am Chem Soc, 93：2325–2327, 1971
2）Stierle A, et al: Science, 260：214–216, 1993
3）Schiff PB, et al: Nature, 277：665–667, 1979
4）Goodman J & Walsh V: The Story of Taxol: Nature and Politics in the Pursuit of an Anti-Cancer Drug. Cambridge University Press, 2001
5）Skwarczynski M, et al：Bioorg Med Chem Lett. 16：4492–4496, 2006

Epothilone A, Epothilone B

別名：エポチロンA，エポチロンB

Epothilone A：R＝H
Epothilone B：R＝Me

Epothilone A

◆分子量：493.7

◆IUPAC名：(1R,5S,6S,7R,10S,14S,16S)-6,10-dihydroxy-5,7,9,9-tetramethyl-14-[(E)-1-(2-methyl-1,3-thiazol-4-yl)prop-1-en-2-yl]-13,17-dioxabicyclo[14.1.0]heptadecane-8,12-dione

◆使用法・購入

溶媒：DMSO（＜99 mg/mL），エタノール（＜99 mg/mL），−80℃保存
使用条件：細胞分裂の停止：10 nM，微小管伸縮ダイナミクスの停止：約5 nM，免疫
不全マウスへのヒト腫瘍細胞株の異種移植：4〜10 mg/mL，静脈内投与（B）
購入先：シグマ社（E3656）

Epothilone B

◆**分子量**：507.7

◆**IUPAC名**：(1S,3S,7S,10R,11S,12S,16R)-7,11-dihydroxy-8,8,10,12,16-
pentamethyl-3-[(E)-1-(2-methyl-1,3-thiazol-4-yl)prop-1-en-2-yl]-4,17-
dioxabicyclo[14.1.0]heptadecane-5,9-dione

◆**使用法・購入**
溶媒：DMSO（＜100 mg/mL），エタノール（＜100 mg/mL），−80℃保存
使用条件：細胞分裂の停止：10 nM，微小管伸縮ダイナミクスの停止：約5 nM，免疫
不全マウスへのヒト腫瘍細胞株の異種移植：4〜10 mg/mL，静脈内投与（B）
購入先：Tocris社（フナコシ社，富士フイルム和光純薬社，ナカライテスク社）（3502）

◇ 作用機序

　地中に生息する粘液細菌（*Sorangium cellulosum*）の産生する，非タキサン系の16
員環マクロライド系抗腫瘍性物質である[1]．本薬剤は，Paclitaxelと同様にチューブ
リンの脱重合を阻害し微小管線維構造を安定化する．Epothilone A，BともにPacli-
taxelと競合的にβ-チューブリンに結合する．このことから，Epothilone誘導体と
Paclitaxelは，共通の"ファーマコフォア（薬物が標的分子と相互作用するうえでの
必須構造単位）"を有していると予測されていたが，詳細な立体構造解析の結果，
チューブリン結合ポケット内における相互作用様式は両化合物間でほとんど重複しな
いことが示されている[2]．

◇ 生理機能

　Epothilone BはEpothilone Aと比べて，チューブリン脱重合阻害活性において3〜
4倍程度，さらにがん細胞の増殖抑制活性において10〜100倍程度効果が強い[1]．
Paclitaxelと同様に，有糸分裂を阻害する[3]．両化合物（特にEpothilone B）は，
MDR1遺伝子（P糖タンパク質）過剰発現のがん細胞に対してもきわめて強い細胞
増殖抑制活性を保持していることと，その比較的良好な水溶性から，Paclitaxelにお
ける薬剤耐性の問題を克服できる可能性が期待されている[4]．バーキット細胞白血病
細胞株CA46，大腸がん由来細胞株SW620，卵巣がん由来細胞株1A9，乳がん由来細
胞株MCF7，およびMDR遺伝子を過剰発現している白血病細胞株MDR CCRF-
CEM/VBL100に対する50％増殖阻害濃度（IC_{50}）は，2〜20 nM（A），0.006〜3.5
nM（B）．Epothiloneは体内でやや不安定であったが，安定性を改善した誘導体が開
発され，Epothilone Bの環内酸素原子をNHに置換したIxabepilone〔イクサベピロ
ン（BMS-247550），商品名イグゼンプラ〕[5]は2007年にFDAの認可を受け，乳が
ん治療薬として用いられている．

参考文献

1）Kowalski RJ, et al：J Biol Chem, 272：2534-2541, 1997
2）Nettles JH, et al：Science, 305：866-869, 2004
3）Kamath K & Jordan MA：Cancer Res, 63：6026-6031, 2003
4）Nicolaou KC, et al：Angew Chem Int Ed Engl, 37：2014-2045, 1998
5）Lee FY, et al：Clin Cancer Res, 7：1429-1437, 2001

Colchicine, Demecolcine / Colcemid

別名：コルヒチン，デメコルチン / コルセミド

Colchicine：R＝—C—Me
            ‖
            O

Colcemid/Demecolcine：R＝Me

Colchicine

◆**分子量**：399.4

◆**IUPAC名**：N-[(7S)-1,2,3,10-tetramethoxy-9-oxo-6,7-dihydro-5H-benzo[a]heptalen-7-yl]acetamide

◆**使用法・購入**
　溶媒：DMSO（＜20 mg/mL），エタノール（＜10 mg/mL），あるいは水（＜10 mg/mL），-80℃保存
　使用条件：微小管の脱重合：20～50 μg/mL，染色体標本：コルヒチン0.2～1 μg/mL
　購入先：メルク社（234115），シグマ社（C9754）

Demecolcine

◆**分子量**：371.4

◆**IUPAC名**：(7S)-1,2,3,10-tetramethoxy-7-(methylamino)-6,7-dihydro-5H-benzo[a]heptalen-9-one

◆**使用法・購入**
　溶媒：DMSO（＜10 mg/mL）あるいはエタノール（＜10 mg/mL），-80℃保存
　使用条件：微小管の脱重合：20～50 μg/mL，HeLa S3細胞の分裂停止：＞200 ng/mL，染色体標本：0.02～0.2 μg/mL
　購入先：メルク社（234109），シグマ社（D7385），GIBCO社（サーモフィッシャーサイエンティフィック社）（15210040，染色体解析用コルセミド溶液）

◇ 作用機序

19世紀前半にユリ科のイヌサフラン（*Colchicum autumnale L.*）から分離されたアルカロイド．本化合物は，チューブリン重合を阻害し，微小管を脱重合させる[1]．未重合のフリーのチューブリンと結合して複合体を形成し，複合体として既存の微小管に重合する．微小管プラス端に取り込まれたColchicine結合チューブリンは，構造変化の結果，新たなチューブリンの付加を阻止することで微小管の伸長を阻害する．

◇ 生理機能

Colchicineは，炎症組織への顆粒球移動を抑制しその貪食能やヒスタミンの放出を抑制する抗炎症薬であり，かつては痛風の特効薬とされていたが，最近では副作用の多さから処方されることは稀である．抗がん剤としては臨床治験で有効性が示されなかったが，細胞分裂の研究に有用な分裂阻害剤として用いられている[2]．本薬剤は，HeLa細胞，褐色細胞腫由来細胞株PC12，および小脳顆粒細胞などに対して，細胞分裂に異常を生じさせることによりアポトーシスを誘導する[3]．Demecolcineは Colchicineよりも毒性が低いため細胞周期同調剤として有用であり，分裂細胞を前中期〜中期に同調させて染色体の単離や染色体標本の作製のために用いられる．また，Colchicineはエキソサイトーシスを阻害し，*in vitro*, *in vivo*いずれにおいても，乳腺上皮細胞からの泌乳を阻害することが報告されている[4]．農作物では，Colchicine処理による染色体倍化によって種無し（不稔性）の果実を品種改良により作成する際に使用される．

参考文献

1) Borisy GG & Taylor EW：J Cell Biol, 34：525-533, 1967
2) Urbani L, et al：Exp Cell Res, 219：159-168, 1995
3) Sherwood SW, et al：Exp Cell Res, 215：373-379, 1994
4) Patton S, et al：Biochim Biophys Acta, 499：404-410, 1977
5) Margolis RL & Wilson L：Proc Natl Acad Sci U S A, 74：3466-3470, 1977

Nocodazole

別名：ノコダゾール

◆ **分子量**：301.3

◆ **IUPAC名**：methyl N-[6-(thiophene-2-carbonyl)-1H-benzimidazol-2-yl] carbamate

◆ **使用法・購入**

507

溶媒：DMSO（5〜10 mg/mL，溶けにくい場合は加温），−80℃保存
使用条件：細胞内微小管の完全な脱重合：10〜33 μM，微小管伸縮ダイナミクスの停止：10〜100 nM，細胞分裂の停止：〜0.2 μg/mL
購入先：メルク社（487928），シグマ社（M1404），Tocris社（フナコシ社，富士フイルム和光純薬社，ナカライテスク社）（1228）

◇作用機序

Colchicineと競合的にチューブリンに結合し，微小管の脱重合を促進する，合成ベンズイミダゾール誘導体[1][2]．哺乳類培養細胞に対して特異的で可逆的な微小管阻害活性を示すため，細胞生物学実験において最も汎用されている．

◇生理機能

本薬剤は微小管を脱重合させ，有糸分裂を阻害する他，細胞内輸送を阻害する．本薬剤の添加により細胞を分裂期に停止させて同調したり，微小管消失後の細胞現象を観察したり，あるいは化合物を洗い流した後に微小管の再形成過程を観察したりする実験に汎用されている[3]．微小管の消失は細胞内輸送に影響を与えるため，Nocodazole処理によりゴルジ体が破壊され，泌乳するマウス乳腺上皮細胞のカゼイン分泌や，MDCK上皮細胞の極性輸送が阻害されることが観察されている[4]．

◇注意点

本薬剤は，発がんに関連するABL，c-KIT，BRAFやMEKなどのキナーゼのATP結合部位にも高い親和性をもって結合することが報告されており（$K_d = 0.1 \sim 1.6$ μM）[5]，薬効の評価においては留意すべきである．

参考文献

1）De Brabander MJ, et al：Cancer Res, 36：905-916, 1976
2）De Clerck F & De Brabander M：Thromb Res, 11：913-914, 1977
3）Bunz F, et al：Science, 282：1497-1501, 1998
4）Breitfeld PP, et al：J Cell Biol, 111：2365-2373, 1990
5）Park H, et al：ChemMedChem, 7：53-56, 2012

Vinblastine, Vincristine

別名：ビンブラスチン，ビンクリスチン

Vinblastine

◆**分子量**：811.0（市販の硫酸塩としては 909.1）

◆**IUPAC名**：［3aR-［3aα,4β,5β,5aβ,9(3R*,5S*,7R*,9S*),10bR*,13aα］］-Methyl 4-(acetyloxy)-3a-ethyl-9-［5-ethyl-1,4,5,6,7,8,9,10-octahydro-5-hydroxy-9-(methoxycarbonyl)-2H-3,7-methanoazacycloundencino［5,4-b］indol-9-yl］-3a,4,5,5a,6,11,12,13a-octahydro-5-hydroxy-8-methoxy-6-methyl-1H-indolizino［8,1-cd］carbazole-5-carboxylate

◆**使用法・購入**

　溶媒：両化合物の硫酸塩（市販）：DMSO（＜90 mg/mL），水（＜90 mg/mL），4℃
　　または−80℃保管

　使用条件：細胞内微小管の完全な脱重合：約1 μM，微小管伸縮ダイナミクスの停止：
　　約50 nM，細胞分裂の停止：＞1 nM

　購入先：メルク社（677175，硫酸塩），Tocris社（フナコシ社，富士フイルム和光純薬
　　社，ナカライテスク社）（1256，硫酸塩）

Vincristine

◆**分子量**：825.0（市販の硫酸塩としては 923.1）

◆**IUPAC名**：［3aR-［3aα,4β,5β,5aβ,9(3R*,5S*,7R*,9S*),10bR*,13aα］］-Methyl 4-(acetyloxy)-3a-ethyl-9-［5-ethyl-1,4,5,6,7,8,9,10-octahydro-5-hydroxy-9-(methoxycarbonyl)-2H-3,7-methanoazacycloundencino［5,4-b］indol-9-yl］-3a,4,5,5a,6,11,12,13a-octahydro-6-formyl-5-hydroxy-8-methoxy-1H-indolizino［8,1-cd］carbazole-5-carboxylate

◆**使用法・購入**

　溶媒：両化合物の硫酸塩（市販）：DMSO（＜90 mg/mL），水（＜90 mg/mL），4℃
　　または−80℃保管

　使用条件：細胞内微小管の完全な脱重合：約1 μM，微小管伸縮ダイナミクスの停止：
　　約50 nM，細胞分裂の停止：＞1 nM

　購入先：メルク社（677181，ビンクリスチン硫酸塩），Tocris社（フナコシ，富士フイ
　　ルム和光純薬，ナカライテスク）（1257，ビンクリスチン硫酸塩）

第33章　微小管骨格・細胞骨格系・細胞分裂関連薬剤②

◇作用機序

キョウチクトウ科ニチニチソウ（*Catharanthus roseus*）に含まれるアルカロイドのうち，抗腫瘍作用を有するインドールアルカロイド．β-チューブリンに結合して微小管に取り込まれるとプラス端の表面に位置し，新たなチューブリンの付加を阻害する．また，異なる二量体を構成するβ-チューブリンとα-チューブリンの間に結合し，二量体を異常ならせん状の凝集体に自己集合させることにより，正常な微小管構造の形成を阻害する[1]．

◇生理機能

微小管の伸縮ダイナミクスを阻害して細胞の有糸分裂を妨げ，アポトーシスを誘導する作用がある[2]〜[4]．HeLa S2細胞においてVinblastineは，1 nM程度の低濃度では紡錘体微小管の形態には顕著な影響を与えずに中期-後期遷移を阻害して中期で停止させるが，1 μM以上の濃度ではチューブリンを凝集させて著しく微小管構造を破壊する．HeLa S2細胞およびSK-N-SH神経芽腫細胞の増殖阻害におけるIC_{50}値はともに数nMレベルである．ビンカアルカロイドのいくつかは抗腫瘍剤として臨床開発されており，Vinblastineはエクザールという商品名で，ホジキンリンパ腫，精巣がん，神経芽細胞腫などの治療に，Vincristineはオンコビンという商品名で，白血病，悪性リンパ腫，小児腫瘍などの治療に，それぞれ用いられている．

参考文献

1) Gigant B, et al：Nature, 435：519-522, 2005
2) Wilson L, et al：J Mol Biol, 159：125-149, 1982
3) Jordan MA, et al：Cancer Res, 51：2212-2222, 1991
4) Dhamodharan R, et al：Mol Biol Cell, 6：1215-1229, 1995
5) Jordan MA & Wilson L：Nat Rev Cancer, 4：253-265, 2004

Eribulin

別名：エリブリン

◆**分子量**：729.9

◆**IUPAC名**：2-(3-Amino-2-hydroxypropyl)hexacosahydro-3-methoxy-26-

methyl-20,27-bis(methylene)11,15-18,21-24,28 triepoxy-7,9-ethano-12,15-methano-9H,15H-furo(3,2-i)furo(2',3'-5,6) pyrano(4,3-b)(1,4) dioxacyclopentacosin-5-(4H)-one

◆使用法・購入

溶媒：DMSO（10 mM），−80℃保存

使用条件：微小管伸縮ダイナミクスの停止：1〜500 nM，ヒト乳がん細胞株MCF7の細胞分裂と増殖の阻害：IC$_{50}$＝1 nM，in vitroにおける上皮間葉転換（EMT）阻害：0.5〜3 nM，免疫不全マウスへの腫瘍細胞株異種移植モデル：〜1 mg/kg，腹腔内または静脈内投与，免疫不全マウスへの乳がん細胞異種移植におけるEMT阻害：〜1 mg/kg，静脈内投与

購入先：AbaChemScene社（CS-2802），MuseChem社（I002863）

◇ 作用機序

　Eribulinは，海綿由来の天然有機化合物であるHalichondrin Bの一部を模倣した合成化合物である．Halichondrin Bは，日本で発見されたハリコンドリア属クロイソ海綿（Halichondria okadai）から単離された，強力な抗腫瘍活性をもつ分子であるが，非常に複雑で巨大なため，構造を単純化して医薬品として最適化された[1]〜[3]．微小管のプラス端でチューブリンのビンカ部位に結合し，微小管先端へのチューブリン付加を阻害し微小管伸長を妨げる．微小管の短縮への影響は少ないが伸長は著しく阻害することで，微小管の伸縮ダイナミクスを低下させる[2]〜[4]．これは，短縮にも大きな影響を及ぼすビンカアルカロイド類やタキサン類とは異なる性質である．ただし，高濃度で添加すると未重合チューブリンを凝集させ，重合活性をもつチューブリンを枯渇することで，微小管を減少させる[3]．

◇ 生理機能

　微小管動態を抑制して形成を阻害し，G2/M期で細胞周期を停止させてアポトーシスを誘導することで抗がん作用を示す．そのメシル酸塩は，商品名ハラヴェンとして乳がんや悪性軟部腫瘍の治療に承認されている．トリプルネガティブ乳がん細胞のマウスへの異種移植モデルにおいて細胞の運動（上皮間葉転換：EMT）を抑制することが報告されている[5]．

参考文献

1）Hirata Y & Uemura D：Pure Appl Chem, 58：701-710, 1986

2）Bai RL, et al：J Biol Chem, 266：15882-15889, 1991

3）Jordan MA, et al：Mol Cancer Ther, 4：1086-1095, 2005

4）Smith JA, et al：Biochemistry, 49：1331-1337, 2010

5）Yoshida T, et al：Br J Cancer, 110：1497-1505, 2014

Dolastatin 10, Dolastatin 15

別名：ドラスタチン10，ドラスタチン15

Dolastatin 10

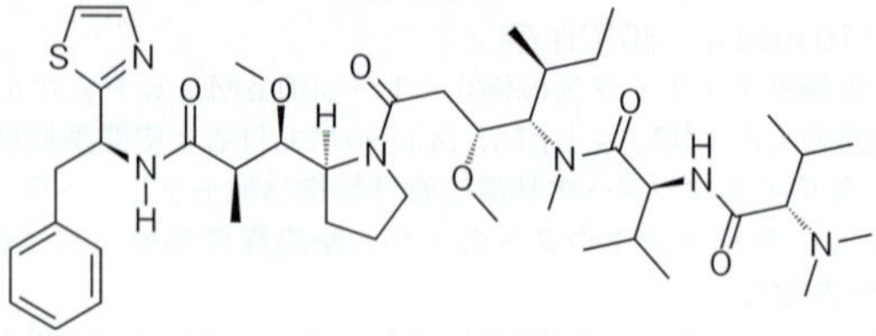

Dolastatin 15

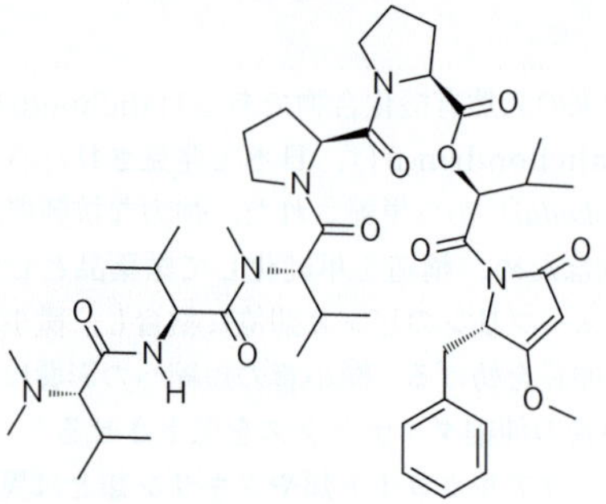

Dolastatin 10

◆分子量：785.1

◆IUPAC名：(2S)-2-[[(2S)-2-(dimethylamino)-3-methylbutanoyl]amino]-N-[(3R,4S,5S)-3-methoxy-1-[(2S)-2-[(1R,2R)-1-methoxy-2-methyl-3-oxo-3-[[(1S)-2-phenyl-1-(1,3-thiazol-2-yl)ethyl]amino]propyl]pyrrolidin-1-yl]-5-methyl-1-oxoheptan-4-yl]-N,3-dimethylbutanamide

◆使用法・購入
溶媒：DMSO（10 mg/mL），-80℃保管
使用条件：細胞増殖阻害：3～5 nM，細胞内微小管の完全な脱重合：30～50 nM
購入先：AbaChemScene社（CS-1825）

Dolastatin 15

◆分子量：837.1

◆IUPAC名：[(2S)-1-[(2S)-2-benzyl-3-methoxy-5-oxo-2H-pyrrol-1-yl]-3-methyl-1-oxobutan-2-yl] (2S)-1-[(2S)-1-[(2S)-2-[[(2S)-2-(dimethylamino)-3-methylbutanoyl]amino]-3-methylbutanoyl]-methylamino]-3-methylbutanoyl]pyrrolidine-2-carbonyl]pyrrolidine-2-carboxylate

◆使用法・購入
溶媒：DMSO，-80℃保管

使用条件：細胞増殖阻害；3〜5 nM，細胞内微小管の完全な脱重合；30〜50 nM
購入先：Enzo Life Sciences社（BML-T124-0001）

◇ 作用機序

　本薬剤は元来，アメフラシ科に属するタツナミガイ（*Dolabella auricularia*）から単離された抗腫瘍性の擬ペプチドである[1]〜[3]．Vinblastineと同様の機序によりチューブリン重合を阻害する，より強力な微小管阻害剤である．直接競合することなくVinblastineのβ-チューブリン結合を阻害する．Dolastatin 15は7つのサブユニットからなるデプシペプチドであるが，その誘導体Dolastatin 10は5つのサブユニットからなり，Dolastatin 15より約10倍，Vinblastineより約20倍強力である．

◇ 生理機能

　マウス白血病細胞株および造血前駆細胞の増殖を強力に阻害する（$IC_{50} = 0.4 \sim 0.5$ nM (10)，3〜5 nM (15)）[2][3]．さまざまな悪性細胞において微小管集合を阻害し，アポトーシスを誘導する[4]．

参考文献

1 ）Bai R, et al：J Biol Chem, 265：17141-17149, 1990
2 ）Bai R, et al：Biochem Pharmacol, 39：1941-1949 1990
3 ）Bai R, et al：Biochem Pharmacol, 43：2637-2645, 1992
4 ）Verdier-Pinard P, et al：Mol Pharmacol, 57：180-187, 2000
5 ）Bai R, et al：J Biol Chem, 279：30731-30740, 2004

Benomyl

別名：ベノミル

◆分子量：290.3

◆**IUPAC名**：methyl N-[1-(butylcarbamoyl)benzimidazol-2-yl]carbamate

◆**使用法・購入**
溶媒：DMSO（＜50 mg/mL），-80℃保存
使用条件：酵母では5〜10 μg/mL，哺乳類由来チューブリンの *in vitro* での重合阻害：70〜75 μM，HeLa細胞の増殖阻害：$IC_{50} = 5$ μM
購入先：メルク社（381586, 45339），富士フイルム和光純薬社（028-18411）

◇ 作用機序

デュポン社が開発したベンズイミダゾール系の浸透性殺菌剤である．微生物や無脊椎動物に毒性が高く，哺乳類のチューブリンには真菌由来チューブリンに対するよりも親和性が低い[1]．哺乳類細胞に添加すると，チューブリンの重合を阻害するが，脱重合は促進しないため，微小管の伸縮ダイナミクスが低下する．一般にベンズイミダゾール系化合物はβ-チューブリンのColchicine結合部位の近傍に結合してコルヒチンと競合するが，BenomylはColchicine結合部位ともビンカ結合部位とも異なる場所に結合すると考えられている．

◇ 生理機能

農作物のうどんこ病や黒星病，そうか病などの広範囲な真菌病に効果があり，生物体の全体にわたって浸透して効果を発揮するため，ベンレートの商品名で農業や園芸に広く使用されてきた．生物学実験においては主に酵母や真菌に用いられている．適切な濃度で酵母の微小管を脱重合させ，核分裂，核の移動，核の融合など微小管に依存したプロセスを阻害する．Benomyl高感受性の変異体をスクリーニングすることで，微小管安定性にかかわるチューブリン変異や微小管ダイナミクスを制御する遺伝子が同定されている[2]~[4]．

参考文献

1) Amos LA：Semin Cell Dev Biol, 22：916–926, 2011
2) Stearns T, et al：Genetics, 124：251–262, 1990
3) Jung, MK & Oakley BR：Cell Motil Cytoskeleton, 17：87–94, 1990
4) Driscoll M, et al：J. Cell Biol, 109：2993–3003, 1989
5) Gupta K, et al：Biochemistry, 43：6645–6655, 2004

Mebendazole, Albendazole

別名：メベンダゾール，アルベンダゾール

Mebendazole

◆ 分子量：295.3

◆ IUPAC名：methyl N-(6-benzoyl-1H-benzimidazol-2-yl)carbamate

◆ 使用法・購入
溶媒：DMSO（＜6 mg/mL），-80℃保存

使用条件：培養細胞の増殖抑制：0.2～1 μM，免疫不全マウスへの腫瘍細胞株異種移
植モデル：150 mg/kg，腹腔内投与
購入先：シグマ社（M2523），セレック社（S4610）

Albendazole

◆**分子量**：265.3

◆**IUPAC名**：methyl N-(6-propylsulfanyl-1H-benzimidazol-2-yl)carbamate

◆**使用法・購入**
溶媒：DMSO（＜17 mg/mL），-80℃保存
使用条件：培養細胞の増殖抑制：0.2～1 μM，免疫不全マウスへの腫瘍細胞株異種移
植モデル：150 mg/kg，腹腔内投与
購入先：シグマ社（A4673），セレック社（S1640）

◇ **作用機序**

いずれもベンズイミダゾール誘導体の効果の高い駆虫薬．β-チューブリンの
Colchicine結合部位に結合して微小管の重合を阻害することで，虫の腸内の細胞質微
小管を破壊し，細胞分裂を阻害するとともにグルコース等の栄養吸収を妨げて死に至
らしめる．

◇ **生理機能**

1961年にチアベンダゾールの家畜の駆虫薬としての有効性が報告され[1]，1970年
代にヒトにおいてその誘導体の単包条虫（*Echinococcus granulosus*）に対する有効性
が認められて以降，Mebendazoleがヒト包虫症の駆虫薬として用いられるようになっ
た[2][3]．回虫，鉤虫，鞭虫，線虫，蟯虫等のさまざまな寄生虫感染症を治療可能なス
ペクトラムが広い医薬品で，海産魚介類の生食を原因として多発する寄生虫症，腸ア
ニサキス症の治療にも用いられる．Mebendazoleは消化管から吸収され難いため，消
化管外の肝臓，肺臓，腎臓などに病巣を形成するエキノコックス症には，吸収されや
すいAlbendazole（商品名エスカゾール）が用いられるが，催奇性もある．微小管阻
害作用により，がん細胞や腫瘍の増殖阻害効果も有することから[4][5]，抗がん剤とし
ての臨床試験も行われている

参考文献

1）Brown HD, et al：J Am Chem Soc, 83：1764-1765, 1961
2）Mckellar QA & Scott EW：J Vet Pharmacol Ther, 13：223-247, 1990
3）Teggi A, et al：Antimicrob Agents Chemother, 37：1679-1684, 1993
4）Pourgholami MH, et al：Cancer Chemother Pharmacol. 55：425-432, 2005
5）Pourgholami MH, et al：Clin Cancer Res, 12：1928-1935, 2006

第33章　細胞骨格・細胞分裂関連薬剤②　微小管骨格系

2 細胞分裂キナーゼ関連薬剤

Tozasertib

別名：VX-680

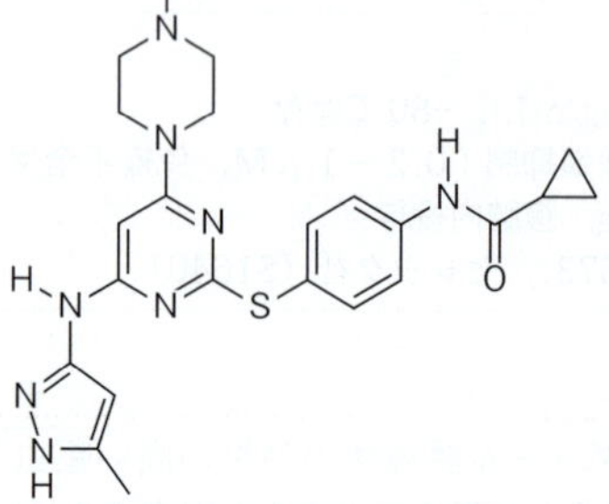

◆**分子量**：464.6

◆**IUPAC名**：N-[4-[4-(4-methylpiperazin-1-yl)-6-[(5-methyl-1H-pyrazol-3-yl) amino]pyrimidin-2-yl]sulfanylphenyl]cyclopropanecarboxamide

◆**使用法・購入**

溶媒：DMSO（＜46 mg/mL），-80℃保存

使用条件：細胞増殖阻害：IC_{50} ＝ 5～500 nM，免疫不全マウスへのヒトがん細胞株異種移植モデル：50～75 mg/kg，腹腔内投与，免疫不全ラットへのヒト乳がん細胞株異種移植モデル：2 mg/kg/h，静脈内投与

購入先：セレック社（S1048），Tocris社（フナコシ社，富士フイルム和光純薬社，ナカライテスク社）（5907）

◇作用機序

　セリン／スレオニンキナーゼであるオーロラファミリー（A，B，C）が類似したATP結合部位をもつことから，分子構造に基づいてデザインされた，ATP競合型汎オーロラキナーゼ阻害剤[1]．すべてのオーロラファミリーに作用するが，オーロラAに対して最も選択性が高く〔阻害定数K_i ＝ 0.6 nM（A），18 nM（B），4.6 nM（C）〕，他のキナーゼ群よりも約100倍選択性が高い．FLT3に対しては阻害定数K_i ＝ 30 nMで作用するが，その他の試験された60種のキナーゼに対しては顕著な作用は認められていない．

◇生理機能

　オーロラキナーゼは，紡錘体形成やチェックポイント機構などの一連の細胞分裂プロセスにおいて重要な役割を果たしているが，多くのがん細胞で過剰発現していることから，抗がん剤の標的として注目されてきた[2]～[5]．オーロラAは中心体成熟と紡錘体形成において，オーロラBとCは細胞質分裂において必要な因子である．VX-680

516　　Tozasertib

の投与は細胞分裂を停止させてアポトーシスを誘導する．白血病細胞株や大腸がん細胞株などの多くのがん細胞種の異種移植モデルにおいて，腫瘍増殖の阻害が報告されており，臨床試験が進められている．

参考文献

1) Harrington EA, et al：Nat Med, 10：262-267, 2004
2) Kimura M, et al：J Biol Chem, 272：13766-13771, 1997
3) Bischoff JR, et al：EMBO J, 17：3052-3065, 1998
4) Keen N & Taylor S：Nat Rev Cancer, 4：927-936, 2004
5) Vader G & Lens SM：Biochim Biophys Acta, 1786：60-72, 2008

Alisertib

別名：MLN8237

◆**分子量**：518.9

◆**IUPAC名**：4-[[9-chloro-7-(2-fluoro-6-methoxyphenyl)-5H-pyrimido[5,4-d][2]benzazepin-2-yl]amino]-2-methoxybenzoic acid

◆**使用法・購入**
溶媒：DMSO（＜27 mg/mL），-80℃
使用条件：培養細胞における自己リン酸化阻害：0.5 μM，細胞増殖阻害：IC_{50}＝40〜100nM，免疫不全マウスへのヒトがん細胞株異種移植モデル：〜30 mg/kg，経口投与
購入先：セレック社（S1133）

◇**作用機序**

ATP競合型選択的オーロラA阻害剤[1][2]．構造的に類似するオーロラBよりも200倍以上選択性が高く，他の205種のキナーゼパネルに対しては顕著な効果を及ぼさない．

◇**生理機能**

オーロラAは多くのがん種において過剰発現しており，中心体の異常増幅や細胞の増殖亢進との相関が報告されている[3]〜[5]．オーロラAは自己リン酸化により自身の酵素活性を促進する．本薬剤により自己リン酸化も阻害される．オーロラAの阻害は，中心体の成熟を抑制し，分裂期紡錘体の形成を阻害する．その結果，細胞周期の停止により細胞増殖が阻害され，また，染色体異常に起因するアポトーシスを誘導する．

第33章 細胞骨格・細胞分裂関連薬剤② 微小管骨格系

Alisertibは経口投与が可能な最初のオーロラ阻害剤で，単剤投与での臨床試験では他の抗がん剤を超える優位性は認められていないものの，副作用が比較的少ないことから，Paclitaxel / Taxolなどと組合わせた多剤併用療法の試験が多様ながん種で進められている．

参考文献

1）Görgün G, et al：Blood, 115：5202-521, 2010
2）Manfredi MG, et al：Clin Cancer Res, 17：7614-7624, 2011
3）Zhou H, et al：Nat Genet, 20：189-193, 1998
4）Li D, et al：Clin Cancer Res, 9：991-997, 2003
5）Marumoto T, et al：Nat Rev Cancer, 5：42-50, 2005

Barasertib

別名：AZD1152-HQPA

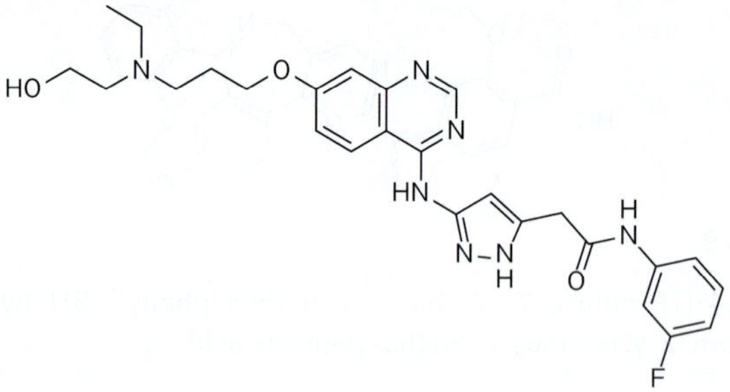

◆**分子量**：507.6

◆**IUPAC名**：2-[3-[[7-[3-[ethyl(2-hydroxyethyl)amino]propoxy]quinazolin-4-yl]amino]-1H-pyrazol-5-yl]-N-(3-fluorophenyl)acetamide

◆**使用法・購入**
　溶媒：DMSO（< 100 mg/mL），エタノール（< 3 mg/mL），-80℃保管
　使用条件：in vitro での酵素阻害：IC_{50} = 0.37 nM，ヒト前立腺がんLNCap細胞株の増殖阻害：IC_{50} = 25 nM，免疫不全マウスへのヒトがん細胞株異種移植モデル：10〜150 mg/kg，腹腔投与，静脈内投与など
　購入先：シグマ社（SML0268），セレック社（S1147）

◇作用機序

ATP競合型選択的オーロラB阻害剤[1]．BarasertibはプロドラッグAZD1152の活性代謝物．オーロラAに対するよりも3,000倍以上選択性が高い．FLT3, JAK2, Ablを含む他の50種のセリン／スレオニンキナーゼとチロシンキナーゼに対しても活性が低い．

◇ 生理機能

　オーロラBは，細胞分裂前期から中期にかけては染色体動原体に，細胞分裂後期においては中央体微小管に分布し，染色体パッセンジャーとよばれる複合体として機能する，染色体の整列や細胞質分裂に必要なキナーゼである[1][2]．さまざまながん種で過剰発現が認められている．オーロラBの阻害は紡錘体チェックポイントの阻害により染色体の整列や分配を攪乱し，細胞質分裂を阻害する．その結果，細胞周期の停止により細胞増殖が阻害され，また，染色体異常に起因するアポトーシスを誘導する[3][4]．Barasertibは経口投与可能な抗がん剤で，異種移植モデルにおいては多様な固形がん細胞株の増殖阻害がみられているが[4]，臨床試験は主に骨髄性白血病などにおいて進められている．

参考文献

1) Ditchfield C, et al：J Cell Biol, 161：267-280, 2003
2) Hauf S, et al：J Cell Biol, 161：281-294, 2003
3) Yang J, et al：Blood, 110：2034-2040, 2007
4) Wilkinson RW, et al：Clin Cancer Res, 13：368, 2007
5) Dominguez-Brauer C, et al：Mol Cell, 60：524-536, 2015

BI 2536

◆ **分子量**：521.7

◆ **IUPAC名**：4-[[(7R)-8-cyclopentyl-7-ethyl-5-methyl-6-oxo-7H-pteridin-2-yl]amino]-3-methoxy-N-(1-methylpiperidin-4-yl)benzamide

◆ **使用法・購入**

　溶媒：DMSO（< 21 mg/mL），エタノール（< 100 mg/mL），-80℃保管
　使用条件：*in vitro* での酵素阻害：IC$_{50}$ = 0.37 nM，培養細胞の紡錘体形成阻害：100 nM，免疫不全マウスへのヒトがん細胞株異種移植モデル：40〜50 mg/kg，静脈内投与
　購入先：セレック社（S1109），AbaChemScene社（CS-0071）

◇ 作用機序

　セリン／スレオニンキナーゼPolo-like kinase 1（Plk1）の触媒活性を指標としたスクリーニングから得られたジヒドロプテリジノン類をベースとして，Plk1阻害剤として最適化することで開発された誘導体[1][2]．Plk1のATP結合ポケットに結合す

る．Plkファミリーの Plk2，3 にも作用するが，Plk1 に対する選択性が高い（IC_{50} ＝ 0.83 nM（1），3.5 nM（2），9 nM（3））．63種のキナーゼパネルアッセイにおいて，Plkファミリー以外のキナーゼに対して 1,000 倍以上の選択性が報告されている．

◇生理機能

　Polo キナーゼは細胞分裂時，中心体や動原体，中央微小管に分布し，オーロラキナーゼとともに紡錘体の形成，染色体分配，細胞質分裂，チェックポイント機構等において重要な役割を果たす[3] [4]．ヒトでは 5 つのファミリータンパク質が存在するが Plk5 はキナーゼ活性をもたない．本阻害剤の添加により，紡錘体形成が阻害されて分裂前期で停止し，アポトーシスを誘導して結果的に細胞増殖を抑制する．同様の手法により Volasertib（BI 6727）などのジヒドロプテリジノン誘導体も開発され[5]，臨床試験が進められている．

参考文献

1）Lénárt P, et al：Curr Biol, 17：304-315, 2007
2）Steegmaier M, et al：Curr Biol, 17：316-322, 2007
3）Lens SM, et al：Nat Rev Cancer, 10：825-841, 2010
4）Strebhardt K：Nat Rev Drug Discov, 9：643-660, 2010
5）Rudolph D, et al：Clin Cancer Res, 15：3094-3102, 2009

GSK461364

◆**分子量**：543.6

◆**IUPAC名**：5-[6-[(4-methylpiperazin-1-yl)methyl]benzimidazol-1-yl]-3-[(1R)-1-[2-(trifluoromethyl)phenyl]ethoxy]thiophene-2-carboxamide

◆**使用法・購入**
　溶媒：DMSO（＜100 mg/mL），エタノール（＜100 mg/mL），−80℃保管
　使用条件：in vitro での活性阻害定数：K_i ＝ 2.2 nM，細胞増殖阻害：10〜100 nM，免疫不全マウスへのヒトがん細胞株異種移植モデル：25〜100 mg/kg，腹腔内投与
　購入先：シグマ社（SML1912），セレック社（S2193）

◇作用機序

Plk1のscintillation proximity assayによって同定されたチオフェン類をリード化合物として最適化されたATP競合型Plk1阻害剤[1]．Plk2/3に対するよりも1,000倍以上選択性が高い．262のキナーゼパネルアッセイにおいて，Plk1に対して5,000倍以上の選択性が確認されている．

◇生理機能

BI 2536と同様に細胞分裂阻害を通じて細胞増殖を阻害する[2]．また，RNAiや本薬剤を用いた実験から，p53が変異した細胞ではストレスにさらされたときにその生存がPlk1に依存していると考えられており，p53変異をもつがんにおいてPlk1阻害が有効である可能性が提唱されている[3]~[5]．

参考文献

1) Emmitte KA, et al：Bioorg Med Chem Lett, 19：1018-1021, 2009
2) Gilmartin AG, et al：Cancer Res, 69：6969-6977, 2009
3) Guan R, et al：Cancer Res, 65：2698-2704, 2005
4) Sur S, et al：Proc Natl Acad Sci U S A, 106：3964-3969, 2009
5) Smith L, et al：Sci Rep, 7：16115, 2017

NMS-P937

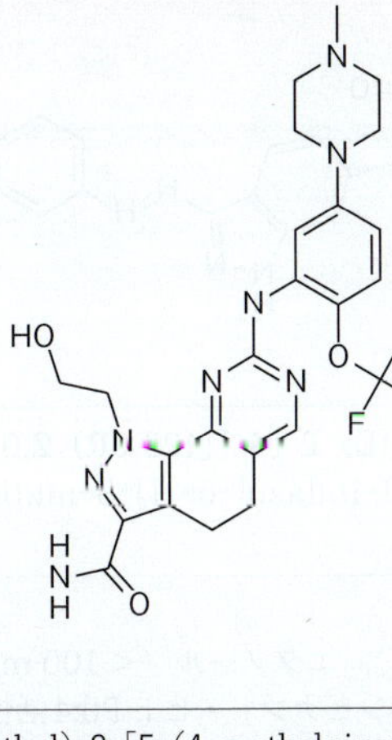

◆**分子量**：532.5

◆**IUPAC名**：1-(2-hydroxyethyl)-8-[5-(4-methylpiperazin-1-yl)-2-(trifluoromethoxy)anilino]-4,5-dihydropyrazolo[4,3-h]quinazoline-3-carboxamide

◆**使用法・購入**
　溶媒：DMSO（＜42 mg/mL），エタノール（＜10 mg/mL），-80℃保存
　使用条件：細胞増殖阻害：～10 μM．免疫不全マウスへのヒトがん細胞株異種移植モデル：90 mg/kg，経口投与または静脈内投与

購入先：セレック社（S7255），AbaChemScene社（CS-3146）

◇作用機序

　Plk1に対する阻害剤スクリーニングにおいて得られたピラゾロキナゾリン骨格を有する非選択的なキナーゼ阻害剤をもとに，構造活性相関の分析により最適化して得られたATP競合型Plk1阻害剤[1]．Plk2/3に対しては5,000倍の選択性を有するが（酵素活性阻害：$IC_{50} = 0.002\ \mu M$（1），$10\ \mu M$（2，3）），FLT3，MELK，CK2に対しても$IC_{50} = 0.51\ \mu M$，$0.744\ \mu M$，$0.826\ \mu M$で作用する．

◇生理機能

　他のPlk1阻害剤同様に細胞分裂阻害を通じて細胞増殖を阻害する[2]〜[4]．経口投与が可能であり，臨床試験が進められている．

参考文献

1 ）Beria I, et al：J Med Chem, 53：3532-3551, 2010
2 ）Beria I, et al：Bioorg Med Chem Lett, 20：6489-6494, 2010
3 ）Beria I, et al：Bioorg Med Chem Lett, 21：2969-2974, 2011
4 ）Valsasina B, et al：Mol Cancer Ther, 11：1006-1016, 2012

CFI-400945

◆**分子量**：534.7

◆**IUPAC名**：(2'S,3R)-2'-[3-[(E)-2-[4-[[(2S,6R)-2,6-dimethylmorpholin-4-yl]methyl]phenyl]ethenyl]-1H-indazol-6-yl]-5-methoxyspiro[1H-indole-3,1'-cyclopropane]-2-one

◆使用法・購入

溶媒：DMSO（< 100 mg/mL），エタノール（< 100 mg/mL），-80℃保存
使用条件：in vitroにおけるリコンビナント・ヒトPlk4活性阻害：$IC_{50} = 2.8\ nM$，Plk4過剰発現細胞におけるS305の自己リン酸化阻害：12.3 nM，免疫不全マウスへのヒトがん細胞株異種移植モデル：50〜100 mg/kg，経口投与
購入先：セレック社（S7552）

◇作用機序

　Plk4選択的なATP競合型阻害剤[1] [2]．スクリーニングにより得らえたリード化合

522　　CFI-400945

物の薬効を改善していくことで開発された．Plk1-3に対する顕著な阻害効果は認められておらず，構造的特徴の違いによると考えられている．試験した290種のヒトキナーゼパネルのうち，TrkA（6 nM），TrkB（9 nM），Tie-2（22 nM），Aurora B（98 nM）を含む11のキナーゼに対してIC$_{50}$ < 100 nM．

◇ 生理機能

Plk4はPlk5を除くPlkファミリーのなかで最も構造的特徴が異なるメンバーである．Plk1-3はそのC末端に高度に保存された2つのPolo-Boxモチーフから構成されるPolo-Boxドメインをもち，この領域が分子の細胞内局在やキナーゼ活性制御に関与しているが，Plk4は1つのPolo-Boxモチーフのみをもつため，異なる基質に対して作用できると考えられている．Plk1-3が主に細胞分裂において機能するのに対し，Plk4は1回の細胞周期あたり1回のみ起こる中心体複製を制御している[3)4)]．発生の初期や，乳がん細胞を含む増殖がさかんな細胞で発現が増加していることから，抗がん剤の標的として注目され，臨床試験も進められている[5)]．

◇ 注意点

Plk4に対するより選択的な阻害剤Centrinone（次項参照）は，がん細胞の細胞周期進行を阻害しないことから，本薬剤の抗腫瘍効果は他のキナーゼに対する作用である可能性が指摘されている．

参考文献

1) Mason JM, et al：Cancer Cell, 26：163-176, 2014
2) Sampson PB, et al：J Med Chem, 58：147-169, 2015
3) Habedanck R, et al：Nat Cell Biol, 7：1140-1146, 2005
4) Kleylein-Sohn J, et al：Dev Cell, 13：190-202, 2007
5) Dominguez-Brauer C, et al：Mol Cell, 60：524-536, 2015

Centrinone, Centrinone-B

Centrinone

Centrinone-B

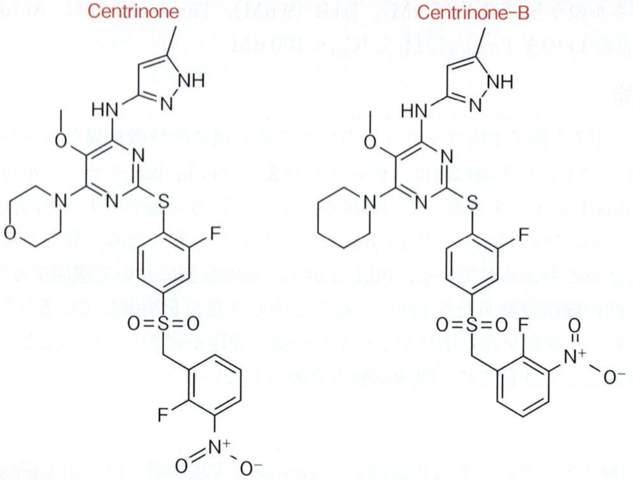

Centrinone

◆ **分子量**：633.6

◆ **IUPAC名**：2-[2-fluoro-4-[(2-fluoro-3-nitrophenyl)methylsulfonyl]phenyl]sulfanyl-5-methoxy-N-(5-methyl-1H-pyrazol-3-yl)-6-morpholin-4-ylpyrimidin-4-amine

◆ **使用法・購入**
溶媒：DMSO（< 63 mg/mL），−80℃保存
使用条件：*in vitro* におけるキナーゼ阻害定数：K_i = 0.16 nM. 細胞の中心体喪失：100 nM
購入先：Tocris社（フナコシ社，富士フイルム和光純薬社，ナカライテスク社）（5687）

Centrinone-B

◆ **分子量**：631.7

◆ **IUPAC名**：2-[2-fluoro-4-[(2-fluoro-3-nitrophenyl)methylsulfonyl]phenyl]sulfanyl-5-methoxy-N-(5-methyl-1H-pyrazol-3-yl)-6-piperidin-1-ylpyrimidin-4-amine

◆ **使用法・購入**
溶媒：DMSO（< 32 mg/mL），−80℃保存
使用条件：*in vitro* におけるキナーゼ阻害定数：K_i = 0.6 nM. 細胞の中心体喪失：500 nM
購入先：Tocris社（フナコシ社，富士フイルム和光純薬社，ナカライテスク社）（5690）

◇ 作用機序

Plk4に対する選択性がより高い阻害剤を開発するため，汎オーロラキナーゼ阻害剤VX-680をテンプレートとして構造変換し，オーロラA/Bよりも1,000倍以上Plk4への特異性を向上した化合物[1].

◇ 生理機能

本薬剤の添加により，中心体を構成する中心小体の形成が阻害される．中心体には，9対の短い三連微小管が環状に配置して形成された2個の中心小体がL字型に配置されている．本薬剤は，既存の中心小体を脱重合することなく，新しい中心小体の形成を阻害する[1]~[3].中心小体の喪失は，一次線毛や分化した上皮多線毛細胞の線毛形成を阻害し，また，微小管重合中心からの放射状の微小管配置を妨げる．中心体形成阻害は，非形質転換細胞ではp53依存的なG1期停止を誘導するが，がん細胞では中心体は喪失しても細胞周期は停止しない[1].この作用は前項のCFI-400945とは異なるが，CFI-400945はオーロラBなどの他のキナーゼを阻害する可能性が指摘されている[3].

参考文献

1) Wong YL, et al：Science, 348：1155-1160, 2015
2) Conduit PT, et al：Nat Rev Mol Cell Biol, 16：611-624, 2015
3) Gönczy P：Nat Rev Cancer, 15：639-652, 2015

AZ 3146

◆ **分子量**：452.6

◆ **IUPAC名**：9-cyclopentyl-2-[2-methoxy-4-(1-methylpiperidin-4-yl)oxyanilino]-7-methylpurin-8-one

◆ **使用法・購入**

溶媒：DMSO（< 11 mg/mL），エタノール（< 34 mg/mL），-80℃保管
使用条件：*in vitro* におけるキナーゼ阻害：～35 nM，HCT116大腸がん細胞株の細胞
増殖阻害：$IC_{50} = 1.2\ \mu M$
購入先：Tocris社（フナコシ社，富士フイルム和光純薬社，ナカライテスク社）（3994），シグマ社（SML1427）

第33章 微小管骨格・細胞骨格系 細胞分裂関連薬剤②

◇作用機序

セリン／スレオニンキナーゼである Kinase monopolar spindle 1（Mps1）のキナーゼ活性を阻害し，自己リン酸化も阻害する[1]．50種のキナーゼパネルアッセイにおいて，分裂期特異的なオーロラ B や BubR1 のリン酸化には影響を及ぼさないが，FAK，JNK1，JNK2 や Kit の 40％以上の阻害が認められている．

◇生理機能

Mps1 は紡錘体チェックポイントの作動に必要な動原体局在タンパク質で，チェックポイントに関与する動原体タンパク質 Mad1/2 や，キネシン様タンパク質 CENP-E（centromere protein E）の動原体局在を制御する[1~3]．AZ 3146 の添加は，紡錘体チェックポイントを阻害するため，細胞分裂にかかる時間を短縮し，Nocodazole 等による細胞分裂停止をも乗り越えて分裂期脱出する結果，染色体分配異常を起こす．Mps1 に対する阻害剤としては，MPI-0479605[4] や BAY1217389[5] などの，より強力で選択性が高い化合物が開発され，臨床試験も開始されている．

参考文献

1）Hewitt L, et al：J Cell Biol, 190：25–34, 2010
2）Abrieu A, et al：Cell, 106：83–93, 2001
3）Collin P, et al：Nat Cell Biol, 15：1378–1385, 2013
4）Tardif KD, et al：Mol Cancer Ther, 10：2267–2275, 2011
5）Wengner AM, et al：Mol Cancer Ther, 15：583–592, 2016

Mps1-IN-1, Mps1-IN-2

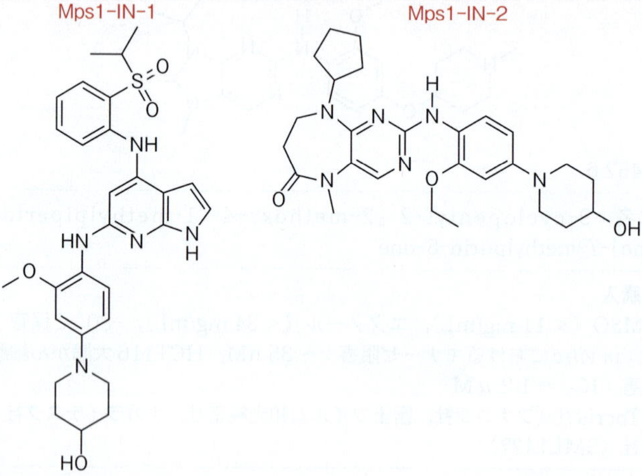

Mps1-IN-1

◆分子量：535.7

◆IUPAC名：1-[3-methoxy-4-[[4-(2-propan-2-ylsulfonylanilino)-1H-pyrrolo[2,3-b]pyridin-6-yl]amino]phenyl]piperidin-4-ol

◆使用法・購入
溶媒：DMSO（> 39 mg/mL），-80°C保管
使用条件：*in vitro* におけるキナーゼ阻害：$IC_{50} = 367$ nM，細胞増殖阻害：5～10 μM
購入先：AbovChem LLC社（HY-13298），AbaChemScene社（CS-3776）

Mps1-IN-2

◆分子量：480.6

◆IUPAC名：9-cyclopentyl-2-[2-ethoxy-4-(4-hydroxypiperidin-1-yl)anilino]-5-methyl-7,8-dihydropyrimido[4,5-b][1,4]diazepin-6-one

◆使用法・購入
溶媒：DMSO（14 mg/mL，超音波処理と加温），-80°C保管
使用条件：*in vitro* におけるキナーゼ阻害：$IC_{50} = 145$ nM，細胞増殖阻害：5～10 μM
購入先：AbovChem LLC社（HY-13994），AbaChemScene社（CS-2027）

◇ **作用機序**

ATP競合型のセリン／スレオニンキナーゼMps1（monopolar spindle 1）阻害剤．Mps1阻害剤のスクリーニングにおいて得られたピロロピリジン骨格（1）とピリミドジアゼピノン骨格（2）をベースとして，それぞれ最適化された誘導体[1]．いずれもMps1のATP結合ポケットに結合する．352種のキナーゼパネルアッセイにおいて，Mps1-IN-1はAlkとLtkに，Mps1-IN-2はGakとPlk1に対する作用が認められているが，その他のキナーゼに対しては1,000倍以上の選択性がある．

◇ **生理機能**

阻害剤添加においてもRNAiにおいても同様に，Mps1の阻害は，Mad1/2の動原体への集積やオーロラBの活性を妨げ，過早な分裂期脱出を生じさせるため，染色体異常や中心体数異常を起こす[1]~[3]．異常の蓄積による細胞死を誘導することで，がん細胞の生存能力を低下させる．Mps1-IN-1と構造的に類似したReversineは，当初，オーロラキナーゼ阻害剤として同定されたが[4]，Mps1に対してより高い特異性をもつことが明らかにされている〔$IC_{50} = 876$ nM（Aurora A），98.5 nM（Aurora B），2.8 nM（Msp1）〕[5]．

参考文献

1) Kwiatkowski N, et al：Nat Chem Biol, 6：359-368, 2010

2) Abrieu A, et al：Cell, 106：83-93, 2001

3) Maciejowski J, et al：J Cell Biol, 190：89-100, 2010

4) D'Alise AM, et al：Mol Cancer Ther, 7：1140-1149, 2008

5) Santaguida S：J Cell Biol, 190：73-87, 2010

INH1

◆ 分子量：308.4

◆ IUPAC名：N-[4-(2,4-dimethylphenyl)-1,3-thiazol-2-yl]benzamide

◆ 使用法・購入
　溶媒：DMSO（＜ 60 mg/mL），エタノール（＜ 60 mg/mL），-80℃保管
　使用条件：ヒト乳腺がん細胞株の増殖阻害：$IC_{50} = 10 \sim 21 \, \mu$M，免疫不全マウスへの
　ヒト乳がん細胞株異種移植モデル：～ 100 mg/kg，腹腔内投与
　購入先：メルク社（373270），セレック社（S7493）

◇ 作用機序

　紡錘体チェックポイントにおいて機能するタンパク質 Hec1（highly expressed in cancer 1）阻害剤である[1]．紡錘体チェックポイントの作動に重要な Hec1/Nek2 複合体を阻害することを目的とし，Hec1 は酵素ではないことから，Hec1 と Nek2 の相互作用を指標とした逆酵母ツーハイブリッドスクリーニングにより同定された．

◇ 生理機能

　Hec1 は，微小管が結合する動原体の外側の領域に分布する Ndc80 複合体の必須因子で，染色体分配に関与する[2][3]．Nek2 とともに多くのがん細胞で過剰発現がみられ，予後不良との相関が報告されている[1]．INH1 が Hec1 の Nek2 結合部位の近傍に結合することで相互作用を阻害し，Hec1 の動原体局在を阻害すると同時に Nek2 の分解を促進する[4]．その結果，さまざまな紡錘体と染色体の異常を引き起こし，結果的に細胞死を誘導する．INH41 や INH154 などの，より強力で有効性が高い誘導体（細胞増殖阻害：$IC_{50} = 1 \, \mu$M，異種移植片の増殖阻害：20 ～ 50 mg/kg）[2] も開発されているが，まだ市販されていない．

参考文献
1 ）Wu G, et al：Cancer Res, 68：8393-8399, 2008
2 ）Chen Y, et al：J Biol Chem, 277：49408-49416, 2002
3 ）Tang NH & Toda T：Bioessays, 37：248-256, 2015
4 ）Hu CM, et al：Oncogene, 34：1220-1230, 201

3 モータータンパク質／ダイナミン関連薬剤

Monastrol

別名：モナストロール

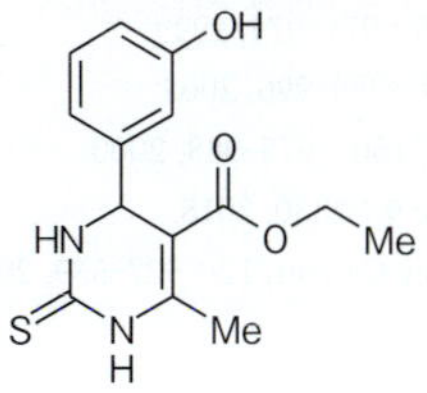

◆ **分子量**：292.4

◆ **IUPAC名**：Ethyl 4-(3-hydroxyphenyl)-6-methyl-2-sulfanylidene-3,4-dihydro-1H-pyrimidine-5-carboxylate

◆ **使用法・購入**
溶媒：DMSO（< 29 mg/mL），エタノール（< 5 mg/mL），-80℃保存
使用条件：*in virto* におけるモーター活性阻害：約200 μM，IC_{50} = 13 μM，細胞分裂阻害：> 100 μM，細胞増殖阻害：IC_{50} = 25 μM
購入先：メルク社（475879），シグマ社（M8515）

◇ **作用機序**

Monastrol は，有糸分裂に必要なキネシン様モータータンパク質 Eg5〔別名 KIF11，kinesin-5 または KSP（kinesin spindle protein）〕の ATPase 活性を阻害する[1]．本薬剤は，多くの ATPase 阻害剤とは異なり Eg5 の ATP 結合とは競合せず，構造変化させることにより加水分解された ADP の解離を抑制するので，モーター領域の ATP 分解サイクルをアロステリックに阻害する[2]．その結果，モーター領域の微小管からの乖離を促進し，モーター活性を阻害する．微小管には直接には影響しない．細胞浸透性で可逆的である．

◇ **生理機能**

Eg5 は紡錘体極に局在し，微小管マイナス端を2つの極に誘引して双極の紡錘体構造を形成するために機能している．サル腎臓上皮細胞株 BS-C-1 に > 100 μM 濃度で添加すると，紡錘体が双極にならず単極化（モノアスター化）する[1][3]．*in vitro* における微小管の滑り運動は IC_{50} = 14 μM で阻害する．卵巣がん由来細胞株 1A9 における増殖阻害において IC_{50} = 62 μM．間期細胞のオルガネラ輸送には影響しない[1]．

◇注意点

　当初，Eg5は増殖細胞の分裂期に特異的に発現するため，多くの微小管阻害剤が引き起こす末梢神経障害を回避できることが期待されたが，実際には有糸分裂後の神経細胞にもEg5が発現しており，培養神経細胞へのMonastrolの添加が突起伸展に影響を及ぼすことが報告されている[4]．ただし，培養神経細胞への細胞障害はPaclitaxel / Taxolほど著しくはないとされており，これまでのところEg5阻害剤の臨床試験において神経毒性は報告されていない[5]．

参考文献

1）Mayer TU, et al：Science, 286：971-974, 1999
2）Maliga Z, et al：Chem Biol, 9：989-996, 2002
3）Kapoor TM, et al：J Cell Biol, 150：975-988, 2000
4）Freixo F, et al：Nat Commun, 9：2330, 2018
5）Rath O & Kozielski F：Nat Rev Cancer, 12：527-539, 2012

Ispinesib

別名：SB-715992

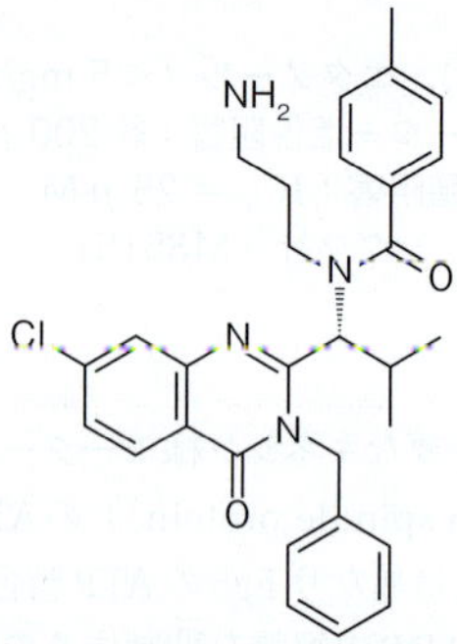

◆**分子量**：517.1

◆**IUPAC名**：N-(3-aminopropyl)-N-[(1R)-1-(3-benzyl-7-chloro-4-oxoquinazolin-2-yl)-2-methylpropyl]-4-methylbenzamide

◆**使用法・購入**
　溶媒：DMSO（＜103 mg/mL），エタノール（＜103 mg/mL），-80℃保存
　使用条件：乳がん細胞株の増殖阻害：0.085 nM～33 μM，免疫不全マウスへのヒト乳がん細胞株異種移植モデル：～10 mg/kg，腹腔内注射
　購入先：セレック社（S1452），AbaChemScene社（CS-0891）

◇作用機序

　Quinazolinoneから合成されたアロステリックEg5阻害剤[1]．Eg5を特異的に強力に阻害し，CENP-E，RabK6，MCAK，MKLP1，KHC，Kif1Aは阻害しない．

◇ 生理機能

　Monastrolと同様の機序で有糸分裂を阻害する[2]．MonastrolやIspinesibの高いEg5特異性は，Eg5に特有な構造に結合するためであると考えられている．Eg5のATP結合ポケットや微小管結合部位に結合する阻害剤も見出されているが，それらはEg5への高い特異性は示さない[3]．より強い活性を有するIspinesibアナログSB-743921なども開発され，臨床試験が進められている．

参考文献

1）Lad L, et al：Biochemistry, 47：3576-3585, 2008
2）Purcell JW, et al：Clin Cancer Res, 16：566-576, 2010
3）Rath O & Kozielski F：Nat Rev Cancer, 12：527-539, 2012

GSK923295

◆**分子量**：592.1

◆**IUPAC名**：3-chloro-N-[(2S)-1-[[2-(dimethylamino)acetyl]amino]-3-[4-[8-[(1S)-1-hydroxyethyl]imidazo[1,2-a]pyridin-2-yl]phenyl]propan-2-yl]-4-propan-2-yloxybenzamide

◆**使用法・購入**
　溶媒：DMSO（< 100 mg/mL），エタノール（< 100 mg/mL），-80 ℃保管
　使用条件：in vitroにおけるCENP-E ATP加水分解抑制濃度：IC$_{50}$ = 3.2 nM，237種のがん細胞株パネルを用いた増殖抑制：IC$_{50}$ = 253 nM，中央値は20〜30 nM，免疫不全マウスへのがん細胞株異種移植モデル：125〜250 mg/kg，腔内投与
　購入先：セレック社（S7090），AbaChemScene社（CS-0056）

◇ 作用機序

　分裂期動原体に局在するキネシン様モータータンパク質centromere-associated protein-E（CENP-E）のATPase活性を阻害する，アロステリック阻害剤[1][2]．ATPaseドメインにEg5阻害剤と似た様式で結合するが，ADPの解離を阻害してモーター領域と微小管の結合を弱化させるEg5阻害剤とは異なり，CENP-Eの微小管への結合を安定化する[2]．

◇生理機能

　CENP-Eは染色体の赤道面への集合に必要な運動を担うモータータンパク質で，動原体に局在して紡錘体微小管の先端を動原体につなぎ止め，また，微小管の長さを調節することによって染色体を配置する[3][4]．培養細胞やマウスへの異種移植実験において，分裂期染色体の整列を阻害して細胞周期を停止させることが報告されている[1][2]．ユーイング肉腫やラブドイド腫瘍，横紋筋肉腫細胞の異種移植試験等の固形がんモデルで抗腫瘍効果が認められており，臨床試験が進められている．

参考文献

1）Qian X, et al：ACS Med Chem Lett, 1：30-34, 2010
2）Wood KW, et al：Proc Natl Acad Sci U S A, 107：5839-5844, 2010
3）Yen TJ, et al：Nature, 359：536-539, 1992
4）Yao X, et al：J Cell Biol, 139：435-447, 1997
5）Rath O & Kozielski F：Nat Rev Cancer, 12：527-539, 2012

Ciliobrevin A / HPI-4, Ciliobrevin D

別名：シリオブレビンA，シリオブレビンD

Ciliobrevin A　　　　　　　Ciliobrevin D

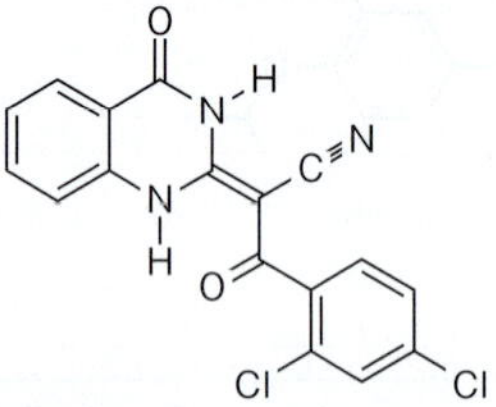

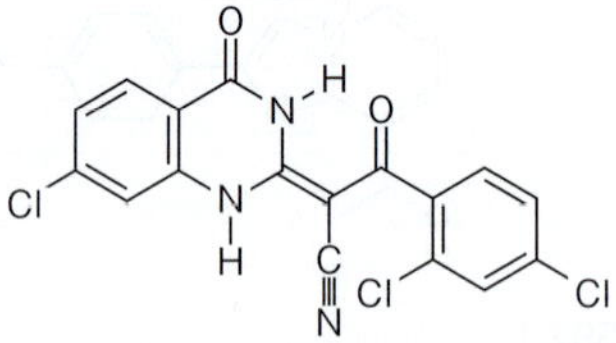

Ciliobrevin A

◆分子量：358.2

◆IUPAC名：(2E)-3-(2,4-dichlorophenyl)-3-oxo-2-(4-oxo-1H-quinazolin-2-ylidene)propanenitrile

◆使用法・購入
　溶媒：DMSO（＜35 mg/mL），エタノール（＜1 mg/mL），-80℃保管
　使用条件：細胞増殖阻害：5〜10 μM
　購入先：シグマ社（H4541），Tocris社（フナコシ社，富士フイルム和光純薬社，ナカライテスク社）（4529）

Ciliobrevin D

◆分子量：392.6

◆IUPAC名：(2Z)-2-(7-chloro-4-oxo-1H-quinazolin-2-ylidene)-3-(2,4-

dichlorophenyl)-3-oxopropanenitrile

◆**使用法・購入**
溶媒：DMSO（＜2.5 mg/mL），-80℃保管
使用条件：細胞分裂阻害：10〜40 μM
購入先：メルク社（250401）

◇作用機序

　Ciliobrevin A（HPI-4）は，発生や発がんに重要な役割を果たすHedgehog（Hh）シグナル伝達経路の阻害剤探索を目的とした，Hhターゲット遺伝子の発現の抑制を指標としたスクリーニングによって同定された，4つのHh経路阻害剤（HPIs）の一つのキナゾリノン系化合物[1]．その後の研究で，Ciliobrevin AはAAA＋ファミリーATPaseであるダイニンモータータンパク質を阻害することによってHh伝達経路を阻害していることが明らかになり，現時点では唯一のダイニン特異的阻害剤として有用性が期待されている[2]．Ciliobrevin Aの誘導体として，より，効力が高いCiliobrevin Dが開発された[2]．

◇生理機能

　一次線毛内の輸送を阻害しその形態も異常にすることでHhシグナルを阻害し，細胞の増殖を抑制する[3][4]．細胞質においても，ダイニンに依存したオルガネラの輸送や，分裂期紡錘体の形成や染色体分配を阻害する[2]．

参考文献
1）Hyman JM, et al：Proc Natl Acad Sci U S A, 106：14132-14137, 2009
2）Firestone AJ, et al：Nature, 484：125-129, 2012
3）Xiang W, et al：Oncol Rep, 32：1622-1630, 2014
4）Jung IH, et al：PLoS One, 6：e27941, 2011
5）Roberts AJ, et al：Nat Rev Mol Cell Biol, 14：713-726, 2013

第33章　微小管骨格・細胞骨格系　細胞分裂関連薬剤②

Dynasore

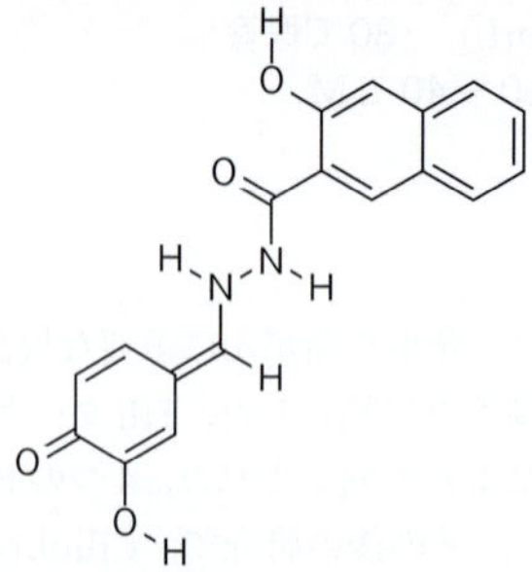

◆**分子量**：322.3

◆**IUPAC名**：3-hydroxy-N'-[(E)-(3-hydroxy-4-oxocyclohexa-2,5-dien-1-ylidene) methyl]naphthalene-2-carbohydrazide

◆**使用法・購入**
溶媒：DMSO（< 32 mg/mL），エタノール（< 1.6 mg/mL），-80 ℃保管
使用条件：*in vitro* における GTPase 活性阻害：～15 μM，HeLa や COS7 細胞におけるトランスフェリン輸送阻害：～15 μM，培養海馬ニューロンのエンドサイトーシス阻害：80 μM，IC_{50} =～30 μM
購入先：Tocris 社（フナコシ社，富士フイルム和光純薬社，ナカライテスク社）（2897），メルク社（324410）

◇ 作用機序

　非競合型のダイナミン GTPase 阻害剤[1]．ダイナミン1，ダイナミン2，ならびにミトコンドリアのダイナミン Drp1 に作用するが，他の GTPase タンパク質への作用は認められていない．ダイナミンの GTP 加水分解活性を指標とし，ダイナミン活性化因子 Grb2 を添加したスクリーニング系を用いて同定された．

◇ 生理機能

　ダイナミンは，ゴルジ体からの輸送や細胞表面でのリガンド取り込み等におけるクラスリン被覆小胞形成に必須なタンパク質で，GTP 加水分解しながら小胞を膜からくびり切ることで小胞を遊離させる[1]．Dynasore 添加により，被覆小胞の形成とくびり切りの他，細胞膜の伸展や細胞運動も抑制することが観察されている[2]～[4]．より活性が強い Dyngo-4a も合成されている[4]．

◇ 注意点

　ダイナミン1，2，3をトリプルノックアウトした細胞においても Dynasore や Dyngo-4a によって液相エンドサイトーシスや細胞膜ラッフリングの阻害が生じることから，非特異的な作用の存在が指摘されおり[5]，留意して使用すべきである．

参考文献

1 ）Hinshaw JE：Annu Rev Cell Dev Biol, 16：483-519, 2000
2 ）Macia E, et al：Dev Cell, 10：839-850, 2006
3 ）Newton AJ, et al：Proc Natl Acad Sci U S A, 103：17955-17960, 2006
4 ）McCluskey A, et al：Traffic, 14：1272-1289, 2013
5 ）Park RJ, et al：J Cell Sci, 126：5305-5312, 2013

第34章
テロメラーゼ関連薬剤

新家一男，清宮啓之

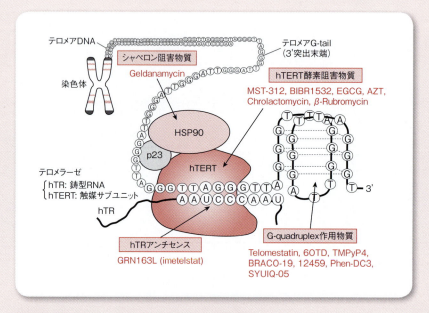

概略図　テロメア・テロメラーゼとその阻害剤

　テロメアは真核生物の染色体末端を構成するDNA－タンパク質複合体であり，脊椎動物のテロメアDNAはTTAGGGのくり返し配列からなる．テロメアは，染色体末端の融合や分解を防ぐことでゲノムの安定化に寄与する．ヒト体細胞では，細胞分裂のたびにテロメアが短縮し，これが限界に達すると細胞老化や細胞死が誘導される．すなわち，テロメア長は正常体細胞の分裂可能回数を規定する．一方，80〜90％のがん細胞はテロメア伸長酵素テロメラーゼを発現することで無限の増殖能を獲得している．テロメラーゼは，テロメアDNAの3'突出末端を伸長することでテロメアを維持するため，選択的な抗腫瘍剤開発のターゲットとして注目されてきた（概略図）．

　テロメラーゼは，TRとよばれる鋳型RNAとTERTとよばれる逆転写酵素活性を有するタンパク質サブユニットからなる．テロメラーゼ活性にはこの2つの構成因子が必須であるが，その機能発現にはシャペロン因子HSP90など多くの調節因子が関与する．一方，テロメアにはTRF1，TRF2，POT1といったテロメア結合タンパク質か

らなるシェルタリン複合体が存在し，テロメアの安定性に寄与している．

　テロメラーゼ阻害剤は，テロメラーゼそのもの，もしくはテロメアの核酸構造に作用する物質の2種類に大別される．GRN163Lはテロメラーゼ鋳型RNAのhTRに対するアンチセンスとして作用する一方，AZT-TPはテロメラーゼ酵素活性部位に作用し，EGCG，MST-312およびBIBR1532は非競合阻害形式によりテロメラーゼを阻害する．一方，Telomestatin，6OTD，TMPyP4，BRACO-19などはテロメア中に形成されるグアニン四重鎖（G-quadruplex）とよばれる三次元核酸構造を安定化することによりテロメラーゼを阻害する．Geldanamycinのようにテロメラーゼ調節因子に作用する物質も存在する．

参考文献

1）Kim NW, et al：Science, 266：2011-2015, 1994
2）Lavelle F, et al：Crit Rev Oncol Hematol, 34：111-126, 2000
3）Neidle S & Parkinson G：Nat Rev Drug Discov, 1：383-393, 2002
4）Kelland LR：Eur J Cancer, 41：971-979, 2005
5）Arndt GM & MacKenzie KL：Nat Rev Cancer, 16：508-524, 2016

第34章　テロメラーゼ関連薬剤

MST-312

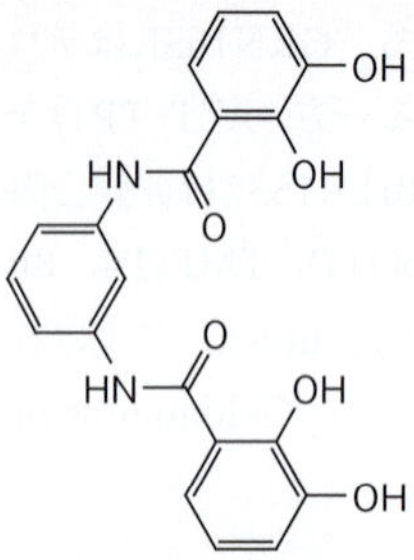

◆**分子量**：380.4

◆**IUPAC名**：N,N′-bis(2,3-Dihydroxybenzoyl)-1,3-phenylenediamine

◆**使用法・購入**
溶媒：DMSO（> 20 mg/mL）
使用条件：保存溶液を調製後，分注して遮光-20℃保存
購入先：シグマ社（M3949-5MG，M3949-25MG）

◇作用機序

　EGCGアナログ化合物として合成展開された化合物．詳細な作用機作は不明であるが，G-quadruplex安定化活性はもたず，ヒトおよびマウスのテロメラーゼ酵素活性を阻害する．

◇生理機能

　試験管内TRAPアッセイ（基質オリゴ核酸に付加されたテロメア反復配列をPCRで高感度に検出するテロメラーゼ酵素アッセイ）において，$IC_{50} = 0.67\ \mu M$でテロメラーゼ活性を阻害する．*Taq*ポリメラーゼに対する阻害活性は弱い（$IC_{50} > 3\ \mu M$）．白血病U937細胞や線維肉腫HTC75細胞に1～2 μMの濃度で90日間処理すると，細胞増殖とともにテロメアが短縮し，細胞老化やアポトーシスを起こした細胞が多く観察されるようになる．テロメラーゼの機能促進因子であるタンキラーゼのPARP活性を抑える3-aminobenzamideと併用すると，さらに強力なテロメア短縮を誘導する．

◇注意点

　5 μM以上の高濃度で使用した場合，オフターゲット効果としてテロメラーゼ非依存的なDNA損傷活性が現れるため，実験結果の解釈には注意を要する．

参考文献

1）Seimiya H, et al：Mol Cancer Ther, 1：657-665, 2002
2）Seimiya H, et al：Cancer Cell, 7：25-37, 2005
3）Stadler G, et al：Eur J Cancer, 44：866-875, 2008
4）Morais KS, et al：Anticancer Drugs, 28：750-756, 2017

BIBR1532

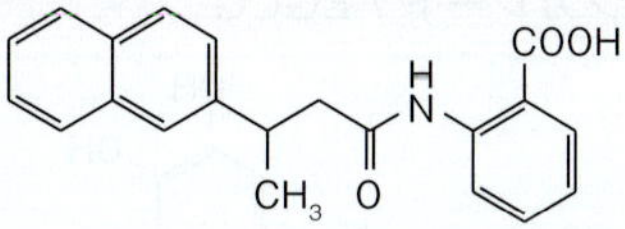

◆ **分子量**：331.4

◆ **IUPAC名**：2-(3-(naphthalen-2-yl)butanamido)benzoic acid

◆ **使用法・購入**
　溶媒：DMSO（10 mM）
　使用条件：10 mMにてストック溶液を調製し，逐次希釈して使用
　購入先：ケイマン社（16608，フナコシ社から発注可）

◇ 作用機序

　hTERTに対する混合型の非競合阻害剤．デオキシリボ核酸やDNAプライマーとは異なるサイトに作用するユニークな活性発現機序を有する．

◇ 生理機能

　試験管内TRAPアッセイにおいて，ヒトテロメラーゼ（hTERT）活性をIC$_{50}$＝93 nMで阻害する．マウステロメラーゼ（mTERT）および*Taq*ポリメラーゼに対しては，50 μMの濃度では阻害活性を示さない．NCI-H460，HT1080，MDA-MB231およびDU145などのヒトがん細胞に対し，10 μMで数カ月間処理するとテロメア短縮を伴う細胞老化を誘導する．本薬剤によってあらかじめテロメアを短縮させたHT1080細胞を移植したマウス担がんモデルにおいて，造腫瘍性を顕著に抑制する．

参考文献

1）Nakashima M, et al：J Biol Chem, 288：33171-33180, 2013
2）El-Daly H, et al：Blood, 105：1742-1749, 2005
3）Barma DK, et al：Bioorg Med Chem Lett, 13：1333-1336, 2003
4）Pascolo E, et al：J Biol Chem, 277：15566-15572, 2002
5）Damm K, et al：EMBO J, 20：6958-6968, 2001

第34章　テロメラーゼ関連薬剤

(−)-Epigallocatechin gallate

別名：エピガロカテキンガレート / EGCG

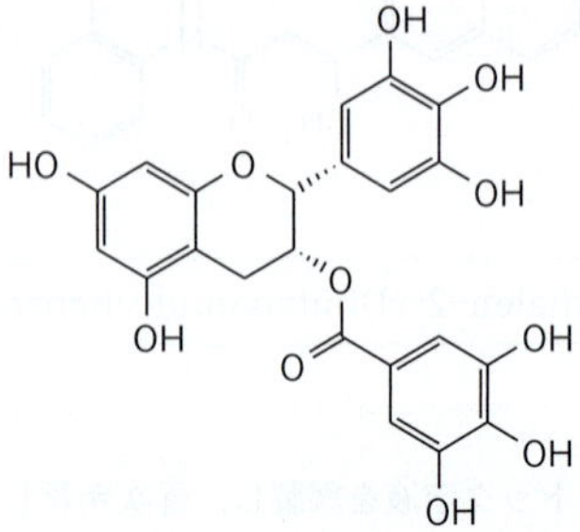

◆分子量：458.4

◆IUPAC名：(2R,3R)-2-(3,4,5-trihydroxyphenyl)-3,4,dihydro-1[H]-benzopyran-3,5,7-triol-3-(3,4,5-trihydroxybenzoate)

◆使用法・購入
溶媒：DMSO，水（5 mg/mL）
使用条件：強力な抗酸化活性を有するため，保存溶液を調製後，分注して遮光保存
購入先：ナカライテスク社（57111-74）

◇作用機序

　逆転写酵素活性サブユニットであるhTERTを直接阻害すると考えられているが，hTERTの転写を抑制するとの報告もある．また，各種キナーゼ阻害活性もあり，細胞系では間接的にテロメラーゼ活性を抑制していることも考えられる．

◇生理機能

　試験管内TRAPアッセイにおいて，$IC_{50} \sim 1 \mu$Mでテロメラーゼ活性を阻害する．U937細胞において，5μMで長期処理するとテロメアの短縮が誘導される．他のテロメラーゼ陽性細胞においても，$5 \sim 10 \mu$Mの濃度で数カ月間処理するとテロメアの短縮が観察される．大腸がんHCT-116細胞に由来する，長いテロメアを有するがん細胞クローンを用いたマウス担がんモデルにおいて，1.2 mg/kg/日処理で約40日後に顕著な抗腫瘍活性が観察される．

◇注意点

　テロメラーゼ以外にも多様な生物活性を示すことから，使用および得られた実験結果の解釈には注意を要する．

参考文献

1）Naasani I, et al：Biochem Biophys Res Commun, 249：391-396, 1998
2）Naasani I, et al：Cancer Res, 63：824-830, 2003
3）Lin SC, et al：Cancer Lett, 236：80-88, 2006
4）Chen H, et al：Exp Cell Res, 319：697-706, 2013

AZT-TP, AZddG

別名：3′-Azido-3′-deoxythymidine triphosphate / アジドチミジン3リン酸

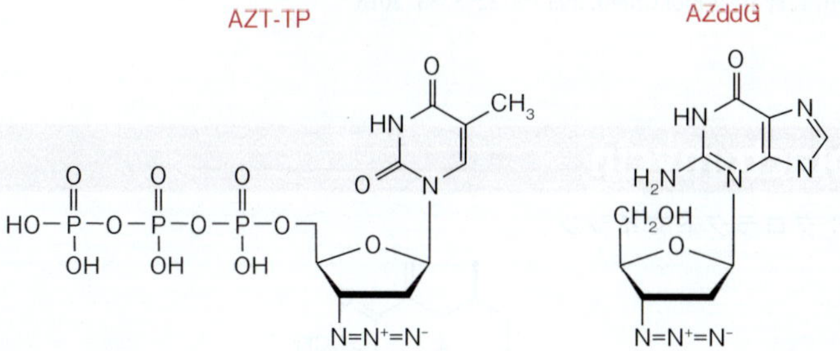

AZT-TP AZddG

◆**分子量**：507.2

◆**IUPAC名**：((2S,3S,5R)-3-azido-5-(5-methyl-2,4-dioxo-3,4-dihydropyrimidin-1(2H)-yl)tetrahydrofuran-2-yl) methyl triphosphate

◆**使用法・購入**
溶媒：DMSO（100 mM），水（50 mM）
使用条件：遮光保存．凍結融解をくり返さない
購入先：AZT：東京化成社（A2052），AZT-TP：アブカム社（ab146754，10 mMの水溶液）

◇ 作用機序

逆転写酵素阻害剤AZTの3リン酸化誘導体であり，テロメラーゼの基質として酵素の活性部位に結合することによって作用する．テロメアへ取り込まれ，活性型テロメラーゼを非活性型に変換する．

◇ 生理機能

白血病細胞を用いた *in vitro* の系でテロメラーゼ活性を $IC_{50} = 30\ \mu M$ で阻害する．$800\ \mu M$ の濃度のAZTでHeLa細胞を15世代処理することにより，非可逆的なテロメア短縮を誘導する．AZT-TPはHIV逆転写酵素を競合的に阻害してdTTPの代わりにHIVのDNA中に取り込まれてDNA鎖の伸長を停止する．同じコンセプトで合成展開された3′-アジド-2′,3′-ジデオキシグアノシン（AZddG）は，AZT-TPよりも強いテロメラーゼ阻害活性を示し，HL-60に対しテロメアの短縮を強く誘導することが報告されている．

◇ 注意点

AZTはプロドラッグである一方，活性型のAZT-TPは細胞膜を透過しにくい．このため，試験管レベルの実験ではAZT-TPを，細胞レベルの実験ではAZTを用いる必要がある．

参考文献
1）Gomez DE, et al：Biochem Biophys Res Commun, 246：107-110, 1998

第34章　テロメラーゼ関連薬剤

2) Pai RB, et al：Cancer Res, 58：1909-1913, 1998

3) Li H, et al：Int J Biomed Sci, 2：34-40, 2006

4) Gomez DE, et al：Front Oncol, 2：113, 2012

5) Hu Y, et al：J Biol Chem, 293：8722-8733, 2018

Chrolactomycin

別名：クロラクトマイシン

◆**分子量**：432.5

◆**IUPAC名**：(1S,3aS,5S,7aR,11R,13R,14R,15aS)-1-methoxy-5,11,13-trimethyl-16-methylene-2,17-dioxo-1,4,5,7a,8,9,10,11,12,13,14,15a-dodecahydro-2H-1,14-ethanobenzo[c]furo[3,2-b][1]oxacycloundecine-6-carboxylic acid

◆**使用法・購入**
溶媒：メタノール，DMSO
使用条件：特に安定性に関しては情報無し
購入先：購入不可．協和醱酵工業特許 JPH11180984A

◇ 作用機序

hTERT阻害剤．*EST1*（*ever shorter telomere 1*）を標的とした，テロメア長の異なる2種類の出芽酵母（*S. cerevisiae*）を用い，テロメアの短い酵母に選択的な増殖阻害効果を示す物質のスクリーニングにより見出された．試験管内TRAPアッセイにおいて，$IC_{50}=0.5 \mu M$でテロメラーゼ阻害活性を示す．

◇ 生理機能

もとは細胞毒性物質として単離された．ACHN細胞（$IC_{50}=1.2 \mu M$），A431細胞（$1.2 \mu M$），MCF-7細胞（$0.69 \mu M$），T24細胞（$0.45 \mu M$）で細胞毒性活性が認められる．ACHN細胞に対する長期暴露試験において，1および2 μMの濃度で7〜39日間の暴露することにより，細胞分裂ごとに17〜40 bpのテロメア短縮が誘導される．2 μMで50日間の暴露により，細胞老化マーカーである senescence-associated β-galactosidase の発現が誘導される．

参考文献

1) Imai H, et al：J Antibiot (Tokyo), 40：1475-1482, 1987

2) Imai H, et al：J Antibiot (Tokyo), 40：1483-1489, 1987

3）Nakai R, et al：Chem Biol, 13：183-190, 2006

β-Rubromycin

別名：*β*-ルブロマイシン

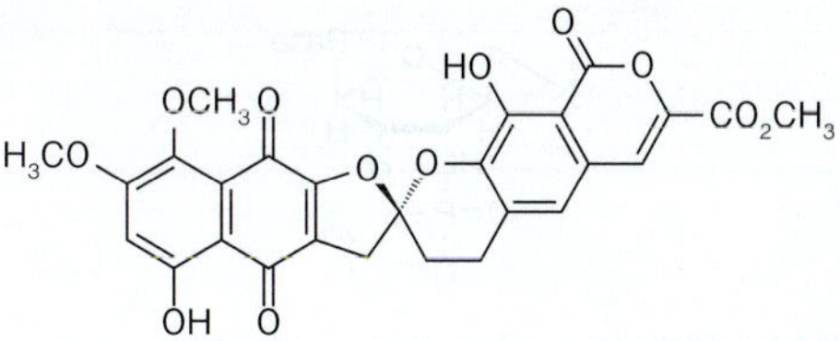

◆**分子量**：536.4

◆**IUPAC名**：methyl(S)-5,10'-dihydroxy-7,8-dimethoxy-4,9,9'-trioxo-4,4',9,9'-tetrahydro-3H,3'H-spiro[naphtho[2,3-b]furan-2,2'-pyrano[4,3-g]chromene]-7'-carboxylate

◆**使用法・購入**
溶媒：DMSO
使用条件：−20℃保存
購入先：フナコシ社（BVT-0251-M001）

◇作用機序

HIV逆転写酵素阻害活性を示すことから，hTERT酵素を阻害すると考えられる．試験管内TRAPアッセイにおいて，$IC_{50} = 1.3$あるいは$3\ \mu M$（文献により数値が異なる）でテロメラーゼ阻害活性を示す．テロメラーゼの基質プライマーに対する競合的相互作用の$K_i = 0.74\ \mu M$である．

◇生理機能

もとは抗生物質として単離された．HIV逆転写酵素阻害活性を示す．類縁体である*α*-RubromycinはDNAポリメラーゼ阻害活性も示すのに対し，*β*-Rubromycinのこれらに対する阻害活性は比較的弱い．

◇注意点

樹立細胞株に対して$IC_{50} =$約$20\ \mu M$の増殖抑制活性を示すが，非特異的な細胞毒性によるものと考えられており，高濃度処理時の実験結果の解釈には注意を要する．

参考文献
1）Brockmann H, et al：Tetrahedron Lett, 30：3525-3530, 1966
2）Ueno T, et al：Biochemistry, 39：5995-6002, 2000
3）Cohn EP, et al：J Med Chem, 55：3678-3686, 2012
4）Mizushina Y, et al：Mini Rev Med Chem, 12：1135-1143, 2012

Imetelstat

別名：イメテルスタット / GRN163L

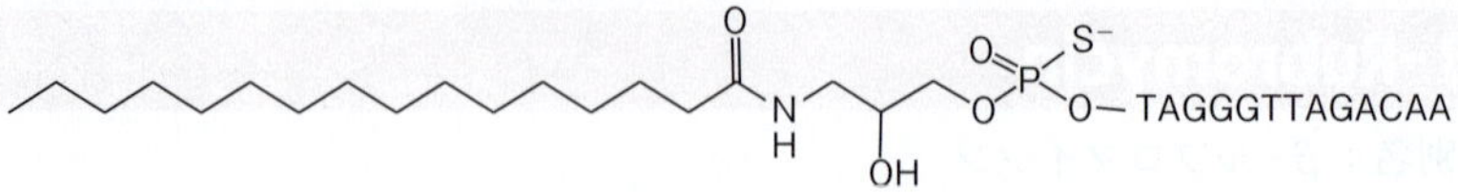

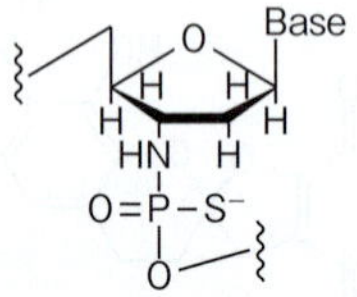

TAGGGTTAGACAA：配列（*thio*-phosphoramide体）

◆**分子量**：4610.2

◆**IUPAC名**：O-(2-hydroxy-3-palmitamidopropyl) O-hydrogen phosphorothioate（非核酸部分）

◆**使用法・購入**
溶媒：水
使用条件：各種がん細胞に対し，0.1〜10 μM で使用する．動物実験では，5〜50 mg/kg で使用する
購入先：Geron 社（Menlo Park, CA）に供与依頼

◇作用機序

GRN163と同じ核酸配列をもつGRN163Lは，細胞内への取り込みを促進するために脂質が追加されている．これで細胞レベルでの有効性が強化され，同じ効果を達成するための低用量化に成功した．作用機序はGRN163と同様，ヒトテロメラーゼの鋳型RNAであるhTRコンポーネントと相補する形で結合することにより，テロメア基質（プライマー）との競合的阻害効果を発揮する．

◇生理機能

各種がん細胞におけるテロメラーゼ阻害活性は，GRN163と比較して2〜40倍の強さであり，GRN163と異なり脂質キャリア無しにがん細胞に取り込まれて作用する．肺がん細胞A549細胞に1 μM で処理すると4日間で完全にテロメラーゼ活性が消失し，コロニー形成能も消失する．マウス担がんモデルにおいて，5 mg/kg（腹腔内）投与でA549細胞の転移を抑制する．本稿脱稿時点（2018年6月）で，骨髄線維症に対する臨床第Ⅱ相試験および骨髄異形成症候群に対する第Ⅱ/Ⅲ相試験が実施されている．

参考文献

1）Herbert BS, et al：Oncogene, 24：5262-5268, 2005
2）Dikmen ZG, et al：Cancer Res, 65：7866-7873, 2005
3）Burchett KM, et al：PLoS One, 9：e85155, 2014

4）Baerlocher GM, et al：N Engl J Med, 373：920-928, 2015
5）Tefferi A, et al：N Engl J Med, 373：908-919, 2015

Telomestatin

別名：テロメスタチン

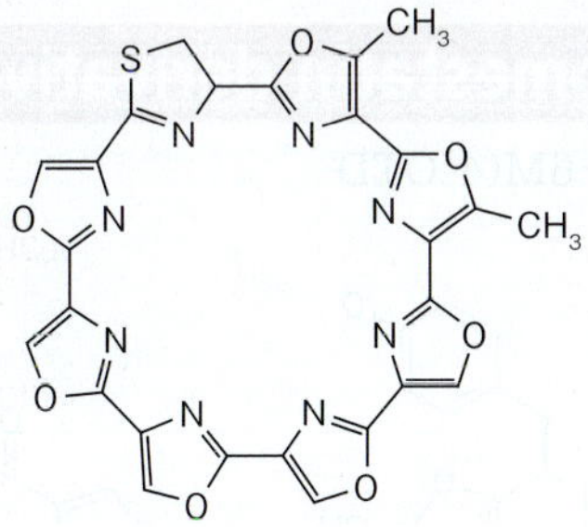

◆**分子量**：582.5

◆**IUPAC名**：$(1^2Z,2^2Z,3^2Z,4^2Z,5^2Z,6^2Z,7^2Z,8^2Z)$-$6^5,7^5$-dimethyl-$8^4,8^5$-dihydro-1(2,4),2,3,4,5,6,7(4,2)-heptaoxazola-8(2,4)-thiazolacyclooctaphane

◆**使用法・購入**
　溶媒：DMSO：メタノール＝1：1
　使用条件：小分けして溶液状態で-20℃保存
　購入先：購入不可

◇**作用機序**

　本薬剤はテロメア G-quadruplex 構造を安定化することによりテロメラーゼ阻害活性を発揮する．G-quadruplex 作用物質は，テロメア G-quadruplex の他にさまざまなプロモーター領域中でも G-quadruplex 構造を形成させるが，本薬剤はとりわけテロメア G-quadruplex に対する安定化活性が高い．

◇**生理機能**

　試験管内TRAP法において，IC_{50}＝5 nM と強力なテロメラーゼ阻害活性を示す．Taq ポリメラーゼに対しては，40 μM の濃度では阻害活性を示さない．各種がん細胞に対する処理時間72時間における細胞毒性の平均 IC_{50}＝10～20 μM である．さらに，2～5 μM で処理すると，数回の細胞分裂を経て細胞死が誘導される．テロメア結合タンパク質のテロメアからの解離を誘導する．U937細胞を用いた担がんマウスモデルにおいて，抗腫瘍効果を示す．FANCJ などのヘリカーゼ阻害活性を示す．テロメア以外にもゲノム不安定化を誘導する．患者由来悪性神経膠腫のがん幹細胞に対して選択的に作用する．

第34章　テロメラーゼ関連薬剤

参考文献

1）Shin-ya K, et al：J Am Chem Soc, 123：1262-1263, 2001
2）Kim MY, et al：Cancer Res, 63：3247-3256, 2003
3）Tauchi T, et al：Oncogene, 22：5338-5347, 2003
4）Tahara H, et al：Oncogene, 25：1955-1966, 2006
5）Miyazaki T, et al：Clin Cancer Res, 18：1268-1280, 2012

6-Oxazole telomestatin derivative

別名：6OTD / Y2H2-6M(4)OTD

6OTD

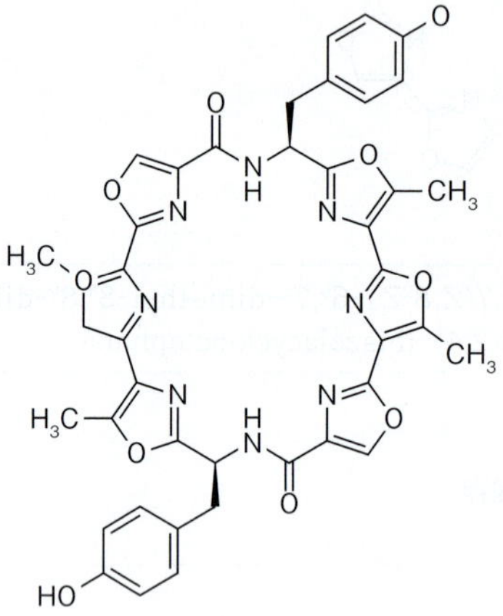

L2H2-6OTD

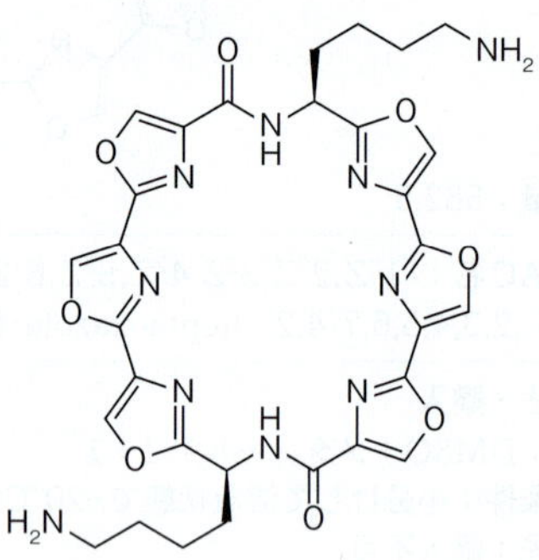

LIH-7-OTD

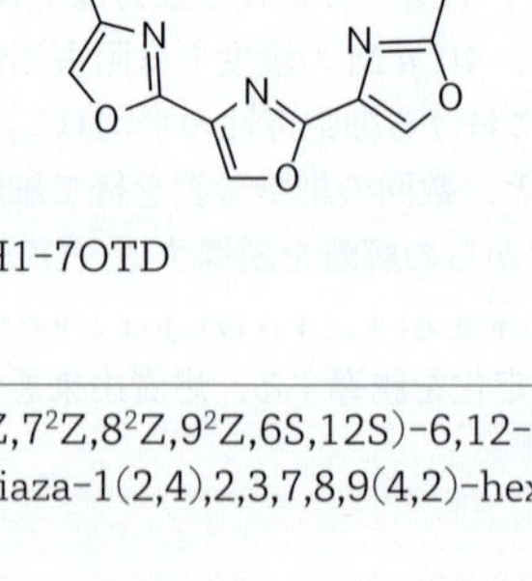

6OTD L2H2-6OTD L1H1-7OTD

◆**分子量**：784.7（6OTD）

◆**IUPAC名**：(1^2Z,2^2Z,3^2Z,7^2Z,8^2Z,9^2Z,6S,12S)-6,12-bis(4-hydroxybenzyl)-1^5,2^5,7^5,8^5-tetramethyl-5,11-diaza-1(2,4),2,3,7,8,9(4,2)-hexaoxazolacyclododecaphane-4,10-dione

◆使用法・購入

　溶媒：DMSO

　使用条件：溶液状態で-20℃保存

　購入先：購入不可（東京農工大学，長澤和夫教授問い合わせ）．類縁体L2H2-6OTDおよびL1H1-7OTDはコスモバイオ社より入手可能（TAT-003，TAT-004）

◇ 作用機序

　テロメアG-quadruplex構造を安定化することにより，テロメラーゼ活性を阻害する（試験管内TRAPアッセイで算出されるIC$_{50}$＝0.8 μMである）．試験管内FRET融解アッセイにより，テロメアのみならずbcl-2，c-kit，c-myc，kras遺伝子プロモーター配列中のG-quadruplexを安定化する．一方，2本鎖DNAには結合しない．

◇ 生理機能

　ヒトがん細胞パネル39系（JFCR39）に48時間処理した場合，細胞増殖抑制効果の平均GI$_{50}$＝0.3 μMである．最も感受性の高いU251細胞の増殖に対するGI$_{50}$＝21 nMである．神経膠腫幹細胞に対する増殖抑制効果も高く，10～100 nMの処理でDNA損傷応答およびアポトーシスを誘導する．このときのDNA損傷応答の約25％はテロメアで生じている．脳内同所移植担がんマウスモデルにおいて，10～100 pmolの腫瘍内単回投与で用量依存的な治療効果が認められる．

参考文献

1）Nakamura T, et al：Chembiochem, 13：774-777, 2012
2）Iida K, et al：Molecules, 18：4328-4341, 2013
3）Nakamura T, et al：Sci Rep, 7：3605, 2017

第34章　テロメラーゼ関連薬剤

TMPyP4

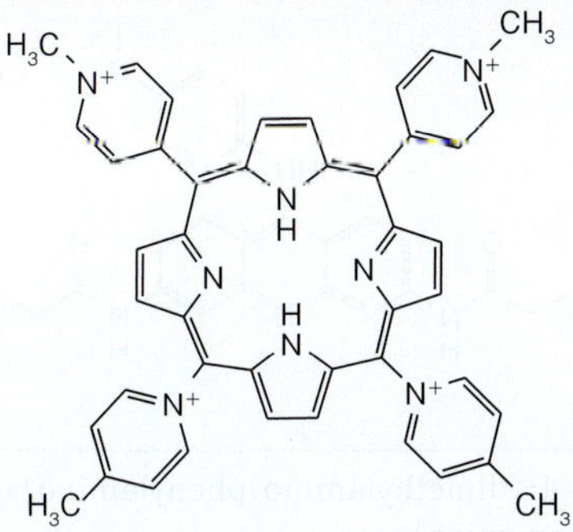

◆**分子量**：678.8

◆**IUPAC名**：meso-5,10,15,20-tetrakis-(N-methyl-4-pyridyl)porphine

◆**使用法・購入**

547

溶媒：水（100 mM）

使用条件：吸湿性，遮光保存

購入先：サンタクルズ社（sc-204346）

◇作用機序

　TMPyP4はテロメア4重鎖のコア部分でG-quartetにスタッキングすることにより，テロメア4重鎖に強く結合し，G-quadruplex構造を安定化することによりテロメラーゼ阻害活性を発揮する．

◇生理機能

　試験管内TRAP法において，$IC_{50}＝6.5\ \mu M$でテロメラーゼ阻害活性を示す（MST-312と同系でテロメラーゼ阻害活性を観察した論文では，$IC_{50}＝0.16\ \mu M$と報告されている．テロメスタチンと並列で測定した実験では，$IC_{50}＝0.67\ \mu M$であった）．G-quadruplex構造中で強烈な蛍光を発する．テロメア G-quadruplexのみでなく，*c-myc*プロモーター中のPu27配列においてもG-quadruplex構造を安定化し，MYCの遺伝子発現を抑制する．MYC以外にもRAS，PDGF，HIF-1等多くのプロモーター中でG-quadruplex構造を形成させる．テロメラーゼ非依存性の細胞に対しても活性を示す．MX-1乳がん細胞およびPC-3前立腺がんを用いた担がんマウスモデルにおいて，10 mg/kgで抗腫瘍効果を発揮する．

参考文献

1）Grand CL, et al：Mol Cancer Ther, 1：565-573, 2002

2）Siddiqui-Jain A, et al：Proc Natl Acad Sci U S A, 99：11593-11598, 2002

3）Izbicka E, et al：Cancer Res, 59：639-644, 1999

BRACO-19

◆**分子量**：593.8

◆**IUPAC名**：N,N'-(9-(4-(dimethylamino)phenylamino)acridine-3,6-diyl)bis(3-(pyrrolidin-1-yl)propanamide)

◆**使用法・購入**

溶媒：水（5 mg/mL）

使用条件：保存溶液を調製後，分注して遮光保存．細胞レベルの実験で，$0.1～10\ \mu M$

で使用

購入先：シグマ社（SML0560-5MG，SML0560-25MG）

◇作用機序

　本薬剤はテロメア G-quadruplex 構造を安定化することによりテロメラーゼ阻害活性を発揮する．抗 HIV 活性も報告されている．

◇生理機能

　試験管内 TRAP 法において，$IC_{50}=93$ nM でテロメラーゼ（hTERT）阻害活性を発揮する．Taq ポリメラーゼに対しては，$50\,\mu$M の濃度では阻害活性を示さない．SKOV-3，CHI，A2780 および DU145 細胞に対し，96 時間処理でそれぞれ $IC_{50}=13.0$，10.1，10.0 および 22.3 μM で細胞毒性を発現する．さらに，$2\,\mu$M で長期間処理すると，他のアクリジン化合物は，細胞増殖抑制活性を示すのみであるが，本薬剤は顕著なアポトーシス誘導活性を発揮する．UXF1138L ヒト子宮がん細胞を用いたマウス担がんモデルにおいて，2 mg/kg で抗腫瘍効果を示す．

参考文献

1）Harrison RJ, et al：Bioorg Med Chem Lett, 14：5845-5849, 2004
2）Incles CM, et al：Mol Cancer Ther, 3：1201-1206, 2004
3）Burger AM, et al：Cancer Res, 65：1489-1496, 2005
4）Bertrand H, et al：Chemistry, 17：4529-4539, 2011
5）Lormand JD, et al：Nucleic Acids Res, 41：10323-10333, 2013

SYUIQ-05

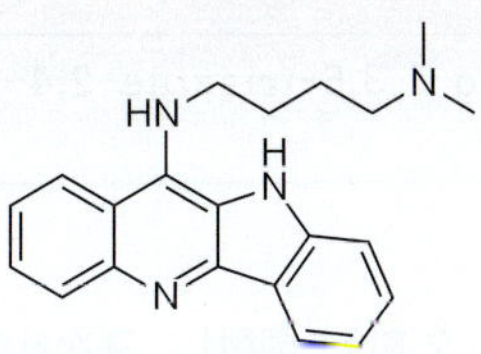

◆**分子量**：332.5

◆**使用法・購入**
　溶媒：DMSO
　使用条件：DMSO 溶液を終濃度 0.1 ％となるように使用

◇作用機序

　キンドリン誘導体である本薬剤は，テロメア G-quadruplex 構造を安定化することによりテロメラーゼ阻害活性を発現する．

549

◇生理機能

K562細胞およびSW620細胞に対し，それぞれ$IC_{50}=2.65$および$1.68\,\mu M$で細胞毒性（72時間処理）を示す．両細胞を$0.4\,\mu M$で長期間（35日間）処理することにより，テロメアの著しい短縮が観察される．また，本薬剤は細胞周期阻害タンパク質であるp16，p21およびp27の発現を誘導する．HeLa細胞およびCNE2細胞において，テロメアの保護に必要なTRF2をテロメアから解離させ，オートファジーマーカーであるLC3-Ⅱを誘導する．本薬剤はテロメアおよびc-myc プロモーターに作用するが，この相互作用はテロメアに対してよりもc-myc プロモーターに対しての方が大きいことが報告されている．

参考文献

1）Zhou JM, et al：Oncogene, 25：503-511, 2006
2）Liu JN, et al：Leukemia, 21：1300-1302, 2007
3）Zhou WJ, et al：Mol Cancer Ther, 8：3203-3213, 2009
4）Ou TM, et al：J Med Chem, 54：5671-5679, 2011
5）Lormand JD, et al：Nucleic Acids Res, 41：10323-10333, 2013

12459

◆**分子量**：410.5

◆**IUPAC名**：6,6'-(6-amino-1,3,5-triazine-2,4-diyl)bis(azanediyl)bis(1-methylquinolinium)

◆**使用法・購入**
溶媒：DMSO（10 mM）
使用条件：10 mMにてストック溶液を調製し，逐次希釈して使用
購入先：購入不可．特許WO 0140218に準じて合成

◇作用機序

一連のトリアジン系化合物の一つである12459は，テロメア G-quadruplex 構造を安定化させることにより，テロメラーゼ活性を阻害する．

◇生理機能

試験管内TRAP法において，$IC_{50}=0.13\,\mu M$でテロメラーゼ活性を阻害する．Taq ポリメラーゼに対しては，$IC_{50}=8.4\,\mu M$で阻害活性を示す．ヒト肺がんA549細胞に対し，$IC_{50}=1.18\,\mu M$で細胞毒性活性を発現する．また，A549細胞において，$0.04\,\mu M$

で約40日間処理することにより，細胞増殖を消失させる．さらに，$10\ \mu\mathrm{M}$の濃度では，テロメア短縮を誘導するのみでなく，hTERTのRNAスプライシング過程において，活性型hTERTへのスプライシングを阻害する活性を有する．抗アポトーシス因子Bcl-2の過剰発現は本薬剤の即時的細胞毒性を低減させるが，長期処理による細胞老化は抑制しない．

参考文献

1）Riou JF, et al：Proc Natl Acad Sci U S A, 99：2672-2677, 2002
2）Gomez D, et al：Nucleic Acids Res, 32：371-379, 2004
3）Gomez D, et al：Cancer Res, 63：6149-6153, 2003
4）Douarre C, et al：Nucleic Acids Res, 33：2192-2203, 2005

Phen-DC3

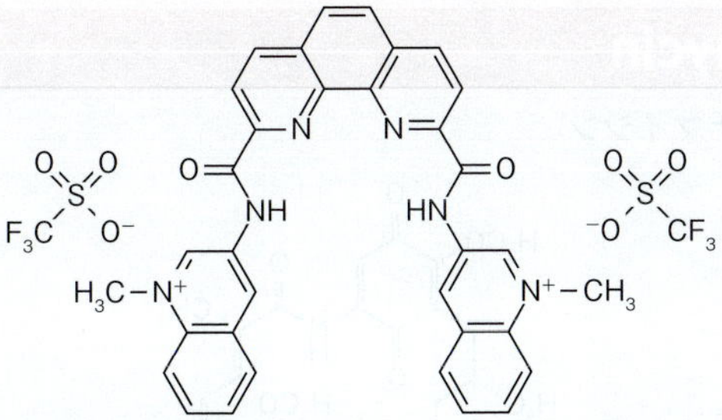

◆**分子量**：550.6（2CF$_3$SO$_3$塩：848.7）

◆**IUPAC名**：3,3'-((1,10-phenanthroline-2,9-dicarbonyl)bis(azanediyl))bis(1-methylquinolin-1-ium)

◆**使用法・購入**
溶媒：DMSO．2CF$_3$SO$_3$塩として販売，水に溶解
使用条件：遮光保存．-20℃保存
購入先：Polysciences社（26000-1）

◇ 作用機序

Bisquinolinium（ビスキノリニウム）化合物．テロメアG-quadruplex構造を安定化させることにより，テロメラーゼ阻害活性を発現する．

◇ 生理機能

カリウム1分子存在下，テロメアG-quadruplex構造をアンチパラレル型G-quadruplexに変換する．c-mycプロモーターと結合する．C型肝炎ウイルス（-）strand RNAのG-quadruplexと相互作用し，Huh7細胞中でのC型肝炎ウイルスの複製を阻害する（$1\ \mu\mathrm{M}$で60％阻害）．

第34章　テロメラーゼ関連薬剤

◇注意点

　本薬剤のテロメラーゼ阻害活性は，試験管内TRAP法ではIC$_{50}$＝1.5～2.2 nMと低値であるのに対し，PCRを介さない直接法ではIC$_{50}$＝63～1,150 nMと高値である．これは，TRAP法ではG-quadruplex構造の安定化がPCRの反応効率をも低下させるためである．このように，G-quadruplex安定化物質をTRAP法で評価する場合は注意を要する．

参考文献

1）De Cian A, et al：Proc Natl Acad Sci U S A, 104：17347-17352, 2007
2）Largy E, et al：Curr Pharm Des, 18：1992-2001, 2012
3）Chung WJ, et al：Angew Chem Int Ed Engl, 53：999-1002, 2014
4）Bončina M, et al：Nucleic Acids Res, 43：10376-10386, 2015
5）Marchand A, et al：J Am Chem Soc, 137：750-756, 2015

Geldanamycin

別名：ゲルダナマイシン

◆**分子量**：560.7

◆**IUPAC名**：（4E,6Z,8S,9S,10E,12S,13R,14S,16R）-13-hydroxy-8,14,19-trimethoxy-4,10,12,16-tetramethyl-3,20,22-trioxobicyclo[16.3.1]docosa-1(21),4,6,10,18-pentaen-9-yl carbamate

◆**使用法・購入**
溶媒：DMSO（1 mg/mL）
使用条件：使用直前にバッファーなどにより希釈して使用する
購入先：東京化成社（G0334），ナカライテスク社（ant-gl-5）

◇作用機序

　テロメラーゼ触媒サブユニットhTERTは，シャペロン因子HSP90およびその共役因子p23と複合体を形成する．HSP90はこの相互作用を通じ，テロメラーゼを機能性タンパク質に成熟させる．GeldanamycinはHSP90の分子シャペロン機能を阻害することにより，テロメラーゼ活性を阻害する．

◇ 生理機能

HT1080細胞を血清飢餓状態にすることでテロメラーゼ活性を枯渇させ，Geldanamycin（100 ng/mL）存在下で再び血清存在下，24時間培養した後にテロメラーゼ活性を観察すると，細胞増殖には影響を与えずに薬剤未処理群と比較してテロメラーゼ活性が著しく阻害されているのが観察される．GeldanamycinによりHSP90が阻害され，*hTERT*プロモーター活性が減少することも報告されている．

◇ 注意点

Geldanamycinは，多くのシグナルタンパク質に対するHSP90のシャペロン機能を同時に抑制するため，実験結果の解釈には注意が必要である．

参考文献

1）Holt SE, et al：Genes Dev, 13：817-826, 1999
2）Villa R, et al：Carcinogenesis, 24：851-859, 2003
3）Keppler BR, et al：J Biol Chem, 281：19840-19848, 2006
4）Kim RH, et al：Carcinogenesis, 29：2425-2431, 2008

第35章

老化(細胞レベル・個体レベル)関連薬剤

坂本明彦,丸山光生

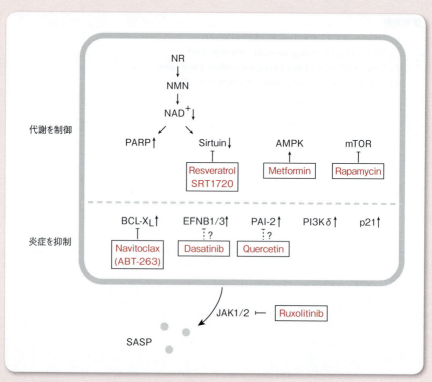

概略図 老化に伴う代謝,炎症系シグナルと関連薬剤

　細胞が老化すると,細胞内の代謝が影響を受けて変化する[1].また,DNAの損傷が蓄積することで,慢性的に炎症が誘導される[2].このような変化を標的とすることで,老化に伴う組織の機能低下を抑制したり,老化に関連する疾患を制御したりすることが期待される.

　細胞内の代謝を制御するには,mTORやAMP活性化キナーゼ,Sirtuinなどが標的としてあげられる[1].ニコチンアミドアデニンジヌクレオチド(NAD^+)は,細胞

内の代謝に必須の補酵素であるのと同時に，Sirtuinやポリ（ADP-リボース）ポリメラーゼ（PARP）の活性を制御するのにも重要である[3]．SirtuinはNAD$^+$依存的な脱アセチル化酵素であり，さまざまな疾患に関連したタンパク質の機能を制御している．一方，PARPはDNAの損傷を認識して活性化し，DNAの修復を誘導する．細胞が老化するのに伴ってDNAの損傷が蓄積するため，PARPが慢性的に活性化する．その結果，NAD$^+$が枯渇するため，Sirtuinの機能が抑制される．NAD$^+$前駆体によってNAD$^+$を補填したり，Sirtuinを活性化したりすることで，老化関連の疾患を制御することが期待されている．

細胞が老化すると，炎症性サイトカインなど炎症関連遺伝子の発現が上昇する[2]．この現象は細胞老化関連分泌形質（SASP）とよばれており，炎症反応を促進することで，がんや老化関連の疾患を誘導すると考えられている．SASPによる炎症を抑える一例として，JAK STAT経路の阻害をあげることができる．老化した細胞では，生存シグナルタンパク質のBCL-X$_L$やEFNB1/3，PAI-2の発現が上昇している（概略図）[4]．これらを標的とすることで，老化した細胞そのものを除去し，老化関連の疾患を制御することが期待されている．

参考文献

1）Bonkowski MS & Sinclair DA：Nat Rev Mol Cell Biol, 17：679-690, 2016
2）Childs BG, et al：Nat Rev Drug Discov, 16：718-735, 2017
3）Verdin E：Science, 350：1208-1213, 2015
4）Zhu Y, et al：Aging Cell, 14：644-658, 2015

Resveratrol

別名：レスベラトロール

詳細は**第38章**同薬剤を参照

◇ 解説

Resveratrol は老化の抑制にも用いられる.

SRT1720

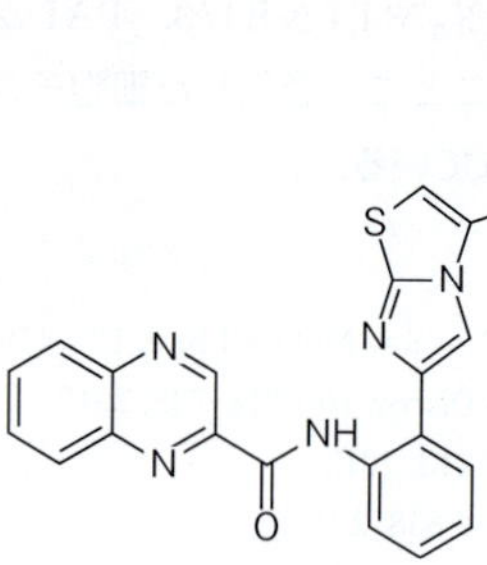

◆**分子量**：506.0

◆**IUPAC名**：N-[2-[3-(piperazin-1-ylmethyl)imidazo[2,1-b][1,3]thiazol-6-yl]phenyl]quinoxaline-2-carboxamide;hydrochloride

◆**使用法・購入**
溶媒：DMSO（＜38 mg/mL），−80℃保存
使用条件：細胞培養用培地に添加する場合，1〜20 μM．マウス個体に投与する場合，餌に添加して100 mg/kg/日を経口投与
購入先：メルク社（567860），ケイマン社（10011020）

◇ 作用機序

SIRT 1 のN末端領域（183〜225）に結合する（$EC_{50} = 0.16$ μM）ことで，構造変化を誘導し，酵素活性を増加させる[1][2].

◇ 生理機能

6カ月齢のC57BL/6J雄マウスに経口投与することで，糖代謝が回復し，寿命が延長する[1][3].肝臓と筋肉では，おそらくNF-κB経路が抑制されることで炎症性サイトカインの発現が低下する[3].2型糖尿病のマウスモデルではインスリン感受性を増加させ，血漿中のグルコース濃度を低下させる.2型糖尿病のラットモデルでも，脂肪組織や骨格筋，肝臓でインスリン感受性を上昇させる.

参考文献

1) Milne JC, et al：Nature, 450：712-716, 2007
2) Bonkowski MS & Sinclair DA：Nat Rev Mol Cell Biol, 17：679-690, 2016
3) Mitchell SJ, et al：Cell Rep, 6：836-843, 2014

Nicotinamide riboside

別名：NR／ニコチンアミドリボシド

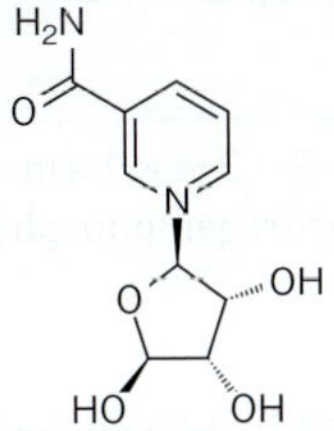

◆**分子量**：255.3

◆**IUPAC名**：1-[(2R,3R,4S,5R)-3,4-dihydroxy-5-(hydroxymethyl)oxolan-2-yl]pyridin-1-ium-3-carboxamide

◆**使用法・購入**
溶媒：PBS
使用条件：細胞培養用培地に添加する場合，1 mM．マウス個体に投与する場合，餌に添加して400 mg/kg/日を経口投与
購入先：ケイマン社（23132），Toronto Research Chemicals社（N407770）

◇ 作用機序

NRは，まずNRキナーゼによってNMNへ代謝され，NMNアデニリル転移酵素によってNAD$^+$に代謝される[1][2].

◇ 生理機能

22～24カ月齢のC57BL/6Jマウスに6週間経口投与することにより，筋肉や神経，メラノサイトの幹細胞で老化が抑制され，機能が回復するだけでなく，マウスの寿命も延長する[3].

参考文献

1) Bonkowski MS & Sinclair DA：Nat Rev Mol Cell Biol, 17：679-690, 2016
2) Yoshino J, et al：Cell Metab, 27：513-528, 2018
3) Zhang H, et al：Science, 352：1436-1443, 2016

第35章 老化（細胞レベル・個体レベル）関連薬剤

Nicotinamide mononucleotide

別名：NMN／ニコチンアミドモノヌクレオチド

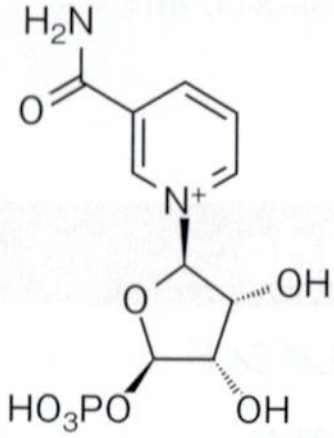

◆分子量：334.2

◆**IUPAC名**：[(2R,3S,4R,5R)-5-(3-carbamoylpyridin-1-ium-1-yl)-3,4-dihydroxyoxolan-2-yl]methyl hydrogen phosphate

◆**使用法・購入**
溶媒：PBS
使用条件：マウス個体に投与する場合，500 mg/kgを腹腔内投与，または水に添加して100〜300 mg/kg/日を経口投与
購入先：シグマ社（N3501），ケイマン社（16411），Toronto Research Chemicals社（N407765）

◇作用機序

NMNはNAD$^+$の前駆体であり，NMNアデニリル転移酵素によってNAD$^+$に代謝される[1][2]．

◇生理機能

C57BL/6N雄マウスに6カ月以上経口投与することで，血漿や末梢組織のNAD$^+$量が増加し，糖・脂質代謝やインスリン感受性が回復する[3]．また目の機能や骨密度も回復する．

参考文献

1）Bonkowski MS & Sinclair DA：Nat Rev Mol Cell Biol, 17：679-690, 2016
2）Yoshino J, et al：Cell Metab, 27：513-528, 2018
3）Mills KF, et al：Cell Metab, 24：795-806, 2016

Metformin

別名：メトホルミン

$$H_2N-\overset{\underset{\displaystyle NH_2}{\displaystyle |}}{C}-N-\overset{\underset{\displaystyle NH}{\displaystyle |}}{C}-N\overset{CH_3}{\underset{CH_3}{<}}$$

◆**分子量**：129.2

◆**IUPAC名**：3-(diaminomethylidene)-1,1-dimethylguanidine

◆**使用法・購入**

溶媒：DMSO（＜33 mg/mL）または水（＜33 mg/mL），−80℃保存
使用条件：細胞培養用培地に添加する場合，5 mM. マウス個体に投与する場合，餌に添加して（0.1％w/w）経口投与
購入先：シグマ社（PHR1084），富士フイルム和光純薬社（136-18661または136-18662），ケイマン社（13118），Toronto Research Chemicals社（M258815），Tocris社（2864），BioVision社（1691）

◇作用機序

ミトコンドリア呼吸鎖複合体1を阻害することで，細胞内のAMP/ATP比が変化し，AMP活性化キナーゼが活性化する[1]～[3]. その結果，ROS（活性酸素種）の蓄積による慢性的な炎症の誘導が抑制される.

◇生理機能

IMR90細胞でがん遺伝子Rasの発現によるSASP因子の発現誘導を濃度依存的に抑制する[4]. 6カ月齢のC57BL/6雄マウスに経口投与することで，身体活動量が向上し，インスリン感受性が上昇する[5].

◇注意点

乳酸アシドーシスや腎機能障害に注意する.

参考文献

1）Pernicova I, et al：Nat Rev Endocrinol, 10：143-156, 2014
2）Barzilai N, et al：Cell Metab, 23：1060-1065, 2016
3）Childs BG, et al：Nat Rev Drug Discov, 16：718-735, 2017
4）Moiseeva O, et al：Aging Cell, 12：489-498, 2013
5）Martin-Montalvo A, et al：Nat Commun, 4：2192, 2013

第35章　老化（細胞レベル・個体レベル）関連薬剤

Rapamycin

別名：ラパマイシン / Sirolimus / シロリムス

詳細は**第41章**同薬剤を参照

◇ 解説

mTOR阻害剤である Rapamycin は老化の抑制にも用いられる．

Navitoclax

別名：ABT-263 / ナビトクラックス

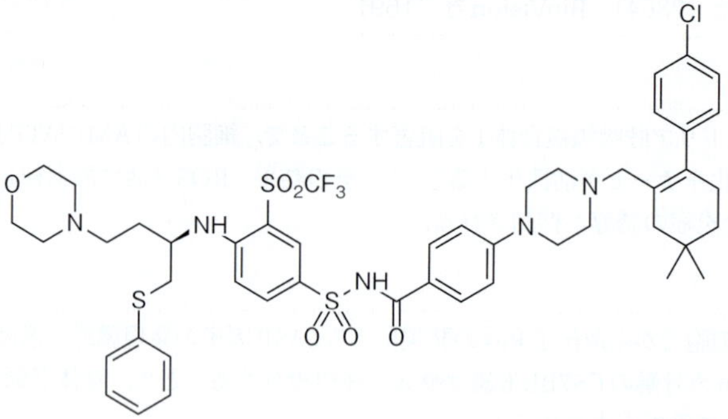

◆ **分子量**：974.6

◆ **IUPAC名**：4-[4-[[2-(4-chlorophenyl)-5,5-dimethylcyclohexen-1-yl]methyl]
piperazin-1-yl]-N-[4-[[(2R)-4-morpholin-4-yl-1-phenylsulfanylbutan-2-yl]
amino]-3-(trifluoromethylsulfonyl)phenyl]sulfonylbenzamide

◆ **使用法・購入**
溶媒：DMSO（＜ 100 mg/mL），－80℃保存
使用条件：細胞培養用培地に添加する場合，1.25 μM．マウス個体に投与する場合，50
～ 100 mg/kg を経口投与
購入先：ケイマン社（11500），BioVision社（2467）

◇ 作用機序

BCL-2ファミリータンパク質のBCL-2やBCL-X$_L$には，P1～P4とよばれる疎水
性の溝が存在する．Navitoclaxのチオフェニル基とアリールスルホンアミド骨格が分
子内でπ-π相互作用を形成し，BCL-2やBCL-X$_L$のP4部位に結合すると同時に，1-
クロロ-4-（4,4-ジメチルシクロヘクス-1-エニル）ベンゼン骨格がP2部位に結合す
ることで，アポトーシスが誘導される[1)2)]．

◇ 生理機能

放射線照射や継代培養，がん遺伝子Rasの発現で老化させたWI-38細胞の生存率を下げる（$IC_{50} = 0.61 \sim 1.45 \, \mu M$）[3]. ヒト線維芽細胞IMR-90，ヒト腎上皮細胞，マウス胎仔線維芽細胞でも，細胞老化依存的に生存率を下げる. 経口投与により，放射線照射による肺でのSASP因子の発現誘導を抑制する. さらに，放射線照射や加齢（21〜22カ月）による造血幹細胞のリンパ球分化抑制や筋肉幹細胞の分化能低下を回復させる.

◇ 注意点

血小板減少に注意する.

参考文献

1）Souers AJ, et al：Nat Med, 19：202-208, 2013
2）Childs BG, et al：Nat Rev Drug Discov, 16：718-735, 2017
3）Chang J, et al：Nat Med, 22：78-83, 2016

Dasatinib

別名：ダサチニブ

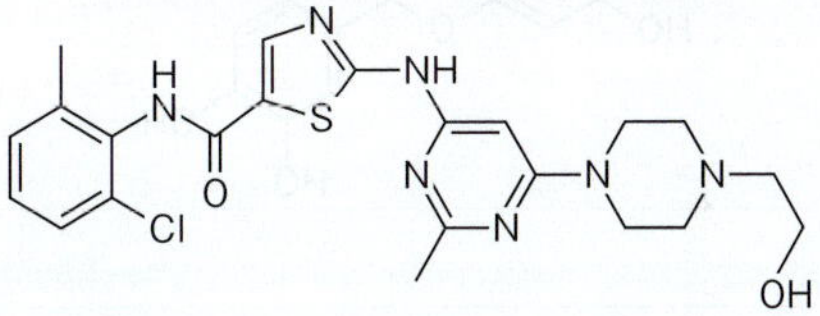

◆ **分子量**：488.0

◆ **IUPAC名**：N-(2-chloro-6-methylphenyl)-2-[[6-[4-(2-hydroxyethyl)piperazin-1-yl]-2-methylpyrimidin-4-yl]amino]-1,3-thiazole-5-carboxamide

◆ **使用法・購入**
溶媒：DMSO（＜98 mg/mL），−80℃保存
使用条件：細胞培養用培地に添加する場合，200〜300 nM. マウス個体に投与する場合，5 mg/kgを経口投与
購入先：シグマ社（CDS023389），ケイマン社（11498），Toronto Research Chemicals社（D193600），BioVision社（1586）

◇ 作用機序

ABLやSrcファミリーキナーゼを阻害する他[1]〜[3]，老化した細胞で発現が上昇しているEFNB1/3も阻害すると考えられている[4][5].

◇ 生理機能

放射線照射により細胞老化を誘導したプライマリーのヒト脂肪前駆細胞で，濃度依

561

存的に生存率を下げる[4]. Quercetin とともに経口投与することにより, 24カ月齢の雄 C57BL/6 マウスでは心血管系の機能が, 放射線を照射した4カ月齢の雄 C57BL/6 マウスでは運動能力が回復し, 早老症マウスモデルでは症状が遅延する.

◇注意点

さまざまなキナーゼを非特異的に阻害することに注意する.

参考文献

1) Lombardo LJ, et al：J Med Chem, 47：6658-6661, 2004
2) Quintás-Cardama A, et al：Nat Rev Drug Discov, 6：834-848, 2007
3) Weisberg E, et al：Nat Rev Cancer, 7：345-356, 2007
4) Zhu Y, et al：Aging Cell, 14：644-658, 2015
5) Childs BG, et al：Nat Rev Drug Discov, 16：718-735, 2017

Quercetin

別名：ケルセチン

◆分子量：302.2

◆IUPAC名：2-(3,4-dihydroxyphenyl)-3,5,7-trihydroxychromen-4-one

◆使用法・購入

溶媒：DMSO（＜61 mg/mL）またはエタノール（＜10 mg/mL）, -80℃保存
使用条件：細胞培養用培地に添加する場合, 20～50 μM. マウス個体に投与する場合, 50 mg/kgを経口投与
購入先：シグマ社（Q4951）, 富士フイルム和光純薬社（177-00401, 177-00403, または 177-00404）, ケイマン社（10005169）, Toronto Research Chemicals社（Q509502）, Tocris社（1125）, BioVision社（1773）

◇作用機序

フラボノイドの一つで, 抗酸化作用を有する[1]. 脱アセチル化酵素 Sirtuin 1 を活性化することでも知られていて, 詳細は不明だが, $trans$-スチルベン骨格と5, 7, 3', 4'位のヒドロキシ基が重要だと考えられている[2][3]. また, 老化した細胞で発現が上昇している PAI-2 を阻害すると考えられている[4][5].

◇ 生理機能

　放射線照射により細胞老化を誘導したヒト血管内皮細胞で，濃度依存的に生存率を下げる[4]．早老症マウス由来の骨髄間葉系幹細胞で，SA-β-galの発現を低下させる．Dasatinibとともに経口投与することにより，24カ月齢の雄C57BL/6マウスでは心血管系の機能が，放射線を照射した4カ月齢の雄C57BL/6マウスでは運動能力が回復し，早老症マウスモデルでは症状が遅延する．

参考文献
1) Boots AW, et al：Eur J Pharmacol, 585：325-337, 2008
2) Howitz KT, et al：Nature, 425：191-196, 2003
3) Bonkowski MS & Sinclair DA：Nat Rev Mol Cell Biol, 17：679-690, 2016
4) Zhu Y, et al：Aging Cell, 14：644-658, 2015
5) Childs BG, et al：Nat Rev Drug Discov, 16：718-735, 2017

Ruxolitinib

別名：INCB018424 / ルキソリチニブ

◆ **分子量**：306.4

◆ **IUPAC名**：(3R)-3-cyclopentyl-3-[4-(7H-pyrrolo[2,3-d]pyrimidin-4-yl)pyrazol-1-yl]propanenitrile

◆ **使用法・購入**
　溶媒：DMSO（＜61 mg/mL）またはエタノール（＜61 mg/mL），-80℃保存
　使用条件：細胞培養用培地に添加する場合，1 μM．マウス個体に投与する場合，餌に添加して60 mg/kg/日を経口投与
　購入先：ケイマン社（11609）

◇ 作用機序

　JanusキナーゼJAK1およびJAK2のATP結合部位に結合することで，キナーゼ活性を阻害する[1]．

◇ 生理機能

　JanusキナーゼのJAK1（IC_{50} = 3.3 nM）およびJAK2（IC_{50} = 2.8 nM）を阻害す

第35章　老化（細胞レベル・個体レベル）関連薬剤

563

る[1]．プライマリーのヒト脂肪前駆細胞で，放射線照射によるSASP因子の発現誘導を抑制する[2][3]．24カ月齢の雄C57BL/6マウスに経口投与することで，鼠径部脂肪組織のSTAT3リン酸化が抑制され，鼠径部脂肪組織や血清中の炎症性サイトカインの発現が低下するだけでなく，さまざまな身体活動も回復する．

◇注意点

24カ月齢の雄C57BL/6マウスに経口投与しても，末梢の各種血球数に影響はない．

参考文献

1）Quintás-Cardama A, et al：Blood, 115：3109-3117, 2010
2）Xu M, et al：Proc Natl Acad Sci USA, 112：E6301-6310, 2015
3）Trabucco SE & Zhang H：Cell Stem Cell, 18：305-306, 2016

第36章

糖プロセシング関連薬剤

木山亮一, 新間陽一

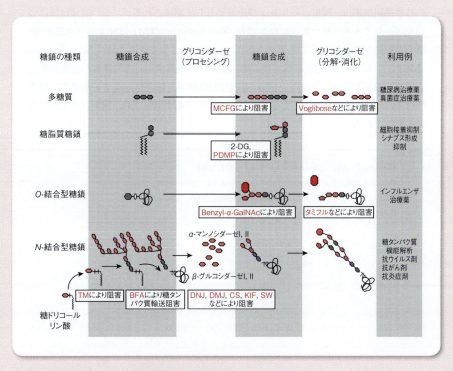

概略図　糖プロセシング関連薬剤の作用機構

　糖は，グルコースのようにエネルギー源として使われる単糖のほか，単一あるいは少数種類の単糖が多数結合した多糖類として，セルロースなどの細胞壁構成成分，ヒアルロン酸などの細胞外マトリクス構成成分，デンプンなどの貯蔵物質として存在したり，多種類の単糖が複雑に結合した糖鎖が，さらにタンパク質や脂質に結合した複合糖質として，ホルモンや成長因子などの糖タンパク質，Notchなどの細胞接着分子，細胞分化やウイルス感染に関与する糖脂質として機能する．このように多彩な存在様式と機能をもつ糖関連物質の代謝，プロセシングを特異的に阻害する物質は，生命現象を解析する強力なツール，糖尿病などの病気の治療薬として，利用価値が高い．糖プロセシングに関与する酵素は，グリコシダーゼがよく研究されており，さま

ざまな基質特異性をもったグリコシダーゼに対する特異的な阻害剤も多数開発されてきている. 特にα-グルコシダーゼ阻害剤（DNJなど）は，食後の血糖値上昇を抑制する糖尿病治療薬として，マンノシダーゼ阻害剤（DMJなど）は，N-結合型糖鎖の解析試薬として使われるなど，さまざまな阻害剤が開発され，使用されている. 一方で，糖鎖合成に関与する糖転移酵素や，糖転移酵素の基質供給系に関与する酵素は，最近になって発見され，解析されたものが多い. これらは，がん，発生分化，免疫，感染，細胞壁合成など，重要な生命現象に深くかかわることが明らかとなり，各酵素の特異的阻害剤は，解析ツールおよび治療薬として期待されるが，その開発は緒についたばかりである. そのようななかでも，Tunicamycin（TM）は糖タンパク質のN-結合型糖鎖付加を特異的に阻害する解析ツールとしてよく使用され，Micafungin（MCFG）は真菌の細胞壁合成を特異的に阻害する抗真菌剤として優れた治療効果を上げている（**概略図**）. 今後，さらに各種糖転移酵素，糖ヌクレオチド輸送体，糖変換酵素などが創薬ターゲットとして，特異的な阻害剤が開発され，利用されていくものと期待される.

参考文献

1）Saotome C, et al：Chem Biol, 8：1061-1070, 2001
2）Orchard MG, et al：Bioorg Med Chem Lett, 14：3975-3978, 2004
3）Takaya K, et al：J Med Chem, 48：6054-6065, 2005
4）高月 昭：化学と生物, 30（4）：236-243, 1992

Tunicamycin

別名：TM／ツニカマイシン

◆**分子量**：816.9（n = 8）

◆**IUPAC名**：(E)-N-[(2S,3R,4R,5R,6R)-2-[(2S,3S,4S,5R,6S)-3-acetamido-4,5-dihydroxy-6-(hydroxymethyl)oxan-2-yl]oxy-6-[(2R)-2-[(2R,3S,4R,5R)-5-(2,4-dioxopyrimidin-1-yl)-3,4-dihydroxyoxolan-2-yl]-2-hydroxyethyl]-4,5-dihydroxyoxan-3-yl]-12-methyltridec-2-enamide

◆**使用法・購入**
溶媒：DMF，DMSO，メタノール，ミリQ水に溶ける（100 mg/mL）
使用条件：ミリQ水でDMSO溶液を10倍に希釈可能（用事調製）
購入先：シグマ社（T7765），メルク社（654380）

◇ 作用機序

Tunicamycinは，N-アセチルグルコサミン（GlcNAc）と類似した構造をもつため，UDP-GlcNAcからドリコールリン酸にGlcNAcを転移するALG7酵素（UDP-GlcNAc：dolichol-P GlcNAc-1-P transferase）の触媒部位に入り込み，酵素反応を阻害する．

◇ 生理機能

糖タンパク質のN-グリカンは，まず小胞体でドリコールリン酸にGlcNAc$_2$Man$_9$Glc$_3$からなる糖脂質前駆体を合成し，この14糖のユニットは，小胞体で合成中の分泌タンパク質中のAsn-X-Ser/Thr配列のアスパラギンにN-アセチルグルコサミントランスフェラーゼにより転移される．TunicamycinによりN-グリカン合成の最初のGlcNAc転移反応が阻害され，ドリコールリン酸糖鎖前駆体が合成されないので，糖タンパク質にN-グリカンが付加しない．これは細胞にとっては，致死的である．細胞にTunicamycinを投与し，糖タンパク質の分子量の変化をSDS-PAGEなどで測定することで，その糖タンパク質にN-グリカンが付加しているかどうか，さらには細胞あるいは目的糖タンパク質に付加しているN-グリカンの機能への関与を調べられる．例えば，糖タンパク質性ホルモンの機能喪失，各種受容体の細胞表面への発現不全，分泌性糖タンパク質の分泌不全，リソソーム酵素の輸送不全などが起こることがこれまで報告されている．IC$_{50}$ = 3 μg/mL．

Tunicamycinはさまざまなシグナル伝達経路に作用して，細胞周期を止める働きをもつ．

第36章 糖プロセシング関連薬剤

◇ 注意点

放線菌由来Tunicamycinには炭素鎖長（n）が異なる同族体A，B，C，Dが含まれる．

参考文献

1) Heifetz A, et al：Biochemistry, 18：2186-2192, 1979
2) Tordai A, et al：Biochem Biophys Res Commun, 206：857-862, 1995
3) Price BD, et al：J Cell Physiol, 152：545-552, 1992
4) Hou H, et al：Cancer Sci, 109：1088-1100, 2018

1-Deoxynojirimycin

別名：DNJ / デオキシノジリマイシン

◆ **分子量**：163.2

◆ **IUPAC名**：(2R,3R,4R,5S)-2-(hydroxymethyl)piperidine-3,4,5-triol

◆ **使用法・購入**
　溶媒：ミリＱ水によく溶ける（100 mM）．室温で保存可能
　使用条件：0.3～47 μM程度で使用
　購入先：富士フイルム和光純薬社（043-24931）

◇ 作用機序

DNJ（Deoxynojirimycin）は，αおよびβグルコシダーゼの遷移状態構造を模倣し，グルコシダーゼの触媒位置に結合して阻害する．

◇ 生理機能

N-グリカン合成過程で，$Glc_3Man_9GlcNAc_2$がタンパク質に転移された後，小胞体において3残基あるグルコースのトリミングに関与するグルコシダーゼIおよびIIを阻害する．この過程は，糖タンパク質の合成時における品質管理機構に関与している．DNJによるグルコースのトリミング阻害により，N-グリカンのそれ以降のプロセシングが進行せず，グルコース残基が付加した高マンノース型のままとどまり，複合型糖鎖への変換ができなくなる．その結果，複合型糖鎖が付加した糖タンパク質の正常な機能発現が抑制される．例えば，内皮細胞の移動および基底膜の浸潤を阻害，抗ウイルス作用を示すことが知られている．同様な阻害活性をもつものに，Castanospermineがある．ＤＮＪは，桑の葉に含まれており，消化管においては，糖質を分解するα-グルコシダーゼを阻害するので，食事後の血糖の上昇を抑制するサプリメントとしても

使用されている. $IC_{50} = 12.6\ \mu M$（α-グルコシダーゼ），$47\ \mu M$（β-グルコシダーゼ）. DNJ はさまざまな誘導体が合成され, 高血糖症, 肥満, ウイルス感染に対する治療薬として研究が進められている.

参考文献

1）Suh K, et al：J Biol Chem, 267：21671-21677, 1992

2）Fuhrmann U, et al：Biochim Biophys Acta, 825：95-110, 1985

3）Gao K, et al：Molecules, 21：1600, 2016

1-Deoxymannojirimycin

別名：DMJ / デオキシマンノジリマイシン

◆**分子量**：163.2

◆**IUPAC名**：（2R,3R,4R,5R）-2-（hydroxymethyl）piperidine-3,4,5-triol

◆**使用法・購入**

溶媒：エタノール, ミリＱ水（100 mM）. 室温で保存可能

使用条件：1 mM 程度で使用

購入先：シグマ社（D9160），メルク社（260575），市販品は塩酸塩（分子量199.6）

◇ 作用機序

α マンノシダーゼを特異的に阻害する.

◇ 生理機能

N-グリカン合成過程で, タンパク質に付加された $Man_{8-9}GlcNAc_2$ は, 小胞体およびゴルジ体に局在する α-マンノシダーゼ I により $\alpha 1,2$ マンノースが消化されて $Man_5GlcNAc_2$ となり, 高マンノース型から複合型へのプロセシングに必要な GnTI の基質となる. DMJ（Deoxymannojirimycin）により α-マンノシダーゼ I が阻害されると, $Man_9GlcNAc_2$ 構造体が蓄積したまま, N-グリカンの高マンノース型から複合型への変換ができなくなる. 糖タンパク質上の N-グリカンの構造が, 複合型あるいはハイブリッド型であることが, 正常な機能発現に必要なのか, あるいは, ある末端糖鎖構造が複合型あるいはハイブリッド型の N-グリカン上にあるのかを調べるために, N-グリカンのプロセシングを高マンノース型で止めることで解析することができる. 同様な阻害活性をもつ物質に, Swainsonine, Mannostatin（後述）がある.

参考文献

1）Suzuki SS & Piette LH：J Cell Biochem, 51：181-189, 1993

2）Fuhrmann U, et al：Nature, 307：755-758, 1984

Benzyl-2-acetamido-2-deoxy-α-D-galactopyranoside

別名：Benzyl-α-GalNAc / ベンジルαGalNAc

◆**分子量**：311.3

◆**IUPAC名**：N-[4,5-dihydroxy-6-(hydroxymethyl)-2-phenylmethoxyoxan-3-yl] acetamide

◆**使用法・購入**
溶媒：エタノールおよび熱メタノール（用事調製）
使用条件：2 mM程度で使用
購入先：メルク社（200100），シグマ社（B4894）

◇**作用機序**

タンパク質に付加したO-GalNAcにβ1,3-ガラクトースを転移してコア1構造をつくるCore-1β3GalT，O-GalNAcにα2,3-シアル酸を転移するα2,3（O）sialyltransferase（あるいはヒトST3Gal1）を，受容体基質と競合的に阻害する．

◇**生理機能**

糖タンパク質のO-結合型糖鎖は，セリンあるいはスレオニン残基にGalNAcが結合しており，そこにCore-1β3GalTによりβ1,3-ガラクトースが付加したコア1構造を形成し，ポリラクトサミン構造などのさらなる糖鎖が伸長し，ルイス抗原などの種々のエピトープを形成する．また，GalNAcあるいはコア1構造にST3Gal1によりα2,3-シアル酸が転移されて，シアリルT抗原やシアリルTn抗原を形成する．Benzyl-α-GalNAcによりこれらのO-グリカンの伸長が阻害され，種々の抗原など，O-グリカン上の機能糖鎖の合成ができないと，タンパク質の輸送，細胞接着，がん転移，免疫反応などに変化を及ぼす．また，ルイス抗原などの形成がBenzyl-α-GalNAcにより阻害されなければ，O-グリカン上に形成されておらず，N-グリカンあるいは糖脂質上に形成されている可能性を示すことができる．

参考文献
1）Huet G, et al：J Cell Biol, 141：1311-1322, 1998
2）Kuan SF, et al：J Biol Chem, 264：19271-19277, 1989

Micafungin

別名：MCFG / ミカファンギン

◆**分子量**：1270.3

◆**IUPAC名**：{5-[(1S,2S)-2-[(3S,6S,9S,11R,15S,18S,20R,21R,24S,25S,26S)-3-[(1R)-2-carbamoyl-1-hydroxyethyl]-11,20,21,25-tetrahydroxy-15-[(1R)-1-hydroxyethyl]-26-methyl-2,5,8,14,17,23-hexaoxo-18-(4-{5-[4-(pentyloxy)phenyl]-1,2-oxazol-3-yl}benzamido)-1,4,7,13,16,22-hexaazatricyclo[22.3.0.0^{9,13}]heptacosan-6-yl]-1,2-dihydroxyethyl]-2-hydroxyphenyl}oxidanesulfonic acid

◆**使用法・購入**

溶媒：ミリQ水あるいは生理食塩水に50〜300 mg/100 mLの濃度で溶解する．溶解時，泡立ちやすいので強く振り混ぜない

使用条件：マウスの*Candida albicans*感染モデルで0.5 mg/kgで延命効果．0.16〜0.8 μg/mLで生菌数を有意に減少させた．アスペルギルスに対するMICは，0.0078〜0.0625 μg/mLであった

購入先：フナコシ社（18009）

◇ 作用機序

真菌のβ1,3-グルカン合成酵素（UDP-グルコース：1,3-β-D-glucan 3-β-glucosyl transferase）を特異的に阻害する．β1,3-グルカン合成酵素は，触媒サブユニットであるFKS1/FKS2および調節サブユニットであるRHO1（GTPase）からなり，Micafunginはβ1,3-グルカン合成を非競合的に阻害するとされているが，詳細な作用機序はまだ解明されていない．

◇ 生理機能

真菌の細胞壁の主要構成成分である1,3-β-D-グルカンの生合成を非競合的に阻害する．真菌のβ1,3-グルカン合成酵素は，細胞膜に存在し，細胞質から供給されるUDP-グルコースを糖供与体として，β1,3-グルカンを細胞外に合成する．β1,3-グルカンを細胞壁の骨格として，β1,6-グルカン，キチン，糖タンパク質などの他の構成成分が結合して，真菌細胞壁を構築していると考えられている．0.01 μM程度の

第36章 糖プロセシング関連薬剤

Micafunginにより β1,3-グルカン合成が阻害されると，真菌の細胞壁強度が低下し，真菌に致死的である．真菌は真核生物であり，細胞構造はヒトと共通するところが多く，真菌に特異的な抗真菌剤の数は少ない．真菌には β1,3-グルカンを主成分とする細胞壁が生存に必須であるが，動物には細胞壁がないので，カンジダ症，アスペルギルス症など，選択性の高い真菌感染症治療薬として使用されている．

参考文献
1) Tomishima M, et al：J Antibiot, 52：674-676, 1999
2) 山口英世, 他：日本化学療法学会誌, 50：20-29, 2002
3) Wasmann RE, et al：Clin Pharmacokinet, 57：267-286, 2018

2-Acetamido-1,2-dideoxynojirimycin

別名：2-ADN／2-アセトアミド-1,2-ジデオキシノジリマイシン

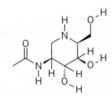

◆ 分子量：204.2

◆ IUPAC名：N-[(3R,4R,5R)-4,5-dihydroxy-6-(hydroxymethyl)piperidin-3-yl]acetamide

◆ 使用法・購入
 溶媒：ミリQ水（50 mM）
 使用条件：5 mMで N-アセチルグルコミニダーゼ活性が阻害される
 購入先：シグマ社（90921）

◇ 作用機序

2-ADNは，N-アセチルグルコサミンに類似した構造をしているので，ヒト N-アセチルグルコサミニダーゼ（NAG）などの活性部位に入り，競合阻害する．

◇ 生理機能

ヒト N-アセチルグルコサミニダーゼ（NAG）は，前立腺や近位尿細管に多く含まれるリソソーム酵素の一つであり，ムコ多糖や糖タンパク質などの分解に関与している．昆虫細胞の N-グリカンは，トリマンノシルコアとよばれる昆虫特有の小さな糖鎖構造をしているが，これは，昆虫では N-アセチルグルコサミニダーゼがリソソームだけでなく，ゴルジ体にもあるために，合成途中の N-グリカンに付加した N-アセチルグルコサミンを消化してしまい，複合型糖鎖が伸長しないためであると考えられている．昆虫細胞への5 mMの2-ANDの添加により，N-アセチルグルコサミニ

ダーゼが阻害されて，GnTIによりトリマンノシルコアに付加されたN-アセチルグルコサミンが残存し，そこにガラクトースなどが伸長して，複合型糖鎖伸長が起こることが示されている．

参考文献

1）Watanabe S, et al：J Biol Chem, 277：5090-5093, 2002

2）Kim YK, et al：Glycobiology, 19：301-308, 2009

Voglibose

別名：ボグリボース

◆**分子量**：267.3

◆**IUPAC名**：(1S,2S,3R,4S,5S)-5-(1,3-dihydroxypropan-2-ylamino)-1-(hydroxymethyl)cyclohexane-1,2,3,4-tetrol

◆**使用法・購入**

溶媒：ミリQ水にきわめて溶けやすい

使用条件：$IC_{50} = 10^{-2} \sim 10^{-6}$ mM であり，この程度の濃度で使用する

購入先：アブカム社（ab143732），東京化成工業社（V0119），富士フイルム和光純薬社（229-01891），シグマ社（50359）

◇ **作用機序**

糖類水解酵素（α-グルコシダーゼ）に対する競合拮抗的阻害作用を示す．Voglibose は Acarbose とともに α-グルコシダーゼ阻害剤であるが，それぞれ異なる特異性を示す．Voglibose は，ブタ小腸由来マルターゼとスクラーゼに対して Acarbose よりそれぞれ約20倍および30倍強い阻害作用を，ラット小腸由来マルターゼおよびスクラーゼに対してはそれぞれ約270倍および190倍の阻害作用を示す．一方，ブタおよびラット膵臓由来の α-アミラーゼに対する阻害作用は Acarbose の約1/3,000であり，β-グルコシダーゼに対しては阻害活性を示さない．

◇ **生理機能**

Voglibose は腸管において α-グルコシダーゼの作用を阻害して二糖類から単糖への分解を阻害し，糖質の消化・吸収を遅延させ，食後の過血糖を改善する．また，ラットを用いた実験では，Voglibose はでん粉，マルトースおよびスクロース摂取後の血糖上昇を抑制するが，グルコース，フルクトースおよびラクトース摂取後の血糖上昇に対しては無効である．$IC_{50} = 23.4\ \mu M$（酵母 α-グルコシダーゼに対して）．

573

参考文献
1）小高裕之，他：日本栄養・食糧学会誌，45：27，1992
2）Adisakwattana S, et al：J Enzyme Inhib Med Chem, 19：313-316, 2004
3）Chen X, et al：Curr Med Chem, 13：109-116, 2006

2-Deoxy-D-galactose

別名：2-DG / 2-デオキシガラクトース

◆ 分子量：164.2

◆ IUPAC名：(3R,4R,5R)-3,4,5,6-tetrahydroxyhexanal

◆ 使用法・購入
溶媒：ミリQ水に溶ける．溶液は分注して-20℃で保存（約1年間安定）
使用条件：10％（W/V）程度でストックを作製し，0.5％程度で使用する
購入先：東京化成工業社（D0050），富士フイルム和光純薬社（350-12661），シグマ社（D4407）

◇ 作用機序

2-DG(Deoxy-D-galactose)は，糖脂質であるG_{M2}およびG_{D3}中の通常はgalactoseが占めている位置に取り込まれることで，galactoseの2位へのフコシル化の阻害剤として作用する．これは，フコース転移酵素が2位の水酸基にフコースを$\alpha 1,2$-結合で転移するのに対し，2-DGでは2位の水酸基にフコースを転移できないためである．また，Anadarin Pレクチン（ベニハマグリ由来のガラクトシル結合レクチン）に対してgalactoseより高い結合能を示す．

◇ 生理機能

2-DGは，galactoseと同様に細胞内に取り込まれ代謝されるが，細胞毒性がある．酵母では，正常株は2-DG存在下で致死であるが，galactose-1-リン酸を合成するガラクトキナーゼに欠損のある変異株は生存可能になる．これは，細胞内に取り込まれた2-DGの1位へのリン酸化ができずに，その後の2-DGの代謝が進まないために，細胞毒性が解除されたものと考えられる．ヒト肝芽細胞腫由来のHepG2細胞内において，2-DGは膜糖タンパク質の糖鎖部分に取り込まれるが，$\alpha 1,2$-フコシル化反応は抑制される．また，ラットでは，糖タンパク質，プロテオグリカンがフコシル化されず，長期記憶形成が阻害される．

参考文献
1）Dam TK：Mol Cell Biochem, 117：1-9, 1992

2) Hwang YH, et al：FEBS Lett, 327：63-67, 1993

3) Lorenzini CG, et al：Neurobiol Learn Mem, 68・317-324, 1997

Oseltamivir phosphate

別名：リン酸オセルタミビル / Tamiflu / タミフル

◆分子量：410.4

◆IUPAC名：ethyl (3R,4R,5S)-4-acetamido-5-amino-3-pentan-3-yloxycyclohexene -1-carboxylate;phosphoric acid

◆使用法・購入

溶媒：ミリＱ水に溶けやすい．1 mg/mL程度で調製する（用事調製）

使用条件：経口投与（ヒトに対する）の場合は75 mgのカプセルをそのままか5 mLの水に溶解して行う．化学分析は，0.4 mg/mL程度あるいはそれ以下の濃度にして使用する．培養細胞処理の場合は25 μg/mL程度で使用する

購入先：フナコシ社（16070），シグマ社（SML1606）

◇作用機序

Oseltamivir phosphateは，活性型（Oseltamivir carboxylate）に変換後，ヒトＡ型およびＢ型インフルエンザウイルスの表面にあるノイラミニダーゼに対する強力な阻害剤として働く（IC_{50} = 0.1～2.6 nM）．Ａ型インフルエンザウイルス（H1N1）では，His274Tyrの変異により活性型Oseltamivirに抵抗性を示す．His274の変異がGlu276部位の配向を変えることにより活性型Oseltamivirに対する結合の強さを低下させると考えられる．これ以外にも，Arg292Lys，Glu119Val，Asn294Serなどの変異が活性型Oseltamivir耐性に関与している．

◇生理機能

商品名タミフル（Tamiflu）．タミフルは，Ａ型およびＢ型インフルエンザウイルス感染症に対する経口抗インフルエンザウイルス剤として使用される．消化管から吸収された後，肝臓のエステラーゼにより加水分解され活性体へと変換され，新しく形成されたウイルスが感染細胞から遊離することを阻害することにより，ウイルスの増殖を抑制する．一方で，ウイルスも変異体形成により対抗し，タミフルを投与している小児の18％でノイラミニダーゼの変異が見つかり，それらはタミフルに耐性を示すという報告もある．

第36章 糖プロセシング関連薬剤

575

参考文献

1）Wang MZ, et al：Antimicrob Agents Chemother, 46：3809-3816, 2002
2）Kiso M, et al：Lancet, 364：759-765, 2004
3）Davies BE：J Antimicrob Chemother, 65 Suppl 2：ii5-ii10, 2010

4-Methylumbelliferone

別名：4-MU / 4-メチルウンベリフェロン / 7-ヒドロキシ-4-メチルクマリン

◆**分子量**：176.2

◆**IUPAC名**：7-hydroxy-4-methylchromen-2-one

◆**使用法・購入**
　溶媒：メタノール，エタノールに微溶．水に不溶
　使用条件：少量のDMSOに溶かし（最終濃度で0.5 mM以下を目安とする），培地などに加える
　購入先：東京化成工業社（M0453），ナカライテスク社（23130-74），フナコシ社（0518），シグマ社（M1381）

◇ 作用機序

　ヒアルロン酸合成酵素阻害剤として働く．0.5 mM 4-MU（Methylumbelliferone）を加えた培地でヒト線維芽細胞を培養するとプロテオグリカンの合成は抑制されないが，ヒアルロン酸の合成は完全に抑制される．これは，4-MUがヒアルロン酸合成酵素を直接阻害するためではなく，ヒアルロン酸合成酵素の合成を抑制するためと考えられている．

◇ 生理機能

　v-Srcにより活性化されたヒアルロン酸合成能が細胞移動の活性化に関与するかを検討する際に，4-MUを用いてヒアルロン酸の合成を阻害した状態でヒアルロン酸に対する細胞移動能を検討した例がある．また，メラノーマ細胞において，0.1～0.5 mMの4-MU処理により細胞接着と細胞移動が阻害される．4-MUによるヒアルロン酸（ヒアルロナン）合成の阻害は，炎症反応，自己免疫疾患およびがんの治療に利用できる可能性がある．

参考文献

1）Nakamura T, et al：Biochem Biophys Res Commun, 208：470-475, 1995
2）Sohara Y, et al：Mol Biol Cell, 12：1859-1868, 2001
3）Kudo D, et al：Biochem Biophys Res Commun, 321：783-787, 2004
4）Nagy N, et al：Front Immunol, 6：123, 2015

PDMP

別名：(+/−)-*threo*-1-Phenyl-2-decanoylamino-3-morpholino-1-propanol hydrochloride / DL-*threo*-PDMP・HCl

◆分子量：427.0

◆**IUPAC名**：N-(1-hydroxy-3-morpholin-4-yl-1-phenylpropan-2-yl)decanamide; hydrochloride

◆**使用法・購入**
溶媒：エタノールに25 mg/mLまで可溶．分注して−20℃で保存（約6カ月間安定）
使用条件：25 μM程度で使用
購入先：フナコシ社（10005276），富士フイルム和光純薬社（10005276），アブカム社（ab144022）．市販品は塩酸塩

◇ 作用機序

PDMPには4つの光学異性体（D/Lおよび*threo/erythro*体）があるが，そのうちD-*threo*-PDMPはセラミドに近い構造をもち，グルコシルセラミド生合成酵素に対して強力かつ競合的な阻害剤として作用する．D-*threo*-PDMPのグルコシルセラミド生合成酵素に対するIC$_{50}$値は5 μM，K_i値は0.7 μMである．一方，ガラクトシルセラミド合成酵素やβ-グルコセレブロシダーゼに対する阻害作用はない．

◇ 生理機能

PDMP処理した培養細胞では，糖脂質合成の阻害以外にも，細胞外マトリクスタンパク質であるラミニンへの接着能の特異的減少，実験的肺転移の抑制，ソフトアガー上でのコロニー形成能の抑制，IL-2に依存したT細胞の増殖抑制，ショープ乳頭腫に対する脱がん活性，神経突起の成長やシナプス形成の抑制効果などが報告されている．また，PDMP処理により破骨細胞（osteoclast）分化を抑制した状態でスフィンゴ糖脂質を加えた後，MAPキナーゼやIκBのリン酸化状態を調べることにより，サイトカインRANKLによるシグナル伝達の研究に使われた例もある．また，PDMPはmTORのリソソームから小胞体への移行を誘導することでmTORの活性を阻害することが報告されている．

参考文献

1）井ノ口仁一：蛋白質核酸酵素, 43：2495-2502, 1998
2）Inokuchi J & Radin NS：J Lipid Res, 28：565-571, 1987
3）Fukumoto S, et al：J Pharmacol Sci, 100：195-200, 2006

第36章　糖プロセシング関連薬剤

4) Ode T, et al：Exp Cell Res, 350：103-114, 2017

Brefeldin A

別名：BFA / ブレフェルディン A

◆ **分子量**：280.4

◆ **IUPAC名**：(1S,2E,7S,10E,12R,13R,15S)-12,15-dihydroxy-7-methyl-8-oxabicyclo[11.3.0]hexadeca-2,10-dien-9-one

◆ **使用法・購入**
　溶媒：DMSOで10 mg/mLに調製．メタノール，エタノール，アセトンなどにも溶けるが水にはほとんど溶けない
　購入先：富士フイルム和光純薬社（022-15991），アブカム社（ab120299），シグマ社（B7651），メルク社（203729），コスモ・バイオ社（20350-15-6）

◇ 作用機序

　BFA（Brefeldin A）は，当初，真菌 *Eupenicillium brefeldianum* 由来の抗生物質として研究が行われた．その後，BFAにより小胞体型の糖鎖構造をもつ糖タンパク質の蓄積がみられ，BFAは小胞体からゴルジ体へのタンパク質（糖タンパク質を含む）の移動をエンドサイトーシスまたはリソソーム機能に影響を及ぼさずに特異的かつ可逆的に抑制することから，糖タンパク質のプロセシングを介した細胞内輸送の研究に利用されている．BFAの作用機序は，低分子量Gタンパク質であるADPリボシル化因子（ARF）に対するグアニンヌクレオチド交換タンパク質（GEF）であるBIG1およびBIG2の活性を阻害することでGDP/GTP交換反応を阻害し，ARFのゴルジ体への結合を阻害することで，タンパク質の移動を阻害する．200 nM程度のBFAでタンパク質輸送の阻害とゴルジ体の分解が誘導される．

◇ 生理機能

　BFAにより小胞体ストレスが生じ，細胞のアポトーシスを誘導することから抗がん剤としての研究が進んでいる（IC$_{50}$ ＝ 25 ～ 180 nM）．また，BFAの抗動脈硬化作用が報告されている．さらに，BFAはCRISPRのゲノム編集の効率を上げることで再生医療における利用が検討されている．

参考文献
　1) Klausner RD, et al：J Cell Biol, 116：1071-1080, 1992

2）Nebenführ A, et al：Plant Physiol, 130：1102-1108, 2002
3）Tian K, et al：Eur J Med Chem, 136：131-143, 2017
4）Dong S, et al：J Agric Food Chem, 61：128-136, 2013
5）Yu C, et al：Cell Stem Cell, 16：142-147, 2015

Castanospermine

別名：CS／カスタノスペルミン

◆**分子量**：189.2

◆**IUPAC名**：（1S,6S,7R,8R,8aR)-1,2,3,5,6,7,8,8a-octahydroindolizine-1,6,7,8-tetrol

◆**使用法・購入**
溶媒：水，メタノールに可溶．2〜8℃で保存
使用条件：1〜10 μg/mLの濃度で使用
購入先：富士フイルム和光純薬社（032-14691），シグマ社（C3784），メルク社（218775），コスモ・バイオ社（79831-76-8）

◇ **作用機序**

Castanospermineは植物アルカロイドで，複数のβ−グルコシダーゼおよびα−グルコシダーゼ（N−結合型糖タンパク質プロセシングに関与するものを含む）に対する阻害剤として働く（IC_{50}＝300〜500 μM）．哺乳動物の培養細胞を用いた実験では，小胞体のα−グルコシダーゼⅠを阻害して，主として$Glc_3Man_{7-9}GlcNAc_2$のオリゴ糖が生成する．

◇ **生理機能**

Castanospermineおよびその誘導体は，C型肝炎ウイルス，HIVおよびデングウイルスに対する抗ウイルス作用を示す（IC_{50}＝100〜300 μM）．また，Castanospermineはラットに対して抗炎症作用を示すことが報告されている．

参考文献
1）Fuhrmann U, et al：Biochim Biophys Acta, 825：95-110, 1985
2）Saul R, et al：Proc Natl Acad Sci U S A, 82：93-97, 1985
3）Whitby K, et al：Antivir Chem Chemother, 15：141-151, 2004
4）Whitby K, et al：J Virol, 79：8698-8706, 2005
5）Bartlett MR, et al：Immunol Cell Biol, 72：367-374, 1994

第36章　糖プロセシング関連薬剤

Kifunensine

別名：KIF / キフネンシン

◆**分子量**：232.2

◆**IUPAC名**：(5R,6R,7S,8R,8aS)-6,7,8-trihydroxy-5-(hydroxymethyl)-1,5,6,7,8,8a-hexahydroimidazo[1,2-a]pyridine-2,3-dione

◆**使用法・購入**
使用条件：ミリQ水で50 mMの濃度に調製
購入先：フナコシ社（MK10316），富士フイルム和光純薬社（516-63391），シグマ社（K1140），メルク社（422500），コスモ・バイオ社（109944-15-2）

◇ 作用機序

Kifunensineは，放線菌 *Kitasatosporia kifunense* から単離されたアルカロイドで，マンノシダーゼIに対する阻害剤である．Kifunensineは，ラット肝臓細胞のゴルジ α-マンノシダーゼIを阻害し（$IC_{50} = 100$ nM），また，リョクトウ（緑豆）由来の α-マンノシダーゼIを阻害する（$IC_{50} = 20$ nM）．

◇ 生理機能

Kifunensineは，1 μg/mLの濃度でヒト上皮細胞の表面にあるLDL受容体の N-結合型糖タンパク質の合成を阻害し，その結果，$Man_9GlcNAc_2$ が蓄積する．同様に，KifunensineによってHIVの表面抗原を変えることで抗体治療の効果を改善する可能性が報告されている．また，Kifunensineは，小胞体関連マンノシダーゼ活性を阻害することで，小胞体ストレス応答である小胞体関連分解（ERAD）を抑制することが知られている．

◇ 注意点

マンノシダーゼII，アリル-α-マンノシダーゼおよび小胞体の α-マンノシダーゼは阻害しない．

参考文献
1）Elbein AD, et al：J Biol Chem, 265：15599-15605, 1990
2）Elbein AD, et al：Arch Biochem Biophys, 288：177-184, 1991
3）Saeed M, et al：J Biol Chem, 286：37264-37273, 2011
4）Mikell I & Stamatatos L：PLoS One, 7：e49610, 2012

Swainsonine

別名：SW / Tridolgosir / スワインソニン

◆**分子量**：173.2

◆**IUPAC名**：(1S,2R,8R,8aR)-1,2,3,5,6,7,8,8a-octahydroindolizine-1,2,8-triol

◆**使用法・購入**
　溶媒：ミリQ水で1 mg/mLに調製．メタノール，DMSOにも溶ける
　購入先：富士フイルム和光純薬社（198-10281），シグマ社（S9263），メルク社
　　（574775），コスモ・バイオ社（72741-87-8）

◇作用機序

　Swainsonineは*Swainsona canescens*由来の植物性アルカロイドで，グリコシダーゼ，特にリソソームのα-マンノシダーゼやゴルジ体のα-マンノシダーゼⅡの強力な阻害剤としてN-結合型糖タンパク質のプロセシングを阻害し（$IC_{50} = 100$ nM），$Man_5GlcNAc_2$型のコア構造をもつハイブリッド型糖鎖を生成する．

◇生理機能

　Swainsonineはさまざまな抗がん作用と免疫調節作用の例が知られている．Swainsonineの効果は，がんの進行と転移の抑制，NK細胞やマクロファージを介したがん細胞の細胞死の誘導，さらに骨髄細胞の増殖の活性化などが知られている．例えば，ヒトの胃がん細胞（$IC_{50} = 0.84$ μg/mL）やマウスのリンパ系培養細胞（$IC_{50} = 0.2$ μM）に対する増殖抑制効果の報告がある．

参考文献
1）Fuhrmann U, et al：Biochim Biophys Acta, 825：95-110, 1985
2）Elbein AD：Annu Rev Biochem, 56：497-534, 1987
3）Olden K, et al：Pharmacol Ther, 50：285-290, 1991
4）Sun JY, et al：Phytomedicine, 14：353-359, 2007
5）Dennis JW, et al：Biochem Pharmacol, 46：1459-1466, 1993

第36章　糖プロセシング関連薬剤

第37章
抗ウイルス関連薬剤

鈴江一友

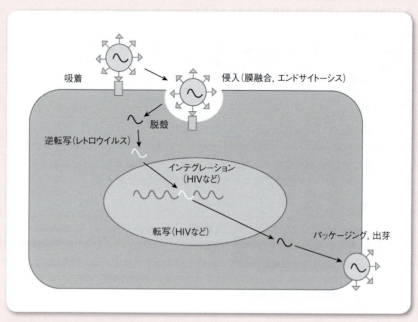

概略図　ウイルスの生活環

　ウイルスは偏性細胞寄生性であり，細胞に侵入し，暗黒期を経て形成されたウイルスが宿主細胞を脱出するという増殖サイクルを示す（**概略図**）．ウイルスの増殖には宿主細胞の核酸複製システムやタンパク質合成システムを借用するため，抗ウイルス薬はウイルス特異的に作用する点が少ないことが，細菌など病原体を直接ターゲットとする抗生物質（**第28章**参照）と大きく異なる．さらに個々のウイルスの進化的多様性が著しく大きいため，たとえ抗ウイルス薬が開発されたとしても，その作用点は限られており，作用スペクトラムの狭いものしかできない．しかしこの点について逆に考えれば，病原体に対する特異性がきわめて高く，また副反応が小さい薬剤を開発できる可能性を示唆する．

Aciclovir

別名：アシクロビル

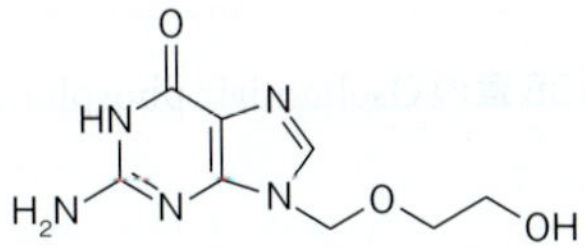

◆分子量：225.2

◆IUPAC名：2-Amino-9-[(2-hydroxyethoxy)methyl]-1,9-dihydro-6H-purin-6-one

◆購入先：メルク社（114798）など，主要薬剤メーカーで購入可能

◇作用機序

　ヘルペスウイルス科の単純ヘルペスウイルスと水痘・帯状疱疹ウイルスに作用する．細胞内に移行したAciclovirは，ヘルペスウイルスに特異的なthymidine kinase（TK）に反応し，Aciclovir 1リン酸を生成した後，さらにリン酸化を受けてAciclovir 3リン酸を生成する．これがデオキシグアノシン3リン酸と拮抗することで，DNAポリメラーゼによるDNA合成が阻害され，ウイルスゲノムの生成を阻害する．

◇生理機能

　アシクロビルは宿主のもつTKには反応せず，ヘルペスウイルスのTKによって特異的にリン酸化されるため，ウイルス感染細胞に対してきわめて高い特異性を示す．このことによってきわめて高いウイルス選択毒性を示す．Aciclovirは高い選択毒性を示す非常に有用な薬剤であるが，この薬剤はウイルスの感染を阻害するのではなく，ウイルス感染細胞を殺滅する作用を示すため，薬剤投与の結果として細胞再生能の乏しい神経細胞が失われ，予後が不良になることがあるので注意する必要がある．単純ヘルペスウイルスの培養神経細胞に対する増殖阻害もしくは増殖抑制用に使用できる．適切な濃度を用いることで，単純ヘルペスウイルスの潜伏感染系を確立することも可能である．

参考文献

　1）Avgousti DC & Weitzman MD：Cell Host Microbe, 18：639-641, 2015
　2）Cliffe AR, et al：Cell Host Microbe, 18：649-658, 2015

Oseltamivir

別名：オセルタミビル / Tamiflu / タミフル

構造式，使用法などは第36章のOseltamivir phosphateの項を参照

◇作用機序

抗インフルエンザ薬でノイラミニダーゼ阻害剤．A型およびB型インフルエンザウイルスに有効である．インフルエンザウイルス粒子の表面には，感染細胞内で新規に形成されたウイルス粒子の感染細胞からの放出時に重要なノイラミニダーゼという酵素を表出している．ノイラミニダーゼはシアル酸残基末端の加水分解を触媒する酵素であり，Oseltamivirはこのノイラミニダーゼの基質であるシアル酸の類似体であり，ノイラミニダーゼを拮抗阻害することで，ウイルス感染細胞から生成したウイルス粒子の放出を阻害する．培養細胞に対するインフルエンザウイルスの増殖阻害などを評価できる．また他の抗インフルエンザウイルス薬の開発が望まれるが，その評価系の指標の一つとして本薬剤が用いられる．

参考文献
1）Lindemann L, et al：Eur J Pharmacol, 628：6-10, 2010
2）De Clercq E：Nat Rev Drug Discov, 5：1015-1025, 2006

Amantadine

別名：アマンタジン

◆分子量：151.3

◆IUPAC名：adamantan-1-amine

◆購入先：メルク社（818383）など，主要薬剤メーカーで購入可能

◇作用機序

インフルエンザウイルスはエンドサイトーシスによって宿主細胞内に取り込まれ，取り込んだウイルス粒子はエンドソーム内でpHの低下を経験して弱酸性になる．A型インフルエンザウイルス粒子の表面に存在するM2タンパク質は四量体を形成してH$^+$チャネルを形成している．ウイルス粒子の外部環境のpHが低下すると，このH$^+$チャネルが開き，H$^+$がウイルス粒子内に取り込まれる．これをきっかけに，ウイルス粒子の脱殻がはじまり，ウイルス遺伝子が宿主細胞内に放出される．この薬剤は

M2タンパク質で構成されるH$^+$チャネルを阻害することで，ウイルス粒子の脱殻を阻害する．インフルエンザウイルスに対する薬物作用を解析する目的ではもちろんだが，本薬剤はNMDAレセプターにも作用することが報告されており，神経細胞を用いた研究にも使用される．

◇ 生理機能

　抗インフルエンザ薬．また宿主神経細胞のNMDAレセプターを拮抗阻害するため，パーキンソン症候群の治療薬として用いられる場合もある．

参考文献

　1）De Clercq E：Nat Rev Drug Discov, 5：1015-1025, 2006

Favipiravir

別名：ファビピラビル / Avigan / アビガン

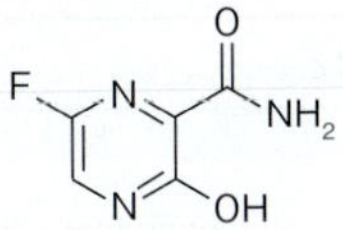

◆**分子量**：157.1

◆**IUPAC名**：6-fluoro-3-oxo-3,4-dihydropyrazine-2-carboxamide

◆**購入先**：セレック社（S7975）など

◇ 作用機序

　細胞内の酵素によってFavipiravirが代謝されてファビピラビルリボフラノシル3リン酸となり，これがRNA依存性RNAポリメラーゼの活性を阻害する．なお，RNA依存性RNAポリメラーゼの活性中心は多くのRNAウイルス間で保存されており，このことによってFavipiravirのRNA依存性RNAポリメラーゼ阻害活性は，広範囲なRNAウイルスに対して有効であることが示されている．すなわち現在は抗インフルエンザ薬としての適応があるが，これ以外にもエボラ出血熱を起こすエボラウイルスに代表されるフィロウイルス科，ラッサ熱を起こすアレナウイルス科，重症熱性血小板症候群やクリミヤコンゴ出血熱の原因となるブニヤウイルス科にも有効性が示されている．ウイルスゲノムの複製にRNA依存性RNAポリメラーゼを使用するウイルスに対する薬物作用を調べる目的で，*in vitro*および*in vivo*における実験で使用される．

◇ 生理機能

　抗インフルエンザ薬．細胞内におけるウイルス遺伝子の複製を阻害する．RNAウイルスのRNA依存性RNAポリメラーゼを選択的に阻害する作用による．

参考文献

1）Furuta Y, et al：Proc Jpn Acad Ser B Phys Biol Sci, 93：449-463, 2017
2）De Clercq E：Biochem Pharmacol, 93：1-10, 2015

Raltegravir

別名：ラルテグラビル

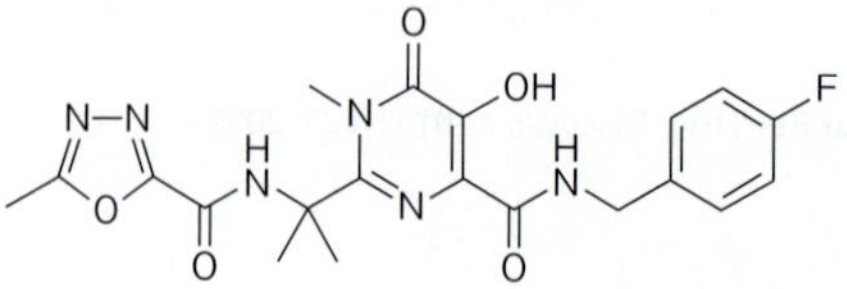

◆**分子量**：444.4

◆**IUPAC名**：N-[2-[4-[(4-fluorophenyl)methylcarbamoyl]-5-hydroxy-1-methyl-6-oxopyrimidin-2-yl]propan-2-yl]-5-methyl-1,3,4-oxadiazole-2-carboxamide

◆**購入先**：セレック社（S5245）など

◇ 作用機序

　抗HIV薬．HIVはその遺伝子上にウイルスゲノムの複製に必須の酵素であるHIVインテグラーゼをコードしており，ラルテグラビルはそのHIVインテグラーゼを阻害する．HIV感染初期において，HIVインテグラーゼの阻害によってウイルスゲノムの宿主細胞ゲノムへのインテグレーションが阻害される．HIVゲノムのインテグレーションが阻害されたウイルスは，新たなHIV粒子を生成することができないため，その結果ウイルスの感染拡大が阻止される．宿主側にインテグラーゼと同様の作用をもつ酵素が存在しないため，ウイルス感染細胞に対してきわめて高い選択毒性を示す．HIV感染系において，本薬剤に対して抵抗性を有するウイルスと宿主細胞の細胞学的および生化学的研究に使用される．

参考文献

1）Cooper A, et al：Nature, 498：376-379, 2013
2）De Clercq E：Nat Rev Drug Discov, 6：1001-1018, 2007

Maraviroc

別名：マラビロク

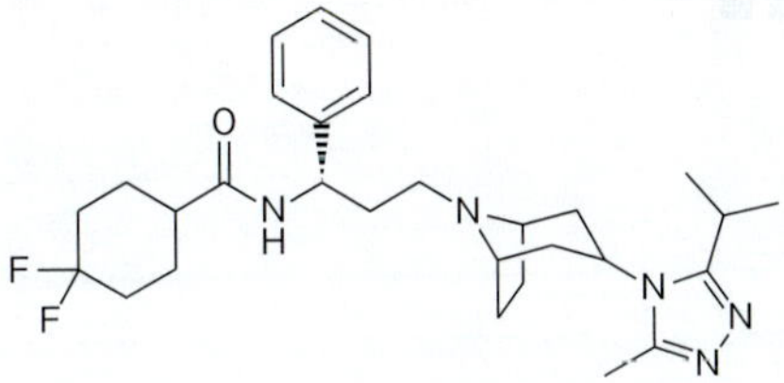

◆**分子量**：513.3

◆**IUPAC名**：N-[2-[4-[(4-fluorophenyl)methylcarbamoyl]-5-hydroxy-1-methyl-6-oxopyrimidin-2-yl]propan-2-yl]-5-methyl-1,3,4-oxadiazole-2-carboxamide

◆**購入先**：セレック社（S5245）など

◇作用機序

　抗HIV薬．ケモカインレセプターCCR5阻害薬．CCR5に結合することによってHIVウイルス粒子のgp120との結合を阻害し，このレセプターをもつマクロファージやT細胞へのウイルス粒子の侵入を阻害する．HIVの宿主細胞への侵入過程には，まずウイルス粒子表面に発現するタンパク質gp120がCD4に結合すること，次にgp120の構造変化によってコレセプターとの結合領域が表出すること，最後にその結合領域とコレセプターであるCCR5またはCXCR4と結合することの3ステップがある．本薬剤はCCR5にきわめて高い親和性を示し，このことによってgp120のCCR5への結合を強く阻害する．約90％のHIVは宿主細胞への侵入門戸にCCR5を用いるが，その他のHIVは侵入門戸としてCXCR4を用いるため，そのようなウイルス型のHIVには本薬剤は無効である．HIV実験系は動物モデルが少ないのが難点であり，本薬剤を用いた培養細胞系による抗ウイルス有効性の確認と薬剤有効性やそれに対する耐性の生化学的機序に関する研究で使用される．

参考文献

1) Jordan A, et al：EMBO J, 22：1868-1877, 2003

2) De Clercq E：Nat Rev Drug Discov, 6：1001-1018, 2007

3) Bullen CK, et al：Nat Med, 20：425-429, 2014

第38章
制がん剤

千葉奈津子

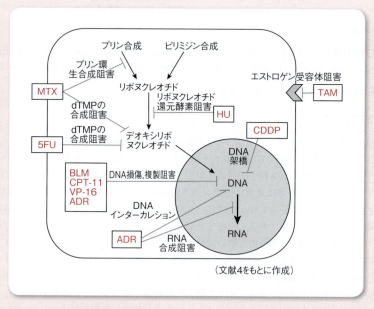

概略図　主な制がん剤の作用機構

　悪性腫瘍の治療法の1つである化学療法はきわめて進歩が著しい分野である．制がん剤は大別して，殺細胞薬，内分泌療法薬，分子標的療法薬，免疫療法薬に分類される．殺細胞薬は作用機序により，アルキル化剤，白金製剤，代謝拮抗薬，トポイソメラーゼ阻害剤，微小管阻害剤に分類される．アルキル化剤は，主にDNAをアルキル化して，DNA鎖内および鎖間に架橋を形成し，DNAを機能不全に陥らせる．白金製剤は，白金（プラチナ）がDNAと鎖内および鎖間に架橋を形成し，DNAの複製，転写を阻害する．代謝拮抗薬は，主に核酸合成に関与する分子と類似した構造をもつ化合物で，核酸合成を阻害し，主に分裂期の細胞に特異的に作用する．トポイソメラーゼは一過性にDNAを切断し，再結合することでDNAの構造を変える酵素で，トポイソメラーゼⅠはDNA1本鎖を，トポイソメラーゼⅡはDNA2本鎖を切断し，再結合する．トポイソメラーゼ阻害剤は，これらを阻害してDNA代謝を阻害する．微小管は細胞分裂の際の紡錘体形成，細胞内小器官の配置や物質輸送に重要な役割を果た

す．微小管阻害剤は，この微小管を阻害し，主として有糸分裂阻害に働く（**概略図**）．

分子標的薬剤は，それぞれの腫瘍の分子生物学的特徴となる分子を標的にした治療薬で，標的分子に特異的に作用することにより薬理作用を発揮する．構造上の違いから，小分子化合物と抗体薬に大別され，近年多くの薬剤が開発されている．内分泌療法薬は，乳がんや前立腺がんがそれぞれ女性ホルモンと男性ホルモンが増殖に関与することから，これらを遮断，拮抗することで腫瘍細胞の増殖を抑制し，細胞死に導く．免疫療法薬には，BRM（biological response modifiers），免疫調節薬，免疫チェックポイント阻害薬がある．

ここでは，主な殺細胞薬と一部の内分泌療法薬をとり上げた．

参考文献

1）日本臨床腫瘍学会：新臨床腫瘍学 第5版，南江堂，2018
2）「入門腫瘍内科学」編集委員会：入門腫瘍内科学，篠原出版新社，2011
3）What's New in Oncology 3rd Edition がん治療エッセンシャルガイド改訂3版：南山堂，2015
4）国立がんセンター内科レジデント編：がん診療レジデントマニュアル 第7版，医学書院，2016

Cisplatin

別名：cis-Diamineplatinum（Ⅱ）dichloride / CDDP / シスプラチン

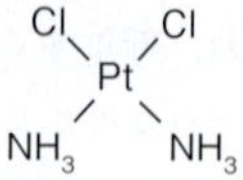

$$Cl \quad Cl$$
$$Pt$$
$$NH_3 \quad NH_3$$

◆分子量：300.1

◆IUPAC名：cis-diamminedichloroplatinum

◆使用法・購入
　溶媒：生理食塩水（0.5 mg/mL），室温で遮光保存
　使用条件：細胞培養用培地に添加する場合0.5～20 µg/mL
　購入先：日本化薬社，ブリストル・マイヤーズ スクイブ社，シグマ社（P4394），富士フイルム和光純薬社（033-20091，039-20093）

◇作用機序

　Cisplatinは，細胞内に拡散した後に，塩素がはずれて活性化する．活性化したCisplatinはDNAなどの高分子と共有結合し，DNAとはプリン残基と結合し，鎖内および鎖間に架橋を形成する．主にグアニンでのDNA鎖内架橋による白金-DNA付加体（platinum-DNA adduct）の形成により，DNAの複製・転写の両方が阻害される．その後，細胞内伝達系を介してアポトーシスが誘導され，抗腫瘍効果をもたらすとされている．

◇生理機能

　Cisplatinは，強い抗腫瘍効果と広い抗腫瘍スペクトラムをもつ薬剤で，多くの悪性腫瘍に対する化学療法におけるkey drugとなっている．しかしながら，腎障害，悪心，嘔吐，聴覚障害，末梢神経障害などの副作用ももつ．

◇注意点

　Cisplatinの活性化はCl^-の存在下で抑制されるため，投与は生理食塩水（0.9% NaCl溶液）に希釈して行われる．

参考文献

1）Dasari S, et al：Eur J Pharm, 740：364-378, 2014
2）Galluzzi L, et al：Oncogene, 31：1869-1883, 2012
3）Hall MD, et al：Cancer Res, 74：3913-3922, 2014

Methotrexate

別名：MTX／メソトレキセート

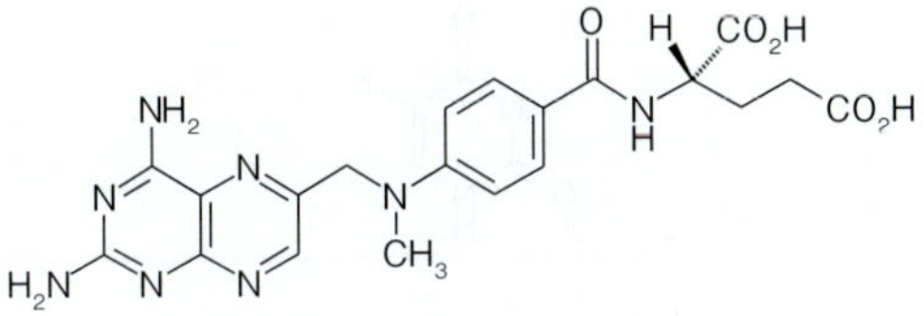

◆分子量：454.4

◆**IUPAC名**：N-[4[-N(-2,4-Diaminopteridin-6-ylmethyl)-N-methylamino] benzoyl]-L-glutamic acid

◆**使用法・購入**
溶媒：1M NaOH，1M NH$_4$OH（10 ~ 50 mg/mL），-20℃保存
使用条件：細胞培養用培地に添加する場合10 nM～300 μM
購入先：ファイザー社，シグマ社（A6770，M8407），富士フイルム和光純薬社（135-13573）

◇ 作用機序

葉酸拮抗薬である．葉酸は，細胞内で葉酸還元酵素（dihydrofolate reductase：DHFR）により，酸化型葉酸（dihydrofolate：FH2）から還元型葉酸（tetrahydrofolate：FH4）となり，アデニン，グアニンのプリン塩基合成の補酵素として働く．MTXは，DHFRに不可逆的に結合してその機能を阻害しFH4を減少させ，チミジル酸合成酵素（TS）を枯渇させ，DNA合成を阻害する．また，MTXは代謝過程で多数のグルタミン酸が付加されると貯留型・活性型となり，より強く，DHFRを阻害する．

◇ 生理機能

白血病，悪性リンパ腫，肉腫，絨毛性疾患，膀胱がんに使用される．免疫抑制作用があり，悪性腫瘍以外でも内服薬は関節リウマチや尋常性乾癬に使用される．

参考文献
1）Abolmaall SS, et al：Cancer Chemother Phamacol, 71：1115-1130, 2013
2）McGuire JJ, et al：Cur Pharmaceu Design, 9：2593, 2003

5-Fluorouracil

別名：5FU／5-フルオロウラシル

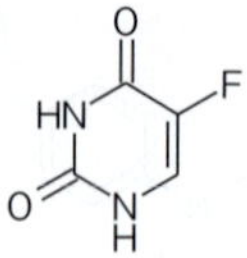

◆**分子量**：130.1

◆**IUPAC名**：5-fluoro-2,4(1H,3H)-pyrimidinedione

◆**使用法・購入**
溶媒：1M NH$_4$OH（50 mg/mL），DMSO（10〜50 mg/mL），4℃保存
使用条件：細胞培養用培地に添加する場合0.1〜100 μM
購入先：協和醱酵キリン社，シグマ社（F6627），富士フイルム和光純薬社（068-01401）

◇ 作用機序

ピリミジン系代謝拮抗剤である．5-Fluorouracilの代謝産物である5-フルオロデオキシウリジン一リン酸（FdUMP）が還元型葉酸とともに，チミジル酸合成酵素（TS）と ternary complexを形成する．これにより，TSが阻害され，dTMP，続いてdTTPの生成が阻害され，DNA合成が阻害される．さらに，5-Fluorouracilの代謝産物である5-フルオロウリジン三リン酸（FUTP）がUTPのかわりにRNAに取り込まれ，RNA機能障害も起こす．

◇ 生理機能

広い抗腫瘍スペクトラムをもつ薬剤で，固形がん，特に大腸がん，食道がん，胃がん，乳がんなどで使用され，臨床的に非常に重要な薬剤である．さまざまな誘導体も合成されている．ホリナートカルシウムは還元型葉酸に変換され，FdUMPとTSとの三量体の形成を増加させて効果を増強し，大腸がんでbiochemical modulationによる治療として効果をあげている．持続点滴には時間依存性にDNA合成阻害をきたし，急速静注では濃度依存性にRNA機能障害をきたすとされる．副作用は，口内炎，皮膚症状，下痢などが特徴的である．

参考文献
1）Mori R, et al：Gastric Cancer, 16：345-354, 2013
2）Peters GJ, et al：Biochim Biophys Acta, 1587：194-205, 2002
3）Uetsuka H, et al：Exp Cell Res, 289：27-35, 2003

Hydroxycarbamide

別名：ヒドロキシカルバミド

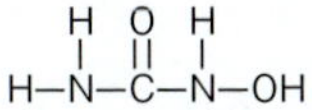

$$H-\overset{\displaystyle H}{\underset{\displaystyle |}{N}}-\overset{\displaystyle O}{\underset{\displaystyle \|}{C}}-\overset{\displaystyle H}{\underset{\displaystyle |}{N}}-OH$$

◆**分子量**：76.1

◆**IUPAC名**：hydroxyurea

◆**使用法・購入**
　溶媒：水（50 mg/mL），　20℃保存
　使用条件：細胞培養用培地に添加する場合10 μM～10 mM
　購入先：ブリストル・マイヤーズ スクイブ社，シグマ社（H8627），富士フイルム和光
　純薬社（085-06653）

◇ 作用機序

　尿素誘導体の代謝拮抗薬である．リボヌクレオチドをデオキシリボヌクレオチドに変換する酵素であるリボヌクレオチド還元酵素を阻害して，細胞内のデオキシリボヌクレオシド三リン酸（dNTP）含量を低下させ，S期特異的にDNA複製を阻害する．Hydroxycarbamideは，DNA切断を引き起こすが，DNA修復におけるDNA合成は阻害しないとされ，かつDNA複製の阻害は可逆的とされる．また，RNA合成やタンパク質合成は阻害しないとされる．さらに，細胞内の一酸化窒素（nitric oxide：NO）の産生を増加させる作用もあることが示されている．

◇ 生理機能

　細胞周期をG1期とS期の間に同調させる目的に使用される．慢性骨髄性白血病，鎌状赤血球性貧血，本態性血小板血症，真性多血症に経口剤として使用される．骨髄抑制，発疹，嘔吐などの副作用がみられる．

参考文献
　1）Kurose A, et al：Cell Prolif, 39：231-240, 2006
　2）Ware RE：Blood, 115：5300-5311, 2010
　3）Madaan K, et al：Expert Rev Anticancer Ther, 12：19-29, 2012

Irinotecan hydrochloride

別名：CPT-11 / 塩酸イリノテカン

·HCl·3H_2O

◆分子量：677.2

◆IUPAC名：(+)-(4S)-4, 11-diethyl-4-hydroxy-9[-(4-piperidino-piperidino) carbonyloxy]-1H –pyrano[3', 4':6, 7] indolizino[1, 2-b]quinoline-3, 14(4 H,12 H)- dione hydrochloride trihydrate

◆使用法・購入
溶媒：DMSO（50 mg/mL），−20℃で保存
使用条件：細胞培養用培地に添加する場合1～20 μM
購入先：ヤクルト社，第一三共社，シグマ社（I1406），富士フイルム和光純薬社（091-06651）

◇作用機序

Irinotecan hydrochloride は，植物アルカロイドである camptothecin の活性を保持し毒性を軽減した半合成薬剤である．それ自体では抗腫瘍効果はなく，カルボキシエステラーゼで7-エチル-10-ヒドロキシカンプトセシン（SN-38）に変換されて効果を発揮するプロドラッグである．SN-38 は DNA-トポイソメラーゼⅠ開裂複合体（cleavable complex）に結合して，この複合体を安定化させ，トポイソメラーゼⅠによる一本鎖 DNA 切断の再結合を阻害して DNA 合成を阻害する．

◇生理機能

S 期の細胞に特異的に殺細胞効果を示すとされ，肺がん，子宮頸がん，卵巣がん，胃がん，結腸がん，直腸がん，乳がん，有棘細胞がん，非ホジキン悪性リンパ腫に適応があり，肺がん・直腸・結腸がんでは第一選択薬の一つになっている．SN-38 の主な代謝酵素である UDP-グルクロン酸転移酵素（UDP-glucuronosyltransferase：UGT）の遺伝子多型により副作用の発現頻度が異なるとされ，遺伝子検査が行われる．

参考文献
1）Mathijssen RH, et al：Curr Cancer Drug Targets, 2：103-123, 2002
2）Magrini R, et al：Int J Cancer, 101：23-31, 2002
3）Fujita K, et al：World J Gastroenterol, 21：12234-12248, 2015

Adriamycin

別名：ADM / ADR / Doxorubicin / DXR / アドリアマイシン

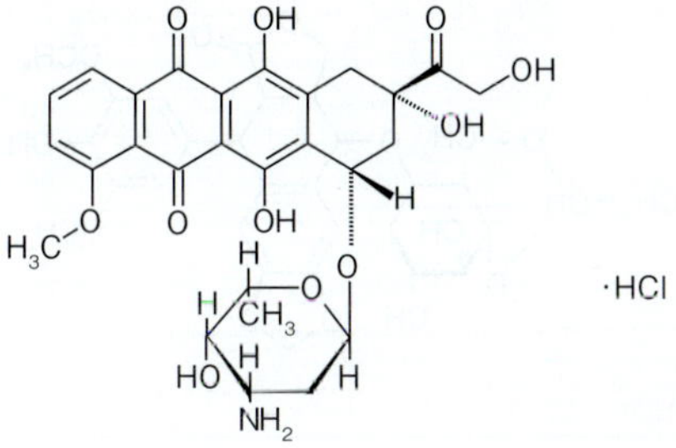

◆**分子量**：580.0

◆**IUPAC名**：(2S,4S)-4-(3-amino-2,3,6-trideoxy-α-L-lyxo-hexopyranosyloxy)-2-hydroxyacetyl-1,2,3,4-tetrahydro-2,5,12-trihydroxy-7-methoxynaphthacene-6,11-dionemonohydrochloride

◆**使用法・購入**
溶媒：水（10 mg/mL），−20℃保存
使用条件：細胞培養用培地に添加する場合1〜50 μM
購入先：協和醱酵キリン社，シグマ社（D1515），富士フイルム和光純薬社（040-21521）

◇作用機序

　1960年代Streptomyces類から発見されたアントラサイクリン系の抗がん抗生物質で，現在ではその作用機序からトポイソメラーゼⅡ阻害剤に分類される．トポイソメラーゼⅡによるDNA鎖切断状態で，トポイソメラーゼⅡとDNAの複合体を安定化し，DNA鎖の通り抜けと再結合を阻害し，DNA損傷を誘導する．また，DNAのインターカレーターとして働き，DNAポリメラーゼやRNAポリメラーゼ反応を阻害し，DNA複製とRNA転写を阻害する．さらに，ROS（活性酸素種）を産生し，DNA損傷を誘導し，細胞膜へも作用する．

◇生理機能

　細胞死を誘導し，悪性リンパ腫，肺がん，消化器がん，乳がん，膀胱腫瘍，骨肉腫に適応がある．特徴的な副作用は心毒性で，ROS（活性酸素種）によるミトコンドリア脂質の過酸化などさまざまな原因によって生じるとされ，蓄積毒性であり，心筋症の形をとる．

参考文献

1）Ravizza R, et al：BMC Cancer, 4：92, 2004
2）Hou M, et al：Cancer Res, 65：9999-10005, 2005
3）Tacar O, et al：J Pharm Pharmacol, 65：157-170, 2013

Etoposide

別名：VP-16 / エトポシド

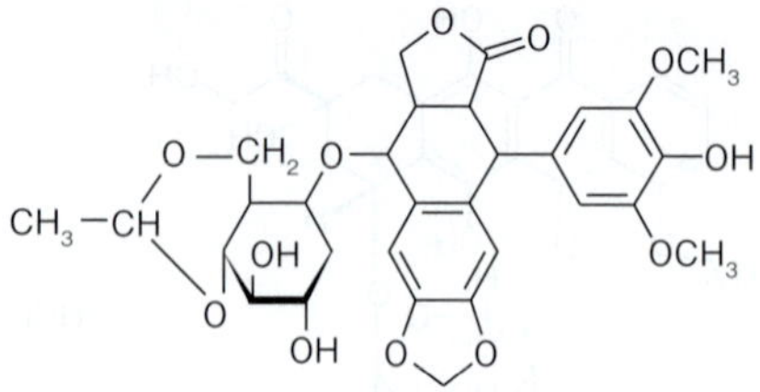

◆**分子量**：588.6

◆**IUPAC名**：(-)-(5R, 5aR, 8aR, 9S)-9-[(4,6-O-(R)-ethylidine-b-D-glucopy-ranosyl)oxy]-5, 8, 8a, 9-tetrahydro-5-(4-hydroxy-3, 5-dimethoxyphenyl)furo [3',4':6,7]naphtho[2,3-d]-1,3-dioxol-6(5aH)-one

◆**使用法・購入**
溶媒：DMSO（50 mM），Tween80，-20℃保存
使用条件：細胞培養用培地に添加する場合10〜200 μM
購入先：ブリストル・マイヤーズ スクイブ社，日本化薬社，シグマ社（E1383），富士フイルム和光純薬社（055-08431）

◇ 作用機序

　植物由来の有糸分裂阻害剤であるpodophyllotoxinの誘導体で半合成物である．トポイソメラーゼⅡ阻害作用はあるが，DNAのインターカレーターとしては作用しない．トポイソメラーゼⅡによる2本鎖DNA鎖切断状態で，トポイソメラーゼⅡとDNAの共有結合複合体を安定化し，DNA鎖の通り抜けと再結合を阻害し，DNA複製を阻害し，DNA損傷を誘導する．

◇ 生理機能

　細胞死を誘導し，肺小細胞がん，悪性リンパ腫，急性白血病，精巣腫瘍，膀胱がんなどに適応がある．また，治療に関連した二次性の発がんとして急性非リンパ性白血病が知られている．

参考文献

1）Burden DA, et al：J Biol Chem, 271：29238-29244, 1996
2）Arriola EL, et al：Oncogene, 18：1081-1091, 1999
3）Wu CC, et al：Science, 333：459-462, 2011

Bleomycin

別名：BLM / ブレオマイシン

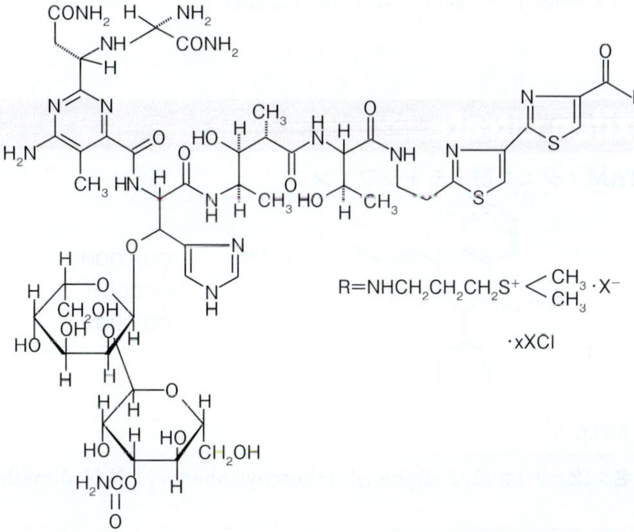

R=NHCH$_2$CH$_2$CH$_2$S$^+$ $<$ $^{CH_3}_{CH_3}$ ·X$^-$

·xXCl

◆ **分子量**：1487.5

◆ **IUPAC名**：N1-[3-(dimethylsulfonio) propyl]bleomycinamide chloride hydro-chloride

◆ **使用法・購入**
　溶媒：水（20 mg/mL），－20℃保存
　使用条件：細胞培養用培地に添加する場合10 ～ 100 μg/mL
　購入先：日本化薬社，シグマ社（B2434），富士フイルム和光純薬社（15154.01）

◇ 作用機序

　Bleomycinは放線菌の一種である *Streptmyces verticullus* の培養液から分離された抗がん抗生物質である．Bleomycinは鉄結合部位をもち，Fe^{2+}と複合体を形成する．Bleomycinは DNA 結合部位も有し，この複合体がDNAに架橋を形成することにより，DNA合成を阻害する．さらにこの複合体はROS（活性酸素種）を産生し，1本鎖および2本鎖DNAの切断を生じる．この作用はDNA特異的で，RNAやタンパク質合成に対する作用は弱い．時間依存性に作用する．

◇ 生理機能

　細胞死を誘導し，胚細胞腫瘍やホジキン病の標準治療に用いられる．皮膚，肺，腎および膀胱では活性型であるが，他の臓器では不活化されているとされ，化学療法においては，間質性肺炎，肺線維症などの肺毒性が問題になり，蓄積毒性で総投与量が増えるにつれて発生頻度が増加する．

第38章　制がん剤

参考文献

1）Kozarich JW, et al：Science, 245：1396-1399, 1989
2）Petering DH, et al：Chem Biol Interact, 73：133-182, 1990
3）Chen J & Stubbe J：Nat Rev Cancer, 5：102-112, 2005

Tamoxifen citrate

別名：TAM／クエン酸タモキシフェン

◆**分子量**：563.6

◆**IUPAC名**：(Z)-2-[4-(1, 2-diphenyl-1-butenyl)phenoxy]-N,N-dimethylamine citrate

◆**使用法・購入**
　溶媒：メタノール（50 mg/mL），エタノール（10 mg/mL），-20℃保存
　使用条件：細胞培養用培地に添加する場合1 nM～200 μM
　購入先：アストラゼネカ社，シグマ社（T9262），富士フイルム和光純薬社（598-11481）

◇作用機序

　エストロゲン受容体（ER）は，エストロゲンの結合により二量体を形成し，エストロゲン応答エレメント（ERE）に作用し，コアクチベーターとともにエストロゲン応答遺伝子の転写を活性化する．Tamoxifen citrateは，エストロゲンのERへの結合を競合的に阻害する選択的エストロゲン調節薬（SERM）であるが，臓器によりアゴニストにもアンタゴニストにも機能し，乳腺ではアンタゴニストとして機能する．Tamoxifen citrateは代謝を受けて活性化するが，これまでは4-hydroxytamoxifenが重要とされてきたが，CYP2D6によって変換されるEndoxifenの重要性が示されている．

◇生理機能

　乳がんにおいて，腫瘍組織のERとプロゲステロン受容体（PgR）陽性例に効果がある．ER陽性はエストロゲンが腫瘍細胞の増殖に関与することを示し，PgR陽性は，PgRがエストロゲン刺激により生成されるため，エストロゲン刺激後の細胞内刺激伝達系が機能していることを示す．長期投与の副作用として血栓塞栓症がある．また，子宮内膜ではアゴニストとして機能し，子宮内膜がんのリスクが上がるとされる．一方，骨に対するエストロゲン作用により，閉経後女性の骨密度が維持される．

参考文献

1 ）Schwartz Z, et al：J Steroid Biochem Mol Biol, 80：401-410, 2002

2 ）Kallio A, et al：Apoptosis, 10：1395-1410, 2005

3 ）Binkhorst L, et al：Cancer Treat Rev, 41：289-299, 2015

Olaparib

別名：オラパリブ

詳細は**第 26 章**同薬剤を参照

◇ 解説

Poly（ADP-ribose）polymerase（PARP）阻害剤である Olaparib は，相同組換え修復に障害のある腫瘍で合成致死を起こし，制がん剤として用いられる.

第39章
免疫チェックポイント関連薬剤

山下万貴子,北野滋久

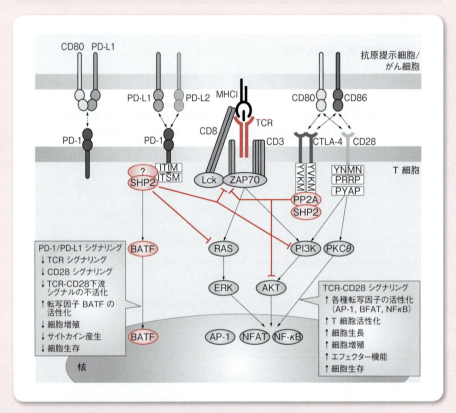

概略図　免疫チェックポイント分子からのシグナル伝達経路

　抗原特異的なT細胞の反応には，主要組織適合複合体（MHC）のうえに提示された抗原ペプチドからのシグナル（主刺激シグナル；シグナル1）だけでなく補助刺激分子からのシグナル（副刺激シグナル；シグナル2）が必要である．この分子群をターゲットとした抗体による抗腫瘍免疫療法は，近年めざましい発展を遂げており，さまざまながん腫において臨床効果が報告されている．2019年5月現在，国内において承認されているのは抗CTLA-4抗体（1種類），抗PD-1抗体（2種類），抗PD-L1抗体（3種類）の計6種類である．

主刺激シグナルであるT細胞受容体（TCR）からのシグナルは，MHC上に提示される抗原ペプチドをTCRが認識し，チロシンキナーゼLckが活性化されることにはじまる．このとき，活性型の補助刺激分子であるCD28がB7.1（CD80）あるいはB7.2（CD86）と結合すると，CD28の細胞内領域にPKCθ，PI3K等がリクルートされ，TCR刺激が増強される（**概略図**）．

　代表的な補助抑制分子（免疫チェックポイント）としてはCTLA-4やPD-1が知られており，それぞれがB7分子やPD-L1/PD-L2と結合すると，細胞内領域にSHP-2がリクルートされ，TCR下流シグナル分子を脱リン酸化することによりTCR刺激が抑制される．最近の報告では，PD-1/SHP-2複合体はTCRシグナルだけでなくCD28と結合してこれを脱リン酸化し，その下流シグナルを抑制する．すなわち，PD-1/PD-L1標的療法は，CD28/B7シグナルがあるT細胞に対して効果を発揮する可能性が示唆されている（**概略図**）．

　一方，PD-L1/PD-L2の下流シグナルについては，詳細が明らかになっていない．これまでの研究より，PD-L1はPD-1以外にもCD80とも結合すること，これらはともに状況によりT細胞上にも腫瘍／抗原提示細胞上にも発現し，それぞれが相互作用すること，最近では，同一細胞上のPD-L1とCD80が結合することによりPD-1/PD-L1の結合が阻害されることが報告された．PD-1/PD-L1シグナルの制御機構は複雑に絡みあっており，今後の研究が期待される．なお本章に限らないが，製薬会社がヒト臨床用に開発した薬剤の多くは，研究試薬としての使用を想定されていない．購入・使用の際には注意を要する．

参考文献

1）岡崎 拓，岡崎一美：生化学，Vol.87 No.6：693-704，2015
2）Sharpe AH & Pauken KE：Nat Rev Immunol, 18：153-167, 2018
3）Krueger J & Rudd CE：Immunity, 46：529-531, 2017
4）Sugiura D, et al：Science, 364：558-566, 2019

第39章　免疫チェックポイント関連薬剤

Ipilimumab

別名：MDX-010 / イピリムマブ / YERVOY / ヤーボイ

◆**分子量**：145.4 kD

◆**使用法・購入**
溶媒：0.9％塩化ナトリウム注射液，5％ブドウ糖注射液（1～4 mg/mL），PBS
使用条件：細胞培養用培地添加の場合 0.1～100 μg/mL
購入先：ブリストル・マイヤーズ社，小野薬品工業社，Creative Biolab 社（TAB-067），
セレック社（A2001）

◇ 作用機序

抗CTLA-4抗体．ヒト細胞傷害性Tリンパ球抗原–4（cytotoxic T-lymphocyte-associated protein 4：CTLA-4）に結合するヒト型IgG1κのモノクローナル抗体．CTLA-4とそのリガンドである抗原提示細胞上のB7.1（CD80）およびB7.2（CD86）分子との結合を阻害することにより，活性化T細胞における抑制的調節を遮断し，腫瘍抗原特異的なT細胞の増殖，活性化および細胞傷害活性の増強により腫瘍増殖を抑制する．また，本剤は，制御性T細胞（Treg）の機能低下および腫瘍組織におけるTreg数の減少により腫瘍免疫反応を亢進させ，抗腫瘍効果を示すと考えられる．抗マウスCTLA-4抗体としては，9D9（100～200 μg），9H10（200 μg）などが挙げられる．（購入先：Leinco Technologies 社，BioXcell 社ほか）

◇ 生理機能

適用：悪性黒色腫，腎細胞がん．本剤はIgG1 mAbであることから，補体およびFcγ受容体と結合する可能性が考えられるが，*in vitro*における活性化T細胞の補体依存性細胞傷害（CDC）には関与しない．一方，抗体依存性細胞傷害（ADCC）については，Ipilimumab が治療効果を示した悪性黒色腫患者において，受容体結合の高親和性多型であるCD16a-V158Fの多型が治療効果と相関することが報告された[3]．この反応はinflamed tumorにおいて観察されており，今後，Fcγ受容体結合能の改変がinflamed tumorにおける治療効果の改善につながる可能性が期待される．

参考文献
1）イピリムマブ インタビューフォーム（2018年8月 第7版，ブリストル・マイヤーズ）
2）Maker AV, et al：J Immunol, 175：7746-7754, 2005
3）Vargas FA, et al：Cancer Cell, 33：1-15, 2018

Nivolumab

別名：ONO-4538 / MDX-1106 / ニボルマブ / OPDIVO / オプジーボ

◆**分子量**：145.0 kD

◆**使用法・購入**

溶媒：生理食塩水（10 mg/mL），PBS
使用条件：細胞培養用培地添加の場合 1 ～ 50 μg/mL
購入先：ブリストル・マイヤーズ社，小野薬品工業社，Creative Biolab社（TAB 770），
　　セレック社（A2002）

◇ 作用機序

　抗 PD-1 抗体．ヒト PD-1（programmed cell death protein-1）に結合するヒト型
IgG4 モノクローナル抗体．PD-1 の細胞外領域（PD-1 リガンド結合領域）に結合し，
PD-1 と PD-1 リガンド（PD-L1 および PD-L2）との結合を阻害することにより，が
ん抗原特異的な T 細胞の活性化およびがん細胞に対する細胞傷害活性を増強し，持続
的な抗腫瘍効果を示すことが確認されている．抗マウス PD-1 抗体としては，
RMP1-14（100 ～ 200 μg），29F.1A12（100 ～ 200 μg）などが挙げられる．（購入
先：Leinco Technologies社，BioXcell社ほか）

◇ 生理機能

　適用：悪性黒色腫，非小細胞肺がん，腎細胞がん，ホジキンリンパ腫，頭頸部が
ん，胃がん，悪性胸膜中皮腫．CDC および ADCC 作用を示さない．

参考文献
1）オプジーボ インタビューフォーム（2019年6月 第21版，小野薬品）
2）Wong RM, et al：Int Immunol, 19：1223-1234, 2007
3）Brahmer JR, et al：J Clin Oncol, 28：3167-3175, 2010

Pembrolizumab

別名：MK-3475 / ペンブロリズマブ / KEYTRUDA / キイトルーダ
◆ **分子量**：149.0 kD

◆ **使用法・購入**
　溶媒：生理食塩水（25 mg/mL），PBS
　使用条件：細胞培養用培地添加の場合 0.1 ～ 100 μg/mL
　購入先：MSD 社，大鵬薬品工業社，Biovision 社（A1306-100）

◇ 作用機序

　抗 PD-1 抗体．PD-1 と結合するヒト化 IgG4 モノクローナル抗体．PD-1 とそのリ
ガンドである PD-L1 および PD-L2 との結合を直接阻害することにより，腫瘍特異的
な細胞傷害性 T 細胞を活性化させ，腫瘍増殖を抑制すると考えられる．

◇ 生理機能

　適用：悪性黒色腫，非小細胞肺がん，ホジキンリンパ腫，尿路上皮がん，MSI-High
固形がん．補体および Fcγ 受容体との結合はヒト IgG4 抗体と同程度で，ヒト IgG1
抗体に比べると著しく弱い．マウス PD-1 との交差性なし．

第39章　免疫チェックポイント関連薬剤

参考文献
1）キイトルーダ インタビューフォーム（2019年6月 第11版, MSD）
2）Hamid O, et al：N Engl J Med, 369：134-144, 2013

Atezolizumab

別名：MPDL3280A / アテゾリズマブ / TECENTRIQ / テセントリク
◆分子量：144.6 kD

◆使用法・購入
溶媒：生理食塩水（60 mg/mL）, PBS
使用条件：細胞培養用培地添加の場合 0.1〜100 μg/mL
購入先：中外製薬社, Biovision社（1305-100）, セレック社（A2004）

◇ 作用機序

　抗PD-L1抗体．PD-L1（programmed death-ligand 1）を標的としたヒト化IgG1
モノクローナル抗体．PD-1とPD-L1ならびにB7-1とPD-L1の結合を阻害すること
により，T細胞の再活性化を促進し，抗腫瘍免疫応答を示すと考えられる．抗マウス
PD-L1抗体としては，10F.9G2（200 μg, 3日ごとに腹腔内投与）などが挙げられる．
（購入先：Leinco Technologies社, BioXcell社ほか）

◇ 生理機能

　適用：小細胞肺がん．AtezolizumabはFcγ受容体との結合性が低減するように改
変されており（N298A），Fcγ受容体に対してほとんど結合性を示さないため，ADCC
を誘導しないと考えられる．

参考文献
1）テセントリク インタビューフォーム（2018年12月 第4版, 中外製薬）
2）Herbst RS, et al：Nature, 515：563-567, 2014

Durvalumab

別名：MEDI4736 / デュルバルマブ / IMFINZI / イミフィンジ
◆分子量：149.0 kD

◆使用法・購入
溶媒：生理食塩水（50 mg/mL）, PBS
使用条件：細胞培養用培地添加の場合 1〜20 μg/mL
購入先：アストラゼネカ社, セレック社（A2013）

◇ 作用機序

抗PD-L1抗体．ヒトPD-L1を標的とするヒト型IgG1κモノクローナル抗体．PD-L1とその受容体であるPD-1およびB7.1（CD80）分子との相互作用を阻害すること等により，抗腫瘍免疫応答を増強し，腫瘍増殖を抑制すると考えられている．

◇ 生理機能

適用：悪性黒色腫，非小細胞肺がん，ホジキンリンパ腫，尿路上皮がん．IgG1定常領域に3カ所の変異を有し，ADCC作用を示さない．また，hH7-DC（PD-L2），hB7-H3およびhCTLA-4，hPD-1，hB7-H2（ICOSL），hCD28との結合性はなく，ヒトPD-L1に特異的に結合する．mPD-L1との結合性もない．

参考文献

1）イミフィンジ インタビューフォーム（2019年1月 第3版，アストラゼネカ）

2）Stewart R, et al：Cancer Immunol Res, 3：1052-1062, 2015

Avelumab

別名：MK-3475 / アベルマブ / BAVENCIO / バベンチオ

◆分子量：147.0 kD

◆使用法・購入

溶媒：生理食塩水（20 mg/mL），PBS

使用条件：細胞培養用培地添加の場合 1〜100 μg/mL

購入先：メルクバイオファーマ社，ファイザー社，MedChemExpress社（HY-108730）

◇ 作用機序

抗PD-L1抗体．PD-L1を標的とする完全ヒト型IgG1モノクローナル抗体．PD-L1とその受容体であるPD-1との結合を阻害し（IC_{50}＝平均0.071 nM），腫瘍抗原特異的なT細胞の細胞傷害活性を増強すること等により，腫瘍の増殖を抑制すると考えられる．PD-L1/CD80の相互作用も弱く阻害する（IC_{50}－平均0.2 nM）．

◇ 生理機能

適用：メルケル細胞がん．PD-L2，B7.1（CD80），B7.2（CD86），B7-H2，B7-H3との結合性はない．高・中・低親和性のFcγ受容体を有するエフェクター細胞を介して，ADCC作用を発揮する．また，このADCC活性感受性は，エフェクター細胞上のFcγRⅢa遺伝子多型に依存する．ADCC活性があるにもかかわらず，臨床試験における毒性発症率は他の抗PD-1/PD-L1抗体と同程度で，薬剤投与後のPBMCの組成にも大きな変化はなかった．

参考文献

1）バベンチオ インタビューフォーム（2019年4月 第4版，ファイザー）

2）Boyerinas B, et al：Cancer Immunol Res, 3：1148-1157, 2015

第39章　免疫チェックポイント関連薬剤

605

第40章

DNAポリメラーゼ関連薬剤

水野　武，栗山磯子

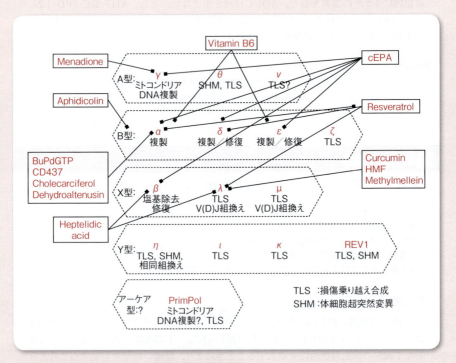

概略図　DNAポリメラーゼ阻害剤の作用点

　遺伝情報の実体であるDNAはDNA合成酵素（DNAポリメラーゼ，Pol）により複製される．ヒトのDNA依存性Polとして，これまでに15種類のcDNAが同定されており，A，B，X，Y型の4種類のファミリーとそれ以外に分類される（概略図）．染色体DNAは主にB型に含まれるPol α，δ，εにより複製される．一方，Y型に含まれるPol η，ι，κ，Rev1，A型のθ，B型のζは損傷乗り越え型Polとして働く．また，ミトコンドリアDNAはA型のPol γが複製する．すべてのPolは鋳型である一本鎖DNAに結合し，基質であるdNTPと鋳型塩基との特異的水素結合を形成した後，プライマー末端の水酸基とdNTP間のリン酸ジエステル結合反応を触媒する．各Polの機能解析は現在さかんに行われており，個々のPol固有の機能は何か，相補可能な役割はあるのか，今後の研究により明らかとなるであろう．直近に同定されたPrimPol

の酵素活性の詳細はいまだ不明であり，阻害剤で識別することは現時点では難しい．

　複数のPolを阻害する薬剤として，cEPA，Vitamin B6，Heptelidic acid，Resveratrol等が報告されている．なかでもAphidicolinはPol α，δ，ε，ζ を阻害し，細胞同調試薬として広く利用されている．哺乳類Pol α を阻害するDehydroaltenusin，CD437，Vitamin D3，Pol γ を阻害するVitamin K3，Pol λ を阻害するCurcumin，HMF，methylmelleinはPolを分類するうえで有用である．特にPol δ，ε を阻害せず α を選択的に阻害するBuPdGTPはB型Polを識別するための有力な分子ツールである．しかし，各阻害剤のPolに対する特異性は完全に研究されてはおらず，残念ながら，完全な特異的阻害剤は市販されてはいない．なお，Polの阻害剤の研究には元信州大学農学部水品善之教授の精力的な研究が大きく貢献していることを明記する．

参考文献

1）Hubscher U, et al：Annu Rev Biochem, 71：133-163, 2002
2）Pavlov YI, et al：Int Rev Cytol, 255：41-132, 2006
3）Mizushina Y：Biosci Biotechnol Biochem, 73：1239-1251, 2009
4）Lange SS, et al：Nat Rev Cancer, 11：96-110, 2011
5）Berdis AJ：Front Mol Biosci, 4：78, 2017

Aphidicolin

別名：アフィデコリン

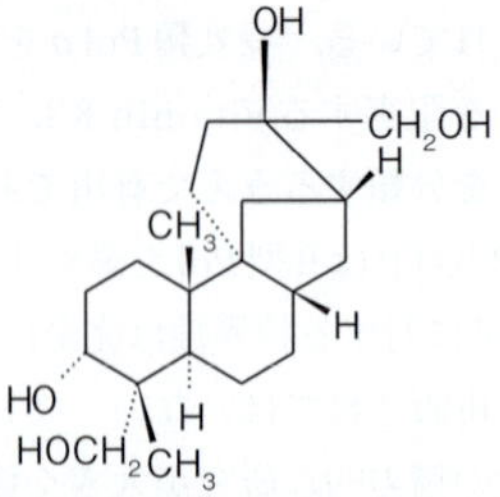

◆ **分子量**：338.5

◆ **IUPAC名**：(3-alpha,4-alpha,5-alpha,17-alpha)-3,17-dihydroxy-4-methyl-9,15-cyclo-C,18-dinor-14,15-secoandrostane-4,17-dimethanol

◆ **使用法・購入**
溶媒：DMSO，メタノール（10 mg/mL）
使用条件：細胞培養用培地に添加する場合，1～10 μMで効果
購入先：富士フイルム和光純薬社（011-09811），シグマ社（A0781）

◇ 作用機序

四環式ジテルペン系抗生物質．DNAポリメラーゼのdCTPの取り込みと拮抗的に働き，ポリメラーゼ活性を抑制する．

◇ 生理機能

抗ヘルペス作用をもつ抗生物質として知られていたが，池上晋博士らによりポリメラーゼαを特異的に阻害することが報告され，S期進行の阻害剤として広く使用されている．ポリメラーゼα，δ，εを阻害し（IC$_{50}$＝α：0.5 μM，δ：0.9 μM，ε：5.8 μM），β，γ，ηなど他のポリメラーゼには反応しない．培養細胞上清に添加すればすみやかに細胞に取り込まれ，培地を洗浄することにより細胞内からとり除かれる．近年ヒトポリメラーゼαとの共結晶が報告され，原子レベルでの相互作用も解明された．

参考文献
1）Ikegami S, et al：Nature, 275：458-460, 1978
2）Baranovskiy AG, et al：Nucleic Acids Res, 42：14013-14021, 2014

BuPdGTP

別名：Butylphenyl deoxyguanosine triphosphate

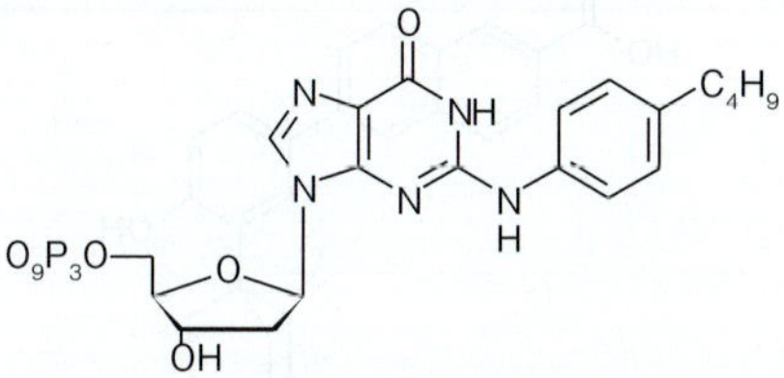

◆**分子量**：639.4

◆**IUPAC名**：[[[(2R,3S,5R)-5-[2-[(4-butylphenyl)amino]-6-oxo-3H-purin-9-yl]-3-hydroxy-oxolan-2-yl]methoxy-hydroxy-phosphoryl]oxy-hydroxy-phosphoryl]oxyphosphonic acid

◆**使用法・購入**

溶媒：PBS（1 mM），−20℃保存

使用条件：培養細胞への添加は膜を通過できないと考えられる．事実，細胞への作用を検討した報告はない．精製タンパク質もしくは粗抽出液中に添加して用いることが可能である

購入先：GLSynthesis社（NT-012，E-mail：glsyn@glsynthesis.com）

◇ 作用機序

dGTPと競合しながら鋳型DNA-プライマー，ポリメラーゼと複合体を形成し，伸長反応を阻害する．

◇ 生理機能

ポリメラーゼδ，εよりαを1,000倍以上特異的に阻害することから，ポリメラーゼの分類に重用されてきた（$IC_{50} = \alpha$：26 nM，δ：100 μM，ε：87 μM）．かつてはWright博士の分与をうけるしか入手方法はなかったが，市販されはじめた．BuPdATPもポリメラーゼαを特異的に阻害するが，阻害効率はBuPdGTPの方が優れている．

参考文献
1）Wright GE, et al：FEBS Lett, 341：128-130, 1994
2）Khan NN, et al：Nucl Acids Res, 19：1627-1632, 1991

第40章　DNAポリメラーゼ関連薬剤

CD437

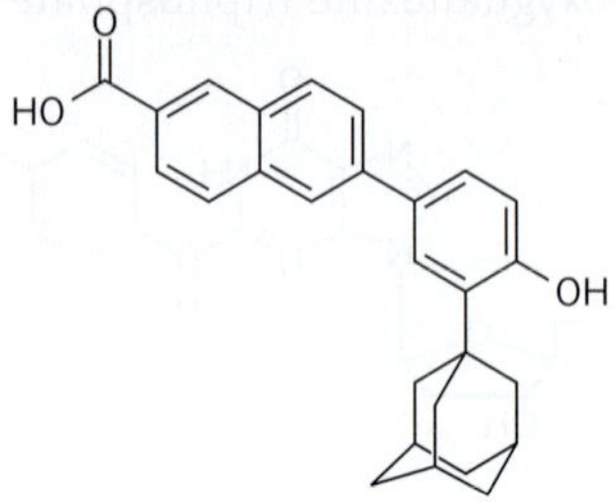

◆分子量：398.5

◆**IUPAC名**：6-[3-(1-adamantyl)-4-hydroxyphenyl]naphthalene-2-carboxylic acid

◆**使用法・購入**
使用条件：DMSO（10 mg/mL）に溶かす．細胞には1〜10 μM
購入先：シグマ社（C5865）

◇作用機序

抗がん作用をもつ薬剤として合成された．増殖阻害に耐性のがん細胞中の変異部位を同定するとポリメラーゼαの触媒サブユニット中に1アミノ酸の変異が導入されていたことから，ポリメラーゼαを特異的に阻害すると考えられる．

◇生理機能

CD437の他のポリメラーゼに対する効果は報告されていない．CD437の細胞毒性はIC$_{50}$＝3 μM，ポリメラーゼαの阻害のIC$_{50}$＝2.5 μMである．下記の報告[1]がポリメラーゼαの触媒サブユニットのp180のゲノムを編集した最初の報告である．

参考文献
1）Han T, et al：Nat Chem Biol, 12：511-515, 2016

Curcumin

別名：Diferuloylmethane / クルクミン

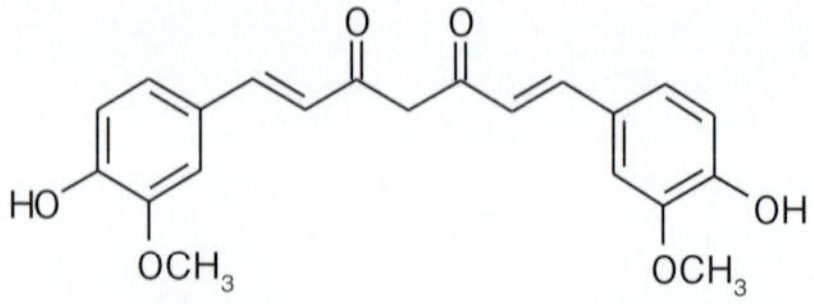

◆分子量：368.4

◆ **IUPAC名**：1,7-bis(4-hydroxy-3-methoxyphenyl)-1,6-heptadiene-3,5-dione

◆ **使用法・購入**
　溶媒：水に溶ける，暗所にて調製
　使用条件：$10 \sim 100 \mu$M
　購入先：シグマ社（C1386）

◇ 作用機序

　鋳型DNAおよび基質dNTPとの結合を非拮抗的に阻害する．ポリメラーゼλのN末端に位置するBRCTドメインに結合し，阻害効果をもたらす．

◇ 生理機能

　フェノール化合物．ポリメラーゼλを選択的に阻害する（$IC_{50} = 7.0 \mu$M）．ポリメラーゼα，β，γ，δ，εは阻害しない．ヒトがん細胞NUGC-3をG2/M期に停止させ，増殖を抑制する（$LD_{50} = 13 \mu$M）．Curcuminをアセチル化したmonoacetylcurcumin（[1E,4Z,6E]-7-(4"-acetoxy-3"-methoxyphenyl)-5-hydroxy-1-(4'-hydroxy-3'-methoxyphenyl)hepta-1,4,6-trien-3-on）はポリメラーゼλをより強く阻害する（$IC_{50} = 3.9 \mu$M）．

参考文献

1）Mizushina Y, et al：Biochem Pharmacol, 66：1935-1944, 2003
2）Mizushina Y, et al：Biochem Biophys Res Commun, 337：1288-1295, 2005
3）Takeuchi T, et al：Genes Cells, 11：223-235, 2006

Menadione

別名：Vitamin K3 / ビタミンK3

◆ **分子量**：172.2

◆ **IUPAC名**：2-methylnaphthalene-1,4-dione

◆ **使用法・購入**
　溶媒：DMSO
　購入先：富士フイルム和光純薬社（593-06982）

◇ 作用機序

　合成Vitamin Kの一種．ポリメラーゼγを特異的に阻害する（$IC_{50} = 6.0 \mu$M）．Vitamin K3誘導体をアシル化した5 O Acyl plumbaginsは哺乳類のポリメラーゼを

阻害し，がん細胞増殖抑制活性および抗腫瘍活性を示す．

参考文献

1）Kawamura M, et al：PLoS One, 9：e88736, 2014

Cholecarciferol

別名：Vitamin D3 / ビタミン D3

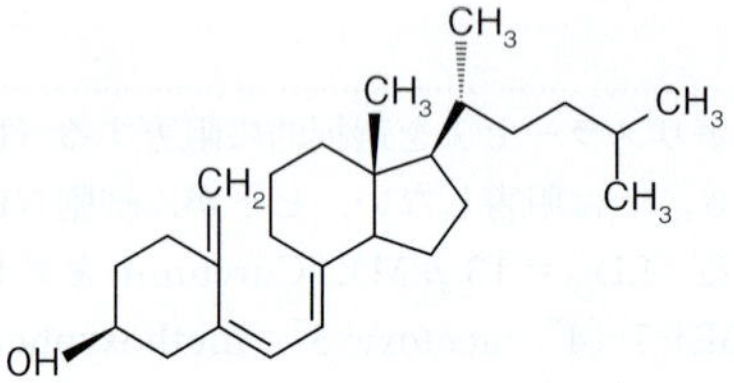

◆**分子量**：384.7

◆**IUPAC名**：(1S,3Z)-3-[(2E)-2-[(1R,3aS,7aR)-7a-methyl-1-[(2R)-6-methylheptan-2-yl]-2,3,3a,5,6,7-hexahydro-1H-inden-4-ylidene]ethylidene]-4-methylidenecyclohexan-1-ol

◆**使用法・購入**
溶媒：エタノールもしくは DMSO にとかす
使用条件：細胞増殖への影響は 10～200 μM
購入先：シグマ社（C9756）

◇ 作用機序

Vitamin D に含まれる Vitamin D2（Ergosterol）と Vitamin D3（Cholecalciferol）は，哺乳類の DNA ポリメラーゼ α を阻害する．$IC_{50} = 123\ \mu$M，96 μM である．他のポリメラーゼは阻害しない．Vitamin D2，D3 の前駆体や誘導体には阻害活性は検出されていない．

参考文献

1）Mizushina Y, et al：J Pharmacol Sci, 92：283-290, 2003
2）Du C, et al：Oncotarget, 8：29474-29486, 2017

Vitamin B6

別名：pyridoxal 5'-phosphate / PLP / ビタミン B6 / ピリドキサール・リン酸

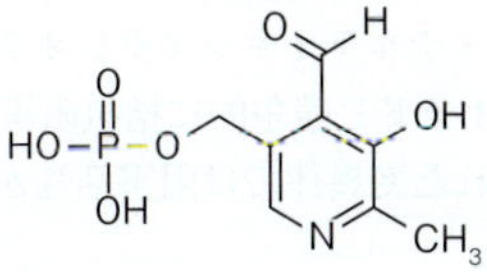

◆分子量：247.1

◆IUPAC名：2-(4-formyl-5-hydroxy-6-methyl-pyridin-3-yl)ethylphosphonic acid

◆使用法・購入
購入先：シグマ社（P9255）

◇作用機序

鋳型 DNA とは非拮抗的に，基質 dNTP とは拮抗的に結合阻害する．

◇生理機能

Vitamin B6 の一種．すべての動物由来ポリメラーゼを阻害するが，特にポリメラーゼ α と ε を強く阻害する（IC$_{50}$＝α：34 μM, ε：33 μM）．Pyridoxal, Pyridoxine, Pyridoxamine は PLP より阻害活性が低い．Pyridoxal は細胞に取り込まれるとピリドキサール・リン酸となる．ゆえに Pyridoxal の抗がん作用は PLP のポリメラーゼ活性阻害により生じている可能性が示唆されている．

参考文献

1）Mizushina Y, et al：Biochem Biophys Res Commun, 312：1025-1032, 2003

HMF

別名：5-(hydroxymethyl)-2-furfural / ヒドロキシメチルフルフール

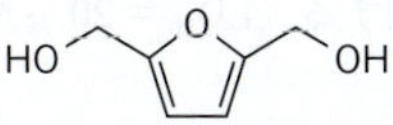

◆分子量：128.1

◆IUPAC名：5-(hydroxymethyl)furan-2-carbaldehyde

◆使用法・購入
溶媒：DMSO
使用条件：10～100 μM
購入先：シグマ社（53407）

第40章　DNAポリメラーゼ関連薬剤

◇ **作用機序**

インスタントコーヒー中から同定されたHMFはヒトポリメラーゼλを特異的に阻害する．同じX型ファミリーのβやB型ファミリーのポリメラーゼは阻害しない．$IC_{50}=26.1\,\mu M$である．ターミナルデオキシヌクレオチドトランスフェラーゼも阻害する．基質のDNAとヌクレオチドと競争的に拮抗阻害する．ポリメラーゼλの全長に比べてN末端，C末端が削れた変異体では阻害活性が低下することから，結合には全体の立体構造が重要である．

参考文献

1）Mizushina Y, et al：Arch Biochem Biophys, 446：69-76, 2006

Conjugated eicosapentaenoic acid

別名：cEPA／共役エイコサペンタエン酸

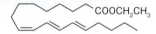

◆ 分子量：278.4

◆ IUPAC名：5Z7E9E14Z17Z-20:5

◆ 使用法・購入
溶媒：DMSO
使用条件：30秒超音波処理して溶解させる
購入先：メルク社（92321）

◇ **作用機序**

不明．

◇ **生理機能**

動物由来ポリメラーゼα，δ，ε，β，γとトポイソメラーゼI，IIを阻害する．植物や原核生物由来のポリメラーゼは阻害しない．前骨髄球性白血病細胞HL-60をG1/S期に停止させ，増殖を抑制する（$LD_{50}=20\,\mu M$）．

参考文献

1）Yonezawa Y, et al：Biochem Pharmacol, 70：453-460, 2005

Neobavaisoflavone

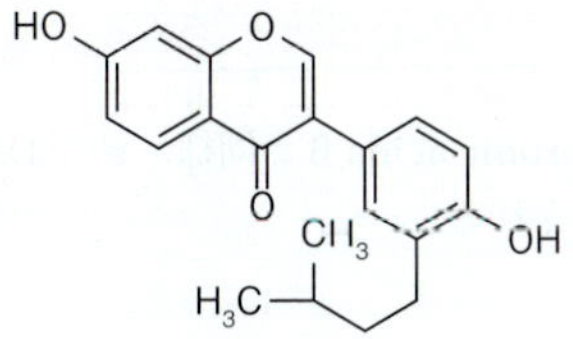

◆**分子量**：322.4

◆**IUPAC名**：7-hydroxy-3-[4-hydroxy-3-(3-methylbut-2-enyl)phenyl]chromen-4-one

◆**使用法・購入**
溶媒：DMSO（30 mg/mL）
購入先：シグマ社（SMB00458）

◇ 作用機序

不明.

◇ 生理機能

ホコツシという生薬から単離されたイソフラボンの一種である．SV40に感染した細胞内のウイルスの複製を阻害することから，複製型ポリメラーゼを阻害すると報告されている．トポイソメラーゼⅡは阻害しない.

参考文献

1）Sun NJ, et al：J Nat Prod, 61：362-366, 1998

Heptelidic acid

別名：Avocettin

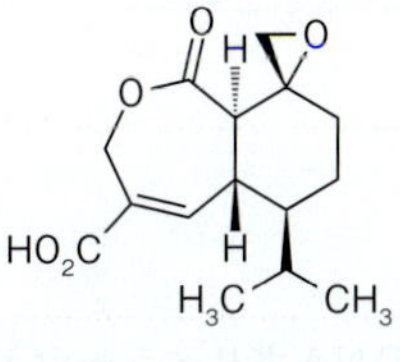

◆**分子量**：280.3

◆**IUPAC名**：(5aS,9S,9aS)-1-oxo-6-propan-2-ylspiro[3,5a,6,7,8,9a-hexahydro-2-benzoxepine-9,2'-oxirane]-4-carboxylic acid

◆**使用法・購入**
溶媒：DMSO（10 mg/mL），エタノール（1 mg/mL），メタノール（1 mg/mL），水

第40章　DNAポリメラーゼ関連薬剤

615

（1 mg/mL）
購入先：Adipogen 社（AG-CN2）

◇作用機序

不明．類縁体の Trichoderonic acids B と同様，鋳型 DNA, 基質ヌクレオチドと競争的に拮抗阻害すると推測される．

◇生理機能

真菌から単離され，抗がん作用をもつ抗生物質．ヒト DNA ポリメラーゼ β，λ，ターミナルデオキシヌクレオチドトランスフェラーゼを阻害する．X 型ファミリーのポリメラーゼを阻害するが他のファミリーのポリメラーゼは阻害しない．

参考文献

1）Itoh Y, et al：J Antibiot（Tokyo）, 33：468-473, 1980
2）Yamaguchi Y, et al：Biosci Biotech Biochem, 74：793-801, 2010

5-Methylmellein

別名：メチルメレイン

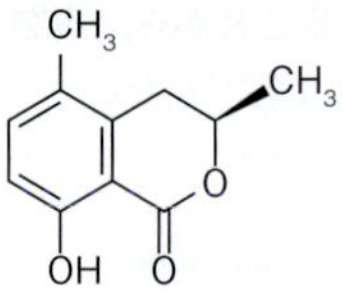

◆**分子量**：192.2

◆**IUPAC 名**：（3R）-8-hydroxy-3,5-dimethyl-3,4-dihydroisochromen-1-one

◆**使用法・購入**
溶媒：DMSO
購入先：アブカム社（ab144301）

◇作用機序

不明．

◇生理機能

真菌から単離された．ヒト DNA ポリメラーゼ λ を特異的に阻害する．$IC_{50} = 180 \mu M$．β を含む他のポリメラーゼは阻害しない．

参考文献

1）Pontius A, et al：J Nat Prod, 71：272-274, 2008
2）Kamisuki S, et al：Bioorg Med Chem, 15：3109-3114, 2007

Resveratrol

別名：レスベラトロール

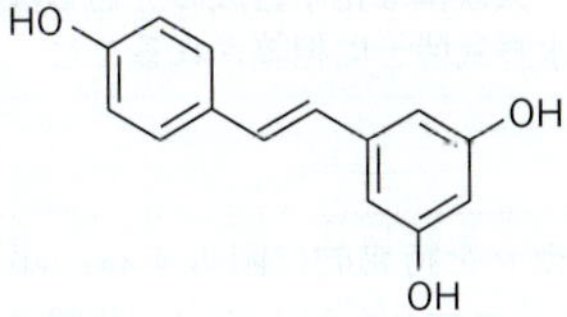

◆分子量：228.3

◆IUPAC名：5-[(1E)-2-(4-hydroxyphenyl)etheneyl]-1,3-benzenediol; 3,4',5-trihydroxy-trans-stilbene

◆使用法・購入
溶媒：DMSO
使用条件：エタノール（100 mM），DMSO（100 mM）
購入先：シグマ社（R5010）

◇作用機序

ポリメラーゼαに結合し，基質のdNTPと非拮抗的に阻害する.

◇生理機能

赤ワインに含まれるポリフェノール類．ポリメラーゼα，δ，λを阻害する（$K_i =$ α：9.5 μM，λ：21 μM）．ポリメラーゼβや出芽酵母のβは阻害しない.

参考文献
1）Locatelli GA, et al：Biochem J, 389：259-268, 2005
2）Harikumar KB & Aggarwal BB：Cell Cycle, 7：1020-1035, 2008

Dehydroaltenusin

別名：デヒドロアルテヌシン

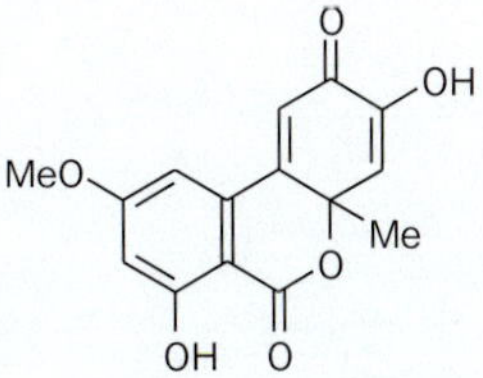

◆分子量：288.3

◆IUPAC名：3,7-dihydroxy-9-methoxy-4a-methyl-4aH-dibenzo[b,d]pyran-2,6-dione

第40章　DNAポリメラーゼ関連薬剤

◆**使用法・購入**
溶媒：DMSO
使用条件：細胞膜を透過しにくいため，細胞培養液中へ添加する実験は難しい
購入先：市販されておらず，大規模な化学合成の見通しはたっていない．理化学研究所
今本細胞核機能研究室の水野武博士に相談されること

◇ 作用機序

哺乳類由来のポリメラーゼ α を特異的に阻害する．ポリメラーゼ α の触媒サブユニットに結合し，鋳型 DNA との結合を競合的に，基質の dNTP との結合を非競合的に阻害する．

◇ 生理機能

ミオシン軽鎖キナーゼの阻害剤として単離されていたが，ポリメラーゼの阻害活性を水品善之博士等が同定した．ウシ，マウス等哺乳類由来のポリメラーゼ α のみを選択的に阻害し，Aphidecolin よりも低濃度で作用する（IC_{50} = 0.5 μM）．ポリメラーゼ δ，ε，β を阻害しないほか，サクラマス，カリフラワー由来のポリメラーゼ α をも阻害せず，きわめてユニークである．

参考文献

1）Mizushina Y, et al：J Biol. Chem, 275：33957-33961, 2000
2）Kuriyama I, et al：Molecule, 13：2948-2961, 2008
3）Murakami C, et al：Biochim Biophys Acta, 1674：193-199, 2004

第41章
ES細胞・iPS細胞関連薬剤

川瀬栄八郎

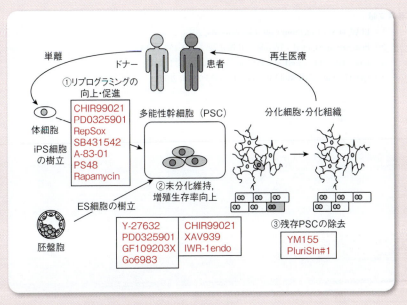

概略図 多能性幹細胞関連薬剤とその作用点

　ES細胞・iPS細胞（以下ここでは総称して多能性幹細胞とする）は，ほとんどすべての細胞に分化できる多能性をもち，同時にほぼ無限に近い増殖を示すという自己複製能を有する特徴をもつ．

　阻害剤が多能性幹細胞の研究に対してどのような局面で利用されているかを概略図に示す．①体細胞からiPS細胞をつくり出すリプログラミングのステップでiPS細胞の生成効率を高め，多能性幹細胞の特性を向上させる，②多能性幹細胞の未分化維持や増殖促進，生存率の向上を促す．その一方で，多能性幹細胞をそれぞれの組織に分化させた後，その組織のなかに多能性幹細胞が残存してしまうと，治療後の部位で腫瘍形成をもたらす可能性もあり，より安全な再生医療の実現化・実用化に向けて③多能性幹細胞を選択的に除去できる阻害剤も重要である．

　本章では①，②，③の代表的な化合物を記述するが，以下の点に留意していただきたい．リプログラミング促進のエピジェネティック制御にも効果のある阻害剤が多数報告されているが，それについてはぜひ参考文献を参照してもらいたい．ここではシ

グナル経路阻害剤およびメタボリック関連阻害剤だけにとどめる．また，多能性幹細胞だけを選択的に除去できる理想の阻害剤は現在のところ存在しない．あくまでも多能性幹細胞と目的の分化組織間の特性の差を利用したものであり，例えば心筋で使えた化合物でも，脳神経組織では使えないかもしれないので，利用する場合はあらかじめ検討が必要である．さらに，阻害剤処理後に分化細胞の生存だけの確認ではなく，DNAダメージが生じてないか，その機能をきちんと維持しているかなどについては，どの化合物も検証が不十分であり，今後詳細な検討が必要である．

参考文献

1）Li W, et al：Cell Stem Cell, 13：270-283, 2013
2）Federation AJ, et al：Trends Cell Biol, 24：179-187, 2014
3）Jeong HC, et al：Cell Mol Life Sci, 74：2601-2611, 2017
4）Qin H, et al：Cell Mol Life Sci, 74：3553-3575, 2017

CHIR99021

◆**分子量**：465.3

◆**IUPAC名**：6-［［2-［［4-(2,4-Dichlorophenyl)-5-(5-methyl-1H-imidazol-2-yl)-2- pyrimidinyl］amino］ethyl］amino］-3- pyridinecarbonitrile

◆**使用法・購入**
溶媒：DMSO（10～20 mM），-20℃保存
使用条件：マウス細胞（3 μM），ヒト細胞（1 μM）
購入先：AXON社（1386），Stemgent社（04-0004），RSD社（4423/10）

◇作用機序

Wntにより活性化される古典的な経路では，受容体FrizzledとLPRを介し，GSK3の抑制に働く．GSK3によってβ-カテニンはリン酸化され，分解されていくため，GSK3阻害剤はWntシグナルの活性化同様にβ-カテニンを安定化させる．さらに核内に移行したβ-カテニンはTcf／Lefと複合体を形成し，標的遺伝子の発現を制御する．$IC_{50} = 6.7$ nM（GSK3β），10 nM（GSK3α）．

◇生理機能

多能性幹細胞の場合，核内に移行したβ-カテニンは転写抑制因子TCF3の分解を促進し，多能性関連遺伝子の発現の亢進を誘導することで，多能性幹細胞の未分化維持あるいは多能性幹細胞のナイーブ型の維持に重要な役割をしている．また，リプログラミング率の向上を促し，SOX2の代替作用を有するという報告もある．

◇注意点

CHIR99021は未分化維持に効果があるが最適濃度範囲が狭く，高濃度では中・内胚葉への分化を促進してしまう．またメーカー差や，同一メーカーでもロット差がみられる場合もあり，マウス細胞の場合は3 μM，ヒト細胞の場合は1 μMを基準にして最適濃度を見出す必要がある．**第12章**も参照．

参考文献

1）Sato N, et al：Nat Med, 10：55-63, 2004
2）Ying QL, et al：Nature, 453：519-523, 2008
3）Silva J, et al：PLoS Biol, 6：e253, 2008
4）Li W, et al：Stem Cells, 27：2992-3000, 2009
5）Wray J, et al：Nat Cell Biol, 13・838-845, 2011

PD0325901

構造式，使用法は**第6章**同薬剤を参照

◇ 作用機序

きわめて強力なMEK1およびMEK2の阻害剤．$IC_{50} = 0.33$ nM（*in vitro*）．

◇ 生理機能

多能性幹細胞ではMAP/ERKシグナルが活性化されると容易に分化することが知られている．これは，MAPキナーゼは多能性幹細胞の未分化維持に重要な役割を果たしている転写因子NanogとTbx3の核への移行に対して抑制的に作用するためであると考えられている．MAP/ERKシグナルの活性化については少なくとも2つの経路が考えられている．一つは多能性幹細胞自体が発現するFGF-4からのFGF受容体の細胞内シグナル伝達経路，もう一つは多能性幹細胞の培養に使われるLIFからのLIF受容体βからGrbを2介した細胞内シグナル伝達経路である．CHIR99021とともに使用すると，マウス多能性幹細胞では無血清培地（2i無血清培地とよばれている）で維持することができ，これにLIFを加えるとさらに安定した未分化維持培養ができる．またリプログラミング効率やそのリプログラミング速度を更新する効果がある．

◇ 注意点

MAPK/ERK阻害剤は他にもあるが，現在はPD0325901以外ほとんど使われていない．

参考文献

1）Hamazaki T, et al：Mol Cell Biol, 26：7539-7549, 2006
2）Shi Y, et al：Cell Stem Cell, 2：525-528, 2008
3）Ying QL, et al：Nature, 453：519-523, 2008
4）Lin T, et al：Nat Methods, 6：805-808, 2009
5）Niwa H, et al：Nature, 460：118-122, 2009

RepSox

別名：E-616452

◆**分子量**：287.3

◆**IUPAC名**：2-[3-(6-Methyl-2-pyridinyl)-1H-pyrazol-4-yl]-1,5-naphthyridine

◆**使用法・購入**
溶媒：DMSO（10～50 mM），-20℃保存
使用条件：1～25 μM
購入先：シグマ社（R0158）

◇ 作用機序

　TGF-βは細胞膜に存在する，Ⅱ型受容体とⅠ型受容体に結合して，シグナルを細胞内に伝えていく．Ⅰ型受容体が活性化され，細胞内のR-Smadを活性化し，さらにR-SmadはCo-Smadと複合体を形成して核内に移行し，転写制御に働く．本章でとりあげる阻害剤Repsox（E-616452），SB431542，A-83-01はいずれもⅠ型受容体（ALK4，ALK5，ALK7）の機能を阻害する．

◇ 生理機能

　TGF-βはEMT（epithelial-mesenchymal transition，上皮－間葉細胞分化転換）とよばれる上皮細胞から間葉系細胞への分化転換を促進することが知られている．線維芽細胞からiPS細胞を作成する際には，その逆の過程MET（mesenchymal-to-epithelial transition，間葉－上皮移行）がリプログラミングの初期過程で機能的に重要であり，TGF-β阻害剤によってリプログラミング効率が上昇する．$IC_{50} = 23$ nM（ALK5結合活性），4 nM（ALK5自己リン酸化活性）．

◇ 注意点

　ヒト多能性幹細胞では，通常培養下ではプライム型に近い特性を有していると考えられており，TGF-βは未分化維持増殖に重要である．したがってヒト体細胞から多能性幹細胞へのリプログラミングが十分達成された時点で，TGF-β阻害剤を培地から除去する必要がある．また，ヒト多能性幹細胞用に開発された市販培地のほとんどはTGF-βを含んでいることも留意する．

参考文献
1）Ichida JK, et al：Cell Stem Cell, 5：491-503, 2009
2）Lin T, et al：Nat Methods, 6：805-808, 2009

第41章　ES細胞・iPS細胞関連薬剤

3）Maherali N, et al：Curr Biol, 19：1718-1723, 2009

4）Li R, et al：Cell Stem Cell, 7：51-63, 2010

5）Samavarchi-Tehrani P, et al：Cell Stem Cell, 7：64-77, 2010

SB431542

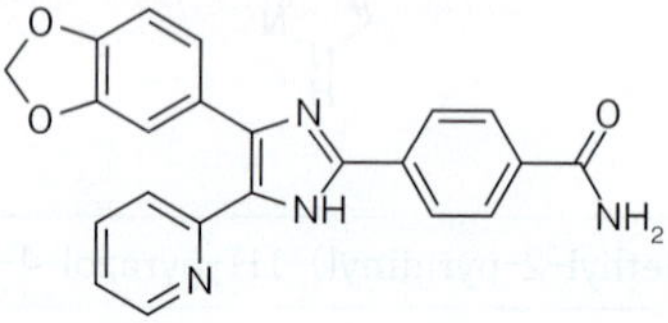

◆分子量：384.4

◆IUPAC名：4-[4-(1,3-benzodioxol-5-yl)-5-(2-pyridinyl)-1H-imidazol-2-yl]benzamide

◆使用法・購入
溶媒：DMSO（10～50 μM），-20℃保存
使用条件：2～25 μM
購入先：シグマ社（S4317）

◇解説

IC_{50} = 94 nM（ALK5）．作用機序，生理機能，注意点，参考文献は RepSox の項を参照．

A-83-01

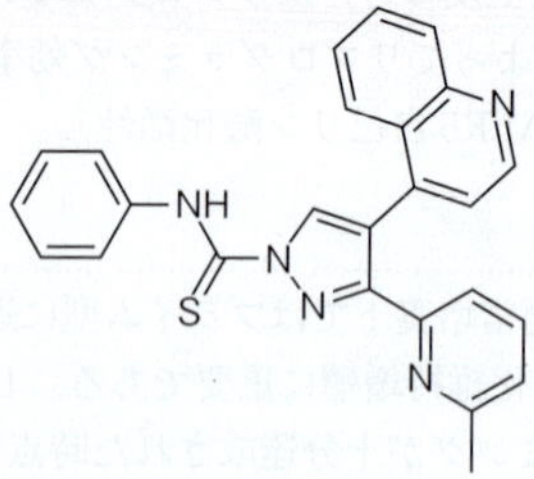

◆分子量：421.5

◆IUPAC名：3-(6-Methyl-2-pyridinyl)-N-phenyl-4-(4-quinolinyl)-1H-pyrazole-1-carbothioamide

◆使用法・購入
溶媒：DMSO（10～50 μM），-20℃保存

使用条件：0.5 μM
購入先：富士フイルム和光純薬社（018-22521）

◇ 解説

IC$_{50}$ = 12 nM（ALK5）．作用機序，生理機能，注意点，参考文献はRepSoxの項を参照．

PS48

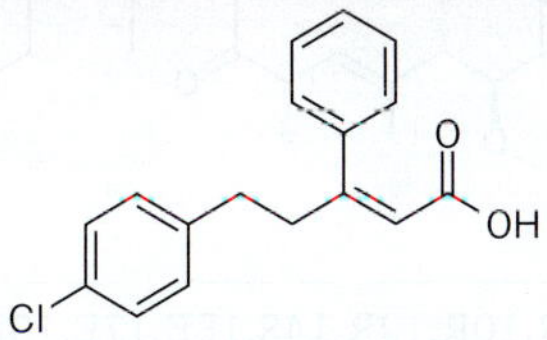

◆分子量：286.8

◆IUPAC名：(2Z)-5-(4-Chlorophenyl)-3-phenyl-2-pentenoic acid

◆使用法・購入
溶媒：DMSO（5〜50 mM），-20℃保存
使用条件：5 μM
購入先：シグマ社（P0022）

◇ 作用機序

PDK1（ホスホイノシチド依存性プロテインキナーゼ1）のアクチベーターであり（K_d = 10.3 μM），PDK1のATP結合部位ではなくHM/PIF結合ポケットに結合する．PDK1はPI3K/AKTシグナルを活性化させ，解糖系を刺激する．

◇ 生理機能

多能性幹細胞は分化した細胞とは異なるエネルギー代謝の特徴を有しており，分化細胞ではミトコンドリアでのTCA回路を用いているのに対して，多能性幹細胞では主に解糖系でのグルコース代謝を用いてATP産生を行う．リプログラミングの過程ではエネルギー代謝の転換も必要であり，解糖系を刺激するPS48を用いることで，リプログラミング効率が上昇すると考えられている．

参考文献
1）Zhu S, et al：Cell Stem Cell, 7：651-655, 2010
2）Folmes CD, et al：Cell Metab, 14：264-271, 2011

第41章　ES細胞・iPS細胞関連薬剤

625

Rapamycin

別名：ラパマイシン

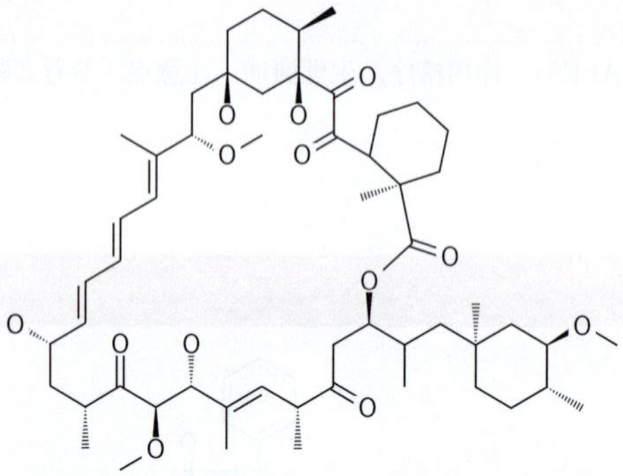

◆**分子量**：914.2

◆**IUPAC名**：(3S,6R,7E,9R,10R,12R,14S,15E,17E,19E,21S,23S,26R,27R,34aS)-9,10,12,13,14,21,22,23,24,25,26,27,32,33,34,34a-Hexadecahydro-9,27-dihydroxy-3-[(1R)-2-[(1S,3R,4R)-4-hydroxy3-methoxycyclohexyl]-1-methylethyl]-10,21-dimethoxy-6,8,12,14,20,26-hexamethyl-23,27-epoxy-3H-pyrido[2,1-c][1,4]oxaazacyclohentriacontine-1,5,11,28,29(4H,6H,31H)-pentone

◆**使用法・購入**
溶媒：1〜10 μM，−20℃保存
使用条件：0.3 nM
購入先：シグマ社（R0395）

◇ 作用機序

　オートファジーはリソソームにより細胞質内のタンパク質や細胞内小器官を分解するシステムである．mTORキナーゼはオートファジーの誘導にとって最も重要な調節因子の一つであり，AktおよびMAPKシグナル経路により活性化されたmTORキナーゼはオートファジーを抑制するため，Rapamycinはオートファジーを促進する．IC_{50}は細胞株によるが0.1 nM〜1 μM．

◇ 生理機能

　リプログラミングの過程では古いオルガネラを除去し，細胞内体制変換を行う必要がある．例えば，多能性幹細胞ではミトコンドリアの数は少なく未成熟であるのに対し，分化した細胞ではミトコンドリアの数は増加し，より複雑な構造を示す．したがってリプログラミングではこの逆のプロセスを進める必要がありオートファジーが促進され，多能性幹細胞に適したオルガネラの体制変化が進むことで，リプログラミング効率が向上する．第14章，第35章も参照．

◇ 注意点

　医療用医薬品のRapalimus（ノーベルファーマ）として販売されており，リンパ脈

管筋腫症（LAM）の進行を抑える薬として使われている.

参考文献

1）Chen T, et al：Aging Cell, 10：908-911, 2011
2）Boya P, et al：Development, 145：10.1242/dev.146506, 2018

Y-27632

構造式，使用法は**第1章**同薬剤を参照

◇ 作用機序

強力かつ選択的なROCKシグナル阻害剤．ROCK1（p160ROCK）を選択的に阻害する．$K_i = 140$ nM.

◇ 生理機能

ヒト多能性幹細胞の細胞分散時に細胞死を抑制し，凍結保存後の生存率とクローニング効率を高める．ヒト多能性幹細胞は通常小さな塊で継代を行うことが一般的であるが，ヒト多能性幹細胞は十分に細胞間接着をしていないと，細胞死のスイッチが入り，Rho-ROCK-ミオシンの順に活性化シグナルが伝えられ，ミオシンの過剰活性化が細胞死の直接的なメカニズムであることが見出された．したがって，Blebbstainを用いても細胞死抑制効果が認められるが，あまり使われていない．

◇ 注意点

-20℃保存であるが，4℃保存下でも1～2週間は活性に問題はない．ヒト多能性幹細胞の研究を進める研究室では必ず常備しておくべき阻害剤．一般的に10 μMで用いられるのが，経験上5 μMで用いても活性にあまり問題はない．逆に高濃度（50～100 μM）で用いると，細胞の形態に大きな変化が生じることもある．

当研究所で臨床用ヒトES細胞のストック作成にも使用している〔富士フイルム和光純薬社039-24591（10 mM溶液，アニマルフリー）を使用〕．Y-27632と似た活性を有する化合物としてHA-1077（A-877，あるいはファスジル塩酸塩水和物とも呼ばれている）がある．これは医療用医薬品のEril（旭化成ファーマ）として販売されており，くも膜下出血術後の脳血管攣縮およびこれに伴う脳虚血症状の改善のために使用されている．Erilも，Y-27632と同様の効果を有することが確認されている．使用条件は5～10 μM．Y-27632よりも安価であり，実用化にはこちらの方が適して可能性もあるが，詳細な検討が必要である．Y-27632がROCK1の阻害剤であるのに対し，ErilはROCK2阻害剤であり，作用機序が若干異なることに注意．

参考文献

1）Watanabe K, et al：Nat Biotechnol, 25：681-686, 2007

2）Chen G, et al：Cell Stem Cell, 7：240-248, 2010
3）Ohgushi M, et al：Cell Stem Cell, 7：225-239, 2010
4）Damoiseaux R, et al：Stem Cells, 27：533-542, 2009

Bisindolylmaleimide Ⅰ

別名：GF109203X

構造式，使用法は**第1章**同薬剤を参照

◇ 作用機序

強力なプロテインキナーゼC（PKC）選択的阻害物質であり，α および β 1アイソフォームに選択性を有する．$IC_{50} = 8.4$ nM（PKC α），18 nM（PKC β 1），210 nM（PKC δ），132 nM（PKC ε），5.8 μM（PKC ζ）．また，GSK3阻害作用もある（$IC_{50} = 0.36 \mu$M）．

◇ 生理機能

マウス多能性幹細胞，およびヒト多能性幹細胞の未分化維持の安定化に効果がある．PKCシグナルが活性化されると，多能性幹細胞が分化することが知られている．

◇ 注意点

使用条件として，通常は0.1～10 μMで使用されるが，多能性幹細胞では5 μMで使われることが多い．PKC阻害剤としては，多能性幹細胞では本薬剤と後述する広範囲 Go6983 が使われ，これ以外のPKC阻害剤は使われていない．ヒト細胞を主として使うラボでは本薬剤を，マウス細胞を主として使うラボでは Go6983 を使うことが多い．本薬剤はGSK3阻害活性もあるため，PKC活性の阻害による効果か否かを別の方法で確認する必要がある．Go6983 のGSK3阻害活性の有無については不明．

参考文献

1）Dutta D, et al：Stem Cells, 29：618-628, 2011
2）Feng X, et al：Stem Cells, 30：461-470, 2012
3）Kinehara M, et al：PLoS One, 8：e54122, 2013
4）Saiz N, et al：Development, 140：4311-4322, 2013
5）Takashima Y, et al：Cell, 158：1254-1269, 2014

Go6983

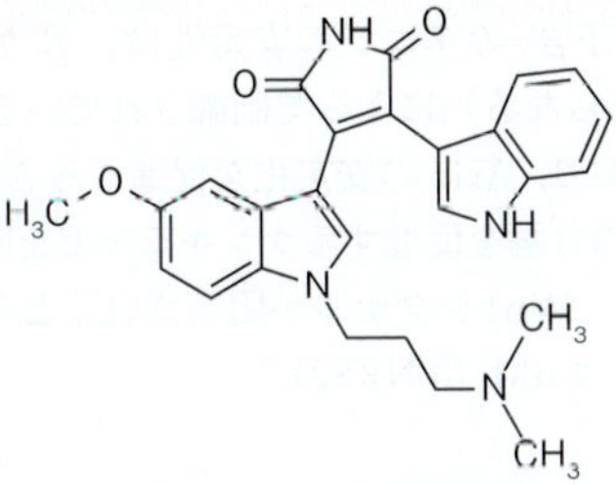

◆分子量：442.5

◆**IUPAC名**：3-[1-[3-(Dimethylamino)propyl]-5-methoxy-1H-indol-3-yl]-4-(1H-indol-3-yl)-1H-pyrrole-2,5-dione

◆**使用法・購入**
溶媒：DMSO（10〜50 mM），-20℃保存
使用条件：5 μM
購入先：RSD社（2285/10），ケイマン社（13311）

◇ 作用機序

　前述GF109203Xと異なり，広範囲のPKC阻害物質であり，$IC_{50}=7$ nM（PKC α），7 nM（PKCβ），6 nM（PKCγ，10 nM（PKCδ），60 nM（PKCζ），20 μM（PKCμ）．

◇ 解説

　生理機能，注意点，参考文献はBisindolylmaleimide Ⅰの項を参照．

XAV939

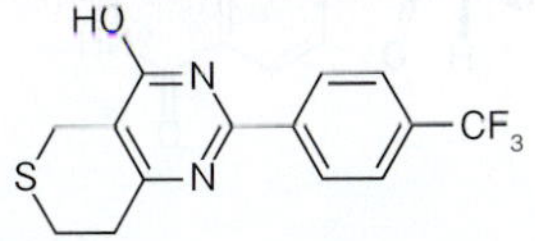

◆分子量：312.3

◆**IUPAC名**：3,5,7,8-Tetrahydro-2-[4-(trifluoromethyl)phenyl]-4H-thiopyrano[4,3-d]pyrimidin-4-one

◆**使用法・購入**
溶媒：DMSO（20 mM），-20℃保存
使用条件：2〜10 μM
購入先：シグマ社（X3004）

629

◇作用機序

Wntは糖修飾と脂質修飾を受け，ゴルジ体から細胞外に分泌される．Wntシグナルの古典的経路の転写因子β-カテニンの安定性は，βカテニンを分解する複合体（Axin，Apc，Gsk3などからなる）によって制御されている．Axinはこの分解複合体の濃度制限因子となっており，Axinの安定化を促進することで，β-カテニンの分解が進む．XAV939はAxinの分解を促進するタンキラーゼを阻害することによって，βカテニンの分解を促進し，Wntシグナルが阻害されると考えられている．Axinの$IC_{50} = 11$ nM（TNKS1），4 nM（TNKS2）．

◇生理機能

Wntシグナルを活性化するGSK3阻害剤は，多能性幹細胞の未分化維持，あるいはナイーブ型の維持に重要な働きをしていることが知られていたが，その一方で過剰なWntシグナルの活性化はむしろ分化を引き起こす問題点も指摘されていた．GSK3阻害剤とWnt阻害剤を併用することで，ナイーブ型への移行を安定化することが見出された．また，Wnt阻害剤自体を培地中に添加することでプライムド型の多能性幹細胞の安定維持培養が可能であることも見出された．

参考文献

1）Kim H, et al：Nat Commun, 4：2403, 2013
2）Wu J, et al：Nature, 521：316-321, 2015
3）Sugimoto M, et al：Stem Cell Reports, 4：744-757, 2015
4）Xu Z, et al：Proc Natl Acad Sci U S A, 113：E6382-E6390, 2016
5）Guo G, et al：Development, 144：2748-2763, 2017

IWR-1-endo

◆**分子量**：409.4

◆**IUPAC名**：4-[(1R,2S,6R,7S)-3,5-dioxo-4-azatricyclo[5.2.1.0²,⁶]dec-8-en-4-yl]-N-(quinolin-8-yl)benzamide

◆**使用法・購入**
溶媒：DMSO（20 mM）
使用条件：2.5 μM，-20℃保存
購入先：ケイマン社（13659），シグマ社（I0161），AXON社（2510）

◇ 解説

Wnt経路でのレポーターアッセイにおけるIC_{50} = 180 nM．作用機序，生理機能は
XAV939の項参照．

◇ 注意点

XAV-939とIWR-1-endoはWnt阻害剤として類似の効果を示すことが多いが，
XAV-939はトランキアーゼと直接結合するのに対して，IWR-1-endoはAxinを含む
分解複合体を安定化させるという点で作用機序が異なる．IWR-1-endoは単にIWR-1
とよばれることもあるが，IWR-1はIWR-1-endoとそのジアステレオマーである
IWR-1-exoの2種類あるので注意．IWR-1-exoはIWR-1-endoに比べて，Axinの
安定化作用が弱い．

YM155

別名：Sepantronium bromide

◆ 分子量：443.3

◆ IUPAC名：1-(2-methoxyethyl)-2-methyl-4,9-dioxo-3-(pyrazin-2-ylmethyl)-
4,9-dihydro-1H-naphtho[2,3-d]imidazol-3-ium bromide

◆ 使用法・購入
　溶媒：DMSO（10～50 mM），-20℃保存
　使用条件：10 nM
　購入先：ケイマン社（11490），メルク社（574662）

◇ 作用機序

Survivinはアポトーシス制御に重要な因子の一つであるIAP（inhibitor of apop-
tosis）ファミリータンパク質であり，IAPはN末端側にbaculovirus IAP repeat
（BIR）ドメインを1～3個有し，BIRドメインがカスパーゼと相互作用することで，
アポトーシスを制御している．YM155はヒト多能性幹細胞で高発現しているSurvivin
のプロモーター活性を抑制する．（IC_{50} = 2.5 nM）．他方，ヒト多能性幹細胞のよう
にSLC35F2（solute carrier family 35 member 2）を高発現している細胞ではYM155
はDNA損傷を誘導することが知られており，それが起点となって細胞死を起こす可
能性も示唆されている．処理時間は24時間．

第41章　ES細胞・iPS細胞関連薬剤

631

◇ 生理機能

　Survivinはヒト多能性幹細胞で高発現しているが，胚葉体とよばれる分化組織では発現は見られず，正常組織でも発現は限定的である．ヒト多能性幹細胞ではミトコンドリア依存性の細胞死が起こりやすいことが知られており，Survivinの活性を抑制することで，多能性幹細胞を選択的に細胞死へ誘導できる．

◇ 注意点

　多能性幹細胞同様にSLC35F2の発現が低レベルでない分化組織では，分化組織内でのDNA損傷を起こす可能性があり，YM155の使用は望ましくない．したがって目的とする分化組織のSLC35F2の発現レベルを調べる必要がある．

参考文献

1）Blum B, et al：Nat Biotechnol, 27：281-287, 2009
2）Liu JC, et al：Cell Stem Cell, 13：483-491, 2013
3）Lee MO, et al：Proc Natl Acad Sci U S A, 110：E3281-E3290, 2013
4）Winter GE, et al：Nat Chem Biol, 10：768-773, 2014
5）Yamanaka K, et al：Clin Cancer Res, 17：5423-5431, 2011

PluriSIn #1

◆ **分子量**：213.2

◆ **IUPAC名**：N'-Phenylisonicotinohydrazide

◆ **使用法・購入**
　溶媒：DMSO（20 mM），-20℃保存
　使用条件：20 μM
　購入先：シグマ社（SML0682），Focus Biomolecules社（10-1451），アブカム社（145629）

◇ 作用機序

　多能性幹細胞と分化細胞における代謝関連酵素の重要性の差を利用したものである．PluriSIn #1は不飽和脂肪酸合成する酸化還元酵素の一つであるSCD1（ステアロイルCoA 9-デサチュラーゼ，stearoyl-CoA 9-desaturase）の阻害剤である．この阻害効果により多能性幹細胞では小胞体ストレスが誘導され，アポトーシスが起こる．IC_{50}は不明．処理時間は2〜4日．

◇ 生理機能

　SCD1を介したオレイン酸合成は，マウス初期胚では重要な役割を果たしていることが明らかになっており，多能性幹細胞でも同様の機構があると考えられている．オレイン酸の合成低下が，小胞体ストレス，さらにアポトーシスを起こしていくのかについてはまだ不明な点も多い．心筋分化過程でPluriSIn #1処理を行うことで，分化誘導中に残存し腫瘍形成を及ぼすNano陽性細胞を除去できたという報告もある．

◇ 注意点

　多能性幹細胞と分化組織での代謝酵素あるいは栄養要求性の違いを用いるが，分化組織の生存だけではなく，機能的にも問題がないかを確認する必要がある．

参考文献

1）Ben-David U, et al：Cell Stem Cell, 12：167-179, 2013
2）Zhang L, et al：Cell Cycle, 13：762-771, 2014

索引

数字

12459 550
12-O-Tetradecanoylphorbol 13-acetate 26
1-Deoxymannojirimycin 569
1-Deoxynojirimycin 568
(1S,3R)-RSL3 334
20(S)-Hydroxycholesterol 236
281-309 71
2-Acetamido-1,2-dideoxyno-jirimycin 572
2-ADN 572
2-Deoxy-D-galactose 574
2-Deoxy-D-glucose 454
2-DG 454, 574
2-ME 478
2-Methoxyestradiol 478
2-アセトアミド-1,2-ジデオキシノジリマイシン 572
2-デオキシガラクトース 574
2-デオキシグルコース 454
2-メトキシエストラジオール 478
3-Amino-1,2,4-triazole 402
3-AT 402
3′-Azido-3′-deoxythymidine triphosphate 541
3-Deazaneplanocin A 297
3-アミノ-1,2,4-トリアゾール 402
3-ベラトロイルベラセビン 178
4-Aminopyridine 180
4-AP 180
4-Hydroxytamoxifen 252
4-Methylumbelliferone 576
4-MU 576
4-OHT 252
4-アミノピリジン 180
4-ヒドロキシタモキシフェン 252
4-メチルウンベリフェロン 576

53AH 205
5,6-Dichloro-1-β-D-ribofuranosylbenzimidazole 41
5-Aminoimidazole-4-carboxamide ribonucleotide 456
5-Aminolevulinic acid 408
5-Azacytidine 294
5-Fluorouracil 592
5FU 592
5-(hydroxymethyl)-2-furfural 613
5-Methylmellein 616
5-アザシチジン 294
5-アミノレブリン酸 408
5-フルオロウラシル 592
6OTD 546
6-Oxazole telomestatin derivative 546
7-Cl-O-Nec1 325
7-hydroxystaurosporine 147
7-ヒドロキシ-4-メチルクマリン 576
8-Br-cAMP 32
8-pCPT-cGMP sodium 37

欧文

A

A23187 83
A-3 hydrochloride 39
A-366 301
A769662 49
A-83-01 624
Aβ 192, 357
AB0041 387
ABCB1 312
ABC トランスポーター 257
ABT-263 560
α-Bungarotoxin 101
Acadesine 48
Acetylsalicylic acid 397
Aciclovir 583
ActD 435

Actinomycin D 435
ADAM 381
ADAMTS 381
ADAMTS13 inhibitor 393
ADAMTS-5 inhibitor 392
Adavosertib 415
ADM 595
ADR 595
Adriamycin 595
Afinitor 150
Aflibercept 471
AG-014447 419
AG3340 386
AICAR 48, 456
AICAriboside 48
AIP 70
Akt セリン／スレオニンキナーゼ 138
Albendazole 515
Alisertib 517
ALK 阻害剤 128
Amantadine 584
AMPK 49
Anacardic acid 289
Ang-1 468
Angiopoietin 1 468
Anisomycin 127
ANO1 inhibitor 188
Anthopleurin A 176
AP-A 176
APDC（アンモニウム塩） 314
Aphidicolin 608
Apicidin 285
Apoplon 261
Apoptosis inhibitor II 424
AR-13324 44
AS601245 125
Aspirin 397
ATA 427
Atezolizumab 604
ATL 318
ATP アナログ 74
Atropine sulfate 274

634　決定版　阻害剤・活性化剤ハンドブック

INDEX

Aurintricarboxylic acid ··· 427
autocamtide-2 related inhibitory peptide ················· 70
Avastin ·························· 470
Avelumab ······················ 605
Avigan ························· 585
Avocettin ······················ 615
AZ 3146 ······················ 525
Azaserine ····················· 434
AZD1152-HQPA ··············· 518
AZD-1775 ······················ 415
AZD-2281 ····················· 416
AZD3293 ······················ 378
AZD3839 ······················ 377
AZddG ························· 541
AZT-TP ························ 541

B

B581 ··························· 59
Baclofen ······················ 266
Bafilomycin A$_1$ ······ 190, 448
BAPTA-AM ···················· 82
Barasertib ···················· 518
Bardoxolone methyl ········ 407
basic fibroblast growth factor ···························· 468
BAVENCIO ···················· 605
Bax channel blocker ········ 428
Bax チャネルブロッカー ···· 428
BAY11-7082 ··················· 309
BAY11-7085 ··················· 309
BB-2516 ······················ 385
Benomyl ······················ 513
Benzyl-2-acetamido 2 deoxy α D galactopyranoside ·················· 570
Benzyl-α-GalNAc ········· 570
BER ·························· 411
Bevacizumab··················· 470
BEZ235 ······················· 148
BFA ··························· 578
bFGF ···················· 466, 468
BI 2536 ······················· 519
BI-6C9 ························ 424
BIBR1532 ····················· 539
(＋)-Bicuculline ············· 99

BIM Ⅱ ························ 21
BIM Ⅲ ························ 22
BIM Ⅳ ························ 23
BIO ··························· 216
BIRB 796 ····················· 123
Birinapant ···················· 328
Bisindolylmaleimide Ⅰ
··························· 20, 628
Bisindolylmaleimide Ⅱ ··· 21
Bisindolylmaleimide Ⅲ ··· 22
Bisindolylmaleimide Ⅳ ··· 23
BIX01294 ····················· 302
BIX02188 ····················· 119
Blebbistatin ·················· 497
Bleomycin ···················· 597
BLM ·························· 597
BML-277 ····················· 415
BMP ····················· 48, 242
BMS-345541 ·················· 310
BN82685 ····················· 355
bpV（phen） ·················· 164
BRACO-19 ···················· 548
Brefeldin A ··················· 578
BRM ·························· 589
Broad spectrum caspase inhibitors ················· 365
β-Rubromycin ··············· 543
Bryostatin 1 ·················· 27
β-Secretase ·················· 356
β-Secretase inhibitor Ⅰ ··· 370
β-Secretase inhibitor Ⅱ ··· 371
β-Secretase inhibitor Ⅲ ··· 371
β-Secretase inhibitor Ⅳ ··· 372
BTP 2 ························· 90
BTS ··························· 496
Bucladesine ·················· 33
Bumetanide ··················· 260
BuPdGTP ····················· 609
Butilate ······················ 282
Butylphenyl deoxyguanosine triphosphate ··············· 609
Butyrolactone Ⅰ ············· 110
BV-6 ·························· 329
BVT 948 ······················ 166
β遮断薬 ······················ 264
β-ルブロマイシン ··········· 543

C

C-3742 ························ 415
CaCC ·························· 188
CaMKK ···················· 67, 78
CaMKⅡ inhibitor ··········· 71
CaMKⅡ Ntide ··············· 70
cAMP生成 ····················· 63
cAMP濃度 ····················· 57
Caprelsa ······················ 133
Cariporide ··················· 276
Carvedilol ···················· 262
Caspase specific inhibitors
····························· 358
Castanospermine ············ 579
CCT007093 ··················· 160
CCT036477 ··················· 225
CD437 ························· 610
CDDP ·························· 590
CDK ··························· 103
Celebrex ······················ 473
Celecox ······················ 473
Celecoxib ··············· 406, 473
Centrinone ··················· 524
Centrinone-B ················· 524
cEPA ·························· 614
Cerulenin ····················· 460
CFI-400945 ·················· 522
CFTR ·························· 186
CFTR inhibitor Ⅱ ··········· 186
cGMP濃度 ····················· 65
CGP-37157 ··················· 86
CIIAPs ························ 204
Chelerythrine chloride ····· 24
CHIR98014 ··················· 218
CHIR99021 ·············· 217, 621
Chk1 ·························· 414
Chk2 ·························· 415
Chk2 Inhibitor Ⅱ ··········· 415
Chloramphenicol ············ 438
Chlorhexidine ················ 354
Chloroquine ·················· 449
Chlorotoxin ··················· 187
Cholecarciferol ·············· 612
Cholera toxin ················· 57
Chrolactomycin ·············· 542
CHX ·························· 441

※色文字→その薬剤が見出し語として解説されているページを示しています

635

Ciliobrevin A	532	
Ciliobrevin D	532	
Cimetidine	269	
cis-Diamineplatinum(Ⅱ) dichloride	590	
Cisplatin	590	
CK-1827452	498	
CK-666	493	
CK-869	494	
CKD	408	
Cltx	187	
CNQX	95	
Colcemid	506	
Colchicine	506	
Compound 211	168	
Compound C	47	
Compound E	194	
Conjugated eicosapentaenoic acid	614	
COX	394	
CPT-11	594	
Crizotinib	131	
CS	579	
CsA	157	
CSC-21K	388	
CTPB	291	
Cucurbitacin E	491	
Curcumin	610	
CX-4945	40	
Cycloheximide	441	
Cyclopamine	232	
Cyclosporin A	157	
Cyproheptadine	271	
Cytochalasin B	483	
Cytochalasin D	483	
Cytostatin	161	

D

D-21266	141
D4476	38
Dabrafenib	118
Dactinomycin	435
Dactolisib	148
Dalfampridine	180
δ-aminolevulinic acid	408
D-AP5	97

Dapagliflozin	457
DAPT	193
Dasatinib	561
DBZ	197
Decylubiquinone	426
Deferoxamine mesylate	335
Dehydroaltenusin	617
(-)-dehydroxymethylepoxy- quinomicin	318
Demecolcine	506
Depromel	273
desferal	335
Dexamethasone	248
DFOM	335
DG	270
(-)-DHMEQ	318
Dibutyryl cAMP	33
Diclofenac sodium	401
Diferuloylmethane	610
Dimethyl fasudil	45
diMF	45
Dinaciclib	106
Diphenhydramine	268
DKD	408
DL-threo-PDMP・HCl	577
DMJ	569
DNA合成阻害	592
DNA損傷	410, 422, 631
DNA断片化	24
DNA複製	432, 593
DNAポリメラーゼ	606
DNAメチル化	280
DNJ	568
Dolastatin 10	512
Dolastatin 15	512
Doramapimod	123
Dorsomorphin	47
Doxorubicin	595
DPH	268
DRB	41
dUb	426
Durvalumab	604
Dvl-PDZ domain inhibitor Ⅱ	220
DXR	595
Dynasore	534

DZNep	297

E

E-4031	181
E-4031二塩酸塩	181
E-616452	623
E64d	450
EGCG	406, 540
Emricasan	338
EMT	105, 623
Entinostat	287
Entrectinib	135
(-)-Epigallocatechin gallate	540
Epigallocatechin gallate	406
Epothilone A	504
Epothilone B	505
EPZ015666	305
EPZ-5676	300
Erastin	332
Eribulin	510
ES細胞	203, 213, 619
ETC-159	202
Etomoxir	461
Etoposide	596
Everolimus	150
Exenatide	458
Exendin-4	458
EYLEA	471

F

Fampridine	180
Fasudil	43
Fasリガンド	421
Favipiravir	585
Fenofibrate	463
Fer-1	333
Ferrostatin-1	333, 430
FGF2	468
Fibroblast growth factor 2	468
FK228	286
Flavopiridol	107
Flutamide	251
Fluvoxamine	273
Forskolin	31

636　決定版　阻害剤・活性化剤ハンドブック

INDEX

Fostriecin 156
Fradiomycin 440
FSK 31
FST 156
FTase inhibitor I 59
FTOC 193
Fulvestrant 250

G

GABA 181, 266, 283
Gallocyanine 226
GANT61 237
Garcinol 290
GDC-0449 233
Geldanamycin 552
GF109203X 20, 628
GGTI-298 60
Gleevec 130
Glibenclamide 182
Glucose transporter inhibitor IV 259
Glyburide 182
GlyH-101 186
GNF-6231 203
Go6983 629
GPCR 257, 263, 269, 270, 271, 275
Granzyme B inhibitor 366
GRN163L 544
γ-secretase inhibitor VI 194
GSK-690693 140
GSK126 298
GSK2399872A 326
GSK3235025 305
GSK461364 520
GSK'872 326
GSK923295 531
GSK-J4 303
g-Strophathin 177
GW9662 255
GYKI 53655 hydrochloride 97
Gタンパク質 52

H

H-1152P 45

H1152・2HCl 45
H89 29
HA-1077 43
HAT 279, 289
HDAC 279
HDBA 72
Hedgehog 38, 230
Hepatocyte growth factor 469
Heptelidic acid 615
Herboxidiene 351
IIGF 469
Hh 230
HIV 580, 586, 587
HLY78 227
HMF 613
HOE 144 185
HOE-642 276
Hoechst 144 185
HPI-4 532
HSP90 552
HUS 393
HUVEC 50, 133
Hydroxycarbamide 593

I

I-κB 308
IAP 53
IBMX 64
Ibuprofen 400
IC-83 414
ICAM-1 316
ICG-001 210
iCRTs 207
ID-8 213
IDN-6556 338
IFN 238
IKK inhibitor III 310
IKK inhibitor VII 311
IKK inhibitor X 315
IKK-16 311
IKK-2 Inhibitor IV 317
IKK-2 Inhibitor V 312
IKK α 310
IKK β 310, 311, 312, 316
IKK γ 313
IM-54 430

Imatinib 130
IMD0354 312
Imetelstat 544
IMFINZI 604
Importazole 345
INCB018424 563
INCB3619 389
Indomethacin 399
INH1 528
iNOS 26
Ionomycin 84
Ipilimumab 602
iPS細胞 75, 203, 619
IPZ 345
IQ-1 212
Irinotecan hydrochloride 594
Isoginkgetin 352
Ispinesib 530
Istodax 286
IWP-12 202
IWP-2 201
IWP-3 201
IWP-4 201
IWP-L6 201
IWP-O1 202
IWR-1 205
IWR-1-endo 205, 630

J〜K

JAK 240
Jasplakinolide 490
JNK-IN-8 126
JSH-23 319
K252a 71
KEYTRUDA 603
KIF 580
Kifunensine 580
KMI-1027 376
KMI-1303 376
KMI-429 374
KMI-574 375
KN-62 69
KN-93 68
KPT330 346
KRX-0401 141
KT5720 30

※色文字→その薬剤が見出し語として解説されているページを示しています

KT5823	35	
KU-55933	412	
KY12420	447	
KYA1797K	222	

L

L-685458	195
Lactacystin	367
Lanabecestat	378
Larotrectinib	132
Latrunculin A	485
Latrunculin B	485
Lavendustin C	72
LB-1	162
LB-100	162
LCL-161	339
Leptomycin B	342
Lestaurtinib	134
LF3	208
LGK974	203
Lioresal	266
Liproxstatin-1	429
LMB	342
L-NAME	402
L-NIL dihydrochloride	405
L-NMMA	403
L-NNA	404
Lomeguatrib	296
Lovastatin	462
LOXO-101	132
LPA	46
LPS	405
LUBAC	309
Luvox	273
LY-411575	196
LY-83583	63
LY-170053	272
LY2603618	414
LY2886721	379
LY294002	144
LY364947	241
Lynparza	416
Lysophosphatidic acid	46

M

Mallotoxin	74
MAM	81
MAPK	113, 154
Maraviroc	587
Marimastat	385
MARTA	273
Mas7	58
Mastoparan	58
Mavacamten	499
MCFG	571
MDX-010	602
MDX-1106	602
Mebendazole	514
MEDI4736	604
Menadione	611
MET	623
Metformin	559
Methotrexate	591
MG-115	368
MG-132	369
Micafungin	571
Mifepristone	253
Mitomycin C	434
MK-1775	415
MK-2206	142
MK-3475	603, 605
MK-4827	420
MK-8931	380
ML-7	76
ML-9	76
MLN8237	517
MLS000544460	170
MMC	434
MMP	187, 381
MMR	411
Monastrol	529
Monoclonal antibody raised against MMP-9	387
MPDL3280A	604
Mps1-IN-1	526
Mps1-IN-2	526
MPTP	426
MRA	245
mRNA	348
MS-275	287
MST-312	538
mTOR	446, 554

mTORC1	445
mTORC2	139
MTX	591
Mycalolide B	486
MYK-461	499

N

Na_3VO_4	163
NAFLD	78
Navitoclax	560
NBD-peptide	313
NBDペプチド	313
N-Benzyl-p-toluenesulfonamide	496
NCB-0846	223
Nec-1s	325
Necrostatin 2 racemate	325
Necrostatin-1	431
Necrostatin-1s	325
Necrosulfonamide	327
NEMO	313
Neobavaisoflavone	615
Neomycin	440
NER	411
Netarsudil	44
NF-κB	397, 398
NF023	54
NFAT	241
NFAT inhibitor	240
NF-κB activation inhibitor II	319
NF-κB decoy ODN	321
NF-κB decoy oligodeoxynucleotide	321
NF-κBデコイ	321
NF-κBデコイオリゴデオキシヌクレオチド	321
NHEJ	411
Nicotinamide mononucleotide	558
Nicotinamide riboside	557
Nifedipine	93
Niraparib	420
Nivolumab	602
NK4	477
NMDA	96

INDEX

NMN	558
NMS-P937	521
NO	24
Nocodazole	507
NOS	395, 403
Notch	191
NPPB	185
NQ301	168
NR	557
NS3694	424
NSA	327
NSC 95397	172
NTRK1	132
NU-7441	418
NVP-BEZ235	148
N-ベンジル-p-トルエンスルホンアミド	496

O〜P

OA	154, 392, 355
Okadaic acid	154, 355
Olanzapine	272
Olaparib	411, 416, 599
Olomoucine	108
OM99-2	373
Omecamtiv mecarbil	498
Omeprazole	189
ONO-4538	602
OOBJCYKITXPCNS-REWP-JTCUSA-N	337
OPDIVO	602
OPG	29
ORY-1001	304
Oseltamivir	584
Oseltamivir phosphate	575
Ouabain	177
Oxamflatin	281
p53	368, 416
Paclitaxel	503
Palbociclib HCl	105
PAO	165
PARP	411, 417, 420, 555
PD0325901	115, 622
PD0332991 HCl	105
PDBu	28
PDMP	577

PDTC	314
Pembrolizumab	603
Penicillin G sodium	436
Pepstatin A	451
Periactin	271
Perifosine	141
Pertussis toxin	53
PFT α	423
PG	394
Phalloidin	489
Phen-DC3	551
Phentolamine	265
Phentolamine Hydrochloride	265
Phentolamine mesylate	265
Phenylarsine oxide	165
Phlorizin	258
Phorbol 12, 13-dibutyrate	28
Phorbol 12-myristate 13-acetate	26
Pifithrin-α	423
Pinometostat	300
PKC	263, 265
Pladienolide B	350
PLC 活性化	62
Pleiotropic effect	462
PLP	613
PluriSIn #1	632
PMA	26
PNU-74654	209
Pol	606
Ponatinib	330
PPAR α	453
PPAR γ	236, 399, 464
Prinomastat	386
Propranolol	263
PS-1145	315
PS48	625
PT	53
Puromycin	442
Purvalanol A	111
pyridoxal 5'-phosphate	613
Pyrrolidinedithiocarbamate	314
Pyrvinium pamoate	221

Q〜R

Quercetin	562
Q-VD-OPh	337
Rabusertib	414
RAD001	150
Raltegravir	586
Rapamycin	240, 447, 560, 626
Ras	139
Ratjadone A	343
Rb	154
Rel ホモロジードメイン	307
RepSox	623
Reserpine	261
Resveratrol	556, 617
RG108	295
RIP1 Inhibitor II	325
RK-682	167
RNA 合成	432
Ro 10 6338	260
Ro41-5253	254
ROCK シグナル	627
Romidepsin	286
ROS	26, 29, 165, 429, 559, 595
Roscovitine	109
Rottlerin	74
Rp-8-pCPT-cGMPS sodium	36
RSL3	334
RTA 402	407
RU-486	253
Rucaparib	419
Ruthenium red	87
Ruxolitinib	563

S

SAG	235
Salinomycin	219
Salubrinal	427
(s)-AMPA	94
Sanguinarine chloride	159
SANT-1	234
SASP	555
SB202190	121
SB-216763	215

※色文字→その薬剤が見出し語として解説されているページを示しています

639

SB239063	122
SB431542	624
SB-715992	530
SC-514	316
SCH772984	117
SCR7	417
SEA0400	85
Selinexor	346
Semaxinib	475
Sepantronium bromide	631
SFN	288
SHP099	169
Silmitasertib	40
SINE	346
Sir2	279
Sirolimus	240, 447, 560
Sitravatinib	136
SKF-92334	269
SKF-96365, HCl	89
SKL2001	228
SLC	257
(S)-MCPG	98
SMIFH2	494
Smoothened	232
Smoothened agonist	235
SN50	320
Sodium orthovanadate	163
Sotacor	183
Sotalol	183
SP600125	124
Spliceostatin A	349
SQ22536	62
SR141716A	100
SRT1720	556
SSA	349
STAT inhibitor	240
Staurosporine	25
STO-609	77
Streptomycin sulfate salt	439
SU5402	474
SU5416	475
SU6656	476
SU9516	112
Sulforaphane	288, 406
Sulindac sulfide	398
Sulpiride	267

SUMOylation	289
SW	581
Swainsonine	581
Swinholide A	488
SYUIQ-05	549

T

T16Ainh-A01	188
TACE inhibitor	244
Tagamet	269
TAM	598
Tamiflu	575, 584
Tamoxifen citrate	598
TAPI-1	390
TAPI-2	391
Tautomycin	155
Taxol	503
TCS401	171
TECENTRIQ	604
Telomestatin	545
Tetracycline	437
Tetrodotoxin	102, 179
TG003	353
TGF-β RI inhibitor	241
Th2 サイトカイン	313
Thalidomide	240, 480
(+/-)-*threo*-1-Phenyl-2-de-	
canoylamino-3-morpholi-	
no-1-propanol	
hydrochloride	577
Thrombospondin	479
TL32711	328
TM	155, 567
TMA	393
TMEM16A inhibitor	188
TMPyP4	547
TNF α protease inhibitor 2	
	391
TNF α antagonist	242
TNF α protease inhibitor 1	
	390
Tolbutamide	455
Torin 1	446
Toxin B	56
Tozasertib	516
TPA	26

TPCA-1	317
TRAIL	41
Trametinib	116
Trapoxin	284
Tretinoin	249
Trichostatin A	280
Tridolgosir	581
Trisoxazole-bearing macro-	
lides	486
TRK 阻害剤	128
Troglitazone	464
Trolox	336
TSA	280
TSP	479
TTP	393
TTX	102, 179
Tunicamycin	567
TWS119	218

U～V

U-73122	61
UCF-101	425
UCN-01	147
UNC1999	299
Valproic acid	283
Vandetanib	133
Vascular endothelial growth	
factor	467
VDAC	22
VE-822	413
VEGF	467
Veratridine	178
Verubecestat	380
Vinblastine	509
Vincristine	509
Vismodegib	233
Vitamin B6	613
Vitamin D3	612
Vitamin K3	611
Vitrakvi	132
Voglibose	459, 573
VP-16	596
VS-507	219
VX-680	516

INDEX

W～Z

W-5	78
W-7	78
ω-Agatoxin IVA	91
WAY-262611	226
ω-Conotoxin GVIA	92
Wee1	416
WGA	341, 344
wheat germ agglutinin	344
WIKI4	205
Windorphen	211
Wiskostatin	492
Wnt	38
Wnt-C59	202
Wntシグナル	198
Wortmannin	143, 447
WP9QY	242
WZB 117	259
XALKORI	131
XAV939	205
XAV939	629
Xestospongin C	88
XMD8-92	120
Y-27632	42, 627
Y-27632 dihydrochloride	42
Y2H2-6M(4)OTD	546
YERVOY	602
YH249	214
YHI-1003	141
YM 58483	90
YM155	631
ZALTRAP	471
ZEJULA	420
ZSTK474	146
Z-VAD-FMK	331
Z-Val-Ala-Asp(OMe)-CH₂F	331
Zyprexa	272

和文

あ

アイリーア	471
アウリントリカルボン酸	427
悪性腫瘍	449
悪性リンパ腫	591, 595, 596
アクチノマイシンD	435
アコカテリン	177
アザセリン	434
アシクロビル	583
アジドチミジン3リン酸	541
アジュバント	57
アスパラギン酸プロテアーゼ	451
アスピリン	397
アスペルギルス症	572
アセチルコリン	36
アセチルサリチル酸	397
アテゾリズマブ	604
アディポカイン	453
アディポネクチン	464
アトロピン硫酸塩	274
アドリアマイシン	595
アニソマイシン	127
アバスチン	470
アビガン	585
アピシジン	285
アフィデコリン	608
アフリベルセプト	471
アベルマブ	605
アポトソーム	425
アポトーシス	49, 108, 109, 110, 112, 165, 280, 307, 316, 411, 421, 454, 590
アポプロン	261
アマンタジン	584
アナカルド酸	289
アルカロイド	507
アルキル化剤	588
アルツハイマー病	28, 34, 192, 306, 356
アルベンダゾール	515
アレルギー	243, 271
アンジオポエチン1	468
アントプロイリンA	176
イオノマイシン	84
イオンチャネル	174
胃がん	139, 233, 435, 592, 594
異種移植	105, 106, 107, 109, 169, 232

イストダックス	286
イソギンクゲチン	352
イソフラボン	615
一次線毛	533
遺伝子検査	594
イピリムマブ	602
イブプロフェン	400
イブランス	105
イマチニブ	130
イミフィンジ	604
イメテルスタット	544
インクレチン	453
インスリン	77, 247
インスリン分泌	455
インターロイキン	238
インデラル	263
インドメタシン	399
インフルエンザ	575, 585
インポータゾール	345
ウアバイン	177
ウィスコスタチン	492
ウィルムス腫瘍	436
ウイルス	582
ウイルス感染	569
ウォルトマンニン	143
うつ病	268, 287
エキセナチド	458
エクソソーム	20
エストロゲン調節薬	598
エトポシド	596
エトモキシル	461
エネルギー代謝	625
エピガロカテキンガレート	406, 540
エピジェネティック	292, 619
エベロリムス	150
エボラウイルス	297
エボラ出血熱	585
エポチロンA	504
エポチロンB	505
エムリカサン	338
エラスチン	332
エリテマトーデス	245
エリブリン	510
塩基性線維芽細胞増殖因子	468
塩酸イリノテカン	594

※色文字→その薬剤が見出し語として解説されているページを示しています

641

炎症 …… 26, 318, 554, 576, 579
炎症性サイトカイン …… 309, 315, 356, 395, 464, 555
エンチノスタット …… 287
エントレクチニブ …… 135
エンドサイトーシス …… 584
エンドトキシンショック …… 315
嘔吐 …… 590, 593
黄斑浮腫 …… 472
オカダ酸 …… 154, 355
オキサムフラチン …… 281
オキシステロール …… 236
悪心 …… 590
オセルタミビル …… 584
オプジーボ …… 602
オメカムチブ …… 498
オメプラゾール …… 189
オラパリブ …… 416, 599
オランザピン …… 272
オルソバナジン酸ナトリウム …… 163
オロモウシン …… 108
オートファジー …… 38, 454, 626
オーロラファミリー …… 516

か

解糖系 …… 453
潰瘍 …… 189
化学療法 …… 588
核移行阻害 …… 318
核―細胞質間 …… 341
核酸医薬 …… 239, 242
核内受容体 …… 247
核膜孔 …… 341
過血糖 …… 573
カスタノスペルミン …… 579
カスパーゼ …… 356
カスパーゼ特異的阻害剤 …… 358
褐色脂肪 …… 457
カプレルサ …… 133
鎌状赤血球性貧血 …… 593
カリポリド …… 276
カルシウムイオノフォア …… 83
カルシウムシグナル …… 80
カルパイン …… 450

カルベジロール …… 262
カルモジュリン …… 66
加齢黄斑変性 …… 472
幹細胞 …… 198
肝細胞がん …… 302
肝細胞増殖因子 …… 469
間質性肺炎 …… 597
カンジダ症 …… 572
関節炎 …… 242, 245
関節炎リウマチ …… 321
関節リウマチ …… 591
感染症 …… 307, 432
冠動脈弛緩 …… 88
カンナビノイド …… 101
ガルシノール …… 290
がん …… 19, 257, 395, 576
がん幹細胞 …… 545
がん転移 …… 242, 570
がん抑制遺伝子 …… 294, 299
キイトルーダ …… 603
記憶能力 …… 215
器官形成 …… 470
寄生虫感染症 …… 515
気道炎症 …… 313
キネシン …… 502
キフェンシン …… 580
キャッスルマン病 …… 245
急性白血病 …… 590
急性非リンパ性白血病 …… 596
共役エイコサペンタエン酸 …… 614
狭心症 …… 264
共役輸送体 …… 175
極性形成 …… 55
虚血 …… 47
近視 …… 472
筋ジストロフィー …… 353
逆転写酵素活性 …… 536
クエン酸タモキシフェン …… 598
ククルビタシンE …… 491
駆虫薬 …… 515
クッシング症候群 …… 253
くも膜下出血 …… 44
クリゾチニブ …… 131
クルクミン …… 610
クロマチンリモデリング …… 278

クロラクトマイシン …… 542
クロラムフェニコール …… 438
クロロキン …… 449
クロロトキシン …… 187
クロロヘキシジン …… 354
クローン病 …… 321
グアニン四重鎖 …… 537
グランザイムB …… 356
グランザイムB阻害剤 …… 366
グリア細胞 …… 235
グリオブラストーマ …… 274
グリオーマ …… 75, 273
グリブリド …… 182
グリベンクラミド …… 182
グリーベック …… 130
グルカゴン …… 247, 458
痙攣 …… 181
結核菌 …… 159
血管拡張薬 …… 265
血管新生 …… 146, 235, 253, 270, 389, 466
血管透過性 …… 37
血管内皮細胞 …… 465
血管内皮増殖因子 …… 467
血小板凝集 …… 62, 63, 79
血小板血栓 …… 393
血栓塞栓症 …… 598
血中グルコース濃度 …… 227
結腸がん …… 594
血糖低下 …… 455, 461
血液脳関門 …… 125, 386
ケルセチン …… 562
ゲノム編集 …… 418, 578
下痢 …… 186, 592
ゲルダナマイシン …… 552
抗ウイルス作用 …… 579
高眼圧症 …… 45
抗がん作用 …… 581
抗がん剤 …… 19, 28, 460
高血糖症 …… 569
高血圧 …… 263, 264
抗サイトカイン療法 …… 239
抗酸化 …… 314, 407
好酸球 …… 20
抗腫瘍 …… 162, 433, 590
甲状腺がん …… 130, 151

642　決定版　阻害剤・活性化剤ハンドブック

INDEX

甲状腺髄様がん 133
抗生物質 432
好中球 44, 168, 312
喉頭炎 437
口内炎 438, 592
興奮毒性 96
抗マウスサイトカイン抗体
.... 243
コエンザイムQ10 426
呼吸器疾患 32
黒色腫 297
固形がん 532
骨格筋 456
骨形成 226
骨髄異形成症候群 544
骨髄移植 158
骨髄細胞 581
骨髄腫細胞 300
骨髄性白血病 69
骨髄線維症 544
骨髄抑制 593
骨粗鬆症 243
骨代謝異常 307
骨肉腫 595
骨密度 227, 558, 598
コラーゲン誘導関節炎 311
コラーゲン誘発性関節炎 317
コルセミド 506
コルヒチン 506
コレステロール合成 453
コレラ毒素 57
ゴルジ体 448

さ

催奇形性 480
細菌細胞壁合成 432
サイクリン 103
サイトカイン 238
サイトカラシンB 483
サイトカラシンD 483
細胞運動 55, 114, 155, 171, 401, 534
細胞間接着 381
細胞外刺激 309
細胞形態変化 75
細胞骨格 66

細胞死 114, 162, 172, 536, 596
細胞周期 33, 41, 103, 195, 311, 410
細胞伸展 163, 171
細胞接着 55, 76, 171, 570
細胞増殖 47, 107, 114, 155, 162, 163, 165, 171, 172, 307, 401, 406, 454, 520
細胞同調 607
細胞毒性 346, 402
細胞分化 114
細胞分裂 35, 55, 157
細胞膜ラッフリング 534
細胞老化 259, 536
殺細胞薬 588
左右軸形成 474
サリドマイド 240, 480
サリノマイシン 219
サルブリナル 427
ザルトラップ 471
ザーコリ 131
子宮頸がん 594
子宮体がん 139, 504
子宮内膜がん 598
シクロスポリンA 157
シクロパミン 232
シクロヘキシミド 441
シグナロソーム 199
脂質 452
脂質異常症 463
歯周組織炎 437
システインプロテアーゼ 450
シスプラチン 319, 590
シトラバナジン 136
シナプス伝達 157
シプロヘプタジン 271
シプロヘプタジン塩酸塩
1.5水和物 271
脂肪肝 78, 460
脂肪酸酸化 453
脂肪燃焼 32
シメチジン 269
腫瘍血管新生 470, 471, 475
腫瘍微小環境 238
腫瘍免疫 237

腫瘍抑制 120
消化器がん 595
小胞体関連分解 580
小胞体ストレス 632
小胞輸送 449
食道がん 158, 592
食欲増進 268
食欲抑制 458, 460
シリオブレビンA 532
シリオブレビンD 532
シロリムス 240, 447, 560
心移植 24
心筋虚血 125
心筋症 595
真菌病 514
神経芽腫 142, 510
神経膠腫 187
神経細胞死 311
神経疾患 19, 67, 307
神経修復 32
神経突起 31, 47, 577
神経変性疾患 395
神経保護 122, 125, 163
神経麻痺 187
心疾患 19, 32, 395
真性多血症 593
心臓形成 468
心臓分化 405
身体活動量 559
心毒性 595
心内膜炎 437, 439
心不全 177, 263, 457
心房性不整脈 177
ジクロフェナック 401
自己免疫疾患 243, 576
ジフェンヒドラミン 268
ジフェンヒドラミン塩酸塩
.... 268
ジプレキサ 272
ジャスプラキノライド 490
重金属キレーター 314
十二指腸潰瘍 287
絨毛上皮腫 436
絨毛性疾患 591
樹状細胞 304
寿命 556, 557

※色文字→その薬剤が見出し語として解説されているページを示しています　　　643

人工多能性幹細胞 295	線維症 242	長期抑圧 35
人工中絶 253	線維肉腫 538	直腸がん 435, 594
腎細胞がん 151	染色体 502	チロシンキナーゼ 18, 128
腎疾患 306	染色体倍化 507	痛覚 92
腎障害 590	染色体分配異常 526	痛風 507
尋常性乾癬 591	全身性エリテマトーデス 449	ツニカマイシン 567
腎性糖尿 258	前立腺がん 188, 286, 287	ティモシー症候群 109
腎臓病 408	躁うつ病 273	低酸素 47
膵β細胞 41, 453	創傷治癒 155	テセントリク 604
膵臓がん 233, 234, 318	躁病 283	テトラサイクリン 437
水痘 583	早老症 562, 563	テトロドトキシン 102, 179
スウィンホライドA 488	ソタコール 183	テロメア 403, 536
スズメバチ毒素 58	ソタロール 183	テロメスタチン 545
スタウロスポリン 25	臓器移植 158	てんかん 181, 283
ステロイド 247	増殖抑制 316, 581	ディナシクリブ 106
ストレス刺激 307		デオキシノジリマイシン 568
ストレプトマイシン硫酸塩 439	**た**	デオキシマンノジリマイシン 569
ストロファンチンG 177	代謝拮抗剤 588	デキサメタゾン 248
スプライシング 103, 348	代謝疾患 19	デシルユビキノン 426
スプライソスタチンA 349	帯状疱疹 583	デヒドロアルテヌシン 617
スプライソソーム 348	タガメット 269	デヒドロキシメチルエポキシキノマイシン 318
スラミン 54	タキソール 503	デプロメール 273
スリンダックスルフィド 398	多剤併用療法 518	デメコルチン 506
スルピリド 267	多発性骨髄腫 318, 480	デュルバルマブ 604
スルフォラファン 288, 406	タミフル 575, 584	デンプン 565
スワインソニン 581	多毛症 251	糖 452, 565
髄芽腫 233, 234	単眼症 232	統合失調症 268, 273
髄膜腫 234	タンキラーゼ 630	糖脂質代謝 453
精神分裂病 287	炭水化物 453	トウトマイシン 155
精巣がん 510	タンパク質合成 127, 432	糖尿病 257, 455, 456, 459, 556, 565
精巣腫瘍 596	大腸がん 139, 164, 233, 294, 592	トポイソメラーゼ阻害剤 588
生体アミン 257	第二相酵素 288	トラポキシン 284
赤血球増強活性タンパク質 387	ダイニン 502	トラメチニブ 116
摂食亢進 461	ダクチノマイシン 435	トリコスタチンA 280
セマキシニブ 475	ダクトリシブ 148	トリソキサゾールマクロライド類 486
セリン／スレオニンキナーゼ 18, 74, 103, 113	ダサチニブ 561	トリン1 446
セルレニン 460	脱顆粒 56, 58	トルブタミド 455
セルロース 565	脱リン酸化反応 152	トレチノイン 249
セレコキシブ 406, 473	ダパグリフロジン 457	トログリタゾン 464
セレッコクス 473	ダブラフェニブ 118	トロロックス 336
セレブレックス 473	中耳炎 437	トロンボスポンジン 479
線維芽細胞コラゲナーゼインヒビター 387	チューブリン 502	
線維芽細胞増殖因子2 468	聴覚障害 590	
	長期記憶 574	
	長期増強 69	

INDEX

動脈硬化 …… 47, 463, 578
ドラスタチン10 ………… 512
ドラスタチン15 ………… 512
ドルソモルフィン ………… 47

な

ナビトクラックス ………… 560
軟骨 ………………………… 392
肉腫 ………………………… 591
ニコチンアミドモノヌクレオチド ……………………… 558
ニコチンアミドリボシド … 557
二次感染 ………… 438, 440
二段階発がんモデル ……… 154
ニボルマブ ………………… 602
乳がん…105, 139, 143, 145, 151, 286, 294, 306, 318, 504, 505, 592, 594, 595, 598
ニラパリブ ………………… 420
ヌクレオポリン …………… 341
ネオマイシン ……………… 440
ネクロスタチン …… 325, 431
ネクロトーシス …… 323, 422
ネクローシス …… 430, 431
ネタルスジル ……………… 44
ノイラミニダーゼ ………… 584
脳虚血 …………… 42, 44, 311
脳血管攣縮 ………………… 44
脳脊髄炎 …………………… 304
農薬 ………………………… 432
ノコダゾール ……………… 507

は

肺炎 ………………………… 437
肺がん…131, 143, 297, 306, 594, 595
肺結核 ……………………… 439
胚細胞腫瘍 ………………… 597
肺小細胞がん ……………… 596
肺線維症 …………………… 597
破骨細胞 …………………… 577
白金製剤 …………………… 588
白血病 … 68, 106, 294, 435, 510, 538, 591
発達障害 …………………… 230
発がん ……………………… 307

汎カスパーゼ阻害剤 ……… 365
ハンセン病 ………………… 480
ハンチントン病 …………… 306
ハーボキシジエン ………… 351
倍数体化 …………………… 46
梅毒 ………………………… 437
バクロフェン ……………… 266
バフィロマイシンA₁
…………………… 190, 448
バベンチオ ………………… 605
バルドキソロンメチル …… 407
バルプロ酸 ………………… 283
バンデタニブ ……………… 133
パイロトーシス …………… 323
パクリタキセル …………… 503
パモ酸ピルビニウム ……… 221
パルボシクリブ …………… 105
パーキンソン病 …………… 291
非アポトーシス細胞死 …… 323
ヒト TIMP-1 ……………… 387
ヒト TIMP-2 ……………… 388
ヒドロキサム酸 …………… 281
ヒドロキシカルバミド …… 593
ヒドロキシメチルフルフール
…………………………… 613
非ホジキン悪性リンパ腫 … 594
肥満 ………………………… 569
百日咳毒素 ………………… 53
微小管 …………… 502, 588
ビスモデジブ ……………… 233
ビタミン B6 ……………… 613
ビタミン D3 ……………… 612
ビタミン K3 ……………… 611
病原体 ……………………… 582
ビリナパント ……………… 328
ビンクリスチン …………… 509
ビンブラスチン …………… 509
ピフィスリンα …………… 423
ピューロマイシン ………… 442
ピリドキサール・リン酸 … 613
ピロリ菌 ………… 189, 288
ピロリジンジチオカルバメイト …………………… 314
ファスジル ………………… 43
ファビピラビル …………… 585
ファロイジン ……………… 489

ファーマコフォア ………… 505
フェニルアルシンオキシド 165
フェノフィブラート ……… 463
フェロスタチン-1 ………… 430
フェロトーシス
……… 323, 422, 429, 430
フェントラミン …………… 265
フェントラミン塩酸塩 …… 265
フェントラミンメシル酸塩
…………………………… 265
フォルスコリン …………… 31
婦人科がん ………………… 142
不整脈 ……… 182, 264, 275
フラジオマイシン ………… 440
フラボピリドール ………… 107
フルタミド ………………… 251
フルボキシリン …………… 273
フルボキサミンマレイン酸塩
…………………………… 273
フロリジン ………………… 258
フロリジン水和物 ………… 258
ブクラデシン ……………… 33
ブチラート ………………… 282
ブチロラクトン I ………… 110
ブドウ糖 …………………… 453
ブメタニド ………………… 260
ブリオスタチン1 ………… 27
ブレオマイシン …………… 597
ブレビスタチン …………… 497
ブレフェルディンA ……… 578
分化誘導 …………………… 76
プラジエノライド B ……… 350
プリノマスタット ………… 386
プルバラノールA ………… 111
プロテアソーム …………… 356
プロテインキナーゼ ……… 18
プロテインセリン／スレオニンホスファターゼ ……… 152
プロテインチロシンホスファターゼ ………………… 152
プロテインホスファターゼ152
プロドラッグ ……………… 398
プロプラノロール ………… 263
プロプラノロール塩酸塩 … 263
ヘッジホッグ ……………… 230

※色文字→その薬剤が見出し語として解説されているページを示しています　　　645

ヘルパーT細胞分化抑制抗体群	243
ヘルペス	583, 608
片頭痛	271
扁平上皮がん	139, 188
ベノミル	513
ベバシズマブ	470
ベラトリジン	178
ベンジル α GalNAc	570
ペスト	439
ペニシリンG塩酸塩	436
ペプシン	451
ペプスタチンA	451
ペリアクチン	271
ペリフォシン	141
ペンブロリズマブ	603
胞状奇胎	436
ホジキン病	597
ホジキンリンパ腫	318, 510
ホストリエシン	156
発疹	593
ホルモン	247
本態性血小板血症	593
翻訳後修飾	293
膀胱がん	318, 591, 596
膀胱腫瘍	595
ボグリボース	459, 573
ボツリヌスC3酵素	55
ポナチニブ	330
ポリフェノール	406, 617
ポリユビキチン経路	310

ま

マイトマイシンC	434
マウスIL-6中和抗体	245
膜電位	81
マクロファージ	304
マストパラン	58
マストパランアナログ	58
末梢神経障害	590
マバカムテン	499
マラビロク	587
マリマスタット	385
マルチキナーゼ阻害剤	136
マルチターゲット効果	128
マロトキシン	74

慢性骨髄性白血病	593
ミカファンギン	571
ミカロライドB	486
ミトコンドリア	86, 424, 425
ミトコンドリア脂質	595
ミトコンドリア病	409
ミフェプリストン	253
ミュラー細胞	43
メソトレキセート	591
メタロプロテアーゼ	381
メタロプロテイナーゼの組織インヒビター1	387
メタロプロテイナーゼの組織インヒビター2	388
メチルメレイン	616
メトホルミン	559
メベンダゾール	514
メラノーマ	106, 117, 118
免疫疾患	19, 307
免疫チェックポイント阻害薬	589
免疫調節薬	589
免疫反応	307, 570
免疫抑制剤	151, 153
モナストロール	529

や・ら・わ

薬剤選択マーカー	440
薬剤耐性菌	433
ヤーボイ	602
有棘細胞がん	594
有糸分裂	502
ユビキチン／プロテアソーム系	308
葉酸	591
ラクタシスチン	367
ラトランキュリンA	485
ラトランキュリンB	485
ラパマイシン	240, 447, 560, 626
ラルテグラビル	586
ラロトレクチニブ	132
卵巣がん	417, 419, 420, 504, 594
リウマチ	244, 245
リオレリール	200

リソソーム	445
リゾホスファチジン酸	46
利尿作用	260
リプログラミング	33, 303, 619
リムパーザ	416
緑内障	45
リン酸オセルタミビル	575
リンパ管形成	468
リンパ腫	306
ルカパリブ	419
ルキソリチニブ	563
ルボックス	273
レスタウルチニブ	134
レスベラトロール	556, 617
レセルピン	261
レニン	451
レプトマイシンB	342
老化	554
ロスコビチン	109
ロットレリン	74
ロバスタチン	462
ロミデプシン	286
ワルトマニン	447

◆編者プロフィール

秋山　徹（あきやま　てつ）
東京大学定量生命科学研究所特任教授．東京大学大学院修了．医学博士．専門は分子細胞生物学，分子腫瘍学．

河府和義（こうふ　かずよし）
TAK-Circulator株式会社研究開発本部兼事業開発本部．大阪大学大学院博士課程修了．医学博士．専門は分子免疫学および分子腫瘍学．現在は分子標的薬の新規モダリティとしての核酸医薬開発に従事している．

＊本書は『阻害剤活用ハンドブック』を改題・大幅に改訂したものです．

決定版　阻害剤・活性化剤ハンドブック
作用点、生理機能を理解して目的の薬剤が選べる実践的データ集

『阻害剤活用ハンドブック』として 2006年10月1日　第1刷発行 2010年7月30日　第4刷発行	編　集	秋山　徹，河府和義
	発行人	一戸裕子
『決定版　阻害剤・活性化剤ハンドブック』へ改題 2019年10月1日　第1刷発行	発行所	株式会社　羊　土　社 〒101-0052 東京都千代田区神田小川町2-5-1 TEL　03（5282）1211 FAX　03（5282）1212 E-mail　eigyo@yodosha.co.jp URL　www.yodosha.co.jp/
ⓒ YODOSHA CO., LTD. 2019 　Printed in Japan	装　幀	日下充典
ISBN978-4-7581-2099-9	印刷所	株式会社　アイワード

本書に掲載する著作物の複製権，上映権，譲渡権，公衆送信権（送信可能化権を含む）は（株）羊土社が保有します．
本書を無断で複製する行為（コピー，スキャン，デジタルデータ化等）は，著作権法上での限られた例外（「私的使用のための複製」など）を除き禁じられています．研究活動，診療を含み業務上使用する目的で上記の行為を行うことは大学，病院，企業などにおける内部的な利用であっても，私的使用には該当せず，違法です．また私的使用のためであっても，代行業者等の第三者に依頼して上記の行為を行うことは違法となります．

JCOPY　＜（社）出版者著作権管理機構　委託出版物＞
本書の無断複写は著作権法上での例外を除き禁じられています．複写される場合は，そのつど事前に，（社）出版者著作権管理機構（TEL 03-5244-5088，FAX 03-5244-5089，e-mail：info@jcopy.or.jp）の許諾を得てください．

羊土社のオススメ書籍

あなたの細胞培養、大丈夫ですか？!

ラボの事例から学ぶ
結果を出せる「培養力」

中村幸夫／監
西條 薫，小原有弘／編

医学・生命科学・創薬研究に必須とも言える「細胞培養」．でも，コンタミ，取り違え，知財侵害…など熟練者でも陥りがちな落とし穴がいっぱい．こうしたトラブルを未然に防ぐ知識が身につく「読む」実験解説書です．

■ 定価（本体3,500円＋税）　■ A5判
■ 246頁　　■ ISBN 978-4-7581-2061-6

実験医学別冊
あなたのタンパク質精製、大丈夫ですか？

貴重なサンプルをロスしないための達人の技

胡桃坂仁志，有村泰宏／編

生命科学の研究者なら　避けて通れないタンパク質実験．取り扱いの基本から発現・精製まで，実験の成功のノウハウを余さずに解説します．初心者にも，すでにタンパク質実験に取り組んでいる方にも役立つ一冊です．

■ 定価（本体4,000円＋税）　■ A5判
■ 186頁　　■ ISBN 978-4-7581-2238-2

実験医学別冊
もっとよくわかる！炎症と疾患

あらゆる疾患の基盤病態から
治療薬までを理解する

松島綱治，上羽悟史，
七野成之，中島拓弥／著

疾患を知るうえで避けては通れない【炎症】．関わる免疫細胞やサイトカインが多くて複雑ですが，「快刀乱麻を断つ」が如く炎症機序を整理しながら習得できます！疾患とのつながりについても知識を深められる一冊．

■ 定価（本体4,900円＋税）　■ B5判
■ 151頁　　■ ISBN 978-4-7581-2205-4

実験医学別冊
決定版 オルガノイド実験スタンダード

開発者直伝！珠玉のプロトコール集

佐藤俊朗，武部貴則，
永樂元次／編

細胞を培養しミニ臓器を創り出す次世代実験手法に待望のプロトコール集．開発者たちは三次元培養の基質や培地組成をどう検討したのか？その基盤となる発生学の知識から，論文では学べない手技までを丁寧に解説．

■ 定価（本体9,000円＋税）　■ B5判
■ 372頁　　■ ISBN 978-4-7581-2239-9

発行　**羊土社 YODOSHA**　〒101-0052　東京都千代田区神田小川町2-5-1　TEL 03(5282)1211　FAX 03(5282)1212
E-mail：eigyo@yodosha.co.jp
URL：www.yodosha.co.jp/　　ご注文は最寄りの書店、または小社営業部まで